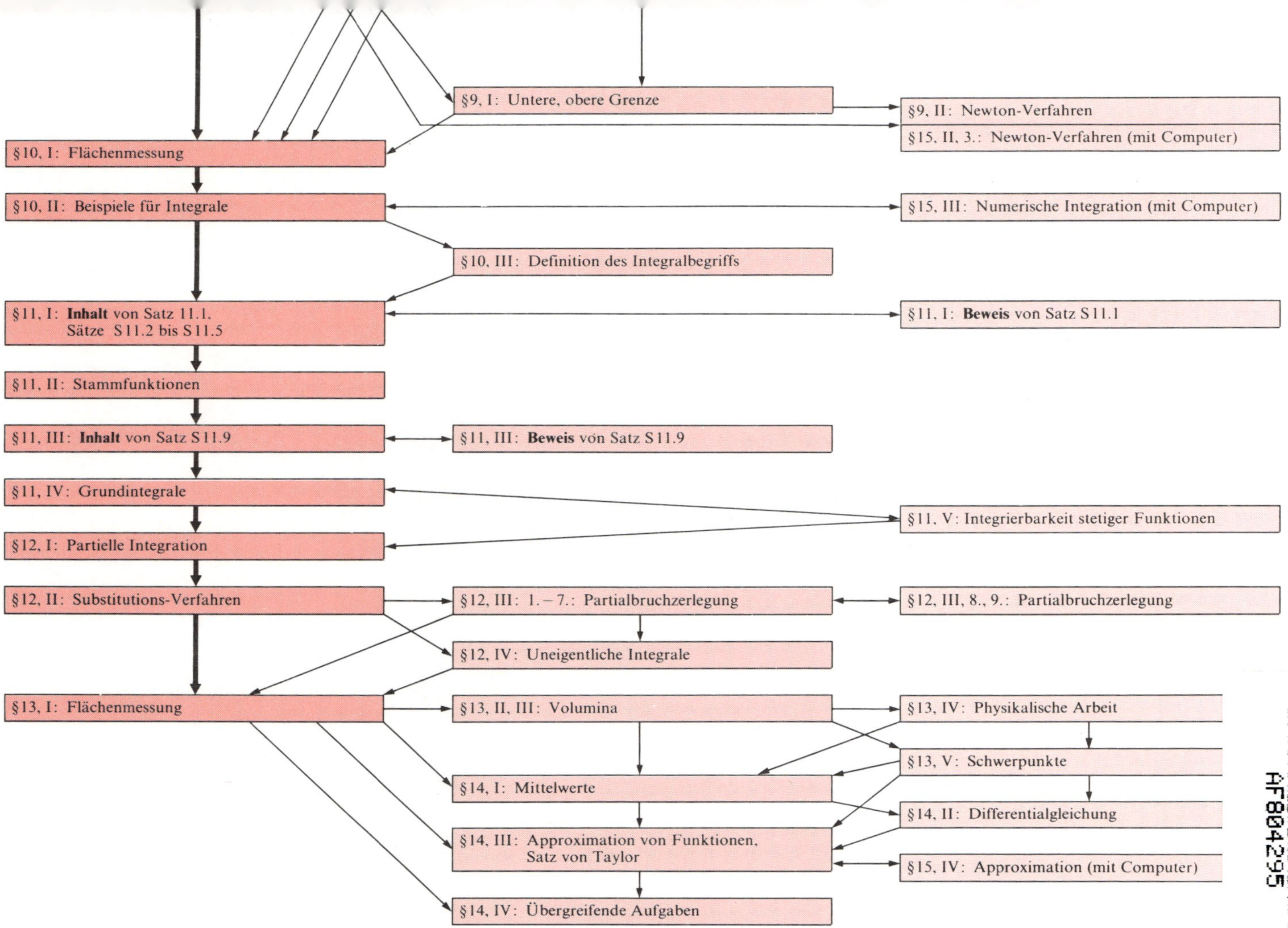
§10, I: Flächenmessung
§10, II: Beispiele für Integrale
§11, I: **Inhalt** von Satz 11.1. Sätze S11.2 bis S11.5
§11, II: Stammfunktionen
§11, III: **Inhalt** von Satz S11.9
§11, IV: Grundintegrale
§12, I: Partielle Integration
§12, II: Substitutions-Verfahren
§13, I: Flächenmessung
§9, I: Untere, obere Grenze
§10, III: Definition des Integralbegriffs
§11, III: **Beweis** von Satz S11.9
§12, III: 1.–7.: Partialbruchzerlegung
§12, IV: Uneigentliche Integrale
§13, II, III: Volumina
§14, I: Mittelwerte
§14, III: Approximation von Funktionen, Satz von Taylor
§14, IV: Übergreifende Aufgaben
§9, II: Newton-Verfahren
§15, II, 3.: Newton-Verfahren (mit Computer)
§15, III: Numerische Integration (mit Computer)
§11, I: **Beweis** von Satz S11.1
§11, V: Integrierbarkeit stetiger Funktionen
§12, III, 8., 9.: Partialbruchzerlegung
§13, IV: Physikalische Arbeit
§13, V: Schwerpunkte
§14, II: Differentialgleichung
§15, IV: Approximation (mit Computer)

Mathematik Sekundar-Stufe II

Analysis Leistungskurse

Erarbeitet von
Dr. Josef Lauter
Dr. Thomas Jahnke
Wilhelm Kuypers
Dr. Karlheinz Rüdiger

unter Mitwirkung von
Dr. Gisela Bielig-Schulz
Hans Wuttke

Herausgegeben von
Oberstudiendirektor Wilhelm Kuypers
Professor Dr. Josef Lauter

Cornelsen
SCHWANN

Zu diesem Buch gibt es begleitende Disketten:

Diskette für Commodore C64/C128	Best.-Nr. 123656
Diskette für Apple II/IIe	Best.-Nr. 123664
Diskette 5.25″ für IBM-PC und kompatible Rechner	Best.-Nr. 123672
Diskette 3.5″ für IBM-PC und kompatible Rechner	Best.-Nr. 123648*)
2 Disketten 5.25″ für IBM-PC und kompatible Rechner	Best.-Nr. 123745*)

*) Die computergestützte Analysis liegt in der verbesserten Version 2.0 vor. Die Disketten enthalten zusätzlich zur computergestützten Analysis ein Programm zum Experimentieren mit Fraktalen.

Bildnachweis:
S. 58 Deutsche Forschungs- und Versuchsanstalt für Luft- und Raumfahrt e.V., Köln

Bestellnummer 123168
1. Auflage
Druck 8 7 6 5 / 95 94 93 92
Alle Drucke derselben Auflage sind im Unterricht parallel verwendbar.

Vertrieb: Cornelsen Verlagsgesellschaft, Bielefeld
Grafik: Wolfgang Mattern, Bochum
Einbandgestaltung: Nach Entwürfen von Peter J. Kahrl, Neustadt/Wied
Satz und Litho: Universitätsdruckerei H. Stürtz AG, Würzburg
Druck: Cornelsen Druck, Berlin
Bindearbeiten: Fritzsche/Ludwig, Berlin

ISBN 3-590-12316-8

Inhaltsverzeichnis

Übersicht über vorkommende Zeichen

Zahlenmengen

Zeichen	Bedeutung
$\mathbb{N}$	Menge der natürlichen Zahlen: $\{1; 2; 3; 4; \ldots\}$
$\mathbb{N}_0$	Menge der natürlichen Zahlen einschließlich 0: $\{0; 1; 2; 3; \ldots\}$
$\mathbb{Z}$	Menge der ganzen Zahlen: $\{0; 1; -1; 2; -2; \ldots\}$
$\mathbb{Q}$	Menge der rationalen Zahlen
$\mathbb{R}$	Menge der reellen Zahlen
$\mathbb{Q}^{>0}$	Menge der positiven rationalen Zahlen
$\mathbb{R}^{\leq 0}$	Menge der nichtpositiven reellen Zahlen
$\mathbb{R}^{>1}$	Menge der reellen Zahlen, die größer als 1 sind
$\mathbb{R}^{\neq 0}$	Menge der reellen Zahlen außer 0
$\mathbb{R}^{\neq 2}$	Menge der reellen Zahlen außer 2
$\{x \mid A(x)\}$	Mengenbildungsoperator, gelesen: „Menge aller x, für die gilt A(x)“ Beispiel: $\{x \mid x^2 = 1 \wedge x \in \mathbb{R}\} = \{1; -1\}$
$[a; b]$	(beiderseits) abgeschlossenes Intervall: $\{x \mid a \leq x \leq b\}$
$]a; b[$	(beiderseits) offenes Intervall: $\{x \mid a < x < b\}$
$[a; b[$	$[a; b[= \{x \mid a \leq x < b\}$
$]a; b]$	$]a; b] = \{x \mid a < x \leq b\}$
$U_\varepsilon(g)$	ε-Umgebung der Zahl g; $U_\varepsilon(g) =]g-\varepsilon; g+\varepsilon[$
$U(g)$	Umgebung der Zahl g (offenes Intervall A mit $g \in A$)
$U_\varepsilon(\not{g})$; $U(\not{g})$	Punktierte Umgebung; $U_\varepsilon(\not{g}) = U_\varepsilon(g) \setminus \{g\}$; $U(\not{g}) = U(g) \setminus \{g\}$

Zahlen

Zeichen	Bedeutung	Beispiel(e); Seitenhinweise
$\lvert a \rvert$	$\lvert a \rvert = \begin{cases} a & \text{für } a \geq 0 \\ -a & \text{für } a < 0 \end{cases}$	$\lvert 3 \rvert = 3$; $\lvert -7 \rvert = 7$
$n!$	$n! = 1 \cdot 2 \cdot 3 \cdot \ldots \cdot n$ (für $n \in \mathbb{N}$) gelesen „n-Fakultät“	$4! = 1 \cdot 2 \cdot 3 \cdot 4 = 24$
$\sum$	$\sum_{k=1}^{n} a_k = a_1 + a_2 + \ldots + a_n$	$\sum_{k=1}^{4} k^2 = 1^2 + 2^2 + 3^2 + 4^2 = 30$
lim	Grenzwert	S. 14, S. 42ff., S. 136
r-lim	rechtsseitiger Grenzwert	S. 44
l-lim	linksseitiger Grenzwert	S. 44
∞, $-\infty$	uneigentliche Grenzwerte	S. 22, S. 46, S. 137
sup M	Supremum, obere Grenze von M	S. 208
inf M	Infimum, untere Grenze von M	S. 208
$\int_a^b f$; $\int_a^b f(x)\,dx$	Integral der Funktion f über $[a; b]$	S. 228ff., S. 236
$\underline{\int_a^b} f$; $\overline{\int_a^b} f$	Unter-, Oberintegral	S. 235

Mengenlehre, Logik

Zeichen	Bedeutung	Beispiel	Lesart
$\in$	ist Element von	$x \in M$	x aus M
$\notin$	ist nicht Element von	$x \notin M$	x nicht aus M
$\emptyset$	leere Menge	–	–
$\subset$	echte Teilmenge	$A \subset B$	A ist echte Teilmenge von B
$\subseteq$	(echte oder unechte) Teilmenge	$A \subseteq B$	A ist (echte oder unechte) Teilmenge von B
$\cap$	Schnittmenge	$A \cap B$	A geschnitten mit B
$\cup$	Vereinigungsmenge	$A \cup B$	A vereinigt mit B
$\setminus$	Restmenge	$A \setminus B$	A ohne B
$\times$	Produktmenge	$A \times B$	A Kreuz B
$\wedge$	und	$A \wedge B$	A und B
$\vee$	oder	$A \vee B$	A oder B
$A(x)$	Aussageform in der Variablen x	$x^2 = 1$	A von x
$L(A)$	Lösungsmenge der Aussageform A	$L(A) = \{1; -1\}$	L von A
$\Rightarrow$	Folgerung	$A(x) \Rightarrow B(x)$, z.B. $x = 1 \Rightarrow x^2 = 1$	Aus A(x) folgt B(x); dies bedeutet: $L(A) \subseteq L(B)$
$\Leftrightarrow$	Äquivalenz	$A(x) \Leftrightarrow B(x)$, z.B. $x^2 = 1 \Leftrightarrow x = 1 \vee x = -1$	A(x) ist äquivalent zu B(x): dies bedeutet: $L(A) = L(B)$

Funktionen

Zeichen	Bedeutung	Beispiel	Lesart
f, g, ...	Funktion	–	–
$f(x)$	Funktionsterm	$f(x) = x^2 + 1$	f von x, f an der Stelle x
$f(2)$	Funktionswert	$f(2) = 2^2 + 1 = 5$	f an der Stelle 2
$D(f)$	Definitionsmenge von f	$D(f) = \mathbb{R}$	D von f
$W(f)$	Wertemenge von f	$W(f) = \mathbb{R}^{\geq 1}$	W von f
$f(M)$	$f(M) = \{y \mid y = f(x) \wedge x \in M\}$ Bildmenge von f unter M	$M = [1; 2]$; $f(M) = [2; 5]$	f von M
$\overset{-1}{f}$	Umkehrrelation zur Funktion f		f oben minus 1
$\overset{-1}{f}(x)$	Term der Umkehrfunktion zu f	$\overset{-1}{f}(x) = \sqrt{x-1}$	f oben minus 1 von x, (an der Stelle x)
$f', f'', \ldots$	erste, zweite, ... Ableitungsfunktion von f		f Strich, f zwei Strich, ...
$f'(x)$, $f''(x), \ldots$	Funktionsterm der ersten, zweiten, ... Ableitung von f	$f'(x) = 2x$; $f''(x) = 2$	f Strich von x, f zwei Strich von x, ...
$f'(2)$	Wert der 1. Ableitung	$f'(2) = 4$	f Strich an der Stelle 2
$\langle a_n \rangle$	Zahlenfolge	$\langle 2n+1 \rangle$	Zahlenfolge zu a_n

Vorwort

In allen Bundesländern stellt sich das Problem, daß die Grundlagen der Analysis in Grundkursen oder im Klassenunterricht der Jahrgangsstufe 11 mit einer Zielsetzung gelegt werden, die der Intention der späteren Leistungskurse nicht voll entspricht.
Da außerdem die Leistungskurse in der Regel aus Schülern mit teilweise unterschiedlichen Vorkenntnissen zusammengesetzt sind, haben die Verfasser sich entschlossen, eine vollständige Darstellung der Analysis vorzulegen.
Der im Inhaltsverzeichnis grau gekennzeichnete erste Teil des Buches enthält die Stoffgebiete, die in der Regel – wenigstens teilweise – schon behandelt worden sind. Diese Paragraphen stehen daher nach Bedarf zur Wiederholung und zur Ergänzung zur Verfügung.
Der Unterricht kann grundsätzlich, je nach dem Kenntnisstand der Schüler, an jeder Stelle des Buches einsetzen. Gegebenenfalls können einzelne Sachverhalte aus den vorhergehenden Paragraphen nachgeholt werden.
Alle behandelten Teilgebiete der Analysis sind im Buch vollständig dargestellt. Es bleibt dem Lehrer überlassen, an welchen Stellen er Schwerpunkte setzen will. Der Wegweiser gibt hierfür Hinweise und Anregungen.

Hinweise zu den einzelnen Abschnitten

1) **Der Stetigkeitsbegriff** wird in § 2 nur soweit behandelt, wie es für den weiteren Aufbau der Analysis unerläßlich ist. Eine vertiefende Darstellung findet sich in § 9, II.

2) Der zentrale Satz für die Diskussion von Funktionen ist der **globale Monotoniesatz.** In den Kernstücken des Aufbaus der Differentialrechnung wird **allein** beim Beweis dieses Satzes von der Eigenschaft der **Vollständigkeit der reellen Zahlen** Gebrauch gemacht. Die Verfasser haben diesem Weg wegen seiner Einfachheit und Transparenz den Vorzug gegenüber dem Weg über die Stetigkeitssätze (Zwischenwertsatz, Satz vom Maximum und vom Minimum), den Satz von Rolle und den Mittelwertsatz gegeben. Das Buch gestattet es aber auch, die andere Konzeption zu wählen. Dazu werden die oben genannten Sätze mit ihren wesentlichen Folgerungen in einem Ergänzungsparagraphen behandelt.

3) Die Einführung in die **Integralrechnung** ist so dargestellt, daß der Lehrer sich mit dem an Beispielen erarbeiteten Verständnis eines Integrals als des gemeinsamen Grenzwertes von Ober- und Untersummenfolgen begnügen kann. Die strenge Definition des Integralbegriffs in § 10, III mit Hilfe der Begriffe Unter- und Oberintegral (Darboux-Integral) kann also übergangen werden.
Zur Rechtfertigung des bei den einführenden Beispielen benutzten Verfahrens wird in § 11 als erstes bewiesen, daß Integrale in der Tat als Grenzwerte von Ober- und Untersummenfolgen berechnet werden können. Bei den folgenden Beweisen kann dadurch wieder auf die Grenzwertsätze für Zahlenfolgen zurückgegriffen werden.

4) Weitere in § 11 behandelte Sätze zum Integralbegriff dienen ebenfalls der Vertiefung und der Ergänzung. Sie bieten eine Reihe von Auswahlmöglichkeiten, die alle so angelegt sind, daß der Lehrgang in sich stimmig und ohne Bruch bleibt.
Um dem Lehrer die Möglichkeit zu geben, **ohne** Behandlung der schwierigeren Existenzsätze möglichst rasch zu den **Integrationsverfahren** vorzustoßen, wird die grundlegende Beziehung des Hauptsatzes $\int_a^b f = F(b) - F(a)$ in Satz S 11.9 zunächst für Funktionen bewiesen, die integrierbar sind und eine Stammfunktion F besitzen. Diese zusätzlichen Voraussetzungen sind für die Integrationsverfahren von untergeordneter Bedeutung, weil einerseits vorher (in Satz S 11.5) bewiesen worden ist, daß alle stückweisen monotonen Funktionen (also praktisch alle „Schulfunktionen“) integrierbar sind und weil es andererseits beim Integrieren darauf ankommt, zu einer Funktion f eine Stammfunktion F zu bestimmen, weniger aber darauf, zu wissen, ob eine Stammfunktion existiert.
Diese zusätzlichen Voraussetzungen werden dann in den folgenden Sätzen schrittweise abgebaut, indem gezeigt wird, daß jede über einem Intervall stetige Funktion beide Voraussetzungen erfüllt. Auf die Behandlung dieser Sätze kann aber gegebenenfalls verzichtet werden, ohne daß das Gesamtverständnis dadurch beeinträchtigt würde.

5) In § 15 finden sich Hinweise zu Computerprogrammen, mit deren Hilfe die Erarbeitung einzelner Teilgebiete des dargestellten Stoffes unterstützt werden kann. Diese Programme werden auf einer Diskette angeboten.

§ 1 Zahlenfolgen. Der Grenzwertbegriff

Vorbemerkung: Da Zahlenfolgen in der Regel schon vor dem Einstieg in einen Leistungskurs behandelt worden sind, enthalten die ersten Abschnitte dieses Paragraphen nur eine Kurzdarstellung dieses Themas, die als Grundlage für den weiteren Aufbau der Analysis dienen soll.

I. Grundlegende Eigenschaften von Zahlenfolgen

1. Unter einer **„Zahlenfolge"** versteht man eine Funktion f mit $D(f)=\mathbb{N}$ und $W(f)\subseteq\mathbb{R}$. In der Regel werden Zahlenfolgen – wie andere Funktionen – durch Funktionsterme festgelegt. Dabei verwendet man statt der Variablen x meist die Variable n mit der Bedingung $n\in\mathbb{N}$. Den Funktionsterm f(n) bezeichnet man bei Zahlenfolgen meist mit „a_n" oder „b_n", die zugehörigen Folgen selbst mit „$\langle a_n\rangle$" oder „$\langle b_n\rangle$" usw.

Beispiel: $a_n=\frac{1}{n}$

Man kann die so gegebene Zahlenfolge als Paarmenge schreiben:

$$\{(1\,|\,1);\ (2\,|\,\tfrac{1}{2});\ (3\,|\,\tfrac{1}{3});\ (4\,|\,\tfrac{1}{4});\ \ldots\}.$$

Die erste Zahl in jedem Paar kann als **„Platznummer"** aufgefaßt werden; diese Zahl weist dem zugeordneten Wert der Wertemenge einen bestimmten Platz zu. Häufig erfaßt man eine Zahlenfolge jedoch kürzer dadurch, daß man die Elemente der Wertemenge, die **„Glieder"** der Zahlenfolge in der durch die Platznummer angegebenen Reihenfolge hinschreibt:

$$1;\ \tfrac{1}{2};\ \tfrac{1}{3};\ \tfrac{1}{4};\ \tfrac{1}{5};\ \ldots.$$

2. Da Zahlenfolgen spezielle Funktionen sind, können wir sie in einem kartesischen Koordinatensystem graphisch darstellen.

Beispiel:

In Bild 1.1 sind die ersten zehn Glieder der Folge zu $a_n=\frac{2n}{n+1}$ dargestellt.

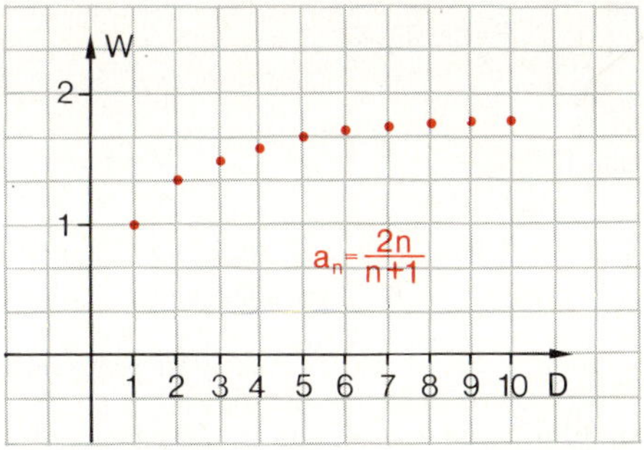

Bild 1.1

Man kann Zahlenfolgen aber auch einfach auf einer Zahlengeraden veranschaulichen, indem man die Punkte zu den Zahlen $a_1, a_2, a_3, \ldots$ markiert (Bild 1.2).

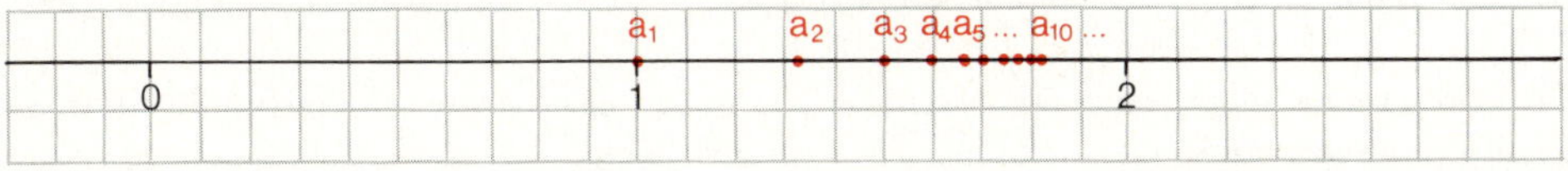

Bild 1.2

3. Bei der Zahlenfolge des letzten Beispiels ist jedes Glied größer als das vorhergehende: für alle $n \in \mathbb{N}$ gilt: $a_{n+1} \geq a_n$; eine solche Zahlenfolge nennt man **„monoton steigend"**.
Gilt dagegen für alle $n \in \mathbb{N}$: $a_{n+1} \leq a_n$, so heißt die Zahlenfolge **„monoton fallend"**.
Gilt – wie beim letzten Beispiel – für alle $n \in \mathbb{N}$ sogar $a_{n+1} > a_n$ bzw. $a_{n+1} < a_n$, so heißt die Zahlenfolge **„streng monoton steigend"** bzw. **„streng monoton fallend"**.
Um eine Zahlenfolge auf Monotonie zu untersuchen, ist es häufig zweckmäßig, die Differenz $a_{n+1} - a_n$ zu betrachten.

Beispiele:

1) $a_n = \frac{n}{n+1}$. Für alle $n \in \mathbb{N}$ gilt: $a_{n+1} - a_n = \frac{n+1}{n+2} - \frac{n}{n+1} = \frac{(n+1)^2 - n(n+2)}{(n+1)(n+2)} = \frac{1}{(n+1)(n+2)} > 0$.
Die Folge $\langle a_n \rangle$ ist also streng monoton steigend (Bild 1.3).

2) $a_n = \frac{1-n^2}{n}$. Für alle $n \in \mathbb{N}$ gilt: $a_{n+1} - a_n = \frac{1-(n+1)^2}{n+1} - \frac{1-n^2}{n} = -\frac{n^2+n+1}{n(n+1)} < 0$.
Die Folge $\langle a_n \rangle$ ist also streng monoton fallend (Bild 1.4).

3) $a_n = (n-3)^2$. Für alle $n \in \mathbb{N}$ gilt: $a_{n+1} - a_n = (n-2)^2 - (n-3)^2 = (n^2 - 4n + 4) - (n^2 - 6n + 9) = 2n - 5$. Nun gilt $2n - 5 > 0$ für $n \geq 3$, aber $2n - 5 < 0$ für $n < 3$. Die Folge ist also weder monoton steigend noch monoton fallend; allerdings ist sie vom 3. Glied an streng monoton steigend (Bild 1.5).

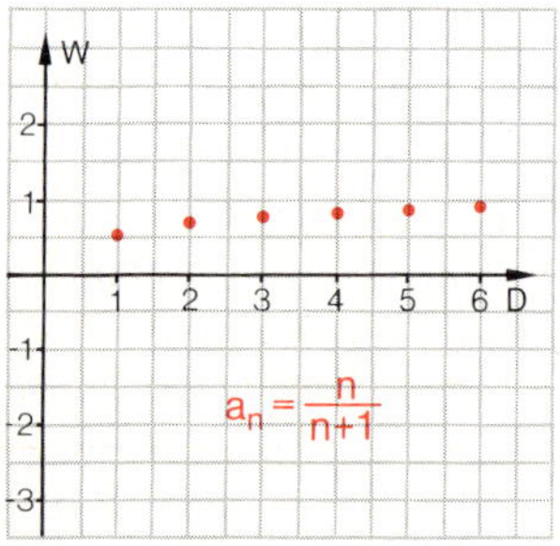

Bild 1.3

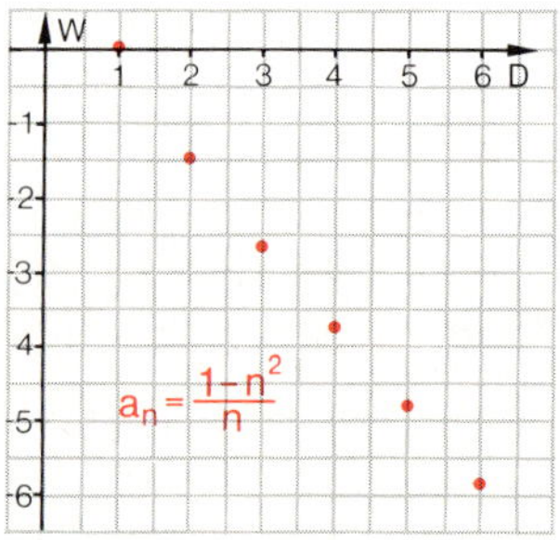

Bild 1.4

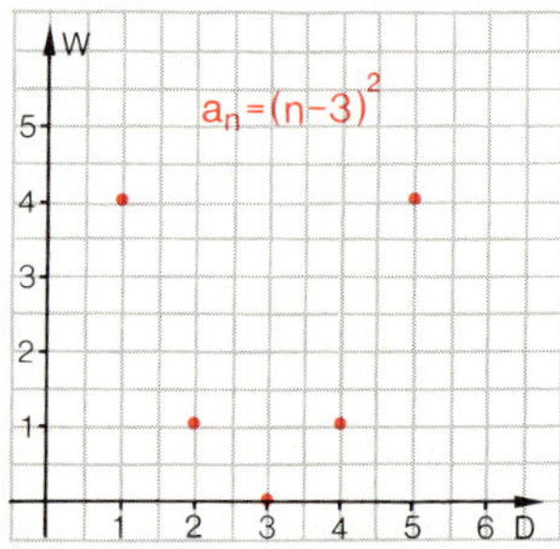

Bild 1.5

4. Die Zahlenfolge des Beispiels 3) zu $a_n = (n-3)^2$ wächst vom 3. Glied an so stark, daß jede noch so große Zahl übertroffen wird, wenn man in der Folge nur weit genug fortschreitet. Man sagt: die Zahlenfolge ist **„unbeschränkt"**. Auch die Zahlenfolge $\left\langle 1 - \frac{1}{n} \right\rangle$ ist streng monoton steigend, weil von Glied zu Glied eine kleinere Zahl von 1 subtrahiert wird. Alle Glieder der Folge sind aber kleiner als 1. Man nennt diese – und jede größere – Zahl eine **„obere Schranke"** der Folge und sagt: die Folge ist **„nach oben beschränkt"**.
Eine Zahlenfolge heißt also **„nach oben (bzw. unten) beschränkt"** genau dann, wenn es eine **obere Schranke S_o** (bzw. eine **untere Schranke S_u**) gibt, so daß für alle $n \in \mathbb{N}$ gilt: $a_n \leq S_o$ (bzw. $a_n \geq S_u$).
Sie heißt **„beschränkt"** genau dann, wenn sie nach oben **und** nach unten beschränkt ist, wenn es also eine **Schranke S** gibt, so daß für alle $n \in \mathbb{N}$ gilt: $|a_n| \leq S$.

5. Um zu zeigen, daß eine Zahl S (obere, untere) Schranke einer Zahlenfolge $\langle a_n \rangle$ ist, ist es zweckmäßig, die Differenz $S - a_n$ bzw. die Differenz $a_n - S$ zu berechnen.

Beispiele:

1) $a_n = \frac{n-2}{n+1}$ (Bild 1.6)

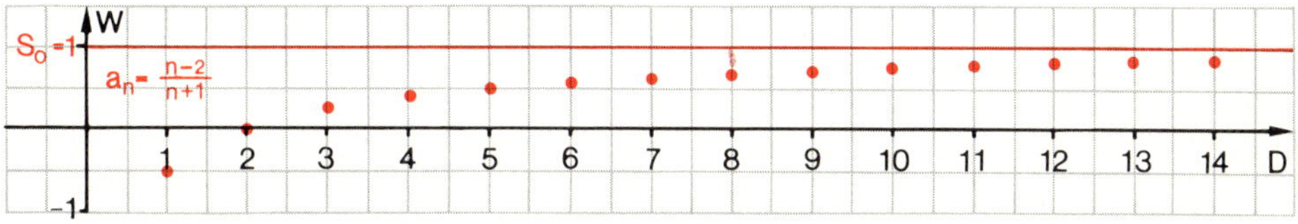

Bild 1.6

Wir zeigen, daß die Zahl 1 eine obere Schranke der Folge ist. Für alle $n \in \mathbb{N}$ gilt:

$$1 - \frac{n-2}{n+1} = \frac{n+1-n+2}{n+1} = \frac{3}{n+1} > 0, \text{ also } \frac{n-2}{n+1} < 1, \text{ q.e.d.}$$

Beachte:

a) Mit jeder Zahl S_0 ist auch jede größere Zahl $\bar{S}_0$ obere Schranke der Folge. Obere Schranken von $\left\langle \frac{n-2}{n+1} \right\rangle$ sind also z. B. auch die Zahlen 2, 3, π und 10000.

b) Wenn sich herausstellt, daß die vermutete Zahl keine obere Schranke der Folge ist, so bedeutet dies nicht, daß die Folge nicht nach oben beschränkt ist; denn die Folge könnte ja eine größere Zahl als obere Schranke haben.

2) $a_n = \frac{1-n}{n^2}$ (Bild 1.7)

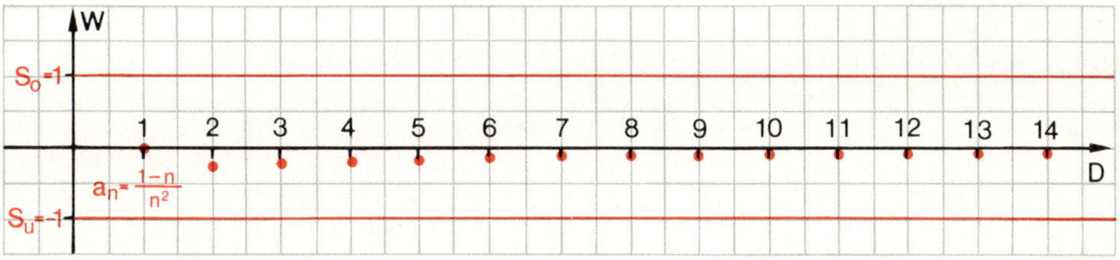

Bild 1.7

Wir wollen zeigen, daß 1 eine obere, −1 eine untere Schranke der Folge ist.

a) Für alle $n \in \mathbb{N}$ gilt: $1 - \frac{1-n}{n^2} = \frac{n^2-1+n}{n^2} > 0$, weil Zähler und Nenner stets positiv sind, q.e.d.

b) Für alle $n \in \mathbb{N}$ gilt: $\frac{1-n}{n^2} - (-1) = \frac{1-n+n^2}{n^2} = \frac{n(n-1)+1}{n^2} > 0$, weil Zähler und Nenner stets positiv sind, q.e.d.

Da für alle $n \in \mathbb{N}$ gilt $\left| \frac{1-n}{n^2} \right| < 1$ ist die Zahlenfolge $\left\langle \frac{1-n}{n^2} \right\rangle$ auch beschränkt. Eine Schranke ist die Zahl $S = 1$. Beachte: auch jede größere Zahl ist eine Schranke der Folge!

Übungen und Aufgaben

1. Bestimmen Sie die ersten fünf Glieder der Folge $\langle a_n \rangle$ und a_{20}!

a) $a_n = 2n - 1$ **b)** $a_n = 20 - 5n$ **c)** $a_n = \frac{n}{2n+1}$ **d)** $a_n = \frac{n-3}{n+3}$

e) $a_n = (-1)^n$ **f)** $a_n = 10^{-n}$ **g)** $a_n = (\frac{1}{2})^n$ **h)** $a_n = (-1)^n \frac{n}{n+1}$

i) $a_n = \sqrt{2^n}$ **j)** $a_n = \sin(n\pi)$ **k)** $a_n = \left(\cos\frac{n\pi}{2}\right)^n$ **l)** $a_n = \sqrt[n]{4096}$

2. Notieren Sie das 2., 5., 10., 15. und 20. Glied der Folge, die entsteht, wenn man die Zahl 0,5 in einen Taschenrechner eingibt und dann fortwährend die angegebene Taste drückt!

a) $\boxed{\frac{1}{x}}$ **b)** $\boxed{x^2}$ **c)** $\boxed{\sqrt{x}}$ **d)** $\boxed{\sin}$ **e)** $\boxed{\cos}$ **f)** $\boxed{\tan}$

3. Stellen Sie wenigstens die ersten sechs Glieder der Folge $\langle a_n \rangle$ in einem Koordinatensystem und auf einer Zahlengeraden dar!

a) $a_n = n + 1$ **b)** $a_n = \frac{1}{n+1}$ **c)** $a_n = \frac{n}{n+1}$ **d)** $a_n = 2^n$ **e)** $a_n = 8 \cdot (\frac{1}{2})^n$

f) $a_n = 3 + (-1)^n$ **g)** $a_n = (-1)^n \frac{1}{n}$ **h)** $a_n = \left(\frac{n}{6}\right)^n$ **i)** $a_n = \frac{2^n}{n^2}$ **j)** $a_n = \frac{\sin(n\frac{\pi}{2})}{\cos(n\pi)}$

4. Berechnen Sie die ersten 10 Folgenglieder! Welche Folgen haben gemeinsame Eigenschaften?

$a_n = n^2 - n$; $b_n = (n-10)(n-5)$; $c_n = \frac{1}{6}n(n^2-1)$; $d_n = \frac{n-1}{n+1}$

$e_n = 1 + (-1)^n$; $f_n = n + (-1)^n n$; $g_n = \frac{2n-1}{n+2}$; $h_n = \frac{1-n^2}{3+n}$

5. Untersuchen Sie, ob die Folge $\langle a_n \rangle$ monoton ist, und beweisen Sie Ihr Ergebnis!

a) $a_n = \frac{2n}{n+1}$ **b)** $a_n = \frac{1-n^2}{n+1}$ **c)** $a_n = \frac{(2-n)^2}{n+1}$ **d)** $a_n = \frac{n^2}{2n^2-1}$

e) $a_n = \frac{3-4n}{2n+1}$ **f)** $a_n = 2^n - n^2$ **g)** $a_n = \sqrt{n+1} - \sqrt{n}$ **h)** $a_n = \sin n$

6. Untersuchen Sie, für welche Einsetzungen für x die Folge $\langle x^n \rangle$ monoton steigend bzw. monoton fallend ist! **Anleitung:** Untersuchen Sie dazu jeweils den Quotienten von zwei aufeinander folgenden Gliedern der Folge!

7. Untersuchen Sie, ob die Zahlenfolge $\langle a_n \rangle$ nach oben oder nach unten beschränkt ist! Geben Sie jeweils Schranken an und führen Sie die Beweise!

a) $a_n = \frac{n}{n+2}$ **b)** $a_n = -\frac{1}{n}$ **c)** $a_n = \frac{2n+1}{3n-1}$ **d)** $a_n = \frac{n^2}{n+2}$ **e)** $a_n = (-2)^n$

f) $a_n = \sqrt{n^2+1} - n$ **g)** $a_n = 4 + (-1)^n \frac{n-1}{n+1}$ **h)** $a_n = (-1)^n \frac{n+1}{2n-1}$ **i)** $a_n = \cos(n^2)$

8. Beweisen Sie den angegebenen Satz oder widerlegen Sie ihn durch ein Gegenbeispiel!

a) Wenn die Folge $\langle a_n \rangle$ beschränkt ist und für alle $n \in \mathbb{N}$ gilt $a_n \neq 0$, dann ist auch die Folge $\left\langle \frac{1}{a_n} \right\rangle$ beschränkt.

b) Wenn die Folge $\langle a_n \rangle$ monoton fallend (steigend) ist, dann ist sie auch nach oben (unten) beschränkt.

c) Wenn die Folge $\langle a_n \rangle$ monoton ist, dann ist sie auch beschränkt.

d) Wenn die Folge $\langle a_n \rangle$ beschränkt ist, dann ist sie auch monoton.

II. Der Grenzwertbegriff für Zahlenfolgen

1. Die Zahlenfolge $\langle a_n \rangle$ zu $a_n = 2 - \frac{3}{n}$ (Bild 1.8) hat die Eigenschaft, daß ihre Glieder sich der Zahl 2 immer mehr annähern, daß sie der Zahl 2 „schließlich beliebig nahe" kommen. Man sagt: die Zahlenfolge hat den **„Grenzwert"** 2; sie **„konvergiert"** gegen die Zahl 2 und schreibt: $\lim\limits_{n \to \infty} \left(2 - \frac{3}{n}\right) = 2$, gelesen „lim für n gegen unendlich von $2 - \frac{3}{n}$ gleich 2".

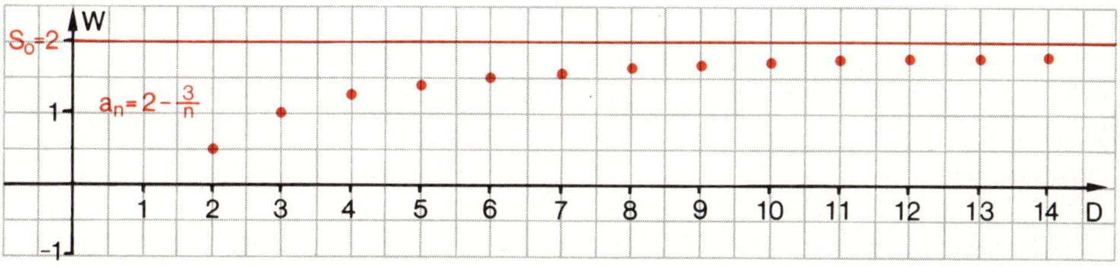

Bild 1.8

2. Um diesen Sachverhalt exakt erfassen zu können, benutzen wir den Begriff der **„Umgebung"** einer Zahl g. Wir definieren:

D 1.1 Unter der „ε-Umgebung einer Zahl g" versteht man das offene Intervall

$$U_\varepsilon(g) = \,]g - \varepsilon;\, g + \varepsilon[\quad \text{mit } \varepsilon > 0.$$

Beispiel: $U_{0,2}(2) = \,]1{,}8;\, 2{,}2[$ (Bild 1.9)

Z. B. gilt: $1{,}86 \in U_{0,2}(2)$ und $2{,}12 \in U_{0,2}(2)$, aber $2{,}4 \notin U_{0,2}(2)$ und $1{,}8 \notin U_{0,2}(2)$.

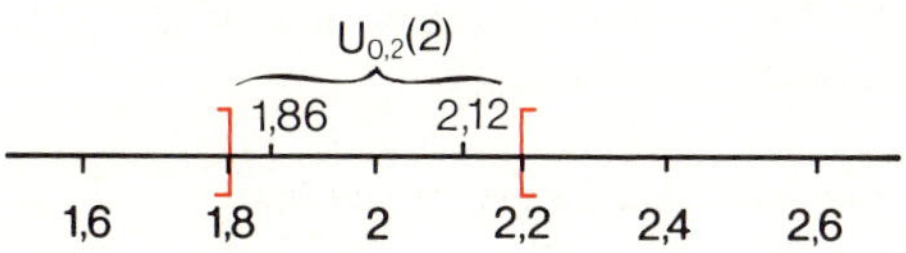

Bild 1.9

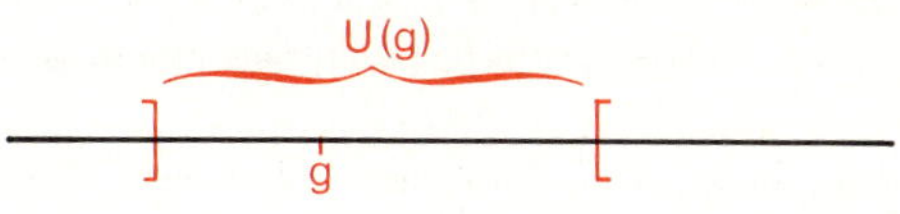

Bild 1.10

Bemerkung: Als **„Umgebung U(g)"** bezeichnet man allgemein ein offenes Intervall, welches die Zahl g enthält; diese Zahl braucht dabei nicht unbedingt in der Mitte des Intervalls zu liegen; außerdem wird auch nichts über die Breite des Intervalls ausgesagt (Bild 1.10).

3. Daß die Glieder einer Zahlenfolge dem Grenzwert **„schließlich beliebig nahe“** kommen, bedeutet nun das Folgende: wählt man eine beliebige ε-Umgebung, so liegen „schließlich“ alle Glieder der Folge in dieser Umgebung, wie klein auch die Zahl ε gewählt wird. Dabei bedeutet das Wort „schließlich“, daß nicht alle Folgenglieder in $U_\varepsilon(g)$ liegen müssen, sondern erst alle Glieder von einem Glied a_N an, also alle Glieder bis auf endlich viele, also **„fast alle“** oder **„schließlich alle“** a_n.

Beispiel: $a_n = 2 - \frac{3}{n}$

1) In $U_{0,1}(2)$ liegen z.B. **nicht** die Glieder $a_5 = 1{,}4$ und $a_{20} = 1{,}85$, wohl aber das Glied $a_{40} = 1{,}925$ und alle folgenden.

2) In $U_{0,001}(2)$ liegt z.B. **nicht** das Glied $a_{400} = 1{,}9925$, wohl aber das Glied $a_{5000} = 1{,}9994$ und alle folgenden.

4. Allgemein können wir sagen, daß eine Zahlenfolge $\langle a_n \rangle$ gegen die Zahl g strebt, den Grenzwert g hat, wenn in jeder **ε-Umgebung von g schließlich alle Glieder der Folge liegen**, wenn also außerhalb von $U_\varepsilon(g)$ höchstens endlich viele Folgenglieder liegen.

Für **jede** Zahl $\varepsilon \in \mathbb{R}^{>0}$ müssen somit alle Glieder von einem Glied a_N ab in $U_\varepsilon(g)$ liegen, d.h. für alle auf a_N folgenden Glieder a_n muß gelten: $a_n \in U_\varepsilon(g)$, also $g - \varepsilon < a_n < g + \varepsilon$, anders ausgedrückt:

$$|g - a_n| < \varepsilon \quad \text{(Bild 1.11)}.$$

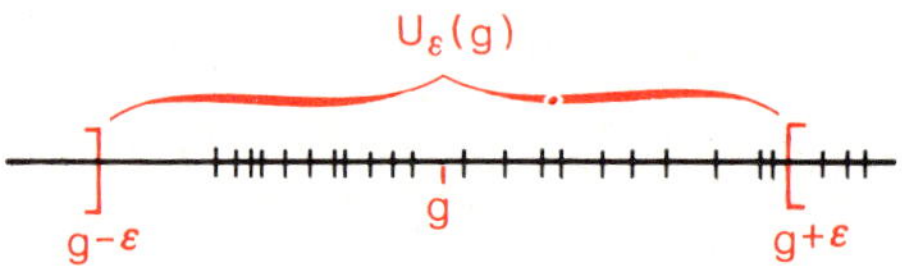

Bild 1.11

Es muß also zu **jeder** Zahl $\varepsilon \in \mathbb{R}^{>0}$ eine Zahl $N \in \mathbb{N}$ geben, so daß gilt:

$$n > N \Rightarrow |g - a_n| < \varepsilon.$$

Dabei hängt die Zahl N natürlich davon ab, welche Zahl für ε gewählt wird; daher schreiben wir „N(ε)“. Wir definieren also:

D 1.2 Eine Zahl g heißt „Grenzwert einer Zahlenfolge $\langle a_n \rangle$“ genau dann, wenn es zu jeder Zahl $\varepsilon \in \mathbb{R}^{>0}$ eine Zahl $N(\varepsilon) \in \mathbb{N}$ gibt, so daß gilt:

$$n > N(\varepsilon) \Rightarrow |g - a_n| < \varepsilon.$$

Man schreibt „$\lim\limits_{n\to\infty} a_n = g$“ und liest „limes von a_n für n gegen unendlich ist gleich g“.

Man sagt: Die Folge $\langle a_n \rangle$ ist „konvergent“, sie „konvergiert gegen die Zahl g“.
Ist eine Folge nicht konvergent, so nennt man sie „divergent“.

Bemerkung: Man kann die Grenzwertbedingung auch folgendermaßen schreiben:

$$n > N(\varepsilon) \Rightarrow |a_n - g| < \varepsilon \quad \text{oder} \quad n > N(\varepsilon) \Rightarrow g - \varepsilon < a_n < g + \varepsilon \text{ (Aufgabe 2a).}$$

5. Zur Verdeutlichung zeigen wir, daß die Zahlenfolge unseres Beispiels tatsächlich den Grenzwert 2 hat: $\lim\limits_{n\to\infty}\left(2 - \frac{3}{n}\right) = 2$.

Beweis: Wir haben zu zeigen, daß es zu jeder Zahl $\varepsilon \in \mathbb{R}^{>0}$ eine Zahl $N(\varepsilon) \in \mathbb{N}$ gibt, mit

$$n > N(\varepsilon) \Rightarrow \left|2-\left(2-\frac{3}{n}\right)\right| < \varepsilon. \quad \text{Es gilt:} \left|2-\left(2-\frac{3}{n}\right)\right| = \left|\frac{3}{n}\right| = \frac{3}{n}.$$

Zu bestimmten ε-Werten können wir die zugehörigen Zahlen $N(\varepsilon)$ leicht bestimmen.

1) Für $\varepsilon = 0{,}1$ ist $N(0{,}1) = 30$; denn für $n > 30$ gilt $\frac{3}{n} < 0{,}1$;

2) für $\varepsilon = 0{,}001$ ist $N(0{,}001) = 3000$; denn für $n > 3000$ gilt $\frac{3}{n} < 0{,}001$.

Um allgemein zu beweisen, daß die Zahl 2 Grenzwert der Folge $\langle a_n \rangle$ ist, gehen wir von der Beziehung aus, deren Gültigkeit wir für fast alle $n \in \mathbb{N}$ nachzuweisen haben, und formen sie in eine äquivalente Ungleichung um, die nach n aufgelöst ist. Wegen $n > 0$ und $\varepsilon > 0$ gilt:

$$\frac{3}{n} < \varepsilon \Leftrightarrow n > \frac{3}{\varepsilon}.$$

Offensichtlich gibt es zu jeder Zahl $\varepsilon \in \mathbb{R}^{>0}$ eine natürliche Zahl $N(\varepsilon)$ mit $N(\varepsilon) \geq \frac{3}{\varepsilon}$; dann gilt nach obiger Rechnung für jede Zahl $n \in \mathbb{N}$ mit $n > N(\varepsilon)$, also auch für jede Zahl mit $n > \frac{3}{\varepsilon}$:

$$\left|2-\left(2-\frac{3}{n}\right)\right| = \frac{3}{n} < \varepsilon.$$

Die Zahl 2 ist also tatsächlich der Grenzwert der Folge $\left\langle 2-\frac{3}{n} \right\rangle$; es gilt: $\lim\limits_{n\to\infty}\left(2-\frac{3}{n}\right) = 2$, q.e.d.

6. Wenn man eine Zahlenfolge $\langle a_n \rangle$ mit dem Grenzwert g in einem Koordinatensystem darstellt, so kann man den Inhalt von Definition D 1.2 folgendermaßen deuten: Der ε-Umgebung von g auf der W-Achse entspricht ein ε-Streifen in der Koordinatenebene. In Bild 1.12 ist der Sachverhalt für obiges Beispiel $a_n = 2 - \frac{3}{n}$ dargestellt. Definition D 1.2 besagt für diese Darstellung, daß zu jeder positiven Zahl ε alle Punkte des Folgengraphen von einer Stelle $N(\varepsilon)$ ab im zugehörigen ε-Streifen um $g = 2$ liegen. In Bild 1.12 ist zur Verdeutlichung eine Parallele im Abstand $N(0{,}6) = 5$ zur W-Achse eingezeichnet. Rechts von dieser Geraden liegen alle Punkte des Folgengraphen im ε-Streifen um $g = 2$.

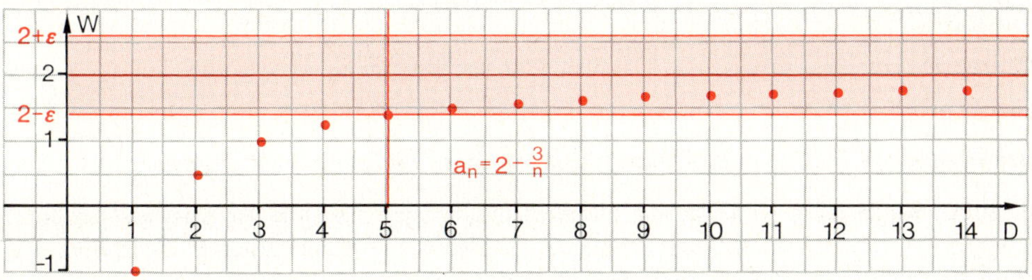

Bild 1.12

7. Setzt man in dem Term $T(\varepsilon)=\frac{3}{\varepsilon}$ eine positive Zahl ein, so kann es sein, daß sich **keine** natürliche Zahl ergibt. Daher kann man nicht in jedem Fall sagen, daß $N(\varepsilon)=\frac{3}{\varepsilon}$ ist. Offensichtlich kommt es bei der Bedingung $n>\frac{3}{\varepsilon}$ darauf aber gar nicht an; denn zu jeder reellen Zahl gibt es größere natürliche Zahlen. Daher können wir in der Definition D 1.2 die Bedingung $\mathbf{n>N(\varepsilon)}$ auch durch die Bedingung $\mathbf{n>X(\varepsilon)}$ ersetzen, wobei für $X(\varepsilon)$ **reelle** Zahlen zugelassen sind.

8. Ein **Sonderfall** liegt vor, wenn eine Zahlenfolge $\langle a_n \rangle$ den Grenzwert 0 hat; solche Zahlenfolgen nennt man **„Nullfolgen"**. Wegen $|0-a_n|=|-a_n|=|a_n|$ ergibt sich aus Definition D 1.2 unmittelbar die Gültigkeit des Satzes

S 1.1 **Eine Zahlenfolge $\langle a_n \rangle$ ist eine Nullfolge genau dann, wenn es zu jeder Zahl $\varepsilon \in \mathbb{R}^{>0}$ eine Zahl $X(\varepsilon) \in \mathbb{R}$ gibt, so daß gilt:**

$$n>X(\varepsilon) \Rightarrow |a_n|<\varepsilon.$$

Beispiel: Wir behaupten: $\lim\limits_{n\to\infty} \frac{1}{\sqrt{n}}=0.$

Beweis: Es gilt $\left|\frac{1}{\sqrt{n}}\right|=\frac{1}{\sqrt{n}}$ und $\frac{1}{\sqrt{n}}<\varepsilon \Leftrightarrow \frac{1}{\varepsilon}<\sqrt{n} \Leftrightarrow n>\frac{1}{\varepsilon^2}.$

Beachte, daß die letzte Umformung wegen $\varepsilon>0$ tatsächlich eine Äquivalenzumformung ist!

Wir wählen also $X(\varepsilon)=\frac{1}{\varepsilon^2}$; denn dann gilt:

$$n>X(\varepsilon) \Rightarrow \left|\frac{1}{\sqrt{n}}\right|<\varepsilon, \text{ also } \lim_{n\to\infty} \frac{1}{\sqrt{n}}=0, \text{ q.e.d.}$$

9. Zwischen Zahlenfolgen mit einem Grenzwert g und Nullfolgen besteht ein enger Zusammenhang; es gilt der Satz

S 1.2 **Eine Zahlenfolge $\langle a_n \rangle$ hat den Grenzwert g genau dann, wenn $\langle a_n - g \rangle$ eine Nullfolge ist:**

$$\lim_{n\to\infty} a_n = g \Leftrightarrow \lim_{n\to\infty} (a_n - g) = 0.$$

Beweis: Es gilt: $|a_n-g|=|g-a_n|$. Die Bedingungen für $\lim\limits_{n\to\infty}(a_n-g)=0$ und $\lim\limits_{n\to\infty} a_n=g$ sind also identisch, q.e.d.

Bemerkung: Wir haben in Definition D 1.2 zunächst erklärt, was $\lim\limits_{n\to\infty} a_n=g$ bedeutet und dann den Sonderfall $g=0$ betrachtet. Stattdessen kann man mit Hilfe der Aussagen der Sätze S 1.1 und S 1.2 auch zuerst den Begriff der Nullfolge und dann allgemein definieren, was $\lim\limits_{n\to\infty} a_n=g$ heißt. Die Aussage der Definition D 1.2 wird dann ein beweisbarer Satz.

Hinweis für Lehrer, Schüler und Eltern

Computergestützte Analysis V 2.0

Programme zum häuslichen Üben und zur Demonstration im Unterricht

Im Analysisunterricht wird nicht nur die Existenz von Grenzwerten, Nullstellen, Extremwerten, Integralen usw. untersucht, es müssen auch Grenzwerte berechnet, Nullstellen bestimmt, Extremwerte usw. ermittelt werden. Rechnungen sind häufig fehleranfällig und bei der Verwendung von Näherungsverfahren kann der Zeitaufwand beträchtlich sein. Besser als der Taschenrechner hilft eine dem Lehrbuch angepaßte Software.

Die „Computergestützte Analysis V 2.0" bietet dem Schüler ausgereifte Programme zur Kontrolle und Unterstützung bei der Lösung numerischer Aufgaben in der Analysis.

Insbesondere die Darstellung von Funktionsgraphen und ihrer beiden Ableitungen in der neuen Version V 2.0 ist eine effektive Hilfe zum Thema Funktionsdiskussion. Für drei Funktionen werden die Tabellen mit Kennzeichnung der Nullstellen, Extremwerte und Wendestellen ausgegeben.

Verschiebungen des Koordinatensystems und eine Zoomfunktion bieten eine komfortable Möglichkeit zur graphischen Lösung von Problemen.

Das Programm ist auch für Demonstrationen im Unterricht geeignet. Interessante Gebiete der Analysis werden dem Unterricht durch drastische Reduzierung des Zeitaufwandes für Rechnungen und Graphiken zugänglich. Integrierte und jederzeit abrufbare Erläuterungen machen ein Handbuch überflüssig.

Fraktale V 1.0

Computergraphiken sind ein herrliches Gebiet für phantasievolle Experimente mit dem Rechner. Mit dem Programm „Fraktale V 1.0" gewinnt man Zugang zur Schönheit von Bildern der fraktalen Geometrie und zum überraschenden Phänomen der Selbstähnlichkeit. Kleine Änderungen der Parameterwerte in den Rekursionen führen zu globalen Änderungen der Bilder und bieten unerschöpfliche Möglichkeiten, Neues zu entdecken.

Bestellkarte

Hiermit bestelle ich begleitende Diskette(n) zum Band „Analysis Leistungskurs" zur Lieferung durch Nachnahme:

Computergestützte Analysis V 2.0 und Fraktale V 1.0 (Neu)

☐ Diskette 3.5″ für IBM-PC und kompatible Rechner, Best.-Nr. 123648, 48,– DM ___ Exempl.
☐ 2 Disketten 5.25″ für IBM-PC und kompatible Rechner, Best.-Nr. 123745, 48,– DM ___ Exempl.

Computergestützte Analysis V 1.0 (Weiterhin lieferbar)

☐ Diskette für Commodore C64/C128, Best.-Nr. 123656, 44,– DM ___ Exempl.
☐ Diskette für Apple II/IIe, Best.-Nr. 123664, 44,– DM ___ Exempl.
☐ Diskette 5.25″ für IBM-PC und kompatible Rechner, Best.-Nr. 123672, 44,– DM ___ Exempl.

Unverbindliche Preisempfehlung. Preisstand vom 1. 1. 1992. Änderungen vorbehalten.
Die Disketten können auch durch den Buchhandel bezogen werden.

Unterschrift des Erziehungsberechtigten ______ Bestell-Datum

Name des bestellenden Erziehungsberechtigten

Vorname

Straße/Hausnummer

PLZ ______ Ort

Inhaltsübersicht

Computergestützte Analysis V 2.0

Aus einem Menü können folgende Themen ausgewählt werden:

1 Zahlenfolgen (Berechnung von Folgegliedern aus der expliziten und der rekursiven Definition einer Zahlenfolge)
2 Nullstellen von Funktionen (Nullstellenbestimmung über Intervallschachtelung, nach dem Newtonverfahren, nach dem Fixpunktverfahren und nach dem Whittackerverfahren)
3 Numerische Integration (Rechteckverfahren, Trapezverfahren, Simpsonverfahren; Verfeinerung durch fortgesetzte Intervallhalbierung; Näherungswerte der Funktionswerte einer Integralfunktion)
4 Approximation von Funktionswerten (rekursive Berechnung von Funktionswerten ganzrationaler Approximationsfunktionen)
5 Funktionsgraphen (gleichzeitige Darstellung von drei Funktionsgraphen; Bildung und Darstellung der 1. und 2. Ableitung; Ausgabe von Tabellen; Kennzeichnung der Nullstellen, Extremwerte und Wendestellen; Verschiebung des Koordinatensystems; Zoomfunktion)

Hilfen erfolgen über integrierte Erläuterungen. Eine Druckeranpassung ist vom Programm aus realisierbar.

Fraktale V 1.0

Aus einem Menü können vier grundlegend verschiedene Fraktale ausgewählt werden:

1 Hüpfer 1 (nach Barry Martin)
2 Hüpfer 2
3 Hüpfer 3
4 Mandelbrotmenge (Apfelmännchen)

Integrierte Erläuterungen und vorgegebene (aber variierbare) Parametersätze unterstützen den Nutzer. Die Fraktale können auf Diskette gespeichert und wieder geladen werden.

Postkarte

Bitte als Postkarte freimachen

Cornelsen

Postfach 87 29

4800 Bielefeld

10. Nach Satz S 1.1 ist eine Zahlenfolge $\langle a_n \rangle$ eine Nullfolge, wenn für hinreichend große Zahlen n die **Beträge** der Folgenglieder beliebig klein werden. Es gilt also der Satz

S 1.3 $\lim\limits_{n\to\infty} a_n = 0 \Leftrightarrow \lim\limits_{n\to\infty} |a_n| = 0.$

Beweis: Es gilt $||a_n|| = |a_n|$; daher sind die Bedingungen dafür, daß $\langle |a_n| \rangle$ und $\langle a_n \rangle$ Nullfolgen sind, identisch, q.e.d.

11. In Zusammenhang mit dem vorstehenden Satz liegt es nahe, danach zu fragen, ob eine entsprechende Beziehung auch zwischen einer konvergenten Folge $\langle a_n \rangle$ und der Folge $\langle |a_n| \rangle$ besteht, wenn es sich **nicht** um Nullfolgen handelt. Daß hierbei Vorsicht geboten ist, zeigt das folgende

Beispiel: Die Folge $\langle a_n \rangle$ zu $a_n = (-1)^n \left(1 + \frac{1}{n}\right)$ ist **nicht** konvergent;

es gilt aber: $\lim\limits_{n\to\infty} |a_n| = \lim\limits_{n\to\infty} \left(1 + \frac{1}{n}\right) = 1$ (Aufgabe 6).

Wir können also nur einen Folgerungs-, nicht aber einen Äquivalenzsatz beweisen, nämlich:

S 1.4 $\lim\limits_{n\to\infty} a_n = g \Rightarrow \lim\limits_{n\to\infty} |a_n| = |g|.$

Beweis: Wir haben zu zeigen, daß es zu jeder Zahl $\varepsilon \in \mathbb{R}^{>0}$ eine Zahl $N(\varepsilon) \in \mathbb{N}$ gibt mit: $n > N(\varepsilon) \Rightarrow ||g| - |a_n|| < \varepsilon$. Nun ergibt sich aus einer Dreiecksungleichung: $||g| - |a_n|| \leq |g - a_n|$ (Aufgaben 8 und 9).

Ferner gibt es wegen $\lim\limits_{n\to\infty} a_n = g$ zu jeder Zahl $\varepsilon \in \mathbb{R}^{>0}$ eine Zahl $N(\varepsilon) \in \mathbb{N}$ mit

$n > N(\varepsilon) \Rightarrow |g - a_n| < \varepsilon$; also auch $n > N(\varepsilon) \Rightarrow ||g| - |a_n|| < \varepsilon$, q.e.d.

Beachte, daß die **Umkehrung** dieses Satzes für $g \neq 0$ nicht gilt!

12. Im folgenden wollen wir an einigen Beispielen zeigen, wie Konvergenzbeweise geführt werden können.

Beispiel: Wir behaupten: $\lim\limits_{n\to\infty} \frac{n}{n+1} = 1.$

Beweis: Es gilt $|g - a_n| = \left|1 - \frac{n}{n+1}\right| = \left|\frac{n+1-n}{n+1}\right| = \left|\frac{1}{n+1}\right| = \frac{1}{n+1}.$

Nun gehen wir von der Beziehung aus, deren Gültigkeit wir für fast alle n nachzuweisen haben und formen sie in eine äquivalente Ungleichung um, die nach n aufgelöst ist:

$$\frac{1}{n+1} < \varepsilon \Leftrightarrow \frac{1}{\varepsilon} < n+1 \Leftrightarrow n > \frac{1}{\varepsilon} - 1.$$

Wählen wir also $X(\varepsilon) = \frac{1}{\varepsilon} - 1$, dann gilt, da wir nur Äquivalenzumformungen durchgeführt haben:

$n > X(\varepsilon) \Rightarrow \left|1 - \frac{n}{n+1}\right| < \varepsilon$; also gilt tatsächlich: $\lim\limits_{n\to\infty} \frac{n}{n+1} = 1$, q.e.d.

13. Nun braucht man bei einem Konvergenzbeweis **nicht** unbedingt die **kleinste** Zahl $N(\varepsilon)$ bzw. $X(\varepsilon)$ zu bestimmen, die der Bedingung von Definition D 1.2 genügt. Daher kann man bei obigem Beispiel die Rechnung auch durch die folgende Überlegung vereinfachen. Es ist nachzuweisen, daß für schließlich alle $n \in \mathbb{N}$ gilt: $\frac{1}{n+1} < \varepsilon$.

Wegen $n+1 > n$ gilt stets auch $\frac{1}{n+1} < \frac{1}{n}$. Wenn also $\frac{1}{n} < \varepsilon$ ist, so ist **erst recht** $\frac{1}{n+1} < \varepsilon$. Wegen $\frac{1}{n} < \varepsilon \Leftrightarrow n > \frac{1}{\varepsilon}$ können wir also auch $X(\varepsilon) = \frac{1}{\varepsilon}$ wählen, denn dann gilt:

$$n > X(\varepsilon) \Rightarrow \frac{1}{n+1} < \varepsilon, \text{ q.e.d.}$$

Man sagt: wir haben $\frac{1}{n+1}$ durch $\frac{1}{n}$ nach oben **„abgeschätzt"**. Eine Abschätzung ist stets so durchzuführen, daß zwischen die beiden Seiten der Ungleichung ein Term „eingeschoben" wird; bei obigem Beispiel geht man von $\frac{1}{n+1} < \varepsilon$ über zu $\frac{1}{n+1} < \frac{1}{n} < \varepsilon$.

Diese Abschätzung hat den Vorteil, daß man mit der neuen Ungleichung $\left(\frac{1}{n} < \varepsilon\right)$ einfacher rechnen kann als mit der ursprünglichen.

14. Wir behandeln ein weiteres **Beispiel**.

Wir behaupten: $\lim\limits_{n \to \infty} \frac{2n^2-1}{n^2+3} = 2$. Es gilt: $\left|2 - \frac{2n^2-1}{n^2+3}\right| = \left|\frac{2n^2+6-2n^2+1}{n^2+3}\right| = \left|\frac{7}{n^2+3}\right| = \frac{7}{n^2+3}$.

Die für fast alle $n \in \mathbb{N}$ nachzuweisende Bedingung lautet also: $\frac{7}{n^2+3} < \varepsilon$. Zur Vereinfachung der Rechnung schätzen wir den Term $\frac{7}{n^2+3}$ nach oben ab, d.h. wir „vergrößern" den Term und vereinfachen dabei: $\frac{7}{n^2+3} < \frac{7}{n^2} \leq \frac{7}{n}$. Nun gilt: $\frac{7}{n} < \varepsilon \Leftrightarrow n > \frac{7}{\varepsilon}$, mit $X(\varepsilon) = \frac{7}{\varepsilon}$ also:

$$n > X(\varepsilon) \Rightarrow \frac{7}{n} < \varepsilon, \text{ erst recht also: } n > X(\varepsilon) \Rightarrow \frac{7}{n^2+3} < \varepsilon, \text{ q.e.d.}$$

15. Schließlich behandeln wir noch das **Beispiel:** $a_n = (\frac{1}{2})^n$. Wir behaupten: $\lim\limits_{n \to \infty} (\frac{1}{2})^n = 0$.

Beweis: $\left|\left(\frac{1}{2}\right)^n\right| = \frac{1}{2^n}$. Wir schätzen den Term $\frac{1}{2^n}$ nach oben ab.

Es gilt $2^1 > 1$, $2^2 > 2$, $2^3 > 3$, usw. und allgemein für alle $n \in \mathbb{N}$: $2^n > n$ und folglich auch $\frac{1}{2^n} < \frac{1}{n}$. Ein exakter Beweis hierfür kann mit dem Beweisverfahren der vollständigen Induktion erbracht werden, welches in § 2, II besprochen wird (Aufgabe 9a, Seite 41). Wegen $\frac{1}{n} < \varepsilon \Leftrightarrow n > \frac{1}{\varepsilon}$ gilt mit $X(\varepsilon) = \frac{1}{\varepsilon}$ also tatsächlich: $n > X(\varepsilon) \Rightarrow |(\frac{1}{2})^n| < \varepsilon$, also $\lim\limits_{n \to \infty} (\frac{1}{2})^n = 0$, q.e.d.

16. Den vorstehenden Beweis kann man folgendermaßen interpretieren. Aus der für alle $n \in \mathbb{N}$ geltenden Ungleichung $0 \leq \frac{1}{2^n} \leq \frac{1}{n}$ und aus der Tatsache, daß $\lim\limits_{n \to \infty} \frac{1}{n} = 0$ ist, haben wir geschlossen, daß auch $\lim\limits_{n \to \infty} \frac{1}{2^n} = 0$ sein muß. Den zugrunde liegenden Sachverhalt halten wir fest im Satz

S 1.5 Wenn für alle $n \in \mathbb{N}$ gilt: $|a_n| \leq |b_n|$ und $\lim\limits_{n \to \infty} b_n = 0$, dann gilt auch $\lim\limits_{n \to \infty} a_n = 0$.

Beweis: Wegen $\lim\limits_{n \to \infty} b_n = 0$ gibt es zu jeder Zahl $\varepsilon \in \mathbb{R}^{>0}$ eine Zahl $N(\varepsilon) \in \mathbb{N}$ mit $n > N(\varepsilon) \Rightarrow |b_n| < \varepsilon$; wegen $|a_n| \leq |b_n|$ gilt für diese Zahl $N(\varepsilon)$ auch:

$$n > N(\varepsilon) \Rightarrow |a_n| < \varepsilon \text{ und mithin } \lim_{n \to \infty} a_n = 0, \text{ q.e.d.}$$

Übungen und Aufgaben

1. Veranschaulichen Sie die angegebene Umgebung auf der Zahlengeraden und schreiben Sie sie mit Hilfe des Mengenbildungsoperators!

a) $U_1(5)$ **b)** $U_{0,5}(1{,}5)$ **c)** $U_{0,1}(6)$ **d)** $U_{0,1}(0)$ **e)** $U_{0,01}(0)$
f) $U_{0,2}(1)$ **g)** $U_{0,25}(-0{,}8)$ **h)** $U_{0,01}(5{,}01)$ **i)** $U_{\frac{1}{3}}(\frac{7}{3})$ **j)** $U_{\frac{1}{8}}(-5)$

2. a) Zeigen Sie, daß für $g, x \in \mathbb{R}$ und $\varepsilon \in \mathbb{R}^{>0}$ gilt: $|g - x| < \varepsilon \Leftrightarrow g - \varepsilon < x < g + \varepsilon$!
b) Formen Sie die Bedingung $|g - x| \geq \varepsilon$ entsprechend um!

3. Bestimmen Sie jeweils eine Zahl N so, daß die angegebene Folgerung gilt!

a) $n > N \Rightarrow \left|2 - \frac{2n+1}{n}\right| < \frac{1}{1000} \quad \left(< \frac{1}{10^6}\right)$ **b)** $n > N \Rightarrow \left|\frac{1}{2} - \frac{3n+5}{6n+8}\right| < \frac{1}{50} \quad \left(< \frac{1}{1000}\right)$

c) $n > N \Rightarrow \left|\frac{2}{n+10}\right| < \frac{1}{100} \quad \left(< \frac{1}{10^5}\right)$ **d)** $n > N \Rightarrow \left|\frac{1}{\sqrt{2n}}\right| < \frac{1}{10} \quad \left(< \frac{1}{1000}\right)$

4. Zeigen Sie, daß die Folge $\langle a_n \rangle$ gegen die Zahl g konvergiert!

a) $a_n = \frac{3n+1}{n}$; $g = 3$ **b)** $a_n = \frac{n-1}{2n}$; $g = \frac{1}{2}$ **c)** $a_n = \frac{1}{n^2}$; $g = 0$

d) $a_n = -\frac{n+1}{n}$; $g = -1$ **e)** $a_n = \frac{1-2n}{n}$; $g = -2$ **f)** $a_n = \frac{(-1)^n}{n}$; $g = 0$

5. Begründen Sie ausführlich, daß die Folge $\langle a_n \rangle$ **nicht** konvergiert!

a) $a_n = \frac{n}{1000}$ **b)** $a_n = -\frac{n^2}{2}$ **c)** $a_n = (-1)^n$ **d)** $a_n = (-1)^n \left(1 + \frac{1}{n}\right)$

6. Prüfen Sie, ob die Folge $\langle |a_n| \rangle$ aus 5d) konvergiert!

7. Versuchen Sie, den Grenzwert g der Zahlenfolge $\langle a_n \rangle$ dadurch zu erraten, daß Sie „große Zahlen" in n einsetzen! Führen Sie dann einen Grenzwertbeweis!

a) $a_n = 2 + \frac{1}{n}$ **b)** $a_n = 3 - \frac{2}{n}$ **c)** $a_n = \frac{n-2}{n+4}$ **d)** $a_n = \frac{4n-1}{n+1}$

e) $a_n = \frac{2n-1}{1-5n}$ **f)** $a_n = \frac{5n^2+1}{3n^2-1}$ **g)** $a_n = \frac{1-\sqrt{n}}{1+\sqrt{n}}$ **h)** $a_n = \frac{\sin n}{n}$

8. Beweisen Sie die Dreiecksungleichungen! Für alle a, $b \in \mathbb{R}$ gilt:

a) $|a+b| \leq |a| + |b|$; **b)** $|a-b| \leq |a| + |b|$; **c)** $|a+b| \geq |a| - |b|$; **d)** $|a-b| \geq |a| - |b|$.

Anleitung zu **a)**: Berechnen Sie $|a+b|^2$ und verwenden Sie: $2ab \leq 2|a| \cdot |b|$!

Anleitung zu **c)**: Ersetzen Sie in b) a durch $a+b$!

9. Begründen Sie mit Hilfe der Ungleichung von 8d), daß gilt: $||a| - |b|| \leq |a-b|$!

10. Konvergiert die Zahlenfolge $\langle a_n \rangle$? Führen Sie gegebenenfalls einen Grenzwertbeweis!

a) $a_n = \frac{3n^2+1}{4n^2-1}$ **b)** $a_n = (-1)^n \frac{3n^2+1}{4n^2-1}$ **c)** $a_n = (-1)^n \frac{3n+1}{4n^2-1}$ **d)** $a_n = (-1)^n \frac{3n^2+1}{4n-1}$

11. a) Zeigen Sie mit Hilfe von Satz S 1.2, daß die Folge $a_1 = 0{,}1$; $a_2 = 0{,}11$; $a_3 = 0{,}111$; $a_4 = 0{,}1111$ etc. den Grenzwert $\frac{1}{9}$ hat!

b) Ermitteln Sie den Grenzwert g der Folge $a_1 = 0{,}18$; $a_2 = 0{,}1818$; $a_3 = 0{,}181818$; $a_4 = 0{,}18181818$ etc. und führen Sie mit Hilfe von Satz S 1.2 einen Grenzwertbeweis!

12. Bild 1.13 zeigt die ersten Punkte $P_1, P_2, P_3, \ldots$ einer Punktfolge.

a) Ermitteln Sie für die Folgen $\langle x_n \rangle$ und $\langle y_n \rangle$ der x-Koordinaten und der y-Koordinaten dieser Punkte einen Folgenterm!

b) Untersuchen Sie die Folgen $\langle x_n \rangle$ und $\langle y_n \rangle$ auf Konvergenz!

c) Gegen welchen Punkt P „konvergiert" demnach die Punktfolge $P_1, P_2, P_3, \ldots$?

d) Zeigen Sie, daß P der Schnittpunkt S der Geraden in Bild 1.13 ist!

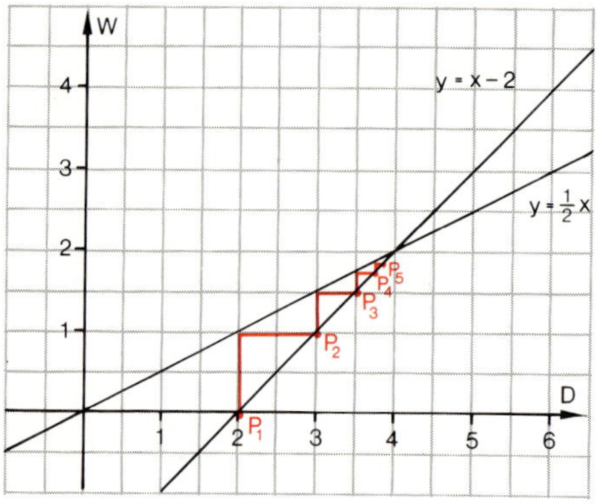

Bild 1.13

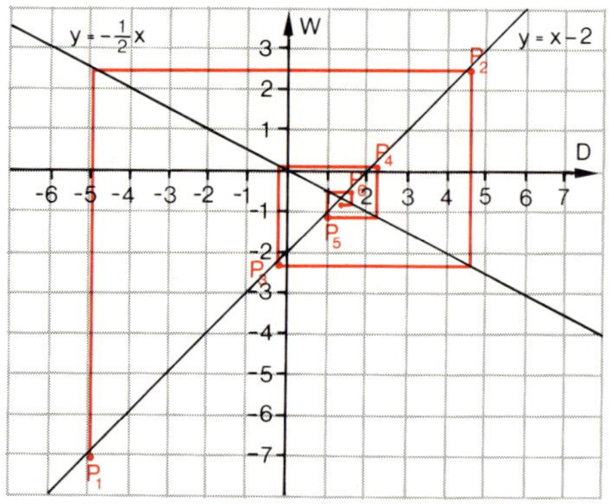

Bild 1.14

13. Bearbeiten Sie Aufgabe 12 für Bild 1.14!

III. Grundlegende Sätze zum Grenzwertbegriff

1. Wenn eine Zahlenfolge nicht beschränkt ist, kann sie offensichtlich auch nicht konvergent sein. Es gilt also der Satz

S 1.6 Jede konvergente Zahlenfolge ist beschränkt.

Beweis: Außerhalb von $U_1(g)$ können höchstens endlich viele Folgenglieder liegen. Falls es überhaupt noch Glieder gibt, die

unterhalb	oberhalb

von $U_1(g)$ liegen, so ist eines von ihnen das

kleinste, etwa a_k;	größte, etwa a_m;

dann ist a_k eine untere, a_m eine obere Schranke der Folge. Anderenfalls gilt für alle $n \in \mathbb{N}$

$a_n > g - 1$.	$a_n < g + 1$ (Bild 1.15).

Die Folge $\langle a_n \rangle$ ist also in jedem Fall nach unten und nach oben beschränkt, q.e.d.

Bemerkung: Die Umkehrung von Satz S 3.1 gilt nicht; denn eine beschränkte Folge braucht **nicht** konvergent zu sein. Dies zeigt im Folgenden das Beispiel 3).

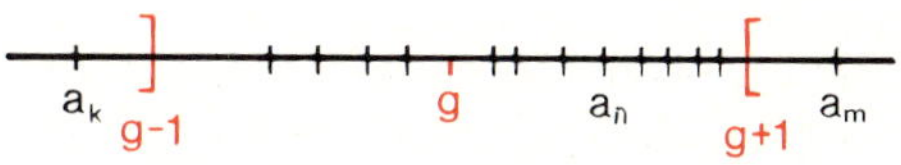

Bild 1.15

2. Die Zahlenfolgen, die keinen Grenzwert haben, also nicht konvergent sind, nennt man **„divergent"**.

Beispiele:

1) $a_n = \frac{n}{100}$; diese Folge ist nach oben nicht beschränkt, nach Satz S 1.6 also nicht konvergent.

2) $a_n = 1 - n^2$; diese Folge ist nach unten nicht beschränkt, nach Satz S 1.6 also ebenfalls nicht konvergent.

3) $a_n = \frac{(-1)^n \cdot n}{n+2}$; diese Folge ist – im Unterschied zu den Folgen 1) und 2) – durchaus beschränkt, aber trotzdem nicht konvergent. Dies kann man sich folgendermaßen klarmachen. Die ersten Glieder der Folge lauten:

$$a_1 = -\tfrac{1}{3};\ a_2 = \tfrac{1}{2};\ a_3 = -\tfrac{3}{5};\ a_4 = \tfrac{2}{3};\ a_5 = -\tfrac{5}{7};\ a_6 = \tfrac{3}{4};\ \ldots$$

Bei dieser Folge wechseln also positive und negative Glieder ständig ab; man kann die Folge in zwei **„Teilfolgen"** zerlegen: $-\frac{1}{3}; -\frac{3}{5}; -\frac{5}{7}; \ldots$ und $\frac{1}{2}; \frac{2}{3}; \frac{3}{4}; \ldots$; die erste Teilfolge strebt gegen -1, die zweite gegen 1. Da für jede Zahl $\varepsilon \in \mathbb{R}^{>0}$ sowohl in $U_\varepsilon(-1)$ wie in $U_\varepsilon(1)$ unendlich viele Glieder der Folge liegen, kann keine der beiden Zahlen – und erst recht keine andere Zahl – Grenzwert der Folge sein.

Bemerkung: Man nennt die Zahlen -1 und 1 **„Häufungswerte"** der Folge $\langle a_n \rangle$. Eine Zahlenfolge kann mehrere Häufungswerte, aber **höchstens einen Grenzwert** haben; es gilt der Satz

S 1.7 Jede Zahlenfolge $\langle a_n \rangle$ besitzt höchstens einen Grenzwert.

Beweis: Sind g_1 und g_2 zwei verschiedene Zahlen mit dem Abstand $d = |g_2 - g_1|$ (Bild 1.16), so wählen wir $\varepsilon = \frac{d}{3}$. Dann sind die beiden Umgebungen $U_\varepsilon(g_1)$ und $U_\varepsilon(g_2)$ elementefremd.

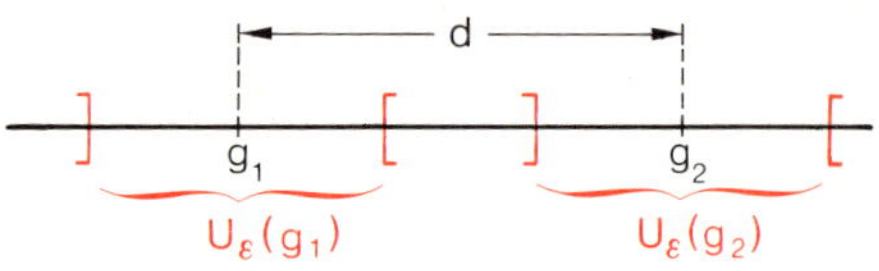

Bild 1.16

Ist nun g_1 ein Grenzwert der Folge $\langle a_n \rangle$, so liegen in $U_\varepsilon(g_1)$ fast alle Glieder der Folge, in $U_\varepsilon(g_2)$ daher höchstens endlich viele. Daher kann g_2 nicht Grenzwert der Folge sein, q.e.d.

3. Die Folge des Beispiels 1) von Seite 21 übertrifft bei wachsendem n schließlich alle Schranken; entsprechend fällt die Folge des Beispiels 2) bei wachsendem n unter alle Schranken; solche Folgen nennt man **„bestimmt-divergent"**. Wir definieren:

D 1.3 Eine Zahlenfolge $\langle a_n \rangle$ heißt „bestimmt divergent" genau dann, wenn es zu jeder Zahl $S \in \mathbb{R}$ eine Zahl $X(S) \in \mathbb{R}$ gibt, so daß gilt:

$$n > X(S) \Rightarrow a_n > S \quad \text{oder} \quad n > X(S) \Rightarrow a_n < S.$$

Man schreibt: „$\lim\limits_{n \to \infty} a_n = \infty$" bzw. „$\lim\limits_{n \to \infty} a_n = -\infty$".

In beiden Fällen spricht man von einem **„uneigentlichen Grenzwert"**.

Beispiele (von Seite 21):

Zu 1): $a_n = \frac{n}{100} > S \Leftrightarrow n > 100 \cdot S = X(S).$

Wählt man also eine beliebige Zahl $S \in \mathbb{R}$, so gilt für alle $n \in \mathbb{N}$ mit $n > 100\,S$ stets auch $a_n > S$. Die Folge $\left\langle \frac{n}{100} \right\rangle$ ist also bestimmt divergent; man schreibt: $\lim\limits_{n \to \infty} \frac{n}{100} = \infty$.

Zu 2): $a_n = 1 - n^2$

Für alle $n \in \mathbb{N}$ gilt: $1 - n^2 \leq 1 - n$. Gilt also $1 - n < S$, so erst recht $1 - n^2 < S$. Ferner gilt:

$$1 - n < S \Leftrightarrow n > 1 - S.$$

Mit $X(S) = 1 - S$ gilt also für jede Zahl S:

$$n > X(S) \Rightarrow 1 - n^2 < S;$$

die Zahlenfolge $\langle 1 - n^2 \rangle$ ist also bestimmt divergent; man schreibt: $\lim\limits_{n \to \infty} (1 - n^2) = -\infty$.

4. Abschließend behandeln wir noch einige Sätze, die wir beim weiteren Aufbau der Analysis benötigen.
Aus der Tatsache, daß die Glieder einer Zahlenfolge sämtlich (oder fast alle) positiv sind, kann man nicht herleiten, daß auch der Grenzwert positiv ist. Dies zeigt schon das

Beispiel: $a_n = \frac{1}{n}$; für alle $n \in \mathbb{N}$ gilt: $a_n > 0$; trotzdem gilt: $\lim\limits_{n \to \infty} a_n = 0$.

Wenn der Grenzwert einer Zahlenfolge aber positiv (negativ) ist, dann müssen **fast alle** Glieder der Folge ebenfalls positiv (negativ) sein. Es gilt der Satz

S 1.8 **1) Gilt $\lim\limits_{n \to \infty} a_n > 0$, so gilt für schließlich alle $n \in \mathbb{N}$ auch: $a_n > 0$.**

2) Gilt $\lim\limits_{n \to \infty} a_n < 0$, so gilt für schließlich alle $n \in \mathbb{N}$ auch: $a_n < 0$.

Wir führen den **Beweis** für den Fall 1). Der Fall 2) kann entsprechend bewiesen werden (Aufgabe 6a)).
Die Behauptung besagt, daß es eine Zahl $N \in \mathbb{N}$ gibt, so daß gilt: $n > N \Rightarrow a_n > 0$.

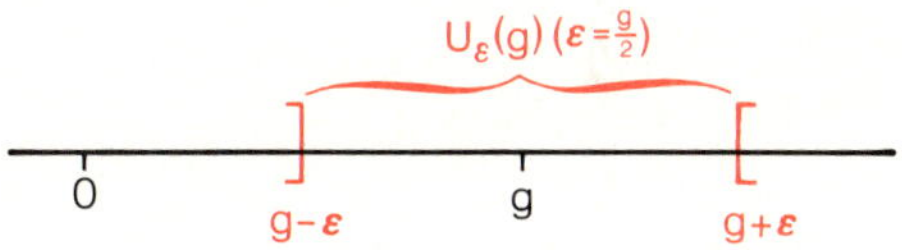

Bild 1.17

Es sei $\lim\limits_{n \to \infty} a_n = g > 0$; wir wählen $\varepsilon = \frac{1}{2} g$; dann gibt es eine Zahl $N(\varepsilon) \in \mathbb{N}$ mit

$$n > N(\varepsilon) \Rightarrow a_n \in U_\varepsilon(g) \quad \text{(Bild 1.17),} \quad \text{also } a_n > g - \varepsilon = g - \frac{g}{2} = \frac{g}{2} > 0, \text{ q.e.d.}$$

5. Aus Satz 1.8 ergibt sich unmittelbar, daß eine konvergente Zahlenfolge, bei der fast alle Glieder nichtnegativ sind, keinen negativen Grenzwert haben kann. Es gilt also auch der Satz:

S 1.9 **Gilt für schließlich alle Glieder einer konvergenten Zahlenfolge**

	$a_n \geq 0$,	$a_n \leq 0$,
so gilt	$\lim\limits_{n \to \infty} a_n \geq 0$.	$\lim\limits_{n \to \infty} a_n \leq 0$.

Der **Beweis** soll in Aufgabe 6b) mit Hilfe von Satz S 1.8 geführt werden.

6. Ein weiterer Satz bezieht sich auf drei Zahlenfolgen, für deren Glieder gilt:

$$a_n \leq b_n \leq c_n \text{ und } \lim_{n \to \infty} a_n = \lim_{n \to \infty} c_n.$$

Es liegt nahe, daß dann auch die „eingeschachtelte" Folge $\langle b_n \rangle$ konvergiert und denselben Grenzwert hat. Es gilt der **„Schachtelsatz"**:

S 1.10 **Gilt $a_n \leq b_n \leq c_n$ für alle $n \in \mathbb{N}$ und $\lim\limits_{n \to \infty} a_n = \lim\limits_{n \to \infty} c_n = g$, so gilt auch $\lim\limits_{n \to \infty} b_n = g$.**

Der Beweis soll in Aufgabe 6c) geführt werden.

Übungen und Aufgaben

1. **a)** Beweisen Sie, daß jede nicht beschränkte Folge divergent ist!
   b) Formulieren Sie die Umkehrung dieses Satzes! Beweisen oder widerlegen Sie sie!

2. Zeigen Sie, daß die Folge $\langle a_n \rangle$ bestimmt divergent ist!

   a) $a_n = \frac{n}{10000}$ **b)** $a_n = n(1-n)$ **c)** $a_n = (10-n)^2$ **d)** $a_n = \frac{-n^2}{n+5}$

   e) $a_n = \sqrt{n^2-1}$ **f)** $a_n = \frac{n^3}{5n^2-2}$ **g)** $a_n = n + (-1)^n$ **h)** $a_n = \frac{1-n^3}{1+n^2}$

3. Ermitteln Sie drei Folgen, die divergent aber **nicht** bestimmt divergent sind!

4. **a)** Beweisen Sie: Ist die Folge $\langle a_n \rangle$ bestimmt divergent mit $\lim\limits_{n\to\infty} a_n = \infty$ und gilt $a_n \leq b_n$ für alle $n \in \mathbb{N}$, so ist auch die Folge $\langle b_n \rangle$ bestimmt divergent mit $\lim\limits_{n\to\infty} b_n = \infty$.
   b) Formulieren und beweisen Sie einen entsprechenden Satz für den Fall $\lim\limits_{n\to\infty} a_n = -\infty$!

5. **a)** Beweisen Sie: Gilt für alle Glieder einer Nullfolge $a_n > 0$, dann gilt $\lim\limits_{n\to\infty} \frac{1}{a_n} = \infty$.
   b) Formulieren und beweisen Sie einen entsprechenden Satz für den Fall, daß für alle Folgenglieder $a_n < 0$ gilt!

6. **a)** Beweisen Sie Satz S 1.8, 2)!
   b) Beweisen Sie Satz S 1.9 mit Hilfe von Satz S 1.8!
   c) Beweisen Sie Satz S 1.10!

7. Beweisen Sie: Haben eine Folge $\langle a_n \rangle$ mit positiven Gliedern und eine Folge $\langle b_n \rangle$ mit negativen Gliedern den gleichen Grenzwert g, so gilt: $g = 0$.

IV. Die Grenzwertsätze

1. Im folgenden behandeln wir einige Sätze, mit deren Hilfe man Grenzwerte **berechnen** kann. Als erstes beschäftigen wir uns mit Folgen, die durch Summenterme festgelegt sind. Es gilt der Satz

S 1.11 $$\lim_{n\to\infty} a_n = a \wedge \lim_{n\to\infty} b_n = b \Rightarrow \lim_{n\to\infty} (a_n + b_n) = a + b.$$

Beweis:

1) Sind $\langle a_n \rangle$ und $\langle b_n \rangle$ Nullfolgen, so haben wir zu zeigen, daß es zu jeder Zahl $\varepsilon \in \mathbb{R}^{>0}$ eine Zahl $N(\varepsilon) \in \mathbb{N}$ gibt mit

$$|a_n + b_n| < \varepsilon, \text{ also mit } -\varepsilon < a_n + b_n < \varepsilon.$$

Nach Voraussetzung gibt es zu jeder Zahl $\varepsilon \in \mathbb{R}^{>0}$ zwei Zahlen $N_a(\varepsilon)$ und $N_b(\varepsilon)$, so daß gilt:

a) $n > N_a(\varepsilon) \Rightarrow -\varepsilon < a_n < \varepsilon$ und **b)** $n > N_b(\varepsilon) \Rightarrow -\varepsilon < b_n < \varepsilon$.

Durch Addition der beiden Ungleichungen ergibt sich nach dem Monotoniegesetz für die Addition reeller Zahlen:

$$-2\varepsilon < a_n + b_n < 2\varepsilon.$$

Diese Ungleichung gilt für alle Werte von n, für die **beide** Bedingungen, sowohl $n > N_a(\varepsilon)$ als auch $n > N_b(\varepsilon)$, erfüllt sind. Ist also $N^*(\varepsilon)$ die größere (oder wenigstens nicht kleinere) der beiden Zahlen $N_a(\varepsilon)$ und $N_b(\varepsilon)$, so gilt:

$$n > N^*(\varepsilon) \Rightarrow -2\varepsilon < a_n + b_n < 2\varepsilon.$$

Dies besagt, daß die Zahlen $a_n + b_n$ schließlich alle in 2ε-Umgebungen der Zahl 0 liegen.

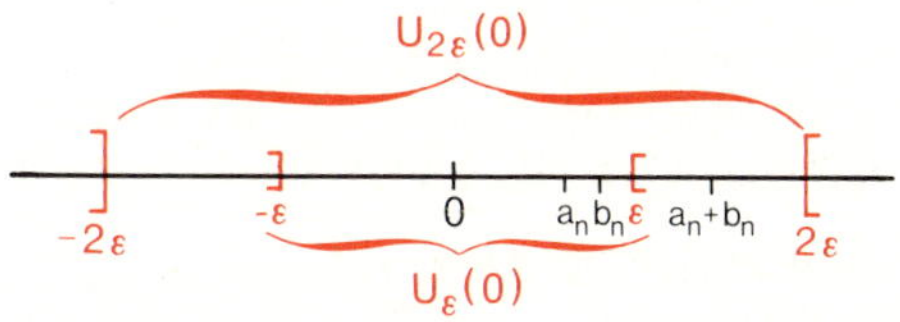

Bild 1.18

Dieses Ergebnis ist nicht erstaunlich; denn wenn die Zahlen a_n und b_n schließlich alle in $U_\varepsilon(0)$ liegen, kann man von den Zahlen $a_n + b_n$ nur erwarten, daß sie schließlich alle in $U_{2\varepsilon}(0)$ liegen (Bild 1.18), während wir zu zeigen haben, daß sie schließlich alle in $U_\varepsilon(0)$ liegen. Dieses Problem läßt sich aber einfach lösen. Wir müssen von den betrachteten Gliedern a_n und b_n nur verlangen, daß sie in $U_{\frac{\varepsilon}{2}}(0)$ liegen; dies ist ohne weiteres möglich, weil mit $\varepsilon > 0$ stets auch $\frac{\varepsilon}{2} > 0$ ist.

Wenn wir also statt $N^*(\varepsilon)$ die Zahl $N^*\left(\frac{\varepsilon}{2}\right)$ wählen, dann gilt: $n > N^*\left(\frac{\varepsilon}{2}\right) \Rightarrow -\varepsilon < a_n + b_n < \varepsilon$.

Mit $N(\varepsilon) = N^*\left(\frac{\varepsilon}{2}\right)$ gilt also tatsächlich: $n > N(\varepsilon) \Rightarrow -\varepsilon < a_n + b_n < \varepsilon$, q.e.d.

2) Den allgemeinen Fall können wir mit Hilfe von Satz S 1.2 nun leicht auf den unter 1) behandelten Sonderfall zurückführen. Es gilt:

$$\lim_{n\to\infty} a_n = a \Rightarrow \lim_{n\to\infty} (a_n - a) = 0 \quad \text{und} \quad \lim_{n\to\infty} b_n = b \Rightarrow \lim_{n\to\infty} (b_n - b) = 0.$$

Daraus ergibt sich nach 1):

$$\lim_{n\to\infty} [(a_n - a) + (b_n - b)] = \lim_{n\to\infty} [(a_n + b_n) - (a + b)] = 0$$

und daraus wiederum nach Satz S 1.2: $\lim\limits_{n\to\infty} (a_n + b_n) = a + b$, q.e.d.

Beispiel: Es gilt $\lim\limits_{n\to\infty} \frac{n}{n+1} = 1$ und $\lim\limits_{n\to\infty} \frac{2}{n} = 0$; also ist $\lim\limits_{n\to\infty} \left(\frac{n}{n+1} + \frac{2}{n}\right) = 1 + 0 = 1$.

Beachte, daß die **Umkehrung** von Satz S 1.11 **nicht** gilt! Eine Folge $\langle a_n + b_n \rangle$ kann nämlich konvergieren, ohne daß die beiden Teilfolgen $\langle a_n \rangle$ und $\langle b_n \rangle$ konvergieren.

Beispiel: $a_n = \frac{1}{n} + n^2$; $b_n = 2 - n^2$; beide Folgen konvergieren nicht. Dennoch gilt:

$$\lim_{n \to \infty} (a_n + b_n) = \lim_{n \to \infty} \left(\frac{1}{n} + n^2 + 2 - n^2\right) = \lim_{n \to \infty} \left(\frac{1}{n} + 2\right) = 0 + 2 = 2.$$

2. Auf die gleiche Weise wie Satz S 1.11 kann man auch den entsprechenden Sachverhalt für Differenzen $a_n - b_n$ beweisen (Aufgabe 3d)). Außerdem enthält Satz S 1.11 den Sonderfall, daß $\langle b_n \rangle$ eine **konstante** Folge mit $b_n = c$ ist (Aufgabe 3a)).

S 1.12 Ist c eine beliebige reelle Zahl, so gilt:

$$\lim_{n \to \infty} a_n = a \Rightarrow \lim_{n \to \infty} (a_n + c) = a + c.$$

3. In Teil 1) des Beweises von Satz S 1.11 hatte sich zunächst ergeben, daß schließlich alle Glieder der Folge $\langle a_n + b_n \rangle$ in $U_{2\varepsilon}(0)$ liegen müssen. Weil wir in den folgenden Beweisen noch mehrfach vor einer ähnlichen Situation stehen werden, wollen wir dieses Problem ein für allemal klären. Wenn wir für eine positive Zahl c nachweisen können, daß für schließlich alle n gilt $|g - a_n| < c \cdot \varepsilon$, dann gilt für ausreichend große n stets auch $|g - a_n| < \varepsilon$, also $\lim_{n \to \infty} a_n = g$. Wir halten diesen Sachverhalt fest im Satz

S 1.13 Wenn c eine positive reelle Zahl ist und es zu jeder Zahl $\varepsilon \in \mathbb{R}^{>0}$ eine Zahl $N^*(\varepsilon) \in \mathbb{N}$ gibt mit $n > N^*(\varepsilon) \Rightarrow |g - a_n| < c \cdot \varepsilon$, dann gilt $\lim_{n \to \infty} a_n = g$.

Beweis: Für jede Zahl $\varepsilon \in \mathbb{R}^{>0}$ gilt auch $\frac{\varepsilon}{c} > 0$. Wir wählen die Zahl $N(\varepsilon) = N^*\left(\frac{\varepsilon}{c}\right)$; dann gilt:

$$n > N^*\left(\frac{\varepsilon}{c}\right) \Rightarrow |g - a_n| < c \cdot \frac{\varepsilon}{c} = \varepsilon;$$

somit ist die Bedingung von Definition D 1.2 erfüllt; es gilt $\lim_{n \to \infty} a_n = g$, q.e.d.

4. Für **Produktfolgen** $\langle a_n \cdot b_n \rangle$ ist es zweckmäßig, zunächst einen Sonderfall zu betrachten.

S 1.14 Ist $\langle a_n \rangle$ eine Nullfolge und $\langle b_n \rangle$ eine beschränkte Folge, so ist auch $\langle a_n \cdot b_n \rangle$ eine Nullfolge.

Beweis: Da $\langle b_n \rangle$ nach Voraussetzung beschränkt ist, gibt es eine positive Zahl S mit $|b_n| \leq S$ für alle $n \in \mathbb{N}$. Nach Voraussetzung gibt es außerdem zu jeder Zahl $\varepsilon \in \mathbb{R}^{>0}$ eine Zahl $N(\varepsilon) \in \mathbb{N}$ mit $n > N(\varepsilon) \Rightarrow |a_n| < \varepsilon$. Somit gilt:

$n > N(\varepsilon) \Rightarrow |a_n \cdot b_n| = |a_n| \cdot |b_n| < \varepsilon \cdot S$. Nach Satz S 1.13 gilt also $\lim_{n \to \infty} (a_n \cdot b_n) = 0$, q.e.d.

Bemerkung: Da nach Satz S 1.6 jede konvergente Folge $\langle b_n \rangle$ auch beschränkt ist, ergibt sich aus Satz S 1.14 unmittelbar, daß für eine Nullfolge $\langle a_n \rangle$ und eine konvergente Folge $\langle b_n \rangle$ ebenfalls gilt: $\lim\limits_{n\to\infty} (a_n \cdot b_n) = 0$.

5. Wir beweisen nun den allgemeinen Satz für Produktfolgen:

S 1.15 $\quad \lim\limits_{n\to\infty} a_n = a \wedge \lim\limits_{n\to\infty} b_n = b \Rightarrow \lim\limits_{n\to\infty} (a_n \cdot b_n) = a \cdot b.$

Beweis: Damit die Voraussetzung $\lim\limits_{n\to\infty} b_n = b$ verwendet werden kann, muß der Term $b_n - b$ auftreten. Um dies zu erreichen, subtrahieren wir im Ausdruck $a_n b_n - ab$ den Term $a_n b$ und addieren ihn wieder. Durch diese „Nullergänzung" ergibt sich nämlich:

$$a_n b_n - ab = a_n b_n - a_n b + a_n b - ab = a_n(b_n - b) + b(a_n - a).$$

1) $\langle a_n \rangle$ ist konvergent, nach Satz S 1.6 also beschränkt; $\langle b_n - b \rangle$ ist nach Satz S 1.2 eine Nullfolge, demnach gilt nach Satz S 1.14: $\lim\limits_{n\to\infty} (a_n(b_n - b)) = 0$.

2) Im zweiten Summanden $b(a_n - a)$ können wir die Zahl b als den Term einer konstanten, also auch beschränkten Folge auffassen; $\langle a_n - a \rangle$ ist nach Satz S 1.2 eine Nullfolge; somit gilt nach Satz S 1.14: $\lim\limits_{n\to\infty} (b(a_n - a)) = 0$.

Insgesamt gilt also nach den Sätzen S 1.11 und S 1.2:

$$\lim_{n\to\infty} (a_n b_n - ab) = 0, \quad \text{also} \quad \lim_{n\to\infty} (a_n b_n) = a \cdot b, \text{ q.e.d.}$$

Beispiel: $\lim\limits_{n\to\infty} \left[\left(1 + \frac{1}{n}\right) \cdot \left(3 - \frac{2}{n}\right)\right] = \lim\limits_{n\to\infty} \left(1 + \frac{1}{n}\right) \cdot \lim\limits_{n\to\infty} \left(3 - \frac{2}{n}\right) = 1 \cdot 3 = 3.$

Beachte: Strenggenommen hätten wir zuerst die beiden Einzelgrenzwerte $\lim\limits_{n\to\infty} \left(1 + \frac{1}{n}\right) = 1$ und $\lim\limits_{n\to\infty} \left(3 - \frac{2}{n}\right) = 3$ berechnen müssen, ehe wir den Satz S 1.15 anwenden durften. Nur weil diese Grenzwerte existieren, läßt sich der Satz anwenden.

Die **Umkehrung von Satz S 1.15** ist ebenfalls **kein gültiger Satz**. Eine Folge $\langle a_n \cdot b_n \rangle$ kann konvergieren, ohne daß die Folgen $\langle a_n \rangle$ und $\langle b_n \rangle$ beide konvergieren.

Beispiel: $a_n = 2n$; $b_n = \frac{1}{n+1}$; obwohl $\langle a_n \rangle$ nicht konvergiert, gilt: $\lim\limits_{n\to\infty} (a_n \cdot b_n) = \lim\limits_{n\to\infty} \frac{2n}{n+1} = 2$ (Aufgabe 2a).

Wir bemerken abschließend noch, daß Satz S 1.15 den Sonderfall enthält, daß eine der beiden Folgen eine **konstante** Folge ist (Aufgabe 3c)).

S 1.16 Ist c eine beliebige reelle Zahl, so gilt

$$\lim_{n\to\infty} a_n = a \Rightarrow \lim_{n\to\infty} (c \cdot a_n) = c \cdot a.$$

6. Auch bei **Quotientenfolgen** betrachten wir zunächst einen Sonderfall, nämlich Folgen der Form $\left\langle \frac{1}{a_n} \right\rangle$. Dabei müssen wir voraussetzen, daß für alle $n \in \mathbb{N}$ gilt $a_n \neq 0$ und daß die Folge $\langle a_n \rangle$ konvergent, aber **keine** Nullfolge ist: $\lim\limits_{n \to \infty} a_n = a \neq 0$.

Aus diesen Bedingungen ergibt sich zunächst, daß die Folge $\left\langle \frac{1}{a_n} \right\rangle$ beschränkt ist.

S. 1.17 Gilt $a_n \neq 0$ für alle $n \in \mathbb{N}$ und $\lim\limits_{n \to \infty} a_n = a \neq 0$, so ist die Folge $\left\langle \frac{1}{a_n} \right\rangle$ beschränkt, d.h. es gibt eine Zahl S, so daß für alle $n \in \mathbb{N}$ gilt: $\left| \frac{1}{a_n} \right| \leq S$.

Beweis: Nach Satz S 1.4 gilt $\lim\limits_{n \to \infty} a_n = a$ $\Rightarrow \lim\limits_{n \to \infty} |a_n| = |a|$. Daher liegen fast alle Glieder der Folge $\langle |a_n| \rangle$ in jeder ε-Umgebung von $|a|$. Wir wählen $\varepsilon = \frac{1}{2}|a|$; dann liegen fast alle Glieder von $\langle |a_n| \rangle$ in $U_\varepsilon(|a|)$; für alle **diese** Zahlen $|a_n|$ gilt also $|a_n| > \frac{|a|}{2}$ (Bild 1.19), mithin auch $\frac{1}{|a_n|} < \frac{2}{|a|}$, also $\left| \frac{1}{a_n} \right| < \frac{2}{|a|}$.

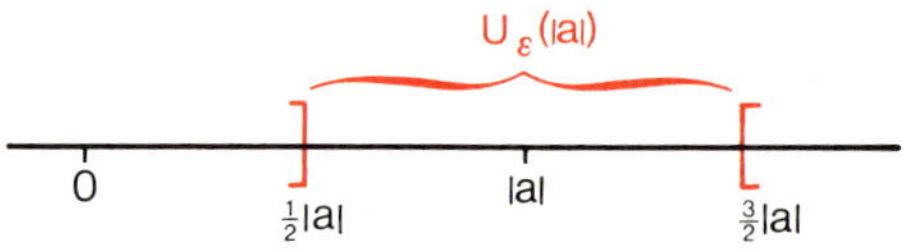

Bild 1.19

Falls unterhalb von $\frac{1}{2}|a|$ keine Glieder der Folge liegen, ist $S = \frac{2}{|a|}$ die gesuchte Schranke.

Liegen unterhalb von $\frac{1}{2}|a|$ noch Glieder der Folge, so sind dies nur endlich viele; eine dieser Zahlen, etwa $|a_k|$, ist die kleinste **dieser** Zahlen $|a_n|$; dann gilt für alle $n \in \mathbb{N}$: $|a_n| \geq |a_k|$, also $\left| \frac{1}{a_n} \right| \leq \frac{1}{|a_k|}$. In diesem Fall ist also $S = \frac{1}{|a_k|}$ die gesuchte Schranke, q.e.d.

7. Nunmehr können wir beweisen:

S 1.18 Gilt $a_n \neq 0$ für alle $n \in \mathbb{N}$ und ist $\lim\limits_{n \to \infty} a_n = a \neq 0$, so gilt: $\lim\limits_{n \to \infty} \frac{1}{a_n} = \frac{1}{a}$.

Beweis: Es gilt $\frac{1}{a_n} - \frac{1}{a} = \frac{a - a_n}{a \cdot a_n} = \frac{1}{a}(a - a_n) \cdot \frac{1}{a_n}$.

Nun ist $\left\langle \frac{1}{a}(a - a_n) \right\rangle$ nach den Sätzen S 1.2 und S 1.16 eine Nullfolge. Ferner ist die Folge $\left\langle \frac{1}{a_n} \right\rangle$ nach Satz S 1.17 beschränkt. Daher ist $\left\langle \frac{1}{a_n} - \frac{1}{a} \right\rangle$ nach Satz 1.14 ebenfalls eine Nullfolge; nach Satz S 1.12 gilt also:

$$\lim_{n \to \infty} \frac{1}{a_n} = \frac{1}{a}, \text{ q.e.d.}$$

8. Den Satz für Quotientenfolgen kann man auf die Sätze S 1.15 und S 1.18 zurückführen.

S 1.19 Gilt $\lim_{n\to\infty} a_n = a$, $\lim_{n\to\infty} b_n = b \neq 0$ und $b_n \neq 0$ für alle $n \in \mathbb{N}$, so ist $\lim_{n\to\infty} \frac{a_n}{b_n} = \frac{a}{b}$.

Beweis: Wegen $b_n \neq 0$ existiert $\frac{1}{b_n}$. Daher gilt nach den Sätzen S 1.15 und S 1.18:

$$\lim_{n\to\infty} \frac{a_n}{b_n} = \lim_{n\to\infty} \left(a_n \cdot \frac{1}{b_n}\right) = \lim_{n\to\infty} a_n \cdot \lim_{n\to\infty} \frac{1}{b_n} = a \cdot \frac{1}{b} = \frac{a}{b}, \text{ q.e.d.}$$

Beachte, daß auch zu diesem Satz die Umkehrung **nicht** gilt!

Beispiel:

Die Folgen zu $a_n = n-2$ und $b_n = n+1$ konvergieren nicht; dennoch gilt:

$$\lim_{n\to\infty} \frac{a_n}{b_n} = \lim_{n\to\infty} \frac{n-2}{n+1} = 1 \text{ (Aufgabe 2b).}$$

9. Mit Hilfe der Grenzwertsätze können wir nun in vielen Fällen Grenzwerte unmittelbar berechnen; ein Konvergenzbeweis ist dann nicht mehr erforderlich. Dabei ist jedoch zu beachten, daß die Grenzwertsätze nur anwendbar sind, wenn die einzelnen Grenzwerte existieren. Es ist daher zweckmäßig, den gegebenen Folgenterm zunächst ohne Limeszeichen umzuformen und dieses Zeichen erst hinzuzufügen, wenn die Existenz der Grenzwerte aller auftretenden Teilfolgen gesichert ist.

Beispiele:

1) $$a_n = \frac{3n^2+12n+5}{4n^2+n-1} = \frac{3+\frac{12}{n}+\frac{5}{n^2}}{4+\frac{1}{n}-\frac{1}{n^2}}$$

Nun gilt: $\lim_{n\to\infty} \frac{1}{n} = 0$, nach Satz S 1.16 also auch $\lim_{n\to\infty} \frac{12}{n} = 0$, nach Satz S 1.15 auch

$\lim_{n\to\infty} \frac{1}{n^2} = \lim_{n\to\infty} \frac{1}{n} \cdot \lim_{n\to\infty} \frac{1}{n} = 0 \cdot 0 = 0$ und nach Satz S 1.16 auch $\lim_{n\to\infty} \frac{5}{n^2} = 0.$

Daraus ergibt sich nach Satz S 1.11:

$$\lim_{n\to\infty} \left(3+\frac{12}{n}+\frac{5}{n^2}\right) = 3 + \lim_{n\to\infty} \frac{12}{n} + \lim_{n\to\infty} \frac{5}{n^2} = 3+0+0 = 3 \text{ und}$$

$$\lim_{n\to\infty} \left(4+\frac{1}{n}-\frac{1}{n^2}\right) = 4 + \lim_{n\to\infty} \frac{1}{n} - \lim_{n\to\infty} \frac{1}{n^2} = 4+0-0 = 4.$$

Nach Satz S 1.19 ergibt sich daraus schließlich: $\lim_{n\to\infty} \frac{3n^2+12n+5}{4n^2+n-1} = \frac{3}{4}.$

2) $$a_n = \frac{7n+3}{3n^2+4n-5} = \frac{\frac{7}{n}+\frac{3}{n^2}}{3+\frac{4}{n}-\frac{5}{n^2}}$$

Es gilt: $\lim\limits_{n\to\infty} \frac{7}{n} = \lim\limits_{n\to\infty} \frac{3}{n^2} = \lim\limits_{n\to\infty} \frac{4}{n} = \lim\limits_{n\to\infty} \frac{5}{n^2} = 0$ und mithin auch $\lim\limits_{n\to\infty} \frac{7n+3}{3n^2+4n-5} = 0$.

3) $$a_n = \frac{5n^3+3n^2+1}{4n^2+7n-2} = \frac{5n-3+\frac{1}{n^2}}{4+\frac{7}{n}-\frac{2}{n^2}}$$

Bei diesem Beispiel konvergiert die durch den Nenner des letzten Terms gegebene Folge gegen die Zahl 4; die durch den Zähler dieses Terms gegebene Folge wächst aber über alle Schranken; die Folge $\langle a_n \rangle$ ist also bestimmt divergent: $\lim\limits_{n\to\infty} a_n = \infty$.

Übungen und Aufgaben

1. Untersuchen Sie die Folgen zu $a_n = \frac{2n-1}{n+1}$; $b_n = \frac{n+1}{3n-1}$; $c_n = \frac{n-1}{n^2+1}$; $d_n = \frac{n^2+1}{n+1}$ und $e_n = \frac{n^2+2}{n+1}$ auf Konvergenz! Bilden Sie:

a) $a_n + b_n$ **b)** $b_n - c_n$ **c)** $b_n + d_n$ **d)** $d_n - e_n$ **e)** $a_n \cdot c_n$ **f)** $a_n \cdot b_n$ **g)** $c_n \cdot d_n$

h) $\frac{a_n}{b_n}$ **i)** $\frac{c_n}{b_n}$ **j)** $\frac{c_n}{e_n}$ **k)** $\frac{b_n}{c_n}$ **l)** $\frac{d_n}{e_n}$ **m)** $b_n \cdot e_n$ **n)** $\frac{e_n}{d_n}$

Welche dieser Zahlenfolgen sind konvergent? Erraten Sie die Grenzwerte durch Einsetzen „großer" Zahlen! Welcher Zusammenhang besteht zwischen den Grenzwerten der gegebenen und denen der zusammengesetzten Folgen? Formulieren Sie ihre Ergebnisse als Sätze!

2. Zeigen Sie: **a)** $\lim\limits_{n\to\infty} \frac{2n}{n+1} = 2$; **b)** $\lim\limits_{n\to\infty} \frac{n-2}{n+1} = 1$!

3. Die Folgen $\langle a_n \rangle$ bzw. $\langle b_n \rangle$ haben die Grenzwerte a bzw. b; c ist eine reelle Zahl. Beweisen Sie, daß dann folgende Beziehungen gelten!

a) $\lim\limits_{n\to\infty} (a_n + c) = a + c$ **b)** $\lim\limits_{n\to\infty} (-a_n) = -a$ **c)** $\lim\limits_{n\to\infty} c a_n = ca$ **d)** $\lim\limits_{n\to\infty} (a_n - b_n) = a - b$

4. Ermitteln Sie den Grenzwert der Folge $\langle a_n \rangle$ mit Hilfe der Grenzwertsätze! Geben Sie jeweils die benutzten Sätze an!

a) $a_n = \frac{2n-1}{3n+1}$ **b)** $a_n = \frac{1-4n}{3n+10}$ **c)** $a_n = \frac{n^2}{1-3n^2}$ **d)** $a_n = \frac{4n^2-3n+10}{2n^2+100}$

e) $a_n = \frac{n-7n^2+5}{100n-3n^2}$ **f)** $a_n = \frac{1+\sqrt{n}}{3-\sqrt{n}}$ **g)** $a_n = \frac{3n-2\sqrt{n}}{\sqrt{n}+5n}$ **h)** $a_n = \frac{n^2-\sin n}{n^2+\cos n}$

5. Berechnen Sie den Grenzwert der Folge $\langle a_n \rangle$!

a) $a_n = \frac{2n^2+3n-1}{n^3+n^2}$ **b)** $a_n = \frac{2n^3-100n^2}{8n^3+10n^2+n-1}$ **c)** $a_n = \frac{5}{n} + \frac{7n^2}{n^2+1}$

d) $a_n = \frac{n^3(n^2-1)}{n(n^4-1)}$ **e)** $a_n = \frac{2n+1}{1-3n} + \frac{4n-1}{3n-1}$ **f)** $a_n = \frac{3n\sqrt{n}+5n}{7n-6n\sqrt{2n}}$.

6. Untersuchen Sie, ob die Folge $\langle a_n \rangle$ konvergiert und bestimmen Sie gegebenenfalls ihren Grenzwert! Erweitern Sie dazu den Folgenterm a_n so, daß Sie die dritte binomische Formel anwenden können!

Beispiel: Für die Folge zu $a_n = \sqrt{n+1} - \sqrt{n}$ gilt:

$$a_n = \frac{\sqrt{n+1}-\sqrt{n}}{\sqrt{n+1}+\sqrt{n}}(\sqrt{n+1}+\sqrt{n}) = \frac{1}{\sqrt{n+1}+\sqrt{n}} < \frac{1}{\sqrt{n}};$$ also ist $\langle a_n \rangle$ eine Nullfolge.

a) $a_n = \sqrt{n+7} - \sqrt{n}$ **b)** $a_n = \sqrt{n+5} - \sqrt{2n}$ **c)** $a_n = \sqrt{n}(\sqrt{n+1} - \sqrt{n})$

d) $a_n = \sqrt{n}\left(\sqrt{9-\frac{1}{n}}-3\right)$ **e)** $a_n = n\left(\sqrt{9-\frac{1}{n}}-3\right)$ **f)** $a_n = n^2\left(\sqrt{9-\frac{1}{n}}-3\right)$

g) $a_n = \sqrt{n^3+n} - \sqrt{n^3-n}$ **h)** $a_n = \frac{\sqrt{n^2+2}-\sqrt{n^2-1}}{\sqrt{n}}$ **i)** $a_n = \sqrt{n+\sqrt{n}} - \sqrt{n-\sqrt{n}}$.

7. Beweisen Sie mit Hilfe von Satz S 1.14, daß die Folge $\langle a_n \rangle$ eine Nullfolge ist!

a) $a_n = \frac{1}{n}\sin n$ **b)** $a_n = \frac{\cos(n^2)}{\sqrt{n}}$ **c)** $a_n = \frac{1}{n^2}\sin\left(\frac{1}{n^2}\right)$

d) $a_n = (-1)^n \frac{n-1}{n^2}$ **e)** $a_n = \frac{1}{n^2}(2+(-1)^n)$ **f)** $a_n = \frac{n(-1)^n+1}{n(n+2)}$

8. Beweisen Sie mit Satz S 1.9: Ist S_u eine untere und S_o eine obere Schranke einer konvergenten Folge $\langle a_n \rangle$ mit dem Grenzwert g, so gilt $S_u \leq g \leq S_o$.

§ 2 Ergänzungen zu Zahlenfolgen und zum Grenzwertbegriff

I. Intervallschachtelungen

1. Eine wichtige Anwendung findet der Grenzwertbegriff für Zahlenfolgen bei einem Begriff, den wir bereits bei der Einführung der reellen Zahlen kennengelernt haben, dort aber noch nicht umfassend behandeln konnten, weil uns der Grenzwertbegriff nicht zu Verfügung stand; es handelt sich um den Begriff der **„Intervallschachtelung“**.
Wir haben erklärt:

Eine unendliche Folge von Intervallen $A_1, A_2, A_3, \ldots$ heißt eine „Intervallschachtelung“ genau dann, wenn gilt:
1) $A_1 \supseteq A_2 \supseteq A_3 \supseteq A_4 \supseteq A_5 \ldots$ und
2) die Intervalle werden schließlich beliebig klein.

In dieser Erklärung bedarf die Bedingung 2) einer Präzisierung.

2. Die Intervalle einer Intervallschachtelung sind abgeschlossene Intervalle der Form

$A_n = [l_n; r_n]$ (l_n als linke, r_n als rechte Intervallgrenzen).

Aus der Bedingung 1) obiger Erklärung ergibt sich unmittelbar, daß

a) die Folge $\langle l_n \rangle$ monoton steigend, **b)** die Folge $\langle r_n \rangle$ monoton fallend ist.

Die Bedingung 2) können wir nun präziser erfassen dadurch, daß wir sagen: die Differenzen $r_n - l_n$ bilden eine **Nullfolge**; es gilt: $\lim\limits_{n \to \infty} (r_n - l_n) = 0$.

Eine exakte Definition des Begriffs der Intervallschachtelung lautet also:

D 2.1 Eine Folge $\langle A_n \rangle$ von Intervallen $A_n = [l_n; r_n]$ heißt eine „Intervallschachtelung“ genau dann, wenn
1) die Zahlenfolge $\langle l_n \rangle$ monoton steigend,
2) die Zahlenfolge $\langle r_n \rangle$ monoton fallend und
3) die Folge $\langle r_n - l_n \rangle$ eine Nullfolge, also $\lim\limits_{n \to \infty} (r_n - l_n) = 0$ ist.

3. Wir haben den Begriff der Intervallschachtelung kennengelernt im Zusammenhang mit der Einführung der irrationalen Zahlen. Es ging damals um das Problem, eine Lösung der Gleichung $x^2 = 2$ zu bestimmen.
Wir haben eine Intervallschachtelung mit den folgenden Anfangsgliedern konstruiert:

$A_1 = [1; 2]$; $A_2 = [1{,}4; 1{,}5]$; $A_3 = [1{,}41; 1{,}42]$; $A_4 = [1{,}414; 1{,}415]$.

Wir haben damals erläutert, daß durch diese Intervallschachtelung eine **„innere Zahl"** festgelegt ist; darunter versteht man eine Zahl, die zu allen Intervallen, also zur Schnittmenge aller Intervalle gehört. Wir definieren:

D 2.2 Unter einer „inneren Zahl" einer Intervallschachtelung versteht man eine Zahl z, die zu allen Intervallen der Schachtelung gehört, für die also gilt: $z \in A_n$ (für alle $n \in \mathbb{N}$).

4. Nun haben wir seinerzeit bewiesen, daß die Gleichung $x^2=2$ keine rationale Lösung besitzt. Daraus ergibt sich, daß obige Intervallschachtelung **keine** innere Zahl besitzt, so lange nur rationale Zahlen zur Verfügung stehen. Andere Intervallschachtelungen besitzen dagegen genau eine rationale innere Zahl, z. B. die Schachtelung mit den Anfangsgliedern

$$B_1=[0;\,1];\ B_2=[0{,}3;\,0{,}4];\ B_3=[0{,}33;\,0{,}34];\ B_4=[0{,}333;\,0{,}334].$$

Bei entsprechender Fortsetzung bestimmt diese Intervallschachtelung die Zahl $z=0{,}\overline{3}=\frac{1}{3}$.

5. Der Unterschied zwischen Intervallschachtelung **mit** bzw. **ohne** innere Zahl wird beseitigt durch die Einführung der reellen Zahlen. In der Menge $\mathbb{R}$ gilt der wichtige Satz:

S 2.1 Jede Intervallschachtelung $\langle A_n \rangle$ mit Intervallen $A_n=[l_n;\,r_n]$ besitzt wenigstens eine reelle innere Zahl.

Zu beachten ist, daß die Aussage von Satz S 2.1 nicht nur für **rationale** Intervallgrenzen l_n und r_n, sondern auch für beliebige reelle (also für rationale **und** für irrationale) Zahlen l_n und r_n gilt. Man spricht von der **„Vollständigkeit der reellen Zahlen"**, weil Intervallschachtelungen mit reellen Zahlen stets wieder reelle Zahlen festlegen und nicht etwa noch weitere, andersartige Zahlen.
Bei jedem Aufbau der Theorie der reellen Zahlen muß diese Eigenschaft in einem **Grundsatz**, einem **Axiom** festgehalten werden. In unserem Aufbau fungiert der Satz S 2.1 als ein solches Axiom. Man nennt es nach dem berühmten deutschen Mathematiker Cantor[1]) das **„Cantorsche Axiom"**.

6. Jede Intervallschachtelung ist durch zwei Zahlenfolgen $\langle l_n \rangle$ und $\langle r_n \rangle$ festgelegt, die den in Definition D 2.1 genannten Bedingungen genügen. Da sich – anschaulich gesprochen – die Intervalle $A_n=[l_n;\,r_n]$ auf die innere Zahl z aller Intervalle „zusammenziehen", ist einleuchtend, daß die Zahlenfolgen $\langle l_n \rangle$ und $\langle r_n \rangle$ beide die Zahl z als Grenzwert haben.
Es gilt der Satz:

S 2.2 Für jede Intervallschachtelung mit den Intervallen $A_n=[l_n;\,r_n]$ und der inneren Zahl z gilt:

$$\lim_{n\to\infty} l_n = \lim_{n\to\infty} r_n = z.$$

---

[1]) Georg Cantor (1845–1918) ist der Begründer der modernen Mengenlehre. Er hat u. a. nachgewiesen, daß es „wesentlich mehr" irrationale Zahlen gibt als rationale.

Beweis:

Da die innere Zahl z allen Intervallen angehört, gilt für alle $n \in \mathbb{N}$: $l_n \leq z \leq r_n$ (Bild 2.1), also

$$0 \leq r_n - z \leq r_n - l_n \text{ und}$$
$$0 \leq z - l_n \leq r_n - l_n.$$

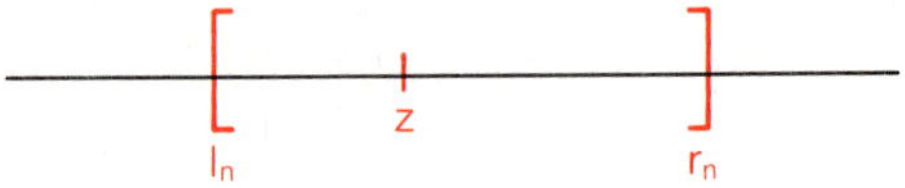

Bild 2.1

Wegen $\lim\limits_{n \to \infty} (r_n - l_n) = 0$, ergibt sich aus diesen beiden Beziehungen nach Satz S 1.5, daß auch $\lim\limits_{n \to \infty} (r_n - z) = 0$, also $\lim\limits_{n \to \infty} r_n = z$ und $\lim\limits_{n \to \infty} (z - l_n) = 0$, also $\lim\limits_{n \to \infty} l_n = z$ ist, q.e.d.

Bemerkung: Aus Satz S 2.2 ergibt sich unmittelbar auch, daß jede Intervallschachtelung **genau eine innere Zahl** besitzt. Begründe dies (Aufgabe 5)!

Übungen und Aufgaben

1. Untersuchen Sie, ob die Folgen $\langle a_n \rangle$ und $\langle b_n \rangle$ eine Intervallschachtelung bilden!

a) $a_n = \frac{n}{n+1}$; $b_n = \frac{n+1}{n}$ **b)** $a_n = \frac{2}{2n+1}$; $b_n = \frac{n+5}{2n-1}$ **c)** $a_n = \frac{1-2n}{3n+1}$; $b_n = \frac{1-2n}{3n+10}$

d) $a_n = \frac{5n}{n+2}$; $b_n = \frac{5n+10}{n+1}$ **e)** $a_n = \frac{3n-1}{n+4}$; $b_n = \frac{3n+2}{n-1}$ **f)** $a_n = \frac{n-4}{3n+1}$; $b_n = \frac{n+1}{3n-2}$

2. a) Begründen Sie anhand von Bild 2.2, daß gilt:

$$\frac{1}{5^2}\left(\sqrt{5^2-1^2}+\sqrt{5^2-2^2}+\sqrt{5^2-3^2}+\sqrt{5^2-4^2}\right)<\frac{\pi}{4} \quad \text{und}$$

$$\frac{\pi}{4}<\frac{1}{5^2}\left(5+\sqrt{5^2-1^2}+\sqrt{5^2-2^2}+\sqrt{5^2-3^2}+\sqrt{5^2-4^2}\right).$$

b) Welche entsprechenden Ungleichungen erhält man, wenn man das Intervall [0; 1] in 6; 7; n gleiche Intervalle teilt?

c) Leiten Sie aus dem Ergebnis von b) eine Intervallschachtelung $\langle [a_n; b_n] \rangle$ für die Zahl π her!

d) Bis zu welcher Zahl N muß man die Folgen $\langle a_n \rangle$ und $\langle b_n \rangle$ berechnen, um einen Näherungswert für π zu erhalten, der sich von π um höchstens 10^{-2} (10^{-3}; 10^{-4}; 10^{-6}) unterscheidet?

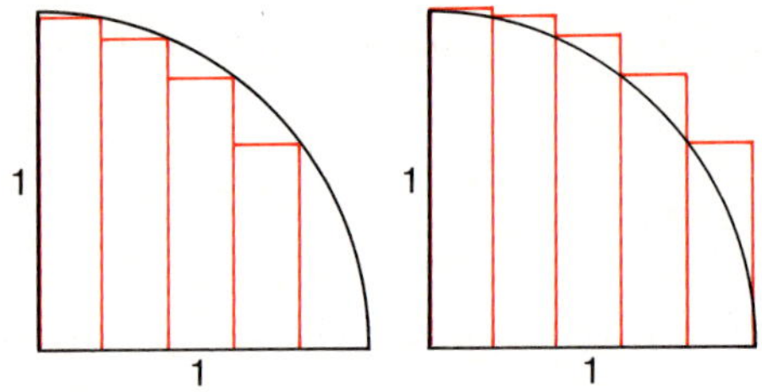

Bild 2.2

e) Schreiben Sie ein Programm zur Berechnung von a_n und b_n für einen programmierbaren Rechner! Berechnen Sie damit einen Näherungswert für π mit 2 (3; 4) korrekten Stellen!

3. Das erste Intervall A_1 einer Intervallschachtelung sei $[0; 1]$, das zweite Intervall A_2 die rechte Hälfte von A_1, das dritte Intervall A_3 die linke Hälfte von A_2, das vierte Intervall A_4 wieder die rechte Hälfte von A_3 usw.

a) Zeichnen Sie A_1, A_2, A_3, A_4, A_5 und A_6! Wählen Sie dabei als Längeneinheit 16 cm!

b) Ermitteln Sie einen Term für die Folge $\langle l_n \rangle$ der linken Intervallenden und einen Term für die Folge $\langle r_n \rangle$ der rechten Intervallenden!

c) Bestimmen Sie die innere Zahl dieser Intervallschachtelung!

4. Die Folge $\langle s_n \rangle$ sei festgelegt durch: $s_n = 1 - \frac{1}{2} + \frac{1}{3} - \frac{1}{4} + \ldots + (-1)^{n+1} \frac{1}{n}$.

a) Berechnen Sie mit einem Taschenrechner s_1, s_2, s_3 bis s_{10}!

b) Zeigen Sie, daß die Teilfolge $s_1, s_3, s_5, \ldots, s_{2n-1}, \ldots$ monoton fällt!

c) Zeigen Sie, daß die Teilfolge $s_2, s_4, s_6, \ldots, s_{2n}, \ldots$ monoton steigt!

d) Zeigen Sie, daß die Folge $s_1 - s_2, s_3 - s_4, s_5 - s_6, \ldots, s_{2n-1} - s_{2n}, \ldots$ eine Nullfolge ist!

e) Warum folgt aus b), c) und d), daß die Folge $\langle s_n \rangle$ konvergiert?

5. Beweisen Sie, daß jede Intervallschachtelung $\langle [l_n, r_n] \rangle$ höchstens eine innere Zahl hat

a) mit Hilfe der Bedingung $\lim_{n \to \infty} (r_n - l_n) = 0$; **b)** mit Hilfe von Satz S 2.2!

II. Rekursiv definierte Zahlenfolgen. Das Beweisverfahren der vollständigen Induktion

1. In der Mathematik und in ihren Anwendungsgebieten treten nicht selten numerische Probleme auf, die nicht exakt gelöst werden können. Häufig ist es in solchen Fällen jedoch möglich, Näherungswerte für die Lösung zu bestimmen.

Beispiel:

Eine Folge von Näherungswerten für die irrationale Zahl $\sqrt{6}$ kann man nach dem „Heron-Verfahren"[1]) folgendermaßen bestimmen. Es gilt:

$$x = \sqrt{6} \Leftrightarrow x^2 = 6 \Leftrightarrow x = \frac{6}{x}.$$

Ist eine Zahl x_1 **keine** Lösung der Gleichung, gilt also $x_1 \neq \frac{6}{x_1}$, dann ist stets eine der beiden Zahlen x_1 und $\frac{6}{x_1}$ im Vergleich zur Zahl $\sqrt{6}$ zu klein, die andere zu groß. Begründe dies (Aufgabe 1)!

Daher bestimmt man aus einem ersten Näherungswert x_1 einen zweiten Wert x_2 als arithmetisches Mittel der beiden Zahlen x_1 und $\frac{6}{x_1}$ und entsprechend weitere Näherungswerte $x_3, x_4, \ldots$:

$$x_2 = \frac{1}{2}\left(x_1 + \frac{6}{x_1}\right); \; x_3 = \frac{1}{2}\left(x_2 + \frac{6}{x_2}\right); \; x_4 = \frac{1}{2}\left(x_3 + \frac{6}{x_3}\right); \ldots .$$

---

[1]) Heron, 1. Jahrhundert n. Chr., griechischer Mathematiker, Physiker und Ingenieur

Allgemein rechnet man also nach Wahl eines „Startwertes“ x_1 nach der Gleichung

$$x_{n+1}=\frac{1}{2}\left(x_n+\frac{6}{x_n}\right).$$

Mit $x_1=2$ erhält man: $x_2=2{,}5$; $x_3=2{,}45$; $x_4\approx 2{,}4494898$; $x_5\approx 2{,}449489743$.

Die Zahl x_5 stellt bereits einen Näherungswert für $\sqrt{6}$ dar, der bis zur 9. Nachkommastelle korrekt ist. Es ist also zu vermuten, daß die so festgelegte Zahlenfolge $\langle x_n\rangle$ gegen die Zahl $\sqrt{6}$ konvergiert.[1])

2. Bei der Festlegung einer Zahlenfolge durch einen Startwert x_1 und durch eine Gleichung der Form $x_{n+1}=f(x_n)$ spricht man von einer **„rekursiven[2]) Definition“** einer Zahlenfolge, weil man hierbei einen Folgenwert x_n nicht unmittelbar berechnen kann, sondern bis zum Startwert x_1 „zurücklaufen“ muß.
Bei einer rekursiv definierten Zahlenfolge kann man die Untersuchung auf Monotonie, auf Beschränktheit und auf Konvergenz in der Regel nicht so einfach durchführen, wie wir es in § 1 für Zahlenfolgen besprochen haben, die durch einen Term a_n festgelegt sind.
Wie man in diesen Fällen vorgehen kann, wollen wir an einem einfachen Beispiel zeigen. Wir werden dabei zugleich ein wichtiges neues Beweisverfahren kennenlernen.

3. Eine Zahlenfolge $\langle a_n\rangle$ sei rekursiv definiert durch: $a_{n+1}=\frac{1}{2}a_n+1$ und $a_1=1$. Die ersten Folgenglieder sind

$$a_2=1{,}5;\ a_3=1{,}75;\ a_4=1{,}875;\ a_5=1{,}9375;\ a_6=1{,}96875;\ \ldots.$$

Man kann vermuten, daß die Folge streng monoton steigt und nach oben beschränkt ist. Wir zeigen zunächst, daß die Zahl 2 eine obere Schranke der Folge ist. Die angegebenen Werte a_2 bis a_6 erfüllen alle die Bedingung $a_n\leq 2$. Mit Hilfe der Rekursionsgleichung können wir zeigen, daß auch $a_7\leq 2$ ist:

$$a_6\leq 2 \;\Rightarrow\; a_7=\tfrac{1}{2}a_6+1\leq\tfrac{1}{2}\cdot 2+1=2, \text{ also } a_7\leq 2.$$

Dieses Verfahren können wir fortsetzen:

$$a_7\leq 2 \;\Rightarrow\; a_8=\tfrac{1}{2}a_7+1\leq\tfrac{1}{2}\cdot 2+1=2, \text{ also } a_8\leq 2.$$

Grundsätzlich könnten wir so fortfahren, also aus der Gültigkeit der Ungleichung $a_n\leq 2$ für $n=8$ die für $n=9$ herleiten, usw.
Der Beweis würde auf diese Weise aber nie zu Ende kommen; die Allgemeingültigkeit der Ungleichung würden wir so nicht beweisen können.

4. Wir können den Grundgedanken der obigen Schlußweise aber zu einem allgemeinen Beweis ausbauen. Wir wollen nämlich zeigen: wenn bei der Zahlenfolge unseres Beispiels für eine beliebige Zahl $n\in\mathbb{N}$ gilt: $a_n\leq 2$, dann gilt für die nachfolgende Zahl $n+1$ ebenfalls: $a_{n+1}\leq 2$, also $a_n\leq 2 \Rightarrow a_{n+1}\leq 2$.

---

[1]) Vgl. auch § 15, I!

[2]) recurrere (lat.), zurücklaufen

Man nennt eine solche Folgerung einen **„Schluß von n auf n+1“**. Wenn wir diesen Schluß durchgeführt haben, können wir aus der Gültigkeit für $n=1$ auf die Gültigkeit für $n=2$, von dort auf die Gültigkeit für $n=3$ und allgemein aus der Gültigkeit für n auf die für $n+1$ schließen. Auf diese Weise ist also sichergestellt, daß die Ungleichung $a_n \leq 2$ tatsächlich für alle $n \in \mathbb{N}$ gilt. Wir führen nun den Schluß von n auf $n+1$ durch:

$$a_n \leq 2 \Rightarrow a_{n+1} = \tfrac{1}{2} a_n + 1 \leq \tfrac{1}{2} \cdot 2 + 1 = 2, \text{ also } a_{n+1} \leq 2.$$

Damit ist gezeigt, daß die Zahl 2 tatsächlich eine obere Schranke der Folge ist, q.e.d.

5. Das Beweisverfahren, welches wir beim vorstehenden Beispiel angewendet haben, nennt man **„vollständige Induktion“**. Wir wollen dieses Verfahren im folgenden noch etwas näher erläutern.

Das Beweisverfahren der „vollständigen Induktion“ ist anwendbar, wenn es um den Beweis für die Allgemeingültigkeit einer Aussageform $A(n)$ in der Menge $\mathbb{N}$ geht, wenn also bewiesen werden soll, daß eine Aussageform $A(n)$ für alle $n \in \mathbb{N}$ gilt.

Grundlage des Beweises bildet die Gültigkeit von $A(1)$; denn ohne diese **„Induktionsverankerung“** könnte man nicht von $A(1)$ auf $A(2)$ und somit auch nicht von $A(2)$ auf $A(3)$ schließen, usw. Daher hat man zunächst zu zeigen, daß $A(1)$ eine wahre Aussage ist.

Bemerkung: Die Induktionsverankerung muß nicht unbedingt im Nachweis der Gültigkeit von $A(1)$ bestehen. Beim vorstehenden Beispiel haben wir z. B. mit $A(6)$ begonnen. In anderen Fällen kann man etwa die Gültigkeit von $A(3)$, evtl. auch von $A(0)$ zeigen; der Beweis bezieht sich dann natürlich nur auf die betreffende Zahl und alle folgenden natürlichen Zahlen.

Der zweite Schritt besteht dann im **„Schluß von n auf n+1“**, auch **„Induktionsschluß“** genannt. Man zeigt:

$$\mathbf{A(n) \Rightarrow A(n+1).}$$

Dabei nennt man $A(n)$ auch die **„Induktionsvoraussetzung“**. Hierbei ist jedoch zu beachten, daß **nicht** etwa die Allgemeingültigkeit von $A(n)$ vorausgesetzt wird. Wenn wir diese voraussetzen könnten, brauchten wir den fraglichen Satz gar nicht mehr zu beweisen; der „Beweis“ wäre zirkelhaft, d.h. wir würden das „beweisen“, was wir schon vorausgesetzt haben. Dies wäre offensichtlich nicht nur falsch, sondern sogar unsinnig. Im Schluß von n auf $n+1$ wird vielmehr bewiesen: **wenn** eine natürliche Zahl n die Aussageform $A(n)$ erfüllt, **dann** erfüllt auch der Nachfolger dieser Zahl, also die Zahl $n+1$ die Aussageform. Ob es überhaupt Zahlen gibt, die die Aussageform erfüllen und welche dies gegebenenfalls sind, spielt beim Schluß von n auf $n+1$ keine Rolle.

6. Ein Beweis durch „vollständige Induktion“ besteht also aus zwei Schritten:

1. Schritt (Induktionsverankerung): Wir zeigen: $A(1)$ ist eine wahre Aussage.
2. Schritt (Schluß von n auf n+1): Wir zeigen: $A(n) \Rightarrow A(n+1)$.

Auf Grund des 1. Schrittes gilt $A(1)$. Daraus ergibt sich nach dem 2. Schritt die Gültigkeit von $A(2)$; daraus wiederum die Gültigkeit von $A(3)$ usw.

Daß man durch die Fortsetzung dieser Schlußreihe jede natürliche Zahl erreichen und somit die Aussageform $A(n)$ für alle natürlichen Zahlen als gültig erweisen kann, ergibt sich aus dem **„Satz von der vollständigen Induktion“**:

S 2.3 Gehört zu einer Menge M natürlicher Zahlen ($M \subseteq \mathbb{N}$)
1) die Zahl 1 und
2) mit jeder Zahl n auch ihr Nachfolger n + 1,
dann ist M die Menge aller natürlicher Zahlen: $M = \mathbb{N}$.

In diesem Fall ist $M = L(A)$ die Lösungsmenge der Aussageform $A(n)$ in der Grundmenge $\mathbb{N}$.

1. Schritt: $A(1)$ ist wahr, d.h. es gilt $1 \in L(A)$.
2. Schritt: $A(n) \Rightarrow A(n+1)$, d.h. $n \in L(A) \Rightarrow (n+1) \in L(A)$.

Nach S 2.3 ist also $L(A) = \mathbb{N}$, d.h. $A(n)$ ist allgemeingültig in $\mathbb{N}$.

7. Der Satz S 2.3 ist von grundlegender Bedeutung für die Theorie der natürlichen Zahlen. Der berühmte italienische Mathematiker Giuseppe Peano (1858–1932) hat als erster ein Axiomensystem zur Kennzeichnung der natürlichen Zahlen aufgestellt. In diesem System kommt der Satz von der vollständigen Induktion als fünftes (letztes) Axiom – also als nicht bewiesener Grundsatz – vor; der Satz wird daher häufig als **„fünftes Peano-Axiom“** bezeichnet.

8. Als **Beispiel** beweisen wir die sogenannte **„Bernoullische[1]) Ungleichung“**.

Behauptung: Für alle $n \in \mathbb{N}$ und für alle $a \in \mathbb{R}$ mit $a \geq -1$ gilt: $A(n)$: $(1+a)^n \geq 1 + na$.

Beweis:

1. Schritt: Induktionsverankerung

$A(1)$: $(1+a)^1 \geq 1 + 1 \cdot a$ ist eine wahre Aussage; es gilt das Gleichheitszeichen.

2. Schritt: Schluß von n auf n + 1: $A(n) \Rightarrow A(n+1)$:
Weil nach Voraussetzung $a \geq -1$, also $1 + a \geq 0$ ist, gilt nach dem Monotoniegesetz für die Multiplikation reeller Zahlen:

$$\underbrace{(1+a)^n \geq 1 + na}_{A(n)} \Rightarrow (1+a)^n \cdot (1+a) \geq (1+na) \cdot (1+a)$$
$$\Rightarrow (1+a)^{n+1} \geq 1 + a + na + na^2$$
$$\Rightarrow \underbrace{(1+a)^{n+1} \geq 1 + (n+1)a}_{A(n+1)}, \text{ weil } na^2 \geq 0 \text{ ist, q.e.d.}$$

Bemerkung: Für $n \geq 2$ und $a \neq 0$ gilt sogar: $(1+a)^n > 1 + na$.
Mit Hilfe der Bernoullischen Ungleichung gelingt es, Potenzen durch einen linearen Ausdruck nach unten abzuschätzen.

Beispiele: **1)** $2^n = (1+1)^n \geq 1 + n$ **2)** $3^n = (1+2)^n \geq 1 + 2n$

9. Für die Durchführung eines Beweises nach dem Verfahren der vollständigen Induktion sind **beide** Beweisschritte unbedingt erforderlich. Für den zweiten Beweisschritt ist dies offensichtlich. Würde man nur diesen zweiten Schritt durchführen, so hätte der Beweis keine Verankerung in einer wahren Aussage; alles würde „in der Luft hängen“; nichts wäre bewiesen.

---

[1]) Jakob Bernoulli, Schweizer Mathematiker (1654–1705)

Wir zeigen dies an dem folgenden

Beispiel:

Gesucht ist ein einfacherer Term zur Berechnung der Summe

$$s_n = \frac{1}{1 \cdot 2} + \frac{1}{2 \cdot 3} + \ldots + \frac{1}{n(n+1)} \quad (\text{für } n \in \mathbb{N}).$$

Eine rekursive Festlegung der Folge lautet: $s_1 = \frac{1}{2}$ und $s_{n+1} = s_n + \frac{1}{(n+1)(n+2)}$.

Jemand behauptet, für alle $n \in \mathbb{N}$ sei die Summe s_n auch darstellbar durch den Term $\frac{2n+1}{n+1}$.

Er behauptet also, die Gleichung $A(n)$: $s_n = \frac{2n+1}{n+1}$ sei allgemeingültig in $\mathbb{N}$. Zum „Beweis“ führt er den Schluß von n auf n+1 durch: $A(n) \Rightarrow A(n+1)$, in diesem Falle also:

$$s_n = \frac{2n+1}{n+1} \Rightarrow s_{n+1} = \frac{2(n+1)+1}{(n+1)+1} = \frac{2n+3}{n+2}.$$

Er rechnet – völlig korrekt – folgendermaßen:

$$s_n = \frac{2n+1}{n+1} \Rightarrow \underbrace{s_n + \frac{1}{(n+1)(n+2)}}_{s_{n+1}} = \frac{2n+1}{n+1} + \frac{1}{(n+1)(n+2)}$$
$$= \frac{(2n+1)(n+2)+1}{(n+1)(n+2)} = \frac{2n^2+5n+3}{(n+1)(n+2)}$$
$$= \frac{(n+1)(2n+3)}{(n+1)(n+2)} = \frac{2n+3}{n+2}, \quad \text{q.e.d.}$$

Der Schluß von n auf n+1 ist also völlig korrekt durchführbar. Dennoch ist die Behauptung falsch, weil schon

$A(1)$: $\frac{1}{1 \cdot 2} = \frac{2+1}{1+1}$ eine **falsche** Aussage ist.

Bemerkung: Allgemeingültig in $\mathbb{N}$ ist tatsächlich die Gleichung:

$$\frac{1}{1 \cdot 2} + \frac{1}{2 \cdot 3} + \ldots + \frac{1}{n(n+1)} = \frac{n}{n+1} \quad (\text{Aufgabe 8f}).$$

10. Mit dem Beweisverfahren der vollständigen Induktion läßt sich auch zeigen, daß die einleitend betrachtete Folge zu $a_{n+1} = \frac{1}{2} a_n + 1$ und $a_1 = 1$ streng monoton steigt (Aufgabe 11 a). Daß die Folge auch konvergiert, läßt sich auf diese Weise allerdings nicht beweisen. Wir kommen auf dieses Problem in § 9, I zurück.

Übungen und Aufgaben

1. Begründen Sie, daß beim Heronverfahren zur Berechnung von $\sqrt{6}$ stets eine der Zahlen x oder $\frac{6}{x}$ im Vergleich zu $\sqrt{6}$ zu groß, die andere zu klein ist!

2. Bestimmen Sie die ersten sechs Glieder der rekursiv definierten Folge $\langle a_n \rangle$!

a) $a_1 = 3;\ a_{n+1} = a_n + 2$ **b)** $a_1 = 1;\ a_{n+1} = \frac{1}{2} a_n$ **c)** $a_1 = 256;\ a_{n+1} = \sqrt{a_n}$

d) $a_1 = 2;\ a_{n+1} = a_n^2$ **e)** $a_1 = -2;\ a_{n+1} = \frac{1}{a_n}$ **f)** $a_1 = 10;\ a_{n+1} = (-1)^n a_n$

3. Berechnen Sie mit einem Taschenrechner Näherungswerte für die ersten 10 (15) Glieder der Folge $\langle a_n \rangle$! Beschreiben Sie das Verhalten der Folge!

a) $a_{n+1} = \frac{1}{2}\left(a_n + \frac{2}{a_n}\right);\ a_1 = 1 \quad (a_1 = 3)$ **b)** $a_{n+1} = \frac{2}{3}\left(a_n + \frac{1}{a_n^2}\right);\ a_1 = 1$

c) $a_{n+1} = \frac{1}{6}\left(a_n + \frac{2}{a_n^2}\right);\ a_1 = 1{,}25$ **d)** $a_{n+1} = 2 \sin a_n;\ a_1 = 3 \quad (a_1 = 4)$

e) $a_{n+1} = \cos a_n;\ a_1 = 0 \quad (a_1 = 10)$ **f)** $a_{n+1} = 2 \cos a_n;\ a_1 = 0$

g) $a_{n+1} = a_n^2 - 1;\ a_1 = 0{,}5 \quad (a_1 = 1;\ a_1 = 1{,}5;\ a_1 = 0;\ a_1 = -0{,}5,\ a_1 = -2{,}5)$

4. a) Die Folge 1, 3, 6, 10 … bezeichnet man als die „Folge der Dreieckszahlen“ (Bild 2.3). Ermitteln Sie eine Rekursionsformel und einen Term für diese Folge!

b) Wie kann man entsprechend Viereckszahlen (Sechseckzahlen) darstellen und durch eine Folge erfassen?

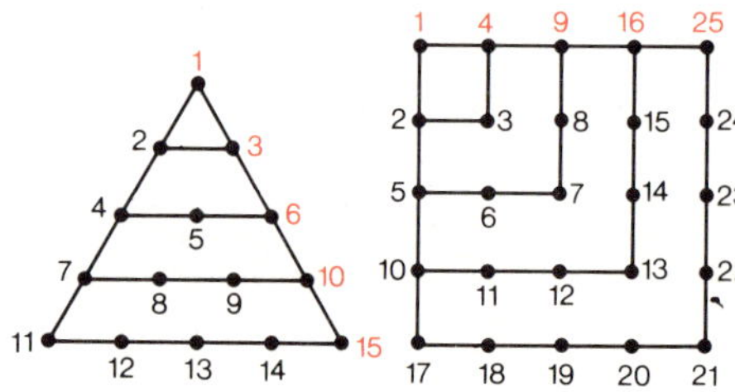

Bild 2.3

5. a) Leiten Sie mit Hilfe der Zeichnung in Bild 2.4 einen Term für die Summe u_n der ersten n ungeraden natürlichen Zahlen her!

b) Beweisen Sie diese „Summenformel“ mit vollständiger Induktion!

c) Leiten Sie aus dieser Summenformel eine entsprechende Formel für die Summe g_n der ersten n geraden natürlichen Zahlen her und beweisen Sie diese mit vollständiger Induktion!

d) Leiten Sie aus der Summenformel für die ersten n ungeraden und für die ersten n geraden natürlichen Zahlen eine Formel für die Summe s_n der ersten n natürlichen Zahlen her und beweisen Sie diese mit vollständiger Induktion!

Bild 2.4

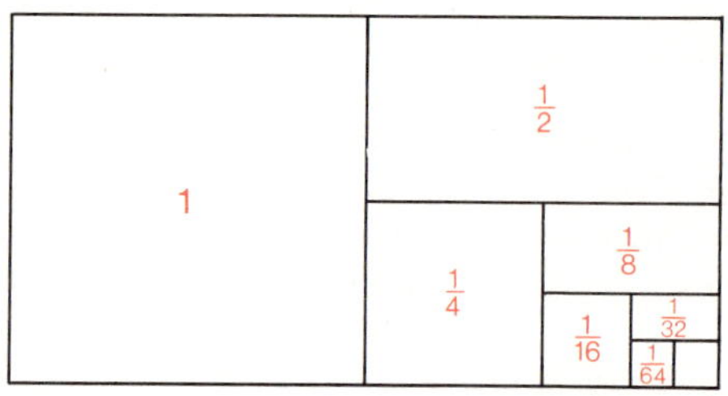

Bild 2.5

6. Leiten Sie mit Hilfe der Figur in Bild 2.5 einen Term her für die Summe s_n mit $s_n = 1 + \frac{1}{2} + \frac{1}{4} + \frac{1}{8} + \ldots + \frac{1}{2^n}$ und beweisen Sie ihr Ergebnis mit vollständiger Induktion!

7. a) Leiten Sie einen Term her für die „geometrische Reihe" s_n mit
$s_n = 1 + q + q^2 + q^3 + \ldots + q^n \; (q \neq 1)$!
Benutzen Sie dabei, daß gilt: $s_{n+1} = s_n + q^{n+1}$ und $s_{n+1} = s_n \cdot q + 1$.
b) Beweisen Sie ihr Ergebnis mit vollständiger Induktion!

8. Beweisen Sie mit vollständiger Induktion, daß die folgenden Aussageformen allgemeingültig in $\mathbb{N}$ sind!

a) $1^2 + 2^2 + 3^2 + \ldots + n^2 = \frac{1}{6} n(n+1)(2n+1)$ **b)** $1^3 + 2^3 + 3^3 + \ldots + n^3 = \left[\frac{n(n+1)}{2}\right]^2$

c) $1^2 - 2^2 + 3^2 - \ldots + (-1)^{n-1} n^2 = (-1)^{n-1} \frac{n(n+1)}{2}$

d) $1^2 + 3^2 + 5^2 + \ldots + (2n-1)^2 = \frac{n(2n-1)(2n+1)}{3}$

e) $1 \cdot 2 + 2 \cdot 3 + 3 \cdot 4 + \ldots + n(n+1) = \frac{n(n+1)(n+2)}{3}$

f) $\frac{1}{1 \cdot 2} + \frac{1}{2 \cdot 3} + \ldots + \frac{1}{n(n+1)} = \frac{n}{n+1}$ **g)** $\frac{1}{1 \cdot 3} + \frac{1}{3 \cdot 5} + \ldots + \frac{1}{(2n-1)(2n+1)} = \frac{n}{2n+1}$

h) $\frac{1^2}{1 \cdot 3} + \frac{2^2}{3 \cdot 5} + \ldots + \frac{n^2}{(2n-1)(2n+1)} = \frac{n(n+1)}{2(2n+1)}$

i) $\frac{1}{1 \cdot 4} + \frac{1}{4 \cdot 7} + \ldots + \frac{1}{(3n-2)(3n+1)} = \frac{n}{3n+1}$

j) $\frac{1}{1 \cdot 5} + \frac{1}{5 \cdot 9} + \ldots + \frac{1}{(4n-3)(4n+1)} = \frac{n}{4n+1}$

9. Beweisen Sie mit vollständiger Induktion, daß die folgenden Ungleichungen für alle natürlichen Zahlen n gelten!

a) $2^n > n$ **b)** $3^n \geq 3n$ **c)** $1 + \frac{1}{2^2} + \frac{1}{3^2} + \ldots + \frac{1}{n^2} \leq 2 - \frac{1}{n}$ **d)** $2^n \geq n^2 - 1$

e) $\frac{1}{\sqrt{1}} + \frac{1}{\sqrt{2}} + \frac{1}{\sqrt{3}} + \ldots + \frac{1}{\sqrt{n}} \geq \sqrt{n}$ **f)** $\frac{n^{k+1}}{k+1} < 1^k + 2^k + 3^k + \ldots + n^k < \frac{(n+1)^{k+1}}{k+1}$ $(k \in \mathbb{N})$

g) $(1-a)^n \leq \frac{1}{1+na}$ $(0 \leq a \leq 1)$ **h)** $(1+a)^n \geq 1 + na + \frac{1}{2} n(n-1) a^2$ $(a \geq 0)$

10. Beweisen Sie mit vollständiger Induktion die Allgemeingültigkeit der Aussageform in $\mathbb{N}$!
a) 6 teilt $n^3 - n$ **b)** 3 teilt $n^3 + 5n$ **c)** 7 teilt $8^n - 1$
d) $a - 1$ teilt $a^n - 1$ $(a \in \mathbb{N}^{\geq 2})$ **e)** $a - b$ teilt $a^n - b^n$ $(a, b \in \mathbb{N};\; a \neq b)$

11. Untersuchen Sie die Folge $\langle a_n \rangle$ auf Monotonie und Beschränktheit! Beweisen Sie ihre Ergebnisse mit vollständiger Induktion!

a) $a_1 = 1;\; a_{n+1} = \frac{1}{2} a_n + 1$ **b)** $a_1 = 1;\; a_{n+1} = \frac{2a_n + 1}{3a_n + 4}$ **c)** $a_1 = 1;\; a_{n+1} = \frac{2 + a_n}{1 + a_n}$

d) $a_1 = 1;\; a_{n+1} = 1 - \left(\frac{a_n}{2}\right)^2$ **e)** $a_1 = 4;\; a_{n+1} = \frac{a_n}{2} + \frac{3}{a_n}$ **f)** $a_1 = 3;\; a_{n+1} = \sqrt{a_n + 1}$

12. **a)** Zeigen Sie, daß die Folge zu $\left(\frac{2}{3}\right)^n$ $\left(\text{zu } \left(\frac{5}{6}\right)^n; \text{ zu } \left(\frac{7}{10}\right)^n\right)$ eine Nullfolge ist!

Anleitung: Beweisen Sie mit vollständiger Induktion die Allgemeingültigkeit von $\left(\frac{2}{3}\right)^n \leq \frac{3}{3+n}$ in $\mathbb{N}$!

b) Zeigen Sie, daß für jede reelle Zahl x mit $0 \leq x < 1$ die Folge $\langle x^n \rangle$ eine Nullfolge ist!

c) Zeigen Sie: für jede reelle Zahl x mit $-1 < x < 0$ ist die Folge $\langle x^n \rangle$ eine Nullfolge!

d) Untersuchen Sie das Konvergenzverhalten der Folge $\langle x^n \rangle$ für $|x| = 1$ und $|x| > 1$!

13. **a)** Berechnen Sie mit einem Taschenrechner Näherungswerte für $\sqrt[2]{2}$ $\sqrt[3]{2}$, $\sqrt[4]{2}$, $\sqrt[5]{2}$, $\sqrt[10]{2}$ und $\sqrt[100]{2}$!

b) Beweisen Sie, daß die Folge $\langle \sqrt[n]{2} \rangle$ den Grenzwert 1 hat!

Anleitung zu b): Beweisen Sie durch Anwendung der Ungleichung von Bernoulli auf den Term $\left(1+\frac{1}{n}\right)^n$ die Allgemeingültigkeit von $0 \leq \sqrt[n]{2} - 1 \leq \frac{1}{n}$ in $\mathbb{N}$!

14. Bild 2.6 zeigt, daß drei Geraden die Ebene in 7 Gebiete zerlegen können.

a) Untersuchen Sie, in wieviel Gebiete die Ebene durch n Geraden höchstens zerlegt werden kann! Erfassen Sie diese Anzahl durch einen rekursiv definierten Folgenterm a_n!

b) Ermitteln Sie eine nicht-rekursive Darstellung für die Folge $\langle a_n \rangle$ und zeigen Sie mit vollständiger Induktion, daß diese zur rekursiven Darstellung äquivalent ist!

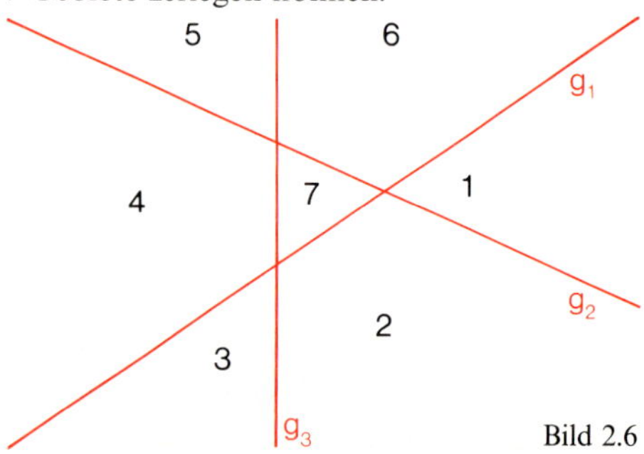

Bild 2.6

III. Der Grenzwertbegriff für Funktionen

1. Wenn wir beim Grenzwertsatz über Produktfolgen (S 1.15) für $\langle a_n \rangle$ und $\langle b_n \rangle$ dieselbe Zahlenfolge $\langle x_n \rangle$ wählen, dann ergibt sich als Sonderfall

$$\lim_{n \to \infty} x_n = x_0 \Rightarrow \lim_{n \to \infty} x_n^2 = x_0^2.$$

Diesen Sachverhalt kann man in der folgenden Weise deuten. Wir betrachten die Funktion f zu $f(x) = x^2$ und wählen eine Zahlenfolge $\langle x_n \rangle$ mit $\lim_{n \to \infty} x_n = x_0$. Durch Einsetzen der Zahlen x_n in den Funktionsterm $f(x) = x^2$ erhalten wir eine neue Zahlenfolge $\langle f(x_n) \rangle$, und für diese Folge gilt:

$$\lim_{n \to \infty} f(x_n) = \lim_{n \to \infty} x_n^2 = x_0^2 \quad \text{(Bild 2.7).}$$

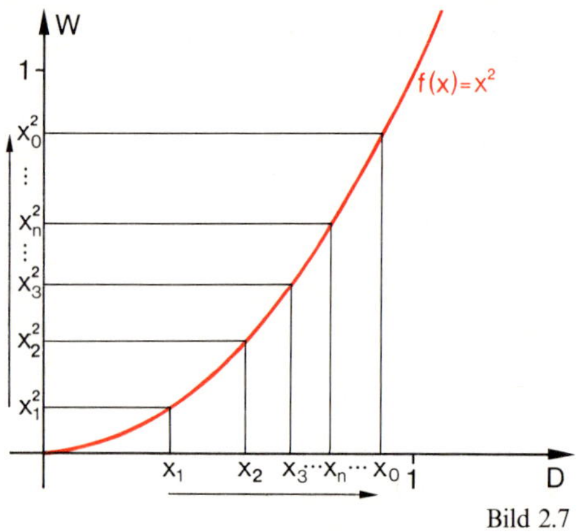

Bild 2.7

2. Entsprechend können wir z.B. auch die Aussage von Satz 1.18 interpretieren.

Wir betrachten die Funktion f zu $f(x)=\frac{1}{x}$ und wählen eine Zahlenfolge $\langle x_n\rangle$ mit $x_n \neq 0$ und $\lim\limits_{n\to\infty} x_n = x_0 \neq 0$. Durch Einsetzen in f(x) erhalten wir eine neue Zahlenfolge $\langle f(x_n)\rangle$, und für diese Folge gilt:

$$\lim_{n\to\infty} f(x_n) = \lim_{n\to\infty} \frac{1}{x_n} = \frac{1}{x_0}.$$

3. Wie bei den vorstehenden Beispielen kann man grundsätzlich bei jeder Funktion f aus einer Zahlenfolge $\langle x_n\rangle$ eine neue Zahlenfolge $\langle f(x_n)\rangle$ herleiten. Aufgrund der bewiesenen Grenzwertsätze können wir in vielen Fällen den zugehörigen Grenzwert berechnen.

Beispiele:

1) $f(x)=x^2+5x-3;\ x_0=2$

Aus einer Zahlenfolge $\langle x_n\rangle$ mit $\lim\limits_{n\to\infty} x_n=2$ ergibt sich nach den Grenzwertsätzen S 1.11 und S 1.15:

$$\lim_{n\to\infty} f(x_n)=\lim_{n\to\infty}(x_n^2+5x_n-3)=\lim_{n\to\infty} x_n^2+5\cdot\lim_{n\to\infty} x_n-\lim_{n\to\infty} 3=2^2+5\cdot 2-3=11.$$

Da dieser Grenzwert **unabhängig** davon ist, **welche Folge** $\langle x_n\rangle$ mit $\lim\limits_{n\to\infty} x_n=2$ zugrundegelegt wird, schreibt man auch:

$$\lim_{x\to 2} f(x)=\lim_{x\to 2}(x^2+5x-3)=11$$

und spricht vom **„Grenzwert der Funktion f an der Stelle 2"**.

2) $f(x)=\frac{1+x}{1-x};\ x_0=0$

Aus einer Zahlenfolge $\langle x_n\rangle$ mit $\lim\limits_{n\to\infty} x_n=0$, also aus einer Nullfolge ergibt sich nach den Grenzwertsätzen S 1.19 und S 1.12:

$$\lim_{n\to\infty} f(x_n)=\lim_{n\to\infty}\frac{1+x_n}{1-x_n}=\frac{1+\lim\limits_{n\to\infty} x_n}{1-\lim\limits_{n\to\infty} x_n}=\frac{1+0}{1-0}=1.$$

Da dieser Grenzwert **unabhängig** davon ist, **welche Nullfolge** $\langle x_n\rangle$ zugrundegelegt wird, schreibt man auch:

$$\lim_{x\to 0} f(x)=\lim_{x\to 0}\frac{1+x}{1-x}=1$$

und spricht vom **„Grenzwert der Funktion f an der Stelle 0"**.
Hier müssen wir allerdings die Einschränkung machen, daß für alle $n\in\mathbb{N}$ gilt $x_n\neq 1$, weil $f(x_n)$ sonst nicht definiert wäre. Wir dürfen also nur Zahlenfolgen zulassen, bei denen für alle Glieder gilt: $x_n\in D(f)$.

4. In den bisher behandelten Beispielen hat die Folge $\langle f(x_n) \rangle$ stets einen Grenzwert. Dies ist jedoch nicht immer der Fall.

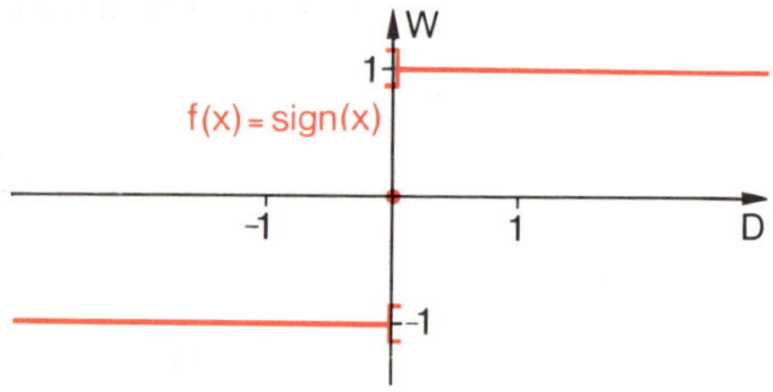

Bild 2.8

Beispiel:

Die **„Vorzeichenfunktion"** oder **„Signumfunktion"** ist gegeben durch

$$\operatorname{sign}(x) = \begin{cases} 1 & \text{für } x > 0, \\ 0 & \text{für } x = 0, \\ -1 & \text{für } x < 0. \end{cases} \quad \text{(Bild 2.8)}$$

Wählen wir als Nullfolge die Folge zu $x_n = \frac{(-1)^n}{n}$, so ergibt sich beim Einsetzen in den Term sign (x):

$$\operatorname{sign}(x_n) = \operatorname{sign}\left(\frac{(-1)^n}{n}\right) = \begin{cases} 1 & \text{für gerade Zahlen } n \\ -1 & \text{für ungerade Zahlen } n. \end{cases}$$

Die Folgenglieder „springen" ständig zwischen 1 und -1 hin und her; die Folge $\langle f(x_n) \rangle$ hat also bei diesem Beispiel keinen Grenzwert; daher hat die Signumfunktion an der Stelle 0 **keinen Grenzwert**.

Bemerkung: Wählt man eine Nullfolge $\langle x_n \rangle$ mit **positiven** Gliedern, so ergibt sich $\lim\limits_{n \to \infty} \operatorname{sign}(x_n) = 1$; man spricht von einem **„rechtsseitigen Grenzwert"** und schreibt:

$$\text{r-}\lim_{n \to \infty} \operatorname{sign}(x_n) = 1 \text{ (Bild 2.9).}$$

Wählt man eine Nullfolge $\langle x_n \rangle$ mit **negativen** Gliedern, so ergibt sich

$$\lim_{n \to \infty} \operatorname{sign}(x_n) = -1;$$

man spricht von einem **„linksseitigen Grenzwert"** und schreibt:

$$\text{l-}\lim_{n \to \infty} \operatorname{sign}(x_n) = -1 \text{ (Bild 2.10).}$$

Da die beiden einseitigen Grenzwerte nicht übereinstimmen, hat die Signumfunktion an der Stelle 0 keinen Grenzwert.

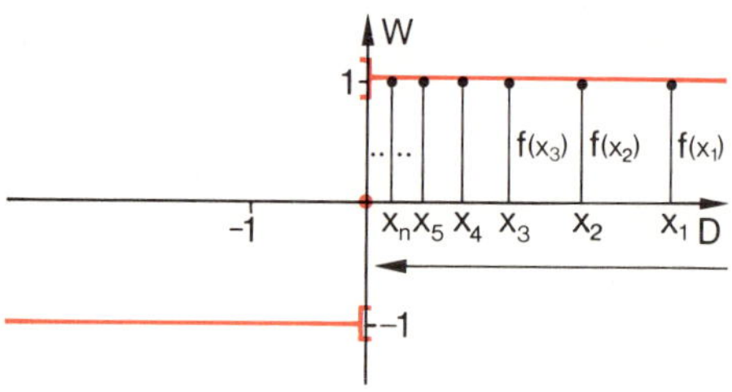

Bild 2.9

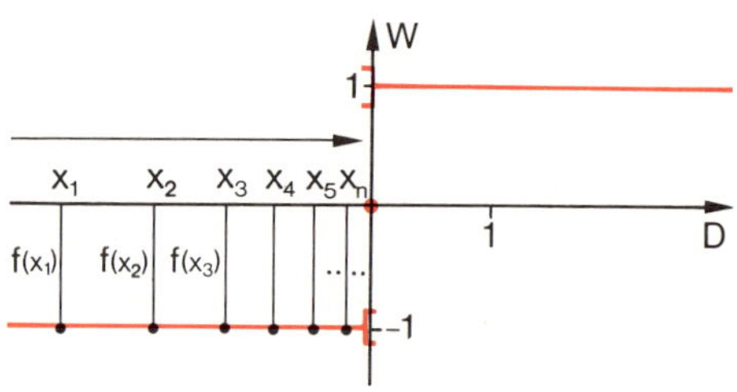

Bild 2.10

5. Was wir an den vorstehenden Beispielen erläutert haben, wollen wir nun allgemein formulieren. Wir definieren:

D 2.3 **Wenn für eine Funktion f und für jede Zahlenfolge $\langle x_n \rangle$ mit $x_n \in D(f)$, $x_n \neq x_0$ und $\lim\limits_{n\to\infty} x_n = x_0$ gilt $\lim\limits_{n\to\infty} f(x_n) = g$, so schreibt man**

$$\lim_{x\to x_0} f(x) = g$$

und nennt die Zahl g den „Grenzwert der Funktion f an der Stelle x_0".

<u>**Beispiel:**</u> $f(x) = \dfrac{3x-1}{x^2+1}$ und $x_0 = 1$.

Für **jede** Zahlenfolge $\langle x_n \rangle$ mit $\lim\limits_{n\to\infty} x_n = 1$ gilt:

$$\lim_{n\to\infty} f(x_n) = \lim_{n\to\infty} \frac{3x_n-1}{x_n^2+1} = \frac{3\cdot\lim\limits_{n\to\infty} x_n - 1}{\lim\limits_{n\to\infty} x_n^2+1} = \frac{3\cdot 1-1}{1^2+1} = \frac{2}{2} = 1;$$

daher schreibt man:

$$\lim_{x\to 1} f(x) = \lim_{x\to 1} \frac{3x-1}{x^2+1} = 1.$$

6. In manchen Fällen ist es zweckmäßig, bei Anwendungen der Definition D 2.3 die Zahlenfolge $\langle x_n \rangle$ mit Hilfe einer Nullfolge $\langle h_n \rangle$ auszudrücken:

$$x_n = x_0 + h_n;$$

denn dann gilt: $\lim\limits_{n\to\infty} x_n = \lim\limits_{n\to\infty} (x_0+h_n) = x_0 + \lim\limits_{n\to\infty} h_n = x_0 + 0 = x_0$.

In diesem Fall setzt man kurz $x = x_0 + h$ und schreibt statt $\lim\limits_{x\to x_0} f(x) = g$:

$$\mathbf{\lim_{h\to 0} f(x_0+h) = g.}$$

<u>**Beispiel:**</u> $f(x) = \dfrac{2x-1}{x+3}$ mit $x_0 = -2$, also $x_0 + h_n = -2 + h_n$

Für **jede** Nullfolge $\langle h_n \rangle$ gilt:

$$\lim_{n\to\infty} f(-2+h_n) = \lim_{n\to\infty} \frac{2(-2+h_n)-1}{(-2+h_n)+3} = \lim_{n\to\infty} \frac{-5+2h_n}{1+h_n}$$

$$= \frac{-5+2\cdot\lim\limits_{n\to\infty} h_n}{1+\lim\limits_{n\to\infty} h_n} = \frac{-5+2\cdot 0}{1+0} = \frac{-5}{1} = -5;$$

daher schreibt man:

$$\lim_{h\to 0} f(-2+h) = \lim_{h\to 0} \frac{2(-2+h)-1}{(-2+h)+3} = \lim_{h\to 0} \frac{-5+2h}{1+h} = -5.$$

7. Da wir in Definition D 2.3 den Grenzwertbegriff für Funktionen auf den Grenzwertbegriff für Zahlenfolgen zurückgeführt haben, ist es unmittelbar einleuchtend, daß für diesen Grenzwertbegriff analoge Sätze gelten wie für den Grenzwertbegriff für Zahlenfolgen. Wir fassen die wichtigsten Sachverhalte zusammen im Satz

S 2.4 **Aus $\lim_{x \to x_0} f_1(x) = g_1$ und $\lim_{x \to x_0} f_2(x) = g_2$ folgt**

1) $\lim_{x \to x_0} [f_1(x) + f_2(x)] = g_1 + g_2$; **2)** $\lim_{x \to x_0} [f_1(x) - f_2(x)] = g_1 - g_2$;

3) $\lim_{x \to x_0} [f_1(x) \cdot f_2(x)] = g_1 \cdot g_2$ **und** **4)** $\lim_{x \to x_0} \frac{f_1(x)}{f_2(x)} = \frac{g_1}{g_2}$, **falls $g_2 \neq 0$ ist.**

Begründen Sie die Aussagen von Satz S 2.4 (Aufgabe 14a)!

8. Wie einfache Zahlenfolgen $\langle a_n \rangle$, können auch Folgen der Form $\langle f(x_n) \rangle$ **bestimmt divergent** sein.

Beispiele:

1) $f(x) = \frac{1}{x^2}$ (Bild 2.11)

Für **jede** Nullfolge $\langle x_n \rangle$ gilt:

$$\lim_{n \to \infty} f(x_n) = \lim_{n \to \infty} \frac{1}{x_n^2} = \infty.$$

Man spricht auch in diesem Fall von einem **„uneigentlichen Grenzwert"** und schreibt:

$$\lim_{x \to 0} f(x) = \lim_{x \to 0} \frac{1}{x^2} = \infty.$$

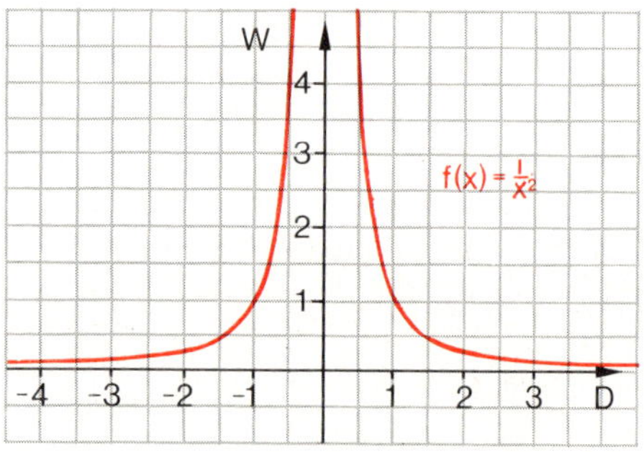

Bild 2.11

Man nennt die Stelle 0 eine **„Unendlichkeitsstelle"** (manchmal auch „Polstelle") der Funktion f.

2) $f(x) = \frac{1}{x}$ (Bild 2.12)

Bei diesem Beispiel existiert für $x \to 0$ auch kein uneigentlicher Grenzwert. Man kann aber die **einseitigen** uneigentlichen Grenzwerte bilden; es gilt:

$$\text{r-}\lim_{x \to 0} \frac{1}{x} = \infty \quad \text{und} \quad \text{l-}\lim_{x \to 0} \frac{1}{x} = -\infty.$$

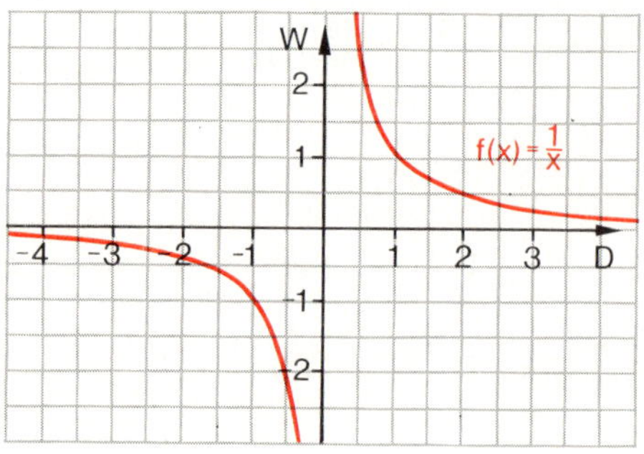

Bild 2.12

Daher nennt man in einem solchen Fall die Stelle 0 eine **„Unendlichkeitsstelle mit Vorzeichenwechsel"**, während bei der Funktion f zu $f(x) = \frac{1}{x^2}$ die Stelle 0 eine Unendlichkeitsstelle **ohne** Vorzeichenwechsel ist.

9. Wir haben oben eine Reihe von Beispielen behandelt, bei denen der Funktionsgrenzwert existiert. Diese Beispiele haben eine gemeinsame Eigenschaft, auf die wir bisher noch nicht hingewiesen haben; als Grenzwert ergibt sich nämlich jeweils der Funktionswert:

$$\lim_{x \to x_0} f(x) = g = f(x_0).$$

Wir wiederholen die letzten **Beispiele** dieser Art:

1) $\lim_{x \to 2} f(x) = \lim_{x \to 2} (x^2 + 5x - 3) = 4 + 10 - 3 = 11 = f(2);$

2) $\lim_{x \to 0} f(x) = \lim_{x \to 0} \frac{1+x}{1-x} = \frac{1+0}{1-0} = 1 = f(0);$

3) $\lim_{x \to 1} f(x) = \lim_{x \to 1} \frac{3x-1}{x^2+1} = \frac{3-1}{1^2+1} = 1 = f(1).$

Diese Besonderheit liegt durchaus nicht in jedem Fall vor.

Beispiele:

1) $f_1(x) = \frac{x^2-1}{x-1}$ (Bild 2.13).

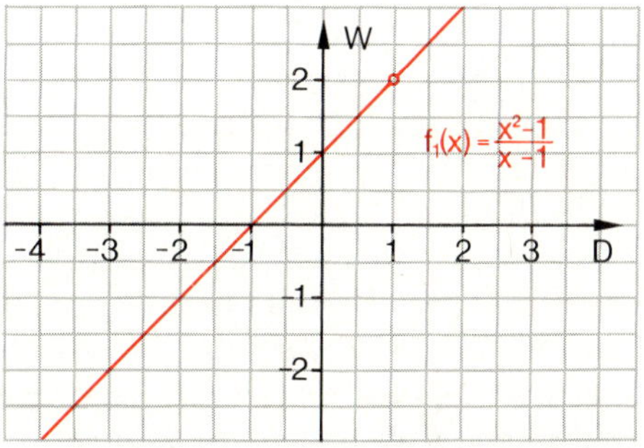

Bild 2.13

Wir wählen $x_0 = 1$. Die Funktion f_1 ist an der Stelle 1 nicht definiert. Da sie aber an allen anderen Stellen z.B. der Umgebung $U_1(1)$ definiert ist, sagt man: sie hat an der Stelle 1 eine **„Definitionslücke“**. Trotzdem existiert der Grenzwert für $x \to 1$; denn für alle x mit $x \neq 1$ gilt:

$\frac{x^2-1}{x-1} = \frac{(x+1)(x-1)}{x-1} = x+1$ und somit für jede Folge $\langle x_n \rangle$ mit $x_n \neq 1$ und $\lim_{n \to \infty} x_n = 1$:

$$\lim_{n \to \infty} f(x_n) = \lim_{n \to \infty} \frac{x_n^2-1}{x_n-1} = \lim_{n \to \infty} (x_n+1) = \lim_{n \to \infty} x_n + 1 = 1 + 1 = 2.$$

Nach Definition D 2.3 gilt also: $\lim_{x \to 1} f_1(x) = 2.$

2) $f_2(x) = \begin{cases} \frac{x^2-1}{x-1} & \text{für } x \neq 1 \\ 3 & \text{für } x = 1 \end{cases}$ (Bild 2.14)

Die Funktion f_2 ist an der Stelle 1 definiert; es gilt $f_2(1) = 3$. Auf die gleiche Weise wie bei f_1 ergibt sich auch hier:

$$\lim_{x \to 1} f_2(x) = 2, \text{ während } f_2(1) = 3 \text{ ist.}$$

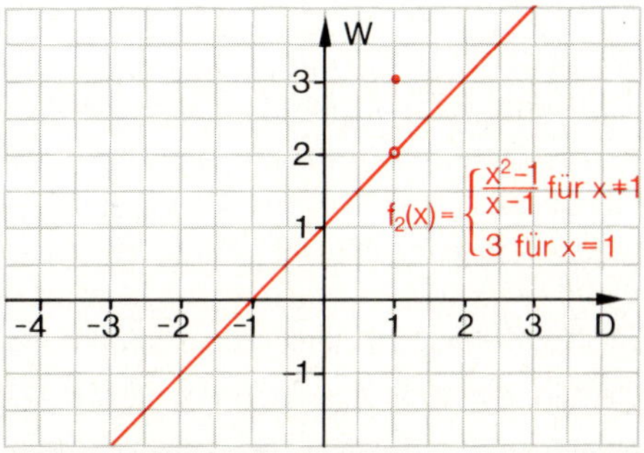

Auch hier existiert also ein Grenzwert, aber er ist vom Funktionswert verschieden.

Bild 2.14

10. Hat also eine Funktion f an einer Stelle x_0 einen Grenzwert g, so hat man also zwei Fälle zu unterscheiden:

1) es gilt $\lim\limits_{x \to x_0} f(x) = g = f(x_0)$; **2)** es gilt $\lim\limits_{x \to x_0} f(x) = g \neq f(x_0)$.

Im ersten Fall sagt man: die Funktion f ist **„stetig an der Stelle x_0"**. Wir definieren:

D 2.4 Eine Funktion f heißt „stetig an einer Stelle $x_0 \in D(f)$" genau dann, wenn gilt:

$$\lim_{x \to x_0} f(x) = f(x_0).$$

Beachte: Eine Funktion f kann an einer Stelle x_0 nur stetig sein, wenn sie an dieser Stelle definiert ist; sie kann aber u.U. an einer Stelle x_0 einen Grenzwert haben, an der sie nicht definiert ist, weil Definition D 2.3 die Bedingung $x_0 \in D(f)$ nicht erhält.

11. Wir fragen uns, was **„Stetigkeit"** einer Funktion anschaulich bedeutet, welche Eigenschaft einer Funktion durch die Bedingung von Definition D 2.4 also erfaßt wird. Diese Bedingung besagt: wenn eine Folge $\langle x_n \rangle$ gegen eine Zahl x_0 konvergiert, dann konvergiert die Folge der zugehörigen Funktionswerte $\langle f(x_n) \rangle$ gegen den Funktionswert $f(x_0)$. Deutet man diesen Sachverhalt am Funktionsgraphen, so kann man sagen: wenn man auf dem Funktionsgraphen die Folge der Punkte $P_n(x_n \mid f(x_n))$ „durchläuft", so „landet" man stets beim Punkt $P_0(x_0 \mid f(x_0))$, unabhängig davon, wie die Folge $\langle x_n \rangle$ im einzelnen gebildet ist, insbesondere unabhängig davon, ob man sich „von rechts" oder „von links" oder von beiden Seiten der Stelle x_0 nähert.

In Bild 2.15 sind zwei Punktfolgen dieser Art angedeutet: eine von links (hellrot gezeichnet), eine von rechts (dunkelrot gezeichnet). Die Bilder 2.9 und 2.10 (Seite 44) zeigen ein Beispiel (Signumfunktion), bei dem die Bedingung von Definition D 2.4 nicht erfüllt ist; dort stimmen der rechtsseitige und der linksseitige Grenzwert nicht überein; außerdem sind bei diesem Beispiel beide einseitigen Grenzwerte vom fraglichen Funktionswert sign (0) = 0 verschieden.

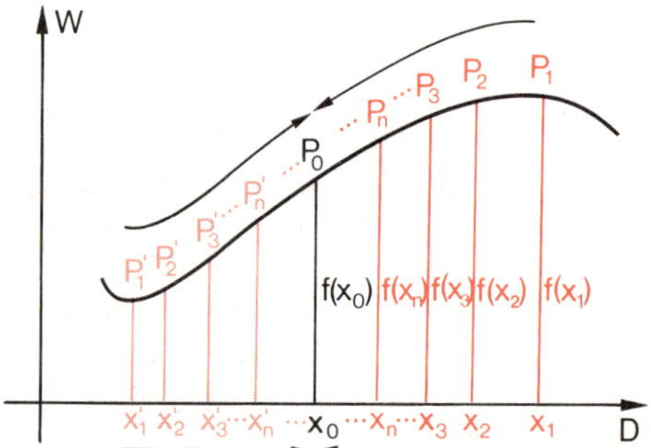

Bild 2.15

12. In der geschichtlichen Entwicklung der Analysis ist der **Stetigkeitsbegriff** erst relativ spät herausgearbeitet worden. Schon allein dieser Umstand weist darauf hin, daß dieser Begriff – zumindest für die Anwendungen der Analysis – nicht so bedeutungsvoll ist wie die Begriffe der Ableitung und des Integrals, auf die sich die weiteren Überlegungen in diesem Buch überwiegend beziehen. Daher begnügen wir uns hier mit einigen ergänzenden Hinweisen zum Stetigkeitsbegriff, auf die wir im folgenden zurückgreifen werden.
Eine eingehendere Untersuchung der Bedeutung des Stetigkeitsbegriffs findet sich in § 9, II.

13. Wir behandeln zunächst ein weiteres **Beispiel**. Wir zeigen, daß die Quadratwurzelfunktion, also die Funktion f zu $f(x) = \sqrt{x}$ für alle $x \in \mathbb{R}^{>0}$ stetig ist, daß also gilt: $\lim\limits_{x \to x_0} \sqrt{x} = \sqrt{x_0}$. Nach Definition D 2.3 haben wir zu zeigen: $\lim\limits_{n \to \infty} x_n = x_0 \Rightarrow \lim\limits_{n \to \infty} \sqrt{x_n} = \sqrt{x_0}$.

Da die Quadratwurzelfunktion nur für nichtnegative Zahlen definiert ist, brauchen wir nur Zahlenfolgen $\langle x_n \rangle$ zu berücksichtigen mit $x_n \geq 0$ für alle $n \in \mathbb{N}$. Nun gilt:

$$\left|\sqrt{x_n}-\sqrt{x_0}\right| = \left|\frac{(\sqrt{x_n}-\sqrt{x_0})(\sqrt{x_n}+\sqrt{x_0})}{\sqrt{x_n}+\sqrt{x_0}}\right| = \left|\frac{x_n - x_0}{\sqrt{x_n}+\sqrt{x_0}}\right| \leq \frac{|x_n - x_0|}{\sqrt{x_0}},$$

weil stets $\sqrt{x_n}+\sqrt{x_0} \geq \sqrt{x_0}$ ist. Nach den Grenzwertsätzen gilt somit:

$$\lim_{n\to\infty} \left|\sqrt{x_n}-\sqrt{x_0}\right| = 0, \text{ also } \lim_{n\to\infty} (\sqrt{x_n}-\sqrt{x_0}) = 0, \text{ also } \lim_{n\to\infty} \sqrt{x_n} = \sqrt{x_0}, \text{ q.e.d.}$$

In Aufgabe 8 soll gezeigt werden, daß die Funktion f an der Stelle 0 rechtsseitig stetig ist.

14. Nach den Definitionen D 2.3 und D 2.4 ist eine Funktion f stetig an einer Stelle x_0, wenn gilt: $\lim\limits_{n\to\infty} x_n = x_0 \Rightarrow \lim\limits_{n\to\infty} f(x_n) = f(x_0)$.

Durch Einsetzen von x_0 gemäß der ersten Gleichung in die zweite erhält man daraus als Bedingung für die Stetigkeit einer Funktion f an einer Stelle x_0:

$$\mathbf{\lim_{n\to\infty} f(x_n) = f(\lim_{n\to\infty} x_n).}$$

Stetigkeit bedeutet also formal, daß man beim Ausdruck $\lim\limits_{n\to\infty} f(x_n)$ die Operation der Grenzwert- und der Funktionswertbildung vertauschen kann.

Beispiel: Nach dem Beweis unter 13. gilt für $x_n \geq 0$: $\lim\limits_{n\to\infty} \sqrt{x_n} = \sqrt{\lim\limits_{n\to\infty} x_n}$.

15. Wenn man die Folge $\langle x_n \rangle$ durch eine Nullfolge $\langle h_n \rangle$ ausdrückt gemäß $x_n = x_0 + h_n$, dann lautet die **Stetigkeitsbedingung,** daß für **jede** Nullfolge $\langle h_n \rangle$ gilt:

$$\lim_{n\to\infty} f(x_0 + h_n) = f(x_0); \text{ in diesem Fall schreibt man kurz: } \lim_{h\to 0} f(x_0 + h) = f(x_0).$$

Da es auf die Bezeichnung der Variablen nicht ankommt, können wir hier statt x_0 auch x schreiben:

$$\mathbf{\lim_{h\to 0} f(x+h) = f(x).}$$

Beispiel:

Wir untersuchen die **Sinusfunktion** auf Stetigkeit an einer beliebigen Stelle $x \in \mathbb{R}$. Nach einem Additionstheorem gilt:

$$\sin(x+h) = \sin x \cdot \cos h + \cos x \cdot \sin h.$$

Um den Grenzwert für $h \to 0$ aus dieser Gleichung berechnen zu können, müssen wir die Grenzwerte $\lim\limits_{h\to 0} \sin h$ und $\lim\limits_{h\to 0} \cos h$ kennen. Wir vermuten, daß

1) $\lim\limits_{h\to 0} \sin h = \sin 0 = 0$ und **2)** $\lim\limits_{h\to 0} \cos h = \cos 0 = 1$

ist, daß die Sinus- und die Kosinusfunktion also stetig an der Stelle 0 sind.

Zu 1): Bild 2.16 zeigt einen Einheitskreis mit einer positiven Winkelgröße h (gemessen im Bogenmaß); für die Maßzahlen der Strecken BC und OC und des Bogens $\widehat{AB}$ gilt:

$\sin h = |BC|$; $\cos h = |OC|$ und $h = |\widehat{AB}|$.

Im rechtwinkligen Dreieck ABC ist die Kathete BC kürzer als die Hypotenuse AB, und diese ist – als Kreissehne – kürzer als der zugehörige Bogen $\widehat{AB}$; insgesamt gilt also:

$|BC| < |\widehat{AB}|$, also: $0 < \sin h < h$ (für $h > 0$).

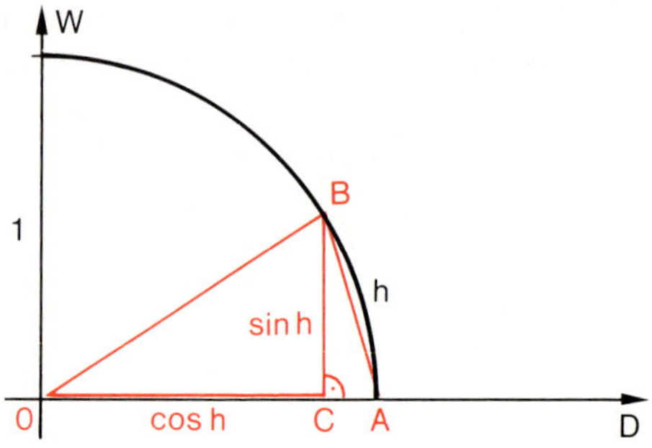

Bild 2.16

Daraus folgt nach Satz S 1.5 unmittelbar: $\lim\limits_{h \to 0} \sin h = 0$ (für $h > 0$).

Ist $h < 0$, so setzen wir $h^* = -h$ mit $h^* > 0$. Mit $h \to 0$ gilt auch $h^* \to 0$, wegen $\sin h = \sin(-h^*) = -\sin h^*$ also:

$$\lim_{h \to 0} \sin h = -\lim_{h^* \to 0} \sin h^* = -0 = 0.$$

Somit ergibt sich: $\boldsymbol{\lim\limits_{h \to 0} \sin h = \sin 0 = 0}$.

Zu 2): Für jede Winkelgröße h gilt:

$$\cos^2 h = 1 - \sin^2 h, \text{ also } \lim_{h \to 0} (\cos^2 h) = 1 - \lim_{h \to 0} (\sin^2 h) = 1 - 0 = 1.$$

Da für Zahlen h „in der Nähe" von 0 gilt: $\cos h > 0$, folgt daraus: $\boldsymbol{\lim\limits_{h \to 0} \cos h = \cos 0 = 1}$.

Wir wenden die gefundenen Grenzwerte auf die Gleichung

$\sin(x+h) = \sin x \cdot \cos h + \cos x \cdot \sin h$ an und erhalten:

$$\begin{aligned}\lim_{h \to 0} [\sin(x+h)] &= \sin x \cdot \underbrace{\lim_{h \to 0} \cos h}_{1} + \cos x \cdot \underbrace{\lim_{h \to 0} \sin h}_{0} \\ &= \sin x \cdot 1 + \cos x \cdot 0 \\ &= \sin x.\end{aligned}$$

Damit haben wir gezeigt, daß die **Sinusfunktion für alle $x \in \mathbb{R}$ stetig** ist.

16. Aus der Gleichung $\cos(x+h) = \cos x \cdot \cos h - \sin x \cdot \sin h$ ergibt sich auf die gleiche Weise, daß auch die Kosinusfunktion für alle $x \in \mathbb{R}$ stetig ist (Aufgabe 16).

17. Wir kommen noch einmal auf das Beispiel 2) von Seite 47 zurück.

Die Funktion f zu $f(x) = \dfrac{x^2 - 1}{x - 1}$ ist an der Stelle 1 nicht definiert und daher auch nicht stetig.

Da aber der Grenzwert für $x \to 1$ existiert, kann man die Definitionslücke dadurch schließen, daß man festsetzt: $f(1) =_{Df} \lim\limits_{x \to 1} f(x) = 2$.

Man sagt: die Funktion f wird durch die Festsetzung $f(1) = 2$ „ergänzt" oder **„fortgesetzt"**. Da die ergänzte Funktion an der Stelle 1 stetig ist, spricht man genauer von einer **„stetigen Ergänzung"** oder **„stetigen Fortsetzung"**.

18. Wir haben oben gezeigt, daß z.B. die Funktionen zu $f_1(x)=x^2$ und zu $f_2(x)=\sin x$ stetig für alle $x\in\mathbb{R}$ sind. Es liegt auf der Hand, daß deshalb auch die Funktionen f und g zu $f(x)=x^2+\sin x$ und $g(x)=x^2\cdot\sin x$ stetig für alle $x\in\mathbb{R}$ sind. Um den Sachverhalt allgemein formulieren zu können, definieren wir zunächst:

D 2.5 **1) Unter der Funktion**

f_1+f_2	f_1-f_2	$f_1\cdot f_2$

versteht man die Funktion f, bei der für alle $x\in D(f_1)\cap D(f_2)$ gilt:

$f(x)=f_1(x)+f_2(x)$.	$f(x)=f_1(x)-f_2(x)$.	$f(x)=f_1(x)\cdot f_2(x)$.

2) Unter der Funktion $f_1:f_2$ versteht man die Funktion f, bei der für alle $x\in D(f_1)\cap D(f_2)$ mit $f_2(x)\neq 0$ gilt: $f(x)=f_1(x):f_2(x)$.

Bemerkung: Vorstehende Definition enthält auch die Sonderfälle, daß eine der beiden Funktionen eine konstante Funktion ist. So bezeichnet z.B. „2f" die Funktion zu $2\cdot f(x)$ und „$-f$" die Funktion zu $-f(x)=(-1)\cdot f(x)$. Für die so definierten Funktionen gilt der Satz

S 2.5 **Sind zwei Funktionen f_1 und f_2 stetig an einer Stelle $x_0\in D(f_1)\cap D(f_2)$, so sind auch die Funktionen f_1+f_2, f_1-f_2 und $f_1\cdot f_2$ stetig an der Stelle x_0.
Gilt $f_2(x_0)\neq 0$, so ist auch die Funktion $f_1:f_2$ stetig an der Stelle x_0.**

Der Beweis soll in Aufgabe 15 erbracht werden.

19. Oben haben wir gezeigt, daß z.B. die Sinusfunktion für alle $x\in\mathbb{R}$ stetig ist. Man sagt: die Sinusfunktion ist „stetig über der Menge $\mathbb{R}$". Allgemein definiert man:

D 2.6 **Eine Funktion f heißt „stetig über einer Menge M" (mit $M\subseteq D(f)$) genau dann, wenn sie für alle $x\in M$ stetig ist.**

Bemerkung: Wenn es sich bei der Menge M z.B. um ein abgeschlossenes Intervall [a; b] handelt, dann sind an den Randstellen nur einseitige Grenzwerte zu bilden; die Funktion braucht an Randstellen daher nur einseitig stetig zu sein.

Übungen und Aufgaben

1. Begründen Sie mit Hilfe der Grenzwertsätze!

a) $\lim\limits_{n\to\infty} x_n=x_0 \Rightarrow \lim\limits_{n\to\infty} x_n^3=x_0^3$

b) $\lim\limits_{n\to\infty} x_n=x_0 \Rightarrow \lim\limits_{n\to\infty} x_n^k=x_0^k$ (mit $k\in\mathbb{N}$; vollständige Induktion!)

c) $\lim\limits_{n\to\infty} x_n=x_0 \Rightarrow \lim\limits_{n\to\infty} c x_n^k=c x_0^k$ (mit $k\in\mathbb{N}$ und $c\in\mathbb{R}$)

d) $\lim\limits_{n\to\infty} x_n=x_0 \Rightarrow \lim\limits_{n\to\infty} (c_k x_n^k+c_{k-1} x_n^{k-1}+c_{k-2} x_n^{k-2}+\ldots+c_2 x_n^2+c_1 x_n+c_0)$
$=c_k x_0^k+c_{k-1} x_0^{k-1}+c_{k-2} x_0^{k-2}+\ldots+c_2 x_0^2+c_1 x_0+c_0$
(mit $k\in\mathbb{N}$ und $c_i\in\mathbb{R}$ für $1\leq i\leq k$)

2. Beweisen Sie mit Hilfe der Grenzwertsätze: Konvergiert die Folge $\langle x_n \rangle$ gegen x_0, so konvergiert auch die Folge $\langle f(x_n) \rangle$ für die angegebene Funktion f!

a) $f(x)=3x+1$ **b)** $f(x)=x^2+5$ **c)** $f(x)=(1-x)(1+x)$ **d)** $f(x)=1-x-x^3$

e) $f(x)=(2x^2+1)(x-5)$ **f)** $f(x)=\dfrac{2x+1}{x^2-6x+10}$ **g)** $f(x)=\dfrac{x^3+3x^2+1}{x^4+2}$ **h)** $f(x)=|1-x^4|$

3. Untersuchen Sie nach Definition D2.3, ob der Grenzwert der Funktion f zu f(x) an der Stelle x_0 existiert, und berechnen Sie ihn gegebenenfalls!

a) $f(x)=\dfrac{x^2-1}{x+1}$; $x_0=-1$ **b)** $f(x)=\dfrac{x+1}{x^2-1}$; $x_0=-1$

c) $f(x)=\dfrac{x^2+x-6}{x+3}$; $x_0=-3$; $x_0=-1$ **d)** $f(x)=\dfrac{x^2+x-6}{x-2}$; $x_0=2$; $x_0=-3$

e) $f(x)=\dfrac{x^2-3x-4}{x-4}$; $x_0=4$; $x_0=-2$ **f)** $f(x)=\dfrac{x^3-1}{x-1}$; $x_0=1$

4. Beweisen Sie, daß der Grenzwert der Funktion f an der Stelle x_0 genau dann existiert, wenn dort der rechtsseitige und der linksseitige Grenzwert existieren und übereinstimmen!

5. Berechnen Sie den rechtsseitigen und den linksseitigen Grenzwert von f zu f(x) an der Stelle x_0!

a) $f(x)=\dfrac{x(x-1)}{|x-1|}$; $x_0=1$ **b)** $f(x)=\dfrac{x^2(x+1)}{|x+1|}$; $x_0=-1$ **c)** $f(x)=\dfrac{x}{|x|}$; $x_0=0$

d) $f(x)=\dfrac{x}{|x|}-\operatorname{sign} x$; $x_0=0$ **e)** $f(x)=\dfrac{x\cdot\operatorname{sign} x}{1+x^2}$; $x_0=0$ **f)** $f(x)=\dfrac{\operatorname{sign}(x+2)}{x+2}$; $x_0=-2$

6. Berechnen Sie!

a) $\lim\limits_{x\to 4}\dfrac{x-1}{x+2}$ **b)** $\lim\limits_{x\to 3}\dfrac{x^2+1}{x-2}$ **c)** $\lim\limits_{x\to 2}\dfrac{3x^2-5x-2}{5x^2-20}$

d) $\lim\limits_{x\to 1}\dfrac{x^4-1}{x-1}$ **e)** $\lim\limits_{x\to 6}\dfrac{x^3+6}{x^2-6}$ **f)** $\lim\limits_{x\to -1}\dfrac{x^2+3x+2}{x^2-x-2}$

7. Berechnen Sie den Grenzwert $\lim\limits_{h\to 0} f(x_0+h)$!

a) $f(x)=x^2-3$; $x_0=2$ **b)** $f(x)=5-3x+x^2$; $x_0=-1$ **c)** $f(x)=x(x+1)$; $x_0=3$

d) $f(x)=\dfrac{x+1}{x}$; $x_0=-2$ **e)** $f(x)=\dfrac{3x-4}{2-x}$; $x_0=4$ **f)** $f(x)=\dfrac{x^2+2}{3-x^2}$; $x_0=1$

8. Zeigen Sie, daß die Funktion f zu $f(x)=\sqrt{x}$ an der Stelle $x_0=0$ rechtsseitig stetig ist!

9. Zeigen Sie, daß die Funktion f zu $f(x)=|x|$ über $\mathbb{R}$ stetig ist!

10. Zeigen Sie, daß die Funktion f zu f(x) an der Stelle x_0 stetig ist!

a) $f(x)=\dfrac{x+2}{x^2-4}$; $x_0=1$ **b)** $f(x)=1-x+x^2$; $x_0=-1$ **c)** $f(x)=\sqrt{x+1}$; $x_0=3$

d) $f(x)=x-\sqrt{x}$; $x_0=9$ **e)** $f(x)=\dfrac{1}{x-4}$; $x_0=0$ **f)** $f(x)=\dfrac{x^3-2x+5}{6x^4-2}$; $x_0=1$

11. Ermitteln Sie die Definitionslücken der Funktion f! Prüfen Sie, ob es sich um Unendlichkeitsstellen mit oder ohne Vorzeichenwechsel handelt! Für welche Definitionslücken existiert ein Grenzwert?

a) $f(x)=\frac{3x^2-5x-2}{5x^2-20}$ **b)** $f(x)=\frac{x^3+125}{x^2-4x-5}$ **c)** $f(x)=\frac{x^2-2x-8}{x^2+9x+20}$

d) $f(x)=\frac{216+x^3}{72-2x^2}$ **e)** $f(x)=\frac{x^2-2x-3}{x^2-x-6}$ **f)** $f(x)=\frac{x^2+3x+2}{x^2-x-2}$

g) $f(x)=\frac{x-4}{\sqrt{x}-2}$ **h)** $f(x)=\frac{\sqrt{x}-2}{x-4}$ **i)** $f(x)=\frac{4-x^2}{3-\sqrt{x^2+5}}$

12. Zeigen Sie, daß die Funktion f zu f(x) an der Stelle x_0 **nicht** stetig ist!

a) $f(x)=\frac{1}{2}(\operatorname{sign} x+1);\ x_0=0$ **b)** $f(x)=\operatorname{sign}(x^2-2);\ x_0=\sqrt{2}$

c) $f(x)=\lim\limits_{n\to\infty}\frac{x^{2n}-4}{x^{2n}+7};\ x_0=1$ **d)** $f(x)=\begin{cases}x^2 & \text{für } x\leq -1\\ 1-x & \text{für } x>-1\end{cases};\quad x_0=-1$

13. Beweisen Sie die folgenden Beziehungen!

a) $\lim\limits_{x\to x_0} f(x)=\lim\limits_{h\to 0} f(x_0+h)$ **b)** $\lim\limits_{x\to x_0} f(x)=g \Leftrightarrow \lim\limits_{x\to x_0}(f(x)-g)=0$

c) $\lim\limits_{x\to x_0} f(x)=0 \Leftrightarrow \lim\limits_{x\to x_0}|f(x)|=0$ **d)** $\lim\limits_{x\to x_0} f(x)=g \Rightarrow \lim\limits_{x\to x_0}|f(x)|=|g|$

14. Begründen Sie die Aussage von Satz S 2.4!

15. Beweisen Sie Satz S 2.5!

16. **a)** Zeigen Sie anhand von Bild 2.17, daß für alle $a, b\in\mathbb{R}$ mit $0<a, b<\frac{\pi}{2}$ gilt: $|\sin a-\sin b|<|a-b|$.

b) Folgern Sie daraus mit Hilfe von Satz S 2.5, daß die Sinusfunktion für alle $x\in]0, \frac{\pi}{2}[$ stetig ist!

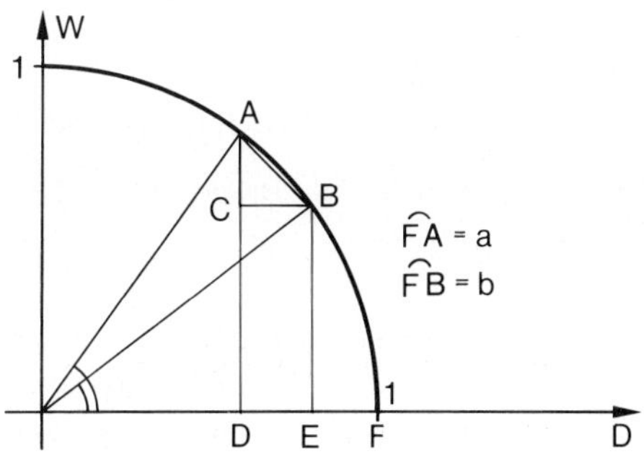

Bild 2.17

c) Verfahren Sie ebenso wie unter a) und b) für die Kosinusfunktion!

d) Wie kann man die Stetigkeit der Sinus- und der Kosinusfunktion für $x\notin]0;\frac{\pi}{2}[$ begründen?

17. Beweisen Sie, daß die Funktion f zu $f(x)=\sqrt[3]{x}$ für alle $x\in\mathbb{R}$ stetig ist!
Anleitung: Benutzen Sie, daß für alle $a, b\in\mathbb{R}$ gilt: $(a-b)(a^2+ab+b^2)=a^3-b^3$!

§ 3 Der Begriff der Ableitung einer Funktion

I. Der Begriff der Änderungsrate

1. Mathematische Begriffe und Verfahren werden zur Beschreibung von Situationen und zur Lösung von Problemen in zahlreichen Bereichen des menschlichen Lebens angewendet: in den Naturwissenschaften, in der Technik, in der Medizin, in der Wirtschaft und in vielen anderen Gebieten.
Einer der leistungsfähigsten Begriffe in diesem Zusammenhang ist der mathematische Begriff der **Funktion**. Dieser Begriff kann in ungezählten Fällen zur Beschreibung einer Situation herangezogen werden, wenn eine Größe in eindeutiger Weise von einer anderen Größe abhängig ist.

Beispiele:

1) Der **Einkommenssteuerbetrag**, den ein Bürger pro Jahr zu entrichten hat, hängt u.a. von der Höhe des **Einkommens** ab.

2) Der **Luftdruck** hängt ab von der **Höhe** der betreffenden Stelle, z.B. über dem Meeresspiegel.

3) Bei einem fallenden Körper hängt die **Fallzeit** von der Länge der **Fallstrecke** ab.

In allen diesen Fällen besteht ein funktionaler Zusammenhang zwischen den betreffenden Größen.

2. Für die Beurteilung einer Situation kommt es nun häufig nicht nur darauf an, die Funktionswerte selbst zu kennen; vielmehr ist es in vielen Fällen wichtig, ja notwendig, Aufschluß darüber zu erhalten, in welchem Maße sich die Funktionswerte **ändern**, wenn die Argumentwerte geändert werden.

Beispiel:

Der Gesetzgeber muß sich bei der Festlegung der Einkommenssteuerfunktion Gedanken darüber machen, in welchem Maße sich der Steuerbetrag erhöhen soll, wenn das Einkommen des Steuerpflichtigen steigt. Bei der derzeit gültigen Steuerfunktion gibt es verschiedene „Zonen“, die sogenannte **„Proportionalzone“**, in der die Steuer proportional zum Einkommen steigt, und die sogenannte **„Progressionszone“**, in der die Steuer prozentual stärker ansteigt als das Einkommen.
Es liegt auf der Hand, daß man mathematische Verfahren und mathematische Begriffsbildungen benötigt, um solche Probleme zu lösen.

3. Wir wollen das Problem am **Beispiel** der Steuerprogression näher erörtern. Der Steuertabelle entnimmt man u.a. die folgenden Einkommens- und zugehörigen Steuerbeträge.

Einkommen (in DM)	17874	19440	20574
Steuer (in DM)	2934	3291	3567

Als Maß für den Steueranstieg zwischen den angegebenen Stufen ist die Differenz zwischen den Steuerbeträgen wenig geeignet, weil der Einkommensunterschied zwischen diesen Stufen unterschiedlich groß ist. Man muß vielmehr den Steuer**zuwachs** zum jeweiligen Einkommens**zuwachs** ins Verhältnis setzen, also den **Quotienten** aus Steuer**zuwachs** und Einkommens**zuwachs** berechnen. Man nennt diese Zahl die **„Steuerzuwachsrate"**. Man erhält:

1) $\frac{3291-2934}{19440-17874}=\frac{357}{1566}\approx 0{,}228$; **2)** $\frac{3567-3291}{20574-19440}=\frac{276}{1134}\approx 0{,}243$.

Im ersten Fall sind vom Einkommens**zuwachs** also ca. 22,8%, im zweiten Fall dagegen ca. 24,3% an Steuern abzuführen.

Allgemein können wir sagen: Ist S die Steuerfunktion, die angibt, wie hoch die Steuer S(x) ist, die von einem steuerpflichtigen Einkommen x zu entrichten ist, so versteht man unter der **„Steuerzuwachsrate"** den Quotienten aus der Differenz zweier Steuerbeträge $S(x_1)$ und $S(x_2)$ und der Differenz der Einkommensbeträge x_1 und x_2, also den **„Differenzenquotienten"**

$$\frac{S(x_2)-S(x_1)}{x_2-x_1}.$$

Allgemein nennt man diesen Differenzenquotienten auch eine **„Änderungsrate"** der Funktion S.

4. Als zweites **Beispiel** betrachten wir einen Bewegungsvorgang. Vom Insassen eines PKW wird die Zeit gemessen, die von einem Kilometerstein bis zum folgenden verflossen ist. Es ergeben sich u.a. die Werte der folgenden Tabelle.

Wegmarke (in km)	117	137	157	177
Zeit (in min)	0	14	24	38

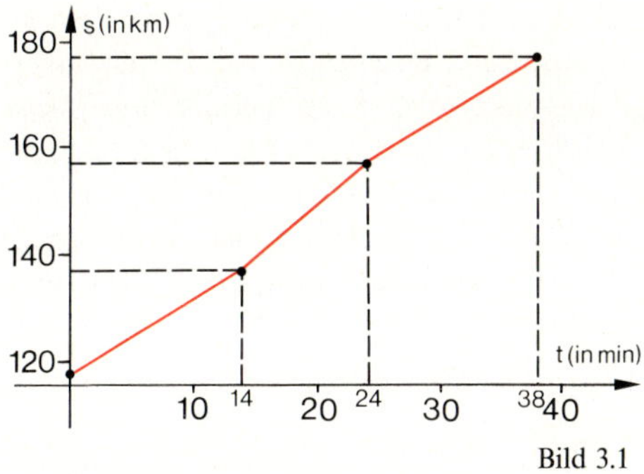

Bild 3.1

In Bild 3.1 sind die Meßwerte der zugehörigen Weg-Zeit-Funktion s eingetragen und geradlinig miteinander verbunden.

Die Änderungsrate für die zweite Teilstrecke beträgt bei diesem Beispiel:

$$\frac{157\text{ km}-137\text{ km}}{24\text{ min}-14\text{ min}}=\frac{20\text{ km}}{10\text{ min}}=2\,\frac{\text{km}}{\text{min}}.$$

Diese Größe hat eine einfache physikalische Bedeutung; es handelt sich um die **mittlere Geschwindigkeit $\bar{v}$**, mit der das Automobil diese Strecke durchfahren hat.

Bei Umrechnung auf die übliche Maßeinheit $\frac{\text{km}}{\text{h}}$ ergibt sich: $\bar{v}=2\cdot 60\,\frac{\text{km}}{\text{h}}=120\,\frac{\text{km}}{\text{h}}$.

Wir können also sagen: Bei einer Weg-Zeit-Funktion s wird die **mittlere Geschwindigkeit** zwischen zwei Zeitpunkten t_1 und t_2 angegeben durch den Differenzenquotienten

$$\frac{s(t_2)-s(t_1)}{t_2-t_1}.$$

Allgemein spricht man bei einem solchen Differenzenquotienten von einer **„mittleren Änderungsrate"** der betreffenden Funktion zwischen den betrachteten Stellen.

5. Was wir aus den voranstehenden Beispielen gelernt haben, versuchen wir nun zu verallgemeinern. Wir können sagen:
Wenn der Zusammenhang zwischen zwei Größen x und y durch eine Funktion f beschrieben wird, dann sind für die Beurteilung der jeweiligen Situation häufig nicht nur die Funktionswerte, sondern darüber hinaus die **„mittleren Änderungsraten"** von Bedeutung.
Wir definieren:

D 3.1 Unter der „mittleren Änderungsrate" einer Funktion f zwischen zwei Stellen x_1 und x_2 versteht man den Quotienten aus der Differenz der Funktionswerte und der Differenz der zugehörigen Argumentwerte, also den Differenzenquotienten

$$\frac{f(x_2)-f(x_1)}{x_2-x_1}.$$

6. An Bild 3.2 erkennt man, daß die mittlere Änderungsrate, der Differenzenquotient, zwischen zwei Stellen x_1 und x_2 eine einfache geometrische Bedeutung hat; sie gibt nämlich die **Steigung** m der Verbindungsstrecke zwischen den beiden Punkten $P_1(x_1|y_1)$ und $P_2(x_2|y_2)$ an (Bild 3.2). Da diese Strecke eine Sehne des Funktionsgraphen ist, spricht man von einer **„Sehnensteigung"** oder **„Intervallsteigung"**.
Wir halten fest:

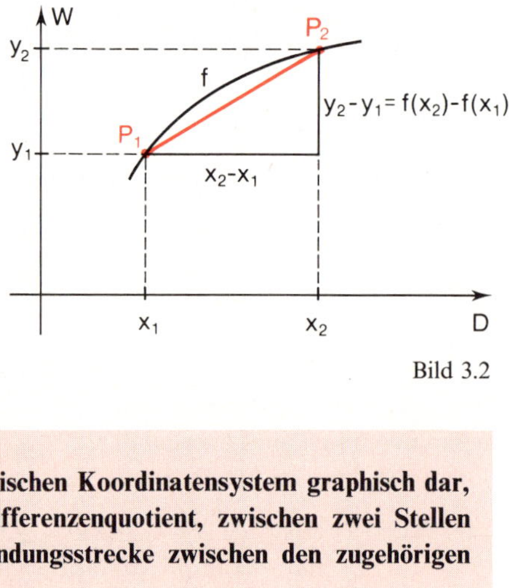

Bild 3.2

S 3.1 Stellt man eine Funktion f in einem kartesischen Koordinatensystem graphisch dar, so ist die mittlere Änderungsrate, der Differenzenquotient, zwischen zwei Stellen x_1 und x_2 gleich der Steigung der Verbindungsstrecke zwischen den zugehörigen Punkten $P_1(x_1|y_1)$ und $P_2(x_2|y_2)$:

$$m=\frac{y_2-y_1}{x_2-x_1}=\frac{f(x_2)-f(x_1)}{x_2-x_1}.$$

Übungen und Aufgaben

1. In Bild 3.3 ist ein Querschnitt durch eine gebirgige Landschaft dargestellt. Bestimmen Sie die durchschnittlichen Steigungen des Geländes zwischen den Punkten $P_0, P_1, P_2, \ldots, P_{10}$!

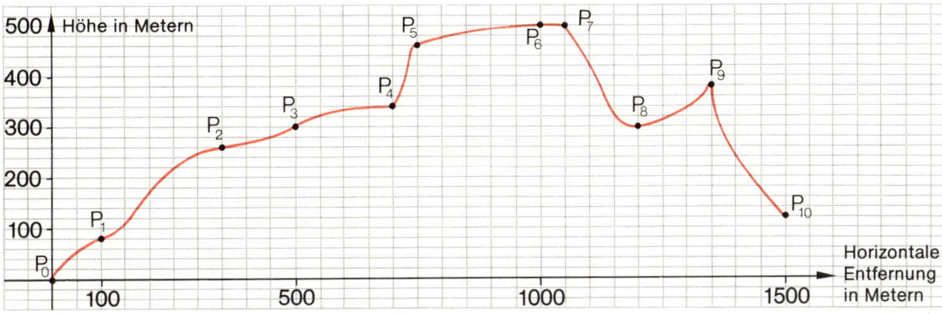

Bild 3.3

2. Bild 3.4 zeigt einen Ausschnitt aus einem Zugbegleiter.

a) Berechnen Sie die Durchschnittsgeschwindigkeit des Zuges zwischen den angegebenen Städten und die Durchschnittsgeschwindigkeit insgesamt!

b) Zeichnen Sie den Graph einer stückweise linearen Weg-Zeit-Funktion s, der die Zugfahrt veranschaulicht! Warum beschreibt s nicht die tatsächliche Bewegung des Zuges?

Ankunft	km	Abfahrt
9.17	Altena (Westf)	9.18
	9	
9.26	Letmathe	9.27
	21	
9.44	Hagen Hbf	9.51
	14	
10.00	Schwerte (Ruhr)	10.02
	16	
10.11	Unna	10.13
	19	
10.24	Hamm (Westf)	10.27
	36	
10.47	Münster (Westf) Hbf	11.01
	39	
11.24	Rheine	11.26
	31	
11.43	Lingen (Ems)	11.45

Bild 3.4

Durchschnittsgrößen und -gewichte von Knaben und Mädchen

Knaben		Jahre	Mädchen	
cm	kg		cm	kg
51,0	3,5	0	50,0	3,3
61,6	5,9	1/4	60,4	5,7
68,5	7,9	1/2	67,2	7,4
73,3	9,3	3/4	71,9	8,9
77,0	10,5	1	75,6	10,0
83,8	12,1	1 1/2	82,5	11,5
88,9	13,3	2	87,8	12,8
97,9	15,6	3	96,5	14,9
105,0	17,6	4	104,2	16,9
111,4	19,4	5	110,9	18,9
117,8	21,2	6	117,3	20,8
123,8	23,6	7	123,3	23,2
129,6	26,2	8	129,0	25,8
134,8	28,8	9	134,2	28,5
139,8	31,4	10	139,1	31,3
144,6	34,5	11	144,1	34,8
149,6	37,9	12	151,0	39,7
155,1	42,2	13	157,2	45,0
161,3	47,8	14	161,2	49,8
168,6	54,6	15	163,9	53,4
173,1	59,7	16	165,4	55,8
176,1	63,5	17	166,0	57,2
177,6	66,2	18	166,3	58,2

Bild 3.5

3. Bild 3.5 enthält Daten über die körperliche Entwicklung von Knaben und Mädchen.

a) Berechnen Sie für Knaben (Mädchen) die mittleren Änderungsraten für die Durchschnittsgröße und das Durchschnittsgewicht zwischen den angegebenen Zeitpunkten und für den angegebenen Zeitraum insgesamt!

b) Welche Aussagen kann man über die Monotonie, die Zu- und die Abnahme der in a) ermittelten Änderungsraten machen? Was läßt sich daraus über das Größenwachstum (die Gewichtszunahme) folgern?

4. In der folgenden Tabelle sind Daten zur Entwicklung der Weltbevölkerung seit 1950 zusammengestellt.

Die Entwicklung der Weltbevölkerung seit 1950

Erdteil	Zahl der Bevölkerung (in Mio)						Schätzwerte (in Mio)		
	1950	1960	1970	1979	1980	1982	2000	2050	2100
Erde insgesamt	2501	2986	3678	4336	4432	4581	6267	10678	12359
Europa	572	591	646	679	682	691	947	1080	1143
Afrika	219	273	354	456	470	505	517	1020	2350
Nord- u. Südamerika	330	414	509	603	612	640	829	1200	2057
Asien	1368	1692	2148	2575	2645	2721	3870	6350	6752
Australien, Ozeanien	13	16	20	23	23	24	29	48	57

a) Ermitteln Sie die mittleren Änderungsraten für die Bevölkerung der Erde insgesamt (von Europa, von Asien) für die angegebenen Zeiträume!

b) Ermitteln Sie die mittleren Änderungsraten für die Bevölkerung der Erde insgesamt und der einzelnen Erdteile für den Zeitraum von 1950 bis 2000!

5. Berechnen Sie die mittleren Änderungsraten des Luftdrucks p zwischen den benachbarten Höhen in der folgenden Tabelle!

h (in m)	0	500	1000	1500	2000	2500	3000	3500	4000	4500	5000	5500	6000
p (in h Pa)	1000	952	895	840	789	741	696	653	615	577	545	509	479

6. Berechnen Sie die mittlere Beschleunigung eines Space-Shuttle zwischen den angegebenen Zeitpunkten (Bild 3.6)! In welchem Intervall ist sie am größten? Ein Wievielfaches der Erdbeschleunigung $g \approx 9{,}81\,\frac{m}{s^2}$ beträgt sie dort?

Startdaten des Space-Shuttle

min	Höhe (km)	Geschwindigkeit (m/s)
0:20	1,0	107
0:40	4,3	229
0:53	7,6	323
1:00	9,8	381
2:00	40,8	1216
3:00	84,6	1748
4:00	117,0	2100
5:00	132,8	2641
6:00	135,4	3481
7:00	134,5	4726
8:00	122,1	6427
8:20	117,7	7012
8:34	117,0	7424

Bild 3.6

7. Erläutern Sie den folgenden Satz an einem Funktionsgraphen und beweisen Sie ihn!
Sind a, b und c drei Zahlen mit $a<b<c$ und ist f eine Funktion mit $a, b, c \in D(f)$, dann liegt der Differenzenquotient $m(a; c)$ von f zum Intervall $[a; c]$ zwischen den Differenzenquotienten $m(a; b)$ und $m(b; c)$ von f zu den Intervallen $[a; b]$ und $[b; c]$, d.h. es gilt:
$m(a; b) \leq m(a; c) \leq m(b; c)$ oder $m(b; c) \leq m(a; c) \leq m(a; b)$.

Anleitung: Beweisen Sie, daß die Zahl $\frac{p+r}{q+s}$ mit $q, s>0$ stets zwischen $\frac{p}{q}$ und $\frac{r}{s}$ liegt!

II. Der Begriff der Ableitung

1. Im vorigen Abschnitt haben wir bei den Beispielen zu mittleren Änderungsraten nur solche Fälle betrachtet, bei denen von der einen Vorgang beschreibenden Funktion nur **einzelne Wertepaare** gegeben waren, z. B. bei der Autobahnfahrt die im Abstand von je 20 km abgelesenen Uhrzeiten (vgl. Bild 3.1, S. 55).
Daher haben wir bei diesem Beispiel zur Beschreibung des Bewegungsablaufes jeweils nur Geschwindigkeiten bestimmen können, die einen **Durchschnittswert** für die betreffende Strecke (bzw. für den betreffenden Zeitraum) darstellen.
Es ist aber nicht anzunehmen, daß das Fahrzeug zwischen den einzelnen Messungen ständig mit gleichbleibender Geschwindigkeit gefahren ist, weil der Fahrer sich ja der jeweiligen Verkehrssituation anpassen mußte.
Mit welcher Geschwindigkeit ein Auto gerade fährt, das kann der Fahrer am Geschwindigkeitsmeßgerät seines Fahrzeuges, am Tachometer, ablesen. Es handelt sich dabei nicht um eine Durchschnittsgeschwindigkeit, wie wir sie oben berechnet haben, sondern um die Geschwindigkeit zu einem bestimmten Zeitpunkt t_0, um die sogenannte **„Momentangeschwindigkeit"**.

2. Auch bei anderen Funktionen, die zur Beschreibung irgendwelcher Situationen herangezogen werden, genügt es häufig nicht, die **Änderungstendenz** der Funktion durch **mittlere Änderungsraten** zwischen zwei herausgegriffenen Stellen x_1 und x_2 zu erfassen; vielmehr kommt es darauf an, das Veränderungsverhalten der betreffenden Funktion **an einer einzigen** Stelle zu beurteilen, also eine **„lokale Änderungsrate"** angeben zu können. Wie man zu einer solchen Größe kommen kann, damit wollen wir uns im folgenden beschäftigen.

3. Wir betrachten dazu zunächst das folgende

Beispiel:

Am Kopf eines mit Schnee bedeckten, vereisten Hügels steht an der „Startmarke" ($s_0 = 0$) ein Schlitten. Zur Zeit $t = 0$ wird er losgelassen und gleitet den Hügel, der die Form einer schiefen Ebene hat, hinunter (Bild 3.7).

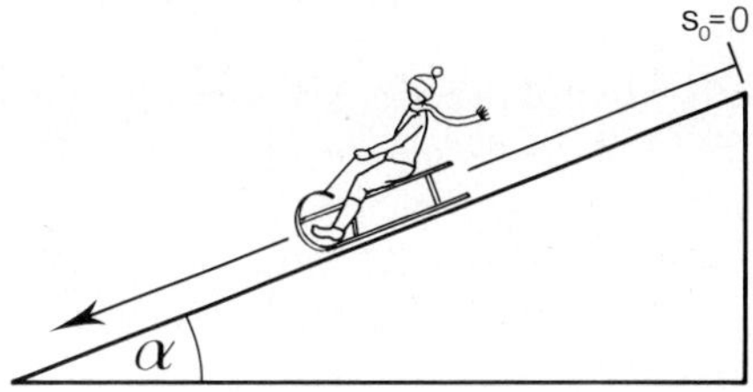

Bild 3.7

Aus den Grundgesetzen der Mechanik ist die Weg-Zeit-Funktion für einen solchen Bewegungsvorgang ableitbar. Wenn man vom Reibungswiderstand (an der Eisfläche und an der Luft) absieht, dann wird die Länge des zurückgelegten Weges in Abhängigkeit von der Zeit t durch eine Funktion s beschrieben mit

$$s(t) = c \cdot t^2.$$

Dabei wird die Zeit in Sekunden und die Länge der zurückgelegten Strecke in Metern gemessen. Ferner gilt $c = \frac{1}{2} \cdot g \cdot \sin\alpha$, wobei g die Erdbeschleunigung und α die Größe des Neigungswinkels der Ebene gegenüber der Horizontalen bezeichnet. Zur Vereinfachung wollen wir hier die Buchstaben s, t und c aber nur als Variable für die **Maßzahlen** der betreffenden Größe auffassen.

Für einen Neigungswinkel von etwa 2,9° gilt $c=\frac{1}{4}$. Dann lautet die Funktionsgleichung

$$s(t)=\frac{1}{4}t^2.$$

(Beachte, daß diese Gleichung nur für die Maßzahlen von Weglänge und Zeit gelten kann; denn die Maßeinheit einer Länge kann nicht gleich der Maßeinheit des Quadrates einer Zeit sein.)
Bild 3.8 zeigt den Graphen dieser Weg-Zeit-Funktion s; wir wählen $D(s)=\mathbb{R}^{\geq 0}$.

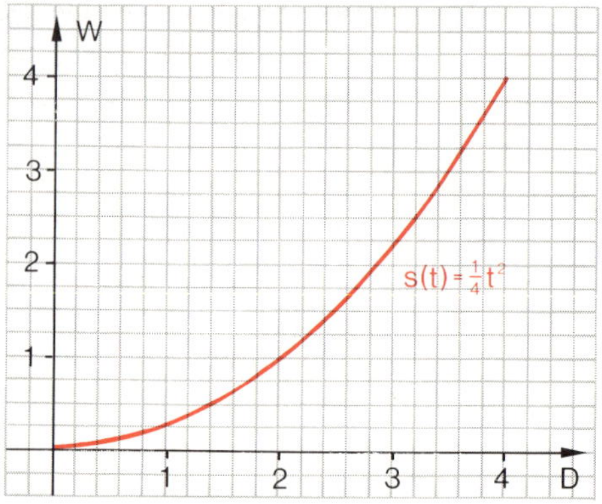

Bild 3.8

4. Wir fragen nun nach der **Geschwindigkeit**, welche der Schlitten etwa nach einer Sekunde, nach zwei Sekunden, usw. hat, also nach der Geschwindigkeit in einem Augenblick, zu einem bestimmten Zeitpunkt, nach der sogenannten **„Momentangeschwindigkeit"**.
Nach den Überlegungen des vorigen Abschnitts wissen wir, daß der **Durchschnittsgeschwindigkeit** $\bar{v}$ eines nach einer Weg-Zeit-Funktion s bewegten Körpers bei einer beliebigen Funktion f die **mittlere Änderungsrate** zwischen zwei Stellen x_1 und x_2 entspricht und daß diese mittlere Änderungsrate durch den Differenzenquotienten $\frac{f(x_2)-f(x_1)}{x_2-x_1}$ erfaßt und als Steigung der Sehne zwischen den Punkten P_1 und P_2 gedeutet werden kann (Bild 3.9).

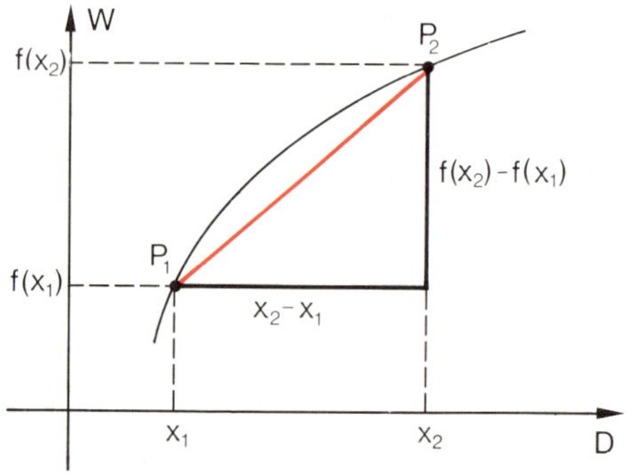

Bild 3.9

Ebenso entspricht der **Momentangeschwindigkeit** eines bewegten Körpers zu einem bestimmten Zeitpunkt t_0 die **„lokale Änderungsrate"** der Funktion f an einer bestimmten Stelle x_0. Auch diese – noch zu definierende – Größe hat eine geometrische Bedeutung für den Funktionsgraphen; wir können sie auffassen als die Steigung des Funktionsgraphen in einem Punkte P_0, genauer gesagt: wir können sie dem Funktionsgraphen als „Steigung in einem Punkt P_0" zuordnen.

5. Wir wollen also danach fragen, wie man aus der **mittleren Änderungsrate** einer Funktion f zwischen zwei Stellen eine **lokale Änderungsrate** herleiten kann, also eine Größe, die das Änderungsverhalten einer Funktion an **einer** Stelle x_0 beschreibt.
Als **Beispiel** nehmen wir die Funktion, die zum oben geschilderten Problem der Schlittenfahrt gehört, also die Funktion f zu

$$f(x)=\frac{1}{4}x^2 \text{ mit } D(f)=\mathbb{R}^{\geq 0} \text{ (Bild 3.10)}$$

und fragen, was wir unter der „lokalen Änderungsrate" dieser Funktion z.B. an der Stelle $x_0=1$ verstehen können.

Um einen ersten Näherungswert für die gesuchte lokale Änderungsrate zur Stelle $x_0=1$ zu erhalten, bestimmen wir den Differenzenquotienten zu den Stellen $x_0=1$ und $x_1=4$, also die Sehnensteigung zwischen den Punkten $P_0(1\,|\,\frac{1}{4})$ und $P_1(4\,|\,4)$:

$$m(x_0\,;\,x_1)=\frac{f(x_1)-f(x_0)}{x_1-x_0}=\frac{4-\frac{1}{4}}{4-1}=\frac{\frac{15}{4}}{3}=\frac{5}{4}=1{,}25 \text{ (Bild 3.10).}$$

6. Da der Funktionsgraph im Punkte $P_0(1\,|\,\frac{1}{4})$ deutlich weniger steil verläuft als die Sehne, ist der berechnete Steigungswert offensichtlich zu groß. Einen besseren Näherungswert für die gesuchte lokale Änderungsrate – also die Steigung des Funktionsgraphen im Punkte $P_0(1\,|\,\frac{1}{4})$ – erhält man, wenn man den zweiten Punkt näher beim Punkt P_0 wählt. Mit $P_2(3\,|\,\frac{9}{4})$ ergibt sich die Sehnensteigung

$$m(x_0\,;\,x_2)=\frac{f(x_2)-f(x_0)}{x_2-x_0}=\frac{\frac{9}{4}-\frac{1}{4}}{3-1}=\frac{2}{2}=1$$

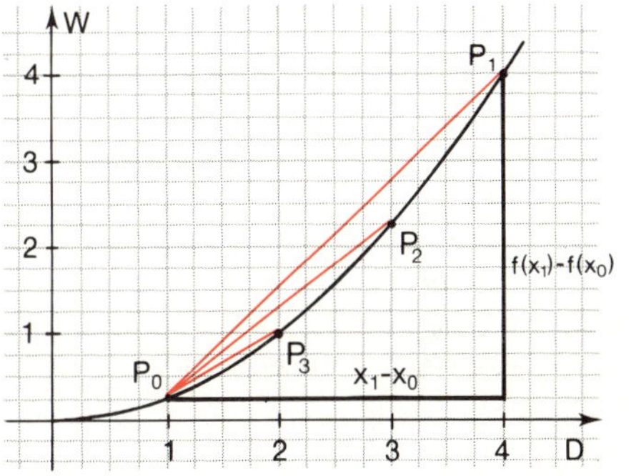

Bild 3.10

und mit $P_3(2\,|\,1)$ die Sehnensteigung

$$m(x_0\,;\,x_3)=\frac{f(x_3)-f(x_0)}{x_3-x_0}=\frac{1-\frac{1}{4}}{2-1}=\frac{3}{4}=0{,}75.$$

Das angedeutete Verfahren setzen wir fort; d.h. wir wählen eine Folge $\langle x_n\rangle$, die gegen die Zahl $x_0=1$ strebt:

$$\lim_{n\to\infty} x_n=x_0=1, \text{ z.B. die Folge zu } x_n=1+\frac{1}{n}.$$

Wie bei diesem Beispiel ist es häufig zweckmäßig, die Folgenwerte x_n mit Hilfe einer Nullfolge $\langle h_n\rangle$ zu erfassen nach der Gleichung

$$x_n=x_0+h_n\,;$$

denn dann gilt:

$$\lim_{n\to\infty} x_n=\lim_{n\to\infty}(x_0+h_n)=x_0+\lim_{n\to\infty} h_n=x_0+0=x_0.$$

Dabei ist zu beachten, daß stets $h_n\neq 0$ sein muß, weil sonst $x_n=x_0$, also $P_n=P_0$ wäre und eine Sehnensteigung nicht berechnet werden könnte.
Zu jedem Wert h_n ist die zugehörige Sehnensteigung, also der Differenzenquotient

$$\frac{f(x_0+h_n)-f(x_0)}{h_n}$$

zu berechnen. Diese Sehnensteigungen bilden ebenfalls eine Zahlenfolge; wir bezeichnen die Glieder dieser Folge mit „$m(x_0\,;\,h_n)$“. In unserem Falle sind also die Steigungen

$$m(1;\,h_n)=\frac{f(1+h_n)-f(1)}{h_n} \text{ zu berechnen.}$$

7. Als <u>**Beispiel**</u> wählen wir die Nullfolge zu $h_n = \frac{1}{n}$. In Aufgabe 1a) sollen einige Werte der zugehörigen Folge $\langle m(1; \frac{1}{n})\rangle$ berechnet werden. Es gilt:

$$m(1; h_n) = \frac{f(1+h_n) - f(1)}{h_n} = \frac{f(1+\frac{1}{n}) - f(1)}{\frac{1}{n}} = \frac{\frac{1}{4}(1+\frac{1}{n})^2 - \frac{1}{4}}{\frac{1}{n}}$$
$$= \frac{\frac{1}{4}(1+\frac{2}{n}+\frac{1}{n^2}) - \frac{1}{4}}{\frac{1}{n}} = \frac{\frac{1}{2n}+\frac{1}{4n^2}}{\frac{1}{n}} = \frac{1}{2} + \frac{1}{4n}.$$

Offensichtlich besitzt die zugehörige Folge der Differenzenquotienten den Grenzwert:

$$\lim_{n\to\infty} m(1; h_n) = \lim_{n\to\infty} \left(\frac{1}{2} + \frac{1}{4n}\right) = \frac{1}{2}.$$

8. Statt der Folge zu $h_n = \frac{1}{n}$ können wir auch eine andere Nullfolge wählen, z.B. die Folge zu $h_n = 10^{-n}$ oder die Folge zu $h_n = (-10)^{-n}$ (Aufgabe 1d) und e)). Wir erhalten dann stets den gleichen Grenzwert für die Folgen $\langle m(1; h_n)\rangle$. Dies können wir folgendermaßen zeigen: die Folge der Differenzenquotienten ist allgemein gegeben durch

$$m(1; h_n) = \frac{f(1+h_n) - f(1)}{h_n} = \frac{\frac{1}{4}(1+h_n)^2 - \frac{1}{4}}{h_n} = \frac{\frac{1}{4}(1+2h_n+h_n^2) - \frac{1}{4}}{h_n}$$
$$= \frac{\frac{1}{2}h_n + \frac{1}{4}h_n^2}{h_n} = \frac{1}{2} + \frac{1}{4}h_n.$$

Daraus ergibt sich für **jede** Nullfolge $\langle h_n\rangle$:

$$\lim_{n\to\infty} m(1; h_n) = \lim_{n\to\infty} (\tfrac{1}{2} + \tfrac{1}{4}h_n) = \tfrac{1}{2} + \tfrac{1}{4} \cdot \lim_{n\to\infty} h_n = \tfrac{1}{2} + 0 = \tfrac{1}{2}.$$

9. Auf die vorstehenden Überlegungen können wir den in Definition D 2.3 festgelegten Grenzwertbegriff für Funktionen anwenden, wenn wir den Differenzenquotienten

$$m(1; h) = \frac{f(1+h) - f(1)}{h}$$

als Term einer Funktion m auffassen, durch die jeder Zahl h (mit $h \neq 0$) ein bestimmter Differenzenquotient, also ein bestimmter Steigungswert zugeordnet wird. Man nennt diese Funktion m die „**Differenzenquotientenfunktion** von f zur Stelle 1". Nach Definition D 2.3 können wir dann schreiben:

$$\lim_{h\to 0} m(1; h) = \lim_{h\to 0} \frac{f(1+h) - f(1)}{h} = \lim_{h\to 0} (\tfrac{1}{2} + \tfrac{1}{4}h) = \tfrac{1}{2}.$$

Diesen Grenzwert können wir als die gesuchte **„lokale Änderungsrate"** der Funktion f an der Stelle 1 auffassen. Man nennt ihn die **„Ableitung der Funktion f an der Stelle 1"** und bezeichnet ihn mit **„f'(1)"**, gelesen „f Strich an der Stelle 1", kurz „f Strich von 1".
Da der Grenzwert f'(1) existiert, sagt man: die Funktion f ist **„differenzierbar an der Stelle 1"**.
Den Wert f'(1) ordnet man dem Funktionsgraphen von f als **Steigung** im Punkt $P_0(1 \mid \frac{1}{4})$ zu: $m_{P_0} = f'(1)$.

10. Was wir am Beispiel besprochen haben, wollen wir nun allgemein formulieren. Wir betrachten eine Funktion f an einer Stelle $x_0 \in D(f)$ und nennen die Funktion m zum Term

$$m(x_0; h) = \frac{f(x_0+h)-f(x_0)}{h},$$

durch die jeder Zahl h (mit $h \neq 0$ und $x_0+h \in D(f)$) ein Differenzenquotient, also ein Steigungswert zugeordnet wird, die **„Differenzenquotientenfunktion von f zur Stelle x_0"**.
Wir definieren:

D 3.2 **1) Unter der „Ableitung $f'(x_0)$ einer Funktion f an einer Stelle $x_0 \in D(f)$" versteht man den Grenzwert der zugehörigen Differenzenquotientenfunktion m, also**

$$f'(x_0) = \lim_{h \to 0} m(x_0; h) = \lim_{h \to 0} \frac{f(x_0+h)-f(x_0)}{h}.$$

2) Falls die Ableitung $f'(x_0)$ existiert, nennt man die Funktion f „differenzierbar an der Stelle x_0".

3) Den Wert $f'(x_0)$ ordnet man dem Funktionsgraphen von f als Steigung im Punkt $P_0(x_0 | f(x_0))$ zu.

Bemerkungen:

1) Bei der Grenzwertbildung ist von entscheidender Bedeutung, daß der Grenzwert unabhängig davon ist, welche Nullfolge $\langle h_n \rangle$ ausgewählt wird. Beispiele für Fälle, bei denen dies nicht der Fall ist, werden wir im folgenden Abschnitt kennen lernen.

2) Die Differenzenquotientenfunktion m ist für $h=0$ nicht definiert; sie hat dort eine Definitionslücke. Ist die Funktion f an der Stelle x_0 differenzierbar, so bedeutet dies, daß der Grenzwert der Funktion m an der Stelle $h=0$ existiert:

$$\lim_{h \to 0} m(x_0; h) = \lim_{h \to 0} \frac{f(x_0+h)-f(x_0)}{h} = f'(x_0),$$

daß die Differenzenquotientenfunktion m an der Stelle $h=0$ also **stetig fortsetzbar** ist durch

$$m(x_0; 0) =_{Df} f'(x_0).$$

3) Auf die Bezeichnung der betrachteten Stelle kommt es nicht an; statt „x_0" können wir auch einfach „x" schreiben; dann gilt:

$$f'(x) = \lim_{h \to 0} \frac{f(x+h)-f(x)}{h}.$$

4) Statt mit der Bedingung $h \to 0$ kann man die Ableitung $f'(x_0)$ auch mit der Bedingung $x \to x_0$ schreiben; wegen $x = x_0 + h$ und $h = x - x_0$ gilt dann:

$$f'(x_0) = \lim_{x \to x_0} \frac{f(x)-f(x_0)}{x - x_0}.$$

11. Bei den Überlegungen dieses Abschnitts haben wir den Begriff der Ableitung einer Funktion f an einer Stelle x_0 gewonnen als Grenzwert einer Folge von Differenzenquotienten. Jeder einzelne Differenzenquotient ist dabei interpretierbar als Steigung derjenigen Sekante s, die durch den Punkt P_0 und durch einen zweiten Punkt P_n des Funktionsgraphen geht (Bild 3.11). Auf diese Weise ergibt sich also eine Folge von Sekanten durch den Punkt P_0 und einen jeweils zweiten Kurvenpunkt P_n, wobei der Abstand zwischen P_n und P_0 schließlich beliebig klein wird.

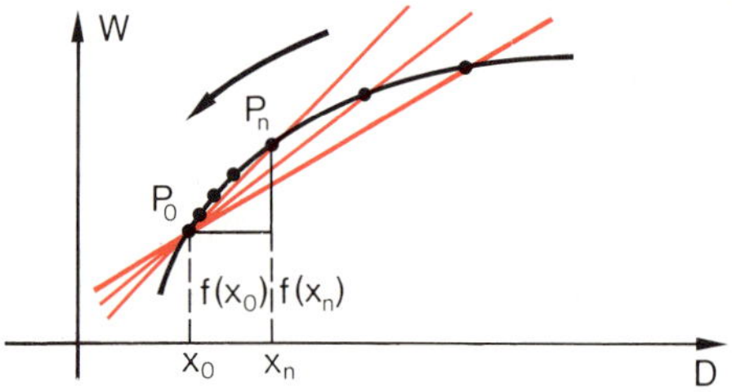

Bild 3.11

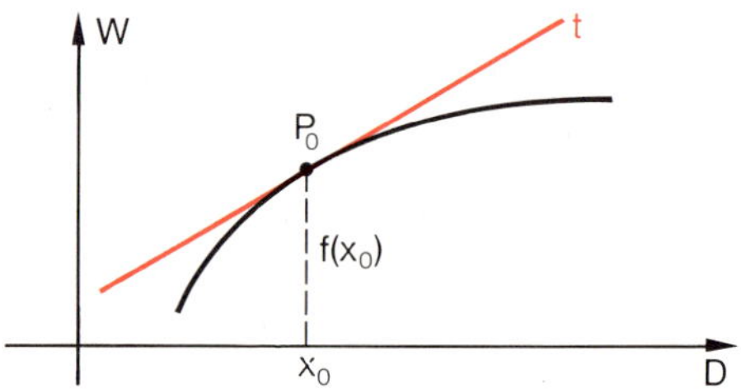

Bild 3.12

Der Grenzwert der Folge von Steigungswerten, also die Ableitung $f'(x_0)$ kann dann ebenfalls als Steigung einer Geraden t gedeutet werden, die durch den Punkt P_0 geht; man nennt diese Gerade die „Tangente“ an den Funktionsgraphen von f im Punkt P_0. Der Name „Tangente“ rührt daher, daß diese Gerade sich der Kurve im Punkt P_0 am besten „anschmiegt“, sie im Punkt P_0 „berührt“ (Bild 3.12). Diese zunächst nur anschaulich zu erfassende Feststellung bedarf natürlich der Präzisierung; wir verweisen auf § 8, II. (Seite 184ff.). Wir definieren:

D 3.3 **Unter der „Tangente“ an einen Funktionsgraph im Punkte $P_0(x_0 | f(x_0))$ versteht man diejenige Gerade g, die**

a) durch den Punkt P_0 geht **und** **b) die Steigung $m = f'(x_0)$ hat.**

Beachte: In Definition D 3.3 wird die Differenzierbarkeit von f an der Stelle x_0 vorausgesetzt.

Die Gleichung einer Geraden in Punkt-Steigungs-Form lautet: $y = m(x - x_0) + y_0$. Mit $y_0 = f(x_0)$ und $m = f'(x_0)$ ergibt sich daraus als Gleichung der Tangente an den Graphen einer Funktion f im Punkte $P_0(x_0 | f(x_0))$:

$$\mathbf{y = f'(x_0) \cdot (x - x_0) + f(x_0).}$$

Beispiel: $f(x) = \frac{2}{x-1}$; $x_0 = -1$

Mit $f(-1) = -1$ erhält man:

$$m(-1; h) = \frac{1}{h} \cdot [f(-1+h) - f(-1)]$$

$$= \frac{1}{h} \cdot \left[\frac{2}{-2+h} - (-1)\right]$$

$$= \frac{1}{h} \cdot \left[\frac{2-2+h}{h-2}\right] = \frac{1}{h-2}.$$

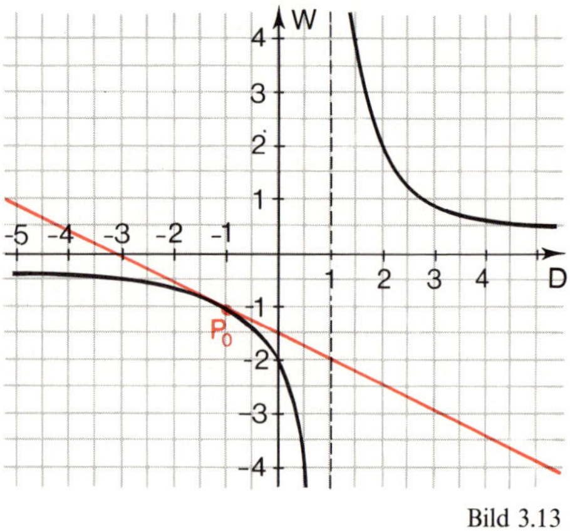

Bild 3.13

Hieraus ergibt sich:

$$f'(-1) = \lim_{h \to 0} \frac{1}{h-2} = -\frac{1}{2}.$$

Die Tangentengleichung lautet somit in Punkt-Steigungs-Form:

$y = -\frac{1}{2}(x+1) - 1$, also $y = -\frac{1}{2}x - \frac{3}{2}$ (Bild 3.13, Seite 64).

Übungen und Aufgaben

1. Es sei $f(x) = \frac{1}{4}x^2$. Berechnen Sie zu den angegebenen Nullfolgen $\langle h_n \rangle$ die ersten k Glieder der Folge $\langle m(1; h_n) \rangle$ von Differenzenquotienten und deren Grenzwert!

a) $\frac{1}{n}$; $k=15$ **b)** $\left(\frac{1}{2}\right)^n$; $k=10$ **c)** $-\left(\frac{1}{2}\right)^n$; $k=10$ **d)** 10^{-n}; $k=4$ **e)** $(-10)^{-n}$; $k=4$

2. Berechnen Sie $f'(-2)$ mit Hilfe einer der der Nullfolgen von Aufgabe 1!
a) $f(x) = x^2 - 2$ **b)** $f(x) = 1 - x^2$ **c)** $f(x) = 5x^2$ **d)** $f(x) = (x-1)^2$

3. Ermitteln Sie die Ableitung $f'(x_0)$ der Funktion f an der Stelle x_0! Bestimmen Sie eine Gleichung der Tangente an den Graphen von f an der Stelle x_0!
a) $f(x) = x^2 + 1$; $x_0 = 1$ **b)** $f(x) = (x+1)^2$; $x_0 = 0$ **c)** $f(x) = 3 - x^2$; $x_0 = -1$
d) $f(x) = x(x-1)$; $x_0 = \frac{1}{2}$ **e)** $f(x) = \frac{x^2-3}{2}$; $x_0 = -\frac{1}{2}$ **f)** $f(x) = 3x^2 - 2x$; $x_0 = 3$

4. Bestimmen Sie die Momentangeschwindigkeit eines Schlittens, dessen Bewegung durch die Weg-Zeit-Funktion s zu $s(t) = \frac{1}{4}t^2$ erfaßt wird, nach 2, 3 und nach 5 Sekunden!

5. **a)** Bestimmen Sie die Momentangeschwindigkeit eines Körpers im sogenannten freien Fall, dessen Bewegung durch die Weg-Zeit-Funktion s zu $s(t) = \frac{1}{2}gt^2$ mit $g \approx 10\,\frac{m}{sec^2}$ beschrieben werden kann, nach 2 (5; 10; 20) Sekunden!
b) Mit welcher Geschwindigkeit schlägt demnach ein Körper auf, der aus einer Höhe von 5 m (20 m; 45 m; 80 m; 125 m) zur Erde fällt?
c) Überprüfen Sie die Angaben aus Bild 3.14!

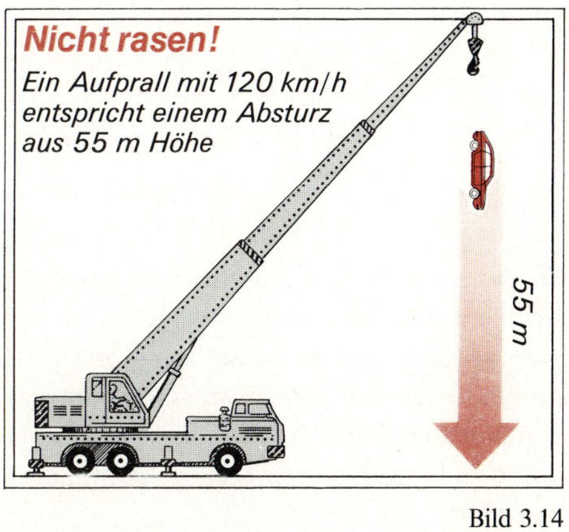

Bild 3.14

III. Beispiele für Ableitungen. Gegenbeispiele

1. Zur Erläuterung des Ableitungsbegriffs behandeln wir in diesem Abschnitt einige einfache

Beispiele:

1) $f(x)=x^3$; wir wählen $x_0=-1$ mit $f(-1)=-1$. Dann gilt:

$$m(-1;h)=\frac{1}{h}[f(-1+h)-f(-1)]=\frac{1}{h}[(h-1)^3-(-1)^3]$$

$$=\frac{1}{h}[(h^3-3h^2+3h-1)+1]=\frac{1}{h}[h^3-3h^2+3h]=h^2-3h+3.$$

Also ist $f'(-1)=\lim\limits_{h\to 0}(h^2-3h+3)=3$.

2) $f(x)=\frac{1}{x}$ mit $D(f)=\mathbb{R}^{\neq 0}$. Wir wählen $x_0=1$ mit $f(1)=1$. Dann gilt:

$$m(1;h)=\frac{1}{h}[f(1+h)-f(1)]=\frac{1}{h}\left[\frac{1}{1+h}-1\right]=\frac{1}{h}\left[\frac{1-(1+h)}{1+h}\right]=\frac{-h}{h(1+h)}=\frac{-1}{1+h}.$$

Also ist $f'(1)=\lim\limits_{h\to 0}\frac{-1}{1+h}=-1$.

3) $f(x)=\sqrt{x}$ mit $D(f)=\mathbb{R}^{\geq 0}$. Wir wählen $x_0=4$ mit $f(4)=2$. Dann gilt:

$$m(4;h)=\frac{1}{h}[\sqrt{4+h}-2]=\frac{1}{h}\cdot\frac{(\sqrt{4+h}-2)(\sqrt{4+h}+2)}{\sqrt{4+h}+2}=\frac{4+h-4}{h(\sqrt{4+h}+2)}=\frac{1}{\sqrt{4+h}+2}.$$

Hierbei ist zu beachten, daß $h\geq -4$ sein muß, damit $\sqrt{4+h}$ definiert ist. Diese Einschränkung ist aber unwesentlich, weil wir uns für den Grenzwert mit $h\to 0$ interessieren. Man erhält:

$$f'(4)=\lim_{h\to 0}\frac{1}{\sqrt{4+h}+2}=\frac{1}{\lim\limits_{h\to 0}\sqrt{4+h}+2}=\frac{1}{2+2}=\frac{1}{4},$$

weil $\lim\limits_{h\to 0}\sqrt{4+h}=\sqrt{4}=2$ ist. Die Gültigkeit dieser Gleichung ergibt sich aus der Stetigkeit der Quadratwurzelfunktion (vergleiche Seite 48f.).

2. Bei allen hier behandelten Beispielen können wir bei der Umformung des Differenzenquotienten durch den Faktor h kürzen. Der sich ergebende Term ist dann auch für $h=0$ definiert. Dies bedeutet, daß bei allen bisher betrachteten Funktionen die zur Stelle x_0 gehörende Differenzenquotientenfunktion m **stetig fortsetzbar** ist und daß der Grenzwert sich – wie beim einführenden Beispiel auf Seite 62 – einfach durch Einsetzen der betreffenden Zahl (hier von $h=0$) in den durch Kürzen entstandenen Term ergibt. Dies ist jedoch keineswegs immer so einfach.

Beispiel:

Bild 3.15 zeigt den Graphen der Sinusfunktion. Es ist augenscheinlich, daß dieser Graph z.B. an der Stelle 0 eine bestimmte Steigung, die Sinusfunktion also einen bestimmten Ableitungswert hat. Wegen $\sin 0 = 0$ gilt:

$$f'(0) = \lim_{h \to 0} m(0; h) = \lim_{h \to 0} \frac{\sin(0+h) - \sin 0}{h} = \lim_{h \to 0} \frac{\sin h}{h}.$$

Hier ist ein Kürzen des Differenzenquotienten nicht möglich; daher können wir diesen Grenzwert nicht unmittelbar berechnen. Wir kommen durch folgende Überlegung zum Ziel.

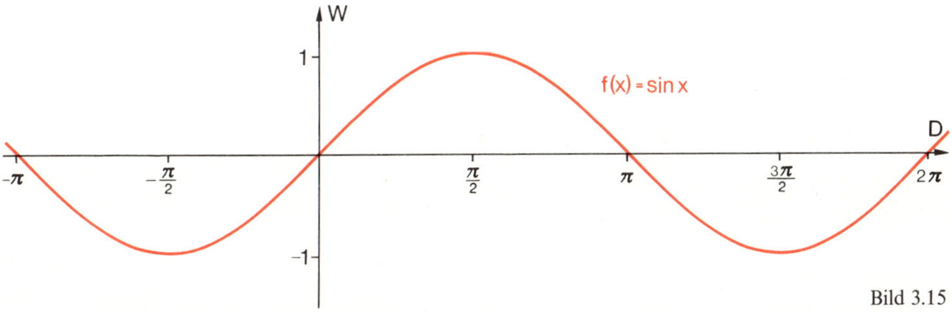

Bild 3.15

Bild 3.16 zeigt einen Ausschnitt aus dem Einheitskreis. Die Winkelgröße h (mit $h > 0$) wird im Bogenmaß gemessen. Mit den Bezeichnungen der Figur gilt für die Flächenmaßzahlen der beiden Dreiecke OAB, OCD und des Kreisausschnittes OCB:

$$F_{OAB} < F_{OCB} < F_{OCD}.$$

Nun ist $F_{OAB} = \frac{1}{2} \sin h \cdot \cos h$;
$F_{OCB} = \frac{1}{2} h$ und $F_{OCD} = \frac{1}{2} \tan h$. Also gilt:

$$\sin h \cdot \cos h < h < \frac{\sin h}{\cos h}.$$

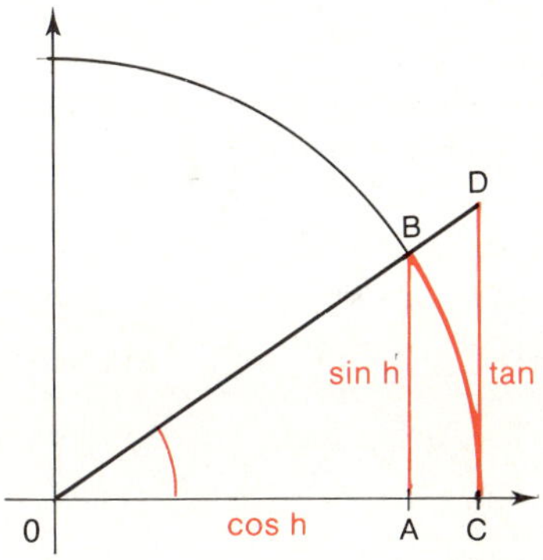

Bild 3.16

Wir dividieren die Ungleichung durch $\sin h$; wegen $\sin h > 0$ ergibt sich:

$$\cos h < \frac{h}{\sin h} < \frac{1}{\cos h}, \quad \text{also} \quad \frac{1}{\cos h} > \frac{\sin h}{h} > \cos h.$$

Da die Kosinusfunktion überall stetig ist, gilt $\lim\limits_{h \to 0} \cos h = \cos 0 = 1$, und daher auch

$\lim\limits_{h \to 0} \frac{1}{\cos h} = \frac{1}{\cos 0} = 1$. Daher gilt nach Satz S 1.10: $1 \geq \lim\limits_{h \to 0} \frac{\sin h}{h} \geq 1$, also $\lim\limits_{h \to 0} \frac{\sin h}{h} = 1$.

Ferner gilt für $h < 0$ mit $h^* = -h > 0$: $\lim\limits_{h \to 0} \frac{\sin h}{h} = \lim\limits_{h^* \to 0} \frac{\sin(-h^*)}{-h^*} = \lim\limits_{\bar{h}^* \to 0} \frac{\sin h^*}{h^*} = 1$. Somit erhält man für die Funktion f zu $f(x) = \sin x$: $f'(0) = 1$.

3. An weiteren **Beispielen** wollen wir zeigen, daß eine Ableitung nicht in jedem Falle existiert.

1) $f(x)=\sqrt{x}$ mit $D(f)=\mathbb{R}^{\geq 0}$. Wir wählen $x_0=0$ mit $f(0)=0$. Dann gilt:

$$m(0;h)=\frac{1}{h}(\sqrt{0+h}-\sqrt{0})=\frac{\sqrt{h}}{h}=\frac{1}{\sqrt{h}}.$$

Da dieser Term nur für positive Zahlen definiert ist, müssen wir uns bei der Frage nach der Existenz eines Grenzwertes auf Nullfolgen $\langle h_n \rangle$ mit positiven Gliedern beschränken.

Ein Grenzwert existiert hier aber nicht; wählt man z.B. die Nullfolge zu $h_n=\frac{1}{n^2}$, so gilt $\frac{1}{\sqrt{h_n}}=n$, also

$$\lim_{n\to\infty}\frac{1}{\sqrt{h_n}}=\infty.$$

In Aufgabe 4 soll gezeigt werden, daß dies sogar für **jede** Nullfolge $\langle h_n \rangle$ mit $h_n>0$ gilt. Man spricht auch hier von einem **„uneigentlichen Grenzwert"**.

Wir können diesen Sachverhalt auch am Graphen der Quadratwurzelfunktion anschaulich klarmachen (Bild 3.17). Nähert man sich nämlich der Stelle $x_0=0$, so wird der Funktionsgraph immer steiler; die Kurve läuft schließlich senkrecht von oben in den Nullpunkt hinein, hat also für x_0 genau so wenig eine Steigung wie z.B. auch alle Geraden, die parallel zur W-Achse verlaufen.
Die Quadratwurzelfunktion hat also an der Stelle $x_0=0$ keinen Ableitungswert, sie ist dort **nicht differenzierbar**.

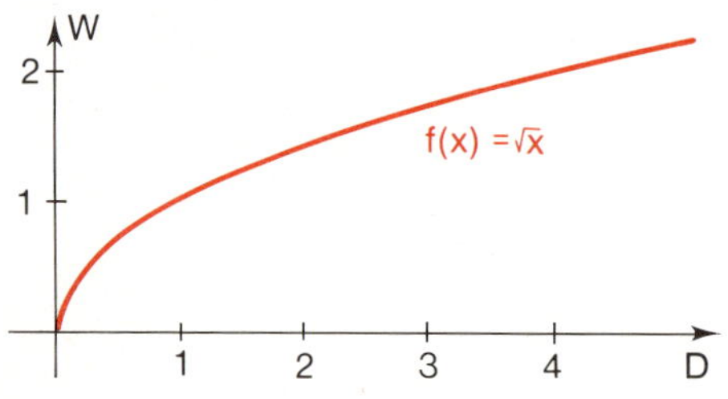

Bild 3.17

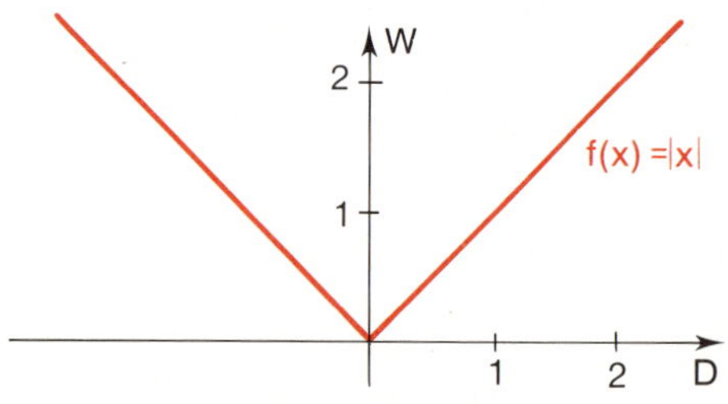

Bild 3.18

2) $f(x)=|x|$ mit $D(f)=\mathbb{R}$. Wir wählen $x_0=0$ mit $f(0)=0$ (Bild 3.18). Dann gilt:

$$m(0;h)=\frac{f(0+h)-f(0)}{h}=\frac{|0+h|-0}{h}=\frac{|h|}{h}.$$

Nun gilt

$$|h|=\begin{cases} h & \text{für } h\geq 0 \\ -h & \text{für } h<0 \end{cases}.$$

Wir haben bei der Beschreibung des Grenzwertes also zwei Fälle zu unterscheiden, nämlich Folgen $\langle h_n \rangle$ mit $h_n>0$ (für alle $n\in\mathbb{N}$) und Folgen $\langle h_n \rangle$ mit $h_n<0$ (für alle $n\in\mathbb{N}$).

a) Für $h_n > 0$ gilt: $m(0; h_n) = \frac{|h_n|}{h_n} = 1$, also auch $\lim\limits_{n \to \infty} m(0; h_n) = 1$.

Man spricht von einem **„rechtsseitigen Grenzwert"**, in diesem Falle von einer **„rechtsseitigen Ableitung"** und schreibt:

$$\mathbf{r\text{-}\lim_{h \to 0} m(0; h) = f'_r(0) = 1.}$$

b) für $h_n < 0$ gilt: $m(0; h_n) = \frac{|h_n|}{h_n} = -1$, also auch $\lim\limits_{n \to \infty} m(0; h_n) = -1$.

Man spricht von einem **„linksseitigen Grenzwert"** in diesem Falle von einer **„linksseitigen Ableitung"** und schreibt:

$$\mathbf{l\text{-}\lim_{h \to 0} m(0; h) = f'_l(0) = -1.}$$

Das Ergebnis ist also davon abhängig, ob man eine Nullfolge mit positiven oder eine mit negativen Gliedern wählt, ob man sich also der Zahl 0 „von rechts" oder „von links" nähert. Man erkennt dies auch unmittelbar am Funktionsgraphen (Bild 3.18), der ja aus zwei geradlinigen Teilen mit den Steigungen 1 und -1 besteht, die im Nullpunkt zusammenstoßen.
Ein Grenzwert existiert bei dieser Funktion zur Stelle $x_0 = 0$ also nicht. Die Betragsfunktion ist an der Stelle $x_0 = 0$ **nicht differenzierbar**; dem Graphen kann keine Steigung im Nullpunkt zugeordnet werden.

4. Die Begriffe des **rechtsseitigen** und des **linksseitigen Grenzwertes** lassen sich auch für eine beliebige Stelle $x_0 \in D(f)$ definieren (Aufgabe 5). Man schreibt

bei Beschränkung auf Zahlen x mit

$x > x_0$: $r\text{-}\lim\limits_{x \to x_0} f(x)$; | $x < x_0$: $l\text{-}\lim\limits_{x \to x_0} f(x)$.

Beispiele: **1)** $r\text{-}\lim\limits_{x \to 1} \sqrt{x-1} = 0$ **2)** $l\text{-}\lim\limits_{x \to -2} \frac{|x+2|}{x+2} = -1$

Entsprechend lassen sich auch die Begriffe der **rechtsseitigen** und der **linksseitigen Ableitung** für beliebige Stellen $x_0 \in D(f)$ definieren (Aufgabe 6). Man schreibt

bei Beschränkung auf Zahlen h mit

$h > 0$: $r\text{-}\lim\limits_{h \to 0} \frac{f(x_0+h) - f(x_0)}{h} = f'_r(x_0)$; | $h < 0$: $l\text{-}\lim\limits_{h \to 0} \frac{f(x_0+h) - f(x_0)}{h} = f'_l(x_0)$.

Eine Funktion f kann an einer Stelle $x_0 \in D(f)$ nur differenzierbar sein, wenn die rechtsseitige und die linksseitige Ableitung an dieser Stelle übereinstimmen; dann gilt:

$$f'(x_0) = f'_r(x_0) = f'_l(x_0).$$

5. Das oben behandelte **Beispiel** der **Betragsfunktion** f zu $f(x)=|x|$ (Bild 3.19) gibt uns Veranlassung, nach dem Zusammenhang zwischen den Eigenschaften der **Differenzierbarkeit** und der **Stetigkeit** zu fragen. Das Beispiel dieser Funktion zeigt nämlich, daß eine an einer Stelle x_0 stetige Funktion an dieser Stelle **nicht** differenzierbar zu sein braucht. Die Betragsfunktion ist an der Stelle 0 nicht differenzierbar, weil sich die rechtsseitige Ableitung von der linksseitigen unterscheidet. Dennoch ist die Betragsfunktion auch an der Stelle $x=0$ stetig; denn es gilt:

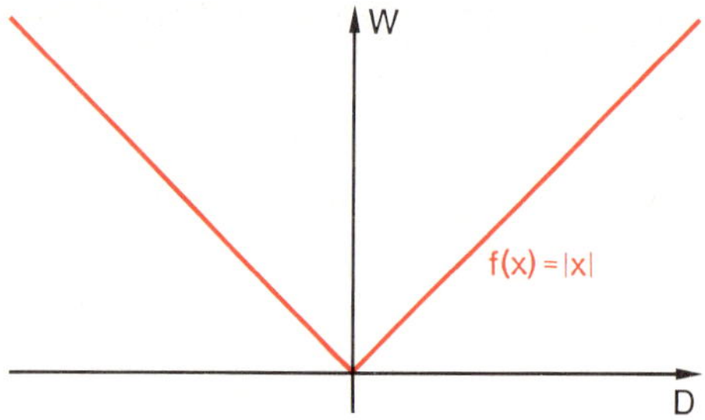

Bild 3.19

$$\lim_{h\to 0} f(0+h)=\lim_{h\to 0}|0+h|=\lim_{h\to 0}|h|=0=f(0),$$

und zwar unabhängig davon, ob man sich der Stelle „von rechts" oder „von links" nähert, ob die Folgen $\langle h_n\rangle$ also aus positiven oder aus negativen Gliedern bestehen.

6. Wir fragen nun, ob vielleicht umgekehrt aus der Differenzierbarkeit die Stetigkeit folgt, ob sich also aus der Beziehung $\lim\limits_{h\to 0}\dfrac{f(x+h)-f(x)}{h}=f'(x)$ die Beziehung $\lim\limits_{h\to 0} f(x+h)=f(x)$ herleiten läßt. Die Stetigkeitsbedingung können wir folgendermaßen umformen:

$$\lim_{h\to 0} f(x+h)=f(x) \Leftrightarrow \lim_{h\to 0}[f(x+h)-f(x)]=0.$$

Um diese Bedingung aus der Bedingung für die Differenzierbarkeit herleiten zu können, führen wir die folgende Umformung durch:

$$\begin{aligned}\lim_{h\to 0}[f(x+h)-f(x)]&=\lim_{h\to 0}\left[\frac{f(x+h)-f(x)}{h}\cdot h\right]\quad (\text{für } h\neq 0)\\&=\underbrace{\lim_{h\to 0}\frac{f(x+h)-f(x)}{h}}_{}\cdot\underbrace{\lim_{h\to 0} h}_{}\\&=\qquad f'(x)\qquad\cdot\quad 0\quad=0.\end{aligned}$$

Beachte, daß wir den Grenzwertsatz für Produkte anwenden können, weil beide Grenzwerte existieren! Damit ist gezeigt:

S 3.2 Wenn eine Funktion an einer Stelle x differenzierbar ist, dann ist sie dort auch stetig.

Die Umkehrung dieses Satzes gilt nicht, wie wir am Beispiel der Betragsfunktion oben gezeigt haben. Man sagt: Die Stetigkeit ist für die Differenzierbarkeit eine notwendige, aber keine hinreichende Bedingung. Umgekehrt ist die Differenzierbarkeit für die Stetigkeit eine hinreichende, aber keine notwendige Bedingung.

Übungen und Aufgaben

1. Ermitteln Sie mit Hilfe des Differenzenquotienten $f'(x_0)$!

a) $f(x)=-x^3;\ x_0=2$ **b)** $f(x)=x^3+2;\ x_0=1$ **c)** $f(x)=4x^3-1;\ x_0=-1$

d) $f(x)=\frac{1}{2x};\ x_0=\frac{1}{2}$ **e)** $f(x)=\frac{1}{x+1};\ x_0=3$ **f)** $f(x)=x+\frac{1}{x};\ x_0=2$

g) $f(x)=\frac{2x}{x-1};\ x_0=4$ **h)** $f(x)=\frac{x-1}{2x};\ x_0=4$ **i)** $f(x)=\frac{x+1}{x^2+1};\ x_0=1$

j) $f(x)=5;\ x_0=-2$ **k)** $f(x)=\operatorname{sign} x;\ x_0=-2$ **l)** $f(x)=3x-7;\ x_0=10000$

2. Zeigen Sie, daß die Funktion f an der Stelle x_0 nicht differenzierbar ist! Ermitteln Sie dazu eine Nullfolge $\langle h_n \rangle$, für die die Folge der Differenzenquotienten $\langle m(x_0; h_n) \rangle$ nicht konvergiert, oder ermitteln Sie zwei Nullfolgen $\langle h_n \rangle$ und $\langle h_n^* \rangle$ so, daß gilt:
$\lim\limits_{n\to\infty} m(x_0; h_n) \neq \lim\limits_{n\to\infty} m(x_0; h_n^*)$!

a) $f(x)=|x-2|;\ x_0=2$ **b)** $f(x)=-|x|;\ x_0=0$ **c)** $f(x)=\sqrt{|x|};\ x_0=0$
d) $f(x)=\operatorname{sign} x;\ x_0=0$ **e)** $f(x)=x-|x|;\ x_0=0$ **f)** $f(x)=|x^2-2x-3|;\ x_0=3$
g) $f(x)=\sqrt{x-2};\ x_0=2$ **h)** $f(x)=-\sqrt{2x+1};\ x_0=-\frac{1}{2}$ **i)** $f(x)=x^2\cdot\operatorname{sign} x;\ x_0=0$

3. Zeichnen Sie die Graphen der Funktionen von Aufgabe 2 a)–c); (d)–f); g)–i))! Begründen Sie jeweils an Hand des Funktionsgraphen, daß die Funktion an der Stelle x_0 nicht differenzierbar ist!

4. Zeigen Sie: Für jede Nullfolge $\langle h_n \rangle$ mit ausschließlich positiven Gliedern gilt $\lim\limits_{n\to\infty} \frac{1}{\sqrt{h_n}}=\infty$!

5. Definieren Sie die Begriffe des „rechtsseitigen Grenzwertes" und des „linksseitigen Grenzwertes" einer Funktion f an einer Stelle $x_0 \in D(f)$!

6. Definieren Sie die Begriffe der „rechtsseitigen Ableitung" ($f'_r(x_0)$) und der linksseitigen Ableitung" ($f'_l(x_0)$) einer Funktion f an einer Stelle $x_0 \in D(f)$!

7. Untersuchen Sie, ob die Funktion f an der Stelle x_0 differenzierbar ist, und bestimmen Sie gegebenenfalls $f'(x_0)$!
a) $f(x)=x\operatorname{sign} x;\ x_0=0$ **b)** $f(x)=x^2\operatorname{sign} x;\ x_0=0$ **c)** $f(x)=|\operatorname{sign} x|;\ x_0=0$
d) $f(x)=|x+1|;\ x_0=-1$ **e)** $f(x)=x|x-1|;\ x_0=1$ **f)** $f(x)=|x^2+2x|;\ x_0=1;\ x_0=-2$

8. **a)** Begründen Sie, daß aus $f'_r(x_0)=f'_l(x_0)$ folgt, daß die Funktion f an der Stelle x_0 differenzierbar ist! Warum muß nicht zusätzlich vorausgesetzt werden, daß f an der Stelle x_0 stetig ist?
b) Zeigen Sie, daß aus $\lim\limits_{h\to 0} f'(x_0+h)=\lim\limits_{h\to 0} f'(x_0-h)$ mit $h>0$ und $x_0 \in D(f')$ nicht gefolgert werden kann, daß f an der Stelle x_0 differenzierbar ist!
Anleitung: Betrachten Sie die Funktion f aus Aufgabe 9d)!

9. Prüfen Sie, ob die Funktion f an der Stelle x_0 **1)** stetig, **2)** differenzierbar ist! Zeichnen Sie den Graph von f!

a) $f(x)=\begin{cases} x^2 & \text{für } x \geq 0 \\ x & \text{für } x < 0 \end{cases};\ x_0=0$

b) $f(x)=\begin{cases} x^2 & \text{für } x \geq 0 \\ -x^2 & \text{für } x < 0 \end{cases};\ x_0=0$

c) $f(x)=\begin{cases} x^2 & \text{für } x \leq 0 \\ 0 & \text{für } x > 0 \end{cases};\ x_0=0$

d) $f(x)=\begin{cases} x^3 & \text{für } x \leq 2 \\ x^3-8 & \text{für } x > 2 \end{cases};\ x_0=2$

e) $f(x)=|\sin x|;\ x_0=0$

f) $f(x)=|\cos x|;\ x_0=0$

g) $f(x)=\begin{cases} x & \text{für } x \leq 0 \\ \sin x & \text{für } x > 0 \end{cases};\ x_0=0$

h) $f(x)=\begin{cases} \cos x & \text{für } x < 0 \\ 0 & \text{für } x \geq 0 \end{cases};\ x_0=0$

i) $f(x)=\begin{cases} \sqrt{x} & \text{für } x \leq 4 \\ \frac{1}{4}x+1 & \text{für } x > 4 \end{cases};\ x_0=4$

j) $f(x)=\begin{cases} x-\sqrt{x} & \text{für } x < 1 \\ \sqrt{x-1} & \text{für } x \geq 1 \end{cases};\ x_0=1$

10. Auf Seite 67 wurde gezeigt, daß gilt: $\lim\limits_{x \to 0} \frac{\sin x}{x}=1$. Ermitteln Sie unter Verwendung dieses Grenzwertes die folgenden Grenzwerte!

a) $\lim\limits_{x \to 0} \frac{\sin(2x)}{x}$

b) $\lim\limits_{x \to 0} \frac{\sin(x^2)}{x}$

c) $\lim\limits_{x \to 0} \frac{\tan^2 x}{x}$

d) $\lim\limits_{x \to 0} \frac{2x}{x+\sin x}$

e) $\lim\limits_{x \to 0} \frac{1-\cos x}{x^2}$

f) $\lim\limits_{x \to 0} \frac{1-\cos\sqrt{x}}{x}$

11. Ermitteln Sie $f'(0)$!

a) $f(x)=\sin 2x$ **b)** $f(x)=\sin(x^2)$ **c)** $f(x)=\tan^2 x$ **d)** $f(x)=1-\cos\sqrt{x}$

Anleitung: Benutzen Sie die Ergebnisse von Aufgabe 10a) bis c) und f)!

IV. Ableitungsfunktionen

1. Bisher haben wir die Ableitungen einiger Funktionen jeweils an einer einzelnen Stelle x_0 bestimmt. Es liegt auf der Hand, daß man die fraglichen Rechnungen sofort allgemein durchführen, also auf **jede** Stelle $x \in D(f)$ beziehen kann.

Beispiel:

Wir betrachten die Funktion f zu $f(x)=x^2$ an einer beliebigen Stelle $x \in \mathbb{R}$. Der Differenzenquotient lautet:

$$\frac{f(x+h)-f(x)}{h}=\frac{(x+h)^2-x^2}{h}=\frac{x^2+2xh+h^2-x^2}{h}=\frac{2xh+h^2}{h}=2x+h.$$

Also gilt für alle $x \in \mathbb{R}$: $f'(x)=\lim\limits_{h \to 0}(2x+h)=2x$.

Dies bedeutet, daß die Funktion f zu $f(x)=x^2$ für alle $x \in \mathbb{R}$, d.h. für alle $x \in D(f)$ differenzierbar ist. Den Ableitungswert für eine bestimmte Stelle erhält man dadurch, daß man die betreffende Zahl in die Variable x des **Ableitungsterms** $f'(x)$ einsetzt, z.B. $f'(3)=6$, $f'(-2)=-4$ und $f'(0)=0$.

2. Durch den Term $f'(x)$ wird eine neue Funktion festgelegt; wir bezeichnen diese Funktion mit „**f′**" und nennen sie die **„Ableitungsfunktion f′ zur Funktion f"**.
Bemerkung: Wir verwenden das Wort **„Ableitung"** sowohl für den Ableitungsterm $f'(x)$ wie für einen einzelnen Ableitungswert, z.B. für $f'(2)$. Die Funktion f′ nennen wir dagegen in der Regel die **„Ableitungsfunktion"**.

3. Durch die oben durchgeführte Rechnung haben wir gezeigt, daß die Funktion f zu $f(x)=x^2$ für alle $x \in D(f)$, also für alle $x \in \mathbb{R}$ differenzierbar ist. Man sagt: „die Funktion f ist über der Menge $\mathbb{R}$ differenzierbar". Allgemein definieren wir:

D 3.4 Eine Funktion f heißt „differenzierbar über eine Menge M" (mit $M \subseteq D(f)$) genau dann, wenn sie für alle $x \in M$ differenzierbar ist.

Bemerkungen:

1) Ist die Definitionsmenge D(f) ein abgeschlossenes Intervall [a; b], so sind nach Definition D 2.3 bei den zugrundeliegenden Differenzenquotienten

$$\frac{f(x+h)-f(x)}{h}$$

nur Zahlen $x+h$ zugelassen mit $x+h \in D(f)$. Dies bedeutet, daß die Funktion an der Stelle a nur rechtsseitig, an der Stelle b nur linksseitig differenzierbar zu sein braucht.

2) Im folgenden werden wir häufig kurz von einer „differenzierbaren Funktion" sprechen. Die Menge M, auf die sich die Differenzierbarkeit bezieht, ergibt sich dann stets aus dem Zusammenhang. Meist wird es sich um die volle Definitionsmenge der Funktion handeln.

4. Beispiele für rationale Funktionen

1) $\mathbf{f(x)=c}$ mit $c \in \mathbb{R}$ und $D(f)=\mathbb{R}$ (Bild 3.20)

Der Funktionsgraph ist für jeden Wert von c eine Parallele zur D-Achse. Daraus ergibt sich anschaulich unmittelbar, daß $f'(x)=0$ sein muß. Dies erhält man auch rechnerisch:

$$\frac{f(x+h)-f(x)}{h}=\frac{c-c}{h}=0.$$

Der Differenzenquotient hängt also gar nicht von h ab. Folglich gilt auch für den Grenzwert

$$f'(x)=\lim_{h \to 0} \frac{f(x+h)-f(x)}{h}=0$$

(für alle $x \in \mathbb{R}$).

Jede konstante Funktion ist also differenzierbar über $\mathbb{R}$; für alle $x \in \mathbb{R}$ gilt: $\mathbf{f'(x)=0}$.

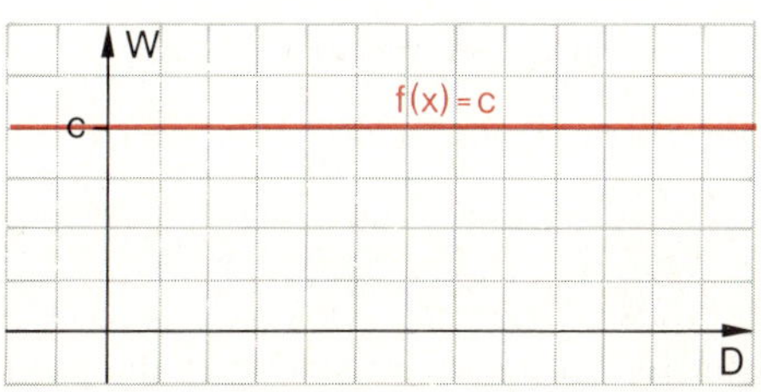

Bild 3.20

2) $\mathbf{f(x)=x}$ mit $D(f)=\mathbb{R}$ (Bild 3.21)

Der Funktionsgraph ist eine Gerade mit der Steigung 1. Daraus folgt unmittelbar, daß $f'(x)=1$ sein muß. Dies kann man auch rechnerisch herleiten. Es ist:

$$\frac{f(x+h)-f(x)}{h}=\frac{(x+h)-x}{h}=\frac{h}{h}=1.$$

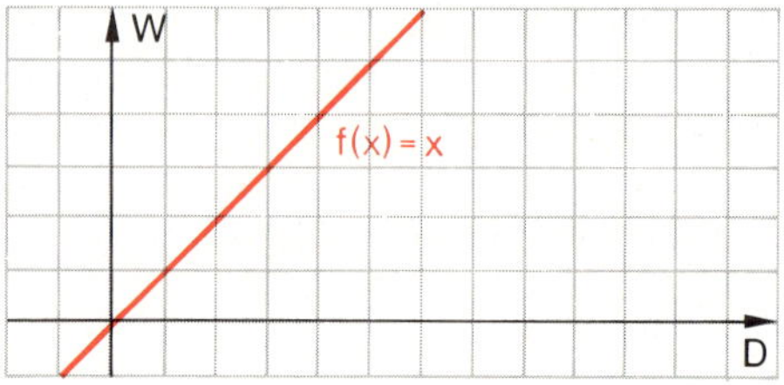

Bild 3.21

Auch hier hängt der Differenzenquotient nicht von h ab. Daher gilt:

$$f'(x)=\lim_{h\to 0}\frac{f(x+h)-f(x)}{h}=1 \quad (\text{für alle } x\in\mathbb{R}).$$

Die identische Funktion ist differenzierbar über $\mathbb{R}$; für alle $x\in\mathbb{R}$ gilt: $\mathbf{f'(x)=1}$.

3) $\mathbf{f(x)=x^3}$ mit $D(f)=\mathbb{R}$. Es gilt:

$$\frac{f(x+h)-f(x)}{h}=\frac{(x+h)^3-x^3}{h}=\frac{(x^3+3x^2h+3xh^2+h^3)-x^3}{h}=\frac{3x^2h+3xh^2+h^3}{h}$$
$$=3x^2+3xh+h^2.$$

Also ist $f'(x)=\lim\limits_{h\to 0}(3x^2+3xh+h^2)=3x^2$.

Die Funktion f zu $f(x)=x^3$ ist differenzierbar über $\mathbb{R}$; für alle $x\in\mathbb{R}$ gilt: $\mathbf{f'(x)=3x^2}$.

4) $\mathbf{f(x)=\frac{1}{x}}$ mit $D(f)=\mathbb{R}^{\neq 0}$. Es gilt:

$$\frac{f(x+h)-f(x)}{h}=\frac{1}{h}\left[\frac{1}{x+h}-\frac{1}{x}\right]=\frac{1}{h}\cdot\frac{x-(x+h)}{(x+h)\,x}=\frac{-1}{(x+h)\,x}.$$

Also ist: $f'(x)=\lim\limits_{h\to 0}\left[\frac{-1}{(x+h)\,x}\right]=\frac{-1}{\lim\limits_{h\to 0}(x+h)\,x}=-\frac{1}{x^2}$ (für $x\neq 0$) (Aufgabe 2).

Die Funktion f zu $f(x)=\frac{1}{x}$ ist differenzierbar über $\mathbb{R}^{\neq 0}$; es gilt:

$$\mathbf{f'(x)=-\frac{1}{x^2}} \quad (\text{für alle } x\in\mathbb{R}^{\neq 0}).$$

5. Die Quadratwurzelfunktion

Für die Funktion f zu $\mathbf{f(x)=\sqrt{x}}$ mit $D(f)=\mathbb{R}^{\geq 0}$ gilt:

$$\frac{f(x+h)-f(x)}{h}=\frac{\sqrt{x+h}-\sqrt{x}}{h}=\frac{(\sqrt{x+h}-\sqrt{x})(\sqrt{x+h}+\sqrt{x})}{h(\sqrt{x+h}+\sqrt{x})}=\frac{(x+h)-x}{h(\sqrt{x+h}+\sqrt{x})}$$
$$=\frac{1}{\sqrt{x+h}+\sqrt{x}}.$$

Also ist $f'(x) = \lim_{h \to 0} \left(\frac{1}{\sqrt{x+h} + \sqrt{x}} \right) = \frac{1}{\lim_{h \to 0} (\sqrt{x+h} + \sqrt{x})} = \frac{1}{\sqrt{x} + \sqrt{x}} = \frac{1}{2\sqrt{x}}$ (für alle $x \in \mathbb{R}^{>0}$),

weil die Quadratwurzelfunktion für alle $x \in \mathbb{R}^{>0}$ stetig ist (vergleiche Seite 48f). Beachte, daß die Ableitungsfunktion f' bei diesem Beispiel eine andere Definitionsmenge hat als die gegebene Funktion f: $D(f) = \mathbb{R}^{\geq 0}$ und $D(f') = \mathbb{R}^{>0}$.

In § 3. III (S. 68) haben wir ausführlich begründet, daß diese Funktion f an der Stelle 0 nicht differenzierbar ist (Bild 3.22).

Wir fassen zusammen: Die Funktion f zu $\mathbf{f(x) = \sqrt{x}}$ mit $D(f) = \mathbb{R}^{\geq 0}$ ist differenzierbar über $\mathbb{R}^{>0}$; für alle $x \in \mathbb{R}^{>0}$ gilt:

$$\mathbf{f'(x) = \frac{1}{2\sqrt{x}}}.$$

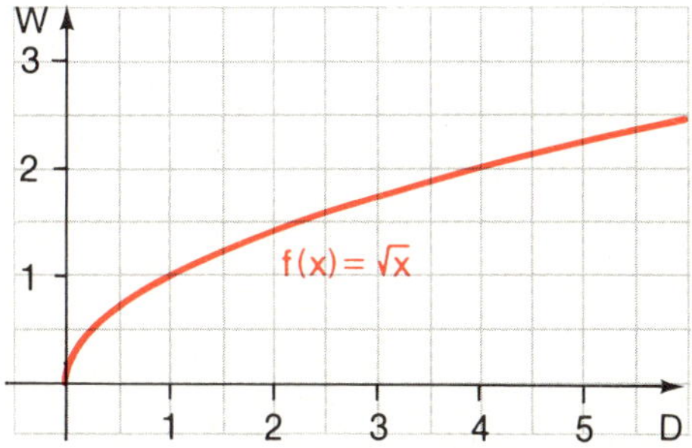

Bild 3.22

6. Die Sinusfunktion

Auf den Term $\sin(x+h)$ im Differenzenquotienten $\frac{f(x+h) - f(x)}{h} = \frac{\sin(x+h) - \sin x}{h}$ wenden wir das Additionstheorem für $\sin(\alpha + \beta)$ an:

$$\frac{\sin(x+h) - \sin x}{h} = \frac{\sin x \cdot \cos h + \cos x \cdot \sin h - \sin x}{h} = \sin x \cdot \frac{\cos h - 1}{h} + \cos x \cdot \frac{\sin h}{h}.$$

Schon auf Seite 67 haben wir gezeigt, daß $\lim_{h \to 0} \frac{\sin h}{h} = 1$ ist. Wir haben also noch den Grenzwert $\lim_{h \to 0} \frac{\cos h - 1}{h}$ zu bestimmen. Es gilt:

$$\frac{\cos h - 1}{h} = \frac{(\cos h - 1)(\cos h + 1)}{h(\cos h + 1)} = \frac{\cos^2 h - 1}{h(\cos h + 1)} = \frac{-\sin^2 h}{h(\cos h + 1)}$$

$$= -\frac{\sin^2 h}{h^2} \cdot \frac{h}{\cos h + 1} = -\left(\frac{\sin h}{h}\right)^2 \cdot \frac{h}{\cos h + 1}$$

und somit: $\lim_{h \to 0} \frac{\cos h - 1}{h} = -\lim_{h \to 0} \left(\frac{\sin h}{h}\right)^2 \cdot \lim_{h \to 0} \frac{h}{\cos h + 1} = (-1) \cdot 0 = 0.$

Begründen Sie die einzelnen Beweisschritte!

Nun können wir den Grenzwert der Differenzenquotientenfunktion zur Sinusfunktion berechnen:

$$\lim_{h \to 0} \frac{\sin(x+h) - \sin x}{h} = \sin x \cdot \underbrace{\lim_{h \to 0} \frac{\cos h - 1}{h}}_{0} + \cos x \cdot \underbrace{\lim_{h \to 0} \frac{\sin h}{h}}_{1}$$

$$= \sin x \cdot 0 + \cos x \cdot 1$$

$$= \cos x.$$

Wir fassen zusammen:

Die Funktion f zu $\mathbf{f(x) = \sin x}$ ist differenzierbar über $\mathbb{R}$; für alle $x \in \mathbb{R}$ gilt: $\mathbf{f'(x) = \cos x}$.

7. Die Kosinusfunktion

Für den Differenzenquotienten der Funktion f zu $f(x)=\cos x$ gilt:

$$\frac{f(x+h)-f(x)}{h}=\frac{\cos(x+h)-\cos x}{h}$$

$$=\frac{\cos x\cdot\cos h-\sin x\cdot\sin h-\cos x}{h}=\cos x\cdot\frac{\cos h-1}{h}-\sin x\cdot\frac{\sin h}{h}.$$

Auf die gleiche Weise wie bei der Sinusfunktion ergibt sich daraus $f'(x)=-\sin x$.

Die Funktion f zu $\mathbf{f(x)=\cos x}$ ist differenzierbar über $\mathbb{R}$; für alle $x\in\mathbb{R}$ gilt:

$$\mathbf{f'(x)=-\sin x.}$$

8. Ist die Ableitungsfunktion f′ einer Funktion f wiederum differenzierbar, so bezeichnet man die zugehörige Ableitungsfunktion $(f')'$ kurz mit f'', gelesen „f zwei Strich" und nennt sie die **„zweite Ableitung der Funktion f"**, usw. Von der 4. Ableitung an verwendet man an Stelle der Striche hochgestellte und geklammerte Indizes: $f^{(4)}$; $f^{(5)}$; ..., allgemein: $f^{(n)}$.

Beispiele:

1) $f(x)=5x^3$; $f'(x)=15x^2$; $f''(x)=30x$; $f'''(x)=30$;
$f^{(4)}(x)=f^{(5)}(x)=\ldots=0$ (für alle $x\in\mathbb{R}$)

Bemerkung: Die vorstehenden Ableitungen kann man unmittelbar nach Definition D 3.2, einfacher jedoch mit Hilfe der Faktorregel (Satz S 4.1, Seite 79) berechnen.

2) $f(x)=\sin x$; $f'(x)=\cos x$; $f''(x)=-\sin x$; $f'''(x)=-\cos x$;
$f^{(4)}(x)=\sin x$; $f^{(5)}(x)=\cos x$; $f^{(6)}(x)=-\sin x$; $f^{(7)}(x)=-\cos x$; ... (für alle $x\in\mathbb{R}$).

Beachte, daß die Ableitungen der Sinusfunktion sich „reproduzieren". Das Gleiche gilt für die Kosinusfunktion.

9. Bei den vorstehenden Beispielen existieren Ableitungen beliebig hoher Ordnung. Das ist nicht immer so.

Beispiel: $f(x)=|x|^3=\begin{cases} x^3 & \text{für } x\geq 0\\ -x^3 & \text{für } x<0\end{cases}$; es ist $f(0)=0$.

1. Ableitung: $f'(x)=\begin{cases} 3x^2 & \text{für } x\geq 0\\ -3x^2 & \text{für } x<0\end{cases}$

Aus dem für $x\geq 0$ geltenden Term $3x^2$ kann man nur die rechtsseitige Ableitung der Funktion an der Stelle 0 ermitteln; es gilt: $f_r'(0)=0$.
Aus dem für $x<0$ geltenden Term $-3x^2$ ergibt sich:

$$\text{l-}\lim_{x\to 0}(-3x^2)=0=f_l'(0).$$

Da die rechtsseitige und die linksseitige Ableitung übereinstimmen und die Funktion f überdies an der Stelle 0 stetig ist, gilt: $f'(0)=0$ (Aufgabe 9).

2. Ableitung: $f''(x)=\begin{cases} 6x & \text{für } x \geq 0 \\ -6x & \text{für } x<0 \end{cases}$

Durch eine analoge Überlegung wie oben ergibt sich auch hier die Existenz von $f''(0)$; es gilt: $f''(0)=0$.

3. Ableitung: $f'''(x)=\begin{cases} 6 & \text{für } x \geq 0 \\ -6 & \text{für } x<0 \end{cases}$

Hier ist $f_r'''(0)=6$, aber $f_l'''(0)=-6$; die Ableitung $f'''(0)$ existiert also nicht.

Beachte: $f(x)$, $f'(x)$, $f''(x)$ und $f'''(x)$ werden jeweils durch zwei Terme dargestellt. Bei f, f' und f'' stimmen die Werte dieser beiden Terme an der „Nahtstelle“ $(x=0)$ überein. Diese drei Funktionen sind also alle stetig an der Stelle 0; die Funktionswerte existieren; es gilt

$$f(0)=f'(0)=f''(0)=0.$$

Bei f''' ist dies **nicht** der Fall; f''' existiert an der Stelle 0 nicht.
Man sagt: die Funktion f zu $f(x)=|x|^3$ ist an der Stelle 0 **„zweimal differenzierbar“**. Allgemein definiert man:

D 3.5 Eine Funktion f heißt „n-mal differenzierbar über einer Menge M genau dann, wenn die Ableitungen $f', f'', \ldots, f^{(n)}$ über M existieren.

Bemerkung: Die beiden Anteile des Terms zu f'' bei obigem Beispiel kann man mit Hilfe des Betragszeichens zusammenfassen zu $f''(x)=6|x|$. Da die Betragsfunktion auch an der Stelle 0 **stetig** ist (vergleiche Aufgabe 9, Seite 53), gilt dies auch für f''. Man sagt daher genauer: die Funktion f ist an der Stelle 0 „zweimal **stetig** differenzierbar“.

Allgemein nennt man eine Funktion f „n-mal **stetig** differenzierbar“, wenn die n-te Ableitung $f^{(n)}$ existiert und stetig ist.

Übungen und Aufgaben

1. Ermitteln Sie mit Hilfe des Differenzenquotienten $f'(x)$! Bestimmen Sie D(f) und D(f')!

a) $f(x)=3x-7$ **b)** $f(x)=3x+15$ **c)** $f(x)=15-3x$ **d)** $f(x)=\frac{2x-1}{2}$

e) $f(x)=x^2-x$ **f)** $f(x)=-x^2+2x-4$ **g)** $f(x)=7-x^3$ **h)** $f(x)=x(x-1)(x+1)$

i) $f(x)=\frac{1}{3x}$ **j)** $f(x)=\frac{1}{2x+1}$ **k)** $f(x)=\frac{1}{x^2}$ **l)** $f(x)=\frac{x+2}{x-3}$

m) $f(x)=\sqrt{2x}$ **n)** $f(x)=\sqrt{1-x}$ **o)** $f(x)=\frac{1}{\sqrt{x}}$ **p)** $f(x)=x\sqrt{x}$

2. Begründen Sie, daß gilt: $\lim\limits_{h\to 0}\dfrac{-1}{(x+h)\,x}=-\dfrac{1}{\lim\limits_{h\to 0}[(x+h)\,x]}=-\dfrac{1}{x^2}$!

3. Ermitteln Sie mit Hilfe des Differenzenquotienten $f'(x)$!

a) $f(x)=\dfrac{1}{\sin x}$ **b)** $f(x)=\dfrac{1}{\cos x}$ **c)** $f(x)=\sin 2x$ **d)** $f(x)=\cos\dfrac{x}{3}$

Anleitung: Benutzen Sie: $\lim\limits_{h\to 0}\dfrac{\sin(x+h)-\sin x}{h}=\cos x$ und $\lim\limits_{h\to 0}\dfrac{\cos(x+h)-\cos x}{h}=-\sin x$!

4. An welcher Stelle hat der Graph der Funktion f die Steigung m? Erläutern Sie ihr Ergebnis an einer Skizze!

a) $f(x)=x^2;\ m=2$ **b)** $f(x)=x^3+1;\ m=3$ **c)** $f(x)=\sin x;\ m=-1$

d) $f(x)=\sqrt{x};\ m=\frac{1}{2}$ **e)** $f(x)=\dfrac{1}{x},\ m=-1$ **f)** $f(x)=\cos x;\ m=\frac{1}{2}$

g) $f(x)=x-x^3;\ m=0$ **h)** $f(x)=\dfrac{1-3x^2}{2};\ m=-2$ **i)** $f(x)=\sin x;\ m=\frac{1}{2}\sqrt{3}$

5. Bestimmen Sie f'' und f''' mit Hilfe des Differenzenquotienten!

a) $f(x)=3x^2+1$ **b)** $f(x)=3x^2+2x$ **c)** $f(x)=1-\dfrac{x^2}{2}$ **d)** $f(x)=5x^3$

e) $f(x)=x^4$ **f)** $f(x)=\dfrac{1}{x}$ **g)** $f(x)=x\sqrt{x}$ **h)** $f(x)=\sqrt{x}$

6. Ermitteln Sie die erste, zweite, dritte und vierte Ableitung der Funktion f zu $f(x)=x^4$ ($f(x)=x^5$)! Welche Regel kann man vermuten?

7. Begründen Sie ausführlich, daß für die Funktion f zu $f(x)=|x|^3$ gilt: $f'(0)=0$ und $f''(0)=0$!

8. Untersuchen Sie, wie oft die Funktion f an der Stelle 0 differenzierbar ist!

a) $f(x)=|x|^5$ **b)** $f(x)=|x|-\sqrt{|x|}$ **c)** $f(x)=\begin{cases}\sin x & \text{für } x\geq 0\\ x & \text{für } x<0\end{cases}$ **d)** $f(x)=\begin{cases}\cos x & \text{für } x\geq 0\\ 1-x^2 & \text{für } x<0\end{cases}$

9. a) Ermitteln Sie von den Funktionen f_n zu $f_n(x)=x^n$ mit $n=1;2;3;4$ und -1 jeweils die zweite Ableitung $f_n''(x)$!

b) Berechnen Sie für diese Funktionen f_n jeweils den Grenzwert $\lim\limits_{h\to 0}\dfrac{f_n(x+2h)-2f_n(x+h)+f_n(x)}{h^2}$! Was kann man allgemein vermuten? Versuchen Sie, eine Erklärung zu finden!

§ 4 Grundlegende Regeln der Differentialrechnung

Vorbemerkung: In § 3, IV haben wir für einige grundlegende Funktionen die zugehörigen Ableitungsfunktionen bestimmt. Zahlreiche weitere Funktionen kann man sich aus diesen Grundfunktionen – sozusagen aus diesen „Bausteinen" – durch Verknüpfung mit Hilfe der Grundrechenarten oder durch Verkettung aufgebaut denken. In diesem Paragraphen wollen wir uns mit Regeln beschäftigen, die es gestatten, die Ableitungen solcher Funktionen auf die Ableitungen der „Bausteine" zurückzuführen.

I. Die Faktor- und die Summenregel

1. Häufig steht vor einem Funktionsterm, dessen Ableitung bekannt ist, ein Zahlenfaktor, z. B. $f(x)=5x^2$. Für solche Fälle gilt die **„Faktorregel"**:

S 4.1 Ist eine Funktion g differenzierbar, dann ist auch die Funktion $f=c\cdot g$ differenzierbar, und es gilt: $f'=c\cdot g'$.

Beweis: $f'(x)=\lim\limits_{h\to 0}\dfrac{f(x+h)-f(x)}{h}=\lim\limits_{h\to 0}\dfrac{c\cdot g(x+h)-c\cdot g(x)}{h}=c\cdot\lim\limits_{h\to 0}\dfrac{g(x+h)-g(x)}{h}=c\cdot g'(x)$, q.e.d.

<u>**Beispiel:**</u> $f(x)=5x^2$; $f'(x)=5\cdot(2x)=10x$ (für alle $x\in\mathbb{R}$)

2. Für Summen von Funktionen gilt entsprechend die **„Summenregel"**:

S 4.2 Sind zwei Funktionen f_1 und f_2 differenzierbar, dann ist auch die Funktion $f=f_1+f_2$ differenzierbar, und es gilt: $f'=f_1'+f_2'$.

Bemerkung: Zur Vereinfachung haben wir in der Formulierung des Satzes weggelassen, daß der Sachverhalt nur für solche Zahlen x gilt, für die **beide** Funktionen differenzierbar sind.

Beweis:
$$f'(x)=\lim_{h\to 0}\frac{f(x+h)-f(x)}{h}=\lim_{h\to 0}\frac{[f_1(x+h)+f_2(x+h)]-[f_1(x)+f_2(x)]}{h}$$
$$=\lim_{h\to 0}\frac{[f_1(x+h)-f_1(x)]+[f_2(x+h)-f_2(x)]}{h}$$
$$=\lim_{h\to 0}\frac{f_1(x+h)-f_1(x)}{h}+\lim_{h\to 0}\frac{f_2(x+h)-f_2(x)}{h}=f_1'(x)+f_2'(x).\quad \text{q.e.d.}$$

Welcher Grenzwertsatz wird bei diesen Umformungen angewendet (Aufgabe 1)?

<u>**Beispiel:**</u> $f(x)=5x^3+\dfrac{2}{x}$; $f'(x)=5\cdot 3x^2+2\left(-\dfrac{1}{x^2}\right)=15x^2-\dfrac{2}{x^2}$ (für alle $x\in\mathbb{R}^{\neq 0}$).

3. Ein **Sonderfall** von Satz S 4.2 liegt vor, wenn f_2 eine konstante Funktion ist, wenn also gilt: $f_2(x)=c$ mit $c\in\mathbb{R}$. Wegen $f_2'(x)=0$ gilt für $\mathbf{f=f_1+c}$ (mit $c\in\mathbb{R}$): $\mathbf{f'=f_1'}$.

Dieser Zusammenhang wird auch unmittelbar an den Funktionsgraphen deutlich; denn die Hinzufügung der additiven Konstanten c bedeutet, daß der Graph von f gegenüber dem Graphen von f_1 um c Einheiten parallel zur W-Achse verschoben ist. Für jeden Wert von x sind die zugehörigen Tangenten daher parallel und haben somit die gleiche Steigung (Bild 4.1).
Ein dem Satz S 4.2 entsprechender Satz gilt auch für Differenzen (Aufgabe 2).

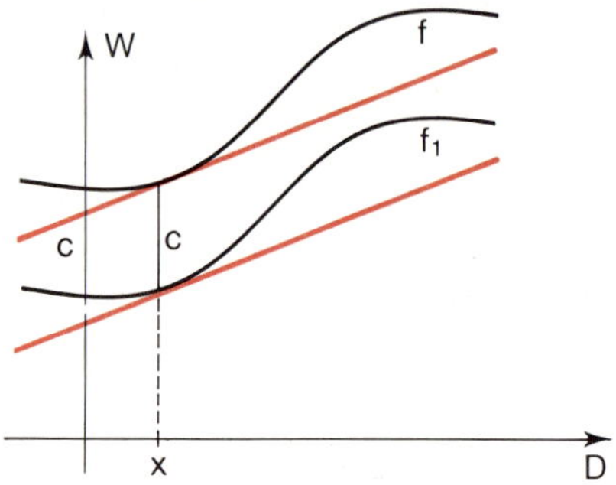

Bild 4.1

Übungen und Aufgaben

1. Welcher Grenzwertsatz wird beim Beweis von Satz S 4.2 (Seite 79) angewendet?

2. Formulieren und beweisen Sie einen dem Satz S 4.2 entsprechenden Satz für Differenzen!

3. Berechnen Sie $f'(x)$!

a) $f(x)=x^2-3$ **b)** $f(x)=3x^2+4x$ **c)** $f(x)=-4x^2+x-1$ **d)** $f(x)=x^3+2x^2$

e) $f(x)=1-5x^3$ **f)** $f(x)=x-\frac{1}{3}x^2$ **g)** $f(x)=\frac{1}{x}+x^3$ **h)** $f(x)=\frac{4}{x}+x$

i) $f(x)=\frac{1}{2x}+\left(\frac{x}{2}\right)^2$ **j)** $f(x)=\left(\frac{x}{3}\right)^3+(2x)^2$ **k)** $f(x)=3\sqrt{x}-2x$ **l)** $f(x)=\frac{10}{x}-\sqrt{x}$

m) $f(x)=\sqrt{3x}$ **n)** $f(x)=\sqrt{\frac{x}{2}+1}$ **o)** $f(x)=\sqrt{x}+3x^2$ **p)** $f(x)=5x-\sqrt{5x}$

q) $f(x)=x+\sin x$ **r)** $f(x)=3\sin x+5x^3$ **s)** $f(x)=2\sqrt{x}-\frac{\sin x}{2}$ **t)** $f(x)=\sin x+\cos x$

u) $f(x)=2\cos x-4x^2$ **v)** $f(x)=\frac{\cos x}{4}-\frac{1}{x}$ **w)** $f(x)=(x-2)^3$ **x)** $f(x)=(\sqrt{x}+2)^2$

4. Berechnen Sie die ersten vier Ableitungen!

a) $f(x)=2x^3$ **b)** $f(x)=x^3-2x^2+x-4$ **c)** $f(x)=\sin x$ **d)** $f(x)=\cos x$
e) $f(x)=x^2-6x$ **f)** $f(x)=x^2+2\cos x$ **g)** $f(x)=1-2\sin x$ **h)** $f(x)=5x^3-\frac{1}{3}\sin x$

5. Zeichnen Sie die Funktionsgraphen! An welchen Stellen gilt $f'(x)=0$? In welchen Bereichen gilt $f'(x)>0$ bzw. $f'(x)<0$? Deuten Sie die Ergebnisse am Funktionsgraphen (bei i) bis l) ist $D(f)=[0;2\pi]$)!

a) $f(x)=x^2-4x+3$ **b)** $f(x)=-x^2-2x+3$ **c)** $f(x)=x^3-4x$ **d)** $f(x)=-x^3+1$

e) $f(x)=x+\frac{1}{x}$ **f)** $f(x)=\frac{1}{4}\sqrt{x}+\frac{1}{x}$ **g)** $f(x)=4\sqrt{x}-x^2$ **h)** $f(x)=x^3-6\sqrt{x}$

i) $f(x)=\sin x-x$ **j)** $f(x)=\frac{1}{2}x+\cos x$ **k)** $f(x)=\sin x+\cos x$ **l)** $f(x)=2\cdot\cos x+\sqrt{2}x$

II. Die Produktregel

1. In vielen Fällen ist ein Funktionsterm f(x) das Produkt zweier Terme u(x) und v(x):

$$f(x)=u(x)\cdot v(x).$$

Um zu einer Vermutung darüber zu kommen, wie eine Ableitungsregel für solche Produkte lauten kann, behandeln wir zunächst ein

Beispiel: $f(x)=x^2\cdot\sin x$ mit $u(x)=x^2$ und $v(x)=\sin x$.

Es gilt: $$\frac{f(x+h)-f(x)}{h}=\frac{(x+h)^2\cdot\sin(x+h)-x^2\cdot\sin x}{h}=\frac{(x^2+2xh+h^2)\cdot\sin(x+h)-x^2\cdot\sin x}{h}$$
$$=(2x+h)\sin(x+h)+x^2\,\frac{\sin(x+h)-\sin x}{h}$$

und somit $$f'(x)=\lim_{h\to0}\frac{f(x+h)-f(x)}{h}=\underbrace{\lim_{h\to0}(2x+h)}_{=\;2x}\cdot\underbrace{\lim_{h\to0}\sin(x+h)}_{\sin x}+x^2\cdot\underbrace{\lim_{h\to0}\frac{\sin(x+h)-\sin x}{h}}_{\cos x}$$
$$=2x\cdot\sin x+x^2\cdot\cos x.$$

Wegen $2x=u'(x)$ und $\cos x=v'(x)$ gilt bei diesem Beispiel: $f'=(u\cdot v)'=u'\cdot v+u\cdot v'$.

Es ist zu vermuten, daß es sich hierbei um eine allgemeingültige Regel handelt.

2. Um diese Vermutung zu beweisen, setzen wir voraus, daß zwei Funktionen u und v an einer Stelle x differenzierbar sind. Der Differenzenquotient der Funktion $f=u\cdot v$ lautet:

$$\frac{f(x+h)-f(x)}{h}=\frac{u(x+h)\cdot v(x+h)-u(x)\cdot v(x)}{h}.$$

Wir müssen nun dafür sorgen, daß in diesem Ausdruck z. B. der Differenzenquotient der Funktion u auftritt. Zu diesem Zweck subtrahieren wir im Zähler den Term $u(x)\cdot v(x+h)$ und addieren ihn sogleich wieder. Mit Hilfe dieser „Nullergänzung" erhalten wir:

$$\frac{f(x+h)-f(x)}{h}=\frac{1}{h}[u(x+h)\cdot v(x+h)-u(x)\cdot v(x+h)+u(x)\cdot v(x+h)-u(x)\cdot v(x)]$$
$$=\frac{u(x+h)-u(x)}{h}\cdot v(x+h)+u(x)\cdot\frac{v(x+h)-v(x)}{h}$$

und somit nach den Grenzwertsätzen

$$f'(x)=\lim_{h\to0}\frac{f(x+h)-f(x)}{h}=\underbrace{\lim_{h\to0}\frac{u(x+h)-u(x)}{h}}_{u'(x)}\cdot\underbrace{\lim_{h\to0}v(x+h)}_{v(x)}+u(x)\cdot\underbrace{\lim_{h\to0}\frac{v(x+h)-v(x)}{h}}_{v'(x)}$$
$$=u'(x)\cdot v(x)+u(x)\cdot v'(x).$$

Beachte, daß es erlaubt ist, die Grenzwertsätze anzuwenden, weil alle Einzelgrenzwerte existieren! Beachte ferner, daß $\lim_{h\to0}v(x+h)=v(x)$ gilt, weil jede differenzierbare Funktion auch stetig ist!

Damit haben wir die **„Produktregel“** bewiesen:

S 4.3 Sind zwei Funktionen u und v differenzierbar, so ist auch die Funktion $f = u \cdot v$ differenzierbar, und es gilt:

$$f' = u' \cdot v + u \cdot v'.$$

Beispiel:

$f(x) = x \cdot \cos x$ mit $u(x) = x$; $u'(x) = 1$; $v(x) = \cos x$ und $v'(x) = -\sin x$.

Nach der Produktregel ergibt sich: $f'(x) = 1 \cdot \cos x + x \cdot (-\sin x) = \cos x - x \sin x$.

3. Mit Hilfe der Produktregel können wir jetzt zahlreiche Funktionen differenzieren, deren Ableitungsterme wir noch nicht ermittelt haben.

Beispiele:

1) $f(x) = x^4 = x \cdot x^3$. Mit $u(x) = x$, $u'(x) = 1$; $v(x) = x^3$ und $v'(x) = 3x^2$ ergibt sich für alle $x \in \mathbb{R}$: $f'(x) = 1 \cdot x^3 + x \cdot 3x^2 = 4x^3$.

2) $f(x) = x^5 = x \cdot x^4$. Mit $u(x) = x$, $u'(x) = 1$, $v(x) = x^4$ und $v'(x) = 4x^3$ ergibt sich für alle $x \in \mathbb{R}$: $f'(x) = 1 \cdot x^4 + x \cdot 4x^3 = 5x^4$.

4. Die vorstehenden Beispiele legen die Vermutung nahe, daß für Potenzfunktionen der folgende Satz gilt:

S 4.4 Jede Potenzfunktion f zu $f(x) = x^n$ (mit $n \in \mathbb{N}$) ist differenzierbar; es gilt:

$$f'(x) = n\,x^{n-1}.$$

Es liegt nahe, den **Beweis** mit Hilfe des Verfahrens der vollständigen Induktion zu führen. Durch die behandelten Beispiele ist die Induktionsverankerung bereits gewährleistet. Zur Durchführung des Schlusses von n auf n+1 bezeichnen wir die Potenzfunktion zu einem Exponenten $n \in \mathbb{N}$ mit „f_n“. Dann gilt für alle $x \in \mathbb{R}$:

$$f_n(x) = x^n \quad \text{und} \quad f_{n+1}(x) = x^{n+1} = x \cdot x^n = x \cdot f_n(x).$$

Zu zeigen ist also: $f_n'(x) = n\,x^{n-1} \Rightarrow f_{n+1}'(x) = (n+1) \cdot x^n$.

Nach der Produktregel gilt:

$$f_{n+1}'(x) = 1 \cdot f_n(x) + x\,f_n'(x) = x^n + x \cdot n\,x^{n-1} = (n+1) \cdot x^n, \quad \text{q.e.d.}$$

5. Aus den Sätzen S 4.1, S 4.2 und S 4.4 folgt nun unmittelbar die Gültigkeit des Satzes

S 4.5 Jede ganze rationale Funktion ist differenzierbar über $\mathbb{R}$.

Der Beweis soll in Aufgabe 3 geführt werden.

Beispiel: $f(x)=3x^5-\sqrt{2}\cdot x^3+\frac{4}{3}x^2-7x$. Für alle $x\in\mathbb{R}$ gilt: $f'(x)=15x^4-3\sqrt{2}x^2+\frac{8}{3}x-7$.

6. Die Produktregel läßt sich selbstverständlich auch auf nicht-rationale Funktionen anwenden.

Beispiele:

1) $f(x)=(x^2-3)\cdot\sin x$ mit $D(f)=\mathbb{R}$.

Mit $u(x)=x^2-3$, $u'(x)=2x$; $v(x)=\sin x$ und $v'(x)=\cos x$ ergibt sich für alle $x\in\mathbb{R}$:

$$f'(x)=2x\cdot\sin x+(x^2-3)\cos x.$$

2) $f(x)=\frac{1}{x}\sqrt{x}$ mit $D(f)=\mathbb{R}^{>0}$.

Mit $u(x)=\frac{1}{x}$; $u'(x)=-\frac{1}{x^2}$; $v(x)=\sqrt{x}$ und $v'(x)=\frac{1}{2\sqrt{x}}$ ergibt sich für alle $x\in\mathbb{R}^{>0}$:

$$f'(x)=-\frac{1}{x^2}\cdot\sqrt{x}+\frac{1}{x}\cdot\frac{1}{2\sqrt{x}}=-\frac{1}{x\sqrt{x}}+\frac{1}{2x\sqrt{x}}=-\frac{1}{2x\sqrt{x}}.$$

Bemerkung: Da für alle $x\in\mathbb{R}^{>0}$ gilt: $\frac{1}{x}\sqrt{x}=\frac{1}{\sqrt{x}}=x^{-\frac{1}{2}}$, haben wir damit die Ableitung zu $f(x)=x^{-\frac{1}{2}}$ berechnet. Bestätige, daß die Gleichung von S 4.4 auch für $n=-\frac{1}{2}$ gilt (Aufgabe 4)!

Übungen und Aufgaben

1. Berechnen Sie $f'(x)$ ohne und mit Anwendung der Produktregel!

a) $f(x)=x(x+2)$ **b)** $f(x)=(1+x)(1-x)$ **c)** $f(x)=(2x-1)(3+x^2)$

d) $f(x)=3x\left(x-2+\frac{1}{x}\right)$ **e)** $f(x)=\sqrt{x}(1-\sqrt{x})$ **f)** $f(x)=\frac{1}{x}(2x^2+3x-1)$

2. Berechnen Sie $f'(x)$!

a) $f(x)=x^2(1-4x^3)$ **b)** $f(x)=(x^2-1)(x^3-5x)$ **c)** $f(x)=(x^3-4)\cdot\frac{1}{x}$

d) $f(x)=\frac{1}{x^2}$ **e)** $f(x)=(x^4-2x^3)\cdot\sqrt{x}$ **f)** $f(x)=(x^3-\sqrt{x})\cdot\frac{1}{x}$

g) $f(x)=x^2\cdot\sin x$ **h)** $f(x)=\sin^2 x$ **i)** $f(x)=\cos^2 x$

j) $f(x)=\sqrt{x}\cdot\cos x$ **k)** $f(x)=\frac{1}{x}\sin x$ **l)** $f(x)=\sin x\cdot\cos x$

m) $f(x)=x\cdot\sin x+2x^2$ **n)** $f(x)=\frac{\sqrt{x}\cdot\sin x}{2}$ **o)** $f(x)=4\cos^2 x-x$

p) $f(x)=\sin^2 x-\cos^2 x$ **q)** $f(x)=\left(\sqrt{x}+\frac{1}{x}\right)\sin x$ **r)** $f(x)=(x^2+\sqrt{x})\cos x$

3. Beweisen Sie Satz S 4.5!

4. a) Ermitteln Sie die Ableitungen der Funktion zu $f_1(x)=x\sqrt{x}$ und $f_2(x)=\frac{1}{x}\sqrt{x}$ nach der Produktregel!

b) Vereinfachen Sie die Funktionsterme mit Hilfe der Potenzgesetze! Vergleichen Sie die Ergebnisse aus a) mit der Aussage von Satz S 4.4!

5. Leiten Sie aus der Produktregel für zwei Faktoren eine solche für drei Faktoren, also für $f(x)=u(x)\cdot v(x)\cdot w(x)$ her!

6. Berechnen Sie $f'(x)$ nach den Regeln der Aufgaben 4 und 5!

a) $f(x)=\sqrt{x^3}\cdot\sin x$ **b)** $f(x)=\frac{1}{\sqrt{x}}\cdot\cos x$ **c)** $f(x)=\frac{1}{x}\cdot\sin x\cdot\cos x$

d) $f(x)=\frac{1}{\sqrt{x}}\sin^2 x$ **e)** $f(x)=\sqrt{x^3}\cdot\cos^2 x$ **f)** $f(x)=\frac{1}{\sqrt{x}}\cdot\sin x\cdot\cos x$

7. Berechnen Sie $f'(x)$ mit der Produktregel für drei Faktoren! (Vgl. Aufgabe 5!)

a) $f(x)=x\cdot\cos^2 x$ **b)** $f(x)=\frac{1}{x^2}\sin x$ **c)** $f(x)=\sin^2 x\cdot\cos x$

d) $f(x)=x\cdot\sin x\cdot\cos x$ **e)** $f(x)=\cos^2 x\cdot\sin x$ **f)** $f(x)=\sqrt{x}\cdot\sin x\cdot\cos x$

g) $f(x)=(x^2-2x)\cdot\sqrt{x}\cdot\sin x$ **h)** $f(x)=\frac{1}{x}\sqrt{x}\cdot\cos x$ **i)** $f(x)=(x^3-\sqrt{x})\cdot\sin^2 x$

8. Die Funktionen u und v seien n-mal differenzierbar.

a) Ermitteln Sie mit Hilfe der Produktregel $(u\cdot v)'$, $(u\cdot v)''$, ..., $(u\cdot v)^{(5)}$!

b) Welche Regel kann man für $(u\cdot v)^{(n)}$ vermuten? Woher kennen Sie die auftretenden Koeffizienten?

9. Der Betrag der Bahngeschwindigkeit v eines Körpers, der sich auf einer Kreisbahn bewegt, ist gegeben durch $v=\omega\cdot r$. Dabei bezeichnet ω die Winkelgeschwindigkeit und r den Radius der Bahn. Wir nehmen an, daß sowohl ω wie r von der Zeit t abhängig sind: $v(t)=\omega(t)\cdot r(t)$.

a) Berechnen Sie mit Hilfe der Produktregel die Beschleunigung $\dot{v}(t)$!

b) Interpretieren Sie die Gleichung für $\dot{v}(t)$! Unter welcher Bedingung wird je einer der beiden Summanden den Betrag 0 haben? Beschreiben Sie mit Worten den Verlauf der Bewegung, wenn beide Summanden der Beschleunigung ungleich 0 sind!

III. Die Quotientenregel

1. Mit Hilfe der Produktregel haben wir bewiesen, daß jede **ganze** rationale Funktion über $\mathbb{R}$ differenzierbar ist. Wenn wir die entsprechende Frage für beliebige (also auch für gebrochene) rationale Funktionen beantworten wollen, müssen wir uns mit Funktionen der Form $\frac{u}{v}$ beschäftigen. Wir setzen dabei voraus, daß die Funktionen u und v an der betrachteten Stelle x differenzierbar sind und daß $v(x)\neq 0$ ist.

2. Da man jeden Quotienten als Produkt schreiben kann: $\frac{u(x)}{v(x)} = u(x) \cdot \frac{1}{v(x)}$,

liegt es nahe, zuerst den Sonderfall $f(x) = \frac{1}{v(x)}$ zu betrachten und dann die Produktregel anzuwenden. Der Differenzenquotient von f lautet:

$$\frac{f(x+h)-f(x)}{h} = \frac{1}{h}\left[\frac{1}{v(x+h)} - \frac{1}{v(x)}\right] = \frac{1}{h} \cdot \frac{v(x)-v(x+h)}{v(x+h) \cdot v(x)}$$

$$= -\frac{v(x+h)-v(x)}{h} \cdot \frac{1}{v(x) \cdot v(x+h)}$$

Wegen $\lim\limits_{h \to 0} v(x+h) = v(x)$ ergibt sich daraus nach dem Grenzwertsatz S 2.4:

$$f'(x) = \lim_{h \to 0} \frac{f(x+h)-f(x)}{h} = -\underbrace{\lim_{h \to 0} \frac{v(x+h)-v(x)}{h}}_{-v'(x)} \cdot \underbrace{\frac{1}{v(x) \cdot \lim\limits_{h \to 0} v(x+h)}}_{\frac{1}{[v(x)]^2}}$$

$$= \quad -v'(x) \quad \cdot \quad \frac{1}{[v(x)]^2} \quad = -\frac{v'(x)}{v^2(x)}.$$

Damit haben wir die **„Reziprokenregel“** bewiesen:

S 4.6 **Ist eine Funktion v differenzierbar an einer Stelle x und gilt $v(x) \neq 0$, so ist auch die Funktion $f = \frac{1}{v}$ differenzierbar an der Stelle x, und es gilt:**

$$f'(x) = -\frac{v'(x)}{v^2(x)}.$$

Beispiele:

1) $f(x) = \frac{1}{x^2}$; $v(x) = x^2$; $v'(x) = 2x$; $f'(x) = -\frac{2x}{x^4} = -\frac{2}{x^3}$ (für $x \neq 0$)

2) $f(x) = \frac{1}{x^3}$; $v(x) = x^3$; $v'(x) = 3x^2$; $f'(x) = -\frac{3x^2}{x^6} = -\frac{3}{x^4}$ (für $x \neq 0$)

3. Diese Beispiele legen die Vermutung nahe, daß sich die Aussage von Satz S 4.4 auf ganzzahlige negative Werte von n übertragen läßt, daß also auch für Potenzfunktionen f zu $f(x) = x^{-m} = \frac{1}{x^m}$ mit $m \in \mathbb{N}$ gilt:

$$f'(x) = -m\,x^{-m-1}.$$

Beweis: Nach Satz S 4.6 gilt für alle $x \in D(f) = \mathbb{R}^{\neq 0}$:

$$f'(x) = -\frac{m\,x^{m-1}}{x^{2m}} = -m\,x^{m-1-2m} = -m\,x^{-m-1}, \quad \text{q.e.d.}$$

Bemerkung: Will man diese Ableitungsregel auch auf den Term $f(x)=x^0=1$ anwenden, so ist zu beachten, daß der Ausdruck 0^0 nicht definiert ist. Diese Funktion hat also die Definitionsmenge $D(f)=\mathbb{R}^{+0}$. In dieser Menge ist $f'(x)=0\cdot x^{-1}=0\cdot\frac{1}{x}=0$.

Damit ist gezeigt, daß die Ableitungsregel für Potenzfunktionen auch für $n=0$ gilt, wenn man die Stelle $x=0$ ausschließt. Wir können also sagen:

S 4.7 Jede Potenzfunktion f zu $f(x)=x^n$ (mit $n\in\mathbb{Z}$) ist über ihrer Definitionsmenge D(f) differenzierbar, und es gilt:

$$f'(x)=n\,x^{n-1}.$$

Beachte: Für $n>0$ ist $D(f)=\mathbb{R}$, für $n\leq 0$ ist $D(f)=\mathbb{R}^{+0}$.

4. Mit Hilfe der Produktregel und von Satz S 4.6 können wir nun auch die **„Quotientenregel"** herleiten.

Für $f(x)=\frac{u(x)}{v(x)}$ gilt, wenn u und v an der Stelle x differenzierbar sind und $v(x)\neq 0$ ist:

$$f'(x)=u'(x)\cdot\frac{1}{v(x)}+u(x)\cdot\frac{-v'(x)}{v^2(x)}=\frac{u'(x)\cdot v(x)-u(x)\cdot v'(x)}{v^2(x)}.$$

Somit lautet die **„Quotientenregel"**:

S 4.8 Sind die Funktionen u und v differenzierbar an einer Stelle x und gilt $v(x)\neq 0$, so ist auch die Funktion $f=\frac{u}{v}$ differenzierbar an der Stelle x, und es gilt:

$$f'(x)=\frac{u'(x)\cdot v(x)-u(x)\cdot v'(x)}{[v(x)]^2}.$$

<u>**Beispiel:**</u> $f(x)=\frac{x^4-3x^2+2}{x^2-1}$ mit $D(f)=\mathbb{R}\setminus\{-1;1\}$.

Mit $u(x)=x^4-3x^2+2$, $u'(x)=4x^3-6x$; $v(x)=x^2-1$ und $v'(x)=2x$ ergibt sich:

$$f'(x)=\frac{(4x^3-6x)\cdot(x^2-1)-(x^4-3x^2+2)\cdot 2x}{(x^2-1)^2}$$

$$=\frac{4x^5-4x^3-6x^3+6x-2x^5+6x^3-4x}{(x^2-1)^2}=\frac{2x^5-4x^3+2x}{(x^2-1)^2}\quad\text{(für alle } x\in D(f)).$$

Entsprechend kann man bei jeder gebrochenen rationalen Funktion vorgehen. Es gilt der Satz

S 4.9 Jede rationale Funktion f ist differenzierbar über ihrer Definitionsmenge D(f).

Der Beweis soll in Aufgabe 4 erbracht werden.

5. Wir können Satz S 4.8 selbstverständlich auch auf nichtrationale Funktionen anwenden.

Beispiele:

1) $\mathbf{f(x)=\tan x}=\frac{\sin x}{\cos x}$ mit $D(f)=\left\{x \,\middle|\, x \neq (2n-1)\cdot\frac{\pi}{2} \wedge n\in\mathbb{Z}\right\}$.

Mit $u(x)=\sin x$, $u'(x)=\cos x$, $v(x)=\cos x$ und $v'(x)=-\sin x$ ergibt sich für alle $x\in D(f)$:

$$f'(x)=\frac{\cos^2 x+\sin^2 x}{\cos^2 x}=\mathbf{\frac{1}{\cos^2 x}=1+\tan^2 x.}$$

2) Entsprechend ergibt sich für die Funktion f zu $\mathbf{f(x)=\cot x}$:

$$\mathbf{f'(x)=-\frac{1}{\sin^2 x}=-(1+\cot^2 x)} \quad \text{(Aufgabe 6).}$$

Übungen und Aufgaben

1. Berechnen Sie f'(x)!

a) $f(x)=\frac{1}{x^5}$ **b)** $f(x)=\frac{1}{\sqrt{x}}$ **c)** $f(x)=\frac{1}{x^2-2}$ **d)** $f(x)=\frac{1}{\sin x}$

e) $f(x)=\frac{1}{\cos^2 x}$ **f)** $f(x)=\frac{1}{\sin x\cdot\cos x}$ **g)** $f(x)=\frac{1}{\sqrt{x}\cdot\sin x}$ **h)** $f(x)=\frac{1}{\sin^2 x}$

2. Berechnen Sie f'(x) ohne und mit Anwendung der Quotientenregel!

a) $f(x)=\frac{x^2-1}{x-1}$ **b)** $f(x)=\frac{x^2+3}{x}$ **c)** $f(x)=\frac{1-x^2}{x^2-1}$ **d)** $f(x)=\frac{\sin x}{\tan x}$

3. Berechnen Sie f'(x) und vereinfachen Sie den Ableitungsterm!

a) $f(x)=\frac{x-1}{x+1}$ **b)** $f(x)=\frac{x^2}{1+x}$ **c)** $f(x)=\frac{x^2-4}{x-1}$ **d)** $f(x)=\frac{3-2x^2}{5-x}$

e) $f(x)=\frac{1}{1+2x^2}$ **f)** $f(x)=\frac{3}{x^2+1}$ **g)** $f(x)=\frac{x^3}{1+4x^2}$ **h)** $f(x)=\frac{x^2-2x}{x^2-4}$

i) $f(x)=\frac{\sqrt{x}}{1-x}$ **j)** $f(x)=\frac{\sin x}{x}$ **k)** $f(x)=\frac{x^2}{\cos x}$ **l)** $f(x)=\frac{\cos x+1}{\sin x-1}$

m) $f(x)=\frac{\cos x-\sin x}{\cos x+\sin x}$ **n)** $f(x)=\frac{\sin x-x}{\cos x-x}$ **o)** $f(x)=\frac{1}{x\cdot\cos x}$ **p)** $f(x)=\frac{\sqrt{x}-3}{\sqrt{x}+3}$

4. Beweisen Sie Satz S 4.9!

5. An welchen Stellen gilt $f'(x)=0$? In welchen Bereichen gilt $f'(x)>0$ bzw. $f'(x)<0$? Skizzieren Sie den Funktionsgraphen! Deuten Sie die Ergebnisse am Funktionsgraphen!

a) $f(x)=\frac{3}{x^2+1}$ **b)** $f(x)=\frac{4x}{1+x^2}$ **c)** $f(x)=\frac{2x^2}{1+x^2}$ **d)** $f(x)=\frac{\sqrt{x}}{x+1}$

6. Zeigen Sie, daß für die Kotangensfunktion gilt: $f'(x) = -\frac{1}{\sin^2 x} = -(1+\cot^2 x)$!

7. Berechnen Sie $f'(x)$ und $f''(x)$!

a) $f(x)=\tan^2 x$ **b)** $f(x)=\sin x-\cot x$ **c)** $f(x)=\tan x\cdot\cot x$ **d)** $f(x)=\tan x-x$

e) $f(x)=\sqrt{x}\cdot\cot x$ **f)** $f(x)=\tan x-\cot x$ **g)** $f(x)=\frac{\tan x}{\cot x}$ **h)** $f(x)=x+\cot x$

IV. Die Kettenregel

1. Obwohl wir nun schon viele Funktionen differenzieren können, gibt es verhältnismäßig einfache Beispiele, bei denen wir den Ableitungsterm noch nicht berechnen können.

Beispiele: 1) $f(x)=\sqrt{1+x^3}$ **2)** $f(x)=\sin(1-x^2)$

In beiden Fällen kann man sich die Funktionsterme durch Einsetzen eines Terms in einen anderen entstanden denken.

Zu 1): Mit $f_1(x)=1+x^3$ und $f_2(x)=\sqrt{x}$ erhält man $f_2[f_1(x)]=\sqrt{1+x^3}=f(x)$.

Zu 2): Mit $f_1(x)=1-x^2$ und $f_2(x)=\sin x$ erhält man $f_2[f_1(x)]=\sin(1-x^2)=f(x)$.

Man spricht von der **„Verkettung zweier Funktionen f_1 und f_2 zu einer Funktion f“**. Bei dieser Verkettung kommt es auf die Reihenfolge der beiden Funktionen wesentlich an. Mit den Funktionen der beiden obigen Beispiele erhält man bei einer Vertauschung der Reihenfolge:

Zu 1): $f_1[f_2(x)]=1+\sqrt{x^3}$ **Zu 2):** $f_1[f_2(x)]=1-\sin^2 x$.

Bemerkung: Man kann den Prozeß des Einsetzens des einen Terms in den anderen dadurch verdeutlichen, daß man eine zusätzliche Variable für den einzusetzenden Term einführt, z.B. den Buchstaben z. Dann kann man obige Beispiele folgendermaßen schreiben:

Zu 1): **a)** Aus $z=f_1(x)=1+x^3$ und $f_2(z)=\sqrt{z}$ ergibt sich: $f_2[f_1(x)]=\sqrt{1+x^3}$.
b) Aus $z=f_2(x)=\sqrt{x}$ und $f_1(z)=1+z^3$ ergibt sich: $f_1[f_2(x)]=1+\sqrt{x^3}$.

Zu 2): **a)** Aus $z=f_1(x)=1-x^2$ und $f_2(z)=\sin z$ ergibt sich: $f_2[f_1(x)]=\sin(1-x^2)$.
b) Aus $z=f_2(x)=\sin x$ und $f_1(z)=1-z^2$ ergibt sich: $f_1[f_2(x)]=1-\sin^2 x$.

Notwendig ist die Hinzunahme der Variablen z für den Einsetzungsprozeß aber nicht.

2. Um Indizes einzusparen, vereinbaren wir, daß wir im folgenden bei der Verkettung von zwei Funktionen zu einer Funktion f die „innere“ Funktion in der Regel mit φ und die „äußere“ Funktion mit g bezeichnen wollen: $f(x)=g[\varphi(x)]$.

3. An einem einfachen Beispiel, bei dem wir die Ableitung bereits nach den bisher bewiesenen Sätzen berechnen können, wollen wir nun versuchen, eine Vermutung über die Ableitungsregel für **„Verkettungsfunktionen“** zu gewinnen.

Beispiel: $f(x)=x^6$; es gilt: $f'(x)=6x^5$.

Wir können den Funktionsterm auch in der Form $(x^3)^2$ schreiben; dies bedeutet, daß wir uns die Funktion f durch die Verkettung der beiden Funktionen φ und g mit den folgenden Funktionstermen entstanden denken:

$$z=\varphi(x)=x^3 \text{ und } g(z)=z^2; \text{ denn es ist } g[\varphi(x)]=(x^3)^2=x^6=f(x).$$

Wir bilden nun die Ableitungsterme zu g und zu φ:

$$g'(z)=2z, \text{ also } g'[\varphi(x)]=2\cdot\varphi(x)=2x^3 \text{ und } \varphi'(x)=3x^2.$$

Man erkennt, daß man die beiden Terme $2x^3$ und $3x^2$ miteinander multiplizieren muß, um den Ableitungsterm $f'(x)$ zu erhalten: $f'(x)=2x^3\cdot 3x^2=6x^5$.
Wir können also vermuten, daß für eine Funktion f mit $f(x)=g[\varphi(x)]$ gilt:

$$\mathbf{f'(x)=g'[\varphi(x)]\cdot\varphi'(x).}$$

Diese Regel nennt man die **„Kettenregel der Differentialrechnung“**. Selbstverständlich müssen wir dabei voraussetzen, daß die beiden verketteten Funktionen φ und g an den betrachteten Stellen differenzierbar sind.

S 4.10 Ist eine Funktion φ differenzierbar an einer Stelle x und eine Funktion g differenzierbar an der Stelle $z=\varphi(x)$, so ist auch die Funktion f zu $f(x)=g[\varphi(x)]$ differenzierbar an der Stelle x, und es gilt:

$$\mathbf{f'(x)=g'[\varphi(x)]\cdot\varphi'(x).}$$

Bemerkung: Man nennt $g'[\varphi(x)]$ die **„äußere“** und $\varphi'(x)$ die **„innere Ableitung“**. Das Hinzufügen des Faktors $\varphi'(x)$ zur äußeren Ableitung $g'[\varphi(x)]$ bezeichnet man als „Nachdifferenzieren“.

4. Beim **Beweis** für die Kettenregel gehen wir wiederum vom Differenzenquotienten der Funktion f aus:

$$\frac{f(x+h)-f(x)}{h}=\frac{g[\varphi(x+h)]-g[\varphi(x)]}{h}.$$

Zur Abkürzung setzen wir

$\varphi(x)=z$ und $\varphi(x+h)=z+k$ (Bild 4.2);

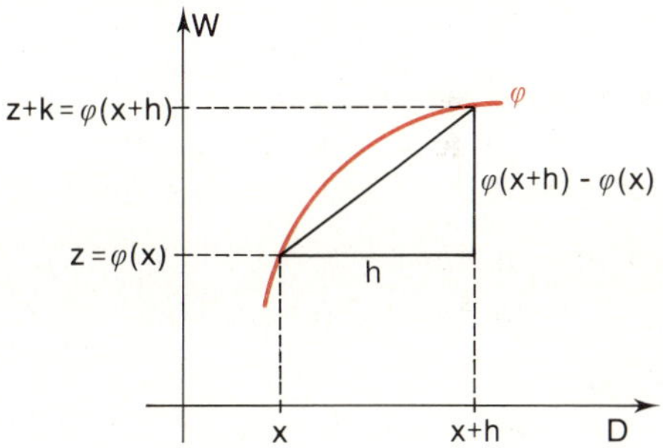

Bild 4.2

dann ist $k=\varphi(x+h)-\varphi(x)$ und es gilt: $\dfrac{f(x+h)-f(x)}{h}=\dfrac{g(z+k)-g(z)}{h}$.

Wir drücken nun die Zählerdifferenz $g(z+k)-g(z)$ (für $k\neq 0$) durch den Differenzenquotienten der Funktion g zur Stelle z aus:

$$\frac{g(z+k)-g(z)}{k}=m_g(z;k) \Rightarrow g(z+k)-g(z)=m_g(z;k)\cdot k.$$

Damit die letzte Gleichung auch für $k=0$ gilt, setzen wir die Funktion m_g für $k=0$ stetig fort durch:

$$m_g(z;0)=_{D_f}\lim_{k\to 0} m_g(z;k)=g'(z).$$

Dann gilt (auch für $k=0$):

$$\frac{f(x+h)-f(x)}{h}=\frac{m_g(z;k)\cdot k}{h}=m_g(z;k)\cdot\frac{\varphi(x+h)-\varphi(x)}{h},$$

mit der Abkürzung $m_\varphi(x;h)$ für den Differenzenquotienten $\frac{\varphi(x+h)-\varphi(x)}{h}$ also:

$$\frac{f(x+h)-f(x)}{h}=m_g(z;k)\cdot m_\varphi(x;h).$$

Der Differenzenquotient von f ist also das Produkt der Differenzenquotienten von g und φ.

Nun haben wir noch den Grenzwert für $h\to 0$ zu berechnen. Da die Funktion φ nach Voraussetzung differenzierbar an der Stelle x ist, gilt:

$$\lim_{h\to 0} m_\varphi(x;h)=\varphi'(x).$$

Bei der Funktion g, die nach Voraussetzung differenzierbar an der Stelle $z=\varphi(x)$ ist, können wir zunächst nur den entsprechenden Grenzwert für $k\to 0$ bilden:

$$\lim_{k\to 0} m_g(z;k)=m_g(z;0)=g'(z).$$

Nun ist die Funktion φ nach Voraussetzung differenzierbar, also nach Satz S 3.2 auch stetig an der Stelle x; daher gilt:

$$\lim_{h\to 0} k=\lim_{h\to 0}[\varphi(x+h)-\varphi(x)]=[\lim_{h\to 0}\varphi(x+h)]-\varphi(x)=\varphi(x)-\varphi(x)=0.$$

Aus $h\to 0$ folgt also $k\to 0$, d.h. wir können $h\to 0$ durch $k\to 0$ ersetzen. Somit ergibt sich:

$$\begin{aligned} f'(x)=\lim_{h\to 0}\frac{f(x+h)-f(x)}{h} &= \underbrace{\lim_{k\to 0} m_g(z;k)}\cdot\underbrace{\lim_{h\to 0} m_\varphi(x;h)} \\ &= \quad g'(z) \quad\cdot\quad \varphi'(x) \\ &= g'[\varphi(x)]\cdot\varphi'(x), \quad \text{q.e.d.} \end{aligned}$$

5. Wir behandeln einige **Beispiele**:

1) $\mathbf{f(x)=\sqrt{x^2+1}.}$

Mit $z=\varphi(x)=x^2+1$, $\varphi'(x)=2x$, $g(z)=\sqrt{z}$ und $g'(z)=\frac{1}{2\sqrt{z}}=\frac{1}{2\sqrt{x^2+1}}$ erhält man:

$$f'(x)=\frac{1}{2\sqrt{x^2+1}}\cdot 2x=\frac{x}{\sqrt{x^2+1}}.$$

2) $\mathbf{f(x)=\sin(1-x^2).}$

Mit $z=\varphi(x)=1-x^2$, $\varphi'(x)=-2x$; $g(z)=\sin z$ und $g'(z)=\cos z=\cos(1-x^2)$ erhält man:

$$f'(x)=(-2x)\cdot\cos(1-x^2).$$

3) Schließlich zeigen wir noch, wie man mit Hilfe der Kettenregel die Ableitung der Kosinusfunktion auf die der Sinusfunktion zurückführen kann.

Für alle $x \in \mathbb{R}$ gilt: $\mathbf{f(x) = \cos x} = \sin\left(\frac{\pi}{2} - x\right)$, also $\mathbf{f'(x)} = (-1) \cdot \cos\left(\frac{\pi}{2} - x\right) = \mathbf{-\sin x}$.

Übungen und Aufgaben

1. Bestimmen Sie jeweils $f(x) = f_1[f_2(x)]$ und $g(x) = f_2[f_1(x)]$! Ermitteln Sie die Definitions- und die Wertemenge von f_1, f_2, f und g! Prüfen Sie jeweils, ob $W(f_2) \cap D(f_1) \neq \phi$ bzw. $W(f_1) \cap D(f_2) \neq \phi$ ist!

a) $f_1(x) = 2x$; $f_2(x) = x^2$ **b)** $f_1(x) = 3x + 2$; $f_2(x) = x^3$ **c)** $f_1(x) = x^3$; $f_2(x) = \sqrt{x}$

d) $f_1(x) = \sin x$; $f_2(x) = x^4$ **e)** $f_1(x) = 2x - 1$; $f_2(x) = \cos x$ **f)** $f_1(x) = 1 - x^2$; $f_2(x) = \sqrt{x}$

g) $f_1(x) = \sin x$; $f_2(x) = \sqrt{-x}$ **h)** $f_1(x) = -|x|$; $f_2(x) = \sqrt{x}$ **i)** $f_1(x) = \frac{x}{x+1}$; $f_2(x) = \sqrt{x}$

2. Berechnen Sie – falls möglich – $f'(x)$ und $g'(x)$ für die Funktionen von Aufgabe 1!

3. Bestimmen Sie $f'(x)$ ohne und mit Anwendung der Kettenregel!

a) $f(x) = (x^2)^4$ **b)** $f(x) = (x^2 - 1)^3$ **c)** $f(x) = \sqrt{x^5}$ **d)** $f(x) = \left(\frac{1-x}{1+x}\right)^2$

e) $f(x) = (\sin x)^3$ **f)** $f(x) = \sqrt{\frac{1}{x}}$ **g)** $f(x) = \left(\sqrt{x} + \frac{1}{\sqrt{x}}\right)^2$ **h)** $f(x) = \left(\frac{x+2}{x}\right)^3$

4. Bestimmen Sie $f'(x)$ und $D(f')$!

a) $f(x) = (x^2 - 4x)^6$ **b)** $f(x) = (1 + x^2)^5$ **c)** $f(x) = (x^3 - 5x^6)^8$ **d)** $f(x) = \frac{1}{(x^2 - 2)^3}$

e) $f(x) = \frac{1}{(x^3 - 2x)^2}$ **f)** $f(x) = \sqrt{2x + 1}$ **g)** $f(x) = \sqrt{1 + 2x^2}$ **h)** $f(x) = \sqrt{\frac{1 - x^2}{x}}$

i) $f(x) = \sqrt{1 - 3x^4}$ **j)** $f(x) = x \cdot \sqrt{1 - x^2}$ **k)** $f(x) = (\sin x)^6$ **l)** $f(x) = \frac{1}{\cos^2 x}$

m) $f(x) = \sin(2x - 3)$ **n)** $f(x) = \cos(x^2)$ **o)** $f(x) = (\sin x)^n$ **p)** $f(x) = (\cos x)^n$

5. Bestimmen Sie $f'(x)$, sowie $D(f)$ und $D(f')$!

a) $f(x) = \sqrt{1 - x^2}$ **b)** $f(x) = \sqrt{x^2 - 1}$ **c)** $f(x) = \sqrt{x^3 - 4x}$ **d)** $f(x) = \frac{1}{\sqrt{1 - x^2}}$

e) $f(x) = \frac{1}{\sqrt{x^2 - x - 6}}$ **f)** $f(x) = \frac{\sqrt{2x - 4}}{x + 1}$ **g)** $f(x) = \frac{\sqrt{2 - x}}{x}$ **h)** $f(x) = \sqrt{\sin x}$

i) $f(x) = \sqrt{x + \sqrt{x}}$ **j)** $f(x) = \frac{x}{\sqrt{4 - x^2}}$ **k)** $f(x) = \frac{x^2 - x}{\sqrt{x^2 + x}}$ **l)** $f(x) = \sin\sqrt{x^2 - 1}$

6. Bestimmen Sie f′(x)!

a) $f(x)=\sqrt{1-2x^2}$ **b)** $f(x)=\sin(x^2)$ **c)** $f(x)=\cos(1-2x)$ **d)** $f(x)=\sin^3 x$

e) $f(x)=\frac{1}{\cos^4 x}$ **f)** $f(x)=\frac{1}{\sin^n x}$ **g)** $f(x)=\frac{1}{\cos^n x}$ **h)** $f(x)=\tan\sqrt{x}$

i) $f(x)=\frac{1}{\sqrt{(x^4-3x)^5}}$ **j)** $f(x)=\frac{1}{(4x^2-2x)^6}$ **k)** $f(x)=\sin\left(\frac{1}{\sqrt{x}}\right)$ **l)** $f(x)=\cot\left(\frac{1}{x}\right)$

m) $f(x)=(x^3-4x^2)^{-3}$ **n)** $f(x)=\sqrt{3\cdot\sin x}$ **o)** $f(x)=\frac{1}{\sqrt{\sin(x^2)}}$ **p)** $f(x)=\sqrt{\tan\left(\frac{x}{2}\right)}$

q) $f(x)=\sqrt{(1-3x^2)^3}$ **r)** $f(x)=\sqrt{\sin\left(\frac{1}{x}\right)}$ **s)** $f(x)=\sqrt{\cos(x^2)}$ **t)** $f(x)=\frac{1}{\sqrt{\cot\sqrt{x}}}$

7. Es sei f eine differenzierbare Funktion. Drücken Sie die 1. und die 2. Ableitung folgender Funktionen durch f, f′ und f″ aus! **Beispiel**: $(f^2)'=2f\cdot f'$; $(f^2)''=2(f')^2+2\cdot f\cdot f''$

a) f^3 **b)** f^4 **c)** $(f)^{-1}$ **d)** $\sqrt{f}$ **e)** f^n **f)** $\sin(f)$

8. Untersuchen Sie, ob die Funktion f zu f(x) an der Stelle 0 stetig differenzierbar ist!

$$f(x)=\begin{cases} x^3\sin\frac{1}{x} & \text{für } x\neq 0\\ 0 & \text{für } x=0\end{cases}$$

9. Die Weg-Zeit-Funktion einer harmonischen Schwingung ist gegeben durch $s(t)=A\cdot\sin\omega t$. Dabei bezeichnet A die Amplitude und ω die Kreisfrequenz der Schwingung.

a) Ermitteln Sie $\dot{s}(t)$ und $\ddot{s}(t)$!

b) Bilden Sie den Quotienten $\frac{\ddot{s}(t)}{s(t)}$! Was stellen Sie fest?

c) Für die bei der harmonischen Schwingung zu leistende Arbeit W gilt: $W(t)=k\cdot s^2(t)$, wobei k eine Konstante bezeichnet. Berechnen Sie die Leistung $P(t)=\dot{W}(t)$!

10. Eine Rakete der Masse $m=46\,t$ entfernt sich nach der Beschleunigungsphase mit der konstanten Geschwindigkeit $v=4000\,\frac{km}{h}$ von der Erde weg. Ihr Abstand r vom Erdmittelpunkt vergrößert sich nach der Gleichung $r(t)=v\cdot t+r_0$.

Dabei bezeichnet r_0 den Abstand vom Erdmittelpunkt, den die Rakete am Ende der Beschleunigungsphase hat ($r_0=10000$ km).

Die Erde zieht die Rakete mit der Kraft $F(t)=\gamma\cdot\frac{M\cdot m}{r^2(t)}$ an. Dabei bezeichnen γ die Gravitationskonstante $\left(\gamma\approx 6{,}7\cdot 10^{-11}\,\frac{Nm^2}{kg^2}\right)$ und M die Masse der Erde ($M=6\cdot 10^{24}$ kg).

Berechnen Sie die Momentanänderung der Anziehungskraft, die auf die Rakete wirkt, also die Größe $\dot{F}(t)$!

V. Die Ableitung der Umkehrfunktion einer differenzierbaren Funktion

1. Mit den bisher hergeleiteten Sätzen können wir die Ableitungen für gewisse Typen von Funktionen noch nicht berechnen, z.B. für die Funktionen zu $f(x)=\sqrt[3]{x}$, $f(x)=x^{\frac{3}{5}}$ usw.
Da die Funktion zu $f(x)=\sqrt[3]{x}$ die **Umkehrfunktion** der Funktion zu $g(x)=x^3$ und diese für alle $x \in \mathbb{R}$ differenzierbar ist, kann man fragen, ob und gegebenenfalls für welche Zahlen auch f eine differenzierbare Funktion ist.

2. Schon in Band 5 haben wir uns mit der Frage beschäftigt, ob und unter welchen Bedingungen eine Funktion f umkehrbar (injektiv) ist. Wir haben festgestellt, daß eine Funktion f nur dann umkehrbar ist, wenn zu zwei verschiedenen Stellen x_1 und x_2 stets auch verschiedene Funktionswerte gehören, wenn also gilt:

$x_1 \neq x_2 \Rightarrow f(x_1) \neq f(x_2)$ (Bild 4.3; Aufgabe 1).

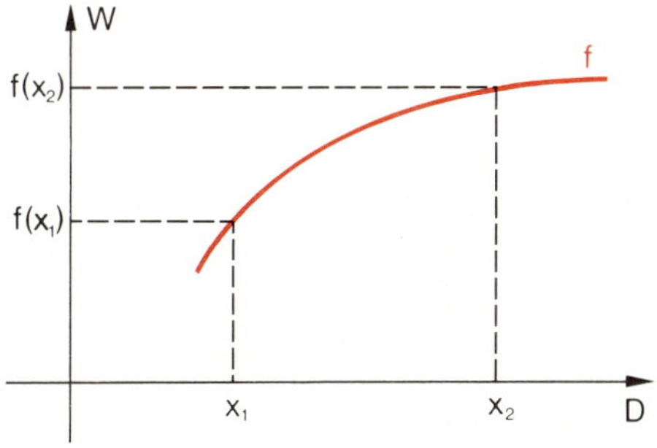

Bild 4.3

Ist diese Bedingung erfüllt, so ist die Umkehrrelation $\overset{-1}{f}$ von f eine Funktion; man nennt sie die **„Umkehrfunktion von f"**; es gilt dann: $y=f(x) \Leftrightarrow x=\overset{-1}{f}(y)$ (für $x \in D(f)$ und $y \in W(f)$).

3. Setzt man die Terme der vorstehenden Gleichungen wechselseitig in die Variable der anderen Gleichung ein, so ergibt sich, daß

1) für alle $x \in D(f)$ gilt: $\overset{-1}{f}[f(x)]=x$ und **2)** für alle $y \in W(f)$ gilt: $f[\overset{-1}{f}(y)]=y$.

<u>**Beispiel:**</u> $y=2x-5=f(x) \Leftrightarrow x=\frac{1}{2}y+\frac{5}{2}=\overset{-1}{f}(y)$

Es gilt:

1) $\overset{-1}{f}[f(x)]=\frac{1}{2}f(x)+\frac{5}{2}=\frac{1}{2}(2x-5)+\frac{5}{2}$
$=x-\frac{5}{2}+\frac{5}{2}=x$ (für alle $x \in \mathbb{R}$).

2) $f[\overset{-1}{f}(y)]=2\overset{-1}{f}(y)-5=2(\frac{1}{2}y+\frac{5}{2})-5$
$=y+5-5=y$ (für alle $y \in \mathbb{R}$).

4. Den Graphen der Umkehrfunktion $\overset{-1}{f}$ erhält man aus dem Graphen von f durch Spiegelung an der Winkelhalbierenden des 1. und 3. Quadranten, der 45°-Achse (Bild 4.4).

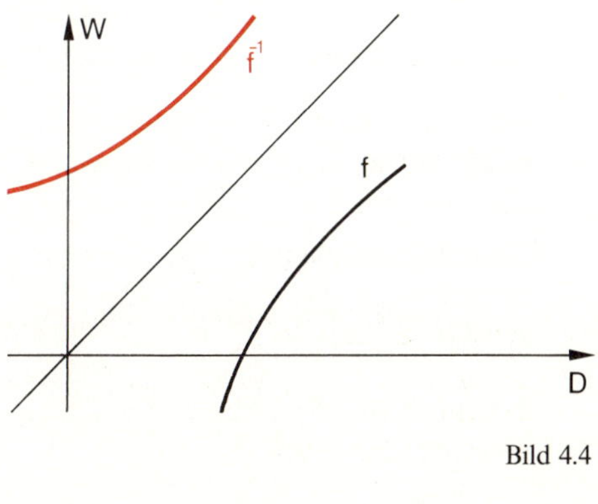

Bild 4.4

5. Schließlich haben wir in Band 5 gezeigt, daß jede streng monotone steigende oder fallende Funktion f auch umkehrbar ist und daß die Umkehrfunktion $\overset{-1}{f}$ einer streng monoton steigenden (fallenden) Funktion f ebenfalls streng monoton steigend (fallend) ist (Aufgabe 2).

6. Überraschenderweise folgt aus der Stetigkeit einer streng monotonen Funktion f an einer Stelle x nicht in jedem Fall die Stetigkeit der Umkehrfunktion $\overset{-1}{f}$ an der entsprechenden Stelle $y=f(x)$. Ein Beispiel hierfür enthält Aufgabe 3. Es gilt aber der Satz

S 4.11 Ist eine Funktion f streng monoton über einem Intervall $A \subseteq D(f)$, so ist ihre Umkehrfunktion $\overset{-1}{f}$ stetig über der Menge $f(A)$.

Dabei versteht man unter „f(A)" die Menge, auf die das Intervall A durch f abgebildet wird: $f(A)=\{y \mid y=f(x) \wedge x \in A\}$. Hinweise für einen **Beweis** des Satzes finden sich in Aufgabe 4.

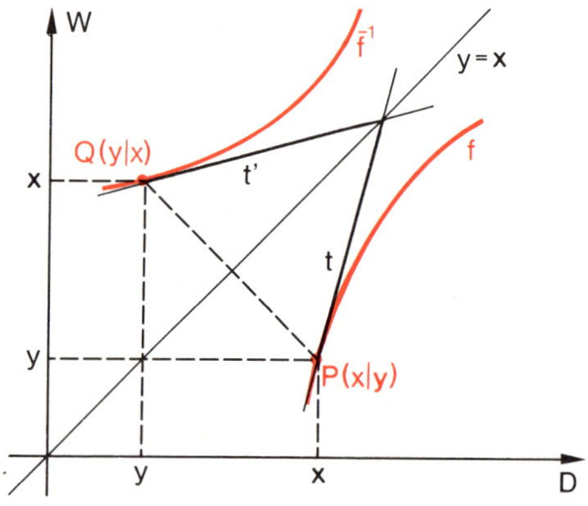

Bild 4.5

7. Um zu untersuchen, ob aus der Differenzierbarkeit einer Funktion f an einer Stelle x die Differenzierbarkeit der Umkehrfunktion $\overset{-1}{f}$ an der entsprechenden Stelle, also an der Stelle $y=f(x)$ folgt, betrachten wir die Graphen von f und von $\overset{-1}{f}$ (Bild 4.5).
Für die einander zugeordneten Punkte $P(x|y)$ und $Q(y|x)$ gilt $y=f(x)$ und $x=\overset{-1}{f}(y)$. Die Differenzierbarkeit von f an der Stelle x bedeutet geometrisch, daß der Graph von f im Punkte $P(x|y)$ eine Tangente t mit der Steigung $m=f'(x)$ besitzt. Der Graph von $\overset{-1}{f}$ besitzt dann im Punkte $Q(y|x)$ ebenfalls eine Tangente t' mit der Steigung $m'=\frac{1}{m}$, falls $m=f'(x)\neq 0$ ist. Dies bedeutet, daß die Steigungen der beiden Funktionsgraphen in den entsprechenden Punkten zueinander reziprok sind, daß also für die Ableitung von $\overset{-1}{f}$ an der Stelle $x=f(x)$ gilt: $[\overset{-1}{f}]'(y)=\frac{1}{f'(x)}=\frac{1}{f'[\overset{-1}{f}(y)]}$.

Wir halten diesen — bisher nur anschaulich begründeten — Sachverhalt fest im Satz

S 4.12 Ist eine Funktion f streng monoton über einem Intervall A und differenzierbar an einer Stelle $x \in A$ mit $f'(x) \neq 0$, so ist auch die zugehörige Umkehrfunktion $\overset{-1}{f}$ differenzierbar an der entsprechenden Stelle y (mit $y=f(x)$), und es gilt: $(\overset{-1}{f})'(y)=\frac{1}{f'[\overset{-1}{f}(y)]}$.

Beweis: Mit den Bezeichnungen von Bild 4.6 gilt:

$$y=f(x) \Leftrightarrow x=\overset{-1}{f}(y)$$

und $y+k=f(x+h) \Leftrightarrow x+h=\overset{-1}{f}(y+k)$, also:

$$\overset{-1}{f}(y+k)=\overset{-1}{f}(y)+h.$$

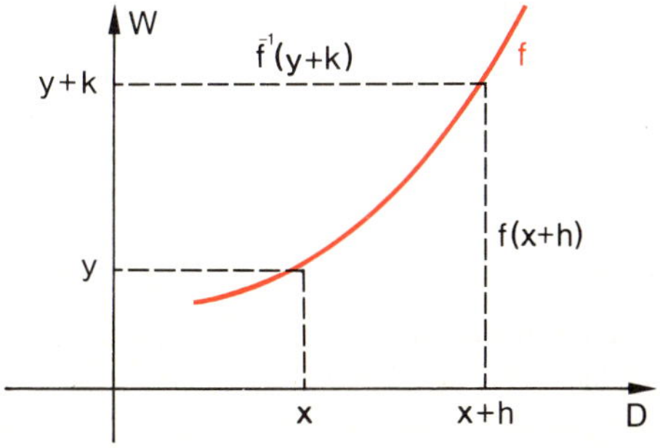

Bild 4.6

Nach Voraussetzung und nach Satz S 4.11 ist die Funktion $\overset{-1}{f}$ stetig an der Stelle $y=f(x)$; es gilt also

$$\lim_{k\to 0} \overset{-1}{f}(y+k)=\overset{-1}{f}(y).$$

Daraus ergibt sich für $h=\overset{-1}{f}(y+k)-\overset{-1}{f}(y)$:

$$\lim_{k\to 0} h=\lim_{k\to 0}[\overset{-1}{f}(y+k)-\overset{-1}{f}(y)]=\overset{-1}{f}(y)-\overset{-1}{f}(y)=0.$$

Aus $k\to 0$ folgt also $h\to 0$.

Wir bilden nun den Differenzenquotienten von $\overset{-1}{f}$ an der Stelle y und benutzen die oben angegebenen Beziehungen:

$$\frac{\overset{-1}{f}(y+k)-\overset{-1}{f}(y)}{k}=\frac{(x+h)-x}{(y+k)-y}=\frac{h}{f(x+h)-f(x)}=\frac{1}{\frac{f(x+h)-f(x)}{h}}.$$

Daraus folgt:

$$[\overset{-1}{f}]'(y)=\lim_{h\to 0}\frac{1}{\frac{f(x+h)-f(x)}{h}}=\frac{1}{\lim\limits_{h\to 0}\frac{f(x+h)-f(x)}{h}}=\frac{1}{f'(x)},$$

weil wir vorausgesetzt haben, daß $f'(x)\neq 0$ ist.

Mit $x=\overset{-1}{f}(y)$ ergibt sich:

$$[\overset{-1}{f}]'(y)=\frac{1}{f'[\overset{-1}{f}(y)]}, \quad \text{q.e.d.}$$

Man kann in dieser Gleichung noch y durch x ersetzen und erhält dann:

$$\mathbf{(\overset{-1}{f})'(x)=\frac{1}{f'[\overset{-1}{f}(x)]}}.$$

Beispiel: $y=f(x)=x^3 \Leftrightarrow x=\sqrt[3]{y}=\overset{-1}{f}(y)$.

Falls $x\neq 0$ ist, gilt $f'(x)=3x^2\neq 0$ und daher: $(\overset{-1}{f})'(y)=(\sqrt[3]{y})'=\frac{1}{3x^2}=\frac{1}{3(\sqrt[3]{y})^2}$ (für $y\neq 0$).

Ersetzen wir wiederum y durch x, so erhalten wir für die Funktion f zu $f(x)=\sqrt[3]{x}$:

$$f'(x)=\frac{1}{3\cdot\sqrt[3]{x^2}} \quad (\text{für } x \neq 0).$$

8. Wir können jetzt zeigen, daß für die Ableitung jeder Potenzfunktion f zu $f(x)=x^r$ (mit $r\in\mathbb{Q}$) gilt: $f'(x)=r\,x^{r-1}$. Wir zeigen dies zunächst für $r=\frac{1}{n}$ (mit $n\in\mathbb{N}$), dann allgemein.

1) $$y=f(x)=x^n \Leftrightarrow x=y^{\frac{1}{n}}=\sqrt[n]{y}=\overset{-1}{f}(y) \quad (\text{für } x, y\in\mathbb{R}^{\geq 0};\ n\in\mathbb{N}).$$

Falls $x\neq 0$ ist, gilt $f'(x)=n\,x^{n-1}\neq 0$ und daher $(\overset{-1}{f})'(y)=\frac{1}{n\,x^{n-1}}=\frac{1}{n\cdot(\sqrt[n]{y})^{n-1}}$ (für $y>0$).

Ersetzen wir wiederum y durch x, so erhalten wir für die Funktionen f zu $f(x)=\sqrt[n]{x}=x^{\frac{1}{n}}$ (mit $n\in\mathbb{N}$):

$$f'(x)=\frac{1}{n\cdot(\sqrt[n]{x})^{n-1}}=\frac{1}{n}\cdot\frac{1}{x^{\frac{n-1}{n}}}=\frac{1}{n}\cdot x^{\frac{1-n}{n}}=\frac{1}{n}\,x^{\frac{1}{n}-1} \quad (\text{für } x>0).$$

In der gleichen Weise kann man auch zeigen, daß diese Regel auch für Potenzfunktionen zu $f(x)=x^{-\frac{1}{n}}$ (für $x>0$ und $n\in\mathbb{N}$) gilt (Aufgabe 7).

2) Nach der Kettenregel gilt für $f(x)=x^{\frac{m}{n}}=(x^m)^{\frac{1}{n}}$ (mit $m\in\mathbb{Z}$, $n\in\mathbb{N}$ und $x>0$):

$$f'(x)=\tfrac{1}{n}\,(x^m)^{\frac{1}{n}-1}\cdot m\,x^{m-1}=\tfrac{m}{n}\,x^{\frac{m}{n}-m+m-1}=\tfrac{m}{n}\,x^{\frac{m}{n}-1}.$$

Damit haben wir gezeigt:

S 4.13 Jede Potenzfunktion f zu $f(x)=x^r$ (mit $r\in\mathbb{Q}$) ist über $\mathbb{R}^{>0}$ differenzierbar; es gilt:

$$f'(x)=r\,x^{r-1}.$$

<u>**Beispiel:**</u> $f(x)=x^{\frac{3}{5}}$; $f'(x)=\frac{3}{5}x^{-\frac{2}{5}}$ (für $x>0$).

Übungen und Aufgaben

1. Begründen Sie, daß eine Funktion f genau dann umkehrbar ist, wenn für $x_1, x_2\in D(f)$ gilt: $x_1\neq x_2 \Rightarrow f(x_1)\neq f(x_2)$!

2. Zeigen Sie, daß die Umkehrfunktion jeder streng monoton steigenden (fallenden) Funktion ebenfalls monoton steigend (fallend) ist!

3. a) Begründen Sie, daß die Funktion f zu $f(x)=\begin{cases} x-1 & \text{für } x\in[1;2] \\ x-2 & \text{für } x\in]3;4] \end{cases}$ über D(f) streng monoton und – auch an der Stelle 2 – stetig ist!

b) Begründen Sie, daß die Funktion $\overset{-1}{f}$ an der Stelle $f(2)=1$ **nicht** stetig ist!

c) Wie verträgt sich der Sachverhalt mit Satz S 4.11?

4. Beweisen Sie den Satz S 4.11 für eine streng monoton steigende Funktion f!

Anleitung: Zu zeigen ist: $\lim\limits_{n\to\infty} y_n = y \Rightarrow \lim\limits_{n\to\infty} \overset{-1}{f}(y_n) = \overset{-1}{f}(y)$, mit $y_n = f(x_n)$ und $y = f(x)$ also: $\lim\limits_{n\to\infty} f(x_n) = f(x) \Rightarrow \lim\limits_{n\to\infty} x_n = x$. Zeigen Sie: wenn $\langle x_n \rangle$ nicht gegen x konvergiert, kann auch $\langle f(x_n) \rangle$ nicht gegen f(x) konvergieren! Betrachten Sie dazu zunächst Folgen $\langle x_n \rangle$ mit $x_n > x$!

5. Eine umkehrbare Funktion f sei an der Stelle x differenzierbar und es gelte $m = f'(x) \neq 0$. Begründen Sie an Hand von Bild 4.5, daß der Graph der Umkehrfunktion $\overset{-1}{f}$ im zugehörigen Punkt $Q(y|x)$ eine Tangente t' mit der Steigung $m' = \frac{1}{m}$ besitzt!

6. a) Berechnen Sie zur Funktion f mit $f(x)=x^5$ die Ableitung der Umkehrfunktion!

b) Bilden Sie zur Funktion f mit $f(x)=x^4$ eine Umkehrfunktion, indem Sie D(f) in geeigneter Weise einschränken! Berechnen Sie die Ableitung der Umkehrfunktion!

c) Bilden Sie Umkehrfunktionen zu den Funktionen f mit $f(x)=x^n$ ($n\in\mathbb{N}$). Für welche Exponenten sind die Definitionsmengen einzuschränken? Bestimmen Sie die Ableitungen der Umkehrfunktionen!

7. Zeigen Sie, daß für jede Funktion f zu $f(x)=x^{-\frac{1}{n}}$ (mit $n\in\mathbb{N}$) gilt: $f'(x) = -\frac{1}{n}\,x^{-\frac{1}{n}-1}$!

8. Bestimmen Sie die Umkehrfunktion $\overset{-1}{f}$ und berechnen Sie $f'(x)$ mit Hilfe von Satz S 4.12!

Ermitteln Sie auch D(f) und $D(\overset{-1}{f})$!

a) $f(x)=\sqrt{x}$ **b)** $f(x)=x\sqrt{x}$ **c)** $f(x)=\frac{1}{x}$ **d)** $f(x)=\frac{1}{x^2}$

e) $f(x)=\sqrt[4]{1-x}$ **f)** $f(x)=\frac{1}{\sqrt{x}}$ **g)** $f(x)=\frac{1}{\sqrt[3]{x+2}}$ **h)** $f(x)=\sqrt{\frac{x+1}{x-1}}$

9. Berechnen Sie $f'(x)$! Bestimmen Sie auch D(f) und D(f')!

a) $f(x)=\sqrt[4]{x^3}$ **b)** $f(x)=\sqrt[5]{x^2}$ **c)** $f(x)=\frac{1}{\sqrt[3]{x^2}}$ **d)** $f(x)=\frac{1}{\sqrt[5]{x^3}}$

e) $f(x)=\sqrt[3]{x^2-1}$ **f)** $f(x)=\sqrt[5]{\sin 2x}$ **g)** $f(x)=\frac{1}{\sqrt[4]{\cos\frac{1}{x}}}$ **h)** $f(x)=\sqrt[3]{\tan\left(\frac{x}{2}\right)}$

10. Ermitteln Sie $f'(x)$! **a)** $f(x)=\sqrt[3]{x\cdot \operatorname{sign} x}$ **b)** $f(x)=\sqrt[5]{|\sin x|}$ **c)** $f(x)=\sqrt[3]{x^3\cdot\sin x}$

VI. Die Ableitungen der Arcus-Funktionen

1. Zum Abschluß dieses Paragraphen wollen wir den Satz S 4.12 auf die **trigonometrischen Funktionen** anwenden. Bild 4.7 zeigt den Graphen der Sinusfunktion. Aus der Periodizität dieser Funktion gemäß

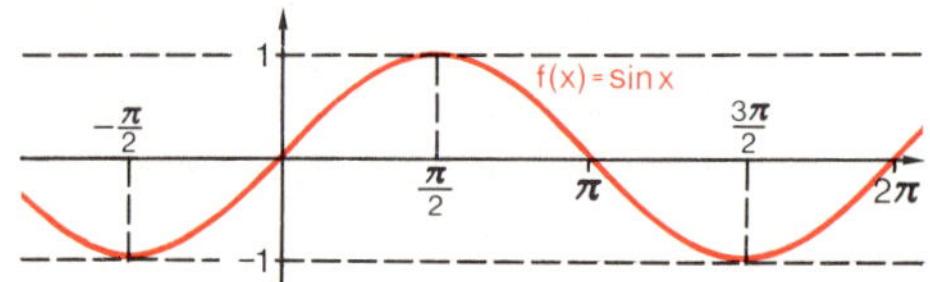

Bild 4.7

$$\sin(x+2n\pi)=\sin x \quad (\text{für alle } x\in\mathbb{R}, \text{ alle } n\in\mathbb{Z})$$

ergibt sich unmittelbar, daß die zugehörige Umkehrrelation $\overset{-1}{\sin}$ keine Funktion ist. Wir können die Sinusfunktion aber so einschränken, daß die eingeschränkte Funktion umkehrbar wird. Dazu brauchen wir nur ein Intervall zu suchen, in dem die Sinusfunktion streng monoton, z.B. streng monoton steigend ist; das ist im Intervall $\left[-\frac{\pi}{2}; \frac{\pi}{2}\right]$ der Fall. Die dazugehörige Umkehrfunktion wird **„Arcussinus“** [1]) genannt, abgekürzt „arcsin“. „arcsin y“ bezeichnet nach der Definition der Sinusfunktion am Einheitskreis für positive Zahlen y die Bogenlänge, deren Sinuswert die Zahl y ist (Bild 4.8). Für negative Werte y ist demgegenüber zu beachten, daß auch arcsin y negativ ist (Bild 4.9).

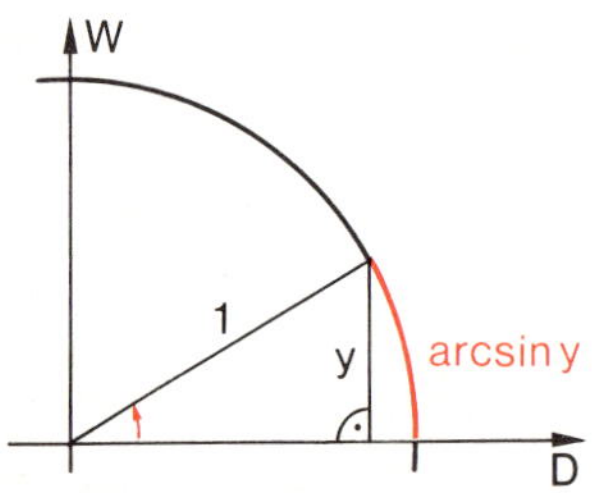

Bild 4.8

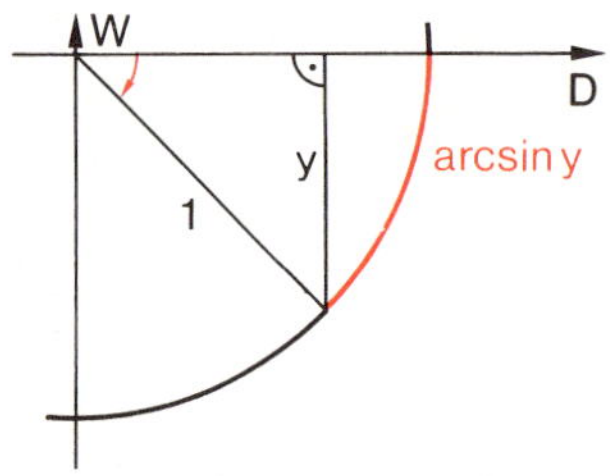

Bild 4.9

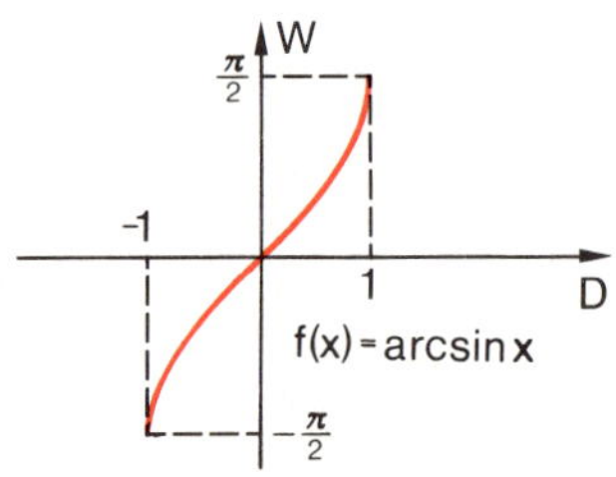

Bild 4.10

Allgemein gilt für $x\in\left[-\frac{\pi}{2}; \frac{\pi}{2}\right]$ und $y\in[-1; 1]$: $y=f(x)=\sin x \Leftrightarrow x=\overset{-1}{f}(y)=\arcsin y$.

Bild 4.10 zeigt den Graphen der Funktion arcsin.

Es gilt $D(\arcsin)=[-1; 1]$ und $W(\arcsin)=\left[-\frac{\pi}{2}; \frac{\pi}{2}\right]$.

2. Wir berechnen nun die Ableitung der Funktion arcsin. Aus $y=f(x)=\sin x$ und $x=\overset{-1}{f}(y)=\arcsin y$ ergibt sich: $f'(x)=\cos x=\sqrt{1-\sin^2 x}=\sqrt{1-y^2}$.

Es ist $f'(x)\neq 0$ für alle y mit $y\in]-1; 1[$, also $|y|<1$. Mithin gilt nach Satz S 4.12 für alle $y\in]-1; 1[$:

$$[\overset{-1}{f}]'(y)=\frac{1}{\sqrt{1-y^2}}.$$

[1]) arcus (lat.), der Bogen

Ersetzen wir abschließend noch y durch x, so können wir sagen: Die Funktion f zu $\mathbf{f(x) = \arcsin x}$ ist differenzierbar über $]-1; 1[$, es gilt:

$$\mathbf{f'(x) = \frac{1}{\sqrt{1-x^2}}}.$$

Beachte, daß die Arcusfunktion an den Stellen -1 und 1 **nicht** differenzierbar ist!

3. In analoger Weise können wir auch die **Kosinusfunktion** behandeln. Bei Einschränkung der Definitionsmenge auf das Intervall $[0; \pi]$ ergibt sich für die zugehörige Umkehrfunktion **„Arcuskosinus"** mit $D(f) = [-1; 1]$ und $W(f) = [0; \pi]$:

Die Funktion f zu $\mathbf{f(x) = \arccos x}$ ist differenzierbar über $]-1; 1[$; es gilt: $\mathbf{f'(x) = -\frac{1}{\sqrt{1-x^2}}}$ (Aufgabe 3).

4. Für die **Tangensfunktion** gilt $\tan(x + n\pi) = \tan x$ (für alle $x \in \mathbb{R}$ und $n \in \mathbb{Z}$). Daher schränken wir diese Funktion auf das Intervall $\left]-\frac{\pi}{2}; \frac{\pi}{2}\right[$ ein, in dem sie streng monoton steigt. Man nennt die zugehörige Umkehrfunktion **„Arcustangens"**, abgekürzt **„arctan"**. Bild 4.11 zeigt den Graphen dieser Funktion. Es ist $D(\arctan) = \mathbb{R}$ und $W(\arctan) = \left]-\frac{\pi}{2}; \frac{\pi}{2}\right[$. Für $x \in \left]-\frac{\pi}{2}; \frac{\pi}{2}\right[$ und $y \in \mathbb{R}$ gilt: $y = f(x) = \tan x \Leftrightarrow x = \overset{-1}{f}(y) = \arctan y$.

Wir berechnen die Ableitung:

$$f'(x) = 1 + \tan^2 x = 1 + y^2 \neq 0 \Rightarrow [\overset{-1}{f}]'(y) = \frac{1}{1+y^2} \quad (\text{für } y \in \mathbb{R}).$$

Ersetzen wir noch y durch x, so können wir sagen: Die Funktion f zu $\mathbf{f(x) = \arctan x}$ ist differenzierbar über $\mathbb{R}$; es gilt:

$$\mathbf{f'(x) = \frac{1}{1+x^2}}.$$

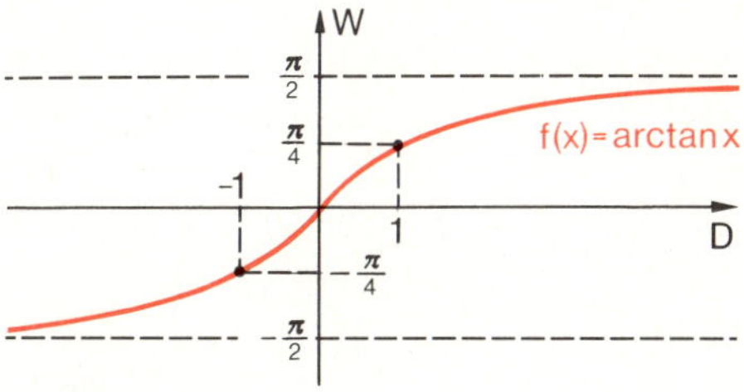

Bild 4.11

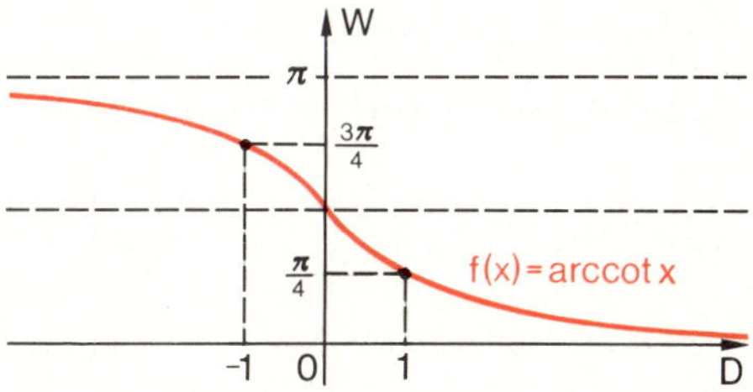

Bild 4.12

5. Entsprechend kann man auch bei der Kotangensfunktion vorgehen (Aufgabe 4). Bei Einschränkung der Definitionsmenge auf das Intervall $]0; \pi[$ ergibt sich für die zugehörige Umkehrfunktion **„Arcuscotangens"** mit $D(f) = \mathbb{R}$ und $W(f) =]0; \pi[$:

Die Funktion f zu $\mathbf{f(x) = \operatorname{arccot} x}$ ist differenzierbar über $\mathbb{R}$; es gilt: $\mathbf{f'(x) = -\frac{1}{1+x^2}}$ (Bild 4.12).

Übungen und Aufgaben

1. Bestimmen Sie folgende Funktionswerte!

a) $\arcsin\frac{1}{2}$ **b)** $\arccos 0$ **c)** $\arccos\frac{1}{2}$ **d)** $\arctan 1$
e) $\operatorname{arccot} 0$ **f)** $\arcsin\frac{1}{2}\sqrt{2}$ **g)** $\arccos 1$ **h)** $\arctan\frac{1}{3}\sqrt{3}$
i) $\arccos\frac{1}{2}\sqrt{3}$ **j)** $\operatorname{arccot}\sqrt{3}$ **k)** $\arcsin\frac{1}{2}\sqrt{3}$ **l)** $\arctan 0$

2. Bestimmen Sie die Lösungen der folgenden Gleichungen!

a) $\arccos x=\frac{\pi}{2}$ **b)** $\arcsin x=0$ **c)** $\arctan x=\frac{\pi}{4}$ **d)** $\operatorname{arccot} x=\frac{3}{4}\pi$

e) $\arcsin\left(\frac{x}{2}\right)=\frac{\pi}{6}$ **f)** $\arccos(2x)=\frac{\pi}{6}$ **g)** $\arctan\left(\frac{x}{3}\right)=\frac{\pi}{3}$ **h)** $\arcsin(3x)=\frac{\pi}{3}$

i) $\operatorname{arccot}\left(\frac{x}{4}\right)=\frac{\pi}{6}$ **j)** $\arctan(x+1)=-\frac{\pi}{4}$ **k)** $\arcsin\sqrt{1-x^2}=\frac{\pi}{4}$ **l)** $\arcsin(x^2)=\frac{\pi}{6}$

m) $\arctan\frac{1}{x}=\frac{\pi}{3}$ **n)** $\arccos\left(x^2-\frac{1}{2}\right)=\frac{\pi}{3}$ **o)** $\arctan\sqrt{x}=\frac{\pi}{6}$ **p)** $\operatorname{arccot}\sqrt{x}=\frac{\pi}{4}$

3. a) Zeigen Sie, daß die Kosinusfunktion bei Einschränkung der Definitionsmenge auf das Intervall $[0;\pi]$ umkehrbar ist!

b) Zeigen Sie, daß für die Funktion f zu $f(x)=\arccos x$ gilt: $f'(x)=-\frac{1}{\sqrt{1-x^2}}$!

4. a) Zeigen Sie, daß die Kotangensfunktion bei Einschränkung der Definitionsmenge auf das Intervall $]0;\pi[$ umkehrbar ist!

b) Zeigen Sie, daß für die Funktion f zu $f(x)=\operatorname{arccot} x$ gilt $f'(x)=-\frac{1}{1+x^2}$!

5. Begründen Sie an Hand der Graphen, daß gilt: $f_2'=-f_1'$!

a) $f_1(x)=\arcsin x;\ f_2(x)=\arccos x$ **b)** $f_1(x)=\arctan x;\ f_2(x)=\operatorname{arccot} x$

6. Berechnen Sie $f'(x)$!

a) $f(x)=\arccos(2x)$ **b)** $f(x)=\arcsin\left(\frac{x}{3}\right)$ **c)** $f(x)=\operatorname{arccot}(x^2)$

d) $f(x)=\arcsin\sqrt{x}$ **e)** $f(x)=\arccos\sqrt{1-x^2}$ **f)** $f(x)=\arcsin\left(\frac{1}{x}\right)$

g) $f(x)=\arctan\sqrt{x^2-1}$ **h)** $f(x)=\operatorname{arccot}\sqrt{1-x^2}$ **i)** $f(x)=\operatorname{arccot}\left(\frac{1}{x}\right)$

j) $f(x)=\arcsin x+\arccos x$ **k)** $f(x)=\arctan\left(\frac{1}{x}\right)$ **l)** $f(x)=\arcsin(\sin x)$

m) $f(x)=\arctan(\tan x)$ **n)** $f(x)=\arctan(x^2-1)$ **o)** $f(x)=\arctan\left(\frac{1}{\sqrt{x}}\right)$

7. Begründen Sie die Ergebnisse der Aufgaben 6 i), j), k), l) und m)!

Vermischte Aufgaben

8. Untersuchen Sie die Funktion f zu $f(x)=(1-|x|)^2$ an der Stelle $x_0=0$ auf Differenzierbarkeit! Zeichnen Sie den Graphen von f!

9. Berechnen Sie $f'(x)$!

a) $f(x)=x\cdot\sqrt[3]{1-x^2}$ **b)** $f(x)=\dfrac{\sin 2x}{x}$ **c)** $f(x)=\cot(\sqrt{x})$

d) $f(x)=\dfrac{\tan x}{x}$ **e)** $f(x)=(x-2)\cdot\sqrt[3]{x+1}$ **f)** $f(x)=\sqrt[3]{\cos 2x-2\cos x}$

g) $f(x)=\sqrt[4]{(1-x^2)^3}$ **h)** $f(x)=x\cdot\sqrt[3]{2+3x^2}$ **i)** $f(x)=\cot^2(\sqrt{x})$

j) $f(x)=\dfrac{1}{4\cdot\sqrt[3]{x^2-4x}}$ **k)** $f(x)=\dfrac{1}{\sqrt[3]{\tan(\frac{x}{2})}}$ **l)** $f(x)=\sqrt{\dfrac{x}{x+1}}$

10. Berechnen Sie $f'(x)$! Ermitteln Sie $D(f)$ und $D(f')$!

a) $f(x)=\arcsin\left(\dfrac{x}{2}-1\right)$ **b)** $f(x)=\arcsin\dfrac{1-x^2}{1+x^2}$ **c)** $f(x)=\arcsin(2x\cdot\sqrt{1-x^2})$

d) $f(x)=\arccos\dfrac{2x}{x^2+1}$ **e)** $f(x)=\arccos\dfrac{1}{|x|-3}$ **f)** $f(x)=\arctan\dfrac{1-\sqrt{x}}{1+\sqrt{x}}$

11. Bilden Sie die ersten vier Ableitungen der Funktion f! Versuchen Sie aus den Ergebnissen eine Formel für $f^{(n)}(x)$ zu erraten! Beweisen Sie die Gültigkeit dieser Formel mit dem Verfahren der vollständigen Induktion!

a) $f(x)=\dfrac{1}{1+x}$ **b)** $f(x)=\dfrac{1}{1-x^2}$ **c)** $f(x)=\dfrac{x+1}{x-2}$ **d)** $f(x)=\dfrac{5+2x}{2+x}$

12. a) Berechnen Sie von der Funktion f zu $f(x)=x^2-2x-8$ die Steigungen von f in den Nullstellen x_1 und x_2! Zeigen Sie: $f'(x_2)=-f'(x_1)$!

b) Zeigen Sie allgemein: Hat eine quadratische Funktion f zu $f(x)=ax^2+bx+c$ (mit $a\neq 0$) zwei verschiedene Nullstellen x_1 und x_2, so gilt $f'(x_2)=-f'(x_1)$! Deuten Sie den Sachverhalt geometrisch!

13. Zeigen Sie, daß für die Funktion f zu $f(x)=ax^2+bx+c$ über jedem Intervall $[x_1; x_2]$ gilt:

$f'\left(\dfrac{x_1+x_2}{2}\right)=\dfrac{f(x_2)-f(x_1)}{x_2-x_1}$! Deuten Sie dieses Ergebnis geometrisch!

14. a) An welcher Stelle x gilt $f'(x+1)=f'(x)$ bei der Funktion f zu $f(x)=x^3$?

b) An welcher Stelle x gilt $f'(x+1)=f'(x)$ bei der Funktion $f(x)=x^3-x^2$?

§ 5 Anwendung der Differentialrechnung bei der Funktionsdiskussion

I. Fragestellungen bei der Anwendung von Funktionen

1. In § 3, I haben wir einige Beispiele für Situationen aus verschiedenen Gebieten des täglichen Lebens oder einzelner Wissenschaften angegeben, zu deren Beschreibung der mathematische Funktionsbegriff herangezogen werden kann.

An einem **Beispiel** wollen wir nun klären, welche Fragestellungen bei der Anwendung von Funktionen auftreten können.

Wir betrachten die Bewegung eines Flugkörpers, der durch eine Antriebsrakete lotrecht in die Höhe geschossen wird. Bild 5.1 zeigt den Graphen der Funktion h, die angibt, in welcher Höhe sich die Rakete im jeweiligen Zeitpunkt t befindet. Beachte, daß es sich dabei **nicht** etwa um die Flugkurve des Körpers handelt! Zur Zeit t_1 ist die Antriebsrakete ausgebrannt, zur Zeit t_2 öffnet sich ein Fallschirm, der die Fallbewegung abbremst.

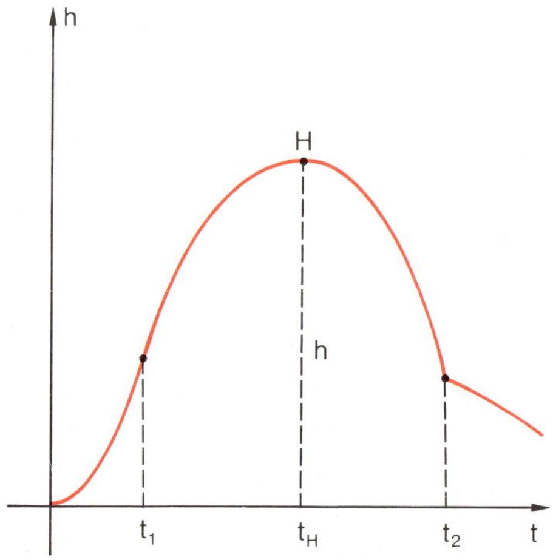

Bild 5.1

Unter dem Einfluß der Antriebskräfte gewinnt der Flugkörper in der ersten Flugphase (von $t=0$ bis $t=t_1$) rasch an Höhe; die Weg-Zeit-Funktion ist in diesem Bereich also streng monoton steigend. Auch nach dem Ausbrennen der Rakete ist die Weg-Zeit-Funktion nach wie vor streng monoton steigend; durch die Wirkung der Erdanziehungskraft (und durch Reibungswiderstände) verringert sich die Steiggeschwindigkeit aber allmählich; der Funktionsgraph der Weg-Zeit-Funktion wird daher immer flacher und erreicht schließlich zur Zeit t_H seinen höchsten Punkt. Dort liegt ein **„Maximum"** der Weg-Zeit-Funktion, der Funktionsgraph hat an der Stelle t_H einen „Hochpunkt" (H).

Nach Erreichen seines höchsten Punktes fällt der Körper lotrecht wieder zur Erde zurück; von der Stelle t_H an ist die Weg-Zeit-Funktion also streng monoton fallend. Durch die Wirkung der Erdanziehungskraft wird die Fallgeschwindigkeit immer größer, der Funktionsgraph fällt also immer stärker. Zum Zeitpunkt t_2 wird der Flugkörper durch die Wirkung des Fallschirms abrupt abgebremst; daher weist der Funktionsgraph an der Stelle t_2 einen „Knick" auf; dies bedeutet, daß die Weg-Zeit-Funktion an dieser Stelle nicht differenzierbar ist.

Im ansteigenden Teil des Funktionsgraphen (zwischen $t=0$ und $t=t_H$) kann man – und zwar hinsichtlich seines Krümmungsverhaltens – zwei Bereiche unterscheiden; im ersten Teil (von $t=0$ bis $t=t_1$) wird der Graph immer steiler, er ist **„linksgekrümmt"**; ab der Stelle t_1 nimmt die Steilheit des Graphen ab, von dieser Stelle an ist er **„rechtsgekrümmt"**; die Übergangsstelle zwischen Links- und Rechtskrümmung nennt man eine **„Wendestelle"**, den zugehörigen Punkt des Funktionsgraphen einen **„Wendepunkt“**. Nach dem Hochpunkt bleibt der Funktionsgraph rechtsgekrümmt.

Bei anderen Funktionen treten Stellen mit einem kleinsten Funktionswert, einem **„Minimum“** auf; dort hat die Kurve einen Tiefpunkt (T; Bild 5.2). Schließlich gibt es auch Wendestellen, bei denen die Rechtskrümmung des Graphen in die Linkskrümmung übergeht. Im Graphen von Bild 5.2 ist x_W eine solche Wendestelle.

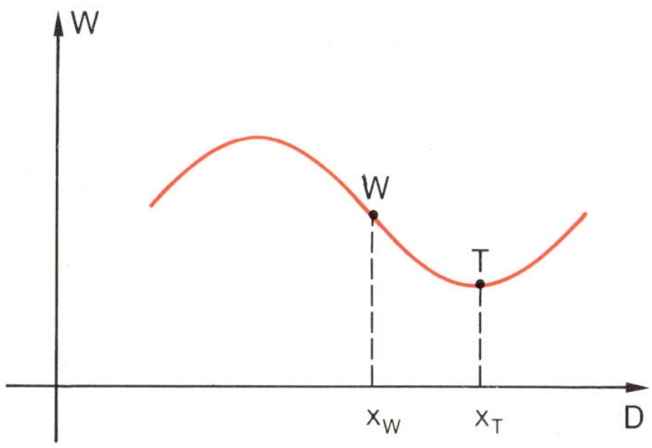

Bild 5.2

2. Die vorstehenden Erörterungen zeigen, daß bei Anwendung von Funktionen auf reale Situationen u.a. die folgenden Fragen von Interesse sind.

1) In welchen Bereichen ist die Funktion (streng) **monoton steigend** bzw. **fallend**?

2) An welchen Stellen nimmt die Funktion ein **„Extremum“**, also ein **Maximum** oder ein **Minimum** an?

3) In welchen Bereichen ist der Funktionsgraph **rechts-** bzw. **linksgekrümmt**?

4) An welchen Stellen findet ein Wechsel des Krümmungsverhaltens statt, wo liegen also **Wendestellen**?

Die in diesen Fragen auftretenden Begriffe Extremum, Maximum, Minimum, Rechts- und Linkskrümmung, Wendestelle haben wir bisher nur anschaulich beschrieben, aber noch nicht exakt definiert. Eine exakte Definition ist aber notwendig, wenn wir die fraglichen Stellen oder Bereiche rechnerisch bestimmen wollen.

3. Bei den Funktionen, mit denen reale Situationen beschrieben werden, treten komplizierte Sonderfälle hinsichtlich ihrer Definitionsmenge in der Regel nicht auf. Um solche Sonderfälle nicht jeweils eigens ausschließen zu müssen, treffen wir die folgende **Vereinbarung:**

Wenn es nicht ausdrücklich anders gesagt wird, enthält die Definitionsmenge einer im folgenden betrachteten Funktion f keine „isolierten Punkte“. Dies bedeutet: **zu jeder Zahl $x \in D(f)$ gibt es in der Regel eine Umgebung $U(x)$ mit $U(x) \subseteq D(f)$.** Lediglich, wenn es sich um eine **„Randstelle“** (z.B. eines Intervalls $[a; b]$) handelt, braucht die Funktion f links bzw. rechts von dieser Randstelle nicht definiert zu sein.

Beispiele:

1) Die Funktion f_1 zu $f_1(x) = \frac{1}{(x-1)(x-2)}$ hat die Definitionsmenge $D(f_1) = \mathbb{R} \setminus \{1; 2\}$. Zu jeder Zahl $x \in D(f_1)$ gibt es eine Umgebung $U(x)$ mit $U(x) \subseteq D(f)$.

2) Die Funktion f_2 zu $f_2(x) = \frac{1}{\sin x}$ hat die Definitionsmenge $D(f_2) = \mathbb{R} \setminus \{x \mid x = n\pi \wedge n \in \mathbb{Z}\}$. Auch hier gibt es zu jeder Zahl $x \in D(f_2)$ eine Umgebung $U(x)$ mit $U(x) \subseteq D(f_2)$.

3) Die Funktion f_3 zu $f_3(x)=\sqrt{x-2}$ hat die Definitionsmenge $D(f_3)=\mathbb{R}^{\geq 2}$. Diese Menge hat die Randstelle 2; zur Zahl 2 gibt es nur **rechts**seitige Umgebungen, in denen f_3 definiert ist. Zu jeder Zahl x mit $x>2$ gibt es jedoch eine Umgebung $U(x)$ mit $U(x)\subseteq D(f_3)$.
Dagegen betrachten wir im folgenden – ohne es eigens anzumerken – z.B. keine Funktion f mit der Definitionsmenge $D(f)=\mathbb{Q}$; denn dann gäbe es in jeder Umgebung $U(x)$ einer Zahl $x\in D(f)$ beliebig viele Zahlen, die nicht zu $D(f)$ gehörten, nämlich alle irrationalen Zahlen aus $U(x)$.

Übungen und Aufgaben

1. Untersuchen Sie die Funktionen der folgenden Beispiele auf ihre grundlegenden Eigenschaften (Definitionsmenge, Nullstellen, Beschränktheit, Monotonie, Extrema, Wendestellen)!
a) Bild 5.3 zeigt das Diagramm eines Pegelschreibers an der Nordseeküste.
b) Bild 5.4 zeigt das Weg-Zeit-Diagramm eines senkrecht nach oben geworfenen Körpers.
c) Bild 5.5 zeigt, welche Anziehungskraft auf ein Raumschiff auf dem Weg von der Erde zum Mond ausgeübt wird. Zieht die Gesamtkraft den Körper zur Erde, so ist diese positiv, zieht sie den Körper zum Mond, so ist sie negativ eingezeichnet.

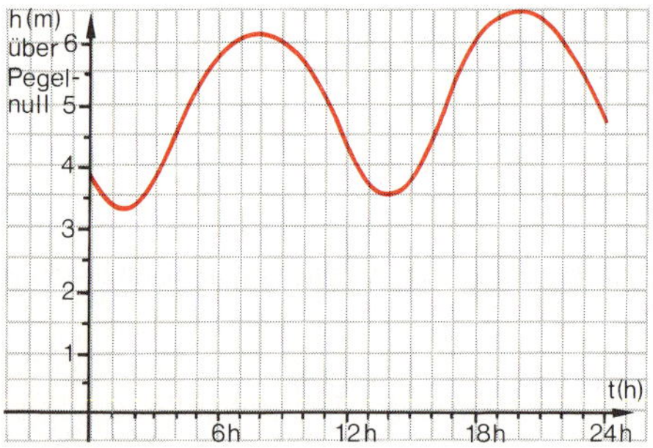

Bild 5.3

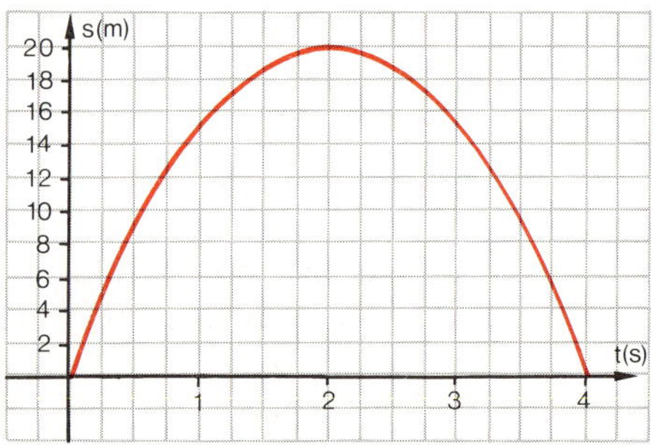

Bild 5.4

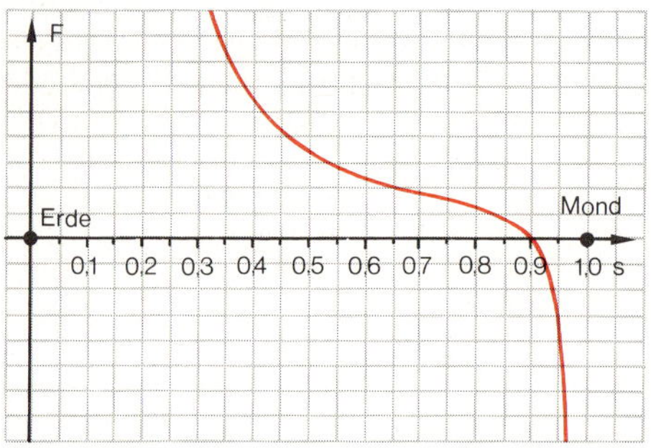

Bild 5.5

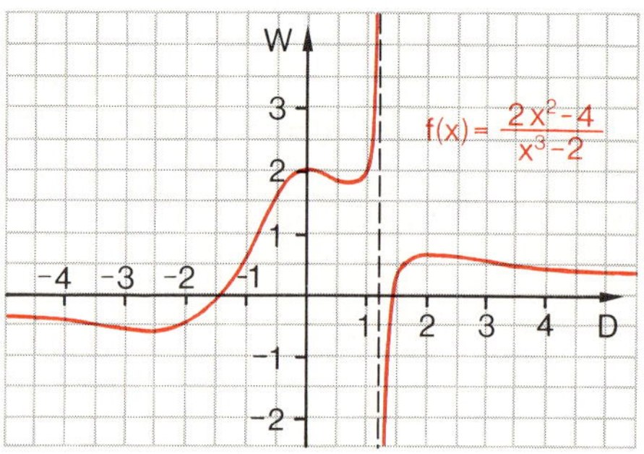

Bild 5.6

2. Welche Eigenschaften hat die Funktion f zu $f(x)=\dfrac{2x^2-4}{x^3-2}$ (Bild 5.6)?

3. Bestimmen Sie die Definitionsmenge der Funktion f zu f(x)!

a) $f(x)=\dfrac{x+3}{x^3-4x^2}$ **b)** $f(x)=\sqrt{4-x^2}$ **c)** $f(x)=\dfrac{1}{\sqrt{4-x^2}}$

d) $f(x)=\dfrac{x-2}{x^2-x-6}$ **e)** $f(x)=\sqrt{|x|}$ **f)** $f(x)=\sqrt{\dfrac{|x|}{1-x^2}}$

g) $f(x)=\sqrt{\dfrac{x}{1-|x|}}$ **h)** $f(x)=\arctan\dfrac{|x|}{1+x^2}$ **i)** $f(x)=\dfrac{1}{\arctan(x^2-1)}$

II. Grundlegende Sätze zur Funktionsdiskussion

1. Die im vorigen Abschnitt angegebenen Fragen über das Verhalten einer Funktion f lassen sich in vielen Fällen mit Hilfsmitteln der Analysis beantworten.
Der Grundgedanke dieser Überlegungen ist der folgende: man versucht aus den Eigenschaften der Ableitungsfunktionen f′, f″, ... Rückschlüsse auf das Verhalten der zugrundeliegenden und zu untersuchenden Funktion f zu gewinnen. Dies führt in vielen Fällen deshalb zum Ziel, weil die fraglichen Eigenschaften der Ableitungsfunktion f′, f″, ... leichter zu überblicken sind als die Eigenschaften der zu untersuchenden Funktion f.
Nun sind Ableitungen als **Grenzwerte** definiert; wir fragen uns daher, ob man aus einem Grenzwert Rückschlüsse ziehen kann auf die Zahlen der Folge oder auf die Funktionswerte, die die fragliche Zahl als Grenzwert haben. Einen solchen Satz haben wir für Grenzwerte von Zahlenfolgen bereits kennengelernt, nämlich den Satz S 1.8:

Gilt $\lim\limits_{n\to\infty} a_n>0$, so gilt für schließlich alle $n\in\mathbb{N}$ auch: $a_n>0$.

Wenn wir diesen Sachverhalt auf Grenzwerte anwenden, die durch Einsetzen der Zahlen einer Folge $\langle x_n\rangle$ in den Term f(x) einer Funktion f gebildet werden, so ergibt sich:

Gilt $\lim\limits_{n\to\infty} f(x_n)>0$, so gilt für schließlich alle $n\in\mathbb{N}$ auch: $f(x_n)>0$.

Wenn darüberhinaus für **jede** Zahlenfolge $\langle x_n\rangle$ mit $\lim\limits_{n\to\infty} x_n=x_0$ gilt $\lim\limits_{n\to\infty} f(x_n)=g$ mit $g>0$, wenn nach Definition D 2.3 also gilt $\lim\limits_{x\to x_0} f(x)=g>0$, dann kann man vermuten, daß für **alle** x-Werte, die hinreichend nahe bei x_0 liegen, gilt $f(x)>0$, daß es also eine Umgebung $U(x_0)$ gibt, in der alle Funktionswerte **positiv** sind. In der Tat gilt der Satz

S 5.1 **Gilt**

$\lim\limits_{x\to x_0} f(x)=g>0,$	$\lim\limits_{x\to x_0} f(x)=g<0,$

so gibt es eine Umgebung $U(x_0)\subseteq D(f)$, so daß für alle $x\in U(x_0)$ (mit $x\neq x_0$) gilt:

$f(x)>0.$	$f(x)<0.$

Wir führen den **Beweis** für den Fall $g>0$; der Beweis für den Fall $g<0$ ist entsprechend zu erbringen oder auf diesen Fall zurückzuführen (Aufgabe 1).
Wir nehmen an, es gäbe keine solche Umgebung $U(x_0)$; dann müßte es in **jeder** Umgebung $U(x_0)$ Zahlen x geben mit $f(x)\leq 0$.

Wir betrachten nun die Folge der Umgebungen $U_1(x_0)$, $U_{\frac{1}{2}}(x_0)$, $U_{\frac{1}{3}}(x_0)$, $U_{\frac{1}{4}}(x_0)$, ... $U_{\frac{1}{n}}(x_0)$, ...
In jeder Umgebung $U_{\frac{1}{n}}(x_0)$ gibt es dann eine Zahl x_n mit $f(x_n) \leq 0$.

Wegen $x_n \in U_{\frac{1}{n}}(x_0)$ gilt: $|x_n - x_0| < \frac{1}{n}$, wegen $\lim\limits_{n \to \infty} \frac{1}{n} = 0$ also $\lim\limits_{n \to \infty} x_n = x_0$. Weil aber für alle $n \in \mathbb{N}$ gilt: $f(x_n) \leq 0$, kann diese Folge $\langle f(x_n) \rangle$ nach Satz S 1.9 nicht gegen die positive Zahl g konvergieren. Damit erhalten wir einen Widerspruch zu $\lim\limits_{x \to x_0} f(x) = g > 0$, q.e.d.

2. Wir wenden den Sachverhalt von Satz S 5.1 auf einen Ableitungswert $f'(x_0)$ einer an einer Stelle x_0 differenzierbaren Funktion f an. Wir setzen also voraus, daß $f'(x_0) > 0$, also $\lim\limits_{x \to x_0} \frac{f(x) - f(x_0)}{x - x_0} > 0$ ist. Dann ergibt sich aus Satz S 5.1, daß es eine Umgebung $U(x_0)$ mit $U(x_0) \subseteq D(f)$ gibt, so daß für alle $x \in U(x_0)$ (mit $x \neq x_0$) gilt:

$$\frac{f(x) - f(x_0)}{x - x_0} > 0.$$

Daraus folgt für alle Zahlen x, die in $U(x_0)$, also ausreichend nahe bei x_0 liegen:

1) ist $x > x_0$, so gilt $f(x) > f(x_0)$,

2) ist $x < x_0$, so gilt $f(x) < f(x_0)$.

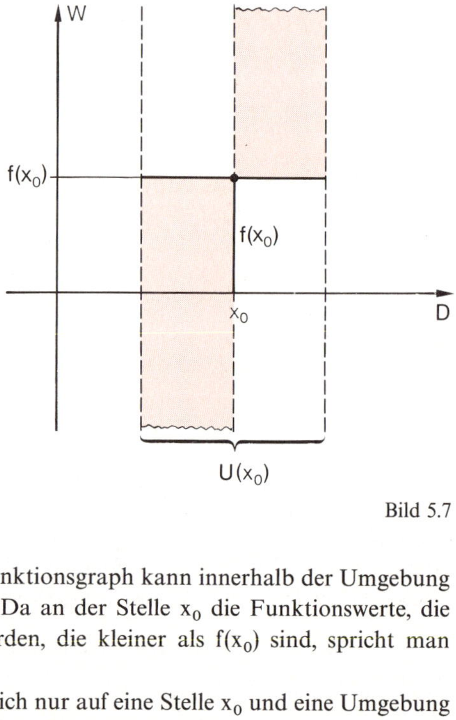

Bild 5.7

Der Sachverhalt ist in Bild 5.7 dargestellt; der Funktionsgraph kann innerhalb der Umgebung $U(x_0)$ nur im rot unterlegten Bereich verlaufen. Da an der Stelle x_0 die Funktionswerte, die größer als $f(x_0)$ sind, von denen **„getrennt"** werden, die kleiner als $f(x_0)$ sind, spricht man vom **„lokalen Trennungssatz"**.
Mit dem Wort **„lokal"** ist gemeint, daß der Satz sich nur auf eine Stelle x_0 und eine Umgebung $U(x_0)$ dieser Stelle bezieht; dabei weiß man in der Regel nur, daß eine solche Umgebung $U(x_0)$ existiert, aber nicht, wie groß sie ist. Der Satz lautet:

S 5.2 Ist eine Funktion f differenzierbar an einer Stelle x_0 und gilt

$f'(x_0) > 0$,	$f'(x_0) < 0$,

so gibt es eine Umgebung $U(x_0)$ mit $U(x_0) \subseteq D(f)$, so daß für $x \in U(x_0)$ gilt:

$x < x_0 \Rightarrow f(x) < f(x_0)$;	$x < x_0 \Rightarrow f(x) > f(x_0)$;
$x > x_0 \Rightarrow f(x) > f(x_0)$.	$x > x_0 \Rightarrow f(x) < f(x_0)$.

3. Die Voraussetzung $f'(x_0) > 0$ von Satz S 5.2 bedeutet, daß die Tangente an den Funktionsgraphen von f im Punkte P_0 eine positive Steigung hat (Bild 5.8). Anschaulich scheint es einleuchtend zu sein, daß dann die Funktion f auch in der „Nähe" von x_0 ein positives Steigungsverhalten hat. Der Satz S 5.2 besagt aber nur das folgende:

Wählt man zwei Zahlen $x_1, x_2 \in U(x_0)$ mit $x_1 < x_0 < x_2$, dann gilt für die zugehörigen Funktionswerte

$$f(x_1) < f(x_0) < f(x_2), \text{ also auch } f(x_1) < f(x_2) \text{ (Bild 5.9)}.$$

Wählt man dagegen zwei Zahlen $x_1, x_2 \in U(x_0)$, die **beide** links oder **beide** rechts von x_0 liegen, also zwei Zahlen mit

$$x_1 < x_2 < x_0 \quad \text{oder} \quad x_0 < x_1 < x_2,$$

so ergibt sich aus Satz S 5.2 **nicht**, daß $f(x_1) < f(x_2)$ ist; es gibt Beispiele, bei denen dies nicht der Fall ist (Aufgabe 2).

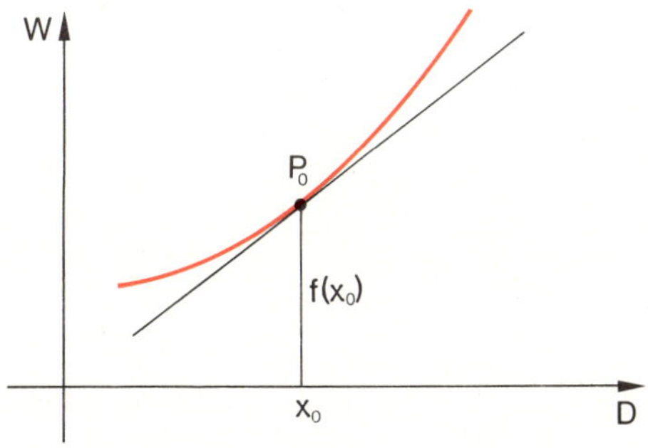

Bild 5.8

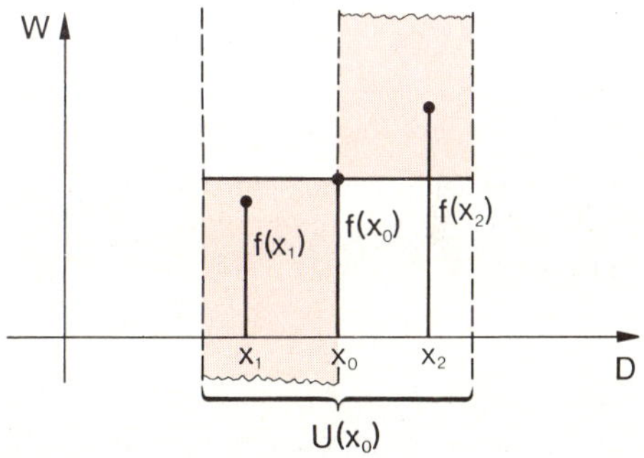

Bild 5.9

Bei der Diskussion einer Funktion f, deren Verlauf noch nicht bekannt ist, ist diese Aussage in der Regel kaum verwertbar, weil man nicht weiß, wie groß $U(x_0)$ ist, ob also zwei gewählte Zahlen x_1 und x_2 nahe genug bei x_0, also in einer Umgebung $U(x_0)$ liegen, deren Existenz durch den lokalen Trennungssatz gesichert ist.

4. Ein nicht selten vorkommender Sonderfall von Satz S 5.2 liegt vor, wenn $f(x_0) = 0$ ist; dann besagt der Satz für den Fall $f'(x_0) > 0$, daß es eine Umgebung $U(x_0)$ gibt, so daß für $x \in U(x_0)$ gilt:

$$x < x_0 \Rightarrow f(x) < 0 \quad \text{und} \quad x > x_0 \Rightarrow f(x) > 0.$$

In Bild 5.10 sind zur Verdeutlichung des Sachverhalts der Graph von f und die zur Stelle x_0 gehörende Tangente (mit positiver Steigung) eingezeichnet. Man sagt in solchen Fällen: die Funktion f erfährt beim „Durchgang" durch die Stelle x_0 einen **„Vorzeichenwechsel"**. Das Entsprechende gilt natürlich auch, wenn $f(x_0) = 0$ und $f'(x_0) < 0$ ist (Aufgabe 3). Wir können also sagen:

Bild 5.10

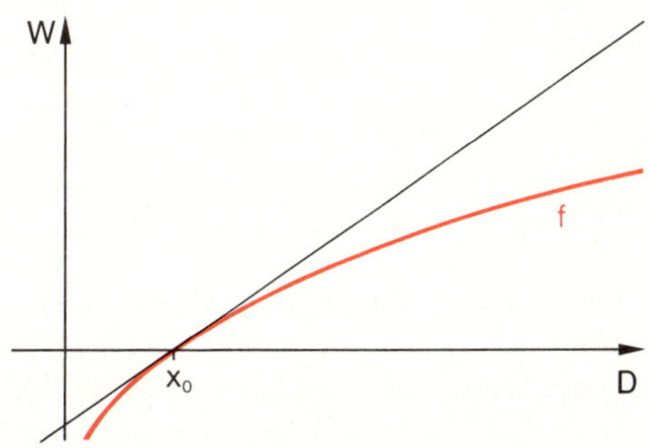

Wenn $f(x_0) = 0$ und $f'(x_0) \neq 0$ ist, erfährt die Funktion f beim Durchgang durch die Stelle x_0 einen Vorzeichenwechsel.

5. Wir kommen zurück auf die Tatsache, daß der Satz S 5.2 nur lokalen Charakter hat. Für die Funktionsdiskussion benötigt man einen Satz, mit dessen Hilfe man auf monotones Steigen einer Funktion f über einem ganzen Intervall A schließen kann.
Für einen solchen Schluß genügt die Voraussetzung $f'(x_0) \neq 0$ nicht. Die Vermutung liegt aber nahe, daß eine Funktion f über einem Intervall A streng monoton steigt, wenn für **alle** $x \in A$ gilt: $f'(x) > 0$ (Bild 5.11).
In der Tat gilt der **„globale Monotoniesatz"**:

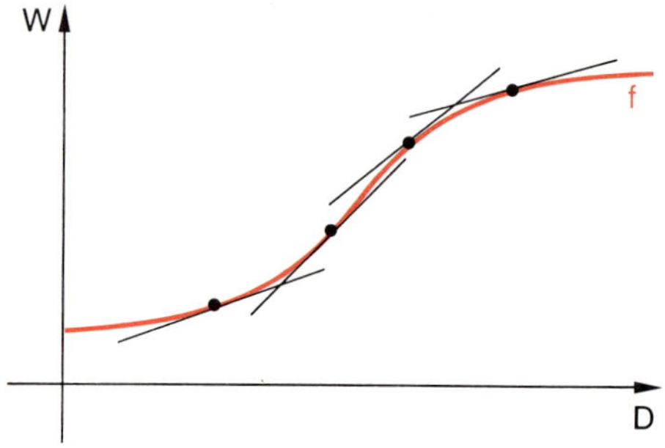

Bild 5.11

S 5.3 **Ist eine Funktion f über einem Intervall A differenzierbar und gilt für alle $x \in A$**

$f'(x) > 0$,	**$f'(x) < 0$,**
so ist f über A streng monoton	
steigend.	**fallend.**

Bemerkung: Der Sachverhalt gilt nicht nur für beliebige Intervalle, sondern auch für andere zusammenhängende Mengen, z.B. für $A = \mathbb{R}$, $A = \mathbb{R}^{>2}$, $A = \mathbb{R}^{\geq -1}$, $A = \mathbb{R}^{<-5}$, $A = \mathbb{R}^{\leq 0}$.

6. Wir führen den **Beweis** für den Fall $f'(x) > 0$. Der Beweis für den Fall $f'(x) < 0$ ist Gegenstand der Aufgabe 4. Wir nehmen an, f sei über A **nicht** streng monoton steigend. Dann muß es zwei Stellen $l_1, r_1 \in A$ geben mit $l_1 < r_1$ und $f(l_1) \geq f(r_1)$.
Wir konstruieren nun eine Intervallschachtelung mit den Intervallen $A_n = [l_n; r_n]$ derart, daß für alle $n \in \mathbb{N}$ gilt: $f(l_n) \geq f(r_n)$.
Es sei m_1 die Mitte des Intervalls A_1, also $m_1 = \frac{1}{2}(l_1 + r_1)$. Der Punkt $P(m_1 \mid f(m_1))$ liegt dann entweder auf der Strecke $P_1 Q_1$ oder darunter oder darüber (Bilder 5.12, a, b, c).

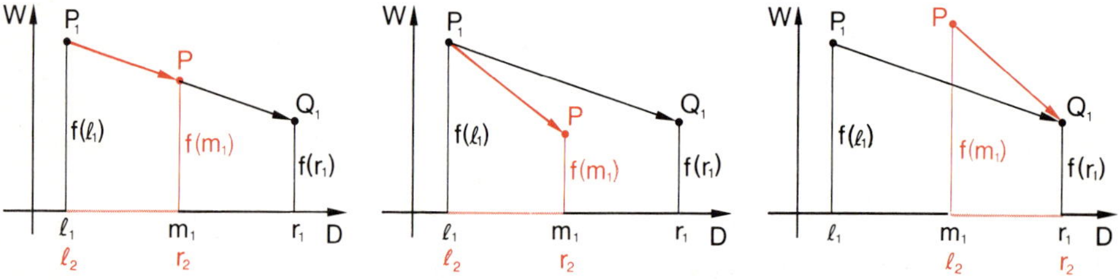

Bild 5.12 a) b) c)

In den Fällen a) und b) gilt $f(l_1) \geq f(m_1)$; wir wählen dann als Intervall A_2 das **linke** Teilintervall, setzen also $l_2 = l_1$ und $r_2 = m_1$; im Fall c) gilt $f(m_1) > f(r_1)$; dann wählen wir als Intervall A_2 das **rechte** Teilintervall, setzen also $l_2 = m_1$ und $r_2 = r_1$. In jedem Fall gilt dann $f(l_2) \geq f(r_2)$.
Ist $d = r_1 - l_1$ (also die Länge von A_1), so gilt für die Länge von A_2:

$$d_2 = r_2 - l_2 = \frac{1}{2}(r_1 - l_1) = \frac{d}{2}.$$

Mit dem Intervall A_2 verfahren wir wie mit A_1 und erhalten so ein Intervall $A_3 = [l_3; r_3]$ der Länge

$$d_3 = \frac{1}{2} d_2 = \frac{d}{2^2} \quad \text{mit} \quad f(l_3) \geq f(r_3).$$

Durch Fortsetzung des Verfahrens ergibt sich eine Folge von Intervallen $\langle A_n \rangle$ mit

$$d_n = \frac{d}{2^{n-1}} \quad \text{und} \quad f(l_n) \geq f(r_n) \quad \text{für alle } n \in \mathbb{N}.$$

Wegen $l_1 \leq l_2 \leq l_3 \leq \ldots \leq l_n \ldots$ und $r_1 \geq r_2 \geq r_3 \geq \ldots \geq r_n \ldots$ und wegen $\lim\limits_{n \to \infty} d_n = \lim\limits_{n \to \infty} \frac{d}{2^{n-1}} = 0$ bilden die Intervalle A_n eine Intervallschachtelung.
Auf die durch diese Schachtelung festgelegt innere Zahl x_0 wenden wir nun den lokalen Trennungssatz (S 5.2) an. Nach Voraussetzung gilt $f'(x_0) > 0$. Weil die Intervall-Längen gegen 0 streben, gibt es stets ein Intervall A_k mit $A_k \subseteq U(x_0)$, wobei $U(x_0)$ die Umgebung bezeichnet, deren Existenz durch den Satz S 5.2 gesichert ist.
Da x_0 im Intervall $A_k = [l_k; r_k]$ liegt, gilt $l_k \leq x_0 < r_k$ oder $l_k < x_0 \leq r_k$, nach Satz S 5.2 also

$$f(l_k) \leq f(x_0) < f(r_k) \quad \text{oder} \quad f(l_k) < f(x_0) \leq f(r_k),$$

in beiden Fällen also $f(l_k) < f(r_k)$. Dies widerspricht der Bedingung $f(l_k) \geq f(r_k)$, nach der wir die Intervallschachtelung konstruiert haben, q.e.d.

7. Wir wollen noch einmal hervorheben, daß der nunmehr vollständig bewiesene **globale Monotoniesatz** (S 5.3) es gestattet, von einer Eigenschaft der Ableitungsfunktion f' auf eine Eigenschaft der Funktion f zu schließen. Dies erleichtert in vielen Fällen die Untersuchung einer Funktion f.

Beispiel:

Es ist zu untersuchen, ob und gegebenenfalls über welchen Bereichen die Funktion f zu

$$f(x) = x^3 - 3x^2 + 6x - 4$$

streng monoton steigend ist. Ohne die Hilfsmittel der Differentialrechnung wäre zu überprüfen, ob bzw. für welche Zahlen x_1, x_2 gilt:

$$x_1 < x_2 \Rightarrow x_1^3 - 3x_1^2 + 6x_1 - 4 < x_2^3 - 3x_2^2 + 6x_2 - 4.$$

Diese Untersuchung würde eine ziemlich aufwendige Rechnung erfordern (Aufgabe 5). Stattdessen untersuchen wir die Ableitungsfunktion f'. Für alle $x \in \mathbb{R}$ gilt:

$$f'(x) = 3x^2 - 6x + 6 = 3(x^2 - 2x + 2) = 3(x-1)^2 + 3.$$

Nun gilt für alle $x \in \mathbb{R}$: $3(x-1)^2 + 3 > 0$, also $f'(x) > 0$. Somit ist die Funktion f nach Satz S 5.3 streng monoton steigend über $\mathbb{R}$.

8. Zu beachten ist, daß der Satz S 5.3 sich auf ein **Intervall** A oder auf einen zusammenhängenden Bereich wie z. B. $A = \mathbb{R}^{\geq 2}$ bezieht. Ein Außerachtlassen dieser Bedingung kann zu Fehlschlüssen führen.

Beispiel:

Für die Funktion f zu $f(x)=\frac{1}{x}$ mit $D(f)=\mathbb{R}^{+0}$ (Bild 5.13) gilt:

$$f'(x)=-\frac{1}{x^2}, \text{ also } f'(x)<0 \quad \text{für alle } x\in D(f).$$

Die Funktion ist aber keineswegs streng monoton fallend über D(f), z.B. gilt: $f(-1)<f(1)$. Wohl ist die Funktion streng monoton fallend für $x<0$ und auch für $x>0$ (Aufgabe 6).

9. Schließlich ist zu beachten, daß die Umkehrung von Satz S 5.3 **nicht** gilt. Dies zeigt schon das **Beispiel** der Funktion f zu $f(x)=x^3$ (Bild 5.14). Diese Funktion ist streng monoton steigend über $\mathbb{R}$. Dennoch ergibt sich aus $f'(x)=3x^2$, daß $f'(0)=0$ ist, daß also **nicht** für **alle** $x\in\mathbb{R}$ gilt: $f'(x)>0$.

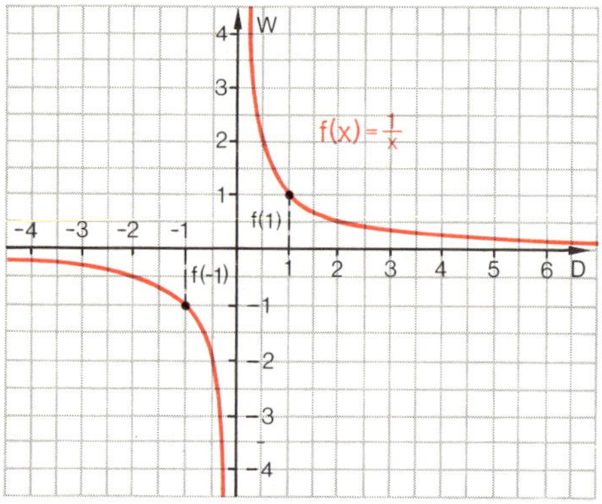

Bild 5.13

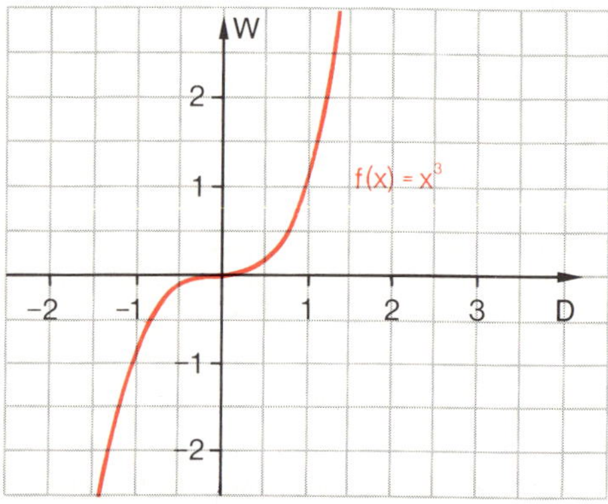

Bild 5.14

Daß $f'(x)>0$ ist für alle $x\in A$, ist also hinreichend, aber nicht notwendig dafür, daß f über A streng monoton steigt. Zu beachten ist ferner, daß diese Bedingung ohnehin nur auf Funktionen anwendbar ist, die über A differenzierbar sind.

10. Wenn man – im Unterschied zu Satz S 5.3 – von einer Funktion f nur weiß, daß für alle $x\in A$ gilt: $f'(x)\geq 0$, so kann man nicht erwarten, daß die Funktion f über A streng monoton steigt, wohl aber, daß sie monoton steigt. Für das monotone Steigen einer Funktion f über einem Intervall A ist die Bedingung $f'(x)\geq 0$ (für alle $x\in A$) sogar notwendig und hinreichend. Es gilt der Satz

S 5.4 Eine über einem Intervall A differenzierbare Funktion f ist über A monoton

steigend	**fallend**
genau dann, wenn für alle $x\in A$ gilt:	
$\mathbf{f'(x)\geq 0.}$	$\mathbf{f'(x)\leq 0.}$

Bemerkung: Es kommt nicht darauf an, ob das Intervall A abgeschlossen, offen oder halboffen ist. Der Satz gilt darüberhinaus für zusammenhängende Bereiche wie $\mathbb{R}^{<2}$ oder $\mathbb{R}^{\geq 5}$.

Wir führen den **Beweis** für den Fall des monotonen Steigens. Der andere Fall kann auf diesen zurückgeführt oder entsprechend behandelt werden (Aufgabe 7).

1) Ist f über A monoton steigend, so gilt für zwei beliebige Zahlen $x_1, x_2 \in A$ mit $x_1 < x_2$ stets $f(x_1) \leq f(x_2)$ und somit

$$\frac{f(x_2)-f(x_1)}{x_2-x_1} \geq 0.$$

Dies bedeutet, daß **jeder** Differenzenquotient mit Zahlen $x_1, x_2 \in A$ nichtnegativ ist; daher ist nach Satz S 1.9 auch die Ableitung $f'(x)$ für **jede** Zahl $x \in A$ nicht negativ, q.e.d.

2) Gilt für alle $x \in A$, daß $f'(x) \geq 0$ ist, dann gilt für **jede** Funktion g zu $g(x) = f(x) + \varepsilon \cdot x$ mit einer **beliebigen positiven** Zahl ε: $g'(x) = f'(x) + \varepsilon$, also für alle $x \in A$: $g'(x) > 0$; nach Satz S 5.3 ist daher **jede** solche Funktion g über A streng monoton steigend, d. h. für zwei Zahlen $x_1, x_2 \in A$ mit $x_1 < x_2$ gilt:

$$\begin{aligned} g(x_1) < g(x_2) &\Leftrightarrow f(x_1) + \varepsilon x_1 < f(x_2) + \varepsilon x_2 \\ &\Leftrightarrow f(x_1) - f(x_2) < \varepsilon(x_2 - x_1) \\ &\Leftrightarrow f(x_2) - f(x_1) > -\varepsilon(x_2 - x_1) \\ &\Leftrightarrow \frac{f(x_2)-f(x_1)}{x_2-x_1} > -\varepsilon. \end{aligned}$$

Dies bedeutet: der Differenzenquotient $m = \frac{f(x_2)-f(x_1)}{x_2-x_1}$ muß größer sein als **jede** negative Zahl $-\varepsilon$. Das ist nur möglich, wenn $m \geq 0$ ist. Wäre nämlich $m < 0$, so wäre m **nicht** größer als jede negative Zahl, z. B. nicht größer als $\frac{m}{2}$ (Bild 5.15).

Bild 5.15

Aus $\frac{f(x_2)-f(x_1)}{x_2-x_1} \geq 0$ ergibt sich wegen $x_2 - x_1 > 0$ unmittelbar, daß $f(x_2) \geq f(x_1)$ sein muß, q.e.d.

11. Wir behandeln ein <u>**Beispiel**</u> zu Satz S 5.4. Wir wollen untersuchen, über welchen Bereichen die Funktion f zu

$$f(x) = \tfrac{1}{4}(x^3 - 3x^2 - 9x + 11)$$

monoton steigend bzw. fallend ist (Bild 5.16). Für alle $x \in \mathbb{R}$ gilt:

$$\begin{aligned} f'(x) &= \tfrac{1}{4}(3x^2 - 6x - 9) \\ &= \tfrac{3}{4}(x^2 - 2x - 3) \\ &= \tfrac{3}{4}(x-3)(x+1). \end{aligned}$$

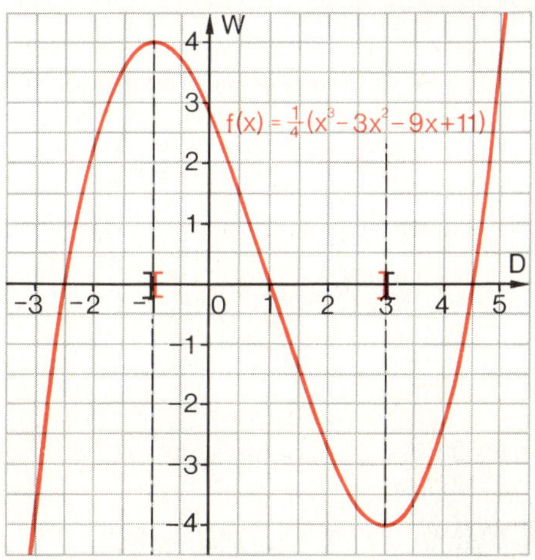

Bild 5.16

Nun ist $f'(x) \geq 0$, wenn **beide** Faktoren nichtnegativ oder beide Faktoren nichtpositiv sind; dies ist der Fall für

$$x \geq 3 \vee x \leq -1.$$

Ferner ist $f'(x) \leq 0$, wenn ein Faktor nichtnegativ, der andere nichtpositiv ist; dies ist der Fall für

$$x \leq 3 \wedge x \geq -1,$$

also für $-1 \leq x \leq 3$ (Aufgabe 10). Die Funktion f ist also monoton steigend über den Bereichen $[3; \infty[$ und $]-\infty; -1]$ und monoton fallend über dem Intervall $[-1; 3]$.

12. Aus dem Satz S 5.4 läßt sich unmittelbar ein weiterer Satz herleiten, der sich auf den Vergleich von zwei Funktionen f und g bezieht.

S 5.5 **Wenn bei zwei über einem Intervall $A = [a; b]$ differenzierbaren Funktionen f und g für alle $x \in A$ gilt: $f'(x) \geq g'(x)$, dann gilt für alle $x \in A$ auch:**

$$\mathbf{f(x) - f(a) \geq g(x) - g(a).}$$

Da bei diesem Satz die Funktionszuwächse $f(x)-f(a)$ und $g(x)-g(a)$ miteinander verglichen werden, nennt man S 5.5 den **„Satz vom Zuwachsvergleich"**.

In Bild 5.17 ist an einem Beispiel der Sonderfall dargestellt, daß $f(a)=g(a)$ ist. Aus der Tatsache, daß im gesamten Intervall $f'(x) \geq g'(x)$ gilt, ergibt sich, daß die Zuwächse bei f stets nicht kleiner sind als bei g; daher streben die beiden Funktionsgraphen i.a. weiter auseinander.

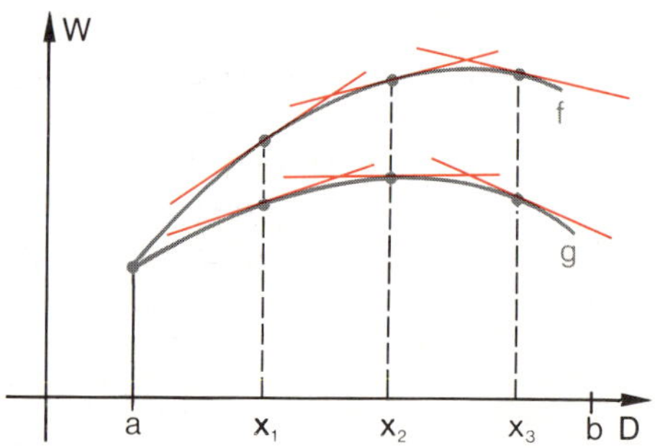

Bild 5.17

Beweis: Wir betrachten die Funktion h zu $h(x)=f(x)-g(x)$. Wegen $f'(x) \geq g'(x)$ gilt für diese Funktion

$$h'(x) \geq 0 \quad \text{(für alle } x \in A\text{);}$$

nach Satz S 5.4 ist die Funktion h über A also monoton steigend, für alle $x \in A$ gilt also:

$$h(x) \geq h(a)$$

und somit

$$f(x)-g(x) \geq f(a)-g(a),$$

also $f(x)-f(a) \geq g(x)-g(a)$, q.e.d.

Bemerkung: Falls $f(a)=g(a)$ ist, ergibt sich:

$$f(x) \geq g(x) \quad \text{(für alle } x \in A\text{).}$$

Übungen und Aufgaben

1. Beweisen Sie Satz S 5.1 für den Fall $g<0$!

2. Die Funktion f zu $f(x)=\begin{cases} \frac{x}{3}+6x^2\cdot\sin\frac{1}{x} & \text{für } x\neq 0 \\ 0 & \text{für } x=0 \end{cases}$ ist ein Beispiel dafür, daß aus der Bedingung $f'(x_0)>0$ nicht auf die Monotonie der Funktion in einer Umgebung $U(x_0)$ geschlossen werden kann (Bild 5.18). Begründen Sie dies!

Anleitung: Zeigen Sie, daß für alle $x\in\mathbb{R}$ gilt: $\frac{x}{3}-6x^2\leq f(x)\leq\frac{x}{3}+6x^2$! Berechnen Sie $f'(x)$ für $x=0$ mit Hilfe von Differenzenquotienten, für $x\neq 0$ nach den Ableitungsregeln! Bestimmen Sie das Vorzeichen von $f'\left(\frac{1}{n\pi}\right)$ für gerade und für ungerade Zahlen $n\in\mathbb{N}$!

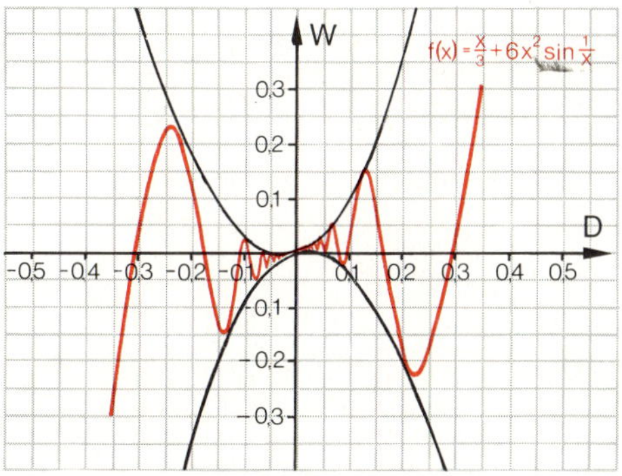

Bild 5.18

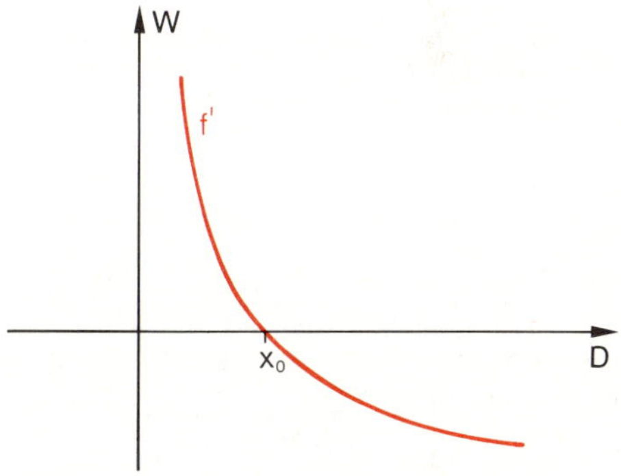

Bild 5.19

3. Was kann man über eine Funktion f aussagen, wenn gilt $f(x_0)=0$ und $f'(x_0)<0$ (Bild 5.19)? Begründung!

4. Beweisen Sie Satz S 5.3 für den Fall $f'(x)<0$!

5. Untersuchen Sie, in welchen Bereichen die Funktion f zu $f(x)=x^3-3x^2+6x-4$ streng monoton steigt, **ohne** Satz S 5.3 zu benutzen!

6. Zeigen Sie, daß die Funktion f zu $f(x)=\frac{1}{x}$ für $x<0$ streng monoton fällt!

7. Beweisen Sie den Satz 5.4 für den Fall des monotonen Fallens!

8. Beweisen Sie den Satz S 5.3 mit Hilfe des Satzes S 5.4! **Anleitung:** Zeigen Sie zunächst, daß für $x_1<x_2$ gilt $f(x_1)\leq f(x_2)$! Wie kann man ausschließen, daß $f(x_1)=f(x_2)$ ist?

9. Beweisen Sie: Gilt $f'(x)\geq 0$ für alle $x\in A$ und $f'(x_0)>0$ für eine Zahl $x_0\in A$, dann gilt für alle $x_1, x_2\in A$ mit $x_1<x_0<x_2$: $f(x_1)<f(x_0)<f(x_2)$!

Anleitung: Benutzen Sie die Sätze S 5.2 und S 5.4!

10. Begründen Sie ausführlich die Überlegungen, die im Lehrtext unter 11. zum Monotonieverhalten der Funktion f zu $f(x)=\frac{1}{4}(x^3-3x^2-9x+11)$ angestellt werden!

11. **a)** Zeigen Sie für vier Zahlen p, q, r, s (mit $q, s \in \mathbb{R}^{>0}$ und $p, r \in \mathbb{R}$): Die Zahl $\frac{p+r}{q+s}$ liegt zwischen den Zahlen $\frac{p}{q}$ und $\frac{r}{s}$!

b) Ist eine Funktion f über dem Intervall $[a; b]$ erklärt und ist $c \in]a; b[$, so gilt für die Differenzenquotienten $m(a; c)$, $m(c; b)$ und $m(a; b)$ entweder $m(a; c) \leq m(a; b) \leq m(c; b)$ oder $m(c; b) \leq m(a; b) \leq m(a; c)$!

c) Es sei $\langle [a_n; b_n] \rangle$ eine Intervallschachtelung mit der inneren Zahl c und $a_n \neq c$ und $b_n \neq c$ (für alle $n \in \mathbb{N}$). Beweisen Sie: Ist eine Funktion f an der Stelle c differenzierbar, dann gilt: $\lim\limits_{n \to \infty} \frac{f(b_n) - f(a_n)}{b_n - a_n} = f'(c)$!

12. Untersuchen Sie jeweils, über welchen Mengen die Funktion monoton steigend oder monoton fallend ist! Welche der Funktionen sind streng monoton über D(f)?

a) $f(x) = (x-3)^2$ **b)** $f(x) = x^2 - 4x$ **c)** $f(x) = x + \frac{1}{x}$ **d)** $f(x) = x^2 + \frac{16}{x^2}$

e) $f(x) = |x^2 - 4|$ **f)** $f(x) = x^3 - 3x$ **g)** $f(x) = x^3 - 3x + 2$ **h)** $f(x) = x^3 - 3x^2$

i) $f(x) = \sin x$ **j)** $f(x) = \tan x$ **k)** $f(x) = \cot x$ **l)** $f(x) = \frac{1}{1+x^2}$

m) $f(x) = \frac{1}{x^3} - \frac{12}{x}$ **n)** $f(x) = \frac{x^3}{x-2}$ **o)** $f(x) = \sqrt[3]{x} - 3x$ **p)** $f(x) = \sqrt[3]{(x-1)^2}$

q) $f(x) = \frac{1}{\sqrt[4]{x^2+1}}$ **r)** $f(x) = \sqrt{16 - x^2}$ **s)** $f(x) = \frac{x^2 + 2x - 8}{x^2 + 2x - 3}$ **t)** $f(x) = \sqrt[3]{x^3 - 3x^2}$

u) $f(x) = \arctan \sqrt{x^2 - 1}$ **v)** $f(x) = \arcsin \frac{2x}{1+x^2}$ **w)** $f(x) = \arccos \frac{1}{x}$ **x)** $f(x) = \arcsin \frac{2\sqrt{x}}{1+x}$

13. **a)** Zeigen Sie, daß die Funktion f zu $f(x) = (x-a)^m$ über $\mathbb{R}$ streng monoton steigt, wenn m eine ungerade natürliche Zahl ist!

b) Formulieren und beweisen Sie eine Monotonieaussage für den Fall, daß m eine gerade natürliche Zahl ist!

c) Formulieren und beweisen Sie entsprechende Aussagen für negative ganze Zahlen m!

14. Eine Funktion f beschreibe die Geschwindigkeit eines Rennwagens in Abhängigkeit von der Zeit t! Deuten Sie die Aussage von Satz S 5.3 für diesen Fall!

15. Untersuchen Sie die folgenden Funktionen auf Monotonie!

a) $f(x) = \arcsin\left(\frac{x}{2} - 1\right)$ **b)** $f(x) = \arcsin \frac{1-x^2}{1+x^2}$ **c)** $f(x) = \arccos \frac{2x}{x^2+1}$ **d)** $f(x) = \arctan \frac{1-\sqrt{x}}{1+\sqrt{x}}$

16. Beweisen Sie mit Hilfe von Satz S 5.3 die Gültigkeit folgender Ungleichungen!

Anleitung: Beachten Sie den Wert des Terms am Rand des angegebenen Bereichs!

a) $x^3 - 12x + 16 \geq 0$ für $x \geq 2$ **b)** $x^3 - 3x^2 - 9x + 27 \geq 0$ für $x \geq 3$

c) $x^3 - x^2 + 3x \geq 3$ für $x \geq 1$ **d)** $x^3 + 6x + 7 \geq 0$ für $x \geq -1$

e) $x^5 - 5x^4 + 256 \geq 0$ für $x \geq 4$ **f)** $2x^5 - 5x^4 - 10x^3 + 189 \geq 0$ für $x \geq 3$

17. Wenden Sie den Satz vom Zuwachsvergleich (S 5.5) auf die Funktion f und die identische Funktion g zu $g(x)=x$ an! Untersuchen Sie, welche Ungleichung sich gegebenenfalls für den Sonderfall $a=0$ ergibt!

a) $f(x)=\sin x$ **b)** $f(x)=\tan x$ **c)** $f(x)=\arcsin x$ **d)** $f(x)=\arctan x$
e) $f(x)=-\cos x$ **f)** $f(x)=-\cot x$ **g)** $f(x)=-\arccos x$ **h)** $f(x)=-\operatorname{arccot} x$

18. Beweisen Sie mit Hilfe von Satz S 5.5 die Gültigkeit folgender Ungleichungen für $1\leq a\leq b$!

a) $\sqrt{b}-\sqrt{a}\leq b-a$ **b)** $\sqrt[4]{b}-\sqrt[4]{a}\leq\sqrt{a}-\sqrt{b}$
c) $b^r-a^r\geq b-a \quad (r\in\mathbb{Q}^{\geq 1})$ **d)** $b^r-a^r\leq b-a \quad (r\in\mathbb{Q}^{\leq 1})$

19. Zeigen Sie mit Hilfe von Satz S 5.5, daß das geometrische Mittel zweier positiver Zahlen a, b stets höchstens so groß ist wie das arithmetische Mittel dieser Zahlen, daß also für alle $a, b\in\mathbb{R}^{>0}$ gilt: $\sqrt{a\cdot b}\leq\frac{a+b}{2}$!

Anleitung: Betrachten Sie die Funktionen zu $f(x)=\sqrt{a x}$ und $g(x)=\frac{1}{2}(a+x)$ für $0<a\leq x$!

20. Was besagt die Aussage von Satz S 5.5 für die Situation, daß zwei Kraftfahrzeuge auf einer Autobahn mit unterschiedlicher Geschwindigkeit fahren?

III. Lokale Extrema

1. Bei den allgemeinen Überlegungen im I. Abschnitt dieses Paragraphen haben wir bereits festgestellt, daß bei der Diskussion von Funktionen von besonderem Interesse diejenigen Stellen sind, an denen die Funktion über einem Intervall A oder einer anderen Teilmenge von D(f) ihren größten bzw. ihren kleinsten Wert annimmt. Wir definieren:

D 5.1 **Eine über einer M definierte Funktion f hat an einer Stelle $x_0\in M$ ein**

„absolutes Maximum"	„absolutes Minimum"
genau dann, wenn für alle $x\in M$ gilt:	
$f(x)\leq f(x_0)$.	$f(x)\geq f(x_0)$.

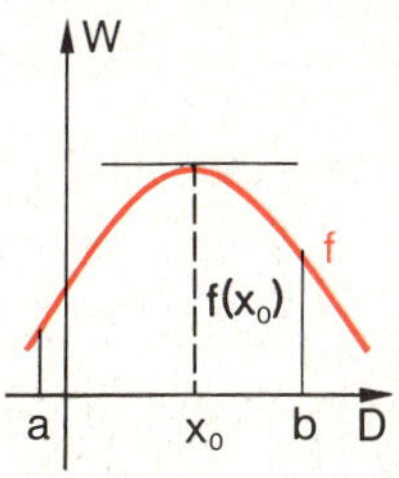

Bild 5.20

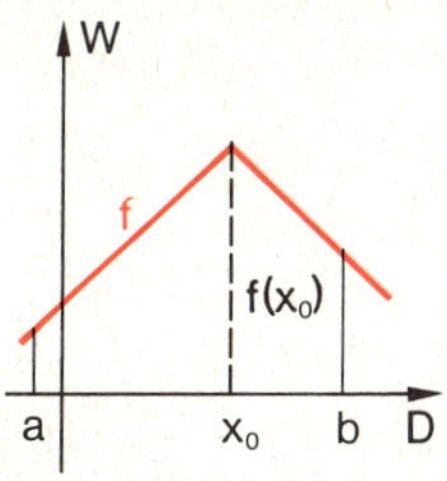

Bild 5.21

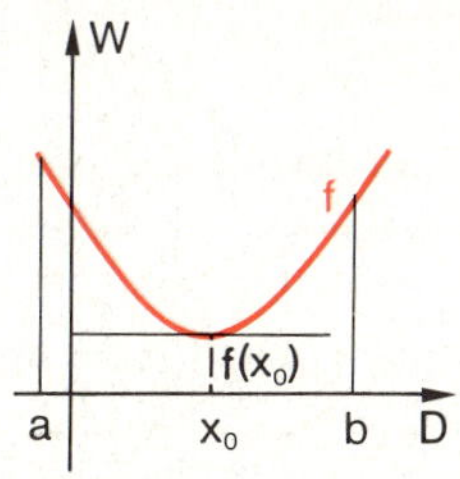

Bild 5.22

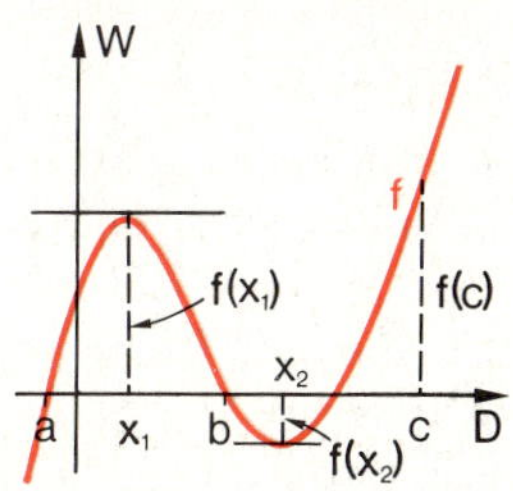

Bild 5.23

In den Bildern 5.20, 5.21 und 5.22 hat die Funktion f jeweils an der Stelle x_0 ein absolutes Extremum über dem Intervall [a; b].
In Bild 5.23 ist $f(x_1)$ ein absolutes Maximum über dem Intervall [a; b], dagegen f(c) ein absolutes Maximum über dem Intervall [a; c]. Das Beispiel zeigt, daß das absolute Maximum einer Funktion von der Menge abhängig sein kann, auf die es sich bezieht.

2. In Bild 5.23 nimmt die Funktion f darüberhinaus auch an den beiden Stellen x_1 und x_2 einen „größten“ bzw. „kleinsten“ Wert an, wenn man diese Werte vergleicht mit Funktionswerten in hinreichend kleinen Umgebungen $U(x_1)$ bzw. $U(x_2)$. Man spricht daher bei diesen Werten von einem **„lokalen Maximum“** bzw. einem **„lokalen Minimum“**. Wenn man offenlassen will, ob es sich um ein Maximum oder um ein Minimum handelt, sagt man **„lokales Extremum“**, manchmal auch **„relatives Extremum“**. Wir definieren:

D 5.2 **Eine Funktion f hat an einer Stelle $x_0 \in D(f)$ ein**

„lokales Maximum“	**„lokales Minimum“**

genau dann, wenn es eine Umgebung $U(x_0)$ gibt, so daß für alle $x \in U(x_0)$ gilt:

$f(x) \leq f(x_0)$.	$f(x) \geq f(x_0)$.

Gilt für $x \neq x_0$ sogar $f(x) < f(x_0)$ (bzw. $f(x) > f(x_0)$), so spricht man von einem **„strengen lokalen Maximum (Minimum)“**. Den Punkt $P_0(x_0 \mid f(x_0))$ nennt man einen **„Hochpunkt“** bzw. **„Tiefpunkt“** des Funktionsgraphen.

Beachte: Eine Funktion kann mehrere lokale Maxima bzw. Minima haben; sie kann über einer Menge M aber nur ein absolutes Maximum bzw. Minimum haben; diese können allerdings an mehreren Stellen angenommen werden. Bild 5.24 zeigt den Graphen einer Funktion f, bei der an den Stellen x_1 und x_2 das absolute Maximum $f(x_1) = f(x_2)$ über dem Intervall $[a; b]$ angenommen wird.

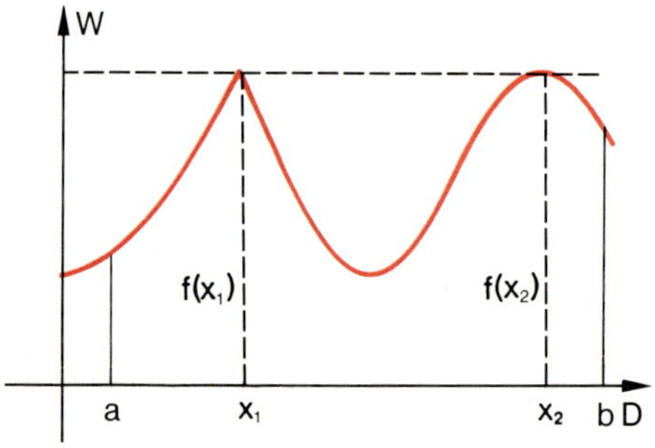

Bild 5.24

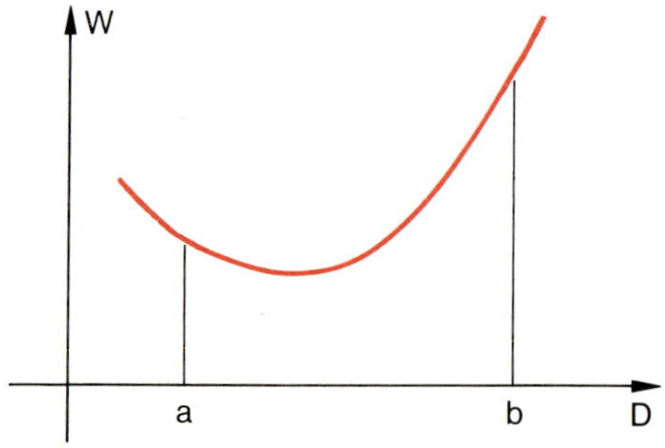

Bild 5.25

3. Wenn eine Funktion f ein **absolutes Extremum** im **Innern** eines Intervalls A annimmt, dann handelt es sich stets auch um ein **lokales Extremum**; denn zu jeder **inneren** Zahl x_0 einer Menge M gibt es stets eine Umgebung $U(x_0)$ die ganz in M liegt: $U(x_0) \subseteq M$.

Ein absolutes Extremum kann also nur dann **kein** lokales Extremum sein, wenn es am Rand einer Menge M angenommen wird (Bild 5.25).

Zur Vereinfachung der Sprechweise treffen wir die folgende **Vereinbarung**: wenn wir von einem „Maximum“, „Minimum“ oder „Extremum“ sprechen, so meinen wir stets ein **lokales** Extremum. Ist ein absolutes Extremum gemeint, so wird dies ausdrücklich gesagt.

4. Wir stellen uns wiederum die Frage, ob man aus den Eigenschaften der Ableitungsfunktion f′ auf Extrema der Funktion f schließen kann.

In den Bildern 5.20, 5.22 und 5.23 haben die Funktionsgraphen an den Stellen lokaler Extrema jeweils eine waagerechte Tangente; bei diesen Beispielen gilt also $f'(x_0) = 0$.

Beim Graphen in Bild 5.21 ist dies nicht der Fall; dies hat seinen Grund offenbar darin, daß die betreffende Funktion in x_0 nicht differenzierbar ist. Wir können also vermuten, daß bei differenzierbaren Funktionen für die Stelle x_0 eines lokalen Extremums gilt: $f'(x_0)=0$.

S 5.6 Hat eine an einer Stelle x_0 differenzierbare Funktion f an dieser Stelle ein lokales Extremum, so gilt: $f'(x_0)=0$.

Wir führen den **Beweis** für den Fall des **Maximums** (Bild 5.26). Nach Definition D 5.1 gibt es eine Umgebung $U(x_0)$, so daß für alle $x \in U(x_0)$ gilt: $f(x) \leq f(x_0)$, in der Schreibweise $x = x_0 + h$ also:

$f(x_0+h) \leq f(x_0)$ und somit $f(x_0+h) - f(x_0) \leq 0$.

Daraus folgt für $h<0$: $\dfrac{f(x_0+h)-f(x_0)}{h} \geq 0$

und für $h>0$: $\dfrac{f(x_0+h)-f(x_0)}{h} \leq 0$.

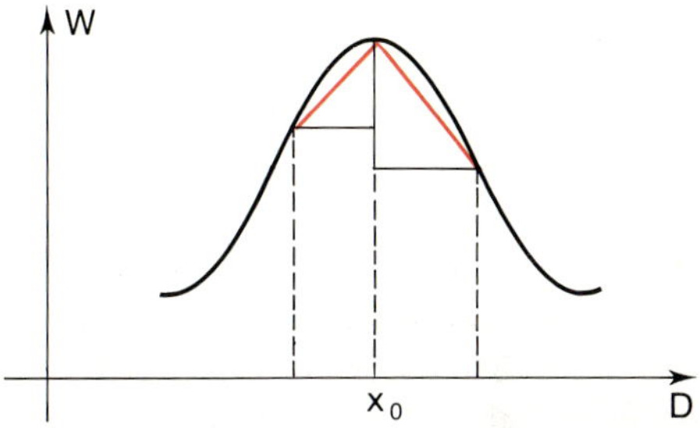

Bild 5.26

Nun haben wir vorausgesetzt, daß die Funktion f an der Stelle x_0 differenzierbar ist, daß also der Grenzwert

$$f'(x_0) = \lim_{h \to 0} \frac{f(x_0+h)-f(x_0)}{h}$$

existiert. Nach Satz S 1.9 kann der Grenzwert einer Folge nichtnegativer Zahlen aber niemals negativ, der Grenzwert einer Folge nichtpositiver Zahlen niemals positiv sein; daher kann für den Grenzwert nur gelten: $f'(x_0)=0$, q.e.d.

Der Beweis für ein Minimum ist entsprechend zu führen (Aufgabe 2).

5. Die Umkehrung von Satz S 5.6 gilt nicht. Dies zeigt schon das Gegenbeispiel:

$$f(x)=x^3; \quad f'(x)=3x^2.$$

Es gilt $f'(0)=0$, f hat aber an der Stelle 0 kein Extremum (Bild 5.27). Die Funktion f ist über $\mathbb{R}$ streng monoton steigend, also auch in der Umgebung der Stelle 0; sie besitzt daher kein lokales Extremum.

Bild 5.27

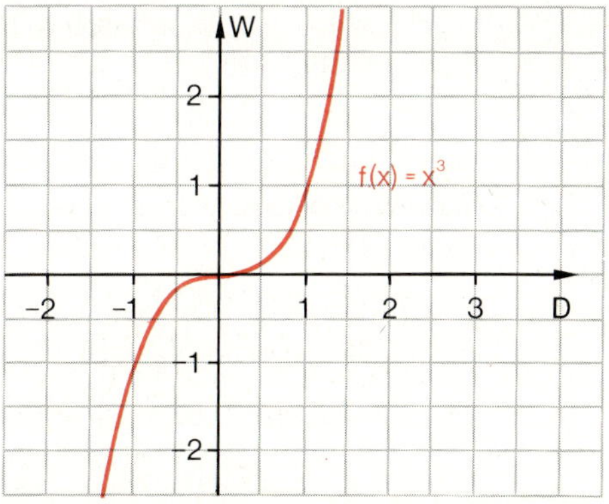

Man sagt: die Bedingung $f'(x_0)=0$ ist **notwendig**, aber **nicht hinreichend** für das Vorhandensein eines lokalen Extremums. Dies bedeutet: wenn man bei einer differenzierbaren Funktion f die Stellen bestimmt, die der Bedingung $f'(x)=0$ genügen (also die Nullstellen der Ableitungsfunktion f'), so weiß man nur, daß **höchstens** an diesen Stellen (aber an keiner anderen Stelle) ein lokales Extremum vorliegen kann. Man weiß aber nicht, ob dies tatsächlich der Fall ist.

Beispiel: $f(x)=x^3-4x^2+4x$; $f'(x)=3x^2-8x+4$

Wir bestimmen die Nullstellen von f': $f'(x)=0 \Leftrightarrow x^2-\frac{8}{3}x+\frac{4}{3}=0 \Leftrightarrow x=2 \vee x=\frac{2}{3}$.

Aufgrund dieser Ergebnisse wissen wir: wenn die Funktion f lokale Extrema hat, dann können diese nur bei 2 und/oder bei $\frac{2}{3}$ liegen. Wir wissen aber noch nicht, ob an diesen Stellen tatsächlich Extrema vorliegen und auch noch nicht, um welche Art von Extremstelle es sich gegebenenfalls handelt: um ein Maximum oder um ein Minimum.
Es stellen sich daher die folgenden Fragen:

1) Gibt es auch eine Bedingung, die für ein lokales Extremum hinreichend ist?

2) Gibt es eine Bedingung, die für ein lokales Extremum notwendig **und** hinreichend ist?

3) Gibt es eine Bedingung, mit deren Hilfe man ein lokales Maximum von einem lokalen Minimum unterscheiden kann?

6. Die Bilder 5.28 und 5.29 zeigen für zwei Beispiele untereinander die Graphen von f und f'. Man erkennt: wenn eine Funktion f links von einer Stelle x_0 monoton steigt (fällt), rechts von x_0 dagegen monoton fällt (steigt), dann hat sie bei x_0 ein lokales Maximum (Minimum). Nach den Sätzen des II. Abschnittes findet in beiden Fällen beim Durchgang durch die Extremstelle x_0 ein **Vorzeichenwechsel der 1. Ableitung** statt. Schneidet der Graph von f' die D-Achse bei x_0 „von oben nach unten", so hat f bei x_0 ein Maximum (Bild 5.28), im umgekehrten Fall ein Minimum (Bild 5.29).
Es gilt der Satz:

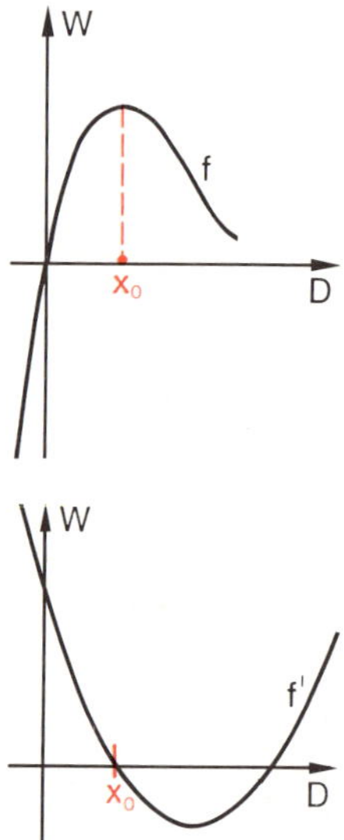

Bild 5.28

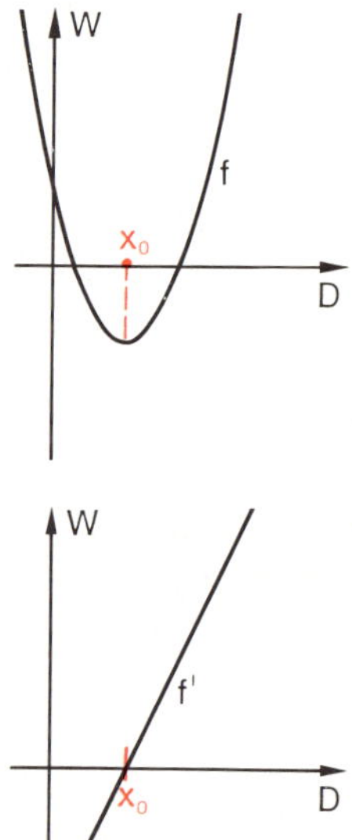

Bild 5.29

S 5.7 **Ist eine Funktion f differenzierbar in einer Umgebung $U(x_0)$, gilt $f'(x_0)=0$ und für $x \in U(x_0)$**

1) $x<x_0 \Rightarrow f'(x)>0$ **und**	**1)** $x<x_0 \Rightarrow f'(x)<0$ **und**
2) $x>x_0 \Rightarrow f'(x)<0$	**2)** $x>x_0 \Rightarrow f'(x)>0$,

dann hat f an der Stelle x_0 ein lokales

Maximum.	**Minimum.**

Wir führen den **Beweis** für den Fall des Maximums. Nach Voraussetzung gilt für alle $x \in U(x_0)$:

$$f'(x) \geq 0, \text{ falls } x \leq x_0 \quad \text{und} \quad f'(x) \leq 0, \text{ falls } x \geq x_0 \text{ ist.}$$

Demnach ist die Funktion f nach Satz S 5.4 monoton steigend für $x \leq x_0$, monoton fallend für $x \geq x_0$; es gilt also $f(x) \leq f(x_0)$ sowohl für $x \leq x_0$ wir für $x \geq x_0$, d.h. f hat an der Stelle x_0 ein lokales Maximum, q.e.d. Der Beweis für den Fall des Minimums ist entsprechend zu führen (Aufgabe 4).

Bemerkung: Die Umkehrung von Satz S 5.7 gilt nicht; denn es gibt Funktionen, die an einer Stelle x_0 ein Extremum haben, bei denen es aber keine Umgebung $U(x_0)$ gibt, innerhalb derer die Funktion links bzw. rechts ein eindeutiges Monotonieverhalten aufweist (Aufgabe 5).

7. Wir kommen zurück auf das **Beispiel** von Seite 111:

$$f(x) = \tfrac{1}{4}(x^3 - 3x^2 - 9x + 11); \qquad f'(x) = \tfrac{3}{4}(x-3)(x+1).$$

Wie wir auf Seite 112 schon hergeleitet haben, gilt:

1) für $x < 1$ und für $x > 3$: $f'(x) > 0$; **2)** für $-1 < x < 3$: $f'(x) < 0$.

Daraus ergibt sich nach Satz S 5.7, daß die Funktion f bei -1 ein Maximum, bei 3 ein Minimum besitzt (Bild 5.16, Seite 111).

8. Bild 5.30 zeigt den Graphen der Funktion f zu $f(x) = |x|$. Diese Funktion hat an der Stelle 0 ein Minimum; sie ist dort stetig, aber nicht differenzierbar. Nun gilt aber

$$f'(x) = \begin{cases} -1 & \text{für } x < 0 \\ 1 & \text{für } x > 0. \end{cases}$$

Für $x < 0$ ist die 1. Ableitung also negativ, für $x > 0$ ist sie positiv.

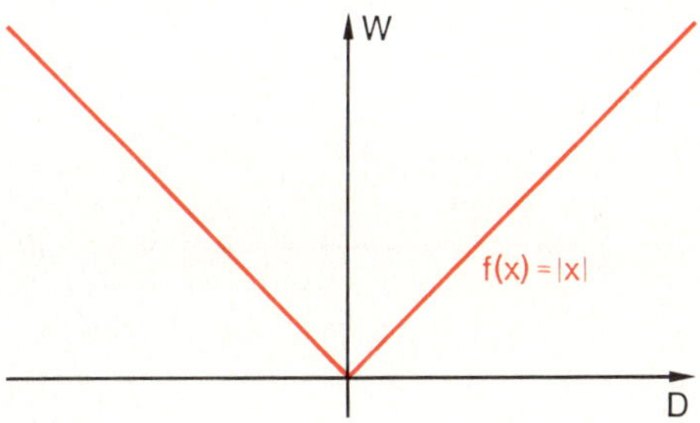

Bild 5.30

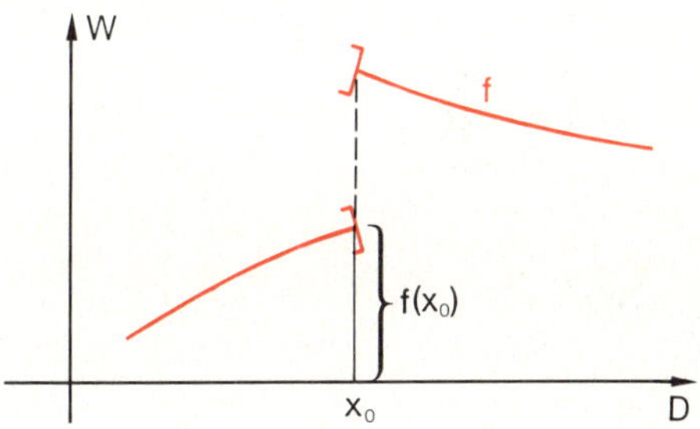

Bild 5.31

Dieses Beispiel bringt uns zu der Vermutung, daß man in Satz S 5.7 auf die Voraussetzung verzichten kann, daß f an der Stelle x_0 differenzierbar ist. Allerdings muß man dann verlangen, daß f an der Stelle x_0 stetig ist. Dies zeigt das Beispiel von Bild 5.31 (Aufgabe 6).

9. Um den vermuteten Sachverhalt formulieren zu können, führen wir den Begriff der **„punktierten Umgebung“** einer Zahl x_0 ein; darunter versteht man eine Umgebung von x_0 ohne diese Stelle x_0 selbst, also die Menge

$$U_\varepsilon(\not{x}_0) = \{x \mid 0 < |x - x_0| < \varepsilon\}.$$

Analog zu „$U(x_0)$“ erklärt man auch „$U(\not{x}_0)$“ (vgl. Seite 13).

10. Aufgrund der Überlegungen unter 8. vermuten wir die Gültigkeit des Satzes

S 5.8 **Ist eine Funktion f differenzierbar in einer punktierten Umgebung $U(\not{x}_0)$, stetig an der Stelle x_0 und gilt für $x \in U(x_0)$**

1) $x < x_0 \Rightarrow f'(x) > 0$ und	**1) $x < x_0 \Rightarrow f'(x) < 0$ und**
2) $x > x_0 \Rightarrow f'(x) < 0$,	**2) $x > x_0 \Rightarrow f'(x) > 0$,**

dann hat f an der Stelle x_0 ein lokales

Maximum.	**Minimum**

Wir führen den **Beweis** für den Fall des Maximums. Nach dem globalen Monotoniesatz (S 5.3) ist die Funktion für jede Zahl $x \in U(x_0)$ mit $x < x_0$ über dem Intervall $[x; x_0[$ streng monoton steigend. Wir haben nur noch zu zeigen, daß auch noch für die Stelle x_0 selbst gilt: $f(x) \leq f(x_0)$. Dazu wählen wir eine monoton steigende Folge $\langle x_n \rangle$ mit $x < x_n < x_0$ und $\lim\limits_{n \to \infty} x_n = x_0$ (Aufgabe 7). Dann gilt für alle $n \in \mathbb{N}$: $f(x) < f(x_n)$. Da die Funktion f nach Voraussetzung an der Stelle x_0 stetig ist, gilt ferner $\lim\limits_{n \to \infty} f(x_n) = f(x_0)$ und somit nach Satz S 1.9: $f(x) \leq f(x_0)$.

Bemerkung: Da f über $[x; x_0[$ streng monoton steigend und $\langle x_n \rangle$ monoton steigend ist, gilt sogar $f(x) < f(x_0)$.
Entsprechend zeigt man, daß auch für jede Zahl $x \in U(x_0)$ mit $x > x_0$ gilt: $f(x) \leq f(x_0)$ (Aufgabe 8a)). Damit ist die Behauptung bewiesen.

Beispiel: $f(x) = \sqrt{|x|}$ (Bild 5.32)

Es gilt:

$$f'(x) = \begin{cases} \dfrac{1}{2\sqrt{x}} & \text{für } x > 0 \\[2ex] \dfrac{-1}{2\sqrt{|x|}} & \text{für } x < 0, \end{cases}$$

also $f'(x) > 0$ für $x > 0$ und $f'(x) < 0$ für $x < 0$.

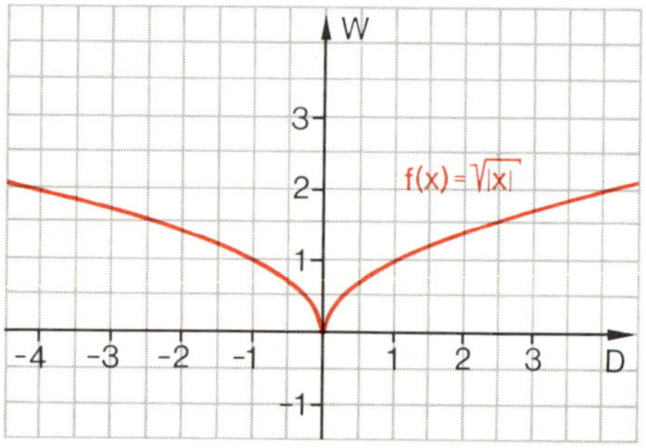

Bild 5.32

Die Funktion ist an der Stelle 0 nicht differenzierbar, hat an dieser Stelle aber ein lokales Minimum nach Satz S 5.8.

11. Beim Beweis für den Satz S 5.8 haben wir u.a. gezeigt, daß eine Funktion f, die über einem Intervall $[x; x_0[$ streng monoton steigend und bei x_0 stetig ist, auch über dem abgeschlossenen Intervall $[x; x_0]$ streng monoton steigend ist. Allgemein gilt der Satz

S 5.9 **Ist eine Funktion f streng monoton (steigend oder fallend) über einem Intervall $]a; b]$ bzw. $[a; b[$ und stetig an der Stelle a bzw. b, so ist sie auch streng monoton (steigend oder fallend) über dem Intervall $[a; b]$.**

Der **Beweis** für die noch nicht behandelten Fälle soll in Aufgabe 9 geführt werden.

12. Nach den Sätzen S 5.7 und S 5.8 hat man die Ableitungsfunktion f' auf einen **Vorzeichenwechsel** zu untersuchen, um die Extremstellen von f zu bestimmen. Eine solche Untersuchung kann aufwendig sein. Es liegt daher nahe, sich nach einem einfacher anzuwendenden Kriterium für Extremstellen umzusehen.
Auf Seite 107 haben wir festgestellt, daß sich aus dem lokalen Trennungssatz S 5.2 für den Sonderfall $f(x_0)=0$ aus der Voraussetzung $f'(x_0)\neq 0$ ein Vorzeichenwechsel der Funktion **f** an der Stelle x_0 ergibt.
Danach kann man auf einen Vorzeichenwechsel von **f'** schließen, wenn man weiß, daß $f'(x_0)=0$ und $f''(x_0)\neq 0$ ist. Dabei bedeutet $f''(x_0)>0$, daß die Funktion f an der Stelle x_0 ein lokales Minimum, $f''(x_0)<0$, daß sie an dieser Stelle ein lokales Maximum hat. Wir vermuten also die Gültigkeit des Satzes

S 5.10 Ist eine Funktion f an einer Stelle x_0 zweimal differenzierbar und gilt

$f'(x_0)=0 \wedge f''(x_0)<0,$	$f'(x_0)=0 \wedge f''(x_0)>0,$

so hat die Funktion f an der Stelle x_0 ein lokales

Maximum.	**Minimum.**

Wir führen den **Beweis** für den Fall eines lokalen Maximums. Wegen $f''(x_0)<0$ gibt es nach Satz S 5.2 eine Umgebung $U(x_0)$, so daß für $x\in U(x_0)$ gilt:

$$x<x_0 \Rightarrow f'(x)>f'(x_0) \quad \text{und} \quad x>x_0 \Rightarrow f'(x)<f'(x_0),$$

wegen $f'(x_0)=0$ also:

$$x<x_0 \Rightarrow f'(x)>0 \quad \text{und} \quad x>x_0 \Rightarrow f'(x)<0.$$

Dies bedeutet, daß die Funktion f' beim Durchgang durch die Stelle x_0 einen Vorzeichenwechsel erfährt; und zwar schneidet der Graph von f' die D-Achse bei x_0 „von oben nach unten" (Bild 5.33). Nach Satz S 5.7 (bzw. S 5.8) liegt bei x_0 daher ein lokales Maximum, q.e.d. Für den Fall des Minimums ist der Beweis entsprechend zu führen (Aufgabe 12).

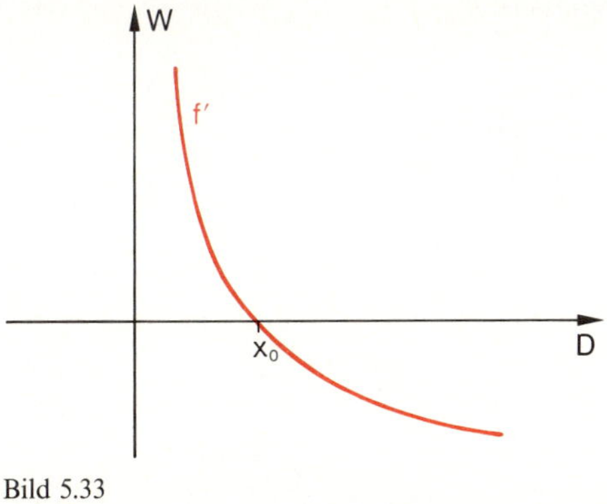

Bild 5.33

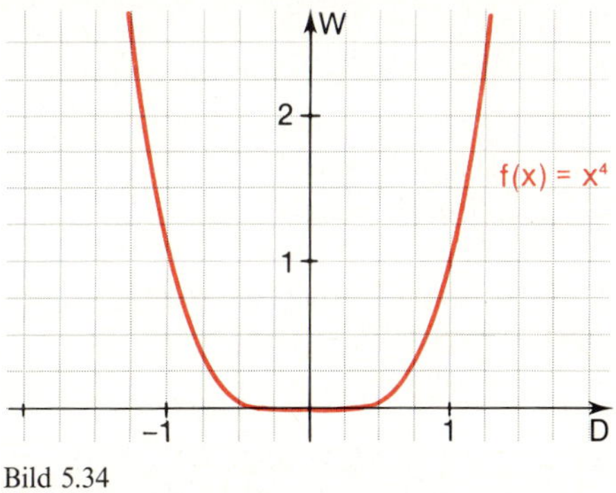

Bild 5.34

Beachte: Die Bedingungen von Satz S 5.10 sind für ein lokales Extremum zwar **hinreichend, aber nicht notwendig**. So hat z. B. die Funktion f zu $f(x)=x^4$ an der Stelle 0 ein lokales Minimum (Bild 5.34); dennoch gilt $f'(x)=4x^3$, also $f'(0)=0$ und $f''(x)=12x^2$, also $f''(0)=0$.

Beispiele:

1) $f(x)=x^3+3x^2-9x+2$; $f'(x)=3x^2+6x-9=3(x^2+2x-3)=3(x-1)(x+3)$ und $f''(x)=6x+6=6(x+1)$.
f' hat die Nullstellen -3 und 1. Es gilt: $f''(-3)=6\cdot(-2)=-12<0$ und $f''(1)=6\cdot 2=12>0$.

Also hat f bei -3 ein Maximum und bei 1 ein Minimum.

2) $f(x)=x^5$; $f'(x)=5x^4$; $f''(x)=20x^3$;

es gilt also: $f'(0)=f''(0)=0$.

Der Satz S 5.10 liefert keine Entscheidung. Auch der Satz S 5.7 ist nicht anwendbar, weil sowohl für $x>0$ wie für $x<0$ gilt: $f'(x)>0$.

Da $f'(x)\geq 0$ ist (für alle $x\in\mathbb{R}$), ist die Funktion nach Satz S 5.4 über $\mathbb{R}$ monoton steigend; sie hat **kein** Extremum. An der Stelle 0 liegt ein „horizontaler Wendepunkt" vor (Bild 5.35).
Mit Wendepunkten werden wir uns im folgenden Abschnitt beschäftigen.

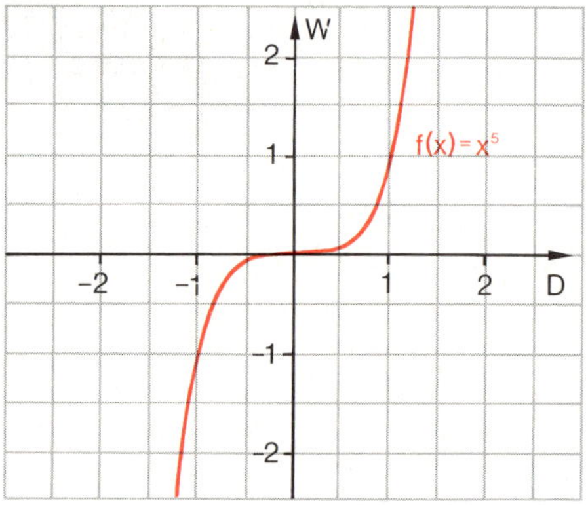

Bild 5.35

13. Oben haben wir am Beispiel der Funktion f zu $f(x)=x^4$ gesehen, daß eine Funktion an einer Stelle x_0 ein Minimum haben kann, wenn $f'(x_0)=f''(x_0)=0$ ist. Bei diesem Beispiel hat die Funktion f'' zu $f''(x)=12x^2$ an der Stelle 0 ebenfalls ein Minimum. Dieser Sachverhalt kann die Vermutung aufkommen lassen, daß sich in einem solchen Fall ein Extremum von f'' bei x_0 auf ein gleichartiges Extremum der Funktion f bei x_0 „überträgt", daß also gilt:

S 5.11 Ist eine Funktion f in einer Umgebung $V(x_0)$ wenigstens zweimal differenzierbar, gilt $f'(x_0)=f''(x_0)=0$ und hat f'' bei x_0 ein lokales Maximum (Minimum), so hat auch f bei x_0 ein lokales Maximum (Minimum).

Beweis: Daß f'' bei x_0 ein lokales Maximum mit $f''(x_0)=0$ hat, bedeutet, daß es eine Umgebung $U(x_0)$ gibt mit $U(x_0)\subseteq V(x_0)$ derart, daß für alle $x\in U(x_0)$ gilt $f''(x)\leq 0$ (Bild 5.36). Die Funktion f' ist daher nach Satz S 5.4 über $U(x_0)$ monoton fallend. Wegen $f'(x_0)=0$ gilt also für $x\in U(x_0)$:

$$x<x_0 \Rightarrow f'(x)\geq 0 \quad \text{und}$$
$$x>x_0 \Rightarrow f'(x)\leq 0 \quad \text{(Bild 5.37).}$$

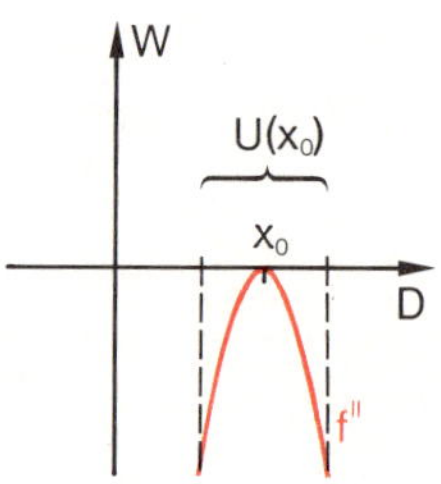

Bild 5.36

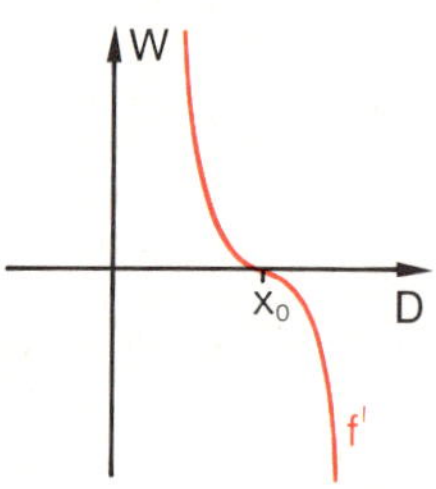

Bild 5.37

Nach Satz S 5.4 ist also die Funktion f für $x<x_0$ monoton steigend, für $x>x_0$ monoton fallend; für alle $x\in U(x_0)$ gilt demnach $f(x)\leq f(x_0)$, d.h. f hat bei x_0 nach Definition D 5.2 ein lokales Maximum, q.e.d.
Für ein lokales Minimum ist der Beweis entsprechend zu führen (Aufgabe 13).

14. Aus den Sätzen S 5.10 und S 5.11 ergibt sich nun unmittelbar die Gültigkeit eines weiteren hinreichenden Kriteriums für lokale Extrema:

S 5.12 Ist eine Funktion f an einer Stelle x_0 wenigstens n-mal differenzierbar und gilt

$$f'(x_0) = f''(x_0) = \ldots = f^{(n-1)}(x_0) = 0 \wedge f^{(n)}(x_0) \neq 0$$

für eine gerade Zahl n mit $n \geq 2$, so hat f an der Stelle x_0 ein lokales

	Maximum,	Minimum
wenn gilt:		
	$f^{(n)}(x_0) < 0.$	$f^{(n)}(x_0) > 0.$

Der **Beweis** soll in Aufgabe 14 erbracht werden.

Beispiel: $f(x) = x^4 \cos x$; $f'(x) = 4x^3 \cos x - x^4 \sin x$;

$f''(x) = 12x^2 \cos x - 8x^3 \sin x - x^4 \cos x$;

$f'''(x) = 24x \cos x - 36x^2 \sin x - 12x^3 \cos x + x^4 \sin x$

$f^{(4)}(x) = 24 \cos x - 96x \sin x - 72x^2 \cos x + 16x^3 \sin x + x^4 \cos x$

Es ist $f(0) = f'(0) = f''(0) = f'''(0) = 0$ und $f^{(4)}(0) = 24 > 0$; daher hat die Funktion f an der Stelle 0 ein lokales Minimum.

Übungen und Aufgaben

1. Zeigen Sie mit Hilfe von Definition D 5.1, daß f an der Stelle x_0 ein absolutes Extremum hat! Prüfen Sie, ob es sich um ein Maximum oder ein Minimum handelt!

a) $f(x) = 2 - (x-3)^2$; $x_0 = 3$ **b)** $f(x) = \frac{1}{1+x^2}$; $x_0 = 0$ **c)** $f(x) = \frac{x^2}{1+x^2}$; $x_0 = 0$

2. Beweisen Sie den Satz S 5.6 für den Fall des Minimums!

3. Beweisen Sie den Satz S 5.6 indirekt mit Hilfe des lokalen Trennungssatzes (S 5.2)!

4. Beweisen Sie den Satz S 5.7 für den Fall des Minimums!

5. a) Erläutern Sie die Eigenschaften der Funktion f zu

$$f(x) = \begin{cases} x^2\left(2 + \sin \frac{1}{x}\right) & \text{für } x \neq 0 \\ 0 & \text{für } x = 0 \end{cases}$$

an Hand von Bild 5.38!

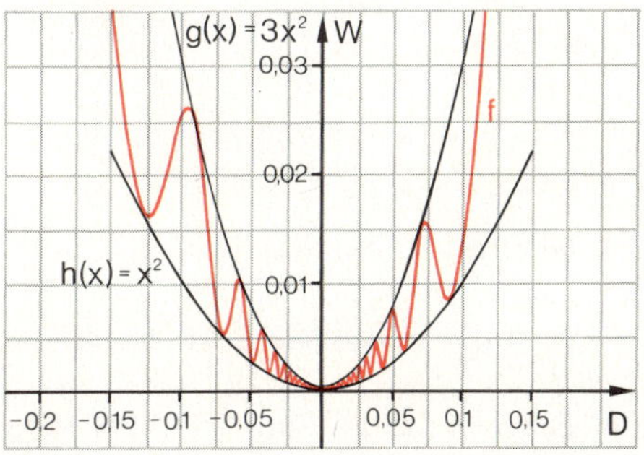

Bild 5.38

b) Zeigen Sie, daß für alle $x \in \mathbb{R}$ gilt: $x^2 \leq f(x) \leq 3x^2$. Folgern Sie daraus, daß f an der Stelle 0 ein absolutes Minimum hat!

c) Bestimmen Sie mit Hilfe von Differenzenquotienten $f'(0)$!
d) Ermitteln Sie mit Hilfe der Ableitungsregeln $f'(x)$ für $x \neq 0$!
e) Bestimmen Sie die Vorzeichen von $f'\left(\frac{1}{n\pi}\right)$ für gerade und für ungerade Zahlen $n \in \mathbb{N}$!
f) Welche Aussagen kann man über das Steigungsverhalten von f in jeder rechtsseitigen und in jeder linksseitigen Umgebung von 0 machen?

6. Bild 5.31 (Seite 119) zeigt den Graphen einer Funktion f, die an der Stelle x_0 nicht differenzierbar ist, deren Ableitungsfunktion f′ beim Durchgang durch die Stelle x_0 aber einen Vorzeichenwechsel erfährt. Begründen Sie anhand dieses Beispiels, daß in solchen Fällen nur dann auf ein Extremum der Funktion f bei x_0 geschlossen werden kann, wenn f dort außerdem stetig ist!

7. Im Beweis für den Satz S 5.8 wird von einer monoton steigenden Zahlenfolge $\langle x_n \rangle$ Gebrauch gemacht, die für zwei Zahlen x und x_0 mit $x < x_0$ den Bedingungen $x < x_n < x_0$ und $\lim\limits_{n \to \infty} x_n = x_0$ genügen soll. Ermitteln Sie wenigstens zwei solche Zahlenfolgen!

8. a) Vervollständigen Sie den Beweis von Satz S 5.8 für den Fall des Maximums!
b) Beweisen Sie den Satz S 5.8 für den Fall des Minimums!

9. Beweisen Sie den Satz S 5.9 für den Fall, daß eine Funktion f
a) streng monoton steigend über $]a; b]$,
b) streng monoton fallend über $[a; b[$ ($]a; b]$) ist!

10. a) Beweisen Sie analog zu Satz S 5.9 den folgenden Satz! Ist eine Funktion f differenzierbar über einem Intervall $[a; b]$ und gilt $f'(x) > 0$ für alle $x \in [a; b]$ bis auf eine Stelle x_0 mit $f'(x_0) = 0$, so ist f über $[a; b]$ streng monoton steigend.
b) Formulieren und beweisen Sie einen entsprechenden Satz für den Fall $f'(x) < 0$!
c) Gelten die Sachverhalte von a) und b) auch, wenn f′ in einem Intervall mehrere Nullstellen hat? Begründung!

11. Untersuchen Sie die folgenden Funktionen mit den Sätzen aus Aufgabe 10 auf Monotonie!
a) $f(x) = x^3$; $D(f) = \mathbb{R}$
b) $f(x) = 3x^5 - 20x^3$; $D(f) = [-2; 2]$
c) $f(x) = 6x^5 - 15x^4 + 10x^3 + 12$; $D(f) = \mathbb{R}$
d) $f(x) = x - \sin x + 1$; $D(f) = [-3\pi; 3\pi]$
e) $f(x) = \tan x - x$; $D(f) = \left]-\frac{\pi}{2}; \frac{\pi}{2}\right[$
f) $f(x) = x + \sin x \cdot \cos x$; $D(f) = [0; 2\pi]$

12. Beweisen Sie den Satz S 5.10 für den Fall des Minimums!

13. Beweisen Sie den Satz S 5.11 für den Fall des Minimums!

14. Beweisen Sie den Satz S 5.12 mit Hilfe der Sätze S 5.10 und S 5.11! Begründen Sie, daß man nicht voraussetzen muß, daß die Funktion $f^{(n-1)}$ in einer Umgebung $U(x_0)$ differenzierbar ist!

15. An welchen Stellen kann nach Satz S 5.6 ein lokales Extremum vorliegen?

a) $f(x)=x(x+4)$ **b)** $f(x)=x^3-12x$ **c)** $f(x)=(x-1)^5$

d) $f(x)=\frac{1}{1+x^2}$ **e)** $f(x)=\frac{x^2}{1+x^2}$ **f)** $f(x)=\cos^2 x$

16. Überprüfen Sie mit Hilfe von Satz S 5.7, ob an den in Aufgabe 15 ermittelten Stellen tatsächlich ein Maximum oder ein Minimum vorliegt!

17. Ermitteln Sie die lokalen Extrema!

a) $f(x)=\frac{1}{3}x^3-x^2-3x$ **b)** $f(x)=x^3-2x^2+x$ **c)** $f(x)=2x^3-3x^2-12x$

d) $f(x)=x^2(1-x^2)$ **e)** $f(x)=x^2(x-4)$ **f)** $f(x)=x^2(4-x)^2$

g) $f(x)=x+\frac{1}{x}$ **h)** $f(x)=\frac{10}{1+x^2}$ **i)** $f(x)=\frac{x^2}{1-x^2}$

j) $f(x)=-\frac{8}{x^2}+\frac{1}{(1-x)^2}$ **k)** $f(x)=\frac{x^2-3x+2}{x^2+3x+2}$ **l)** $f(x)=\frac{x}{x^2+2x+4}$

m) $f(x)=x+\sqrt{1-x}$ **n)** $f(x)=x\cdot\sqrt{1-x}$ **o)** $f(x)=\sin^2 x$

p) $f(x)=\sin x\cdot\cos x$ **q)** $f(x)=2\sin x+\sin 2x$ **r)** $f(x)=2\sin x-2\sin^2 x$

18. Ermitteln Sie die lokalen Extrema!

a) $f(x)=\frac{x}{1+x^2}$ **b)** $f(x)=\frac{x^2-2x+1}{x^2+1}$ **c)** $f(x)=\frac{(x+2)^2}{(x+3)^2}$

d) $f(x)=x\cdot\sqrt{x\cdot(1-x)}$ **e)** $f(x)=x^2\cdot\sqrt{1-x^2}$ **f)** $f(x)=\sqrt[3]{3x^2-x^3}$

g) $f(x)=\sqrt[3]{(x+1)^2}+\sqrt[3]{(x-1)^2}$ **h)** $f(x)=(1-4x^2)\cdot\sqrt{1-x^2}$ **i)** $f(x)=\cos^2 x\cdot\sin 2x$

j) $f(x)=\sin(x^2)$ **k)** $f(x)=\cos^3 x+\sin^3 x;\ x\in[-\pi;\pi]$

19. Ermitteln Sie die lokalen Extrema mit Hilfe von Satz S 5.8!

a) $f(x)=\sqrt[3]{|x|}$ **b)** $f(x)=|\sin x|$ **c)** $f(x)=|\cos x|$

d) $f(x)=|x^2-2x|$ **e)** $f(x)=\sqrt[3]{(x+1)^2}-\sqrt[3]{(x-1)^2}$ **f)** $f(x)=(x+1)^3\cdot\sqrt[3]{x^2}$

g) $f(x)=\arcsin\frac{1-x^2}{1+x^2}$ **h)** $f(x)=\arccos\frac{2x}{1+x^2}$ **i)** $f(x)=\arctan\frac{|x|}{1+x^2}$

20. Bestimmen Sie die lokalen Extrema mit Hilfe von Satz S 5.12!

a) $f(x)=(x+3)^4$ **b)** $f(x)=x^4(3-2x^2)$ **c)** $f(x)=(x-2)^6$

d) $f(x)=x^5-15x^3$ **e)** $f(x)=\sin^4 x$ **f)** $f(x)=\cos^4 x$

21. Bestätigen Sie Satz S 5.11 an den Beispielen a), b) und c) von Aufgabe 20!

22. Untersuchen Sie die Funktionen f und g auf Extrema!

a) $f(x)=\frac{x^2+1}{x};\ g(x)=\left(\frac{x^2+1}{x}\right)^2$ **b)** $f(x)=\frac{x^2-1}{x^2+1};\ g(x)=\left(\frac{x^2-1}{x^2+1}\right)^2$

23. Untersuchen Sie im Anschluß an Aufgabe 22 allgemein, welcher Zusammenhang zwischen den Extremstellen zweier Funktionen f und f^2 besteht mit Hilfe

a) von Definition D 5.1 und Definition D 5.2 und **b)** der Ableitungen von f und f^2!

24. Verfahren Sie wie in Aufgabe 23 mit zwei Funktionen f und $\sqrt{f}$, falls für alle $x \in D(f)$ gilt: $f(x) \geq 0$!

25. Bestimmen Sie die Extrema der Funktionen f_a zu $f_a(x) = \frac{x}{a} + \frac{a}{x}$ (mit $a \neq 0$)! Was fällt Ihnen auf? Erläutern Sie Ihr Ergebnis an den Graphen von f_1 und f_2!

26. Eine ganze rationale Funktion dritten Grades kann zwei Extrema haben oder keins. Untersuchen Sie, welche Bedingungen die Formvariablen im Term $f(x) = ax^3 + bx^2 + cx + d$ für $a > 0$ erfüllen müssen, damit der eine oder der andere Fall vorliegt!

IV. Rechts- und Linkskrümmung von Funktionsgraphen

1. Im I. Abschnitt dieses Paragraphen haben wir bereits erörtert, daß Funktionsgraphen links- und rechtsgekrümmt sein können und daß sich die Aufgabe stellt, diese Eigenschaften rechnerisch zu erfassen.
Zur Vereinfachung der Darstellung beschränken wir uns hierbei auf die Graphen von Funktionen, die über dem betrachteten Intervall differenzierbar sind.

2. In den Bildern 5.39 und 5.40 sind an einigen Punkten einer links- bzw. rechtsgekrümmten Kurve **Tangenten** eingezeichnet. Man erkennt, daß die **Tangenten** – vom Berührpunkt $P(a \mid f(a))$ abgesehen – bei

linksgekrümmten Kurven unterhalb	rechtsgekrümmten Kurven oberhalb

der Kurve verlaufen. Ist t_a die Tangentenfunktion zu einer Stelle a, so gilt also für $x \neq a$

$\mathbf{t_a(x) < f(x).}$	$\mathbf{t_a(x) > f(x).}$

Man kann diese Bedingungen zur Definition der Begriffe Rechts- und Linkskrümmung verwenden.

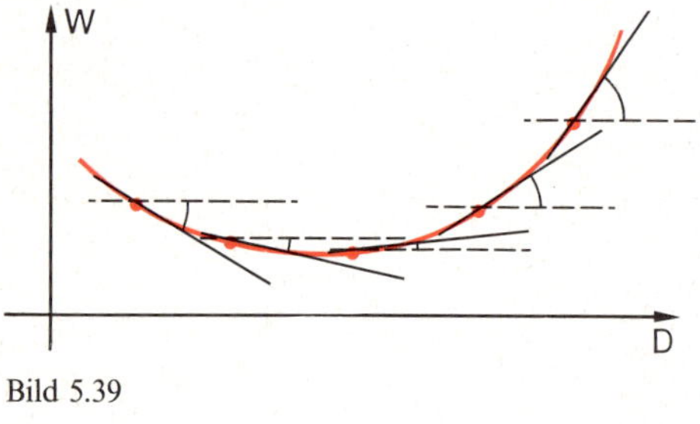

Bild 5.39

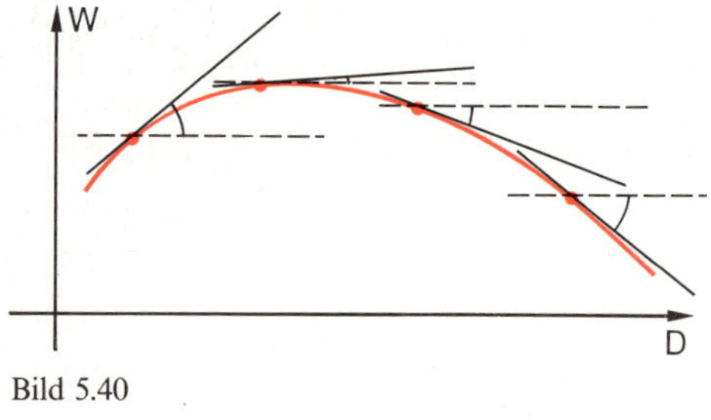

Bild 5.40

3. In Bild 5.39 erkennt man ferner, daß die Tangenten an einem linksgekrümmten Funktionsgraphen beim Durchlaufen in Richtung wachsender x-Werte eine „Linksdrehung" erfahren, daß die Steigung dieser Tangenten, also die Funktion f′ ständig zunimmt, während bei rechtsgekrümmten Kurven (Bild 5.40) die Tangentensteigung, also die Funktion f′, ständig abnimmt. Da wir im II. Abschnitt bereits einige Sätze zum Steigen bzw. Fallen einer Funktion hergeleitet haben, liegt es nahe, diesen Sachverhalt zur Definition der Begriffe Rechts- und Linkskrümmung zu benutzen; denn dann können wir die fraglichen Sätze unmittelbar beim Krümmungsbegriff anwenden.

D 5.3 Der Graph einer über einem Intervall A differenzierbaren Funktion f heißt über A

„linksgekrümmt“	„rechtsgekrümmt“

genau dann, wenn die Ableitungsfunktion f′ über A streng monoton

steigt.	fällt.

Bemerkung: In Aufgabe 2 soll gezeigt werden, daß die Bedingungen von Definition D 5.3 äquivalent sind zu den unter 2. genannten Bedingungen $t_a(x) < f(x)$ bzw. $t_a(x) > f(x)$ (für $x \neq a$).

4. Ist eine Funktion f über A sogar zweimal differenzierbar, so kann man den Satz S 5.3 auf die Ableitungsfunktion f′ anwenden und erhält dadurch den Satz

S 5.13 Ist eine Funktion f über einem Intervall A zweimal differenzierbar und gilt für alle $x \in A$

$f''(x) > 0$,	$f''(x) < 0$,

so ist der Graph von f über A

linksgekrümmt.	rechtsgekrümmt.

Der Beweis soll in Aufgabe 3 geführt werden. Die Bilder 5.41 und 5.42 zeigen den Zusammenhang zwischen den Graphen f, f′ und f″ an zwei charakteristischen Beispielen.

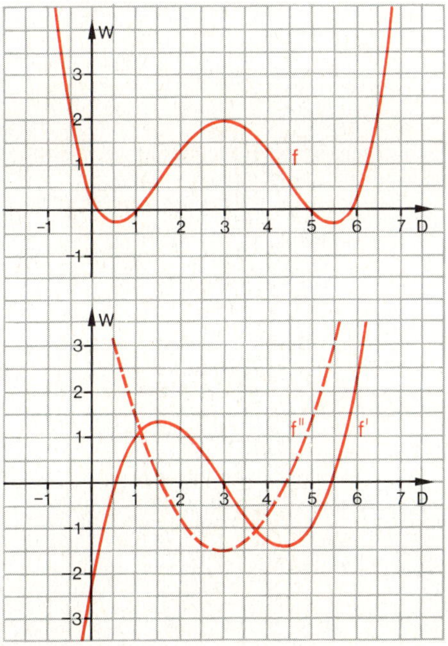

Bild 5.41

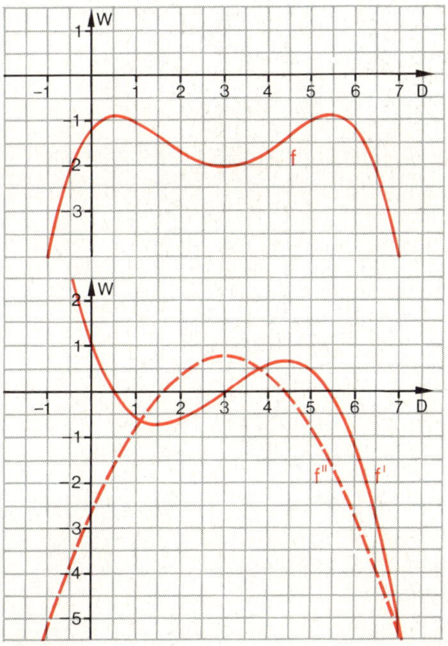

Bild 5.42

Beispiel: $f(x)=2x^2+5;\ f'(x)=4x;\ f''(x)=4>0$

Der Graph von f ist also überall linksgekrümmt.
Allgemein gilt für ganze rationale Funktionen 2. Grades:

$$f(x)=ax^2+bx+c;\ f'(x)=2ax+b;\ f''(x)=2a \gtrless 0, \quad \text{wenn } a \gtrless 0 \text{ ist.}$$

Daher hat jede solche Funktion über $\mathbb{R}$ ein einheitliches Krümmungsverhalten.

Übungen und Aufgaben

1. Im Lehrtext ist unter 2. erläutert, daß der Graph einer Funktion f linksgekrümmt (rechtsgekrümmt) ist, wenn die Tangenten (von den Berührpunkten abgesehen) ganz unterhalb (oberhalb) des Graphen verlaufen. Erläutern Sie diese Erklärung an den Graphen folgender Funktionen!

a) $f(x)=x^2$ **b)** $f(x)=2-x^2$ **c)** $f(x)=\sqrt{x-1}$ **d)** $f(x)=\sqrt{1-x^2}$

2. Zeigen Sie, daß die Bedingungen für Links- bzw. für Rechtskrümmung des Funktionsgraphen einer über einem Intervall A differenzierbaren Funktion f von Definition D 5.3 äquivalent sind zu den Bedingungen, daß die Tangenten (vom Berührpunkt abgesehen) im Intervall A unterhalb bzw. oberhalb des Graphen von f verlaufen!

Anleitung: a) Zeigen Sie: Ist t_a die Tangente im Punkte $P_a(a|f(a))$ (mit $a \in A$) und ist f' über A streng monoton steigend, dann gilt für die Funktion d zu $d(x)=f(x)-t_a(x)$ für alle $x \in A$ mit $x \neq a$: $d(x)>0$!

b) Zeigen Sie umgekehrt: Sind t_a und t_b die Tangenten in zwei Punkten $P_a(a|f(a))$ und $P_b(b|f(b))$ (mit $a, b \in A$), dann gilt für $x \in A$:

$$t_a(x)<f(x) \wedge a<x \Rightarrow f'(a)<\frac{f(x)-f(a)}{x-a} \quad \text{und} \quad t_b(x)<f(x) \wedge x<b \Rightarrow \frac{f(b)-f(x)}{b-x}<f'(b)$$

und somit $a<b \Rightarrow f'(a)<f'(b)$!

c) Führen Sie die entsprechenden Beweise für den Fall der Rechtskrümmung!

3. Beweisen Sie den Satz S 5.13!

4. In welchen Intervallen sind die Funktionsgraphen links- bzw. rechtsgekrümmt?

a) $f(x)=x^2$ **b)** $f(x)=\frac{1}{x}$ **c)** $f(x)=\sqrt{x+2}$ **d)** $f(x)=\frac{1}{x^2}$

e) $f(x)=x^2(x-9)$ **f)** $f(x)=\frac{10}{1+x^2}$ **g)** $f(x)=\sqrt{|x|}$ **h)** $f(x)=\frac{1}{|x-1|}$

i) $f(x)=\sin x$ **j)** $f(x)=\arcsin x$ **k)** $f(x)=\arctan x$ **l)** $f(x)=\operatorname{arccot}\frac{1}{x}$

5. a) Erläutern Sie den folgenden Satz an Hand eines Bildes! Ist der Graph einer differenzierbaren Funktion f über einem Intervall A linksgekrümmt, dann gilt für alle $x_1, x_2 \in A$: $f(\frac{x_1+x_2}{2}) \leq \frac{1}{2}[f(x_1)+f(x_2)]$.

b) Beweisen Sie den Satz! **Anleitung:** Bestimmen Sie die Extrema der Funktion g zu $g(x)=\frac{1}{2}[f(x)+f(a)]-f(\frac{x+a}{2})$ und benutzen Sie, daß f′ nach Definition D 5.3 über A streng monoton ist!

c) Formulieren, erläutern und beweisen Sie einen entsprechenden Satz für Funktionen mit rechtsgekrümmten Funktionsgraphen!

6. a) Wenden Sie den Satz von Aufgabe 5a) auf die Funktion f zu $f(x)=\frac{1}{x}$ für $x>0$ an!

b) Zeigen Sie, daß für zwei positive Zahlen a, b das harmonische Mittel $\frac{2}{\frac{1}{a}+\frac{1}{b}}$ höchstens so groß ist wie das arithmetische Mittel dieser Zahlen!

7. a) Wenden Sie den Satz von Aufgabe 5c) auf die Funktion f zu $f(x)=\sqrt{x}$ an!

b) Setzen Sie $x_1=a^2$ und $x_2=b^2$. Es ergibt sich, daß das arithmetischen Mittel zweier Zahlen a, b höchstens so groß ist, wie das „quadratische Mittel“ dieser Zahlen.

8. Beweisen Sie mit Hilfe von Satz S 5.4 die folgenden Sätze!

a) Ist eine Funktion f über einem Intervall A differenzierbar und gilt $f'(x)=0$ für alle $x \in A$, dann ist f über A konstant.

b) Ist eine Funktion f über einem Intervall A differenzierbar und gilt $f'(x)=c$ für alle $x \in A$ (mit $c \in \mathbb{R}$), dann ist f eine über A lineare Funktion.

Anleitung: Betrachten Sie die Funktion g zu $g(x)=f(x)-cx$ und wenden Sie den Satz von a) an!

9. a) Beweisen Sie den folgenden Satz! Liegt für alle $x_1, x_2 \in A$ die Sehne mit den Endpunkten $P_1(x_1|f(x_1))$ und $P_2(x_2)|f(x_2)$ oberhalb des Graphen einer über A differenzierbaren Funktion f, so ist dieser linksgekrümmt (Bild 5.43)!

Anleitung: Drücken Sie die Gleichung der Geraden durch P_1 und P_2 in doppelter Weise mit Hilfe der Punkt-Steigungs-Form aus! Zeigen Sie dann, daß für alle $x \in]x_1; x_2[$ gilt:

$$\frac{f(x)-f(x_1)}{x-x_1} < \frac{f(x_2)-f(x_1)}{x_2-x_1} < \frac{f(x_2)-f(x)}{x_2-x}$$

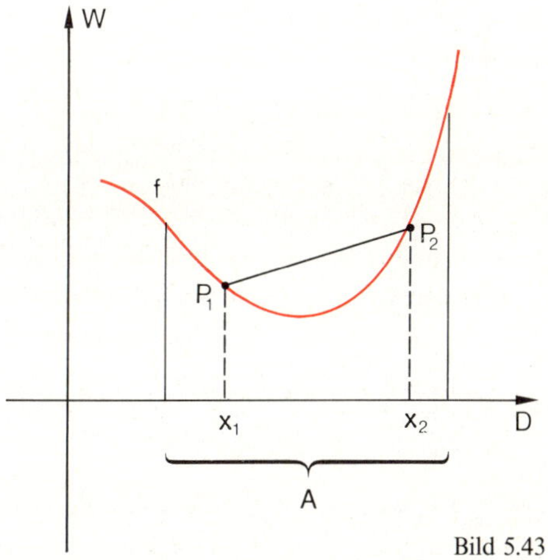

Bild 5.43

und folgern Sie daraus zunächst: $f'(x_1) \leq f'(x_2)$! Begründen Sie, daß aus $f'(x_1)=f'(x_2)$ folgen würde, daß f′ über $[x_1; x_2]$ konstant und f nach dem Satz von Aufgabe 8b) – im Widerspruch zur Voraussetzung – über $[x_1; x_2]$ linear wäre!

b) Formulieren und beweisen Sie einen entsprechenden Satz für rechtsgekrümmte Funktionsgraphen!

V. Wendepunkte

1. Beim Funktionsgraphen des zweiten Beispiels von Seite 122 haben wir einen Punkt besonderer Art kennengelernt, einen sogenannten **„Wendepunkt"**. Darunter versteht man einen Punkt, in dem die Kurve ihre Krümmungsrichtung ändert.

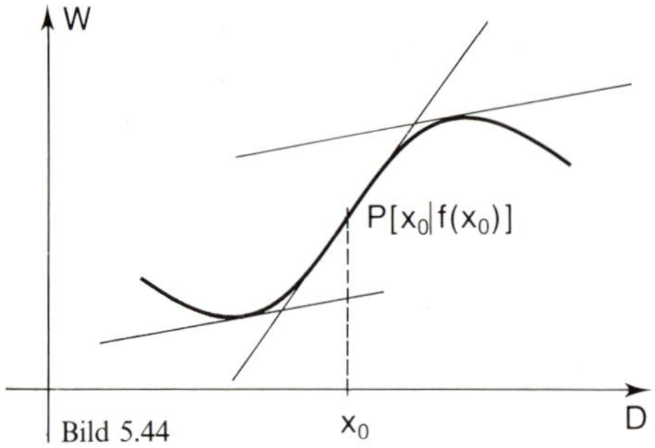

Bild 5.44

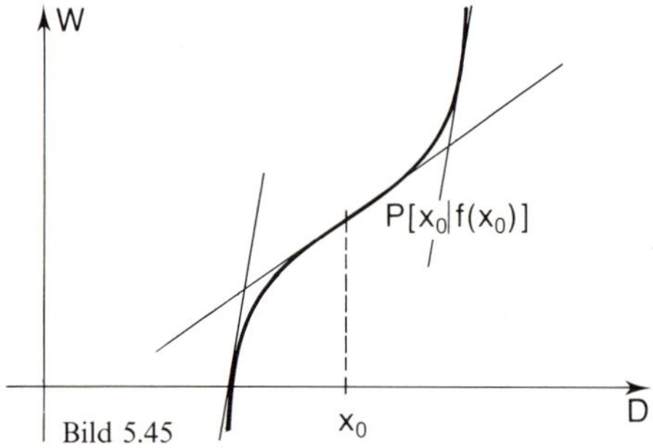

Bild 5.45

Bild 5.44 zeigt einen Funktionsgraphen, der beim Durchlaufen in Richtung wachsender x-Werte im Punkt $P(x_0 | f(x_0))$ von der „Linkskrümmung" in die „Rechtskrümmung" übergeht. Beim Graphen von Bild 5.45 ist es gerade umgekehrt: hier geht die Kurve beim Durchgang durch P von der Rechtskrümmung in die Linkskrümmung über. Wir definieren:

D 5.4 Eine Stelle $x_0 \in D(f)$ heißt „Wendestelle" der Funktion f genau dann, wenn der Graph von f an der Stelle x_0 sein Krümmungsverhalten wechselt.

Eine Wendestelle liegt also vor, wenn die folgenden Bedingungen erfüllt sind:

1) Es gibt eine Umgebung $U(x_0)$, in der die Funktion f differenzierbar ist.

2) Es gibt zwei Zahlen a, $b \in U(x_0)$, so daß der Graph von f über $[a; x_0[$ linksgekrümmt (bzw. rechtsgekrümmt) und über $]x_0; b]$ rechtsgekrümmt (bzw. linksgekrümmt) ist.

2. Nach den Definitionen D 5.3 und D 5.4 hat eine über einem Intervall A differenzierbare Funktion f an einer Stelle $x_0 \in D(f)$ genau dann eine Wendestelle, wenn f'

für $x < x_0$ streng monoton steigt (bzw. fällt) und
für $x > x_0$ streng monoton fällt (bzw. steigt).

Ist die Funktion f sogar zweimal differenzierbar, so ist der Funktionsgraph nach Satz S 5.13 über einem Intervall A **linksgekrümmt**, wenn für alle $x \in A$ gilt $\mathbf{f''(x) > 0}$, **rechtsgekrümmt**, wenn für alle $x \in A$ gilt $\mathbf{f''(x) < 0}$. Daher ist x_0 eine Wendestelle einer zweimal differenzierbaren Funktion f, wenn die zweite Ableitungsfunktion beim Durchgang durch x_0 einen Vorzeichenwechsel erfährt. Es gilt der Satz:

S 5.14 Wenn es bei einer zweimal differenzierbaren Funktion f eine Umgebung $U(x_0)$ gibt, so daß für $x \in U(x_0)$ gilt:

$$x < x_0 \Rightarrow f''(x) > 0 \quad \text{und} \quad x > x_0 \Rightarrow f''(x) < 0$$

oder

$$x < x_0 \Rightarrow f''(x) < 0 \quad \text{und} \quad x > x_0 \Rightarrow f''(x) > 0,$$

dann ist x_0 eine Wendestelle der Funktion f.

Beachte, daß die Bedingungen von Satz S 5.14 für eine Wendestelle nur hinreichend, aber nicht notwendig sind!

Beispiele:

1) $f(x)=x^3-2$; $f'(x)=3x^2$; $f''(x)=6x$;

für $x<0$ gilt: $f''(x)<0$; für $x>0$ gilt $f''(x)>0$; daher hat die Funktion f an der Stelle 0 eine Wendestelle (Bild 5.46).

2) $f(x)=\sin x$; $f'(x)=\cos x$; $f''(x)=-\sin x$.

Demnach sind alle Nullstellen der Sinusfunktion, also alle Stellen x_n mit $x_n=n\pi$ (für $n\in\mathbb{Z}$) auch Wendestellen der Funktion (Aufgabe 1).

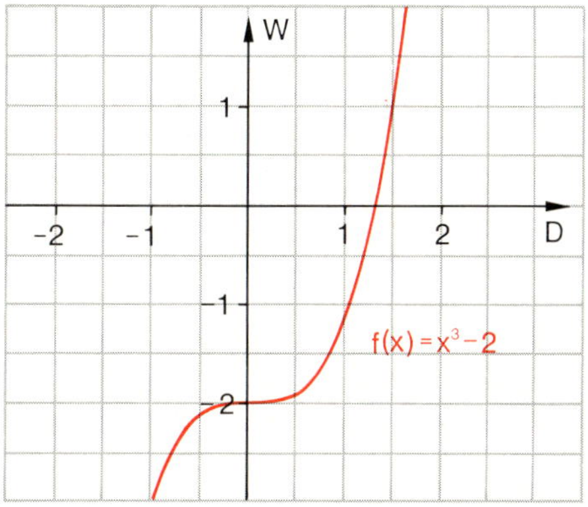

Bild 5.46

3. Aus Satz S 5.8 ergibt sich, daß die Ableitungsfunktion f′ an der Stelle x_0 ein **lokales Extremum** hat, wenn die Bedingungen von Definition D 5.4 erfüllt sind, wenn x_0 also eine Wendestelle der Funktion f ist.
Da die Bedingungen von Satz S 5.8 nur hinreichend, aber nicht notwendig für ein Extremum sind, läßt sich **nicht** sagen, daß eine Extremstelle von f′ stets auch eine Wendestelle von f sein müßte. Es gilt der Satz

S 5.15 Ist eine Stelle x_0 eine Wendestelle einer zweimal differenzierbaren Funktion f, so ist sie auch eine Extremstelle der Ableitungsfunktion f′.

Beachte, daß die Umkehrung von Satz S 5.15 **nicht** gilt!

4. Aufgrund von Satz S 5.15 überträgt sich der Satz S 5.6, den wir für Extremstellen bewiesen haben, auf Wendestellen, wenn man die Ordnung der Ableitung um 1 erhöht.

S 5.16 Ist x_0 eine Wendestelle einer bei x_0 zweimal differenzierbaren Funktion f, so gilt $f''(x_0)=0$.

5. Dem Satz S 5.10 entspricht ebenfalls ein Satz für Wendestellen, nämlich der Satz

S 5.17 Gilt für eine an einer Stelle x_0 dreimal differenzierbaren Funktion f

$$f''(x_0)=0 \wedge f'''(x_0)\neq 0, \text{ so ist } x_0 \text{ eine Wendestelle von f.}$$

Beweis: Aus $f''(x_0)=0 \wedge f'''(x_0)\neq 0$ ergibt sich nach Satz S 5.2, daß die Funktion f″ beim Durchgang durch die Stelle x_0 einen Vorzeichenwechsel erfährt. Begründe dies im einzelnen (Aufgabe 2)! Dies aber bedeutet nach Satz S 5.14, daß x_0 eine Wendestelle von f ist, q.e.d.

Bemerkung: Gilt überdies noch $f'(x_0)=0$, so nennt man den Punkt $P(x_0 \mid f(x_0))$ einen **„horizontalen Wendepunkt“**. Wir behandeln einige

Beispiele:

1) $f(x)=x^3-5x+2;\ f'(x)=3x^2-5;\ f''(x)=6x;\ f'''(x)=6$

Es gilt: $f''(x)=0 \Rightarrow x=0$. Da $f'''(0)\neq 0$ ist, ist der Punkt $P(0|2)$ ein Wendepunkt des Funktionsgraphen. Einen anderen Wendepunkt hat die Kurve nicht.

2) $f(x)=x^5+10;\ f'(x)=5x^4;\ f''(x)=20x^3;\ f'''(x)=60x^2$.

Es gilt: $f''(x)=0 \Rightarrow x=0$. Da $f'''(0)=0$ ist, kann die Entscheidung, ob es sich um einen Wendepunkt handelt oder nicht, mit Hilfe von Satz S 5.17 nicht herbeigeführt werden. Es gilt aber:

$$x>0 \Rightarrow f''(x)>0 \quad \text{und} \quad x<0 \Rightarrow f''(x)<0;$$

daher ist 0 nach Satz S 5.14 eine Wendestelle von f; wegen $f'(0)=0$ handelt es sich sogar um eine horizontale Wendestelle.

6. Den Sätzen S 5.11 und S 5.12 entsprechen schließlich die Sätze

S 5.18 **Ist eine Funktion f in einer Umgebung $V(x_0)$ wenigstens dreimal differenzierbar, gilt $f''(x_0)=f'''(x_0)=0$ und hat f'' bei x_0 eine Wendestelle, so hat auch f bei x_0 eine Wendestelle.**

S 5.19 **Ist eine Funktion f an einer Stelle x_0 wenigstens n-mal differenzierbar und gilt**

$$f''(x_0)=f'''(x_0)=\ldots=f^{(n-1)}(x_0)=0 \wedge f^{(n)}(x_0)\neq 0$$

für eine ungerade Zahl n mit $n\geq 3$, so hat f bei x_0 eine Wendestelle.

Die Beweise sollen in den Aufgaben 3 und 5b erbracht werden.

Beispiel: $f(x)=(x-1)^5$; $f'(x)=5(x-1)^4$; $f''(x)=20(x-1)^3$; $f'''(x)=60(x-1)^2$; $f^{(4)}(x)=120(x-1)$; $f^{(5)}(x)=120$. Es ist also $f(1)=f'(1)=f''(1)=f'''(1)=f^{(4)}(1)=0$ und $f^{(5)}(1)\neq 0$; daher hat f an der Stelle 1 eine Wendestelle.

Übungen und Aufgaben

1. Begründen Sie, daß die Nullstellen der Sinusfunktion zugleich Wendestellen sind!

2. Begründen Sie ausführlich die einzelnen Schritte im Beweis von Satz S 5.17!

3. Beweisen Sie den Satz S 5.18!

Anleitung: Begründen Sie, daß in einer Umgebung $U(\not{x}_0)$ gilt: $f'''(x)\neq 0$ und daß sich daraus ein Vorzeichenwechsel von f'' beim Durchgang durch die Stelle x_0 ergibt!

4. Beweisen Sie mit Hilfe der Definitionen D 5.3 und D 5.4: Hat eine Funktion f bei x_0 eine Wendestelle, so durchsetzt die Tangente im Punkt $P_0(x_0|f(x_0))$ den Funktionsgraphen!

5. **a)** Bestätigen Sie die Aussage von Satz S 5.18 für $f(x)=(x-3)^5$ und $f(x)=x^7$!
b) Beweisen Sie den Satz S 5.19 mit Hilfe der Sätze S 5.17 und S 5.18!

6. Bestimmen Sie jeweils die Wendestellen!
a) $f(x)=x^3-2$ **b)** $f(x)=(x-2)^3$ **c)** $f(x)=x^3-18x^2+27x+10$
d) $f(x)=x^4-2x^3$ **e)** $f(x)=\frac{1}{20}x^5-4x^2+12x$ **f)** $f(x)=x^4-24x^2+64x$
g) $f(x)=x^3-6x^2+4$ **h)** $f(x)=x^3-x$ **i)** $f(x)=\dfrac{1}{1+x^2}$
j) $f(x)=\dfrac{x}{1+x^2}$ **k)** $f(x)=\frac{1}{12}x^4-2x^2$ **l)** $f(x)=\frac{1}{20}x^5-\frac{8}{3}x^3$
m) $f(x)=\sin x-\frac{1}{4}x^2$ **n)** $f(x)=\tan x$ **o)** $f(x)=\frac{1}{4}x^2+\cos x$
p) $f(x)=\arcsin x$ **q)** $f(x)=\arctan x$ **r)** $f(x)=\arcsin\sqrt{x}$

7. Untersuchen Sie die Funktionen zu $f(x)=\frac{1}{n}x^n+\sin x$ für $n=1$ und 2 auf Wendestellen!

8. **a)** Beweisen Sie, daß jede Funktion f zu $f(x)=ax^3+bx^2+cx+d$ genau eine Wendestelle hat, wenn $a\neq 0$ ist!
b) Untersuchen Sie, unter welchen Bedingungen eine horizontale Wendestelle vorliegt! Geben Sie ein Beispiel an!
c) Zeigen Sie, daß die Tangente im Wendepunkt jeder Funktion f zu $f(x)=ax^3+bx^2+cx+d$ keinen weiteren Punkt mit dem Graphen von f gemeinsam hat!
d) Zeigen Sie, daß der Graph von f stets punktsymmetrisch bezüglich des Wendepunktes ist (Bild 5.47)!

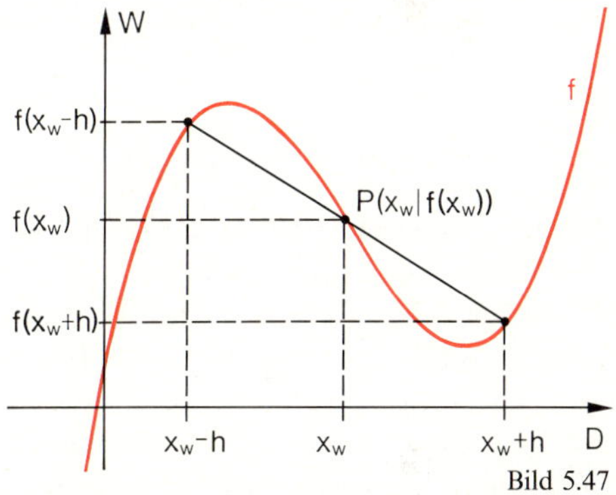

Bild 5.47

9. Suchen Sie ein Beispiel für eine Funktion f, die bei $x_0=0$ einen Wendepunkt hat, für die aber $f'''(0)=0$ ist! Was zeigt ein solches Beispiel?

10. Zeigen Sie, daß der Graph jeder Funktion zu $f(x)=(ax-b)^{2n-1}+c$ für $n\in\mathbb{N}^{\geq 2}$ und $a\neq 0$ bei $x_0=\dfrac{b}{a}$ einen horizontalen Wendepunkt hat! Wie verläuft der Graph?

11. Untersuchen Sie, wieviel Wendestellen eine Funktion f zu $f(x)=ax^4+bx^3+cx^2+dx+e$ (mit $a\in\mathbb{R}^{+0}$) haben kann! Geben Sie für jede Möglichkeit ein Beispiel an!

12. Untersuchen Sie jeweils, welche Eigenschaften die Funktion f an der Stelle 0 hat!
a) $f(x)=x^5$ **b)** $f(x)=x^3(x^2-10)$ **c)** $f(x)=\sin^3 x$ **d)** $f(x)=x^3\cos x$

13. Untersuchen Sie, welche Eigenschaften die Funktion f an der Stelle x_0 hat!
a) $f(x)=x^2(x-3)^5$; $x_0=3$ **b)** $f(x)=x\cdot(x-2)^6$; $x_0=2$
c) $f(x)=|x^2-2x|$; $x_0=2$ **d)** $f(x)=|x|\cdot(x-1)$; $x_0=0$

§ 6 Funktionsdiskussion

I. Allgemeine Gesichtspunkte der Funktionsdiskussion

1. Bei der Funktionsdiskussion spielen – außer den im vorigen Paragraphen dargestellten Hilfsmitteln der Differentialrechnung – auch einige allgemeine Gesichtspunkte eine wichtige Rolle. Auf diese Gesichtspunkte gehen wir im folgenden kurz ein.
Eine zu diskutierende Funktion f wird in der Regel durch ihren Funktionsterm f(x) gegeben sein. Wenn die Definitionsmenge nicht zusätzlich angegeben ist, dann verstehen wir unter der **Definitionsmenge** D(f) einer durch einen Term f(x) gegebenen Funktion f in diesem Buch die umfassendste Teilmenge von $\mathbb{R}$, für die der Funktionsterm definiert ist.

Beispiel: $f(x)=\frac{3x+2}{(x+1)(x-2)}$

Der Funktionsterm ist nur für die Zahlen -1 und 2 nicht definiert; daher ist $D(f)=\mathbb{R}\setminus\{-1;2\}$.

2. Die Wertemenge W(f) ist in vielen Fällen dem Funktionsterm f(x) nicht unmittelbar zu entnehmen. Es kann aber sein, daß die gegebene Funktion nach oben oder nach unten oder nach beiden Seiten **„beschränkt"** ist. Zum Beispiel gilt bei der Sinusfunktion für alle $x\in\mathbb{R}$:

$$-1\leq \sin x\leq 1.$$

Die Zahl -1 ist sogar die größte untere Schranke, die Zahl 1 die kleinste obere Schranke der Wertemenge; daher gilt für die Sinusfunktion

$$W(\sin)=[-1;1].$$

Allgemein definieren wir für eine Funktion f und eine Menge M mit $M\subseteq D(f)$:

D 6.1 1) Eine Funktion f heißt

„nach unten beschränkt über M"	**„nach oben beschränkt über M"**

genau dann, wenn es eine Zahl

S_u („untere Schranke")	**S_o („obere Schranke")**

gibt, so daß für alle $x\in M$ gilt

$f(x)\geq S_u$.	**$f(x)\leq S_o$.**

2) Eine Funktion f heißt „beschränkt über M" genau dann, wenn sie über M nach unten und nach oben beschränkt ist, wenn es also eine Zahl S gibt, so daß für alle $x\in M$ gilt: $|f(x)|\leq S$.

Ist $M=D(f)$, so sagt man kurz „f ist (nach unten, nach oben) beschränkt".

Beispiele:

1) $f(x)=\frac{1}{x^2}$; es ist $D(f)=\mathbb{R}^{\neq 0}$; für alle $x \in D(f)$ gilt: $\frac{1}{x^2}>0$.

Die Zahl 0 ist also eine untere Schranke der Funktion; sie ist sogar die größte untere Schranke der Funktion.
Nach oben ist diese Funktion nicht beschränkt. Daher gilt: $W(f)=\mathbb{R}^{>0}$ (Bild 6.1).

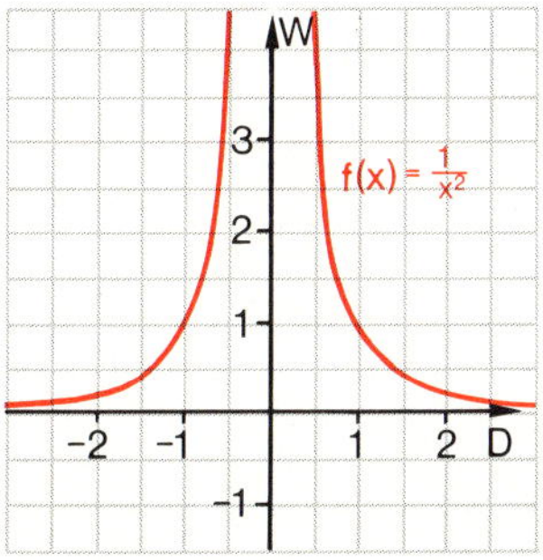

Bild 6.1

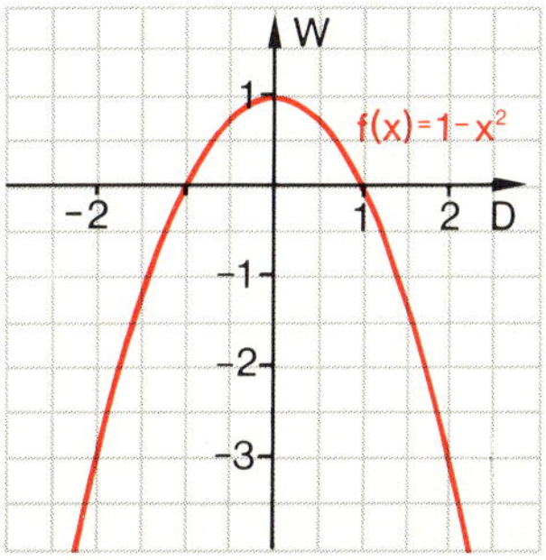

Bild 6.2

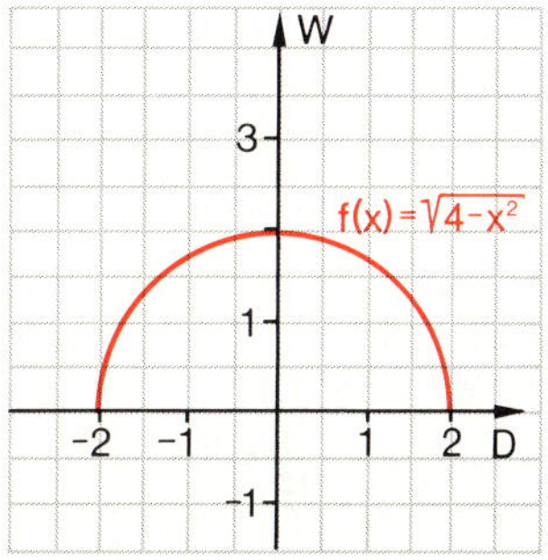

Bild 6.3

2) $f(x)=1-x^2$; es ist $D(f)=\mathbb{R}$; für alle $x \in \mathbb{R}$ gilt: $1-x^2 \leq 1$.

Die Zahl 1 ist also eine obere Schranke der Funktion, sie ist sogar die kleinste obere Schranke; da die Funktion nach unten nicht beschränkt ist, gilt $W(f)=\mathbb{R}^{\leq 1}$ (Bild 6.2).

3) $f(x)=\sqrt{4-x^2}$;
es ist $D(f)=[-2; 2]$; für alle $x \in D(f)$ gilt: $0 \leq \sqrt{4-x^2} \leq 2$.

Die Zahl 0 ist sogar die größte untere, die Zahl 2 die kleinste obere Schranke von f; daher ist $W(f)=[0; 2]$ (Bild 6.3).

Bemerkung: Auf die Begriffe „größte untere Schranke" und „kleinste obere Schranke" werden wir in § 9 in anderen Zusammenhängen näher eingehen.

3. Den besten Überblick über die wichtigsten Eigenschaften einer Funktion gibt in aller Regel der **Funktionsgraph** in einem kartesischen Koordinatensystem. Ziel der Funktionsdiskussion ist es daher, auf möglichst einfache Weise den Graphen der zu diskutierenden Funktion zu bestimmen.
Um den Graphen einer Funktion zeichnen zu können, ist es zweckmäßig, einige markante Punkte des Graphen zu ermitteln. Dazu gehören nicht zuletzt die Schnittpunkte mit den beiden Koordinatenachsen.

1) Der Schnittpunkt mit der W-Achse ist gegeben durch den Funktionswert f(0).

2) Die Schnittpunkte mit der D-Achse müssen der Gleichung $f(x)=0$ genügen; man nennt die Lösungen dieser Gleichungen daher die **„Nullstellen"** der betreffenden Funktion.

Beispiel: $f(x) = x^2 + 2x - 3$

1) Es ist $f(0) = -3$; also schneidet der Funktionsgraph die W-Achse im Punkte $P(0 \mid -3)$.

2) $x^2 + 2x - 3 = 0 \Leftrightarrow (x-1)(x+3) = 0 \Leftrightarrow x = 1 \vee x = -3$

Schnittpunkte des Funktionsgraphen mit der D-Achse sind also die Punkte $Q(1 \mid 0)$ und $R(-3 \mid 0)$ (Bild 6.4).

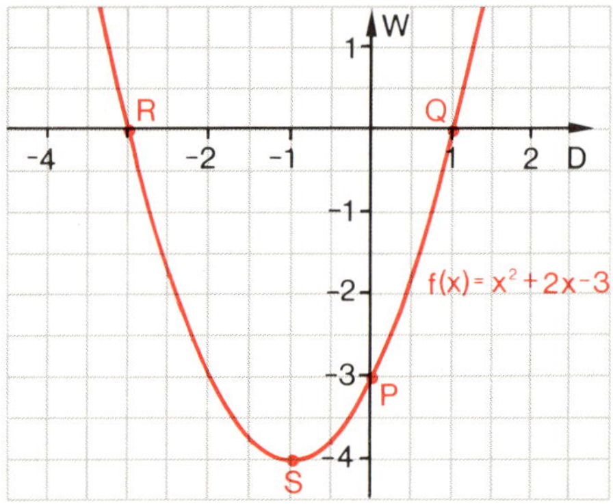

Bild 6.4

4. Ein weiterer Gesichtspunkt für die Funktionsdiskussion ist die Frage nach etwaigen Symmetrieeigenschaften des Funktionsgraphen.

1) Wenn für alle $x \in D(f)$ gilt $f(-x) = f(x)$, handelt es sich um eine **„gerade Funktion"**; der Graph ist dann achsensymmetrisch gegenüber der W-Achse.

Beispiel: $f(x) = \cos x$; für alle $x \in \mathbb{R}$ gilt: $\cos(-x) = \cos x$.

2) Wenn für alle $x \in D(f)$ gilt $f(-x) = -f(x)$, handelt es sich um eine **„ungerade Funktion"**; der Graph ist dann punktsymmetrisch bezüglich des Nullpunktes.

Beispiel: $f(x) = \frac{5x}{x^2+2}$; für alle $x \in \mathbb{R}$ gilt: $f(-x) = \frac{5(-x)}{(-x)^2+2} = -\frac{5x}{x^2+2} = -f(x)$;

es handelt sich also um eine ungerade Funktion.

Bemerkung: In beiden Fällen wird vorausgesetzt, daß die Definitionsmenge der Funktion symmetrisch gegenüber dem Nullpunkt ist.
Beachte, daß viele Funktionen weder gerade noch ungerade sind!

5. Bedeutsam ist schließlich die Frage, wie eine Funktion sich für – absolut genommen – „große" Werte von x verhält. Analog zum Grenzwertbegriff für Zahlenfolgen haben wir also Grenzwertbegriffe mit den Bedingungen $x \to -\infty$ bzw. $x \to \infty$ zu definieren.

D 6.2 Ist die Definitionsmenge D(f) einer Funktion f

linksseitig	**rechtsseitig**

unbegrenzt, so heißt eine Zahl g „Grenzwert der Funktion f für

$x \to -\infty$"	$x \to \infty$"

genau dann, wenn es zu jeder Zahl $\varepsilon \in \mathbb{R}^{>0}$ eine Zahl $X(\varepsilon) \in \mathbb{R}$ gibt, so daß gilt:

$x < X(\varepsilon) \Rightarrow \lvert g - f(x) \rvert < \varepsilon$.	$x > X(\varepsilon) \Rightarrow \lvert g - f(x) \rvert < \varepsilon$.

Man schreibt:

„$\lim\limits_{x \to -\infty} f(x) = g$".	„$\lim\limits_{x \to \infty} f(x) = g$".

Beispiel: $f(x)=\frac{x+1}{x}$; es ist $D(f)=\mathbb{R}^{+0}$; die Funktion ist also linksseitig wie rechtsseitig unbegrenzt definiert. Wir behaupten: $\lim_{x\to-\infty}\frac{x+1}{x}=1$ und auch $\lim_{x\to\infty}\frac{x+1}{x}=1$ (Bild 6.5).

Beweis: Für $x \neq 0$ gilt:

$$\left|1-\frac{x+1}{x}\right|=\left|-\frac{1}{x}\right|=\begin{cases}-\frac{1}{x} & \text{für } x<0\\ \frac{1}{x} & \text{für } x>0\end{cases}$$

und somit

$$-\frac{1}{x}<\varepsilon \Leftrightarrow x<-\frac{1}{\varepsilon}. \quad \Big| \quad \frac{1}{x}<\varepsilon \Leftrightarrow x>\frac{1}{\varepsilon}.$$

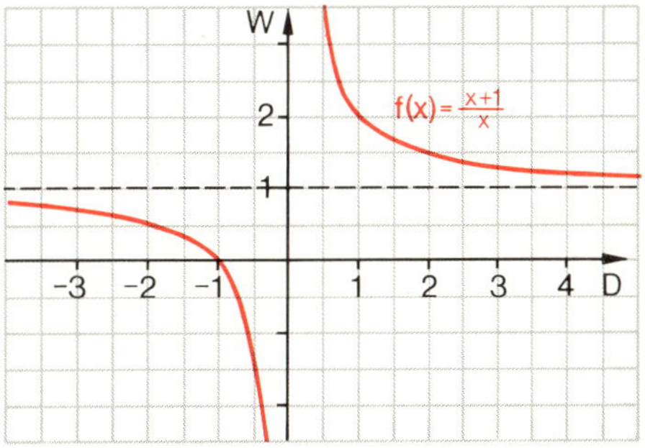

Bild 6.5

Mit $X(\varepsilon)=-\frac{1}{\varepsilon}$ gilt also | Mit $X(\varepsilon)=\frac{1}{\varepsilon}$ gilt also

$$x<X(\varepsilon) \Rightarrow \left|1-\frac{x+1}{x}\right|<\varepsilon, \text{ q.e.d.} \quad \Big| \quad x>X(\varepsilon) \Rightarrow \left|1-\frac{x+1}{x}\right|<\varepsilon, \text{ q.e.d.}$$

6. Wir merken noch an, daß die Grenzwertsätze, die wir in § 1 für Grenzwerte von Zahlenfolgen bewiesen haben, in analoger Weise auch für Grenzwerte der Form $\lim_{x\to\infty} f(x)$ und $\lim_{x\to-\infty} f(x)$ gelten. Wir begnügen uns hier mit einigen einfachen **Beispielen**, bei denen diese Sätze angewendet werden.

1) $f(x)=\frac{4x^2-x+3}{2x^2+3x-1}=\frac{4-\frac{1}{x}+\frac{3}{x^2}}{2+\frac{3}{x}-\frac{1}{x^2}}$; | **2)** $f(x)=\frac{3x-1}{x^2+5x}=\frac{\frac{3}{x}-\frac{1}{x^2}}{1+\frac{5}{x}}$

daher gilt: $\lim_{x\to\infty} f(x)=\lim_{x\to-\infty} f(x)=\frac{4}{2}=2.$ | $\lim_{x\to\infty} f(x)=\lim_{x\to-\infty} f(x)=0.$

7. Es kann auch vorkommen, daß die Funktionswerte einer Funktion f für $x\to\infty$ bzw. $x\to-\infty$ entweder über alle Schranken wachsen oder unter alle Schranken fallen; in solchen Fällen schreibt man:

$$\lim_{x\to\infty} f(x)=\pm\infty \quad \text{bzw.} \quad \lim_{x\to-\infty} f(x)=\pm\infty$$

und spricht auch hier von **„uneigentlichen Grenzwerten"**.

Beispiel: $f(x)=\frac{x^2+2x}{3-x}=\frac{x^2\left(1+\frac{2}{x}\right)}{-x\left(-\frac{3}{x}+1\right)}=-x\,\frac{1+\frac{2}{x}}{1-\frac{3}{x}}$;

daher gilt: $\lim_{x\to\infty} f(x)=-\infty$ und $\lim_{x\to-\infty} f(x)=\infty$.

Übungen und Aufgaben

1. Prüfen Sie, ob die Funktion f auf D(f) nach oben, nach unten, insgesamt beschränkt ist! Ermitteln Sie gegebenenfalls Schranken!

a) $f(x)=3x^2-2x+4$ **b)** $f(x)=x^4-3x^3+6x+5$ **c)** $f(x)=x^3-7x$

d) $f(x)=x^6-6x^5$ **e)** $f(x)=x^5-3x^2+1$ **f)** $f(x)=\sqrt{16-x^2}$

g) $f(x)=\sqrt[3]{|x|}$ **h)** $f(x)=\sqrt{\frac{1+x}{x}}$ **i)** $f(x)=\frac{|x|}{\sqrt{x^2+1}}$

j) $f(x)=\frac{1}{1+x^2}$ **k)** $f(x)=\frac{x}{x^2-4}$ **l)** $f(x)=\frac{1}{|x|^3}$

m) $f(x)=\frac{1}{\cos x}$ **n)** $f(x)=\frac{\sin x}{x}$ **o)** $f(x)=\cos^3 x+\sin^3 x$

2. Ermitteln Sie die Definitionsmenge D(f) und die Schnittpunkte des Funktionsgraphen mit den Koordinatenachsen!

a) $f(x)=x^3-4x$ **b)** $f(x)=x^3+8$ **c)** $f(x)=x^4-6x^3-7x^2$

d) $f(x)=x^4-5x^2+4$ **e)** $f(x)=x^5+x^3-12x$ **f)** $f(x)=(x-3)\cdot\sqrt{16-x^2}$

g) $f(x)=(x+4)\cdot\sqrt{x}$ **h)** $f(x)=\frac{x^2-4x}{\sqrt{2-2x^2}}$ **i)** $f(x)=\frac{x^2-x-6}{\sqrt{x^2-9}}$

j) $f(x)=\sqrt[3]{(x+1)^2}-\sqrt[3]{(x-1)^2}$ **k)** $f(x)=(x+1)^3\cdot\sqrt[3]{x^2}$ **l)** $f(x)=\frac{1-\cos x}{1+\cos x}$

m) $f(x)=\frac{\tan x-1}{\tan x+1}$ **n)** $f(x)=\tan^2 x+\tan x$ **o)** $f(x)=x\cdot\sin\frac{1}{x}$

3. Es seien u, u_1, u_2 ungerade und g, g_1, g_2 gerade Funktionen. Welche Aussagen kann man über die angegebenen Funktionen machen? Geben Sie jeweils ein Beispiel an!

a) g_1+g_2 **b)** u_1+u_2 **c)** $u+g$ **d)** $u\cdot g$ **e)** $u:g$

f) g^2 **g)** u^2 **h)** $1:g$ **i)** $\overset{-1}{u}$ **j)** g^n $(n\in\mathbb{N})$

k) u^n $(n\in\mathbb{N})$ **l)** $u_1:u_2$ **m)** $g_1:g_2$ **n)** $u(g)$ **o)** $g(u)$

4. Untersuchen Sie, ob die Funktion f gerade oder ungerade ist!

a) $f(x)=x^4-x^2+1$ **b)** $f(x)=|x|$ **c)** $f(x)=x^3-3x$ **d)** $f(x)=\frac{1}{x^2}$

e) $f(x)=\frac{x}{1+x^2}$ **f)** $f(x)=\frac{x^2}{x^3-x}$ **g)** $f(x)=x+\sin^2 x$ **h)** $f(x)=\frac{x+1}{\cos x}$

i) $f(x)=\sqrt{25-x^2}$ **j)** $f(x)=\sin^2 x$ **k)** $f(x)=\cos x+|\sin x|$ **l)** $f(x)=\frac{1}{|x^3|}-\cos x$

m) $f(x)=\sin x+\cos x$ **n)** $f(x)=|x^3|-\frac{1}{x}$ **o)** $f(x)=\frac{\sin x}{x^2-1}$ **p)** $f(x)=x\sin x$

5. Durch welche Bedingung kann man erfassen, daß der Graph einer Funktion f

a) achsensymmetrisch bzgl. einer Geraden zu $x=a$ (mit $a\in\mathbb{R}$),

b) punktsymmetrisch bzgl. eines Punktes $P(a\,|\,b)$ (mit $a, b\in\mathbb{R}$) ist?

6. Erläutern Sie den folgenden Satz an einem Beispiel und beweisen Sie ihn
a) mit Hilfe von Definition D 3.2, **b)** mit Hilfe der Kettenregel!
Ist eine Funktion f gerade (ungerade), dann ist die Ableitungsfunktion f′ ungerade (gerade).

7. Zeigen Sie: Ist f eine ungerade Funktion und gilt $0 \in D(f)$, so ist $f(0)=0$!

8. Bestimmen Sie D(f) und die Grenzwerte für $x \to \infty$ und für $x \to -\infty$ mit Hilfe von Definition D 6.2!

a) $f(x)=\frac{1}{1+x^2}$ **b)** $f(x)=\frac{x}{1+|x|}$ **c)** $f(x)=\frac{2x^2}{1+x^2}$ **d)** $f(x)=\frac{1-|x|}{|x|-2}$

9. Bestimmen Sie D(f) und die Grenzwerte für $x \to \infty$ und für $x \to -\infty$ mit Hilfe von Grenzwertsätzen!

a) $f(x)=\frac{2x^2-1}{3x^2+4x}$ **b)** $f(x)=\frac{x^3}{5x^2+10}$ **c)** $f(x)=\frac{x^4-16x^2+12}{16x-4}$

d) $f(x)=\frac{\sqrt{x^2-25}}{x}$ **e)** $f(x)=\frac{2x+5}{\sqrt{x^2+2}}$ **f)** $f(x)=\frac{2x+\sqrt{|x|}}{x-\sqrt{|x|}}$

g) $f(x)=\frac{x+\cos x}{x^2}$ **h)** $f(x)=\sin\frac{1}{x}$ **i)** $f(x)=\sin\frac{\pi\cdot x}{|x|+1}$

10. Formulieren Sie die Definition D 6.2 mit Hilfe von Zahlenfolgen!

II. Ganze rationale Funktionen

1. Der einfachste Funktionstyp ist der der ganzen rationalen Funktionen. Darunter versteht man Funktionen, die durch **Polynome**, also Funktionsterme der Form

$$\mathbf{P_n(x)=a_n x^n+a_{n-1} x^{n-1}+\ldots+a_1 x+a_0}$$

mit Koeffizienten $a_k \in \mathbb{R}$ gegeben sind. Dabei setzen wir voraus, daß für den zur höchsten Potenz x^n gehörenden Koeffizienten gilt: $a_n \neq 0$; die Zahl n heißt dann der **„Grad“** des Polynoms $P_n(x)$.
Die **maximale Definitionsmenge** ist bei jeder ganzen rationalen Funktionen die Menge $\mathbb{R}$; denn jedes Polynom ist für alle $x \in \mathbb{R}$ definiert.

2. Der Schnittpunkt des Funktionsgraphen mit der W-Achse ist bei jeder ganzen rationalen Funktion leicht zu ermitteln; es gilt: $P_n(0)=a_0$.
Die Schnittpunkte mit der D-Achse müssen der Gleichung $P_n(x)=0$ genügen. Auf Seite 136 haben wir als Beispiel bereits eine einfache quadratische Funktion behandelt, deren Term sich in Linearfaktoren zerlegen läßt. Bei Funktionen dritten oder höheren Grades kann man eine entsprechende Abspaltung von Linearfaktoren durchführen, wenn es gelingt, durch „Probieren“ eine Nullstelle (oder sogar mehrere Nullstellen) zu ermitteln.

Beispiele:

1) $f(x)=x^3-x^2-6x=x(x^2-x-6)=x(x-3)(x+2)$

Die Funktion hat also die Nullstellen 0, 3 und -2.

2) $f(x)=x^3+x^2-10x+8$

Man findet bei diesem Beispiel durch Einsetzen leicht die Nullstelle 1. Daher kann man den Linearfaktor $x-1$ abspalten:

$$(x^3+x^2-10x+8):(x-1)=x^2+2x-8.$$

Ferner gilt:

$$x^2+2x-8=(x^2+2x+1)-9=(x+1)^2-3^2=(x-2)(x+4).$$

Insgesamt erhält man also: $f(x)=x^3+x^2-10x+8=(x-1)(x-2)(x+4)$. Somit hat die Funktion f die Nullstellen 1, 2 und -4.

3. Wir wollen nun zeigen, daß dieses Verfahren der Abspaltung eines Linearfaktors immer dann anwendbar ist, wenn es gelingt, wenigstens eine Nullstelle des Polynoms durch probeweises Einsetzen von Zahlen zu ermitteln. Es gilt der Satz:

S 6.1 **Hat ein Polynom n-ten Grades die Nullstelle x_1, gilt also $P_n(x_1)=0$, so gibt es ein Polynom (n−1)-ten Grades $P_{n-1}(x)$ mit $P_n(x)=(x-x_1)\cdot P_{n-1}(x)$.**

Beweis: Es sei x_1 eine beliebige reelle Zahl. Durch Subtraktion der beiden Gleichungen

$$P_n(x)=a_n x^n+a_{n-1} x^{n-1}+\ldots+a_1 x+a_0$$

und $$P_n(x_1)=a_n x_1^n+a_{n-1} x_1^{n-1}+\ldots+a_1 x_1+a_0$$

erhält man

$$P_n(x)-P_n(x_1)=a_n(x^n-x_1^n)+a_{n-1}(x^{n-1}-x_1^{n-1})+\ldots+a_1(x-x_1);$$

ist x_1 eine **Nullstelle des Polynoms**, gilt also $P_n(x_1)=0$, so ergibt sich:

$$P_n(x)=a_n(x^n-x_1^n)+a_{n-1}(x^{n-1}-x_1^{n-1})+\ldots+a_2(x^2-x_1^2)+a_1(x-x_1).$$

Nun läßt sich aus jeder Differenz der Form $x^k-x_1^k$ (für $k\in\mathbb{N}$) der Faktor $x-x_1$ abspalten; es gilt:

$$x^2-x_1^2=(x-x_1)\cdot(x+x_1)=(x-x_1)\cdot Q_1(x);$$
$$x^3-x_1^3=(x-x_1)\cdot(x^2+x_1 x+x_1^2)=(x-x_1)\cdot Q_2(x);$$
$$\cdots\cdots\cdots\cdots\cdots\cdots\cdots\cdots\cdots\cdots$$
$$x^k-x_1^k=(x-x_1)\cdot(x^{k-1}+x_1 x^{k-2}+\ldots+x_1^{k-2} x+x_1^{k-1})=(x-x_1)\cdot Q_{k-1}(x).$$

Dabei bezeichnet $Q_m(x)$ ein Polynom m-ten Grades in der Variablen x.
Der **Beweis** für die Gültigkeit dieser Gleichungen kann durch Ausmultiplizieren der Produkte oder mit dem Beweisverfahren der vollständigen Induktion geführt werden (Aufgabe 1).
Zu beachten ist, daß die Gleichungen auch für $x=x_1$ gelten.

Insgesamt läßt sich dann also aus dem Polynom $P_n(x)$ der Faktor $x-x_1$ ausklammern; der zweite Faktor ist ein Polynom $(n-1)$-ten Grades; es gilt:

$$\begin{aligned} P_n(x) &= (x-x_1)\cdot \underbrace{[a_n Q_{n-1}(x) + a_{n-1} Q_{n-2}(x) + \ldots + a_2 Q_1(x) + a_1]} \\ &= (x-x_1)\cdot \qquad\qquad P_{n-1}(x), \quad \text{q.e.d.} \end{aligned}$$

Beispiel: $f(x)=x^4-4x^3-13x^2+4x+12$

Durch Einsetzen erhält man die Nullstelle $x_1=1$. Wir dividieren das Polynom durch den zugehörigen Linearfaktor $x-1$ und erhalten:

$$(x^4-4x^3-13x^2+4x+12):(x-1)=x^3-3x^2-16x-12.$$

Das Restpolynom $x^3-3x^2-16x-12$ hat – wie man durch Einsetzen ermittelt – die Nullstelle $x_2=-1$. Wir dividieren durch den zugehörigen Linearfaktor $x+1$:

$$(x^3-3x^2-16x-12):(x+1)=x^2-4x-12.$$

Für das verbleibende quadratische Polynom gilt:

$$x^2-4x-12=(x^2-4x+4)-16=(x-2)^2-4^2=(x-2-4)(x-2+4)=(x-6)(x+2).$$

Somit gilt insgesamt:

$$f(x)=x^4-4x^3-13x^2+4x+12=(x-1)(x+1)(x-6)(x+2).$$

Die Funktion hat also die Nullstellen 1, -1, 6 und -2.

4. Zu jeder Nullstelle eines Polynoms gehört nach Satz S 6.1 ein abspaltbarer Linearfaktor. Nun können aber höchstens so viele Linearfaktoren abgespalten werden, wie der Grad des Polynoms angibt. Daher gilt der Satz:

S 6.2 Eine ganze rationale Funktion n-ten Grades ($n \in \mathbb{N}$) hat höchstens n Nullstellen.

5. Eine Zerlegung eines Polynoms in lauter Linearfaktoren läßt sich aber nur dann durchführen, wenn jedes bei der Durchführung des Verfahrens auftretende Restpolynom wieder eine reelle Zahl als Nullstelle hat. Daß diese Bedingung nicht immer erfüllt ist, zeigt schon das Beispiel $P_2(x)=x^2+1$. Dieses quadratische Polynom läßt sich nicht weiter zerlegen, weil die Gleichung $x^2+1=0$ in $\mathbb{R}$ unerfüllbar ist. Wir können hier nur – ohne Beweis – mitteilen, daß jedes Polynom sich als Produkt darstellen läßt, welches aus Linearfaktoren und/oder quadratischen Faktoren besteht. Beim

Beispiel $f(x)=x^4-x^2-12$

können wir zunächst das Verfahren der quadratischen Ergänzung anwenden:

$$\begin{aligned} f(x)=x^4-x^2-12 &= \left(x^4-2\cdot\frac{x^2}{2}+\frac{1}{4}\right)-\frac{49}{4}=\left(x^2-\frac{1}{2}\right)^2-\left(\frac{7}{2}\right)^2=\left(x^2-\frac{1}{2}-\frac{7}{2}\right)\left(x^2-\frac{1}{2}+\frac{7}{2}\right) \\ &= (x^2-4)(x^2+3)=(x+2)(x-2)(x^2+3). \end{aligned}$$

Der quadratische Faktor x^2+3 ist nicht weiter zerlegbar, weil er keine reelle Nullstelle hat. Die Funktion hat also nur die Nullstellen 2 und -2.

6. Zur Ermittlung der Nullstellen machen wir noch die folgende **Bemerkung:**
Wenn alle Koeffizienten des Polynoms $P_n(x)$ **ganzzahlig** sind und überdies $a_n = 1$ ist, dann ist jede **rationale** Nullstelle des Polynoms sogar ganzzahlig, und zwar ein Teiler der Zahl a_0. In solchen Fällen braucht man also nur zu prüfen, ob die Teiler von a_0 Nullstellen des Polynoms sind (Aufgabe 2).

Beispiel: $f(x) = x^3 - 4x^2 - 11x + 30$

Teiler von 30 sind die Zahlen ± 1, ± 2, ± 3, ± 5, ± 6, ± 15 und ± 30. Durch Einsetzen stellt man fest, daß 2, -3 und 5 Nullstellen des Polynoms sind.

7. Als erstes **Beispiel** einer Funktionsdiskussion behandeln wir die Funktion f zu

$$f(x) = x^3 - 3x^2 - x + 3 \quad \text{mit} \quad D(f) = \mathbb{R}.$$

1) Es ist zweckmäßig, die Funktion zunächst auf Symmetrieeigenschaften zu untersuchen. Man erkennt aber sofort, daß für alle $x \in \mathbb{R}$ weder $f(-x) = f(x)$ noch $f(-x) = -f(x)$ gilt, weil der Funktionsterm sowohl Summanden mit geraden wie mit ungeraden Exponenten enthält.

2) Es ist $f(0) = 3$; daher schneidet der Graph die W-Achse im Punkt $P(0|3)$.

3) Die Schnittpunkte mit der D-Achse, also die Nullstellen, ergeben sich aus der Gleichung

$$f(x) = 0, \quad \text{also} \quad x^3 - 3x^2 - x + 3 = 0.$$

Durch „Probieren" findet man leicht die Nullstelle 1: $f(1) = 0$. Wir können also den Linearfaktor $x - 1$ abspalten; es ergibt sich:

$$(x^3 - 3x^2 - x + 3):(x - 1) = x^2 - 2x - 3.$$

Ferner gilt: $x^2 - 2x - 3 = 0 \Leftrightarrow (x+1)(x-3) = 0 \Leftrightarrow x = -1 \vee x = 3$.
Die Funktion hat also die Nullstellen -1; 1 und 3 (Bild 6.6, Seite 143).

4) Als nächstes untersuchen wir, ob die Funktion **Extrema** besitzt. Eine notwendige Bedingung dafür lautet: $f'(x) = 0$. Es gilt:

$$f'(x) = 3x^2 - 6x - 1 = 3\left(x^2 - 2x - \tfrac{1}{3}\right) \text{ und somit: } f'(x) = 0 \Rightarrow x^2 - 2x - \tfrac{1}{3} = 0.$$

Die Gleichung hat die Lösung $x_1 = 1 - \frac{2}{3}\sqrt{3} \approx -0{,}15$ und $x_2 = 1 + \frac{2}{3}\sqrt{3} \approx 2{,}15$.
Die zugehörigen Funktionswerte sind: $f(x_1) \approx 3{,}08$ und $f(x_2) \approx -3{,}08$.
Da wir bei diesem Beispiel die zweite Ableitung sehr leicht berechnen können, wenden wir das hinreichende Kriterium von Satz S 5.9 an.

Es gilt: $f''(x) = 6x - 6$ und somit $f''(x_1) = -4\sqrt{3} < 0$ und $f''(x_2) = 4\sqrt{3} > 0$. Die Funktion hat bei x_1 also ein lokales Maximum und bei x_2 ein lokales Minimum (Bild 6.6).

5) Eine notwendige Bedingung für **Wendestellen** lautet: $f''(x) = 0$. Daraus ergibt sich in unserem Fall: $6x - 6 = 0 \Leftrightarrow x = 1$.
Ferner gilt für alle $x \in \mathbb{R}$: $f'''(x) = 6$, also auch $f'''(1) = 6 \neq 0$. Nach Satz S 5.14 ist der Punkt $P(1|0)$ also in der Tat ein **Wendepunkt** des Funktionsgraphen, und zwar der einzige.

6) Ferner gilt: $f'(x) > 0$ für $x < x_1$ und für $x > x_2$; die Funktion ist in diesen Bereichen nach Satz S 5.3 also streng monoton steigend; $f'(x) < 0$ für $x_1 < x < x_2$; die Funktion ist im Intervall $[x_1; x_2]$ nach Satz S 5.3 also streng monoton fallend.

7) Schließlich ist noch zu untersuchen, wie die Funktion sich für – absolut genommen – große Werte von x, also für $x \to \infty$ und $x \to -\infty$ verhält.
Es ist zu vermuten, daß sich in beiden Fällen die Werte der höchsten vorkommenden Potenz, hier also die Werte von x^3, gegenüber den anderen Summanden des Funktionsterms „durchsetzen", daß man die anderen Summanden gegenüber der höchsten Potenz in beiden Fällen „vernachlässigen" kann. Dies kann man in der Tat auch rechnerisch bestätigen, indem man beim Funktionsterm die höchste Potenz ausklammert: $f(x) = x^3\left(1 - \frac{3}{x} - \frac{1}{x^2} + \frac{3}{x^3}\right)$.

Aus dieser Darstellung ergibt sich, daß in beiden Fällen uneigentliche Grenzwerte vorliegen; und zwar gilt: $\lim\limits_{x \to \infty} f(x) = \infty$ und $\lim\limits_{x \to -\infty} f(x) = -\infty$.

An diesem Verhalten der Funktion für absolut große x-Werte erkennt man außerdem, daß die Funktion **jede** reelle Zahl als Funktionswert annimmt; es gilt also $W(f) = \mathbb{R}$.
Der **Funktionsgraph** ist in Bild 6.6 dargestellt.

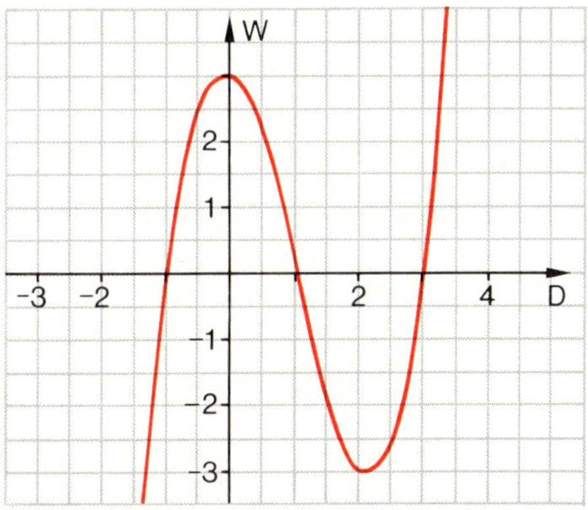

Bild 6.6

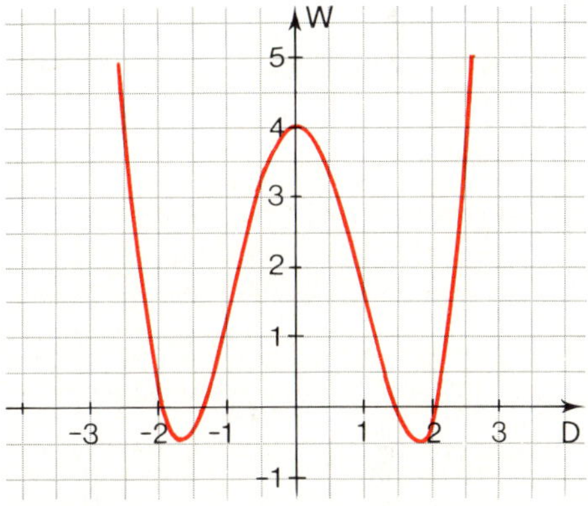

Bild 6.7

8. Beim zweiten **Beispiel** $f(x) = \frac{1}{2}x^4 - 3x^2 + 4$ mit $D(f) = \mathbb{R}$ geben wir nur die Ergebnisse an (Aufgabe 4).

1) Für alle $x \in \mathbb{R}$ gilt: $f(-x) = f(x)$; es handelt sich um eine **gerade** Funktion.

2) Die Funktion hat die Nullstellen 2, -2, $\sqrt{2}$ und $-\sqrt{2}$.

3) Bei $\sqrt{3}$ und $-\sqrt{3}$ liegen lokale Minima, bei 0 liegt ein lokales Maximum; es ist $f(0) = 4$; $f(\sqrt{3}) = f(-\sqrt{3}) = -\frac{1}{2}$.

4) Für $-\sqrt{3} < x < 0$ und für $x > \sqrt{3}$ ist die Funktion streng monoton steigend;
für $x < -\sqrt{3}$ und für $0 < x < \sqrt{3}$ ist sie streng monoton fallend.

5) Bei 1 und -1 liegen Wendestellen; es ist $f(1) = f(-1) = \frac{3}{2}$.

6) Es gilt $\lim\limits_{x \to \infty} f(x) = \lim\limits_{x \to -\infty} f(x) = \infty$.

7) Die Wertemenge ist $W(f) = \mathbb{R}^{\geq -\frac{1}{2}}$ (Bild 6.7).

Übungen und Aufgaben

1. Zeigen Sie – z.B. mit dem Beweisverfahren der vollständigen Induktion –, daß für alle $n \in \mathbb{N}$ gilt: $a^n - b^n = (a-b)\cdot(a^{n-1} + a^{n-2}\cdot b + a^{n-3}\cdot b^2 + \ldots + a\cdot b^{n-2} + b^{n-1})$!
Anleitung: Führen Sie beim Schluß von n auf n+1 einen Divisionsschritt bei $(a^{n+1} - b^{n+1}):(a-b)$ durch!

2. Zeigen Sie: Hat das Polynom $P_n(x) = x^n + a_{n-1}x^{n-1} + a_{n-2}x^{n-2} + \ldots + a_1 x + a_0$ ganzzahlige Koeffizienten $a_0, a_1, \ldots, a_{n-1}$, so ist jede rationale Nullstelle von $P_n(x) = 0$ ganzzahlig und Teiler des Absolutgliedes a_0!

3. Ermitteln Sie nach dem unter 6., S. 142 beschriebenen Verfahren jeweils die Nullstellen!
a) $f(x) = x^3 + 3x^2 - 13x - 15$
b) $f(x) = x^3 - 3x^2 - 10x + 24$
c) $f(x) = x^4 - 7x^3 - 5x^2 + 111x - 180$
d) $f(x) = x^4 + 4x^3 - 21x^2 - 64x + 80$
e) $f(x) = x^5 - x^4 - 5x^3 + 3x^2 + 6x$
f) $f(x) = x^5 + 8x^4 - 50x^2 - x + 42$

4. Führen Sie die Diskussion der Funktion f zu $f(x) = \frac{1}{2}x^4 - 3x^2 + 4$ vollständig durch (vgl. S. 143)!

5. **a)** Begründen Sie, daß eine ganze rationale Funktion genau dann gerade ist, wenn im Funktionsterm f(x) nur gerade Exponenten auftreten!
b) Formulieren Sie eine entsprechende Aussage für ungerade ganze rationale Funktionen!

6. Diskutieren Sie die Funktion f zu f(x)!
a) $f(x) = \frac{1}{3}x^3 - 9x$
b) $f(x) = x^3 - x^2 - x + 1$
c) $f(x) = x^4 - 3x^2 - 4$
d) $f(x) = x^3 - 7x^2 + 36$
e) $f(x) = 9x^2 - x^4$
f) $f(x) = x^4 - 2x^3$
g) $f(x) = x^4 - 4x^3 + 27$
h) $f(x) = x^5 + 20x^2$
i) $f(x) = \frac{1}{10}(x^5 - 15x^3)$

7. Untersuchen Sie, ob die Funktion f in D(f) stetig bzw. differenzierbar ist! Diskutieren Sie jeweils die Funktion!
a) $f(x) = |x^3 - 4x|$
b) $f(x) = (x+2)^2 \cdot |x-4|$
c) $f(x) = (\operatorname{sign}(x+3))\cdot(x^3 - 2x^2 - 15x)$
d) $f(x) = (\operatorname{sign} x)\cdot(x^4 + 2x^3)$

8. Wie viele Extremstellen (Wendestellen) kann eine ganze rationale Funktion n-ten Grades höchstens haben?

9. Der Graph einer ganzrationalen Funktion 4. Grades ist symmetrisch zur W-Achse. Er hat im Punkt $P_1(2|0)$ die Steigung 2 und im Punkt $P_2(-1|y_2)$ einen Wendepunkt. Wie lautet der Funktionsterm? Ermitteln Sie die Gleichung der Wendetangente!

10. Der Graph einer ganzrationalen Funktion 3. Grades geht durch den Nullpunkt des Koordinatensystems. Er hat in $P_1(1|1)$ ein Maximum und in $P_2(3|y_2)$ einen Wendepunkt! Bestimmen Sie den Funktionsterm!

11. Der Graph einer ganzrationalen Funktion 4. Grades hat im Nullpunkt des Koordinatensystems die Wendetangente mit der Gleichung $y=x$ und im Punkt $P(2|4)$ die Steigung Null. Wie lautet der Funktionsterm?

12. Der Graph einer ganzrationalen Funktion 3. Grades ist symmetrisch zum Nullpunkt des Koordinatensystems. Er geht durch den Punkt $P(1|-1)$. An der Stelle $x=2$ liegt ein Extremwert vor. Wie lautet der Funktionsterm?

13. Der Graph einer ganzrationalen Funktion 3. Grades hat an der Stelle $x=-1$ eine Nullstelle. Er schneidet die W-Achse mit der Ordinate 2 und berührt die D-Achse an der Stelle $x=2$.

14. Der Graph einer ganzrationalen Funktion 4. Grades ist symmetrisch zur W-Achse. Er geht durch den Nullpunkt des Koordinatensystems und schneidet die D-Achse an der Stelle $x=3$ mit der Steigung $m=-48$.

15. Ein zum Nullpunkt symmetrischer Graph einer ganzrationalen Funktion 5. Grades hat in $P_1(0|0)$ die Steigung 2 und im Punkt $P_2(-1|0)$ einen Wendepunkt.

III. Gebrochen-rationale und andere Funktionen

1. Um beim Fotografieren ein scharfes Bild zu erhalten, muß man bekanntlich u.a. die Entfernung des abzubildenden Gegenstandes auf dem Fotoapparat einstellen. Der physikalische Grund dafür ist der gesetzmäßige Zusammenhang, der bei der Abbildung eines Gegenstandes durch eine Linse oder durch ein Linsensystem, zwischen der Brennweite a[1]), der Gegenstandsweite x und der Bildweite y besteht (Bild 6.8).
Es gilt nach der sogenannten „Linsenformel“:

$$y=f(x)=\frac{ax}{x-a}.$$

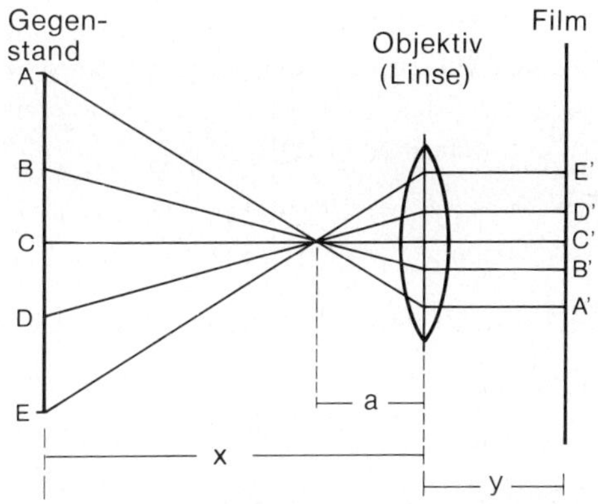

Bild 6.8

Der Funktionsterm ist hier ein Bruchterm mit rationalen Termen in Zähler und Nenner.

[1]) In der Physik wird die Brennweite einer Linse in der Regel mit dem Buchstaben f bezeichnet; da wir diesen Buchstaben zur Bezeichnung von Funktionen verwenden, haben wir hier die Brennweite mit a bezeichnet

Allgemein nennt man eine Funktion f **„gebrochen-rational“**, wenn der Funktionsterm die Form

$$f(x)=\frac{P_n(x)}{Q_m(x)}$$

hat, wobei $P_n(x)$ und $Q_m(x)$ Polynome vom Grade n bzw. m sind. Gilt $\mathbf{n<m}$, so heißt f(x) **„echt gebrochen“**; gilt $\mathbf{n\geq m}$, so heißt f(x) **„unecht gebrochen“**.
Beachte, daß jede ganze rationale Funktion ebenfalls dieser Erklärung genügt, weil auch $Q_0(x)=1$ ein Polynom ist! Daher nennt man die gebrochen-rationalen Funktionen kurz auch **„rationale Funktionen“**.

2. Wir wollen auch hier die wesentlichen Gesichtspunkte, die bei der Diskussion solcher Funktionen zu beachten sind, an Hand von Beispielen erörtern.

Beispiel: $f(x)=\frac{x^2-4}{1-x^2}$.

1) Da der Grad von Zähler und Nenner jeweils die Zahl 2 ist, ist f(x) unecht gebrochen. Man erkennt sofort, daß es sich um eine gerade Funktion handelt; da im Zähler und im Nenner nur eine Potenz von x mit geradem Exponenten vorkommt, gilt für alle $x\in D(f)$:

$$f(-x)=f(x).$$

2) Der Funktionsterm ist an den **Nullstellen des Nenners** nicht definiert. Es gilt:

$$1-x^2=0 \Leftrightarrow (1-x)(1+x)=0 \Leftrightarrow x=1 \vee x=-1.$$

Die Stellen 1 und -1 sind also **Definitionslücken** der Funktion. Es gilt:

$$D(f)=\mathbb{R}\setminus\{-1;1\}.$$

3) Bei beiden Definitionslücken handelt es sich um Unendlichkeitsstellen mit Vorzeichenwechsel (vergleiche § 2, III, Seite 46!). Dies erkennt man, wenn man den Nenner des Funktionsterms in Linearfaktoren zerlegt:

$$f(x)=\frac{x^2-4}{(1-x)(1+x)}.$$

Beschränkt man sich z.B. auf Zahlen der Umgebung $U_1(1)$, so ist für das Vorzeichen der Linearfaktor $1-x$ maßgebend; denn der „Ergänzungsfaktor“ $\varphi(x)=\frac{x^2-4}{1+x}$ ist für solche Werte stets negativ; er ist z.B. in der Umgebung $U_1(1)$ „vorzeichenbeständig“. Nun ist $1-x$ für $x<1$ positiv, für $x>1$ negativ; daher wechselt die Funktion beim „Durchgang“ durch die Definitionslücke 1 tatsächlich ihr Vorzeichen. Entsprechendes gilt wegen der Symmetrie der Funktion auch für die Definitionslücke -1 (Aufgabe 1a).

4) Die **Nullstellen** der Funktion ergeben sich aus der Bedingung $f(x)=0$. Nun hat ein Bruchterm genau dann den Wert 0, wenn der Zähler 0, der Nenner aber nicht 0 ist; es gilt:

$$\frac{P_n(x)}{Q_m(x)}=0 \Leftrightarrow P_n(x)=0 \wedge Q_m(x)\neq 0.$$

Eine Nullstelle des Zählers $P_n(x)$ ist also nur dann auch eine Nullstelle der gesamten Funktion, wenn sie nicht auch Nullstelle des Nenners $Q_m(x)$ ist, wenn sie also zu D(f) gehört. Es ist also stets zu prüfen, ob eine Nullstelle des Zählers zu D(f) gehört. Bei unserem Beispiel gilt:

$$P_n(x)=x^2-4=0 \Leftrightarrow (x-2)(x+2)=0 \Leftrightarrow x=2 \vee x=-2.$$

Beide Zahlen gehören zu D(f); also hat f die Nullstellen 2 und -2 (Bild 6.9, Seite 148).

5) Zur Ermittlung etwaiger **Extremstellen** berechnen wir die erste Ableitung:

$$f'(x)=\frac{2x(1-x^2)-(x^2-4)(-2x)}{(1-x^2)^2}=\frac{2x-2x^3+2x^3-8x}{(1-x^2)^2}=\frac{-6x}{(1-x^2)^2}.$$

Es ist also $D(f')=D(f)=\mathbb{R}\setminus\{-1;1\}$. Ferner gilt: $f'(x)=0 \Rightarrow x=0$.
Wegen $0\in D(f')$ kann also an der Stelle 0 ein Extremum vorliegen. Hier ist es am einfachsten, das hinreichende Kriterium von Satz S 5.7 anzuwenden. Da der Nenner von $f'(x)$ an keiner Stelle negativ ist, gilt für $|x|<1$:

$$x<0 \Rightarrow f'(x)>0 \quad \text{und} \quad x>0 \Rightarrow f'(x)<0.$$

Daher hat die Funktion an der Stelle 0 ein Maximum; es gilt $f(0)=-4$.

6) Ferner gilt: $f'(x)>0$ für $x<-1$ und für $-1<x<0$; die Funktion ist in diesen Bereichen nach dem globalen Monotoniesatz (S 5.3) also streng monoton steigend; $f'(x)<0$ für $0<x<1$ und für $x>1$; die Funktion ist in diesen Bereichen nach Satz S 5.3 also streng monoton fallend.

7) Zur ungefähren Ermittlung des Funktionsgraphen ist die Untersuchung auf Wendestellen in vielen Fällen entbehrlich. Man wird insbesondere dann darauf verzichten, wenn die Berechnung der zweiten Ableitung mühsam ist. Das ist bei gebrochen-rationalen Funktionen häufig der Fall.
Der Vollständigkeit halber untersuchen wir die Funktion unseres Beispiels aber auch noch auf **Wendestellen**. Dazu berechnen wir nach Satz S 5.13

$$f''(x)=\frac{(-6)(1-x^2)^2-(-6x)\,2(1-x^2)(-2x)}{(1-x^2)^4}=\frac{(1-x^2)(-6)-24x^2}{(1-x^2)^3}$$
$$=\frac{-18x^2-6}{(1-x^2)^3}=\frac{(-6)(3x^2+1)}{(1-x^2)^3}.$$

Die notwendige Bedingung für Wendestellen $f''(x)=0$ führt hier auf die Gleichung $3x^2+1=0$; diese ist unerfüllbar in $\mathbb{R}$; also besitzt die Funktion keine Wendestellen.

8) Schließlich ist noch das Verhalten für $x\to\infty$ und für $x\to-\infty$ zu untersuchen. Dazu faktorisieren wir den Zähler und den Nenner, indem wir jeweils die höchste Potenz von x ausklammern.

$$f(x)=\frac{x^2-4}{1-x^2}=\frac{x^2\left(1-\frac{4}{x^2}\right)}{x^2\left(\frac{1}{x^2}-1\right)}=\frac{1-\frac{4}{x^2}}{\frac{1}{x^2}-1}.$$

Daraus ergibt sich, daß $\lim\limits_{x\to\infty} f(x)=\lim\limits_{x\to-\infty} f(x)=-1$ ist.

Die Gerade g zu $g(x) = -1$ ist eine **„Asymptote“**[1]) der Funktionsgraphen (Bild 6.9), die Kurve nähert sich dieser Geraden immer mehr; erreicht sie aber nicht.

Mit dem Verhalten von gebrochen-rationalen Funktionen für $x \to \infty$ bzw. $x \to -\infty$ wollen wir uns im folgenden noch näher beschäftigen und dabei auch auf den Begriff der „Asymptote“ genauer eingehen.

Am Funktionsgraphen (Bild 6.9) erkennt man, daß

$$W(f) = \mathbb{R} \setminus]-4; -1] \text{ ist.}$$

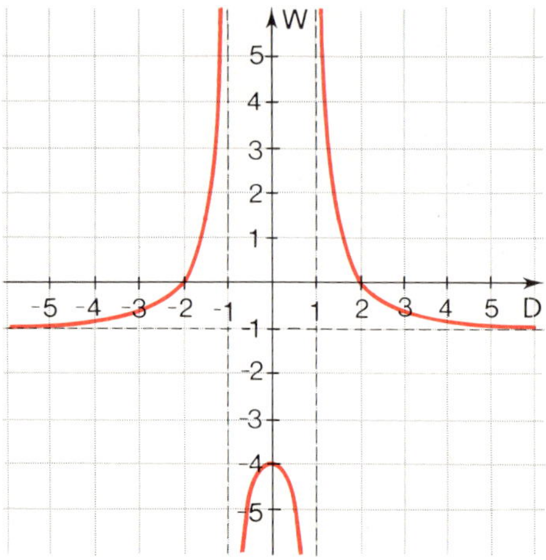

Bild 6.9

3. Für das Verhalten einer gebrochen-rationalen Funktion für $x \to \infty$ bzw. $x \to -\infty$ kommt es offensichtlich auf den Grad des Zähler- und des Nennerpolynoms an.

Ist $f(x) = \frac{P_n(x)}{Q_m(x)}$, so ist zu unterscheiden, ob **1)** $n < m$, **2)** $n = m$ oder **3)** $n > m$ ist.

Beispiele: Zu 1): $f_1(x) = \frac{x}{x^2+1} = \frac{\frac{1}{x}}{1+\frac{1}{x^2}}$ (für $x \neq 0$)

Es gilt $\lim\limits_{x \to \infty} \frac{1}{x} = \lim\limits_{x \to -\infty} \frac{1}{x} = 0$ und auch $\lim\limits_{x \to \infty} \frac{1}{x^2} = \lim\limits_{x \to -\infty} \frac{1}{x^2} = 0$; daraus ergibt sich:

$\lim\limits_{x \to \infty} f_1(x) = \lim\limits_{x \to -\infty} f_1(x) = 0$. In diesem Fall ist die D-Achse Asymptote des Funktionsgraphen.

Zu 2): $f_2(x) = \frac{2x^2+1}{3x^2-1} = \frac{2+\frac{1}{x^2}}{3-\frac{1}{x^2}}$

Wegen $\lim\limits_{x \to \infty} \frac{1}{x^2} = \lim\limits_{x \to -\infty} \frac{1}{x^2} = 0$ ergibt sich in diesem Fall: $\lim\limits_{x \to \infty} f_2(x) = \lim\limits_{x \to -\infty} f_2(x) = \frac{2}{3}$.

Hier ist die Gerade g zu $g(x) = \frac{2}{3}$ Asymptote des Funktionsgraphen.

Zu 3): $f_3(x) = \frac{x^2+3}{x-1}$

Der Funktionsterm ist hier unecht gebrochen; wir können ihn durch Ausführen der Division in einen ganzen und einen echt gebrochenen Anteil zerlegen:

$$(x^2+3):(x-1) = x+1+\frac{4}{x-1} = f_3(x).$$

Für den echt gebrochenen Term $\varphi(x) = \frac{4}{x-1}$ gilt $\lim\limits_{x \to \infty} \varphi(x) = \lim\limits_{x \to -\infty} \varphi(x) = 0$.

[1]) griechisch: Nichtzusammenfallende

Wir können daher vermuten, daß die Gerade g zu $g(x)=x+1$ Asymptote des Funktionsgraphen ist. Dazu definieren wir:

D 6.3 Eine Gerade g zu $g(x)=ax+b$ heißt „Asymptote des Graphen einer Funktion f" genau dann, wenn $\lim\limits_{x\to\infty}[f(x)-(ax+b)]=0$ oder $\lim\limits_{x\to-\infty}[f(x)-(ax+b)]=0$ ist.

Beim letzten Beispiel ist $g(x)=x+1$ und somit

$$\lim_{x\to\pm\infty}[f(x)-(x+1)]=\lim_{x\to\pm\infty}\frac{4}{x-1}=0,$$

wie oben bereits festgestellt.

Bemerkung: Da die Grenzwerte bei diesem Beispiel für $x\to\infty$ und für $x\to-\infty$ übereinstimmen, haben wir der Kürze halber beide Fälle durch die Schreibweise „$x\to\pm\infty$" zusammengefaßt. Die vollständige Funktionsdiskussion soll in Aufgabe 4a) durchgeführt werden.
Es ergibt sich der Graph von Bild 6.10.

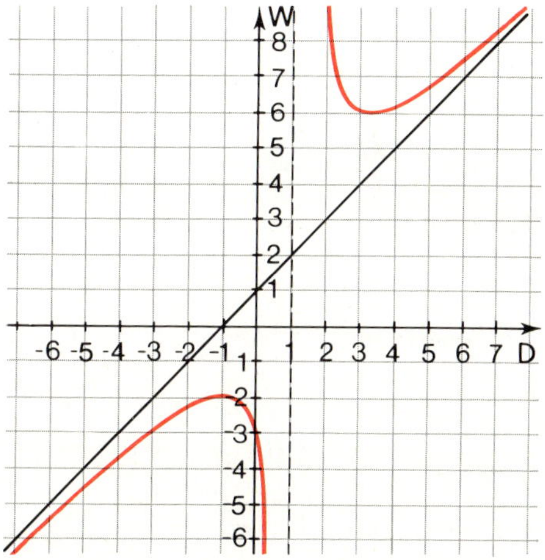

Bild 6.10

4. Wenn man auf die Berechnung der 2. Ableitung verzichten will, kann man bei gebrochen-rationalen Funktionen die Rechnung beim hinreichenden Kriterium für Extremstellen nach der folgenden Überlegung vereinfachen.

Für einen Term der Form $f(x)=\frac{P_n(x)}{Q_m(x)}$ hat die Ableitung ebenfalls die Form eines Quotienten:

$$f'(x)=\frac{Z(x)}{N(x)};$$ dabei ist $N(x)=[Q_m(x)]^2$. Für alle Zahlen $x\in D(f)$ gilt daher $N(x)>0$.

Nach der Quotientenregel ergibt sich:

$$f''(x)=\frac{Z'(x)\cdot N(x)-Z(x)\,N'(x)}{[N(x)]^2}.$$

Ist x_0 eine Nullstelle von $f'(x)$, gilt also $Z(x_0)=0$ und $N(x_0)\neq 0$, so erhält man:

$$f''(x_0)=\frac{Z'(x_0)\cdot N(x_0)}{[N(x_0)]^2}=\frac{Z'(x_0)}{N(x_0)}=\frac{Z'(x_0)}{[Q_m(x_0)]^2}.$$

Aus dieser Gleichung ergibt sich, daß das Vorzeichen von $f''(x_0)$ mit dem von $Z'(x_0)$ übereinstimmt:

$$\operatorname{sign} f''(x_0)=\operatorname{sign} Z'(x_0).$$

Man braucht also zur Anwendung von Satz S. 5.10 die zweite Ableitung nicht vollständig zu berechnen; es genügt für diesen Zweck die Ableitung der Zählers von $f'(x)$.

Beispiel: $f(x)=\frac{x^2-1}{x^2-9}$; $f'(x)=\frac{-16x}{(x^2-9)^2}=\frac{Z(x)}{N(x)}$ mit $D(f)=\mathbb{R}\setminus\{-3; 3\}$.

$f'(x)=0 \Rightarrow 16x=0 \Rightarrow x=0$; es gilt $0\in D(f)$.

Nun gilt: $Z'(x)=-16$ für alle $x\in D(f)$, also auch für $x=0$. An der Stelle 0 liegt also ein Maximum vor.

Bemerkung: Man kann natürlich auch den Satz S 5.7 anwenden, also $f'(x)$ auf Vorzeichenwechsel beim Durchgang durch die Stelle 0 untersuchen.

5. Entsprechend kann man auch bei der Bestimmung der Wendepunkte verfahren. Für

$$f''(x)=\frac{Z_1(x)}{N_1(x)}$$

ergibt sich durch eine analoge Überlegung wie oben für eine Zahl $x_0\in D(f)$, also für $N_1(x_0)\neq 0$:

$$Z_1'(x_0)=0 \Rightarrow f'''(x_0)=0 \quad \text{bzw.} \quad Z_1'(x_0)\neq 0 \Rightarrow f'''(x_0)\neq 0.$$

Ein **Beispiel** hierzu behandeln wir bei der folgenden Funktionsdiskussion.

6. Beim **Beispiel** $f(x)=\frac{x^3}{2x^2-8}$ geben wir wiederum nur die Ergebnisse an (Aufgabe 5).

1) Es gilt $D(f)=\mathbb{R}\setminus\{-2; 2\}$. Bei -2 und 2 handelt es sich um Unendlichkeitsstellen mit Vorzeichenwechsel.

2) Für alle $x\in D(f)$ gilt: $f(-x)=-f(x)$; es handelt sich um eine ungerade Funktion.

3) Es gilt $f(0)=0$; 0 ist die einzige Nullstelle der Funktion.

4) Es gilt: $f(x)=\frac{1}{2}x+\frac{2x}{x^2-4}$. Die Gerade g zu $g(x)=\frac{1}{2}x$ ist daher Asymptote des Funktionsgraphen. An der Zerlegung des Funktionsterms erkennt man, daß sich der Funktionsgraph für $x>0$ von oben, für $x<0$ von unten der Asymptote nähert.

5) Es gilt $f'(x)=\frac{1}{2}\cdot\frac{x^2(x^2-12)}{(x^2-4)^2}$ mit $D(f')=D(f)=\mathbb{R}\setminus\{-2; 2\}$. Die Nullstellen von f' sind 0, $\sqrt{12}$ und $-\sqrt{12}$ mit den Funktionswerten $f(0)=0$, $f(\sqrt{12})=\frac{3}{4}\sqrt{12}\approx 2{,}60$ und $f(-\sqrt{12})\approx -2{,}60$.

6) Ferner gilt: $f'(x)>0$ für $x^2>12$, also für $x>\sqrt{12}$ und für $x<-\sqrt{12}$; in diesen Bereichen ist die Funktion nach Satz S 5.3 also streng monoton steigend; für $-\sqrt{12}<x<-2$, für $-2<x<2$ und für $2<x<\sqrt{12}$ ist $f'(x)<0$; in diesen Bereichen ist die Funktion nach Satz S 5.3 also streng monoton fallend. An den Stellen $\sqrt{12}$ und $-\sqrt{12}$ liegt ein Vorzeichenwechsel der 1. Ableitung vor; nach Satz S 5.7 liegt bei $\sqrt{12}$ ein lokales Minimum und bei $-\sqrt{12}$ ein lokales Maximum.

7) Es gilt $f''(x)=\dfrac{4x(x^2+12)}{(x^2-4)^3}$, also $f''(0)=0$; $f''(\sqrt{12})>0$ und $f''(-\sqrt{12})<0$. Somit ergibt sich auch nach Satz S 5.10, daß bei $\sqrt{12}$ ein lokales Minimum, bei $-\sqrt{12}$ ein lokales Maximum liegt.

8) Die notwendige Bedingung für eine Wendestelle lautet nach Satz S 5.13: $f''(x)=0$. Daraus ergibt sich: $x=0$.
Die für Wendestellen hinreichende Bedingung $f''(x_0)=0 \wedge f'''(x_0)\neq 0$ (Satz S 5.14) können wir nach den Überlegungen unter 5. (Seite 150) mit Hilfe der Ableitung des Zählers $Z_1(x)$ von $f''(x)$ überprüfen. Es gilt:

$$Z_1(x)=4x(x^2+12)=4x^3+48x;$$

also $$Z_1'(x)=12x^2+48 \text{ und somit}$$

$$Z_1'(0)=48\neq 0.$$

Die Funktion hat bei 0 also eine horizontale Wendestelle.
Der Funktionsgraph ist in Bild 6.11 dargestellt; man erkennt, daß $W(f)=\mathbb{R}$ ist.

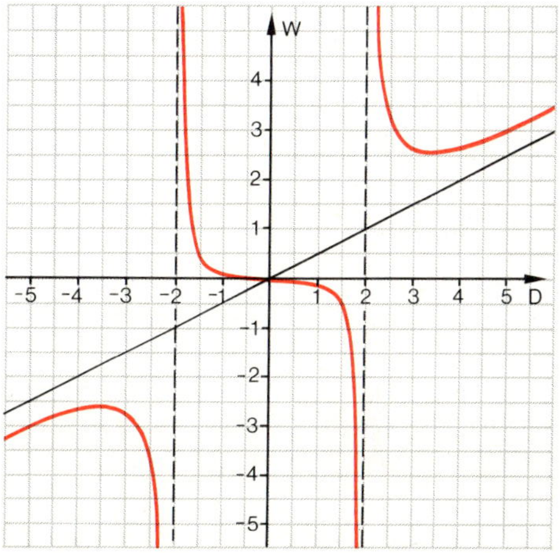

Bild 6.11

7. Abschließend behandeln wir noch ein **Beispiel** für eine nicht-rationale gebrochene Funktion:

$$f(x)=\frac{3\sin x}{2-\cos x}.$$

Wir geben wiederum nur die Ergebnisse der durchzuführenden Untersuchung an.

1) Es ist $D(f)=\mathbb{R}$; für alle $x\in\mathbb{R}$ gilt $f(-x)=-f(x)$; es handelt sich um eine ungerade Funktion.

2) Die Nullstellen der Funktion sind gegeben durch $x=k\cdot\pi$ (mit $k\in\mathbb{Z}$).

3) Für alle $k\in\mathbb{Z}$ gilt: $f(x+2k\pi)=f(x)$; die Funktion hat die Periode 2π.

4) Es gilt: $f'(x)=\dfrac{3(2\cos x-1)}{(2-\cos x)^2}$ mit $D(f')=D(f)=\mathbb{R}$.

5) Wegen $f'(x)=0 \Leftrightarrow \cos x=\frac{1}{2}$ hat f' im Periodenintervall $[0;2\pi[$ die Nullstellen $\frac{\pi}{3}$ und $\frac{5\pi}{3}$ mit den Funktionswerten $f\left(\frac{\pi}{3}\right)=\sqrt{3}\approx 1{,}73$ und $f\left(\frac{5\pi}{3}\right)=-\sqrt{3}\approx -1{,}73$.

6) Aus $f'(x)>0$, also $\cos x>\frac{1}{2}$ ergibt sich, daß die Funktion im Intervall $[0;2\pi[$ für $x<\frac{\pi}{3}$ und für $x>\frac{5\pi}{3}$ nach Satz S 5.3 streng monoton steigt, während sie im Intervall $\left]\frac{\pi}{3};\frac{5\pi}{3}\right[$ streng monoton fällt.

Bei $\frac{\pi}{3}$ und $\frac{5\pi}{3}$ erfährt die Funktion f' einen Vorzeichenwechsel; bei $\frac{\pi}{3}$ liegt nach Satz S 5.7 ein lokales Maximum, bei $\frac{5\pi}{3}$ ein lokales Minimum. Ferner gilt: $W(f)=[-\sqrt{3};\sqrt{3}]$.

7) Es gilt: $f''(x)=\frac{(-6)\cdot \sin x(1+\cos x)}{(2-\cos x)^3}$, also $f''(x)=0 \Leftrightarrow \sin x=0 \vee \cos x=-1$. Im Intervall $[0; 2\pi[$ hat diese Aussageform die Lösungen 0 und π (Aufgabe 8a). Die hinreichende Bedingung für Wendestellen von Satz S 5.14 ist erfüllt, weil die Funktion f'' an beiden Stellen einen Vorzeichenwechsel erfährt. Dies erkennt man daran, daß in hinreichend kleinen Umgebungen von 0 und π das Vorzeichen von $f''(x)$ nur vom Vorzeichen des Faktors $\sin x$ abhängt. Begründe dies (Aufgabe 8b)!
Die Funktion hat bei 0 und π also Wendestellen.

8) Der Funktionsgraph ist in Bild 6.12 dargestellt.

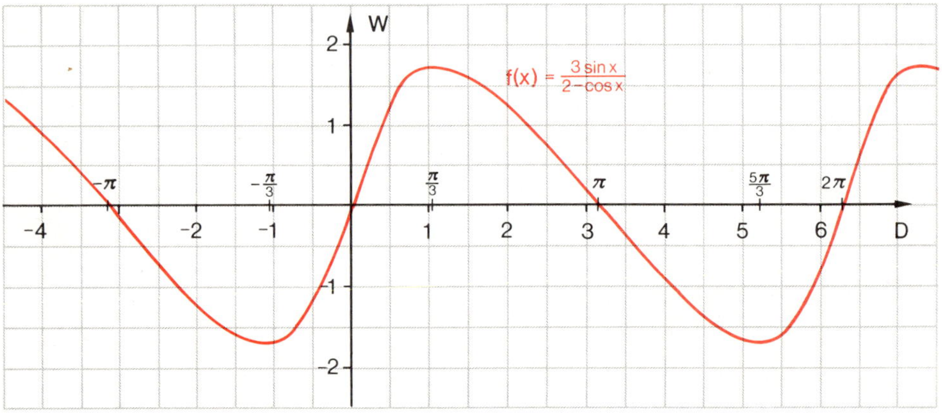

Bild 6.12

Übungen und Aufgaben

1. Untersuchen Sie die Funktion auf die Art der Definitionslücken!

a) $f(x)=\frac{x^2-4}{1-x^2}$ **b)** $f(x)=\frac{x^2-9}{x^2-3x}$ **c)** $f(x)=\frac{(x+4)^2}{(x^2-16)\cdot(x-4)}$ **d)** $f(x)=\frac{x^2+2x}{3x-2x^2}$

e) $f(x)=\frac{|x^2-6x|}{x^2-4x-12}$ **f)** $f(x)=\frac{x^2}{x^3-4x}$ **g)** $f(x)=\frac{x+5}{x^3-25x}$ **h)** $f(x)=\frac{1-x^2}{1-x^4}$

2. Ermitteln Sie jeweils die Asymptoten des Funktionsgraphen!

a) $f(x)=\frac{x-2}{x^2+1}$ **b)** $f(x)=\frac{(x-2)^2}{x^2+1}$ **c)** $f(x)=\frac{(x-2)^2}{x}$ **d)** $f(x)=\frac{x^2-x}{4x^2-16}$

e) $f(x)=\frac{x^3}{x^2+3}$ **f)** $f(x)=\frac{x^2-6}{12-x^2}$ **g)** $f(x)=\frac{x^3+2}{x^2-x+1}$ **h)** $f(x)=\frac{x^2+5x^3}{x^2+10x}$

3. Suchen Sie den Term einer Funktion, die möglichst viele der folgenden Eigenschaften hat! Welche dieser Eigenschaften und welche weiteren Eigenschaften hat die gefundene Funktion? Ist die Funktion eindeutig bestimmt?

1) eine Definitionslücke bei -3;
2) eine Nullstelle bei 5;
3) eine Unendlichkeitsstelle mit Vorzeichenwechsel bei 3;
4) eine Unendlichkeitsstelle ohne Vorzeichenwechsel bei -2;
5) die Gerade zu $y=-\frac{3}{2}x+2$ ist Asymptote des Funktionsgraphen für $x \to \infty$.

4. Diskutieren Sie die Funktion f!

a) $f(x)=\frac{x^2+3}{x-1}$ **b)** $f(x)=\frac{1}{x^2-9}$ **c)** $f(x)=\frac{x}{x^2-1}$ **d)** $f(x)=\frac{2x}{x^2+1}$

e) $f(x)=\frac{4x^2}{1+x^2}$ **f)** $f(x)=\frac{4}{1+x^2}$ **g)** $f(x)=\frac{1}{x^2-16}$ **h)** $f(x)=\frac{1}{x^2+2x}$

i) $f(x)=\frac{x^2+2x}{x^2-x-6}$ **j)** $f(x)=\frac{x^3}{x^2-2x+1}$ **k)** $f(x)=\frac{2x^2-4}{x^3-2}$ **l)** $f(x)=\frac{(x-1)^2}{x+2}$

m) $f(x)=\frac{16}{x^2(x+2)^2}$ **n)** $f(x)=\frac{x^3}{x^2-3}$ **o)** $f(x)=\frac{9-x^2}{1-x^2}$ **p)** $f(x)=\frac{x^2+2x+1}{x^2-16}$

5. Führen Sie die Diskussion der Funktion f zu $f(x)=\frac{x^3}{2x^2-8}$ vollständig durch (vgl. Seite 150)!

6. Diskutieren Sie die Funktion f! Ermitteln Sie die Gleichung(en) der Tangente(n) an den Funktionsgraphen durch den Punkt P! Bestimmen Sie die Koordinaten der Berührpunkte!

a) $f(x)=\frac{3x^2-8x}{(x-2)^2}$; $P(0|0)$ **b)** $f(x)=\frac{2(x^2-2x)}{(x+2)^2}$; $P(-2|2)$

7. Diskutieren Sie die Funktion f und untersuchen Sie, ob f in D(f) differenzierbar ist!

a) $f(x)=\frac{|x|}{1+x^2}$ **b)** $f(x)=\frac{|x|}{(x-2)^2}$ **c)** $f(x)=\frac{1}{1+x|x|}$ **d)** $f(x)=\frac{|x|-2}{x^2-x-2}$

Nicht-rationale Funktionen

8. a) Führen Sie die Diskussion der Funktion f zu $f(x)=\frac{3\cdot\sin x}{2-\cos x}$ vollständig durch (vgl. Seite 151)!
b) Begründen Sie, daß das Vorzeichen von $f''(x)$ in hinreichend kleinen Umgebungen von 0 und π nur vom Vorzeichen des Faktors sin x abhängt!
c) Ermitteln Sie $f'''(x)$ an den Stellen 0 und π! Was stellen Sie fest?

9. Diskutieren Sie die Funktion f über den angegebenen Intervallen!

a) $f(x)=\frac{3\cos x}{2+\sin x}$; $[-\pi; 2\pi]$ **b)** $f(x)=\frac{3}{2-\sin x}$; $[-2\pi; 2\pi]$

c) $f(x)=\frac{4\sin x}{2+\cos^2 x}$; $[-\pi; \pi]$ **d)** $f(x)=\frac{3-2\sin x}{1+2\sin x}$; $[0; 2\pi]$

e) $f(x)=2\sin x\cdot(1-2\cos x)$; $\left[-\frac{\pi}{2}; 2\pi\right]$ **f)** $f(x)=\cos 2x-2\cos x$; $[0; 2\pi]$

Algebraische Gleichungen

Durch algebraische Gleichungen in zwei Variablen werden Relationen festgelegt, deren Graphen „algebraische Kurven“ sind. Solche Kurven sind in gewissen Anwendungssituationen von Bedeutung. So sind z. B. die Planetenbahnen spezielle algebraische Kurven, nämlich **Ellipsen**.

In vielen Fällen kann man diese Kurven so in Teile zerlegen, daß die Teile Funktionsgraphen sind.

Beispiel: $(y-x)^2-(4-x^2)=0 \Leftrightarrow [y-x+\sqrt{4-x^2}]\cdot[y-x-\sqrt{4-x^2}]=0$

$$\Leftrightarrow y=\underbrace{x-\sqrt{4-x^2}}_{f_1(x)} \vee \underbrace{y=x+\sqrt{4-x^2}}_{f_2(x)}$$

Durch die beiden Gleichungen sind zwei Funktionen f_1 und f_2 gegeben, die einzeln zu diskutieren sind. Der Graph der Gesamtrelation R setzt sich aus den Graphen von f_1 und f_2 zusammen. Man erhält die Ellipse von Bild 6.13.

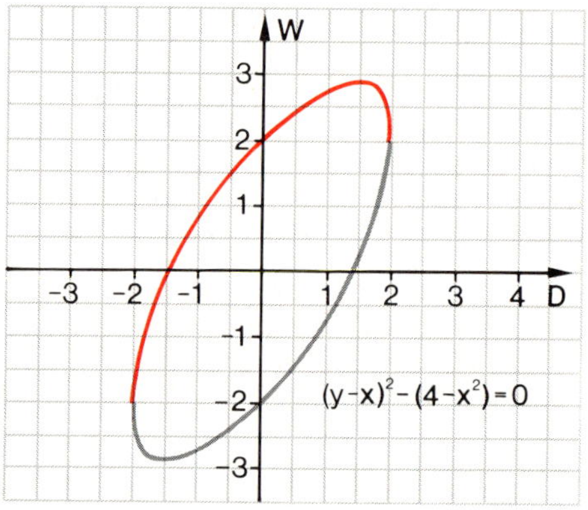

Bild 6.13

10. Diskutieren Sie die Funktion f_1 und f_2 des vorstehenden Beispiels!

11. Verfahren Sie wie bei dem Beispiel zu Aufgabe 10 und diskutieren Sie die Teilfunktionen!

a) $(y-x)^2-(x+2)=0$ **b)** $y^2-x^2\cdot(16-x^2)=0$ **c)** $y^2-x(x^2-9)=0$

d) $y^2-(x-1)^2\cdot(4-x)=0$ **e)** $y^2-x^4\cdot(1-x^2)=0$ **f)** $y^2-(x^3-x^4)=0$

§ 7 Exponential- und Logarithmusfunktionen

I. Die natürliche Exponentialfunktion

1. In den Überlegungen zur Differentialrechnung haben wir einen wichtigen Funktionstyp bisher ausgeklammert, nämlich die Exponentialfunktionen. Unter der **„Exponentialfunktion zur Basis a"** versteht man für eine positive Zahl a die Funktion f zu

$$\mathbf{f(x)=a^x} \quad \text{mit } D(f)=\mathbb{R}.$$

Man bezeichnet diese Funktion gelegentlich mit „$\exp_a$".
Ein Sonderfall liegt für $a=1$ vor; denn für alle $x\in\mathbb{R}$ gilt: $1^x=1$; daher ist die Funktion f zu $f(x)=1^x$ eine konstante Funktion mit $W(f)=\{1\}$.
Für $a\neq 1$ gilt dagegen $W(f)=\mathbb{R}^{>0}$; denn aus der Definition des Potenzbegriffs ergibt sich unmittelbar, daß alle Potenzwerte a^x (für $a>0$) positiv sind. Außerdem wird auch jede positive Zahl y als Funktionswert angenommen; denn die Gleichung $a^x=y$ besitzt für jede positive Zahl y eine Lösung (Aufgabe 1). In Bild 7.1 sind die Graphen einiger Exponentialfunktionen über dem Intervall $[-2; 2]$ dargestellt. Alle diese Kurven haben den Punkt $P(0|1)$ gemeinsam; denn für alle $a\in\mathbb{R}^{>0}$ gilt: $a^0=1$.

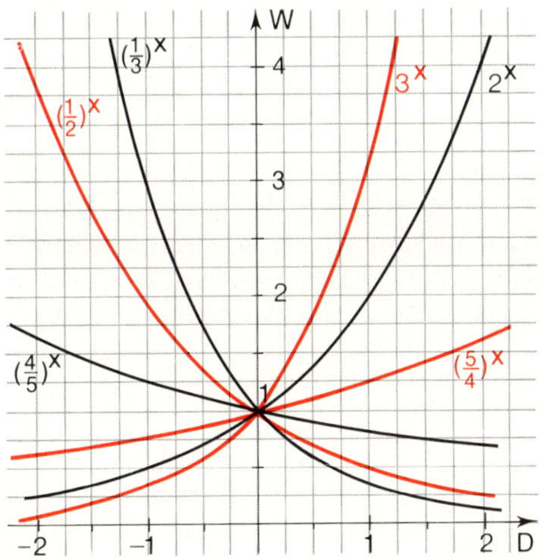

Bild 7.1

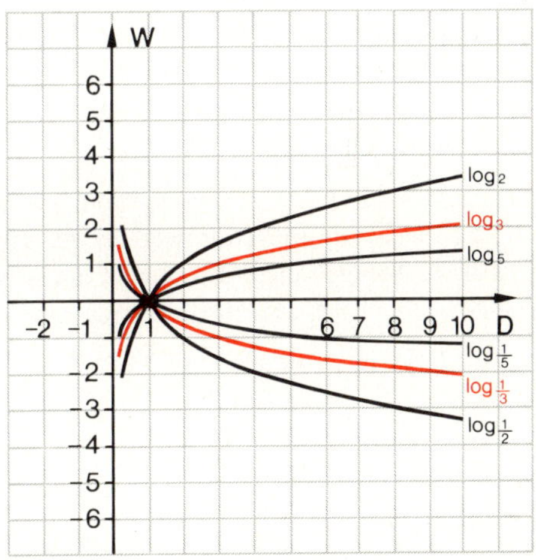

Bild 7.2

2. Da jede Exponentialfunktion f zu $f(x)=a^x$ (mit $a>0$ und $a\neq 1$) streng monoton ist, besitzt sie eine Umkehrfunktion $\overset{-1}{f}$. Diese Funktion nennt man die **„Logarithmusfunktion zur Basis a"** und bezeichnet sie mit „$\log_a$", gelesen „Logarithmus zur Basis a". Es gilt $D(\log_a)=\mathbb{R}^{>0}$ und $W(\log_a)=\mathbb{R}$.
In Bild 7.2 sind die Graphen einiger Logarithmusfunktionen dargestellt.

Der Zusammenhang zwischen einer Exponentialfunktion und der zugehörigen Logarithmusfunktion wird erfaßt im Satz

S 7.1 **1) Für alle $x \in \mathbb{R}^{>0}$ gilt: $a^{\log_a x} = x$.** **2) Für alle $x \in \mathbb{R}$ gilt: $\log_a a^x = x$.**

Der Beweis soll in Aufgabe 3 a) erbracht werden.
Zwischen den Logarithmusfunktionen zu zwei verschiedenen Basen a und b besteht ein enger Zusammenhang. Es gilt der Satz

S 7.2 **Für alle $a, b \in \mathbb{R}^{>0}$ (mit $a, b \neq 1$) und für alle $x \in \mathbb{R}^{>0}$ gilt:**

$$\log_b x = \log_b a \cdot \log_a x = \frac{1}{\log_a b} \cdot \log_a x.$$

Der Beweis soll in Aufgabe 3 b) erbracht werden.

3. Da Exponentialfunktionen zur Beschreibung von Wachstums- und Zerfallsvorgängen herangezogen werden, ist es gerade bei diesen Funktionen wichtig, mittlere Änderungsraten und deren Grenzwert, die Ableitung, zu bestimmen.
Für die Exponentialfunktion f zu $f(x) = a^x$ (mit $a \in \mathbb{R}^{>0}$ und $a \neq 1$) lautet der Differenzenquotient

$$\frac{f(x+h) - f(x)}{h} = \frac{a^{x+h} - a^x}{h}.$$

Durch Anwendung des ersten Potenzgesetzes und des Distributivgesetzes erhält man:

$$\frac{f(x+h) - f(x)}{h} = \frac{a^x \cdot a^h - a^x}{h} = \frac{a^h - 1}{h} \cdot a^x.$$

Man erkennt, daß bei einer festgewählten Schrittlänge h die mittlere Änderungsrate proportional zu a^x, also zum Funktionswert an der betrachteten Stelle ist. Bei einem Wachstumsprozeß wächst die Menge (oder Masse) also um so schneller, je größer die vorhandene Menge (oder Masse) schon ist. Das Entsprechende gilt für Zerfallsvorgänge. Der Proportionalitätsfaktor ist

$$c = \frac{a^h - 1}{h}.$$

Dieser Faktor hat eine einfache Bedeutung; man erkennt dies, wenn man ihn in der folgenden Form schreibt:

$$c = \frac{a^{0+h} - a^0}{h}.$$

Es handelt sich also um die mittlere Änderungsrate, also um den Differenzenquotienten zur Stelle $x = 0$:

$$\frac{f(0+h) - f(0)}{h} = \frac{a^{0+h} - a^0}{h} = \frac{a^h - 1}{h}.$$

4. Die Ableitung, also die lokale Änderungsrate, gewinnt man nach den Überlegungen von § 3 dadurch, daß man den Grenzwert der Differenzenquotientenfunktion mit der Bedingung $h \to 0$ berechnet. In unserem Fall gilt:

$$f'(x) = \lim_{h \to 0} \left(\frac{a^h - 1}{h} \cdot a^x \right) = \left(\lim_{h \to 0} \frac{a^h - 1}{h} \right) \cdot a^x.$$

Zur Ermittlung der Ableitung hat man also den Grenzwert

$$\lim_{h \to 0} \frac{a^h - 1}{h} = \lim_{h \to 0} \frac{f(0+h) - f(0)}{h} = f'(0),$$

also den Ableitungswert an der Stelle 0 und mithin die Steigung des Funktionsgraphen und der zugehörigen Tangente im Punkte P(0 | 1) zu bestimmen (Bild 7.3). Wenn dieser Grenzwert existiert, dann existiert auch die Ableitungsfunktion f', und es gilt:

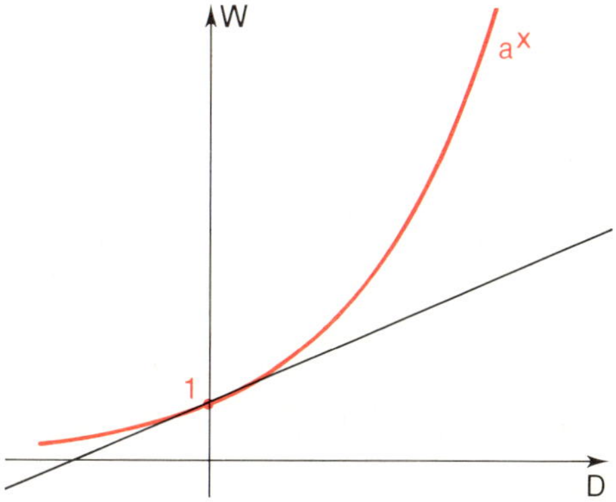

Bild 7.3

$$f'(x) = k \cdot a^x \quad \text{mit} \quad k = f'(0);$$

dann ist die Ableitung $f'(x)$ proportional zu a^x; man nennt eine Funktion dieses Typs eine **„exponentielle Wachstumsfunktion"**.
Wir können also sagen:

S 7.3 **Wenn die Exponentialfunktion f zu $f(x) = a^x$ (mit $a \in \mathbb{R}^{>0} \setminus \{1\}$) an der Stelle 0 differenzierbar ist, dann ist sie auch für alle $x \in \mathbb{R}$ differenzierbar, und es gilt:**

$$\mathbf{f'(x) = f'(0) \cdot f(x) = f'(0) \cdot a^x.}$$

An der Form des Differenzenquotienten $\frac{a^h - 1}{h}$ erkennt man sofort, daß der Nachweis der Existenz und die Berechnung von $f'(0)$ eine keineswegs so einfache Aufgabe ist wie bei den meisten Ableitungswerten, die wir in § 4 ermittelt haben.

5. Wir betrachten daher zunächst das

Beispiel: $f(x) = 2^x$.

Die Differenzenquotientenfunktion zur Stelle $x = 0$ ist gegeben durch $m(0; h) = \frac{2^h - 1}{h}$.

Mit Hilfe eines Taschenrechners können wir Näherungswerte für den gesuchten Grenzwert bestimmen. Wir erhalten z. B. die Werte der folgenden Tabelle.

h	1	0,1	0,01	0,001	0,0001	0,00001
m(0; h)	1	0,7177	0,6955	0,6934	0,6932	0,6931

Nach den berechneten Werten kann man vermuten, daß die Differenzenquotientenfunktion an der Stelle $h = 0$ einen Grenzwert besitzt und daß dieser ungefähr den Wert 0,693 hat:

$$f'(0) = \lim_{h \to 0} m(0; h) = \lim_{h \to 0} \frac{2^h - 1}{h} \approx 0{,}693 \text{ (Bild 7.4).}$$

Vermutlich gilt also: $f'(x) \approx 0{,}693 \cdot 2^x$.

6. Entsprechend untersuchen wir das **Beispiel** $f(x) = 3^x$ mit $m(0; h) = \frac{3^h - 1}{h}$.

Wir erhalten z. B. die Werte der folgenden Tabelle:

h	1	0,1	0,01	0,001	0,0001	0,00001
m(0; h)	2	1,1612	1,1047	1,0992	1,0987	1,0986

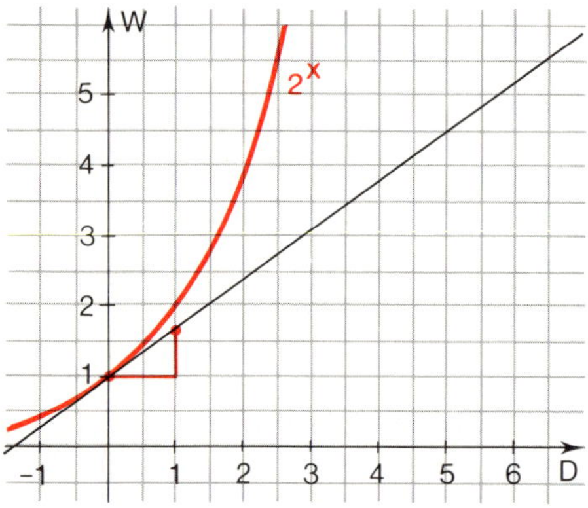

Bild 7.4

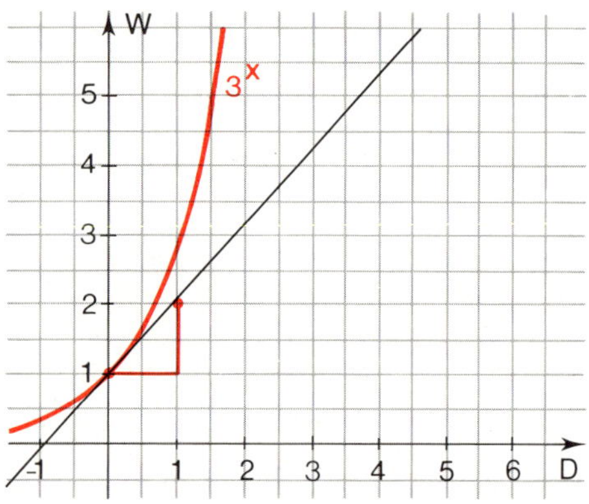

Bild 7.5

Auch hier legen die berechneten Werte nahe, daß die Differenzenquotientenfunktion bei $h = 0$ einen Grenzwert besitzt und daß gilt:

$$f'(0) = \lim_{h \to 0} m(0; h) = \lim_{h \to 0} \frac{3^h - 1}{h} \approx 1{,}0986 \text{ (Bild 7.5).}$$

Vermutlich gilt also: $f'(x) \approx 1{,}0986 \cdot 3^x$.

7. Bei den behandelten Beispielen 2^x und 3^x fällt auf, daß die Werte von $f'(0)$ einmal unter 1, einmal (knapp) über 1 liegen. Diese Beobachtung legt die Vermutung nahe, daß es eine Exponentialfunktion gibt mit $f'(0) = 1$, nach Satz S 7.3 also mit $f'(x) = f(x)$ für alle $x \in \mathbb{R}$. Diese Vermutung wird erhärtet, wenn man entsprechend die Ableitungswerte der Exponentialfunktionen z. B. mit den Basiswerten 2,5; 2,6; 2,7; 2,8 und 2,9 an der Stelle 0 berechnet. Als Näherungswerte für diese Ableitungen ergeben sich die Werte der folgenden Tabelle.

f(x)	$2{,}5^x$	$2{,}6^x$	$2{,}7^x$	$2{,}8^x$	$2{,}9^x$
f'(0)	0,9163	0,9555	0,9933	1,0296	1,0647

Die Basis der gesuchten Exponentialfunktion muß nach diesen Werten zwischen 2,7 und 2,8, und zwar näher bei 2,7 als bei 2,8 liegen. Die fragliche Zahl heißt nach dem Mathematiker **Leonhard Euler** (1707–1783) **„Eulersche Zahl“** und wird allgemein mit dem Buchstaben **„e“** bezeichnet (Bild 7.6).

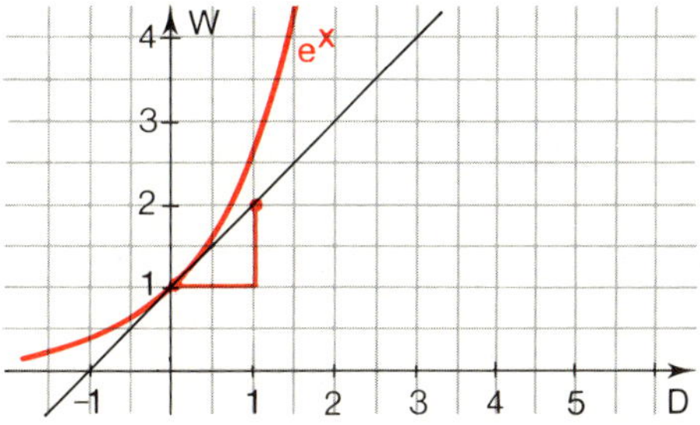

Bild 7.6

8. Die Vermutung, daß es eine solche Zahl gibt, läßt sich durch die folgende Überlegung noch weiter untermauern. Nach Satz S 7.1, 1) kann man jede positive Zahl a als Potenz z. B. zur Basis 2 schreiben: $a = 2^{\log_2 a}$. Demnach gilt:

$$a^x = (2^{\log_2 a})^x = 2^{x \cdot \log_2 a}.$$

Daher können wir die Ableitung der Exponentialfunktion f_a zu einer beliebigen Basis a auf die Ableitung der Funktion f_2 zu $f_2(x) = 2^x$ zurückführen.

Gilt $f_2'(x) = c_2 \cdot 2^x \left[\text{mit } c_2 = f_2'(0) = \lim\limits_{h \to 0} \frac{2^h - 1}{h}\right]$, dann gilt nach der Kettenregel (Satz S 4.10):

$$f_a'(x) = \log_2 a \cdot c_2 \cdot 2^{x \cdot \log_2 a} = \log_2 a \cdot c_2 \cdot a^x.$$

Andererseits gilt nach Satz S 7.3: $f_a'(x) = c_a \cdot a^x$ mit $c_a = f_a'(0) = \lim\limits_{h \to 0} \frac{a^h - 1}{h}$.

Durch Vergleich der beiden Darstellungen von $f_a'(x)$ ergibt sich, daß für alle positiven a gelten muß:

$$c_a = \log_2 a \cdot c_2.$$

Dies bedeutet: existiert die Zahl $c_2 = f_2'(0)$, dann existiert für jede positive Zahl a auch die Zahl $c_a = f_a'(0)$; dann ist nach Satz S 7.3 auch **jede** Exponentialfunktion über $\mathbb{R}$ differenzierbar. Nun können wir folgendermaßen schließen: wenn es die Zahl $c_2 = f_2'(0)$ gibt, dann muß es auch eine Zahl e geben, für die $c_e = 1$, also

$$\log_2 e \cdot c_2 = 1$$

ist; denn aus dieser Gleichung ergibt sich: $\log_2 e = \frac{1}{c_2} \Leftrightarrow e = 2^{\frac{1}{c_2}}$.

Mit dem oben berechneten Näherungswert für c_2, nämlich $c_2 \approx 0{,}6931$ ergibt sich daraus:

$$e \approx 2^{1{,}4428} \approx 2{,}718.$$

Beachte: Da wir die Existenz der Zahl $c_2 = \lim\limits_{h \to 0} \frac{2^h - 1}{h}$ noch nicht gesichert haben, ist auch die Existenz der Zahl e durch die vorstehenden Überlegungen zwar sehr plausibel gemacht, aber ebenfalls noch nicht endgültig gesichert. Dies bedeutet, daß auch alle folgenden Überlegungen nur unter dem Vorbehalt gelten, daß die Existenz von e nachgewiesen werden kann. Mit diesem Problem werden wir uns im II. Abschnitt beschäftigen.

9. Vorbehaltlich des Existenznachweises für die Eulersche Zahl definieren wir:

D 7.1 **1) Die Eulersche Zahl e ist diejenige Zahl, für die $\lim\limits_{h \to 0} \frac{e^h - 1}{h} = 1$ ist.**

2) Die zur Basis e gehörende Exponentialfunktion mit $f(x) = e^x$ heißt „natürliche Exponentialfunktion" oder kurz „e-Funktion"; sie wird auch mit „exp" bezeichnet.

Für die natürliche Exponentialfunktion gilt nach Satz S 7.3 wegen $f'(0) = 1$ für alle $x \in \mathbb{R}$:

$$f'(x) = e^x = f(x), \quad \text{also} \quad f' = f.$$

S 7.4 **Die natürliche Exponentialfunktion f zu $f(x) = e^x$ ist differenzierbar für alle $x \in \mathbb{R}$; es gilt $f'(x) = e^x$, also $f' = f$.**

Aus diesem Satz ergibt sich unmittelbar, daß auch alle weiteren Ableitungen der natürlichen Exponentialfunktion existieren und mit der Funktion selbst identisch sind, daß also gilt:

$$f' = f'' = f''' = \ldots = f, \quad \text{also} \quad f^{(n)} = f \qquad (\text{für alle } n \in \mathbb{N}).$$

Wir werden in § 14, II zeigen, daß die Funktionen f zu $f(x) = c \cdot e^x$ (mit $c \in \mathbb{R}$) die einzigen Funktionen sind, die mit ihren Ableitungen übereinstimmen. Schon daraus wird verständlich, daß diese Funktionen sowohl innerhalb der Mathematik wie auch für zahlreiche Anwendungen von weitreichender Bedeutung sind. Man kann sagen, daß die e-Funktion eine der wichtigsten Funktionen überhaupt ist.

10. Es stellt sich natürlich sofort die Frage nach einer Darstellung der Zahl e im Dezimalsystem. Wir haben oben schon gesehen, daß es eine Zahl zwischen 2,7 und 2,8 sein muß, die näher bei 2,7 also bei 2,8 liegt. Wir können hier nur mitteilen, daß es sich um eine irrationale Zahl handelt, deren Dezimaldarstellung also nichtperiodisch ist, für die wir somit nur rationale Näherungswerte angeben können (vergleiche § 14, III, Aufgabe 11, Seite 326).

Nach Definition D 7.1 gilt $\lim\limits_{h \to 0} \frac{e^h - 1}{h} = 1$.

Für – absolut genommen – „kleine" Werte von h gilt also: $\frac{e^h - 1}{h} \approx 1$. Wenn wir diese Beziehung probeweise wie eine Gleichung umformen, erhalten wir:

$$e^h - 1 \approx h, \quad \text{also} \quad e^h \approx 1 + h, \quad \text{also} \quad e \approx (1 + h)^{\frac{1}{h}}.$$

Wir können daher vermuten, daß gilt: $\mathbf{e = \lim\limits_{h \to 0} (1 + h)^{\frac{1}{h}}}$.

Wählt man als Nullfolge die Folge $\left\langle \frac{1}{n} \right\rangle$, setzt man also $h_n = \frac{1}{n}$ (mit $n \in \mathbb{N}$), so erhält man:

$$\mathbf{e = \lim_{n \to \infty} \left(1 + \frac{1}{n}\right)^n.}$$

Beachte: Wir haben diese Gleichung hier nicht exakt hergeleitet; wir haben nämlich in der Bedingung $\lim\limits_{h \to 0} \frac{e^h - 1}{h} = 1$ das Limeszeichen zunächst weggelassen und dies am Ende der Umformungen wieder hinzugefügt. Wir werden auf dieses Problem im II. Abschnitt ausführlich eingehen. In der folgenden Tabelle sind Näherungswerte für einige Glieder der Folge $\langle(1+\frac{1}{n})^n\rangle$ angegeben.

n	1	10^3	10^6	10^9
$\left(1+\frac{1}{n}\right)^n$	2	2,7169	2,71828	2,718281827

Ein dezimaler Näherungswert für die Zahl e mit 12 Nachkommastellen ist:

$$\mathbf{e \approx 2{,}718\,281\,828\,459.}$$

11. Die Umkehrfunktion der e-Funktion, also die Logarithmusfunktion zur Basis e, wird **„natürliche Logarithmusfunktion"** genannt.

D 7.2 Die Logarithmusfunktion zur Basis e heißt „natürliche Logarithmusfunktion" und wird mit „ln" („logarithmus naturalis") bezeichnet.

Der Graph der ln-Funktion ergibt sich durch Spiegelung des Graphen der e-Funktion an der Geraden zu y = x (Bild 7.7). Die wichtigsten Eigenschaften der ln-Funktion sollen in Aufgabe 7 bewiesen werden.

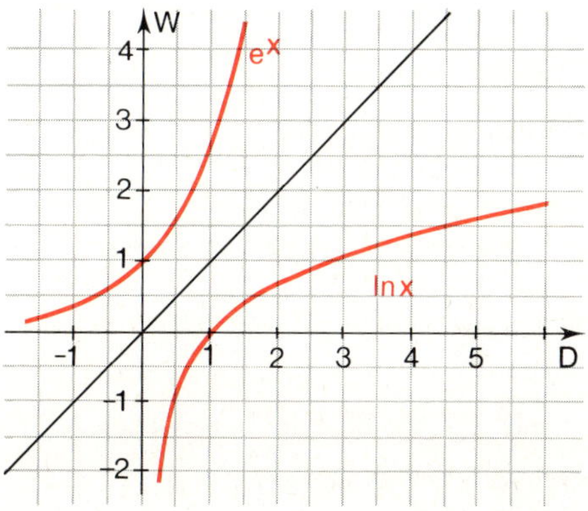

Bild 7.7

12. Die meisten Taschenrechner haben eine Taste, mit deren Hilfe man Näherungswerte für die natürlichen Logarithmen erhalten kann.
Tafelwerke enthalten häufig Tabellen mit den natürlichen Logarithmen von **Primzahlen**. Wie man damit den natürlichen Logarithmus einer beliebigen positiven Zahl bestimmen kann, zeigen die

Beispiele:

1) $\ln 50 = \ln(2\cdot 5^2) = \ln 2 + 2\ln 5$, also $\ln 50 \approx 0{,}69315 + 2\cdot 1{,}60944 \approx 3{,}9120$

2) $\ln 7{,}2 = \ln\frac{72}{10} = \ln\frac{36}{5} = \ln\frac{2^2\cdot 3^2}{5} = 2\ln 2 + 2\ln 3 - \ln 5$, also

$\ln 7{,}2 \approx 2\cdot(0{,}69315 + 1{,}09861) - 1{,}60944 \approx 3{,}58352 - 1{,}60944 \approx 1{,}9741$

Schließlich kann man natürliche Logarithmen mit Hilfe des „Moduls" aus den Zehnerlogarithmen berechnen. Nach Satz S 7.2 gilt:

$$\ln x = \frac{1}{\lg e}\cdot \lg x = \ln 10 \cdot \lg x.$$

Dabei haben die Moduln (Umrechnungsfaktoren) die folgenden dezimalen Näherungswerte

$$\ln 10 = \frac{1}{\lg e} \approx 2{,}3025851 \quad \text{und} \quad \lg e = \frac{1}{\ln 10} \approx 0{,}4342945.$$

Beispiele:

1) $\lg 5 \approx 0{,}6990$; $\ln 5 \approx 0{,}699 \cdot 2{,}30 \approx 1{,}61$

2) $\lg 17{,}3 \approx 1{,}238$; $\ln 17{,}3 \approx 1{,}24 \cdot 2{,}3 \approx 2{,}85$

Übungen und Aufgaben

1. Im Lehrtext wird festgestellt, daß jede Gleichung der Form $a^x = y$ für $a, y > 0$ eine Lösung besitzt. Konstruieren Sie die ersten fünf Intervalle einer dezimalen Intervallschachtelung für die Lösungen der folgenden Gleichungen!

a) $2^x = 5$ **b)** $0{,}8^x = 1{,}7$ **c)** $5{,}2^x = 100$ **d)** $\pi^x = \sqrt{7}$

2. Beweisen Sie die folgenden Sätze! Für alle $x, y \in \mathbb{R}^{>0}$ gilt

a) $\log_a(x \cdot y) = \log_a x + \log_a y$ **b)** $\log_a\left(\frac{x}{y}\right) = \log_a x - \log_a y$ **c)** $\log_a x^r = r \cdot \log_a x$ mit $r \in \mathbb{R}$.

Anleitung: Setzen Sie $u = \log_a x$, $v = \log_a y$ und wenden Sie die Potenzgesetze an!

3. Beweisen Sie die folgenden Sätze! **a)** Satz S 7.1 **b)** Satz S 7.2

4. Zeigen Sie: Existiert für eine Zahl $a \in \mathbb{R}^{>0}$ der Grenzwert $\lim\limits_{h \to 0} \frac{a^h - 1}{h}$, dann existiert für **jede** Zahl $b \in \mathbb{R}^{>0}$ der entsprechende Grenzwert $\lim\limits_{h \to 0} \frac{b^h - 1}{h}$! Bestimmen Sie diesen Grenzwert!

Anleitung: Benutzen Sie den Satz S 7.1,1)!

5. Berechnen Sie mit Hilfe eines Taschenrechners Näherungswerte für folgende Grenzwerte!

a) $\lim\limits_{h \to 0} \frac{2{,}7^h - 1}{h}$ **b)** $\lim\limits_{h \to 0} \frac{2{,}8^h - 1}{h}$ **c)** $\lim\limits_{h \to 0} \frac{2{,}718^h - 1}{h}$ **d)** $\lim\limits_{h \to 0} \frac{2{,}719^h - 1}{h}$

Anleitung: Benutzen Sie die Folge $\langle h_n \rangle$ zu $h_n = 10^{-n}$ bis $n = 5$!
Welche Vermutung wird durch die Ergebnisse gestützt?

6. Berechnen Sie Werte für die Folge $\langle a_n \rangle$ mit $a_n = \left(1 + \frac{1}{n}\right)^n$ für $n = 10; 10^2; 10^3; 10^4; 10^5$!

7. Zeigen Sie, daß die ln-Funktion die folgenden Eigenschaften besitzt!

a) $D(\ln) = \mathbb{R}^{>0}$ und $W(\ln) = \mathbb{R}$. **b)** Für alle $x \in \mathbb{R}^{>0}$ gilt: $e^{\ln x} = x$.

c) Für alle $x \in \mathbb{R}$ gilt: $\ln e^x = x$. **d)** Die ln-Funktion ist streng monoton steigend.

e) $\lim\limits_{x \to 0} \ln x = -\infty$ **f)** $\lim\limits_{x \to \infty} \ln x = \infty$

8. Zeichnen Sie den Funktionsgraphen! Legen Sie eine Wertetabelle an!

a) $f(x)=e^{-x}$ **b)** $f(x)=e^{\frac{x}{2}}$ **c)** $f(x)=e^{\frac{1}{|x|}}$ **d)** $f(x)=e^{-x^2}$

e) $f(x)=\ln\left(\frac{1}{x}\right)$ **f)** $f(x)=\ln|x|$ **g)** $f(x)=\ln(2x)$ **h)** $f(x)=\ln(x^2)$

9. Bilden Sie $f'(x)$! Bestimmen Sie $D(f)$ und $D(f')$!

a) $f(x)=e^{2x}$ **b)** $f(x)=e^{-4x}$ **c)** $f(x)=e^{\frac{x}{2}}$ **d)** $f(x)=e^{2x-3}$

e) $f(x)=e^{x^2}$ **f)** $f(x)=e^{-x^2}$ **g)** $f(x)=e^{\sqrt{x}}$ **h)** $f(x)=e^{\frac{1}{x}}$

i) $f(x)=e^{\frac{1}{\sqrt{x}}}$ **j)** $f(x)=e^{-\frac{1}{x^2}}$ **k)** $f(x)=e^{\cos x}$ **l)** $f(x)=e^{\tan x}$

10. Berechnen Sie $f'(x)$! Bestimmen Sie $D(f)$ und $D(f')$!

a) $f(x)=x\cdot e^x$ **b)** $f(x)=(x^2-1)\cdot e^{-x}$ **c)** $f(x)=e^{-x}\cdot\sin x$

d) $f(x)=\sqrt{x\cdot e^x}$ **e)** $f(x)=(x^3-2x^2)\cdot e^x$ **f)** $f(x)=e^x\cdot\cos x$

g) $f(x)=\frac{1}{e^x-1}$ **h)** $f(x)=\frac{1}{e^{x-1}}$ **i)** $f(x)=e^{\frac{x^2-1}{x}}$

j) $f(x)=\frac{x+1}{e^x}$ **k)** $f(x)=\sqrt{x\cdot e^{-x}}$ **l)** $f(x)=(x\cdot e^x)^2$

m) $f(x)=e^{\sqrt{x-1}}$ **n)** $f(x)=e^{\frac{1}{1-x^2}}$ **o)** $f(x)=e^{\arctan x}$

p) $f(x)=e^{\frac{1}{\sin x}}$ **q)** $f(x)=x\cdot e^{\arcsin x}$ **r)** $f(x)=e^x\cdot\arctan x$

11. Die Funktionen zu $\sinh(x)=\frac{1}{2}(e^x-e^{-x})$ bzw. $\cosh(x)=\frac{1}{2}(e^x+e^{-x})$ heißen Sinushyperbolikus bzw. Kosinushyperbolikus.

a) Begründen Sie:
$D(\sinh)=D(\cosh)=\mathbb{R}$!

b) Berechnen Sie die 1. Ableitung der Funktionen sinh und cosh! Wie lauten demnach die weiteren Ableitungsterme?

c) Über welchen Teilmengen von $\mathbb{R}$ sind sinh (cosh) monoton steigend bzw. monoton fallend? Untersuchen Sie beide Funktionen auf Nullstellen und für betragsmäßig große x! Skizzieren Sie ihre Graphen! (Der Graph der Funktion cosh heißt auch **„Kettenlinie"**; Bild 7.8.)

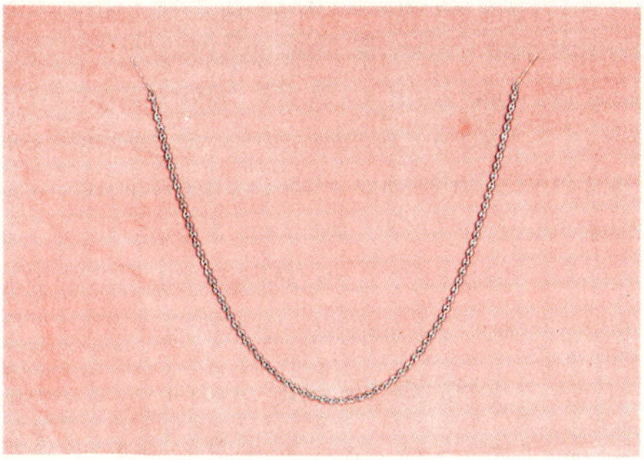

Bild 7.8

d) Berechnen Sie $\cosh^2(x)-\sinh^2(x)$!

e) Berechnen Sie die 1. Ableitung der Funktion tanh zu $\tanh(x)=\frac{\sinh(x)}{\cosh(x)}$!

12. Bestimmen Sie die ersten vier Ableitungen der Funktion f!

a) $f(x)=(x^2+2x)\cdot e^x$ **b)** $f(x)=(x^3+x^2-x)\cdot e^x$ **c)** $f(x)=(x^4-2x^2)\cdot e^x$

d) Vergleichen Sie jeweils f', f'' und f'''! Was kann man über den ganzrationalen Faktor in der Ableitungsfunktion aussagen? Verallgemeinern Sie das Ergebnis!

e) Wie ändert sich das Ergebnis von d), wenn man e^x durch e^{-x} oder allgemein durch e^{ax} (mit $a\neq 0$) ersetzt?

13. Diskutieren Sie die Funktion f!

a) $f(x)=e^{-x^2}$ **b)** $f(x)=x\cdot e^x$ **c)** $f(x)=x^2\cdot e^x$ **d)** $f(x)=\sqrt{e}\cdot x\cdot e^{-\frac{x^2}{2}}$

e) $f(x)=x^2\cdot e^{-x}$ **f)** $f(x)=(x^2-1)\cdot e^x$ **g)** $f(x)=e^{-x}\cdot \sin x$ **h)** $f(x)=(x^2-2x)\cdot e^{-x}$

i) $f(x)=e^{-x}\cdot(\cos x+\sin x)$ **j)** $f(x)=(e^x-2)^2$ **k)** $f(x)=(x-3)\cdot e^{-x}$ **l)** $f(x)=(2-x)\cdot e^{\frac{1-x}{2}}$

II. Zur Eulerschen Zahl e

1. Wir wenden uns nun dem Problem zu, die Grenzwertformel für die Zahl e, also die Beziehung

$$e=\lim_{n\to\infty}\left(1+\frac{1}{n}\right)^n$$

genauer zu begründen.

Unter der Voraussetzung der Existenz der Zahl e gilt – wie wir auf Seite 160 gezeigt haben – für die natürliche Exponentialfunktion f zu $f(x)=e^x$ für alle $x\in\mathbb{R}$:

$$f'(x)=f''(x)=\ldots=f^{(n)}(x)=e^x,$$

insbesondere also $f''(x)=e^x>0$ für alle $x\in\mathbb{R}$. Dies bedeutet nach Satz S 5.13, daß der Graph von f über $\mathbb{R}$ **linksgekrümmt** ist, daß also für jede Zahl $x\in\mathbb{R}$ die zugehörige Tangente – vom Berührpunkt abgesehen – ganz unterhalb des Funktionsgraphen verläuft (Bild 7.9). Wir wenden diesen Sachverhalt auf die Stelle 0 an. Allgemein lautet die Gleichung der Tangente zu dieser Stelle:

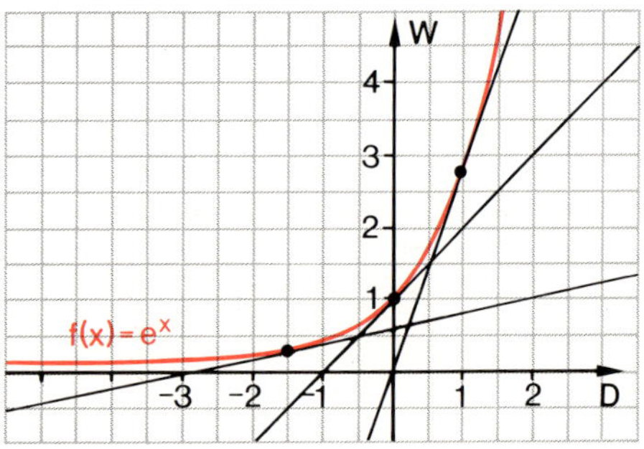

Bild 7.9

$$y=f'(0)\cdot x+f(0).$$

Wegen $f'(0)=f(0)=e^0=1$ ergibt sich in unserem Fall als Gleichung der Tangente im Punkte P(0|1): $y=x+1$. Somit gilt für alle x mit $x\neq 0$:

$$\mathbf{e^x>x+1.}$$

Daraus ergibt sich:

1) für $x=\frac{1}{n}$ (mit $n\in\mathbb{N}$): $e^{\frac{1}{n}}>1+\frac{1}{n} \Leftrightarrow \mathbf{e>\left(1+\frac{1}{n}\right)^n}$ und

2) für $x = -\frac{1}{m}$ (mit $m \in \mathbb{N}$): $e^{-\frac{1}{m}} > 1 - \frac{1}{m} \Leftrightarrow e^{\frac{1}{m}} < \frac{1}{1-\frac{1}{m}} \Leftrightarrow e^{\frac{1}{m}} < \frac{m}{m-1} \Leftrightarrow e < \left(\frac{m}{m-1}\right)^m$.

In der letzten Ungleichung setzen wir $m = n+1$ (mit $n \in \mathbb{N}$) und erhalten:

$$e < \left(\frac{n+1}{n}\right)^{n+1} \Leftrightarrow \mathbf{e < \left(1+\frac{1}{n}\right)^{n+1}}.$$

Somit gilt (falls es die Zahl e gibt) für alle $n \in \mathbb{N}$: $\mathbf{\left(1+\frac{1}{n}\right)^n < e < \left(1+\frac{1}{n}\right)^{n+1}}$.

2. Wir haben also zwei Zahlenfolgen $\langle s_n \rangle$ und $\langle t_n \rangle$ gefunden, die die Zahl e „einschachteln", nämlich die Folgen mit $s_n = \left(1+\frac{1}{n}\right)^n$ und $t_n = \left(1+\frac{1}{n}\right)^{n+1}$.

Wir wollen zeigen, daß diese Zahlenfolgen sogar eine Intervallschachtelung $\langle A_n \rangle$ mit den Intervallen $A_n = [s_n; t_n]$ bestimmen. Wir haben also nachzuweisen, daß

1) die Folge $\langle s_n \rangle$ monoton steigt, **2)** die Folge $\langle t_n \rangle$ monoton fällt und **3)** $\lim\limits_{n\to\infty} (t_n - s_n) = 0$ ist.

Zu 1): Behauptung: Für alle $n \in \mathbb{N}$ mit $n>1$ gilt: $s_n > s_{n-1}$, also $\left(1+\frac{1}{n}\right)^n > \left(1+\frac{1}{n-1}\right)^{n-1}$.

Beweis: Es gilt $1+\frac{1}{n} = \frac{n+1}{n}$ und $1+\frac{1}{n-1} = \frac{n-1+1}{n-1} = \frac{n}{n-1}$.

Um auf beiden Seiten der als allgemeingültig nachzuweisenden Ungleichung denselben Exponenten n zu erhalten, erweitern wir den Term der rechten Seite; für alle $n \in \mathbb{N}$ mit $n>1$ gilt:

$$\left(1+\frac{1}{n-1}\right)^{n-1} = \left(\frac{n}{n-1}\right)^{n-1} = \frac{n-1}{n}\left(\frac{n}{n-1}\right)^n = \left(1-\frac{1}{n}\right)\left(\frac{n}{n-1}\right)^n.$$

Somit ist die behauptete Ungleichung äquivalent zu:

$$\left(\frac{n+1}{n}\right)^n > \left(1-\frac{1}{n}\right)\left(\frac{n}{n-1}\right)^n \Leftrightarrow \left(\frac{n+1}{n}\right)^n \cdot \left(\frac{n-1}{n}\right)^n > 1-\frac{1}{n} \quad \left(\text{wegen } \frac{n}{n-1} > 0 \text{ für } n>1\right)$$

$$\Leftrightarrow \left(\frac{n^2-1}{n^2}\right)^n > 1-\frac{1}{n} \Leftrightarrow \left(1-\frac{1}{n^2}\right)^n > 1-\frac{1}{n}.$$

Die letzte Ungleichung können wir nun mit Hilfe der Bernoullischen Ungleichung

$(1+a)^n > 1+na$ (für $a > -1$, $a \neq 0$) (vgl. Seite 38!)

als allgemeingültig nachweisen, wenn wir $a = -\frac{1}{n^2}$ setzen; da für alle $n \in \mathbb{N}$ mit $n>1$ gilt $-1 < -\frac{1}{n^2} < 0$, ist die einschränkende Bedingung für a erfüllt. Es ergibt sich also:

$$\left(1-\frac{1}{n^2}\right)^n > 1-n\cdot\frac{1}{n^2}, \text{ also } \left(1-\frac{1}{n^2}\right)^n > 1-\frac{1}{n}.$$

Da wir bei obigen Umformungen nur Äquivalenzenumformungen durchgeführt haben, ist damit auch die ursprüngliche Ungleichung als allgemeingültig nachgewiesen.

Zu 2): Der Beweis dafür, daß die Folge $\langle t_n \rangle$ monoton fällt, kann analog zum vorstehenden Beweis geführt werden (Aufgabe 1).

Zu 3): **Behauptung:** $\lim\limits_{n\to\infty}(t_n - s_n) = 0.$

Beweis: Es gilt: $t_n = \left(1+\frac{1}{n}\right)^{n+1} = \left(1+\frac{1}{n}\right)\left(1+\frac{1}{n}\right)^n = \left(1+\frac{1}{n}\right)\cdot s_n$, wegen $1+\frac{1}{n} > 1$ also $s_n < t_n$

und weil $\langle t_n \rangle$ nach **2)** streng monoton fällt:

$$s_n < t_n < t_1 = (1+1)^2 = 4.$$

Ferner gilt: $t_n - s_n = \left(1+\frac{1}{n}\right)s_n - s_n = \frac{1}{n}\cdot s_n$, wegen $s_n < 4$ also: $0 < t_n - s_n < \frac{4}{n}$.

Aus $\lim\limits_{n\to\infty}\frac{4}{n} = 0$ ergibt sich schließlich $\lim\limits_{n\to\infty}(t_n - s_n) = 0$, q.e.d.

3. Damit haben wir gezeigt, daß die beiden Folgen $\langle s_n \rangle$ und $\langle t_n \rangle$ eine Intervallschachtelung $\langle A_n \rangle$ mit den Intervallen $A_n = [s_n; t_n]$ bestimmen; durch diese Intervallschachtelung ist nach dem Cantorschen Axiom genau eine innere Zahl z festgelegt, und es gilt:

$$z = \lim_{n\to\infty}\left(1+\frac{1}{n}\right)^n.$$

Nun haben wir auf Seite 165 gezeigt, daß die Zahl e – falls es sie gibt – für alle $n \in \mathbb{N}$ der Beziehung

$$\left(1+\frac{1}{n}\right)^n < e < \left(1+\frac{1}{n}\right)^{n+1}, \text{ also } s_n < e < t_n$$

genügen muß. Man könnte also meinen, daß wir damit die Existenz der Zahl e bewiesen hätten und daß $e = z$, also $e = \lim\limits_{n\to\infty}\left(1+\frac{1}{n}\right)^n$ sei.

Tatsächlich haben wir aber nur bewiesen: **wenn es die Zahl e gibt**, also eine Zahl, die der Bedingung $\lim\limits_{h\to 0}\frac{e^h-1}{h} = 1$ genügt, dann kann es sich nur um die Zahl z mit $z = \lim\limits_{n\to\infty}\left(1+\frac{1}{n}\right)^n$ handeln, **dann muß also** $\boldsymbol{e = \lim\limits_{n\to\infty}\left(1+\frac{1}{n}\right)^n}$ **sein.**

4. Um die Existenz der Zahl e zu sichern, müssen wir also noch nachweisen, daß tatsächlich $z = e$ ist, daß aus $z = \lim\limits_{n\to\infty}\left(1+\frac{1}{n}\right)^n$ folgt, daß $\lim\limits_{h\to 0}\frac{z^h-1}{h} = 1$ ist.

Beachte, daß wir – um Verwechslungen zu vermeiden – zwei verschiedene Buchstaben benutzen: mit „z“ bezeichnen wir die als existierend nachgewiesene Zahl

$$z = \lim_{n\to\infty}\left(1+\frac{1}{n}\right)^n.$$

Mit „e“ bezeichnen wir nach Definition D 7.1 die Zahl, die der Bedingung $\lim\limits_{h\to 0}\frac{e^h-1}{h}=1$ genügt, deren Existenz bisher noch nicht gesichert ist.

Wir behaupten also: $z=\lim\limits_{n\to\infty}\left(1+\frac{1}{n}\right)^n \Rightarrow \lim\limits_{h\to 0}\frac{z^h-1}{h}=1.$

Beweis:

1) Die Zahl z haben wir durch die Intervallschachtelung bestimmt, die durch die Zahlenfolgen zu

$$s_n=\left(1+\frac{1}{n}\right)^n \quad \text{und} \quad t_n=\left(1+\frac{1}{n}\right)^{n+1}$$

bestimmt ist; daher gilt für alle $n\in\mathbb{N}$: $s_n\le z\le t_n$, aber z. B. auch $s_n\le z\le t_{n-1}$, d. h.

$$\left(1+\frac{1}{n}\right)^n\le z\le\left(1+\frac{1}{n-1}\right)^n \Leftrightarrow 1+\frac{1}{n}\le z^{\frac{1}{n}}\le 1+\frac{1}{n-1} \Leftrightarrow \frac{1}{n}\le z^{\frac{1}{n}}-1\le\frac{1}{n-1} \Leftrightarrow 1\le\frac{z^{\frac{1}{n}}-1}{\frac{1}{n}}\le\frac{n}{n-1}.$$

Wegen $\lim\limits_{n\to\infty}\frac{n}{n-1}=1$ folgt daraus nach Satz S 1.10: $\lim\limits_{n\to\infty}\frac{z^{\frac{1}{n}}-1}{\frac{1}{n}}=1.$

Damit ist für die spezielle Nullfolge $\left\langle\frac{1}{n}\right\rangle$ der Beweis bereits erbracht.

2) Wir betrachten nun die Nullfolge zu $h_n=-\frac{1}{n}$. Aus der oben hergeleiteten Beziehung

$$1+\frac{1}{n}\le z^{\frac{1}{n}}\le 1+\frac{1}{n-1}, \text{ also } \frac{n+1}{n}\le z^{\frac{1}{n}}\le\frac{n}{n-1}$$

ergibt sich durch Übergang zu den reziproken Werten:

$$\frac{n-1}{n}\le z^{-\frac{1}{n}}\le\frac{n}{n+1}, \text{ also } 1-\frac{1}{n}\le z^{-\frac{1}{n}}\le 1-\frac{1}{n+1}, \text{ also } -\frac{1}{n}\le z^{-\frac{1}{n}}-1\le-\frac{1}{n+1},$$

also $1\ge\frac{z^{-\frac{1}{n}}-1}{-\frac{1}{n}}\ge\frac{n}{n+1}$, wegen $\lim\limits_{n\to\infty}\frac{n}{n+1}=1$ nach Satz S 3.5 also auch in diesem Fall

$$\lim_{n\to\infty}\frac{z^{-\frac{1}{n}}-1}{-\frac{1}{n}}=1.$$

3) Wir hätten nun noch zu zeigen, daß für **jede** beliebige Nullfolge $\langle h_n \rangle$ ebenfalls gilt: $\lim\limits_{n\to\infty} \frac{z^{h_n}-1}{h_n} = 1$. Hat $\langle h_n \rangle$ nur positive Glieder, so können wir uns auf Glieder mit $h_n < 1$ beschränken. Jede solche Zahl kann man in zwei aufeinanderfolgende Glieder der Folge $\left\langle \frac{1}{n} \right\rangle$ einschließen: $\frac{1}{k+1} \leq h_n \leq \frac{1}{k}$.

Beispiele:

Für $h_n = 0{,}036$ ist $k = 27$, denn es gilt: $\frac{1}{28} \approx 0{,}0357$ und $\frac{1}{27} \approx 0{,}0370$.
Für $h_n = 0{,}0081$ ist $k = 123$; denn es gilt: $\frac{1}{124} \approx 0{,}00806$ und $\frac{1}{123} \approx 0{,}00813$.
Entsprechendes gilt auch für Nullfolgen mit negativen Gliedern.
Mit Hilfe dieser Beziehungen läßt sich herleiten, daß tatsächlich für **jede** Nullfolge $\langle h_n \rangle$ gilt: $\lim\limits_{n\to\infty} \frac{z^{h_n}-1}{h_n} = 1$, also $\lim\limits_{h\to 0} \frac{z^h-1}{h} = 1$ (Aufgabe 7).

Auf diese Weise kann gezeigt werden, daß $z = e$ ist, daß die Zahl e also existiert. Wir halten fest:

S 7.5 Für die Eulersche Zahl e gilt: $e = \lim\limits_{n\to\infty} \left(1 + \frac{1}{n}\right)^n$.

Ein rationaler Näherungswert für e ist $e \approx 2{,}718\,281\,828\,459$.

Übungen und Aufgaben

1. Beweisen Sie mit Hilfe der Bernoullischen Ungleichung, daß die Folge $\langle t_n \rangle$ zu $t_n = \left(1 + \frac{1}{n}\right)^{n+1}$ monoton fällt!

2. Beweisen Sie: Für jede Nullfolge $\langle h_n \rangle$ mit $h_n > 0$ gilt: $\lim\limits_{n\to\infty} (1 + h_n)^{\frac{1}{h_n}} = e$!

Anleitung: Da $\langle h_n \rangle$ eine Nullfolge ist, gibt es zu jeder ausreichend großen Zahl n stets eine Zahl $m \in \mathbb{N}$ mit $m \leq \frac{1}{h_n} \leq m + 1$. Schätzen Sie den Term $(1 + h_n)^{\frac{1}{h_n}}$ mit Hilfe dieser Beziehung nach oben und nach unten ab und wenden Sie den Schachtelsatz (S 1.10, S. 23) an!

3. Bestimmen Sie die Grenzwerte folgender Zahlenfolgen!

a) $\left(1 + \frac{2}{n}\right)^n$ **b)** $\left(1 + \frac{5}{n}\right)^n$ **c)** $\left(1 - \frac{1}{n}\right)^n$ **d)** $\left(1 - \frac{1}{2n}\right)^{2n}$

e) $\left(\frac{n-2}{n-1}\right)^n$ **f)** $\left(\frac{n+1}{n}\right)^{5n}$ **g)** $\left(\frac{n+3}{n+2}\right)^{n+2}$ **h)** $\left(\frac{n}{n+1}\right)^{2-5n}$

Beispiel: Aus $\left(1 + \frac{1}{2n}\right)^n = \sqrt{\left(1 + \frac{1}{2n}\right)^{2n}}$ folgt $\lim\limits_{n\to\infty} \left(1 + \frac{1}{2n}\right)^n = \sqrt{e}$.

4. Zeigen Sie mit dem Beweisverfahren der vollständigen Induktion, daß für alle $n \in \mathbb{N}$ gilt: $n^n \leq n!\, e^n \leq (n+1)^{n+1}$!

Anleitung: Benutzen Sie die im Lehrtext bewiesene Ungleichung $\left(1+\frac{1}{n}\right)^n \leq e \leq \left(1+\frac{1}{n}\right)^{n+1}$!

Hinweis: Das Symbol „n!" wird gelesen „n Fakultät". Für alle $n \in \mathbb{N}$ ist $n! = 1 \cdot 2 \cdot 3 \cdot \ldots \cdot n$.

5. a) Untersuchen Sie die Folgen $\left(1+\frac{x}{n}\right)^n$ und $\left(1+\frac{x}{n}\right)^{n+1}$ mit $x \in \mathbb{R}$ auf ihre Eigenschaften!

b) Bestimmen Sie die Grenzwerte für $n \to \infty$!

6. Zeigen Sie, daß $\lim\limits_{n \to \infty} \left(1-\frac{1}{n^2}\right)^n = 1$ ist!

Anleitung: Wenden Sie die dritte binomische Formel an!

7. Zeigen Sie, daß für jede Nullfolge $\langle h_n \rangle$ gilt: $\lim\limits_{n \to \infty} \frac{z^{h_n}-1}{h_n} = 1$!

8. a) Zeigen Sie, daß für alle $a > 1$ und $h > 0$ gilt: $\frac{a^h - 1}{h} > \frac{a^{\frac{h}{2}} - 1}{\frac{h}{2}}$!

Anleitung: Formen Sie die Ungleichung so um, daß Sie die zweite binomische Formel anwenden können!

b) Begründen Sie mit a), daß aus $\lim\limits_{h \to 0} \frac{e^h - 1}{h} = 1$ für alle $h > 0$ folgt: $\frac{e^h - 1}{h} > 1$!

c) Was bedeutet dies für das Krümmungsverhalten des Graphen der e-Funktion in der Nähe der Stelle 0?

III. Die Ableitungen der Exponential-, der Logarithmus- und der Potenzfunktionen

1. Mit Hilfe der Formel $a = e^{\ln a}$ können wir nun auch die Ableitung zu einer beliebigen Exponentialfunktion f mit $f(x) = a^x$ berechnen. Nach dem 3. Potenzgesetz gilt:

$$a^x = (e^{\ln a})^x = e^{x \cdot \ln a}.$$

Daraus ergibt sich mit Hilfe der Kettenregel (Satz S 4.10):

$$f'(x) = (\ln a) \cdot e^{x \cdot \ln a} = \ln a \cdot a^x.$$

Wir halten dieses Ergebnis fest im Satz

S 7.6 Für die Ableitung einer beliebigen Exponentialfunktion f zu $f(x) = a^x$ gilt:

$$f'(x) = (\ln a) \cdot a^x \quad (\text{mit } a \in \mathbb{R}^{>0} \setminus \{1\}).$$

Beispiele:

1) $f(x)=2^x$; $f'(x)=(\ln 2)\cdot 2^x \approx 0{,}693\cdot 2^x$

2) $f(x)=(\frac{1}{2})^x$; $f'(x)=(\ln \frac{1}{2})\cdot(\frac{1}{2})^x \approx -0{,}693\cdot(\frac{1}{2})^x$

2. Zur Bestimmung der Ableitung der natürlichen Logarithmusfunktion ln wenden wir den Satz S 4.12 an. Es gilt:

$$y=e^x \Leftrightarrow x=\ln y \quad (\text{für } x\in\mathbb{R};\ y\in\mathbb{R}^{>0}).$$

Wegen $f(x)=e^x$, $f'(x)=e^x \neq 0$ (für alle $x\in\mathbb{R}$) erhält man für die Umkehrfunktion $\overset{-1}{f}$ zu $\overset{-1}{f}(y)=\ln y$ (mit $y\in\mathbb{R}^{>0}$):

$$[\overset{-1}{f}(y)]'=\frac{1}{f'[\overset{-1}{f}(y)]}=\frac{1}{e^{\ln y}}=\frac{1}{y} \quad (\text{für } y\in\mathbb{R}^{>0}).$$

Ersetzen wir im Ergebnis noch y und x, so können wir sagen:

S 7.7 **Die natürliche Logarithmusfunktion f zu $f(x)=\ln x$ ist differenzierbar für alle $x\in\mathbb{R}^{>0}$; es gilt:**

$$f'(x)=\frac{1}{x}.$$

Bemerkung: Die Aussage von Satz S 7.7 ist insofern recht erstaunlich, weil die Ableitung der ln-Funktion eine sehr einfache **rationale** Funktion ist, nämlich die Funktion f' zu $f'(x)=\frac{1}{x}$.

3. Entsprechend kann man auch die Ableitungen aller anderen Logarithmusfunktionen bestimmen (Aufgabe 2). Es gilt der Satz

S 7.8 **Jede Logarithmusfunktion $\log_a$ ist differenzierbar über $\mathbb{R}^{>0}$; es gilt:**

$$\log_a'(x)=\frac{1}{\ln a}\cdot\frac{1}{x}.$$

Beispiel: $f(x)=\lg x$; $f'(x)=\frac{1}{\ln 10}\cdot\frac{1}{x}\approx\frac{0{,}4343}{x}.$

4. Wir können nun auch die Ableitung für eine beliebige **Potenzfunktion** f zu $f(x)=x^\alpha$ (mit $x\in\mathbb{R}^{>0}$, $\alpha\in\mathbb{R}$) berechnen. Beachte, daß wir die Ableitungen bisher nur für rationale Werte von α hergeleitet haben (Sätze S 4.4, S 4.7, S 4.13)! Es gilt:

$$f(x)=x^\alpha=(e^{\ln x})^\alpha=e^{\alpha\cdot\ln x}.$$

Daraus ergibt sich nach der Kettenregel (Satz S 4.10):

$$f'(x)=(e^{\alpha\cdot\ln x})\cdot(\alpha\cdot\ln x)'=x^\alpha\cdot\frac{\alpha}{x}=\alpha x^{\alpha-1}.$$

Es gilt also der Satz

S 7.9 **Jede Potenzfunktion f zu $f(x)=x^{\alpha}$ (mit $\alpha \in \mathbb{R}$) ist differenzierbar für alle $x \in \mathbb{R}^{>0}$; es gilt:**

$$f'(x)=\alpha \cdot x^{\alpha-1}.$$

Beispiele:

1) $f(x)=x^{-\sqrt{2}}$; $f'(x)=-\sqrt{2}\cdot x^{-\sqrt{2}-1}=\dfrac{-\sqrt{2}}{x^{\sqrt{2}+1}}$ (für alle $x \in \mathbb{R}^{>0}$)

2) $f(x)=x^{\pi}$; $f'(x)=\pi x^{\pi-1}$ (für alle $x \in \mathbb{R}^{>0}$)

Übungen und Aufgaben

1. Bestimmen Sie $f'(x)$!

a) $f(x)=4^{-x}$ **b)** $f(x)=(\frac{1}{2})^{x+1}$ **c)** $f(x)=5^{2x-1}$ **d)** $f(x)=3^{\frac{x}{x-1}}$

e) $f(x)=x\cdot 3^{x}$ **f)** $f(x)=2^{\sqrt{x-1}}$ **g)** $f(x)=x^2\cdot 10^{-x}$ **h)** $f(x)=\dfrac{x}{2^x}$

i) $f(x)=a^{-x}$ **j)** $f(x)=a^{\frac{1}{x}}$ **k)** $f(x)=\left(\dfrac{a}{4}\right)^{x+2}$ **l)** $f(x)=ca^{-bx}$

m) $f(x)=a^{\sqrt{x+1}}$ **n)** $f(x)=a^x\cdot\sin x$ **o)** $f(x)=x^2\cdot a^{-x}$ **p)** $f(x)=a^{-\frac{x}{x+1}}$

2. Ermitteln Sie mit Hilfe von Satz S 7.2 die Ableitung zu $f(x)=\log_a x$!

3. Bestimmen Sie $f'(x)$ und $f''(x)$! Bei vielen Beispielen ist es zweckmäßig, zunächst den Funktionsterm nach den Logarithmusgesetzen (Aufgabe 2, Seite 162) umzuformen. Bestimmen Sie jeweils D(f), D(f') und D(f'')!

a) $f(x)=\ln(2x)$ **b)** $f(x)=\ln(ax)$ **c)** $f(x)=\ln(x^2)$ **d)** $f(x)=(\ln x)^2$

e) $f(x)=\ln\left(\dfrac{1}{x}\right)$ **f)** $f(x)=\dfrac{1}{\ln x}$ **g)** $f(x)=\ln\left(\dfrac{1}{x^2}\right)$ **h)** $f(x)=\ln\sqrt{x}$

i) $f(x)=\ln\left(\dfrac{1}{\sqrt{x}}\right)$ **j)** $f(x)=\sqrt{\ln x}$ **k)** $f(x)=\ln(x^n)$ $(n\in\mathbb{N})$

l) $f(x)=\ln\sqrt{x^2+1}$ **m)** $f(x)=x\cdot\ln x$ **n)** $f(x)=3x^2\cdot\ln x$ **o)** $f(x)=\ln(1-x^2)$

p) $f(x)=\ln\sqrt[3]{x^2+1}$ **q)** $f(x)=\ln(\sin x)$ **r)** $f(x)=\ln(\cos x)$ **s)** $f(x)=\ln(\tan x)$

t) $f(x)=\ln(\ln x)$ **u)** $f(x)=\ln(x+\sqrt{x^2+1})$ **v)** $f(x)=\ln\sqrt{\dfrac{1+x}{1-x}}$ **w)** $f(x)=x^3(2\ln x-1)$

4. Berechnen Sie f'(x)!

a) $f(x)=x-\ln x$ **b)** $f(x)=(x^2-1)\ln x$ **c)** $f(x)=x^2(\ln x)^2$ **d)** $f(x)=\ln\frac{x+1}{x}$

e) $f(x)=\ln\frac{x}{1+x^2}$ **f)** $f(x)=\ln\frac{x-1}{x+1}$ **g)** $f(x)=\ln\sqrt{\frac{x+1}{x-1}}$ **h)** $f(x)=\ln\sqrt[3]{\frac{x^2-1}{x^2+1}}$

i) $f(x)=\ln\left(\frac{x+2}{x-2}\right)^2$ **j)** $f(x)=\ln\frac{(x+1)^2}{(x-1)^3}$ **k)** $f(x)=\ln\frac{1}{x\sqrt{1-x}}$ **l)** $f(x)=\ln(e^{x^2})$

5. Verfahren Sie wie in Aufgabe 4!

a) $f(x)=\log_a(x^2)$ **b)** $f(x)=\log_a(\sqrt{x})$ **c)** $f(x)=\log_a\left(\frac{1}{x^2}\right)$ **d)** $f(x)=\frac{1}{\log_a x}$

e) $f(x)=\log_a(\sqrt[3]{x})$ **f)** $f(x)=\log_a\frac{x}{a}$ **g)** $f(x)=\log_a\frac{x^2+1}{x^2-1}$ **h)** $f(x)=\log_a(e^x)$

6. Berechnen Sie f'(x)! **Anleitung:** Benutzen Sie, daß für alle $x\in\mathbb{R}^{>0}$ gilt: $x=e^{\ln x}$!

a) $f(x)=x^x$ **b)** $f(x)=\sqrt[x]{x}$ **c)** $f(x)=x^{\sqrt{x}}$ **d)** $f(x)=x^{\ln x}$ **e)** $f(x)=\left(1+\frac{1}{x}\right)^x$

7. Diskutieren Sie die Funktion f!

a) $f(x)=\frac{\ln x}{x}$ **b)** $f(x)=\frac{\ln x+4}{x}$ **c)** $f(x)=(\ln x)^2$

d) $f(x)=x-1-\ln x$ **e)** $f(x)=(\ln x)^2-2\ln x$ **f)** $f(x)=\frac{4}{x}-1+\ln\frac{x}{4}$

g) $f(x)=x\cdot(\ln x-1)^2$ **h)** $f(x)=\ln(x^2+1)$ **i)** $f(x)=\frac{(\ln x)^2-1}{x}$

j) $f(x)=\frac{x}{\ln x}$ **k)** $f(x)=\ln\frac{3x}{x^2-4}$ **l)** $f(x)=\sqrt{\ln x}-\ln\sqrt{x}$

Hinweis: Bei einigen Beispielen können Grenzwerte für $x\to 0$ bzw. $x\to\infty$ noch nicht berechnet werden. Bestimmen Sie jeweils Näherungswerte mit Hilfe eines Taschenrechners!

8. Ermitteln Sie jeweils die Gleichung der Tangente zur Stelle x_0!

a) $f(x)=e^x;\ x_0=0$ **b)** $f(x)=e^{-x};\ x_0=1$ **c)** $f(x)=\ln x;\ x_0=e$

d) $f(x)=x^2\ln x;\ x_0=e$ **e)** $f(x)=x^2\cdot e^x;\ x_0=1$ **f)** $f(x)=x\cdot e^{-x};\ x_0=-1$

9. Zwei Kapitalien sind zu zwei Zinssätzen p_1 und p_2 fest angelegt.

a) Ermitteln Sie die Terme $K_1(t)$ und $K_2(t)$ für die Funktionen, die das Anwachsen der Kapitalien in Abhängigkeit von der Zeit beschreiben!

b) Berechnen Sie $\dot{K}_1(t)$ und $\dot{K}_2(t)$!

c) Deuten Sie die Aussage von Satz S 5.5 (Satz vom Zuwachsvergleich) an Hand dieses Beispiels, wenn $K_1(0)<K_2(0)$, aber $p_1>p_2$ ist!

10. Berechnen Sie f'(x)! **a)** $f(x)=5x^{1+\sqrt{3}}$ **b)** $f(x)=x^{2e}(1-\sin\pi x)$ **c)** $f(x)=\tan(1+x^{2\pi})$

§ 8 Anwendungen der Differentialrechnung

I. Extremwertprobleme

1. Zahlreiche Probleme aus den Anwendungsgebieten der Mathematik führen auf die Frage nach den Extremwerten einer Funktion. Wenn es sich dabei um eine quadratische Funktion, also um eine Funktion mit einem Term der Form

$$f(x) = ax^2 + bx + c$$

handelt, entspricht dem maximalen oder minimalen Funktionswert der Scheitelpunkt S der zugehörigen Parabel (Bild 8.1). Durch Berechnung dieses Punktes haben wir einfache Extremwertprobleme schon in der Sekundarstufe I gelöst.

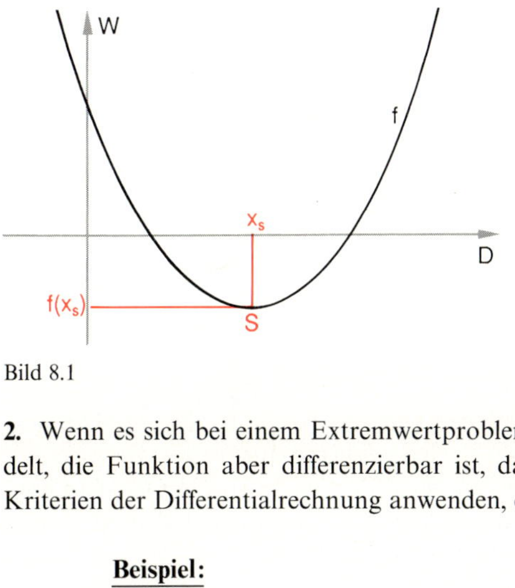

Bild 8.1

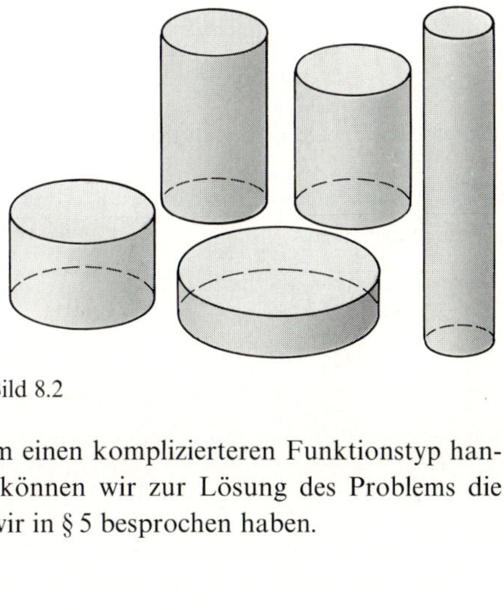

Bild 8.2

2. Wenn es sich bei einem Extremwertproblem um einen komplizierteren Funktionstyp handelt, die Funktion aber differenzierbar ist, dann können wir zur Lösung des Problems die Kriterien der Differentialrechnung anwenden, die wir in § 5 besprochen haben.

Beispiel:

Eine zylindrische Konservendose (Bild 8.2) soll ein bestimmtes Volumen haben, z.B. 1 *l*. Welcher Radius r und welche Höhe h sind zu wählen, damit der Blechverbrauch möglichst gering ist? (Vom „Verschnitt“ beim Ausstanzen der Dosen kann abgesehen werden, weil das überschüssige Material wieder eingeschmolzen wird.)

Lösung:

1) Der Blechverbrauch hängt von der Größe der Oberfläche der Konservendose ab; er ist am geringsten, wenn die Oberfläche der Dose den kleinstmöglichen Flächeninhalt hat. Für den Flächeninhalt der Oberfläche eines Zylinders mit dem Radius r und der Höhe h gilt:

$$A(r; h) = 2\pi r^2 + 2\pi r h$$ (Bild 8.3, Seite 174).

2) Die Funktion A, für die ein Minimalwert bestimmt werden soll, hängt von r und h, also von zwei Variablen ab. Es gibt aber eine Nebenbedingung, mit deren Hilfe wir eine der beiden Variablen eliminieren können, nämlich die Bedingung, daß die gesuchte Konservendose ein bestimmtes Volumen V (z. B. 1 *l*) haben soll. Für das Volumen V eines Zylinders gilt:

$$V = \pi r^2 h, \quad \text{also} \quad h = \frac{V}{\pi r^2}.$$

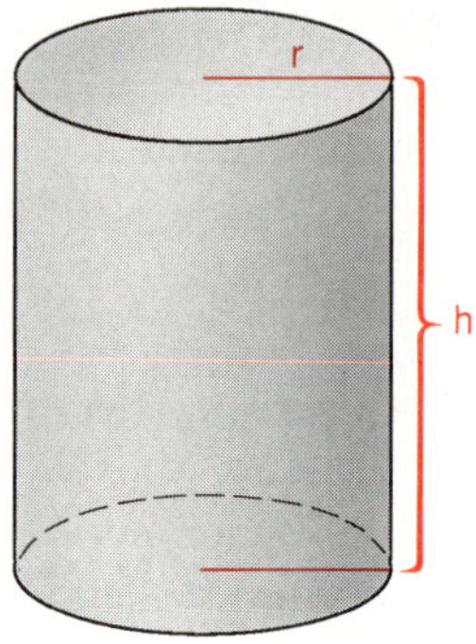

Bild 8.3

Setzen wir h in den Term A(r; h) ein, so erhalten wir einen Funktionsterm, der – bei einem bestimmten Volumen V – nur noch von r abhängt: $A(r) = 2\pi r^2 + \frac{2V}{r}$.

Aus dem Sachzusammenhang ergibt sich, daß für r nur positive Maßzahlen zugelassen sind, daß also $D(A) = \mathbb{R}^{>0}$ ist.

3) Die Funktion A ist differenzierbar; daher können wir die Verfahren der Differentialrechnung zur Ermittlung lokaler Extrema anwenden. Es gilt: $A'(r) = 4\pi r - \frac{2V}{r^2}$.

Aus der für lokale Extrema notwendigen Bedingung $A'(r) = 0$ ergibt sich:

$$4\pi r = \frac{2V}{r^2} \Leftrightarrow 2\pi r^3 = V \Leftrightarrow r = \sqrt[3]{\frac{V}{2\pi}}.$$

Auf die gleiche Weise erhält man:

$$A'(r) < 0 \Leftrightarrow r < \sqrt[3]{\frac{V}{2\pi}} \quad \text{und} \quad A'(r) > 0 \Leftrightarrow r > \sqrt[3]{\frac{V}{2\pi}}.$$

Dies besagt, daß die Funktion A links von der berechneten Stelle $\sqrt[3]{\frac{V}{2\pi}}$ fällt, rechts davon steigt; daher liegt nach Satz S 5.7 an dieser Stelle ein lokales Minimum vor. Die letzten Beziehungen besagen nach Satz S 5.3 darüberhinaus, daß es sich sogar um ein absolutes Minimum handelt (Aufgabe 1).

4) Für die Höhe h des Zylinders erhält man:

$$h = \frac{V}{\pi r^2} = \frac{V}{\pi \left(\sqrt[3]{\frac{V}{2\pi}}\right)^2} = \sqrt[3]{\frac{4\pi^2 \cdot V^3}{\pi^3 \cdot V^2}} = \sqrt[3]{\frac{4V}{\pi}} = 2 \cdot \sqrt[3]{\frac{V}{2\pi}}.$$

Beachte, daß die Höhe und der Grundkreisdurchmesser gleich groß sind!

5) Für den Inhalt der Oberfläche ergibt sich:

$$A\left(\sqrt[3]{\frac{V}{2\pi}}\right) = 2\pi \left(\sqrt[3]{\frac{V}{2\pi}}\right)^2 + 2\pi \sqrt[3]{\frac{V}{2\pi}} \cdot 2 \cdot \sqrt[3]{\frac{V}{2\pi}} = 6\pi \cdot \left(\sqrt[3]{\frac{V}{2\pi}}\right)^2.$$

Für ein Volumen von 1 *l* erhält man: $r \approx 5{,}42$ cm und $A \approx 553{,}6\ \text{cm}^2$.

Bemerkungen:

1) Ein Vergleich der hier berechneten Werte mit den Abmessungen gebräuchlicher Konservendosen zeigt, daß diese von den hier berechneten „Idealwerten" in der Regel abweichen. Dies ist in einigen Fällen darauf zurückzuführen, daß die abgefüllten Produkte, z. B. Stangenspargel, eine bestimmte Höhe der Dose vorgeben.

2) Läßt das abgefüllte Produkt beliebige Dosenformate zu, so ist zu fragen, wie stark sich Abweichungen von den oben berechneten Idealwerten auf den Materialverbrauch auswirken. In Bild 8.4 ist der Graph der Funktion A zu $A(r) = 2\pi r^2 + \frac{2V}{r}$ für ein Volumen von 1 l dargestellt. Dem Bild kann man entnehmen, daß Abweichungen vom berechneten Wert (r = 5,42 cm) sich auf die Oberfläche nur geringfügig auswirken. Selbst bei Abweichungen von etwa 1,5 cm, also von etwa 28% von dem für r berechneten Wert vergrößert sich die Oberfläche, also auch der Blechverbrauch nur um etwa 10% (Aufgabe 2).

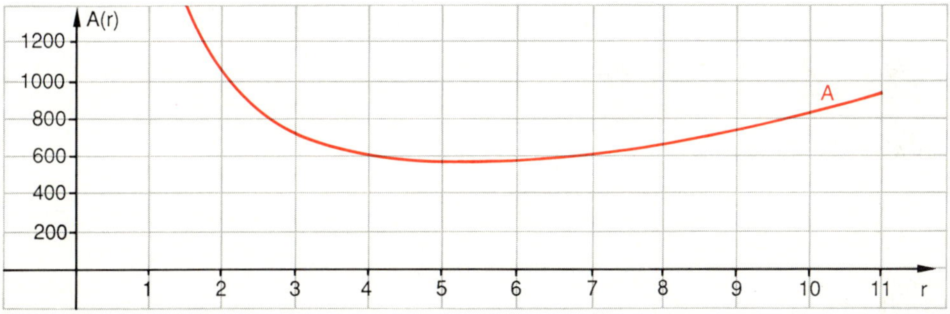

Bild 8.4

3. Das behandelte Beispiel zeigt, daß man Extremalprobleme, die auf differenzierbare Funktionen führen, in den folgenden Schritten lösen kann.

1) Aus den Bedingungen der Aufgabe bestimmt man eine Funktion für die Größe, die einen Extremwert annehmen soll.

2) Hängt diese Funktion von zwei Variablen ab, so ist aus dem Aufgabentext eine Beziehung zwischen diesen Variablen herzustellen. Mit Hilfe dieser „Nebenbedingung" eliminiert man aus dem unter 1) ermittelten Funktionsterm eine der beiden Variablen. Entsprechend ist zu verfahren, wenn drei oder noch mehr Variable auftreten.

3) Aus der Problemsituation ermittelt man die Definitionsmenge der Funktion. Häufig wird es sich dabei um ein Intervall handeln.

4) Handelt es sich um eine differenzierbare Funktion, so bestimmt man nach den Sätzen von § 5 deren lokale Extrema.

5) Falls die Bedingungen von 3) ein abgeschlossenes Intervall festlegen, bestimmt man die Funktionswerte an den Randstellen dieses Intervalls und vergleicht diese mit denen der lokalen Extremstellen. In vielen Fällen kann man stattdessen auch Monotoniebetrachtungen anstellen.

Bemerkung: Wenn die Definitionsmenge der Funktion ein offenes Intervall ist, so kann es sein, daß die Funktion gar kein absolutes Extremum besitzt (Aufgabe 3). Dieser Fall kommt in Anwendungssituationen allerdings nur selten vor.

4. Zum Abschluß behandeln wir ein physikalisches

Beispiel:

Ein Ball wird mit einer Anfangsgeschwindigkeit v_0 in Richtung auf eine Wand geworfen, die sich im Abstand a von der Abwurfstelle befindet. Wie groß muß der Abwurfwinkel gegenüber der Horizontalen gewählt werden, damit der Ball die Wand möglichst hoch trifft?

Lösung:

1) Wir legen den Nullpunkt des Koordinatensystems in den Abwurfpunkt des Balles und bezeichnen die horizontal gemessene Wurfweite mit x, die vertikal gemessene Wurfhöhe mit h. Dann wird die Bahn des geworfenen Balles durch die folgende Gleichung erfaßt:

$$h = x \cdot \tan\alpha - \frac{g x^2}{2v_0^2 \cdot \cos^2\alpha} \quad \text{mit} \quad 0 \leq \alpha \leq \frac{\pi}{2} \text{ (Bild 8.5).}$$

Dabei bezeichnet g die Erdbeschleunigung: $g \approx 9{,}81 \frac{m}{s^2}$. Bild 8.5 zeigt einige mögliche Flugkurven; es handelt sich um sogenannte „Wurfparabeln".

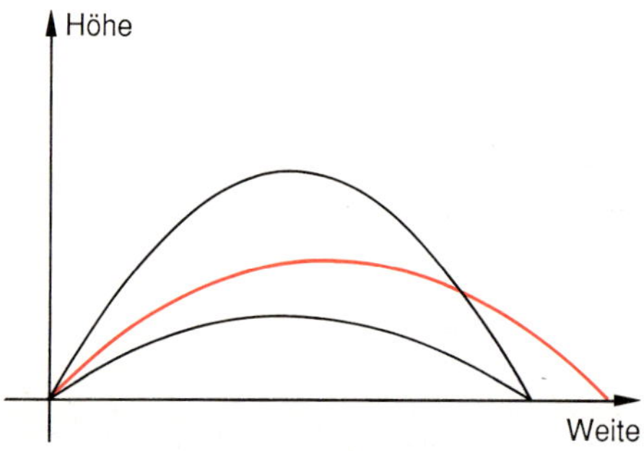

Bild 8.5

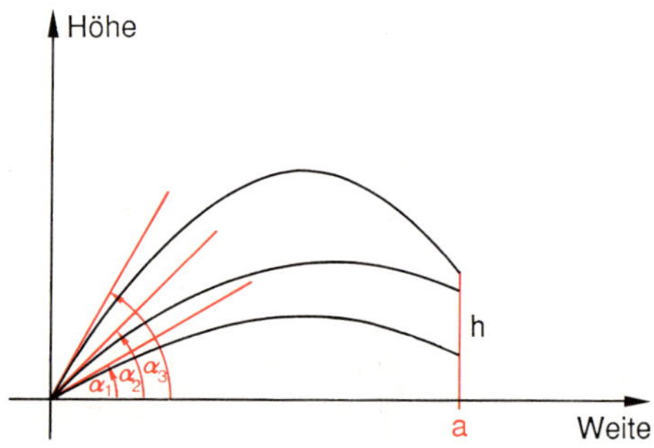

Bild 8.6

2) Für unser Problem interessiert aber nicht der Zusammenhang zwischen der Wurfhöhe h und der Wurfweite x, sondern die Frage, wie bei vorgegebener Flugweite a (dem Abstand der Wand vom Abwurfpunkt) die Wurfhöhe h von der Größe α des Abwurfwinkels abhängt. Wir setzen in der Gleichung der Wurfparabel also x = a (Bild 8.6) und sehen g und v_0 als konstante Größen an; dann gilt: $h(\alpha) = a \cdot \tan\alpha - \frac{g a^2}{2v_0^2 \cdot \cos^2\alpha}$.

3) Da die Wurfhöhe für x = a einen maximalen Wert annehmen soll, berechnen wir die Ableitung der Funktion h: $h'(\alpha) = \frac{a}{\cos^2\alpha} - \frac{g a^2}{2v_0^2} \cdot \frac{2\cos\alpha\sin\alpha}{\cos^4\alpha} = \frac{a}{\cos^2\alpha}\left(1 - \frac{g a}{v_0^2} \cdot \tan\alpha\right)$.

Es gilt also: $h'(\alpha) = 0 \Leftrightarrow 1 - \frac{g a}{v_0^2} \cdot \tan\alpha = 0 \Leftrightarrow \tan\alpha = \frac{v_0^2}{g a}$.

Wir bezeichnen die durch die Gleichung festgelegte Winkelgröße mit „α_m":

$$\alpha_m = \arctan \frac{v_0^2}{g a}.$$

4) Auf die gleiche Weise ergibt sich:

$$h'(\alpha)>0 \Leftrightarrow \tan\alpha<\frac{v_0^2}{ga} \Leftrightarrow \alpha<\alpha_m \quad \text{und}$$

$$h'(\alpha)<0 \Leftrightarrow \tan\alpha>\frac{v_0^2}{ga} \Leftrightarrow \alpha>\alpha_m \text{ (Aufgabe 4).}$$

Links von α_m ist die Funktion h also streng monoton steigend, rechts davon fallend; bei α_m liegt also ein lokales Maximum der Funktion h. Begründe, daß aus den zuletzt angegebenen Beziehungen darüberhinaus folgt, daß es sich um ein absolutes Maximum handelt (Aufgabe 4)!

5) Die maximale Wurfhöhe ergibt sich folgendermaßen.

Es gilt $\cos^2\alpha=\frac{1}{1+\tan^2\alpha}$; mit $\tan\alpha_m=\frac{v_0^2}{ga}$ erhält man also: $\cos^2\alpha_m=\frac{1}{1+\frac{v_0^4}{g^2a^2}}=\frac{g^2a^2}{g^2a^2+v_0^4}$.

Dies setzen wir in den Term $h(\alpha)$ ein:

$$h(\alpha_m)=a\cdot\frac{v_0^2}{ga}-\frac{ga^2(g^2a^2+v_0^4)}{2v_0^2g}=\frac{v_0^4-g^2a^2}{2v_0^2g}.$$

6) **Beispiel:** Für $v_0=12\frac{m}{sec}$ und $a=10$ m erhält man:

$$\tan\alpha_m=\frac{v_0^2}{ga}=\frac{144}{9{,}81\cdot 10}\approx 1{,}468, \text{ also } \alpha_m\approx 61{,}9°;$$

$$h(\alpha_m)=\frac{v_0^4-g^2a^2}{2gv_0^2}=\frac{144^2-(9{,}81\cdot 10)^2}{2\cdot 9{,}81\cdot 144}\text{ m, also } h(\alpha_m)\approx 3{,}93 \text{ m.}$$

Zum gleichen Ergebnis kommt man, wenn man die berechnete Winkelgröße α_m in den Term $h(\alpha)$ einsetzt (Aufgabe 5).

Übungen und Aufgaben

1. Begründen Sie, daß beim Beispiel im Lehrtext (Seite 174) bei $r=\sqrt[3]{\frac{V}{2\pi}}$ sogar ein absolutes Minimum der Oberfläche der Konservendose vorliegt!

2. Bestätigen Sie an Hand von Bild 8.4, daß die Oberfläche der Konservendose (Seite 175) bei einer Abweichung von bis zu etwa 28% vom berechneten Wert von r, sich um weniger als 10% vergrößert!

3. Begründen Sie, daß die Funktion f zu $f(x)=\tan x$ im Intervall $\left]-\frac{\pi}{2};\frac{\pi}{2}\right[$ kein absolutes Extremum besitzt!

4. Begründen Sie im einzelnen die im Lehrtext unter 4) (Seite 177) gemachten Aussagen zum schrägen Wurf!

5. Berechnen Sie die maximale Wurfhöhe beim schrägen Wurf (Seite 177) durch Einsetzen der berechneten Winkelgröße α_m in den Term $h(\alpha)$!

6. **a)** Zerlegen Sie die Zahl 60 so in zwei Summanden, daß das Produkt der Zahlen maximal wird!
b) Zerlegen Sie die Zahl 24 so in zwei Summanden, daß die Summe der Quadrate der Summanden möglichst klein wird!
c) Verfahren Sie wie in a) und b) mit einer beliebigen positiven Zahl a!

Geometrische Aufgaben

Vorbemerkung: Rechnen Sie nur mit den Maßzahlen der auftretenden Größen!

7. **a)** Welche Abmessungen müssen die Seiten eines Rechtecks mit dem Umfang U haben, damit die Rechteckfläche ein Maximum annimmt?
b) Wie lang müssen die Seiten eines Rechtecks mit dem Flächeninhalt A sein, damit der Umfang des Rechtecks ein Minimum annimmt?

8. Einem gleichseitigen Dreieck mit der Seitenlänge a soll ein Rechteck einbeschrieben werden (Bild 8.7). Wie lang müssen die Rechteckseiten sein, damit der Flächeninhalt des Rechtecks maximal wird?

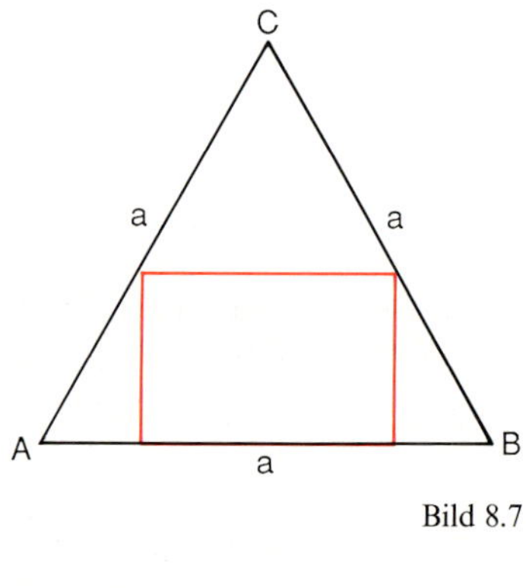

Bild 8.7

9. In ein gleichschenkliges Dreieck mit der Grundseitenlänge c und der Höhe h ist ein gleichschenkliges Dreieck so einzubeschreiben, daß dessen Spitze im Mittelpunkt der Grundseite liegt. Der Flächeninhalt des einbeschriebenen Dreiecks soll maximal werden.

10. Bestimmen Sie den Radius und die Höhe des Zylinders, der unter allen Zylindern mit gleichgroßer Oberfläche den größten Rauminhalt hat!

11. Einem Kegel mit dem Radius R und der Höhe H soll ein zweiter Kegel so einbeschrieben werden, daß dessen Spitze im Mittelpunkt des Grundkreises liegt und sein Rauminhalt möglichst groß wird.

12. In einem Kegel mit dem Radius R und der Höhe H soll ein Zylinder einbeschrieben werden, der
a) den größten Rauminhalt, **b)** die größte Oberfläche, **c)** die größte Mantelfläche hat.

13. Bestimmen Sie den einer Kugel mit dem Radius R einbeschriebenen Zylinder, der den größten Rauminhalt hat!

14. Welches von allen Rechtecken

a) mit gleicher Diagonalenlänge hat den größten Flächeninhalt?

b) besitzt bei gegebenem Umfang die kleinste Diagonale?

c) besitzt bei gegebenem Flächeninhalt die kleinste Diagonale?

15. Welches gleichschenklige Dreieck vom Umfang U hat den größten Flächeninhalt?

16. Bestimmen Sie das einem Kreis vom Radius r einbeschriebene Rechteck, das

a) den größten Flächeninhalt, **b)** den größten Umfang hat!

17. In einen Halbkreis mit dem Radius r soll ein gleichschenkliges Trapez eingezeichnet werden, und zwar so, daß die größere der beiden parallelen Seiten mit dem Durchmesser des Halbkreises zusammenfällt. Der Flächeninhalt des Trapezes soll ein Maximum annehmen.

18. Gegeben ist ein Halbkreis mit dem Radius r. Ein rechtwinkliges Dreieck liegt so, daß der Halbkreisdurchmesser auf die Hypotenuse des Dreiecks fällt und die Katheten den Halbkreis berühren. Der Flächeninhalt des Dreiecks soll ein Minimum annehmen.

19. In eine Kugel mit dem Radius R ist ein gerader Kreiskegel vom Radius r und der Höhe h einbeschrieben (Bild 8.8).

a) Ermitteln Sie den Term $V(\varphi)$, der das Kegelvolumen in Abhängigkeit von der Größe φ des Winkels zwischen der Kegelhöhe und einer Mantellinie darstellt (Bild 8.8)! Wie groß muß dieser Winkel sein, damit das Kegelvolumen maximal wird?

b) Drücken Sie die Kegelvolumenfunktion durch andere Variablen aus und diskutieren Sie eine dieser Funktionen!

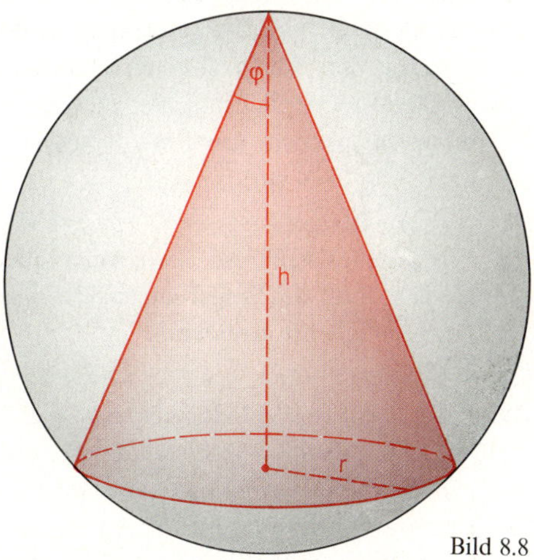

Bild 8.8

Vermischte Aufgaben

20. Eine quaderförmige Blechbüchse mit dem Rauminhalt V habe eine quadratische Grundfläche. Welche Form muß man der Blechbüchse geben, damit der Blechverbrauch minimal wird?

21. Eine Pappfabrik stellt aus rechteckigen Pappestücken mit den Seitenlängen a und b oben offene quaderförmige Pappkästen her. Dazu wird an jeder Ecke ein Quadrat ausgeschnitten. Wie müssen die Maße gewählt werden, damit der Kasten einen maximalen Rauminhalt erhält? **a)** $a = b = 18$ cm **b)** $a = 16$ cm; $b = 10$ cm.

22. Ein zylinderförmiger Blechbecher habe das Volumen V. Wie groß muß man den Radius und die Höhe wählen, damit der Blechverbrauch minimal ist?

23. Ein Fenster von der Form eines Rechtecks mit aufgesetztem Halbkreis hat den Umfang U. Wie sind die Abmessungen zu wählen, damit die Fläche möglichst groß wird?

24. Ein offener Kanal hat einen rechteckigen Querschnitt. Welche Form muß das Rechteck bei konstantem Flächeninhalt haben, damit die Betonierungsarbeiten möglichst geringe Kosten verursachen? Die Kosten werden proportional zu der zu betonierenden Fläche angesetzt.

25. Der Querschnitt einer Rinne ist ein Rechteck mit unten angesetztem Halbkreis. Wie sind die Abmessungen zu wählen, damit bei vorgeschriebenem Querschnitt F der Materialverbrauch möglichst gering ist?

26. Ein Gefäß besteht aus einem oben geschlossenen Zylinder mit unten angesetzter Halbkugel. Der Rauminhalt soll bei vorgegebenem Oberflächeninhalt O ein Maximum annehmen.

27. Von einer rechteckigen Glasplatte mit den Seitenlängen a und b ist an einer Ecke ein Stück von der Form eines rechtwinkligen Dreiecks abgesprungen (Bild 8.9). Aus dem Rest soll eine rechteckige Scheibe von möglichst großer Fläche geschnitten werden ($a=1$ m; $b=60$ cm; $c=10$ cm; $d=4$ cm).

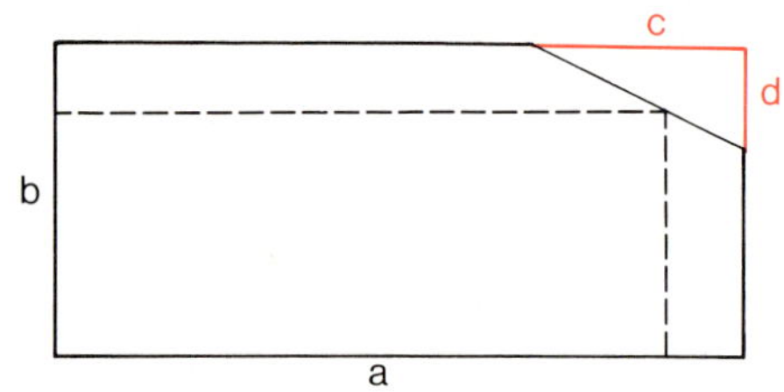

Bild 8.9

28. Ein Trichter habe die Form eines oben offenen Kegels. Welchen Radius r und welche Höhe h muß der Kegel haben, damit sein Rauminhalt bei einer Mantellinie von 10 cm Länge möglichst groß wird?

29. Eine Schachtel Zündhölzer hat die Maße: Länge $l=5$ cm, Breite $b=3{,}5$ cm, Höhe $h=1{,}2$ cm. Welche Maße müßte eine Streichholzschachtel haben, damit bei gleichem Volumen V und gleicher Streichholzlänge l der Materialverbrauch möglichst klein wird? Vergleichen Sie die für die Herstellung dieser Schachtel benötigte Materialmenge mit dem für eine Schachtel Zündhölzer verbrauchten Material (prozentuale Angaben)!

30. Aus welcher Höhe H muß eine vollkommen elastische Kugel auf eine vollkommen elastische Fläche herabfallen, damit sie in möglichst kurzer Zeit wieder eine vorgegebene Höhe $h<H$ erreicht?

Anleitung: Um den Weg H zurückzulegen, benötigt die Kugel die Zeit $t=\sqrt{\frac{2H}{g}}$. Dabei bezeichnet g die Erdbeschleunigung $\left(g \approx 10\,\frac{m}{s^2}\right)$.

31. Das Innere einer zylindrischen Spule vom Radius r soll durch einen Eisenkern von kreuzförmigem Querschnitt möglichst ausgefüllt werden. Welche Abmessungen muß der Eisenkern haben (Bild 8.10)?

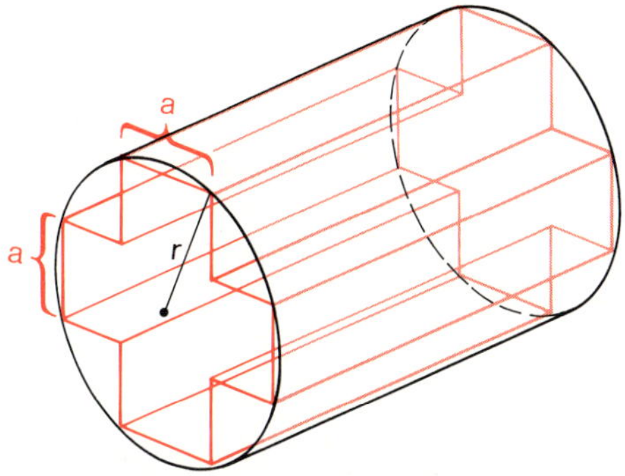

Bild 8.10

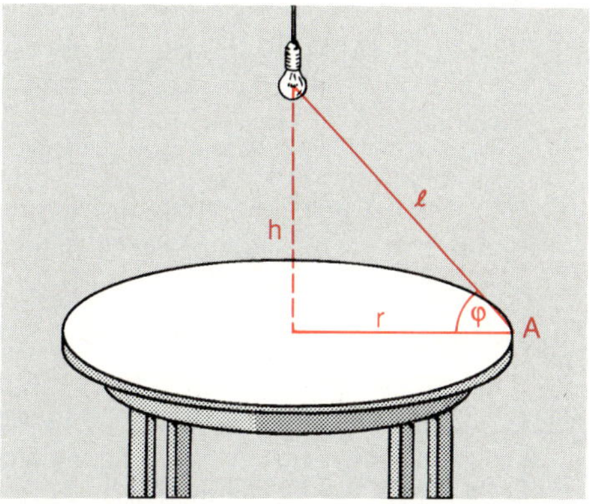

Bild 8.11

32. **a)** Für Auslands-Briefe oder -Päckchen in Rollenform schreibt die Gebührenordnung der Bundespost folgendes vor. Höchstmaße: Länge und zweifacher Durchmesser zusammen 104 cm, Länge jedoch nicht über 90 cm. Mindestmaße: Länge und zweifacher Durchmesser zusammen 17 cm, in der größten Ausdehnung mindestens 10 cm. Wie sind die Maße zu wählen, wenn der Rauminhalt möglichst groß werden soll?

b) Früher durfte bei Päckchen in Rollenform Länge und Grundkreisdurchmesser zusammen höchstens 100 cm betragen. Wie sind bei dieser Vorschrift die Maße zu wählen, damit der Rauminhalt möglichst groß wird?

33. Über der Mitte eines kreisförmigen Tisches vom Radius r befindet sich eine Lampe, die in der Vertikalen verschiebbar ist. In welcher Höhe über dem Tisch muß sich die Lampe befinden, damit ein Punkt am Tischrand möglichst hell beleuchtet wird (Bild 8.11)?

Anleitung: Für die Lichtstärke I im Punkte A gilt $I = k \cdot \frac{\sin \varphi}{l^2}$, wobei k einen Proportionalitätsfaktor bezeichnet.

34. Ein Ort A hat von einem geradlinig verlaufenden Kanal einen Abstand von 20 km. Es sei B der Fußpunkt des Lotes von A zum Kanal. Der Kanal führt zur Hafenstadt C, die 70 km von B entfernt ist. Die Landfracht kostet 170% der Wasserfracht bei gleicher Streckenlänge. Wo muß ein Hafen H am Kanal gebaut werden, damit die Frachtkosten von C nach A ein Minimum annehmen? Der Hafen H soll mit dem Ort A durch eine Straße geradlinig verbunden werden.

35. Von einer Kaffeesorte werden bei einem Preis von 20 DM für 1 kg im Monat 10000 kg verkauft. Eine Marktanalyse hat ergeben, daß eine Preissenkung um 0,50 DM je Kilogramm jeweils zu einer Absatzsteigerung um 1000 kg im Monat führen würde. Bei welchem Verkaufspreis nimmt der Gewinn ein Maximum an, wenn der Selbstkostenpreis 14 DM für 1 kg beträgt?

36. Aus zwei Brettern von einer Breite b soll eine Rinne von maximalem Querschnitt hergestellt werden. Wie groß muß der Winkel sein, den die Bretter einschließen?

37. Aus drei Brettern von der Breite b soll eine Rinne hergestellt werden, deren Querschnitt ein gleichschenkliges Trapez ist. Wie groß müssen die Winkel zwischen den Schenkeln des Trapezes und der Grundseite gewählt werden, damit der Querschnitt möglichst groß wird?

38. Von einem Kanal der Breite a gehe unter einem rechten Winkel ein anderer Kanal der Breite b aus. Die Wände der Kanäle seien eben. Wie lang darf ein Balken höchstens sein, der von einem Kanal in den anderen geflößt werden kann? (Zahlenbeispiel: $a=2\sqrt{2}$ m; $b=1$ m).

39. Eine Kinoleinwand mit der Höhe h_1 ist in der Höhe h_2 über dem horizontalen Boden des Zuschauerraumes angebracht (Bild 8.12). Die Augenhöhe des Zuschauers sei a. In welcher Entfernung d sieht der Zuschauer die Leinwandhöhe h_1 unter dem größten Blickwinkel φ?

Anleitungen: 1) Verwenden Sie die Gleichung $\tan(\alpha-\beta)=\dfrac{\tan\alpha-\tan\beta}{1+\tan\alpha\cdot\tan\beta}$!

2) Aus $\varphi=\arctan z$ folgt, daß φ ein Maximum annimmt, wenn z maximal wird!

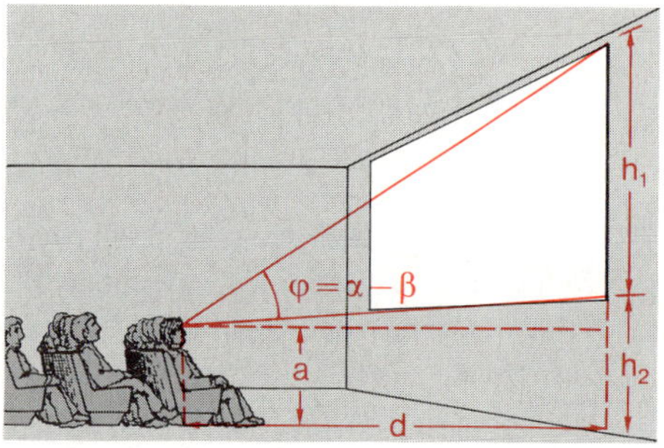

Bild 8.12

40. Nach dem Prinzip von Fermat[1]) „wählt" das Licht zwischen zwei Punkten A und B stets den Weg, für den es die kürzeste Zeit benötigt. Es soll gezeigt werden, daß aus diesem Prinzip das Reflexions- und das Brechungsgesetz hergeleitet werden können.

a) Das **Reflexionsgesetz** besagt, daß bei Reflexion eines Lichtstrahls an einem ebenen Spiegel (Bild 8.13) der Einfalls- und der Reflexionswinkel gleich groß sind: $\alpha=\beta$. Gegeben sind die Punkte A und B durch die Längen a, b und l (Bild 8.13) und die Lichtgeschwindigkeit c. Gesucht ist die Lage des Reflexionspunktes P, also die Länge x. Drücken Sie $\sin\alpha$, $\sin\beta$, die Länge des Lichtweges $s=|AP|+|PB|$ und die dafür benötigte Zeit $t=\dfrac{s}{c}$ durch a, b, l und x aus und zeigen Sie, daß $t(x)$ minimal wird, wenn x so gewählt wird, daß $\sin\alpha=\sin\beta$, also $\alpha=\beta$ ist!

b) Das **Brechungsgesetz** besagt, daß bei der Brechung eines Lichtstrahls an der Grenzfläche zwischen zwei Medien verschiedener Lichtgeschwindigkeit (c_1 und c_2) für die Größen des Einfallswinkels (α) und des Brechungswinkels (β) gilt: $\dfrac{\sin\alpha}{\sin\beta}=\dfrac{c_1}{c_2}$ (Bild 8.14). Verfahren Sie wie in a) mit der für den Lichtweg zwischen A und B benötigten Zeit $t=\dfrac{|AP|}{c_1}+\dfrac{|PB|}{c_2}$!

[1]) Pierre Fermat, französischer Mathematiker (1601 – 1665)

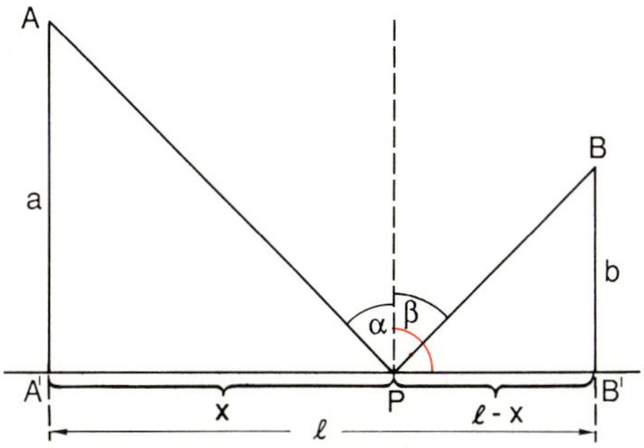

Bild 8.13

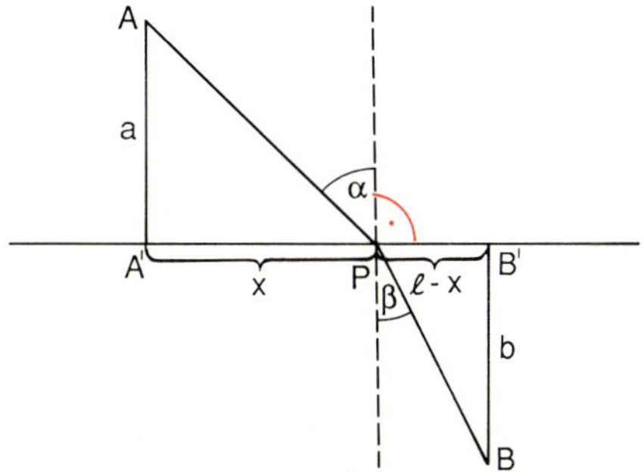

Bild 8.14

41. In Bild 8.15 sind einige Geraden in einem kartesischen Koordinatensystem gezeichnet, auf denen jeweils die Punkte $P(-a|a)$ und $Q(1-a|1-a)$ (mit $0 \leq a \leq 1$) liegen. Zeigen Sie: Zeichnet man eine Schar von Geraden durch P und Q ein, so hüllen diese Geraden eine Parabel ein!

Anleitung: Ermitteln Sie die Gleichungen der Geraden g_a, die durch die Punkte P und Q gehen (in Abhängigkeit von a und von x)! Bestimmen Sie für jeden Wert von x den Wert von a so, daß die betreffende Gerade g_a an dieser Stelle x im Vergleich zu allen anderen Geraden den größten Funktionswert hat! (Beachten Sie, daß die Ableitungen nach der Variablen a zu berechnen sind!) Setzen Sie den für a ermittelten Term a(x) in die Geradengleichung ein!

Bemerkung: Die eingehüllte Parabel heißt **„Hüllkurve"** der Geradenschar.

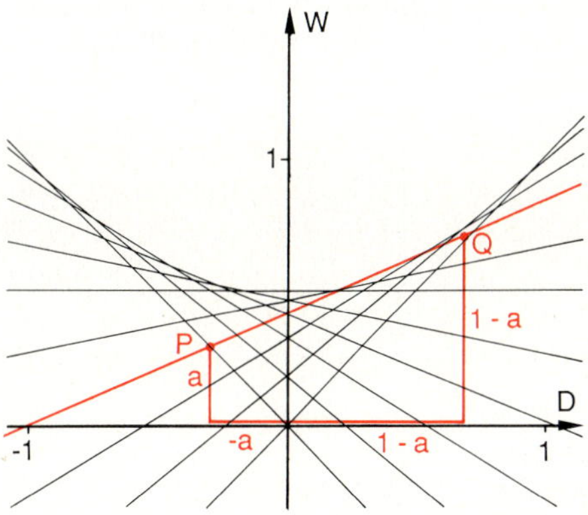

Bild 8.15

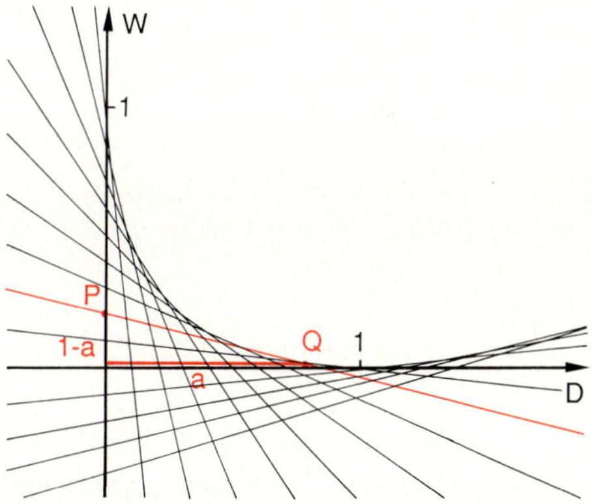

Bild 8.16

42. a) Welche Kurve entsteht im Bild 8.16 für $a > 0$? Verfahren Sie wie in Aufgabe 41!

b) Diskutieren Sie die Hüllkurve!

43. Verfahren Sie wie in Aufgabe 41 mit Geraden durch die angegebenen Punkte!

a) $P(-a|0)$; $Q(a|2a^2)$ **b)** $P\left(a\,\middle|\,\frac{1}{a^2}\right)$; $Q\left(0\,\middle|\,\frac{3}{a^2}\right)$ $(a \neq 0)$ **c)** $P\left(\frac{1}{a^2}\,\middle|\,-\frac{2}{a}\right)$; $Q\left(1\,\middle|\,a-\frac{3}{a}\right)$ $(a \neq 0)$

44. Durch welche Punkte muß man in einem kartesischen Koordinatensystem Geraden legen, damit sie den Graphen der Funktion f zu $f(x)=\frac{1}{x}$ einhüllen?

45. Für die einen Tunnel durchfahrenden Kraftfahrzeuge soll eine Richtgeschwindigkeit vorgeschrieben werden (Bild 8.17). Bei einer Modellrechnung wird für den Sicherheitsabstand S(v) (in Metern), der bei einer Geschwindigkeit von v Kilometern pro Stunde einzuhalten ist, die Formel $S(v)=\frac{1}{2}\left(\frac{v}{10}\right)^2$ zugrundegelegt. Ferner geht man dabei von einer mittleren Fahrzeuglänge von 12 m aus. Wie ist die Richtgeschwindigkeit festzulegen, damit möglichst viele Fahrzeuge den Tunnel in einer Stunde passieren können? Wie viele Fahrzeuge sind dies?

Bild 8.17

Anleitung: Begründen Sie, daß für die Richtgeschwindigkeit nur von Bedeutung ist, wie lange ein Kfz benötigt, um den Sicherheitsabstand und seine eigene Länge zu durchfahren! Berechnen Sie die Geschwindigkeit v so, daß die angegebene Strecke in möglichst kurzer Zeit durchfahren wird!

46. Bearbeiten Sie Aufgabe 45 für den Fall, daß Personenkraftwagen und Lastkraftwagen auf getrennten Spuren fahren sollen! Dabei geht man von einer mittleren PKW-Länge von 5 m und einer mittleren LKW-Länge von 20 m aus.

II. Die Tangentenfunktion als beste lineare Näherungsfunktion

1. In den Anwendungen der Mathematik tritt nicht selten die Situation auf, daß ein Problem wegen der Kompliziertheit der dabei auftretenden Funktion(en) nur sehr schwer behandelt, unter Umständen sogar exakt gar nicht gelöst werden kann. In solchen Fällen besteht oft nur die Möglichkeit, das Problem dadurch zu vereinfachen, daß man die tatsächlich auftretende Funktion durch eine einfachere ersetzt, deren Funktionswerte möglichst wenig von den Werten der gegebenen Funktion abweichen. Die einfachsten Funktionen überhaupt sind die linearen Funktionen. Es geht dann darum, eine lineare Funktion zu finden, die die betreffende Funktion möglichst gut annähert, **approximiert**.

Beispiel:

Eine an einem dünnen Faden der Länge l aufgehängte Masse m wird aus ihrer Ruhelage ($\varphi = 0$, Bild 8.18) ausgelenkt. Als rücktreibende Kraft F wirkt der in der Wegrichtung liegende Anteil der Erdanziehungskraft (des Gewichtes) $G = mg$; für diese Kraft gilt:

$$F = G \sin \varphi = mg \sin \varphi.$$

Betrachten wir die Winkelgröße φ als Funktion der Zeit, so gilt für die Wegzeitfunktion s: $s(t) = l \cdot \varphi(t)$ und somit für die Beschleunigung: $\ddot{s}(t) = l\ddot{\varphi}(t)$.

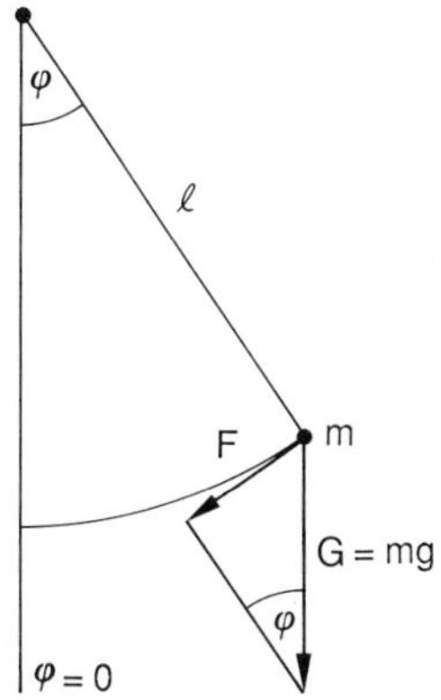

Bild 8.18

Da die Kraftrichtung der Richtung von φ entgegengesetzt ist, gilt nach dem Grundgesetz der Mechanik

$$F = -ml\ddot{\varphi}(t) \quad \text{und somit} \quad -ml\ddot{\varphi}(t) = mg \sin \varphi(t), \quad \text{also} \quad \ddot{\varphi}(t) = -\frac{g}{l} \sin \varphi(t).$$

Eine Funktion φ, die diese Gleichung erfüllt, gibt es – jedenfalls unter den uns bekannten Funktionen – nicht; zunächst scheint das Problem daher unlösbar zu sein. Nun gilt aber für hinreichend kleine Winkel (im Bogenmaß): $\sin x \approx x$ (vgl. Seite 186, Beispiel 1), für kleine Werte $\varphi(t)$ also auch $\sin \varphi(t) \approx \varphi(t)$.

Ersetzt man in der Gleichung $\ddot{\varphi}(t) = -\frac{g}{l} \sin \varphi(t)$ den Term $\sin \varphi(t)$ durch $\varphi(t)$, so erhält man

$$\ddot{\varphi}(t) = -\frac{g}{l} \varphi(t)$$

mit der Lösung $\varphi(t) = A \sin \sqrt{\frac{g}{l}}\, t$ (Aufgabe 1).

Das Problem wird also dadurch lösbar gemacht, daß der **nichtlineare** Term $\sin x$ durch den **linearen** Term x ersetzt wird.

2. Allgemein suchen wir zu einer Funktion f eine lineare Funktion g, die eine möglichst gute Näherung der Funktion f darstellt; dabei wird die Näherung sich in der Regel nur auf eine Umgebung $U(x_0)$ einer Stelle x_0 beziehen, in der das Verhalten der Funktion f von Interesse ist.

Schon in § 3, II (Seite 64) haben wir uns kurz mit dem Begriff der **Tangente** beschäftigt und mitgeteilt, daß diese Gerade dadurch ausgezeichnet ist, daß sie sich unter allen Geraden, die durch einen Punkt $P(x_0 | f(x_0))$ des Graphen einer in x_0 differenzierbaren Funktion hindurchgehen, dem Graphen am besten „anschmiegt", daß sie den Graphen in diesem Punkt „berührt". Dies bedeutet zugleich, daß unter allen linearen Funktionen die **Tangentenfunktion** t zur Stelle x_0 die beste lineare Näherung der gegebenen Funktion in einer Umgebung $U(x_0)$ darstellt, sofern diese Umgebung nicht „zu groß" gewählt wird. Es ist klar, daß diese Aussagen noch der Präzisierung bedürfen. Diesem Problem wollen wir uns unten zuwenden (Seite 187).

Zunächst wollen wir an einigen **Beispielen** zeigen, wie dieser Sachverhalt angewendet werden kann.

3. Die Tangentenfunktion t zu einer an der fraglichen Stelle x_0 differenzierbaren Funktion f ist gegeben durch

$$t(x)=f'(x_0)\cdot(x-x_0)+f(x_0).$$

Beschränkt man sich auf eine hinreichend kleine Umgebung $U(x_0)$, so gilt für Zahlen $x\in U(x_0)$:

$$f(x)\approx f'(x_0)\cdot(x-x_0)+f(x_0).$$

Man kann dies auch unmittelbar aus der Definition der Ableitung verständlich machen. Es gilt:

$$\lim_{x\to x_0}\frac{f(x)-f(x_0)}{x-x_0}=f'(x_0)$$

und daher für Zahlen x, die hinreichend nahe bei x_0 liegen:

$$\frac{f(x)-f(x_0)}{x-x_0}\approx f'(x_0),\quad \text{also}\quad f(x)\approx f'(x_0)\cdot(x-x_0)+f(x_0).$$

4. Den vorstehenden Sachverhalt kann man zur Berechnung von Näherungswerten ausnutzen.

Beispiele:

1) $f(x)=\sin x$. Wir suchen eine lineare Näherungsfunktion zur Stelle $x_0=0$. Es gilt: $f(0)=0$; $f'(x)=\cos x$, also $f'(0)=1$. Damit ergibt sich: $t(x)=x$, also $\sin x\approx x$ für hinreichend kleine Werte von $|x|$.

Bemerkung: Von dieser Näherung haben wir bei unserem Einführungsbeispiel des Fadenpendels Gebrauch gemacht.

2) $f(x)=\cos x$ mit $x_0=\frac{\pi}{2}$. Es gilt $f\left(\frac{\pi}{2}\right)=0$; $f'(x)=-\sin x$; $f'\left(\frac{\pi}{2}\right)=-1$. Damit erhält man: $t(x)=(-1)\cdot\left(x-\frac{\pi}{2}\right)+0=\frac{\pi}{2}-x$, also $\cos x\approx\frac{\pi}{2}-x$ für Zahlen x, die hinreichend nahe bei $\frac{\pi}{2}$ liegen.

3) $f(x)=\ln x$ mit $x_0=1$. Es gilt $f(1)=0$; $f'(x)=\frac{1}{x}$; $f'(1)=1$. Damit ergibt sich: $t(x)=x-1$, also $\ln x\approx x-1$, falls x hinreichend nahe bei 1 liegt.

4) $f(x)=\sqrt[3]{1+x}$ mit $x_0=0$. Es gilt $f(0)=1$; $f'(x)=\frac{1}{3\cdot\sqrt[3]{(1+x)^2}}$; $f'(0)=\frac{1}{3}$.

Damit erhält man: $t(x)=1+\frac{x}{3}$, also $\sqrt[3]{1+x}\approx 1+\frac{x}{3}$, falls $|x|$ hinreichend klein gewählt wird.

Beispiel: $\sqrt[3]{1{,}21}\approx 1+\frac{0{,}21}{3}=1{,}07.$

Mit Hilfe eines Taschenrechners erhält man: $\sqrt[3]{1{,}21}\approx 1{,}0656$.
Die Abweichung des berechneten Näherungswertes von diesem Wert ist also kleiner als 0,005.

5. Wenn man mit Hilfe der Tangentengleichung einen Näherungswert bestimmen will, kommt es u.U. auf eine geschickte Wahl der Stelle x_0 an.

Beispiel:

Es soll $\sqrt{2}$ mit Hilfe einer linearen Näherung berechnet werden. Wir setzen $f(x)=\sqrt{x}$. Um einfacher rechnen zu können, wählen wir für x_0 eine in der Nähe von 2 liegende Quadratzahl, nämlich $x_0=1{,}96$. Dann ist $h=x-x_0=2-1{,}96=0{,}04$. Wir erhalten:

$$f(1{,}96)=1{,}4; \quad f'(x)=\frac{1}{2\sqrt{x}}; \quad f'(1{,}96)=\frac{1}{2{,}8}$$

und damit $\sqrt{2}\approx 1{,}4+\frac{1}{2{,}8}\cdot 0{,}04\approx 1{,}41429.$

Der Tafelwert für $\sqrt{2}$ in einer siebenstelligen Tafel ist 1,414213. Die Abweichung ist also kleiner als 0,0001.

6. Wir wollen nun präzisieren, was es heißt, daß die Tangentenfunktion die „beste" lineare Näherungsfunktion einer Funktion f ist. Wir setzen voraus, daß die gegebene Funktion f an der betrachteten Stelle x_0 differenzierbar ist. Wir suchen eine lineare Funktion g, die die gegebene Funktion „lokal", also bei Beschränkung auf „kleine" Umgebungen der Stelle x_0, möglichst gut annähert. Die Differenz $|f(x)-g(x)|$ soll also in einer Umgebung $U(x_0)$, also für „kleine" Zahlen $|x-x_0|$ ebenfalls „klein" sein.
Dieses „Kleinsein" können wir folgendermaßen präzisieren: Ist h irgendeine lineare Funktion (mit $h\neq g$), dann soll für alle hinreichend kleinen Zahlen $|x-x_0|$ gelten:

$$|f(x)-g(x)|<|f(x)-h(x)|. \qquad (*)$$

Ist nun $g(x)=ax+b$ und $h(x)=cx+d$, dann sind also Zahlen a und b gesucht, so daß für alle c und d mit $(a\,|\,b)\neq(c\,|\,d)$ und für alle hinreichend kleinen Zahlen $|x-x_0|$ gilt:

$$|f(x)-ax-b|<|f(x)-cx-d|.$$

7. Um die fraglichen Zahlen zu finden, setzen wir zunächst $x=x_0$; dann lautet die Bedingung

$$|f(x_0)-ax_0-b|<|f(x_0)-cx_0-d|.$$

Der kleinstmögliche Wert eines Betrages ist die Zahl 0; wenn $f(x_0)-ax_0-b=0$ sein soll, muß $b=f(x_0)-ax_0$ gewählt werden; es muß also gelten:

$$g(x)=ax+f(x_0)-ax_0=a(x-x_0)+f(x_0).$$

Dieses Zwischenergebnis besagt u.a., daß $g(x_0)=f(x_0)$ ist, daß die zu g gehörende Gerade also durch den Punkt $P_0(x_0\,|\,f(x_0))$ hindurchgeht. Dies ist ein sehr naheliegendes Ergebnis.

8. Nun ist noch der bestmögliche Wert für a zu bestimmen. Dabei brauchen wir zum Vergleich nur noch diejenigen Funktionen h zuzulassen, für die $h(x_0)=f(x_0)$ ist, die also durch einen Term der Form $h(x)=c(x-x_0)+f(x_0)$ festgelegt sind.
Für hinreichend kleine Werte von $|x-x_0|$ soll also gelten:

$$|f(x)-a(x-x_0)-f(x_0)|<|f(x)-c(x-x_0)-f(x_0)|.$$

Da wir die Stelle x_0 zur Bestimmung des Absolutgliedes oben schon ausgenutzt haben, betrachten wir jetzt Zahlen x mit $x \neq x_0$. Dafür gilt:

$$|f(x)-f(x_0)-a(x-x_0)|<|f(x)-f(x_0)-c(x-x_0)|$$

$$\Leftrightarrow \left|(x-x_0)\cdot\frac{f(x)-f(x_0)}{x-x_0}-a\right|<\left|(x-x_0)\cdot\frac{f(x)-f(x_0)}{x-x_0}-c\right|$$

$$\Leftrightarrow |x-x_0|\cdot\left|\frac{f(x)-f(x_0)}{x-x_0}-a\right|<|x-x_0|\cdot\left|\frac{f(x)-f(x_0)}{x-x_0}-c\right|$$

$$\Leftrightarrow \left|\frac{f(x)-f(x_0)}{x-x_0}-a\right|<\left|\frac{f(x)-f(x_0)}{x-x_0}-c\right|.$$

Da wir vorausgesetzt haben, daß die Funktion f an der Stelle x_0 differenzierbar sein soll, gilt: $\lim\limits_{x\to x_0}\frac{f(x)-f(x_0)}{x-x_0}=f'(x_0)$, also $\lim\limits_{x\to x_0}\left|\frac{f(x)-f(x_0)}{x-x_0}-f'(x_0)\right|=0.$

Wählen wir also $a=f'(x_0)$, dann ist die Bedingung

$$\left|\frac{f(x)-f(x_0)}{x-x_0}-f'(x_0)\right|<\left|\frac{f(x)-f(x_0)}{x-x_0}-c\right|$$

für alle hinreichend kleinen Zahlen $|x-x_0|$ erfüllt. Begründe dies im einzelnen (Aufgabe 5)!
Die beste lineare Näherungsfunktion im Sinne der Bedingung (*) von Seite 187 ist also die Funktion g zu $g(x)=f'(x_0)\cdot(x-x_0)+f(x_0)$.
Wir stellen fest, daß es sich tatsächlich um die Tangentenfunktion t zur Stelle x_0 handelt, daß also $g=t$ ist. Wir fassen zusammen:

S 8.1 **Ist eine Funktion f differenzierbar an einer Stelle x_0, so ist die zugehörige Tangentenfunktion t mit**

$$\mathbf{t(x)=f'(x_0)\cdot(x-x_0)+f(x_0)}$$

in einer hinreichend kleinen Umgebung $U(x_0)$ die beste lineare Näherungsfunktion der Funktion f in dem Sinne, daß für jede andere lineare Funktion h und für hinreichend kleine Zahlen $|x-x_0|$ mit $x\neq x_0$ gilt:

$$\mathbf{|f(x)-t(x)|<|f(x)-h(x)|.}$$

9. Aus den vorstehenden Überlegungen läßt sich eine für Tangentenfunktionen kennzeichnende Bedingung herleiten. Es gilt:

$$\lim_{x\to x_0}\left[\frac{f(x)-f(x_0)}{x-x_0}-f'(x_0)\right]=\lim_{x\to x_0}\left[\frac{f(x)-f(x_0)-f'(x_0)\cdot(x-x_0)}{x-x_0}\right]$$

$$=\lim_{x\to x_0}\left[\frac{f(x)-(f'(x_0)\cdot(x-x_0)+f(x_0))}{x-x_0}\right]=0,$$

wegen $t(x)=f'(x_0)\cdot(x-x_0)+f(x_0)$ also: $\lim\limits_{x\to x_0}\frac{f(x)-t(x)}{x-x_0}=0.$

Umgekehrt läßt sich zeigen, daß eine lineare Funktion g, die der Bedingung $\lim\limits_{x \to x_0} \frac{f(x)-g(x)}{x-x_0}=0$ genügt, die Tangentenfunktion t zur Stelle x_0 ist.

Beweis: Wir setzen $g(x)=ax+b$.

1) Da der Nenner gegen 0 strebt, kann der Grenzwert nur existieren, wenn auch der Zähler gegen 0 strebt, wenn also gilt: $\lim\limits_{x \to x_0} [f(x)-g(x)]=0$.

Dies bedeutet, daß $f(x_0)=g(x_0)$, also $f(x_0)=ax_0+b$, also $b=f(x_0)-ax_0$ sein muß.

2) Es muß also gelten:

$$\lim_{x \to x_0} \frac{f(x)-f(x_0)-a(x-x_0)}{x-x_0} = \lim_{x \to x_0} \frac{f(x)-f(x_0)}{x-x_0} - a = 0,$$

also $$a = \lim_{x \to x_0} \frac{f(x)-f(x_0)}{x-x_0} = f'(x_0).$$

Somit gilt: $g(x)=f'(x_0)\cdot(x-x_0)+f(x_0)$; die Funktion g ist also tatsächlich die Tangentenfunktion t zur Stelle x_0. Wir fassen zusammen:

S 8.2 **Die Tangentenfunktion zu einer Stelle x_0 ist bei einer in x_0 differenzierbaren Funktion f diejenige lineare Funktion t, für die gilt:**

$$\lim_{x \to x_0} \frac{f(x)-t(x)}{x-x_0} = 0.$$

Bemerkung: Ersetzt man x durch x_0+h, so kann man die Bedingung von Satz S 8.2 auch folgendermaßen schreiben:

$$\lim_{h \to 0} \frac{f(x_0+h)-t(x_0+h)}{h} = 0.$$

10. Nach den vorstehenden Überlegungen läßt sich darüberhinaus eine allgemeine Bedingung dafür angeben, daß sich die Graphen zweier Funktionen f und g in einem Punkte P_0 berühren. Wir definieren:

D 8.1 **Die Graphen zweier Funktionen f und g berühren sich in einem Punkt $P_0(x_0 | f(x_0))$ genau dann, wenn gilt:**

$$\lim_{x \to x_0} \frac{f(x)-g(x)}{x-x_0} = 0 \quad \text{bzw.} \quad \lim_{h \to 0} \frac{f(x_0+h)-g(x_0+h)}{h} = 0.$$

Beispiele:

1) $f(x)=x^2$; $g(x)=x^4$; $x_0=0$; es gilt: $\lim\limits_{x \to 0} \left(\frac{x^2-x^4}{x}\right) = \lim\limits_{x \to 0} (x-x^3) = 0$.

Die Graphen von f und g berühren sich also im Nullpunkt (Bild 8.19, Seite 190).

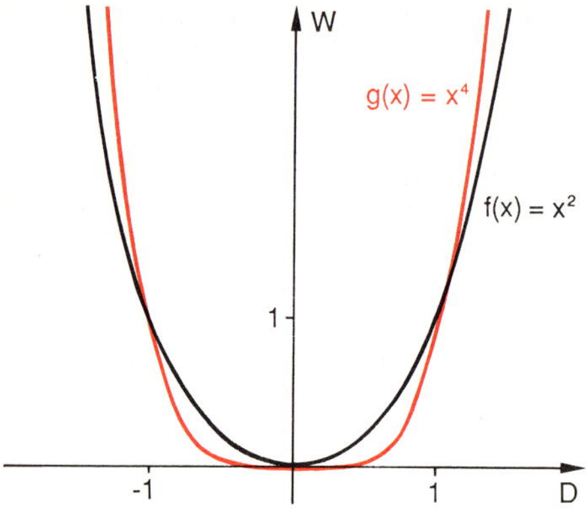

Bild 8.19

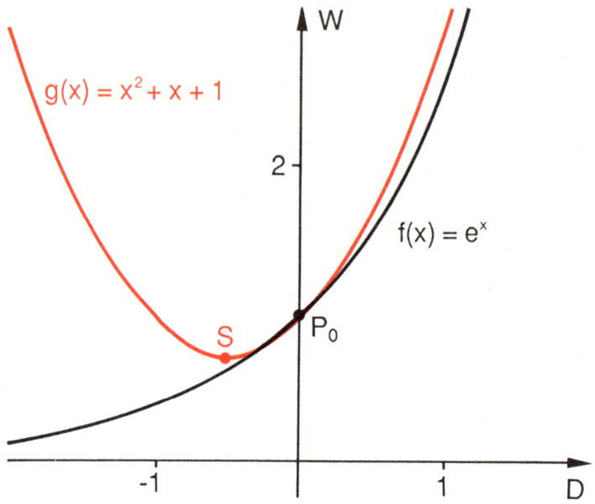

Bild 8.20

2) $f(x)=e^x;\ g(x)=x^2+x+1;\ x_0=0$

Es gilt: $\lim\limits_{x\to 0}\dfrac{e^x-x^2-x-1}{x}=\lim\limits_{x\to 0}\dfrac{e^x-1}{x}-\lim\limits_{x\to 0}\dfrac{x^2+x}{x}=1-\lim\limits_{x\to 0}(x+1)=1-1=0.$

Die Graphen von f und g berühren sich also im Punkt $P_0(0\,|\,1)$ (Bild 8.20).

Beachte: Wenn zwei Funktionsgraphen sich in einem Punkt P_0 berühren, so schließt dies weder aus, daß die Kurven sich in diesem Punkt durchsetzen, noch daß sie sich in weiteren Punkten schneiden! Bild 8.21 zeigt z. B. einen Funktionsgraphen, der von seiner Tangente t im Punkt P_0 durchsetzt und in einem weiteren Punkt P_1 geschnitten wird.

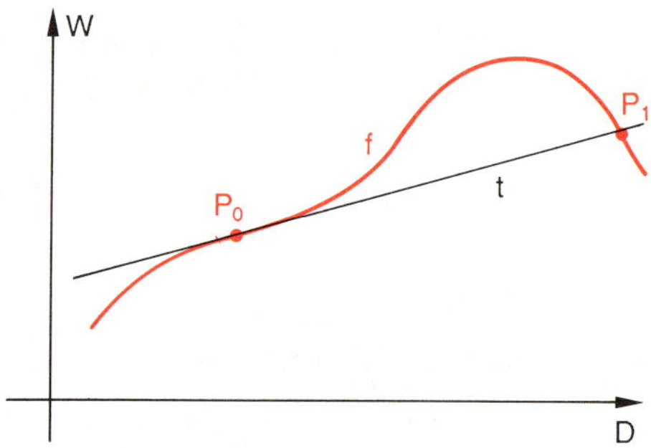

Bild 8.21

Übungen und Aufgaben

1. Zeigen Sie, daß für die Funktion φ zu $\varphi(t)=A\sin\sqrt{\frac{g}{l}}\cdot t$ gilt: $\ddot{\varphi}=-\frac{g}{l}\cdot\varphi$!

2. Ermitteln Sie die Gleichung der Tangente an der Stelle x_0!

a) $f(x)=\dfrac{x^2}{2};\ x_0=1$ **b)** $f(x)=(x-2)^2;\ x_0=-1$ **c)** $f(x)=\dfrac{1}{10}x^3;\ x_0=-2$

d) $f(x)=x^2-7x;\ x_0=5$ **e)** $f(x)=x^3+3x^2;\ x_0=-3$ **f)** $f(x)=\sqrt{3x};\ x_0=3$

g) $f(x)=3\sqrt{4x+1};\ x_0=2$ **h)** $f(x)=\dfrac{x^2}{4}\sqrt{8-x};\ x_0=-1$ **i)** $f(x)=\dfrac{1}{x+4};\ x_0=-2$

j) $f(x)=\dfrac{x^2}{x-4};\ x_0=3$ **k)** $f(x)=\dfrac{x+2}{x(x-3)};\ x_0=2$ **l)** $f(x)=\tan x;\ x_0=\dfrac{\pi}{4}$

m) $f(x)=e^x;\ x_0=1$ **n)** $f(x)=\arcsin x;\ x_0=\frac{1}{2}$ **o)** $f(x)=\arctan x;\ x_0=\sqrt{3}$

3. Ermitteln Sie eine lineare Näherung für die Funktion f in einer Umgebung U(0)!

a) $f(x)=(1+x)^2$ **b)** $f(x)=\frac{1}{1+x}$ **c)** $f(x)=(1+x)^n$ (mit $n\in\mathbb{Z}$)

d) $f(x)=\sqrt{1+x}$ **e)** $f(x)=\frac{1}{\sqrt[4]{1+x}}$ **f)** $f(x)=(1+x)^{\frac{m}{n}}$ (mit $m\in\mathbb{Z}$; $n\in\mathbb{N}$)

g) $f(x)=e^{\sin x}$ **h)** $f(x)=\ln(1+e^x)$ **i)** $f(x)=\arctan e^x$

4. a) Beweisen Sie die Näherungsformel $\sqrt[n]{a^n+x}\approx a+\frac{x}{n\cdot a^{n-1}}$ (für $a\in\mathbb{R}^{>0}$)!

b) Berechnen Sie einen Näherungswert!

1) $\sqrt[3]{9}$ **2)** $\frac{1}{\sqrt{15}}$ **3)** $\sqrt[4]{17}$ **4)** $\frac{1}{1{,}03^2}$ **5)** $e^{0,2}$ **6)** arcsin 0,3 **7)** arctan 0,25

5. Begründen Sie, daß die Ungleichung $\left|\frac{f(x)-f(x_0)}{x-x_0}-f'(x_0)\right|<\left|\frac{f(x)-f(x_0)}{x-x_0}-c\right|$ für jede Zahl $c\in\mathbb{R}$ mit $c\neq f'(x_0)$ und für hinreichend kleine Zahlen $|x-x_0|$ erfüllt ist!

6. Bestätigen Sie, daß für die Tangentenfunktion t aus Aufgabe 2a) bis f) gilt: $\lim\limits_{x\to x_0}\frac{f(x)-t(x)}{x-x_0}=0$!

7. Zeigen Sie mit Definition D 8.1, daß die Graphen der Funktionen f und g sich in x_0 berühren!

a) $f(x)=x^2$; $g(x)=x^3$; $x_0=0$ **b)** $f(x)=x^4+1$; $g(x)=2x^2$; $x_0=-1$

c) $f(x)=e^x$; $g(x)=1+x+\frac{x^2}{2}$; $x_0=0$ **d)** $f(x)=\cos x$; $g(x)=1-\frac{x^2}{2}$; $x_0=0$

e) $f(x)=\tan x$; $g(x)=x+\frac{x^3}{3}$; $x_0=0$ **f)** $f(x)=\arcsin x$; $g(x)=x+\frac{x^3}{6}$; $x_0=0$

8. Zeigen Sie: Die Graphen zweier differenzierbarer Funktionen f und g berühren sich in einem Punkt $P_0(x_0|f(x_0))$ genau dann, wenn sie in P_0 dieselbe Tangente haben, wenn also gilt: $f(x_0)=g(x_0)$ und $f'(x_0)=g'(x_0)$!

9. Untersuchen Sie nach Aufgabe 8, ob sich die Graphen von f und g berühren!

a) $f(x)=5x+2$; $g(x)=x^3+2x$ **b)** $f(x)=\frac{4}{x^2}$; $g(x)=2-\frac{x^2}{4}$

c) $f(x)=e^{2x}$; $g(x)=1+2x+2x^2$ **d)** $f(x)=e\cdot\ln x$; $g(x)=-\frac{1}{2e}x^2+2x-\frac{e}{2}$

10. Gilt $f(x_0)=g(x_0)\wedge f'(x_0)=g'(x_0)\wedge f''(x_0)=g''(x_0)$ für zwei Funktionen f und g, so spricht man von einer „Berührung 2. Ordnung an der Stelle x_0". Bestätigen Sie, daß bei f und g in $x_0=0$ eine solche Berührung 2. Ordnung vorliegt!

a) $f(x)=\arctan x$; $g(x)=x-\frac{x^3}{3}$ **b)** $f(x)=\ln(1+2x)$; $g(x)=2x-2x^2$

c) $f(x)=\tan x-\sin x$; $g(x)=x^3$ **d)** $f(x)=e^{x^2}$; $g(x)=x^2+1$

11. Ermitteln Sie zur Funktion f eine Funktion g mit $g(x)=ax^2+bx+c$, so daß an der Stelle x_0 eine Berührung 2. Ordnung der Graphen der Funktionen f und g vorliegt! (Vgl. Aufgabe 10!) Skizzieren Sie die Graphen von f und von g!

a) $f(x)=\sin x$; $x_0=\frac{\pi}{2}$ **b)** $f(x)=\arctan x$; $x_0=1$ **c)** $f(x)=e^x$; $x_0=0$ **d)** $f(x)=\ln x$; $x_0=1$

12. **a)** Bestimmen Sie die Steigung der Ursprungsgeraden, die den Graphen der e-Funktion berührt! Ermitteln Sie die Koordinaten des Berührungspunktes!

b) Verfahren Sie entsprechend mit der Funktion f zu $f(x)=\ln x$!

Begründen Sie das Ergebnis mit Hilfe von Satz S 4.12!

13. Aus einer Entfernung von $a=400$ m sieht man die Spitze eines Turmes unter einem Höhenwinkel mit $\alpha=30°$. Auf dem Turm befindet sich eine Fahnenstange, deren Spitze unter einem Winkel von 30° 20′ gesehen wird (Bild 8.22) Ermitteln Sie mit Hilfe einer linearen Näherung, wie lang die Fahnenstange ungefähr ist!

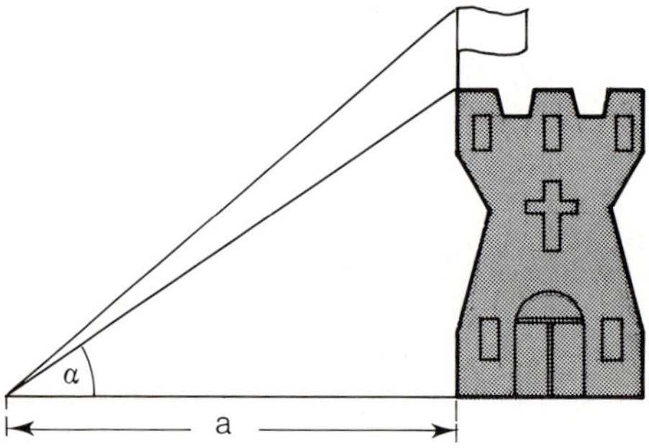

Bild 8.22

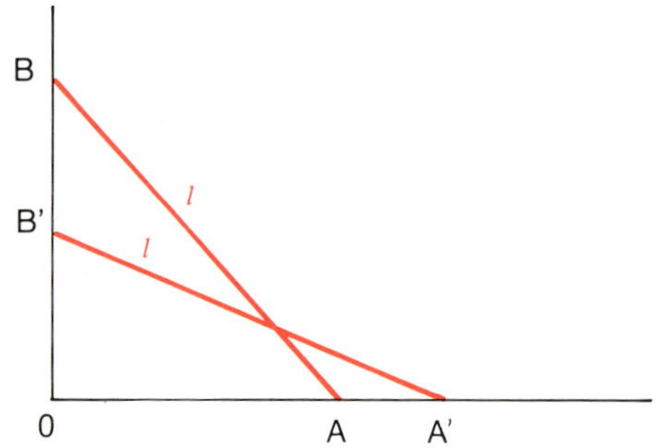

Bild 8.23

14. Eine Leiter der Länge l ($l=6$ m) steht schräg an der Wand (Bild 8.23). Berechnen Sie mit Hilfe einer linearen Näherung, um wieviel sich der Endpunkt B der Leiter ungefähr senkt, wenn der Fußpunkt von A nach A′ verschoben wird! Es sei $L(OA)=1{,}2$ m und $L(AA')=0{,}25$ m.

III. Der Schrankensatz

1. Im vorigen Abschnitt haben wir die Beziehung

$$f(x)\approx f'(x_0)\cdot(x-x_0)+f(x_0), \quad \text{also} \quad f(x)-f(x_0)\approx f'(x_0)\cdot(x-x_0)$$

hergeleitet. Es ist unbefriedigend, daß diese Beziehung, die als Aussage über den Unterschied zwischen den Funktionswerten f(x) und $f(x_0)$ gedeutet werden kann, mit Hilfe des Zeichens „≈“ formuliert ist, daß also nicht klar ist, wie nahe bei Wahl einer Zahl $x\in U(x_0)$ der mit dieser Beziehung ermittelte Näherungswert beim tatsächlichen Funktionswert f(x) liegt; anders ausgedrückt: wie groß die Differenz $|f(x)-f(x_0)|$ höchstens ist. Es stellt sich also die Aufgabe, die Beziehung zu präzisieren, also eine Ungleichung zu finden, durch die die Differenz zwischen „benachbarten“ Funktionswerten f(x) und $f(x_0)$ abgeschätzt werden kann.
Gesucht sind also zwei Zahlen s und S, für die gilt:

$$s\cdot(x-x_0)\le f(x)-f(x_0)\le S\cdot(x-x_0), \text{ für } x>x_0 \text{ also } s\le\frac{f(x)-f(x_0)}{x-x_0}\le S.$$

Es liegt auch bei diesem Problem nahe, den Differenzenquotienten $\frac{f(x)-f(x_0)}{x-x_0}$ mit der Ableitung der Funktion f in Beziehung zu bringen, also zu fragen, ob sich die gesuchten Schranken s und S für den Differenzenquotienten vielleicht als Schranken der Funktion f' angeben lassen.

2. Um diesen Zusammenhang zu formulieren, ändern wir die Bezeichnungen für x und x_0 ab. Da die beiden Stellen für die folgenden Überlegungen dieselbe Rolle spielen, bringen wir deren Gleichwertigkeit dadurch zum Ausdruck, daß wir sie mit x_1 und x_2 bezeichnen; die Variable x wird dann frei für beliebige Stellen der Funktion. Wir setzen voraus, daß die Zahlen x_1 und x_2 in einem Intervall $A \subseteq D(f)$ liegen, über dem die gegebene Funktion f differenzierbar ist. Dann sind also zwei Zahlen s und S gesucht, so daß gilt:

$$s \leq \frac{f(x_2)-f(x_1)}{x_2-x_1} \leq S,$$

und zwar nicht nur für zwei bestimmte Zahlen x_1 und x_2, sondern für **alle** Zahlen $x_1, x_2 \in A$. Wir vermuten, daß wir zwei solche Schranken angeben können, wenn die Ableitungsfunktion f' über A beschränkt ist, wenn also für alle $x \in A$ gilt: $s \leq f'(x) \leq S$.
Wir vermuten also die Gültigkeit des **„Schrankensatzes"**:

S 8.3 Ist eine Funktion f über einem Intervall A differenzierbar und gilt für alle $x \in A$

$$s \leq f'(x) \leq S,$$

so gilt für alle Zahlen $x_1, x_2 \in A$ mit $x_1 \neq x_2$ auch

$$s \leq \frac{f(x_2)-f(x_1)}{x_2-x_1} \leq S.$$

Zum **Beweis** ziehen wir den globalen Monotoniesatz (in der Form von Satz S 5.4) heran. Nach der Voraussetzung $s \leq f'(x) \leq S$ gilt für alle $x \in A$:

$$f'(x)-s \geq 0 \quad \text{und} \quad S-f'(x) \geq 0;$$

dies bedeutet nach Satz S 5.4, daß die Funktionen zu

$$f(x)-sx \quad \text{und} \quad Sx-f(x)$$

über A monoton steigend sind, daß also für zwei beliebige Zahlen $x_1, x_2 \in A$ mit $x_1 < x_2$ gilt:

$$f(x_1)-sx_1 \leq f(x_2)-sx_2$$
$$\Rightarrow s(x_2-x_1) \leq f(x_2)-f(x_1)$$
$$\Rightarrow s \leq \frac{f(x_2)-f(x_1)}{x_2-x_1},$$

$$Sx_1-f(x_1) \leq Sx_2-f(x_2)$$
$$\Rightarrow f(x_2)-f(x_1) \leq S(x_2-x_1)$$
$$\Rightarrow \frac{f(x_2)-f(x_1)}{x_2-x_1} \leq S,$$

insgesamt also

$$s \leq \frac{f(x_2)-f(x_1)}{x_2-x_1} \leq S.$$

Gilt $x_2 < x_1$, so folgt analog

$$s \leq \frac{f(x_1)-f(x_2)}{x_1-x_2} \leq S, \text{ also ebenfalls } s \leq \frac{f(x_2)-f(x_1)}{x_2-x_1} \leq S, \text{ q.e.d.}$$

3. Wir können die Aussage des Schrankensatzes in mehrfacher Weise graphisch deuten. Wir legen ein Intervall $A=[a;b]$ zugrunde und setzen voraus, daß es zwei Schranken s und S gibt, so daß für alle $x \in [a;b]$ gilt: $s \leq f'(x) \leq S$.
Wie zu Beginn dieses Abschnittes betrachten wir die Funktion f an einer bestimmten Stelle $x_0 \in [a;b]$ und lassen zum Vergleich jede andere Stelle $x \in [a;b]$ zu. Wir setzen also wieder $x_1 = x_0$ und $x_2 = x$. Dann ergibt sich nach dem Schrankensatz

$$s \leq \frac{f(x)-f(x_0)}{x-x_0} \leq S,$$

für $\mathbf{x > x_0}$ also: $\mathbf{f(x_0)+s(x-x_0) \leq f(x) \leq f(x_0)+S(x-x_0)}$
und für $\mathbf{x < x_0}$: $\mathbf{f(x_0)+S(x-x_0) \leq f(x) \leq f(x_0)+s(x-x_0)}$.

Dies bedeutet anschaulich, daß der Graph von f zwischen den Geraden verläuft, durch die die Funktionen g und h zu

$$g(x)=f(x_0)+s(x-x_0)$$

und

$$h(x)=f(x_0)+S(x-x_0)$$

dargestellt werden, also innerhalb des schraffierten Gebietes in Bild 8.24.

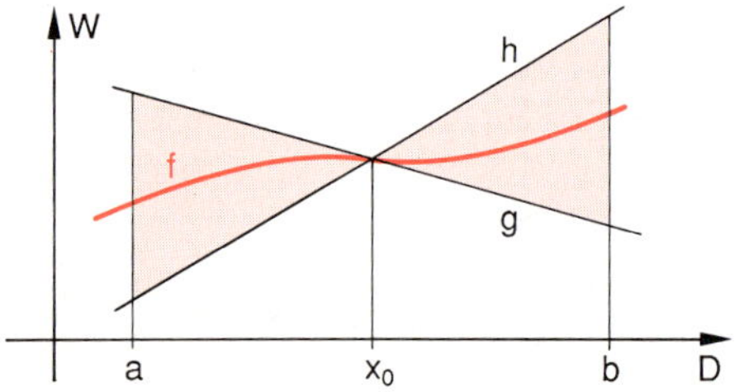

$g(x)=f(x_0)+s(x-x_0)$
$h(x)=f(x_0)+S(x-x_0)$
Bild 8.24

4. Man erkennt in Bild 8.24, daß sich die Graphen von g und von h vom Graphen von f immer weiter „entfernen“, daß also die Differenzen $|f(x)-g(x)|$ und $|h(x)-f(x)|$ mit wachsendem Abstand von der Stelle x_0 immer größer werden. Dies ergibt sich formal daraus, daß die Funktion zu $f(x)-sx$ nach dem Beweis von Satz S 8.3 monoton steigt. Wegen

$$f(x)-g(x)=f(x)-[f(x_0)+s(x-x_0)]=[f(x)-sx]-[f(x_0)-sx_0]$$

gilt dies – für $x > x_0$ – also auch für die Funktion $f-g$. Entsprechendes gilt für $x < x_0$ und für die Funktion $h-f$ (Aufgabe 1).

5. Als Sonderfälle zu den vorstehenden Überlegungen betrachten wir noch die Fälle

1) $x_0 = a$ und **2)** $x_0 = b$.

Zu 1): Für $a < x \leq b$ ergibt sich

$$\underbrace{f(a)+s(x-a)}_{g(x)} \leq f(x) \leq \underbrace{f(a)+S(x-a)}_{h(x)} \text{ (Bild 8.25).}$$

Der Graph von f liegt also zwischen den beiden Geraden zu den linearen Funktionen g und h (Bild 8.25).

Zu 2): Analog ergibt sich für $x_0 = b$ und für $a \leq x < b$:

$$\underbrace{f(b)+S(x-b)}_{h(x)} \leq f(x) \leq \underbrace{f(b)+s(x-b)}_{g(x)} \text{ (Bild 8.26).}$$

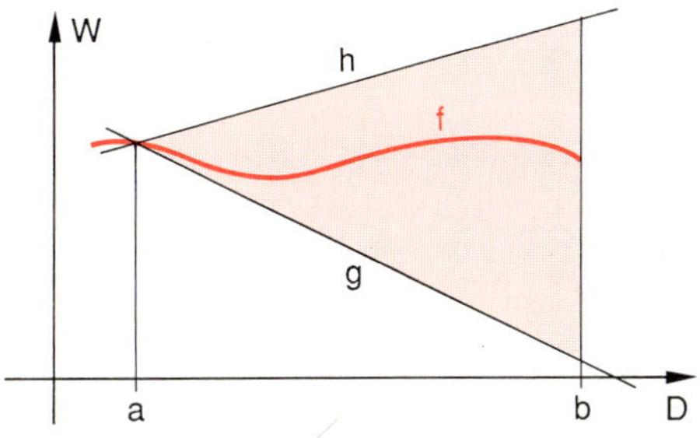

$g(x) = f(a) + s(x-a)$
$h(x) = f(a) + S(x-a)$
Bild 8.25

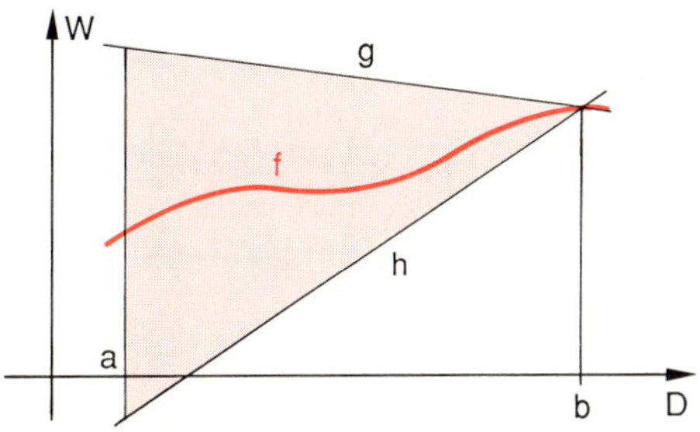

$g(x) = f(b) + s(x-b)$
$h(x) = f(b) + S(x-b)$
Bild 8.26

6. Wir behandeln einige **Beispiele:**

1) $f(x) = \sqrt{x}$ über dem Intervall $A = [1; 4]$.

Es gilt: $f'(x) = \dfrac{1}{2\sqrt{x}}$, also $\dfrac{1}{4} \leq f'(x) \leq \dfrac{1}{2}$ für $x \in [1; 4]$.

Somit gilt für alle x, $x_0 \in [1; 4]$ mit $x > x_0$: $\sqrt{x_0} + \frac{1}{4}(x - x_0) \leq \sqrt{x} \leq \sqrt{x_0} + \frac{1}{2}(x - x_0)$,
z. B. für $x_0 = 1{,}96$ und $x = 2$: $1{,}4 + \frac{1}{4} \cdot 0{,}04 \leq \sqrt{2} \leq 1{,}4 + \frac{1}{2} \cdot 0{,}04$, also

$$1{,}41 \leq \sqrt{2} \leq 1{,}42.$$

2) $f(x) = e^x$ über dem Intervall $[0; 1]$.

Es gilt: $f'(x) = e^x$, also $1 \leq f'(x) \leq e$ für $x \in [0; 1]$.
Somit gilt z. B. für $x_0 = 0$ mit $f(0) = e^0 = 1$ und für $x > 0$: $1 + x \leq e^x \leq 1 + ex$,
z. B. für $x = 0{,}2$: $1 + 0{,}2 \leq e^{0{,}2} \leq 1 + e \cdot 0{,}2$, also

$$1{,}2 \leq e^{0{,}2} \leq 1{,}55.$$

3) $f(x) = \ln x$ über dem Intervall $[\frac{1}{2}; 1]$,

Es gilt $f'(x) = \dfrac{1}{x}$ und somit

$$1 \leq f'(x) \leq 2 \text{ für } x \in [\tfrac{1}{2}; 1],$$

also z. B. für $x_0 = 1$ mit $f(1) = \ln 1 = 0$ und für $x < 1$:

$$2(x-1) \leq \ln x \leq x - 1 \quad \text{(Bild 8.27)},$$

z. B. für $x = 0{,}8$:

$$2(0{,}8 - 1) \leq \ln 0{,}8 \leq 0{,}8 - 1,$$

d. h.

$$-0{,}4 \leq \ln 0{,}8 \leq -0{,}2.$$

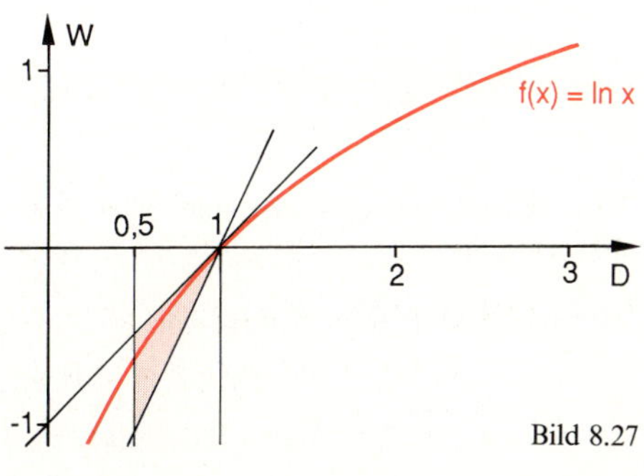

Bild 8.27

4) $f(x)=\ln x$ über dem Intervall [1; 2].

Es gilt $f'(x)=\frac{1}{x}$, also $\frac{1}{2}\leq f'(x)\leq 1$ für $x\in[1;2]$, also z. B. für $x_0=1$ mit $f(1)=\ln 1=0$:
$\frac{1}{2}(x-1)\leq \ln x\leq x-1$ (Bild 8.28), z. B. für $x=1{,}2$: $\frac{1}{2}\cdot 0{,}2\leq \ln 1{,}2\leq 0{,}2$, also $0{,}1\leq \ln 1{,}2\leq 0{,}2$.

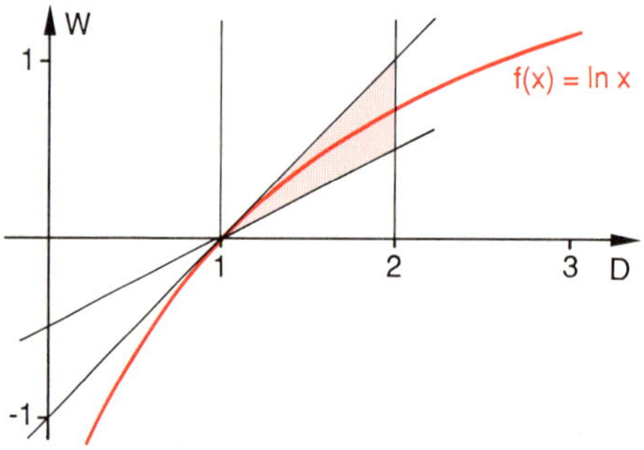

Bild 8.28

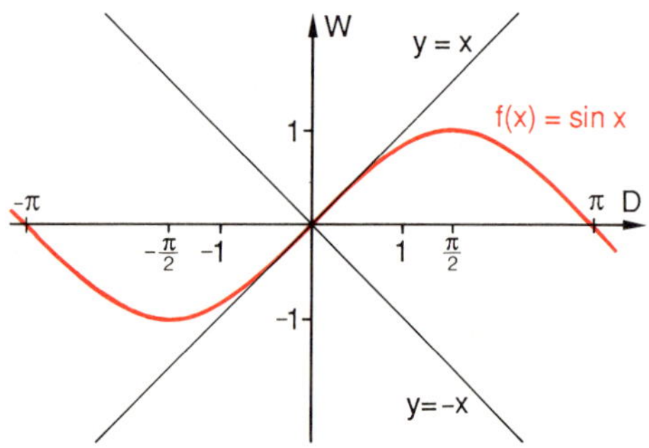

Bild 8.29

5) $f(x)=\ln x$ über dem Intervall [1; 4].

Es gilt $f'(x)=\frac{1}{x}$, also $\frac{1}{4}\leq f'(x)\leq 1$ für $x\in[1;4]$ und daher mit $x_0=1$: $\frac{1}{4}(x-1)\leq \ln x\leq x-1$.

Man erkennt auch hier, daß die Abschätzung umso ungünstiger wird, je weiter x und x_0 voneinander entfernt sind.

6) $f(x)=\sin x$ über der Menge $\mathbb{R}$.

Es gilt $f'(x)=\cos x$, also $-1\leq f'(x)\leq 1$ für alle $x\in\mathbb{R}$. Somit gilt für $x_0=0$ wegen $f(0)=0$ für $x>0$: $-x\leq \sin x\leq x$; für $x<0$: $x\leq \sin x\leq -x$ (Bild 8.29).

7) $f(x)=(1+x)^n$ (mit $n\in\mathbb{N}$) über der Menge $\mathbb{R}^{\geq 0}$.

Wir führen bei diesem Beispiel nur eine Abschätzung nach unten durch. Es gilt:

$$f'(x)=n(1+x)^{n-1},\quad \text{also}\quad f(0)=1,\quad f'(0)=n \text{ und daher } f'(x)\geq n \text{ für } x\geq 0.$$

Somit gilt für $x\geq 0$:

$$f(0)+n(x-0)\leq(1+x)^n,\quad \text{also}\quad 1+nx\leq(1+x)^n.$$

Diese Beziehung ist uns als Bernoullische Ungleichung schon aus § 2 vertraut.

7. In den vorstehenden Beispielen ist jeweils eine Funktion f mit linearen Funktionen verglichen worden; z. B. gilt für $x\geq 1$: $\frac{1}{2}(x-1)\leq \ln x\leq x-1$.

Allgemein kann man fragen, wie man zu einer Funktion f eine Funktion g so bestimmen kann, daß z. B. in einem Intervall [a; b], also für alle $x\in[a;b]$ gilt:

$$g(x)\leq f(x)\quad \text{oder}\quad f(x)\leq g(x).$$

Diese Frage läßt sich mit Hilfe des **„Satzes vom Zuwachsvergleich“** (Satz S 5.5) beantworten, den wir schon in § 5 (Seite 112) im Anschluß an den globalen Monotoniesatz bewiesen haben. Dieser Satz besagt, daß für zwei Funktionen f und g, die über einem Intervall $[a; b]$ differenzierbar sind und bei denen für alle $x \in [a; b]$ gilt $f'(x) \leq g'(x)$ im Falle $f(a) = g(a)$ für alle $x \in [a; b]$ auch gilt: $f(x) \leq g(x)$.

Beispiel: Wir haben in Beispiel 6) auf Seite 196 gezeigt, daß für alle $x \in \mathbb{R}^{\geq 0}$ gilt: $\sin x \leq x$. Wir suchen nun zwei Funktionen f und g mit

$$f(0) = g(0) \quad \text{und} \quad f'(x) = \sin x \quad \text{und} \quad g'(x) = x.$$

Solche Funktionen sind die Funktionen f und g zu

$$f(x) = -\cos x \quad \text{und} \quad g(x) = \frac{x^2}{2} - 1,$$

denn es gilt $f(0) = -\cos 0 = -1$ und $g(0) = -1$ und außerdem $f'(x) = \sin x$ und $g'(x) = x$. Aus $\sin x \leq x$ folgt daher nach dem Satz vom Zuwachsvergleich für alle $x \in \mathbb{R}^{\geq 0}$

$$-\cos x \leq \frac{x^2}{2} - 1, \text{ also } \cos x \geq 1 - \frac{x^2}{2} \quad \text{(Bild 8.30).}$$

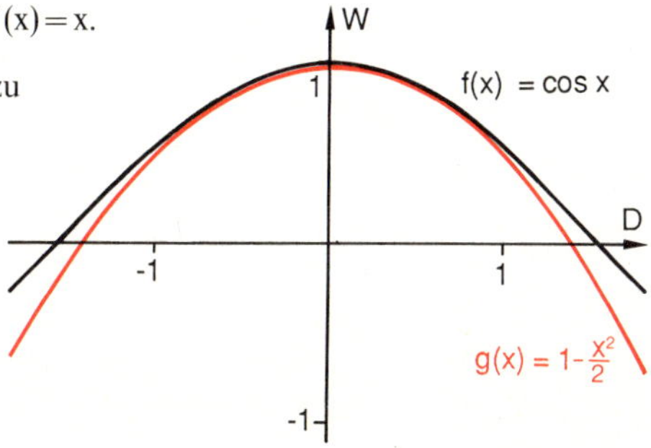

Bild 8.30

Der Grundgedanke der vorstehenden Überlegung läßt sich zu einem allgemeinen Verfahren ausbauen; wir kommen darauf in § 14, III zurück.

Übungen und Aufgaben

1. a) Zeigen Sie: die Funktion $f - g$ des Lehrtextes (Seite 194) fällt für $x < x_0$ monoton!

b) Zeigen Sie entsprechend: die Funktion $h - f$ steigt (fällt) für $x > x_0$ ($x < x_0$) monoton!

2. Begründen Sie die Gültigkeit folgender Ungleichungen in den angegebenen Intervallen mit Hilfe des Schrankensatzes unter Verwendung einer Intervallgrenze als Zahl x_0!

a) $\frac{x}{6} + \frac{4}{3} \leq \sqrt{x} \leq \frac{x}{4} + 1;\ [4; 9]$ **b)** $x \leq \tan x \leq 2x;\ \left[0; \frac{\pi}{4}\right]$

c) $\frac{x}{2} + 1 \leq e^{\frac{x}{2}} \leq 0{,}83\,x + 1;\ [0; 1]$ **d)** $0 \leq \ln^2 x \leq \frac{2}{e}(x-1);\ [1; e]$

e) $0 \leq \cos x \leq \frac{\pi}{2} - x;\ \left[0; \frac{\pi}{2}\right]$ **f)** $\frac{x}{2} + 1 - \frac{\pi}{2} \leq \sin\frac{x}{2} \leq 1;\ [0; \pi]$

3. Ermitteln Sie Abschätzungen nach unten und nach oben für die Funktion f im angegebenen Intervall mit Hilfe des Schrankensatzes unter Verwendung der linken Intervallgrenze als Zahl x_0! Deuten Sie das Ergebnis am Funktionsgraphen!

a) $f(x) = \frac{1}{1+x};\ [0; 1]$ **b)** $f(x) = \sqrt[3]{x};\ [1; 2]$ **c)** $f(x) = \ln(1 + x^2);\ [0; 1]$

d) $f(x) = e^{-x^2};\ [0; 1]$ **e)** $f(x) = \arctan x;\ [0; 1]$ **f)** $f(x) = \arcsin x;\ [0; 0{,}6]$

IV. Die Regel von de l'Hospital

1. Schon in §2, III haben wir Beispiele kennengelernt, bei denen eine Funktion an einer Stelle x_0 nicht definiert ist, aber durch den Grenzwert $\lim\limits_{x \to x_0} f(x)$ stetig fortgesetzt (ergänzt) werden kann (vergleiche z. B. Seite 50).

Ein weiteres <u>**Beispiel**</u> dieser Art liegt für $x_0 = \frac{\pi}{2}$ vor bei der Funktion F zu

$$F(x) = \frac{f(x)}{g(x)} = \frac{\tan\left(x - \frac{\pi}{2}\right)}{2 \cos x}.$$

Weil $f\left(\frac{\pi}{2}\right) = \tan 0 = 0$ und auch $g\left(\frac{\pi}{2}\right) = 2 \cos \frac{\pi}{2} = 0$ ist, spricht man von einem **„unbestimmten Ausdruck der Form $\frac{0}{0}$"**.

Ob bei diesem Beispiel der Grenzwert der Funktion F an der Stelle $\frac{\pi}{2}$ existiert, ist nicht so einfach zu entscheiden wie bei den früher behandelten Beispielen.

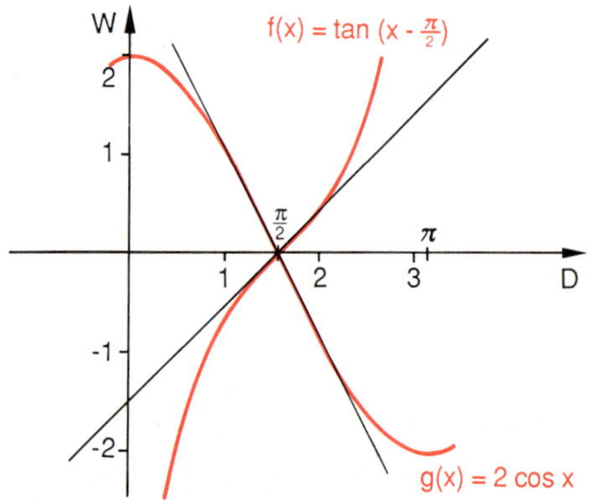

Bild 8.31

2. Nach den Überlegungen des II. Abschnittes liegt es nahe, bei obigem Beispiel die Zählerfunktion f und auch die Nennerfunktion g durch die zur Stelle $x_0 = \frac{\pi}{2}$ gehörenden **Tangentenfunktionen** zu ersetzen; diese sind allgemein gegeben durch:

$$t_f(x) = f'(x_0) \cdot (x - x_0) + f(x_0) \quad \text{und} \quad t_g(x) = g'(x_0) \cdot (x - x_0) + g(x_0) \text{ (Bild 8.31).}$$

In einer hinreichend kleinen Umgebung $U(x_0)$ gilt also wegen $f(x_0) = g(x_0) = 0$:

$$\frac{f(x)}{g(x)} \approx \frac{f'(x_0) \cdot (x - x_0) + f(x_0)}{g'(x_0) \cdot (x - x_0) + g(x_0)} = \frac{f'(x_0)}{g'(x_0)}, \text{ falls } g'(x_0) \neq 0 \text{ ist.}$$

Daher können wir vermuten, daß

$$\lim_{x \to x_0} \frac{f(x)}{g(x)} = \frac{f'(x_0)}{g'(x_0)}$$

ist, bei unserem Beispiel also:

$$\lim_{x \to \frac{\pi}{2}} \frac{\tan\left(x - \frac{x}{2}\right)}{2 \cos x} = \frac{1 + \tan^2 0}{-2 \sin \frac{\pi}{2}} = -\frac{1}{2}.$$

Der Beweis für diese Vermutung ist leicht zu führen; wegen $f(x_0)=g(x_0)=0$ gilt:

$$\frac{f'(x_0)}{g'(x_0)}=\lim_{h\to 0}\frac{f(x_0+h)-f(x_0)}{h}\cdot\frac{1}{\lim\limits_{h\to 0}\frac{g(x_0+h)-g(x_0)}{h}}=\lim_{h\to 0}\frac{f(x_0+h)}{g(x_0+h)}=\lim_{x\to x_0}\frac{f(x)}{g(x)}.$$

Hierbei ist zu beachten, daß sich aus der Bedingung $g'(x_0)\neq 0$ nach Satz S 5.1 ergibt, daß in einer hinreichend kleinen Umgebung $U(x_0)$ auch gilt: $g'(x)\neq 0$. Somit gilt der Satz

S 8.4 **Sind zwei Funktionen f und g an einer Stelle x_0 differenzierbar und gilt $f(x_0)=g(x_0)=0$ sowie $g'(x_0)\neq 0$, dann existiert der Grenzwert $\lim\limits_{x\to x_0}\frac{f(x)}{g(x)}$, und es gilt: $\lim\limits_{x\to x_0}\frac{f(x)}{g(x)}=\frac{f'(x_0)}{g'(x_0)}$.**

Beispiel: $\lim\limits_{x\to 0}\frac{e^x-1}{\sin x}$; es ist $f(x)=e^x-1$; $f(0)=0$; $f'(x)=e^x$; $f'(0)=1$;

$g(x)=\sin x$; $g(0)=0$; $g'(x)=\cos x$; $g'(0)=1$; also gilt: $\lim\limits_{x\to 0}\frac{e^x-1}{\sin x}=\frac{1}{1}=1$.

3. Ein weiteres **Beispiel** ist: $\lim\limits_{x\to 0}\frac{x^2}{1-\cos x}$.

Wegen $f(x)=x^2$; $f(0)=0$; $f'(x)=2x$; $f'(0)=0$; $g(x)=1-\cos x$; $g(0)=0$; $g'(x)=\sin x$ und $g'(0)=0$ ist der Satz S 8.4 nicht anwendbar, weil sich erneut ein unbestimmter Ausdruck ergibt. Wir können den Satz S 8.4 aber auf den Term anwenden, der vor dem Einsetzen der Zahl 0 entsteht: $\frac{f'(x)}{g'(x)}=\frac{2x}{\sin x}$; und man erhält $\lim\limits_{x\to 0}\frac{f'(x)}{g'(x)}=\frac{f''(0)}{g''(0)}=\frac{2}{1}=2$ mit $f''(x)=2$; $f''(0)=2$; $g''(x)=\cos x$ und $g''(0)=1$.

Man kann also vermuten, daß sogar gilt: $\lim\limits_{x\to x_0}\frac{f(x)}{g(x)}=\lim\limits_{x\to x_0}\frac{f'(x)}{g'(x)}$.

Tatsächlich gilt die **„Regel von de l'Hospital"**[1]):

S 8.5 **Sind zwei Funktionen f und g in einer Umgebung $U(x_0)$ differenzierbar, gilt $f(x_0)=g(x_0)=0$ und $g'(x)\neq 0$ in $U(x_0)$ und existiert $\lim\limits_{x\to x_0}\frac{f'(x)}{g'(x)}$, dann existiert auch der Grenzwert $\lim\limits_{x\to x_0}\frac{f(x)}{g(x)}$, und es gilt: $\lim\limits_{x\to x_0}\frac{f(x)}{g(x)}=\lim\limits_{x\to x_0}\frac{f'(x)}{g'(x)}$.**

Beispiel: $\lim\limits_{x\to 0}\frac{e^x+e^{-x}-2}{1-\cos x}=\lim\limits_{x\to 0}\frac{e^x-e^{-x}}{\sin x}=\lim\limits_{x\to 0}\frac{e^x+e^{-x}}{\cos x}=\frac{2}{1}=2$

[1]) G.F.A. de l'Hospital (1661 – 1704), frz. Mathematiker. Der Satz wurde aber schon von Johann Bernoulli (1667 – 1748), einem Schweizer Mathematiker, entdeckt.

4. Wir führen den **Beweis** für den Fall $g'(x)>0$. Der Fall $g'(x)<0$ kann analog bewiesen oder durch Betrachtung der Funktion $h=-g$ auf den ersteren zurückgeführt werden (Aufgabe 1)!

Nach Voraussetzung existiert der Grenzwert $\lim\limits_{x\to x_0} \frac{f'(x)}{g'(x)}=a$; also gilt $\lim\limits_{x\to x_0}\left(\frac{f'(x)}{g'(x)}-a\right)=0$. Für **jede** positive Zahl ε gilt daher: $\lim\limits_{x\to x_0}\left[\frac{f'(x)}{g'(x)}-a-\varepsilon\right]=-\varepsilon<0$ und $\lim\limits_{x\to x_0}\left[\frac{f'(x)}{g'(x)}-a+\varepsilon\right]=\varepsilon>0$.

Nach Satz S 5.1 gibt es daher eine Umgebung $V(\dot{x}_0)$, so daß für alle $x\in V(\dot{x}_0)$ gilt:

$$\frac{f'(x)}{g'(x)}-(a+\varepsilon)<0 \quad \text{und} \quad \frac{f'(x)}{g'(x)}-(a-\varepsilon)>0.$$

Wegen $g'(x)>0$ in $U(\dot{x}_0)$ gilt für alle $x\in U(\dot{x}_0)\cap V(\dot{x}_0)$:

$$f'(x)-(a+\varepsilon)\cdot g'(x)<0 \quad \text{und} \quad f'(x)-(a-\varepsilon)\,g'(x)>0.$$

Nach Satz S 5.3 sind daher die Funktionen zu $f(x)-(a+\varepsilon)\cdot g(x)$ bzw. $f(x)-(a-\varepsilon)\,g(x)$ links und rechts von x_0 streng monoton fallend bzw. steigend.

Wegen $f(x_0)=g(x_0)=0$, gilt daher

$$x<x_0 \Rightarrow f(x)-(a+\varepsilon)\,g(x)>0>f(x)-(a-\varepsilon)\,g(x)$$

und $$x>x_0 \Rightarrow f(x)-(a+\varepsilon)\,g(x)<0<f(x)-(a-\varepsilon)\,g(x).$$

Ferner ergibt sich nach Satz S 5.3 aus $g'(x)>0$ und $g(x_0)=0$:

$$x<x_0 \Rightarrow g(x)<0 \quad \text{und} \quad x>x_0 \Rightarrow g(x)>0.$$

Damit erhält man aus den vorherigen Ungleichungen sowohl für $x<x_0$ wie für $x>x_0$, daß für alle $x\in U(\dot{x}_0)\cap V(\dot{x}_0)$ gilt:

$$\frac{f(x)}{g(x)}-(a+\varepsilon)<0<\frac{f(x)}{g(x)}-(a-\varepsilon) \Leftrightarrow -\varepsilon<a-\frac{f(x)}{g(x)}<\varepsilon.$$

Da diese Beziehung für **jede** positive Zahl ε gilt, folgt daraus mit $a=\lim\limits_{x\to x_0}\frac{f'(x)}{g'(x)}$:

$$\lim_{x\to x_0}\frac{f(x)}{g(x)}=\lim_{x\to x_0}\frac{f'(x)}{g'(x)}, \quad \text{q.e.d.}$$

5. Wir bemerken noch, daß die Sätze S 8.4 und S 8.5 auch für einseitige Grenzwerte gelten.

Beispiel: $\frac{f(x)}{g(x)}=\frac{2\sqrt{x^3}-3x+1}{\sqrt{(x-1)^3}}$ mit $f(1)=g(1)=0$.

Es gilt: $\operatorname{r-lim}\limits_{x\to 1}\frac{f(x)}{g(x)}=\operatorname{r-lim}\limits_{x\to 1}\frac{3\sqrt{x}-3}{\frac{3}{2}\sqrt{x-1}}=\operatorname{r-lim}\limits_{x\to 1}\frac{2(\sqrt{x}-1)}{\sqrt{x-1}}=\operatorname{r-lim}\limits_{x\to 1}\frac{2\cdot\frac{1}{2\sqrt{x}}}{\frac{1}{2\sqrt{x-1}}}=\operatorname{r-lim}\limits_{x\to 1}\frac{2\sqrt{x-1}}{\sqrt{x}}=0.$

6. Die Regel von de l'Hospital läßt sich auch auf Grenzwerte mit der Bedingung $x \to \infty$ (bzw. $x \to -\infty$) übertragen.

S 8.6 **Sind zwei Funktionen f und g für alle x mit $x > a$ (für eine Zahl $a \in \mathbb{R}^{>0}$) definiert und differenzierbar, gilt ferner: $\lim\limits_{x \to \infty} f(x) = \lim\limits_{x \to \infty} g(x) = 0$, $g'(x) \neq 0$ für alle x mit $x > a$ und existiert $\lim\limits_{x \to \infty} \frac{f'(x)}{g'(x)}$, so gilt: $\lim\limits_{x \to \infty} \frac{f(x)}{g(x)} = \lim\limits_{x \to \infty} \frac{f'(x)}{g'(x)}$.**

Der analoge Satz für $x \to -\infty$ ist Gegenstand von Aufgabe 2.

Beweis: Wir setzen $x = \frac{1}{z}$; dann sind die Funktionen f_1 und g_1 mit $f_1(z) = f\left(\frac{1}{z}\right) = f(x)$ und $g_1(z) = g\left(\frac{1}{z}\right) = g(x)$ für alle z mit $0 < z < \frac{1}{a}$, also in einer rechtsseitigen Umgebung von 0 definiert und differenzierbar und es gilt: $\text{r-}\lim\limits_{z \to 0} f_1(z) = \text{r-}\lim\limits_{z \to 0} g_1(z) = 0$.

Außerdem gilt nach der Kettenregel:

$$f_1'(z) = f'\left(\frac{1}{z}\right) \cdot \left(\frac{1}{z}\right)' = f'\left(\frac{1}{z}\right) \cdot \left(-\frac{1}{z^2}\right) = f'(x) \cdot \left(-\frac{1}{z^2}\right)$$

und

$$g_1'(z) = g'\left(\frac{1}{z}\right) \cdot \left(\frac{1}{z}\right)' = g'\left(\frac{1}{z}\right) \cdot \left(-\frac{1}{z^2}\right) = g'(x) \cdot \left(-\frac{1}{z^2}\right)$$

und mithin $g_1'(z) \neq 0$ für alle z mit $0 < z < \frac{1}{a}$. Schließlich existiert der Grenzwert

$$\text{r-}\lim_{z \to 0} \frac{f_1'(z)}{g_1'(z)} = \text{r-}\lim_{z \to 0} \frac{f'\left(\frac{1}{z}\right) \cdot \left(-\frac{1}{z^2}\right)}{g'\left(\frac{1}{z}\right) \cdot \left(-\frac{1}{z^2}\right)} = \lim_{x \to \infty} \frac{f'(x)}{g'(x)};$$

daher gilt nach S 8.5 (allerdings eingeschränkt auf rechtsseitige Grenzwerte)

$$\lim_{x \to \infty} \frac{f(x)}{g(x)} = \text{r-}\lim_{z \to 0} \frac{f_1(z)}{g_1(z)} = \text{r-}\lim_{z \to 0} \frac{f_1'(z)}{g_1'(z)} = \lim_{x \to \infty} \frac{f'(x)}{g'(x)}, \quad \text{q.e.d.}$$

Beispiele:

1) $$\lim_{x \to \infty} \frac{\arctan x - \frac{\pi}{2}}{\frac{1}{x}} = \lim_{x \to \infty} \frac{\frac{1}{1+x^2}}{-\frac{1}{x^2}} = \lim_{x \to \infty} \frac{-x^2}{1+x^2} = \lim_{x \to \infty} \frac{-1}{\frac{1}{x^2}+1} = -1.$$

2) $$\lim_{x \to -\infty} \frac{\frac{1}{x}}{\operatorname{arc\,cot} x - \pi} = \lim_{x \to -\infty} \frac{-\frac{1}{x^2}}{-\frac{1}{1+x^2}} = \lim_{x \to -\infty} \frac{1+x^2}{x^2} = \lim_{x \to -\infty} \frac{\frac{1}{x^2}+1}{1} = 1.$$

3) $$\lim_{x\to\infty}\frac{\sin^2\frac{1}{x}}{\frac{1}{x^2}}=\lim_{x\to\infty}\frac{\left(-\frac{1}{x^2}\right)\cdot 2\sin\frac{1}{x}\cos\frac{1}{x}}{\left(-\frac{2}{x^3}\right)}=\lim_{x\to\infty}\frac{1}{2}\,\frac{\sin\frac{2}{x}}{\frac{1}{x}}=\lim_{x\to\infty}\frac{\sin\frac{2}{x}}{\frac{2}{x}}=\lim_{h\to\infty}\frac{\sin h}{h}=1$$

Wir haben bei der 2. Umformung von der allgemeingültigen Beziehung $2\sin\alpha\cos\alpha=\sin 2\alpha$ Gebrauch gemacht. Ferner haben wir $h=\frac{2}{x}$ gesetzt und benutzt, daß aus $x\to\infty$ folgt $h\to 0$.

7. Für den Fall uneigentlicher Grenzwerte gelten entsprechende Sätze. Wir fassen die möglichen Fälle durch die Schreibweise „$\pm\infty$", gelesen „plus oder minus unendlich", zusammen.

S 8.7 **Sind zwei Funktionen f und g**

in einer Umgebung $U(\dot{x}_0)$	**für alle x mit** $x>a$ **(bzw.** $x<a$**)**

differenzierbar und gilt

$\lim\limits_{x\to x_0} f(x)=\lim\limits_{x\to x_0} g(x)=\pm\infty,$	$\lim\limits_{x\to\pm\infty} f(x)=\lim\limits_{x\to\pm\infty} g(x)=\pm\infty,$

gilt ferner $g'(x)\neq 0$ **für alle x mit**

$x\in U(\dot{x}_0)$	$x>a$ **(bzw.** $x<a$**)**

und existiert der Grenzwert

$\lim\limits_{x\to x_0}\frac{f'(x)}{g'(x)}$	$\lim\limits_{x\to\pm\infty}\frac{f'(x)}{g'(x)}$

so gilt

$\lim\limits_{x\to x_0}\frac{f(x)}{g(x)}=\lim\limits_{x\to x_0}\frac{f'(x)}{g'(x)}.$	$\lim\limits_{x\to\pm\infty}\frac{f(x)}{g(x)}=\lim\limits_{x\to\pm\infty}\frac{f'(x)}{g'(x)}.$

Auf einen exakten Beweis des Satzes wollen wir verzichten. Wir machen die Gültigkeit nur plausibel, indem wir ihn unter der Voraussetzung herleiten, daß der **Grenzwert existiert und von 0 verschieden** ist. Um die möglichen Fälle nicht unterscheiden zu müssen, lassen wir die Bedingung „$x\to x_0$" bzw. „$x\to\pm\infty$" unter dem Limeszeichen weg. Dann gilt wegen $\lim\frac{1}{f(x)}=\lim\frac{1}{g(x)}=0$ nach den Sätzen S 8.5 und S 8.6:

$$\lim\frac{f(x)}{g(x)}=\lim\frac{\frac{1}{g(x)}}{\frac{1}{f(x)}}=\lim\frac{-\frac{g'(x)}{g(x)^2}}{-\frac{f'(x)}{f(x)^2}}=\lim\left[\frac{f(x)}{g(x)}\right]^2\cdot\frac{1}{\lim\frac{f'(x)}{g'(x)}}.$$

Unter den oben genannten Voraussetzungen folgt hieraus: $\lim\frac{f(x)}{g(x)}=\lim\frac{f'(x)}{g'(x)}$.

Begründe, an welchen Stellen der Herleitung wir von den oben genannten zusätzlichen Voraussetzungen Gebrauch gemacht haben (Aufgabe 3)!

Beispiele:

1) $\underset{x\to 0}{\text{r-lim}} \frac{\ln x}{\frac{1}{x}} = \underset{x\to 0}{\text{r-lim}} \frac{\frac{1}{x}}{-\frac{1}{x^2}} = \underset{x\to 0}{\text{r-lim}}\,(-x) = 0$ 2) $\lim\limits_{x\to\infty} \frac{x^3}{e^x} = \lim\limits_{x\to\infty} \frac{3x^2}{e^x} = \lim\limits_{x\to\infty} \frac{6x}{e^x} = \lim\limits_{x\to\infty} \frac{6}{e^x} = 0$

8. Außer den bisher behandelten gibt es noch andere „unbestimmte Ausdrücke". In vielen Fällen gelingt eine Rückführung auf die besprochenen Fälle.

Beispiele:

1) $\lim\limits_{x\to\infty} x\cdot e^{-x} = \lim\limits_{x\to\infty} \frac{x}{e^x} = \lim\limits_{x\to\infty} \frac{1}{e^x} = 0$ (Form „$0\cdot\infty$")

2) $\underset{x\to 0}{\text{r-lim}}\, x^x = \underset{x\to 0}{\text{r-lim}}\,(e^{\ln x})^x = \underset{x\to 0}{\text{r-lim}}\, e^{x\ln x} = e^0 = 1$ (Form „0^0"),

weil $\underset{x\to 0}{\text{r-lim}}\,(x\cdot\ln x) = \underset{x\to 0}{\text{r-lim}} \frac{\ln x}{\frac{1}{x}} = 0$ ist, wie oben in Beispiel 1) gezeigt wurde.

3) $\lim\limits_{x\to\frac{\pi}{2}} (\sin x)^{\tan x} = \lim\limits_{x\to\frac{\pi}{2}} e^{\tan x\cdot\ln\sin x} = e^0 = 1$ (Form „1^∞");

denn es gilt: $\lim\limits_{x\to\frac{\pi}{2}} (\tan x\cdot\ln\sin x) = \lim\limits_{x\to\frac{\pi}{2}} \frac{\ln\sin x}{\cot x} = \lim\limits_{x\to\frac{\pi}{2}} \frac{\frac{\cos x}{\sin x}}{\frac{-1}{\sin^2 x}} = \lim\limits_{x\to\frac{\pi}{2}} (-\sin x\cos x) = 0.$

4) $\underset{x\to 0}{\text{r-lim}}\,(\cot x)^{\tan x} = \underset{x\to 0}{\text{r-lim}}\, e^{\tan x\cdot\ln\cot x} = e^0 = 1$ (Form „∞^0");

denn es gilt: $\underset{x\to 0}{\text{r-lim}}\,[\tan x\cdot\ln\cot x] = \underset{x\to 0}{\text{r-lim}} \frac{\ln\cot x}{\cot x} = \underset{x\to 0}{\text{r-lim}} \frac{1}{\cot x} = \underset{x\to 0}{\text{r-lim}}\,\tan x = 0.$

Übungen und Aufgaben

1. Führen Sie den Beweis für Satz S 8.5 für den Fall $g'(x) < 0$ durch!

2. **a)** Formulieren Sie den zu Satz S 8.6 analogen Satz für den Fall $x\to-\infty$!
b) Beweisen Sie diesen Satz!

3. Untersuchen Sie, an welchen Stellen der Herleitung von Satz S 8.7 von den im Lehrtext angegebenen zusätzlichen Voraussetzungen Gebrauch gemacht wird!

4. Welcher Fall für die Regel von de l'Hospital liegt beim Grenzwert $\lim\limits_{x\to\infty} \frac{x+\sin x}{x}$ vor?
Wenden Sie die Regel von de l'Hospital auf diesen Grenzwert an! Was stellen Sie fest? Begründung! Berechnen Sie den Grenzwert!

5. Bestimmen Sie die Grenzwerte folgender Ausdrücke an der Stelle x_0!

a) $\frac{e^x-1}{\sin x}$; $x_0=0$ **b)** $\frac{\sqrt{x^2-9}-4}{x^2-4x-5}$; $x_0=5$ **c)** $\frac{x-\sin x}{1-\cos x}$; $x_0=0$ **d)** $\frac{e^x-1}{x}$; $x_0=0$

e) $\frac{\ln x}{x-1}$; $x_0=1$ **f)** $\frac{\sin(x^2)}{x}$; $x_0=0$ **g)** $\frac{\sin^2 x-1}{\cos x}$; $x_0=\frac{\pi}{2}$ **h)** $\frac{x^2\cdot\cos x}{\cos x-1}$; $x_0=0$

i) $\frac{\sin nx}{x}$; $x_0=0$; $n\in\mathbb{N}$ **j)** $\frac{e^x-e^{-x}}{x}$; $x_0=0$ **k)** $\frac{\ln\cos x}{x}$; $x_0=0$ **l)** $\frac{\tan 2x}{\tan 3x}$; $x_0=0$

m) $\frac{1-\sin x+\cos x}{\sin 2x-\cos x}$; $x_0=\frac{\pi}{2}$ **n)** $\frac{e^x-a^x}{x}$; $x_0=0$; $a>0$ **o)** $\frac{1-x^m}{1-x^n}$; $x_0=1$ $(m, n\in\mathbb{N})$

6. Untersuchen Sie, ob die folgenden Grenzwerte existieren!

a) $\lim\limits_{x\to\infty}\frac{\sqrt{x}}{x-1}$ **b)** $\lim\limits_{x\to\infty}\frac{x}{e^x-e^{-x}}$ **c)** $\lim\limits_{x\to\infty}\frac{\ln x}{x^n}$ $(n\in\mathbb{N})$

d) $\lim\limits_{x\to\infty}\frac{e^x}{x^n}$ $(n\in\mathbb{N})$ **e)** $\lim\limits_{x\to\infty}\frac{\ln(a+bx)^m}{\ln(c+dx)^n}$ $(m, n\in\mathbb{N})$ **f)** $\lim\limits_{x\to\infty}\frac{\ln(1+x)}{\ln^2 x}$

7. Berechnen Sie die folgenden Grenzwerte!

a) $\lim\limits_{x\to 0}\frac{\ln x}{\ln\sin x}$ **b)** $\lim\limits_{x\to\frac{\pi}{2}}\frac{\tan 3x}{\tan 5x}$ **c)** $\lim\limits_{\substack{x\to\pi\\x<\pi}}\frac{\sin x}{\sqrt{1+\cos x}}$ **d)** $\lim\limits_{x\to 1}(x-1)\cdot\ln(x-1)$

e) $\lim\limits_{x\to 0}(\sin x\cdot\ln x)$ **f)** $\lim\limits_{x\to 0}(\sin(ax)\cdot\ln x)$ **g)** $\lim\limits_{x\to\infty}(x+a)\cdot\ln\left(1+\frac{a}{x}\right)$ **h)** $\lim\limits_{x\to 5}(x-5)\cdot\cot\pi x$

i) $\lim\limits_{x\to\alpha}\frac{\ln(\sin x-\sin\alpha)}{\ln(\tan x-\tan\alpha)}$ $\left(0\le\alpha\le\frac{\pi}{4}\right)$ **j)** $\lim\limits_{x\to\alpha}(\sin\alpha-\sin x)\cdot\tan\frac{\pi x}{2\alpha}$

k) $\lim\limits_{x\to\alpha}\tan\frac{\pi x}{2\alpha}(e^{\sin x}-e^{\sin\alpha})$ **l)** $\lim\limits_{x\to\alpha}\cot\frac{\pi x}{\alpha}(\cos\alpha-\cos x)$

8. Diskutieren Sie die Funktion f!

a) $f(x)=x\cdot\ln x$ **b)** $f(x)=x^2\cdot e^{-x}$ **c)** $f(x)=\frac{\ln x-1}{x}$ **d)** $f(x)=x^x$ **e)** $f(x)=x^{\frac{1}{x}}$ **f)** $f(x)=x^{\sqrt{x}}$

9. Berechnen Sie die Grenzwerte für $a\in\mathbb{R}^{>0}$! **a)** $\lim\limits_{n\to\infty}(\sqrt[n]{a})$ **b)** $\lim\limits_{n\to\infty}n\cdot(\sqrt[n]{a}-1)$

10. a) Zeigen Sie: Die Gerade g zu $g(x)=m\cdot x+n$ ist genau dann eine Asymptote des Funktionsgraphen von f für $x\to\infty$, wenn gilt: $\lim\limits_{x\to\infty}\frac{f(x)}{x}=m$ und $\lim\limits_{x\to\infty}[f(x)-m\cdot x]=n$.

b) Berechnen Sie die Asymptote für $x\to\infty$ zu $f(x)=\sqrt[3]{x^2(x-1)}$ und $f(x)=\frac{x}{1+e^{\frac{1}{x}}}$!

§ 9 Ergänzungen zum Aufbau der Differentialrechnung

I. Die Begriffe der unteren und der oberen Grenze

1. In § 1 haben wir uns mit Zahlenfolgen beschäftigt und erklärt, was man unter einer nach unten bzw. nach oben **beschränkten** Zahlenfolge versteht. In genau entsprechender Weise kann man diese Begriffe auch für **Zahlenmengen** erklären, bei denen – im Gegensatz zu Zahlen**folgen** – eine Reihenfolge der Elemente nicht festgelegt ist.
Eine Zahlenmenge M heißt also **„nach unten (oben) beschränkt"** genau dann, wenn es eine Zahl $S_u (S_o)$ gibt, so daß für alle $x \in M$ gilt $x \geq S_u (x \leq S_o)$. Diese Zahl heißt eine **„untere (obere) Schranke der Menge M"**. Ist eine Menge M nach unten **und** nach oben beschränkt, so heißt sie **„beschränkt"**; dann gibt es also eine Schranke S mit $|x| \leq S$ für alle $x \in M$.

Bemerkung: Eine Zahlen**folge** $\langle a_n \rangle$ ist genau dann (nach unten, nach oben) beschränkt, wenn ihre Werte**menge** (nach unten, nach oben) beschränkt ist. Aus diesem Zusammenhang ergibt sich, daß die Überlegungen, die wir im folgenden für Zahlen**mengen** anstellen, sich fast ausnahmslos unmittelbar auf Zahlen**folgen** übertragen lassen.

2. Die Erklärung, die wir für die Begriffe der unteren (oberen) Schranke gegeben haben, läßt es zu, daß eine solche Schranke Element der betreffenden Menge ist.

Beispiele: 1) $M_1 = \{x \mid x^2 \leq 4\} = [-2; 2]$ **2)** $M_2 = \{x \mid x^3 \geq 27\} = \mathbb{R}^{\geq 3}$

Zu 1): Für alle $x \in M_1$ gilt $x \leq 2$; die Zahl 2 ist also eine obere Schranke der Menge M_1, und zwar die **kleinste** obere Schranke. Begründe dies (Aufgabe 1a)!

Zu 2): Für alle $x \in M_2$ gilt: $x \geq 3$; die Zahl 3 ist also eine untere Schranke der Menge M_2, und zwar die **größte** untere Schranke. Begründe dies (Aufgabe 1b)!

Da die Zahl 2 zu M_1 gehört, nennt man sie das **„Maximum von M_1"**. Entsprechend heißt die Zahl 3 das **„Minimum von M_2"**.
Allgemein versteht man unter dem **„Minimum"** (bzw. **„Maximum"**) einer Zahlenmenge eine Zahl $z \in M$, so daß für alle $x \in M$ gilt $z \leq x$ (bzw. $z \geq x$).

Beachte, daß nach dieser Erklärung ein Minimum (Maximum) einer Zahlenmenge M zugleich eine untere (obere) Schranke von M ist, nämlich die **größte** untere (**kleinste** obere) Schranke!

3. Nun könnte man vermuten, daß eine nach unten beschränkte Menge stets ein Minimum, eine nach oben beschränkte Menge stets ein Maximum besäße. Daß dies jedoch nicht der Fall ist, zeigt schon das **Beispiel** der Menge

$$M = \{x \mid x^2 < 4\} =]-2; 2[.$$

Diese Zahlenmenge ist nach oben beschränkt; z.B. gilt für alle $x \in M$, daß $x \leq 2$ ist; die Menge besitzt aber kein Maximum; denn die Zahl 2 selbst gehört nicht zu M und zu jeder Zahl y mit $y < 2$ gibt es eine Zahl $x \in M$, die größer als y ist (Bild 9.1). Ist nämlich $d = 2 - y$, also $y = 2 - d$, dann gilt wegen $d > 0$ z.B. für die Zahl $x = 2 - \frac{d}{2}$:

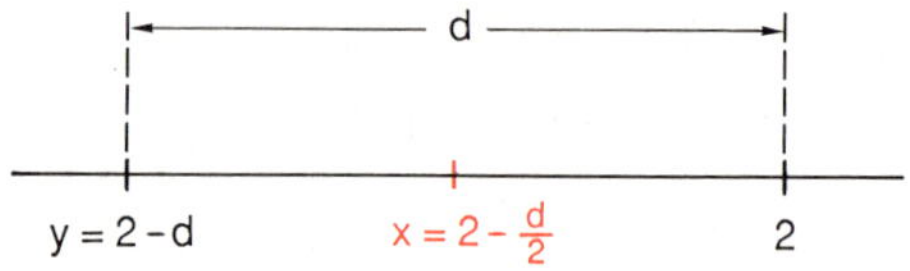

Bild 9.1

$$2 - d < 2 - \frac{d}{2} < 2 \quad \text{also } y < x < 2, \text{ (Bild 9.1).}$$

Die Zahl 2 ist also nicht das Maximum von M, aber sie ist eine obere Schranke von M, und zwar die **kleinste obere Schranke** von M, die sogenannte **„obere Grenze von M"** oder das **„supremum von M"**.

Entsprechend hat z.B. die Menge $\mathbb{R}^{>5}$ zwar kein Minimum, wohl aber eine **größte untere Schranke**, nämlich die Zahl 5. Man nennt diese Zahl auch die **„untere Grenze"** oder das **„infimum"** von $\mathbb{R}^{>5}$.

4. Ein anderes **Beispiel** für den hier erörterten Sachverhalt sind die beiden Zahlenfolgen $\langle s_n \rangle$ und $\langle t_n \rangle$, die wir zur Festlegung der Eulerschen Zahl e herangezogen haben, nämlich die Zahlenfolge zu $s_n = \left(1 + \frac{1}{n}\right)^n$ und $t_n = \left(1 + \frac{1}{n}\right)^{n+1}$.

Da $\langle s_n \rangle$ monoton steigend, $\langle t_n \rangle$ monoton fallend ist und für alle $n \in \mathbb{N}$ gilt $s_n < t_n$, ist die Folge $\langle s_n \rangle$ nach oben, die Folge $\langle t_n \rangle$ nach unten beschränkt. $\langle s_n \rangle$ besitzt kein Maximum, wohl aber eine kleinste obere Schranke, eine obere Grenze, nämlich die Zahl e. Entsprechend besitzt die Folge $\langle t_n \rangle$ kein Minimum, wohl aber eine größte untere Schranke, eine untere Grenze, nämlich ebenfalls die Zahl e.

5. Die Beispiele legen die Vermutung nahe, daß jede nach unten (oben) beschränkte Zahlenmenge eine größte untere (kleinste obere) Schranke besitzt.
Dieser Sachverhalt trifft genau entsprechend auch für beschränkte Zahlen**folgen** zu. Daher formulieren wir den folgenden Satz sowohl für Zahlenmengen wie für Zahlenfolgen.

S 9.1	**Jede nach unten**	**Jede nach oben**
	beschränkte Zahlenmenge M (Zahlenfolge $\langle a_n \rangle$) besitzt eine	
	größte untere Schranke.	**kleinste obere Schranke.**

Wir führen den **Beweis** für den Fall einer nach oben beschränkten Menge. Der Beweis für den anderen Fall kann entsprechend geführt werden (Aufgabe 3). Es sei x ein (beliebiges) Element von M und S eine (beliebige) obere Schranke der Menge. Ist dann (zufällig) x das Maximum von M (falls es ein solches überhaupt gibt), so ist diese Zahl auch die kleinste obere Schranke von M und der Satz schon bewiesen.
Ist x nicht Maximum von M, dann konstruieren wir nach dem Halbierungsverfahren eine Intervallschachtelung mit den Intervallen $A_n = [l_n; r_n]$ und wählen als erstes Intervall

$$A_1 = [l_1; r_1] = [x; S]$$

mit der Länge $d = S - x$ (Bild 9.2).
Von diesem Intervall wissen wir, daß seine rechte Grenze eine obere Schranke von M, seine linke Grenze aber **keine** obere Schranke von M ist. Wir halbieren das Intervall A_1, bestimmen also die Zahl $m_1 = \frac{1}{2}(l_1 + r_1)$. Dann sind zwei mögliche Fälle zu unterscheiden; die Zahl m_1 ist

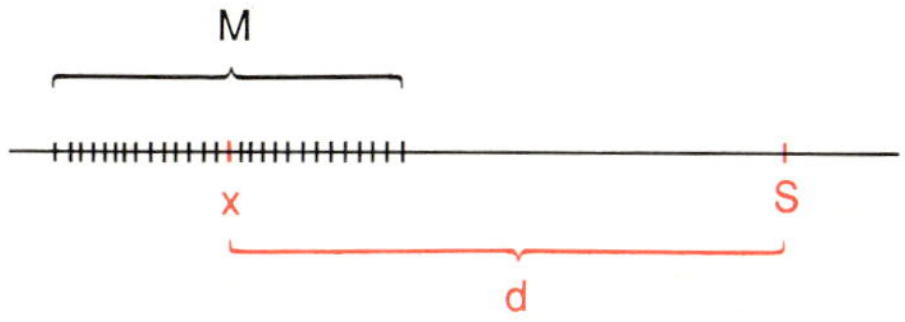

Bild 9.2

eine obere Schranke von M	keine obere Schranke von M

Dann wählen wir die

linke Hälfte	rechte Hälfte

des Intervalls A_1 als nächstes Intervall A_2, also

$l_2 = l_1$; $r_2 = m_1$ (Bild 9.3).	$l_2 = m_1$; $r_2 = r_1$ (Bild 9.4).

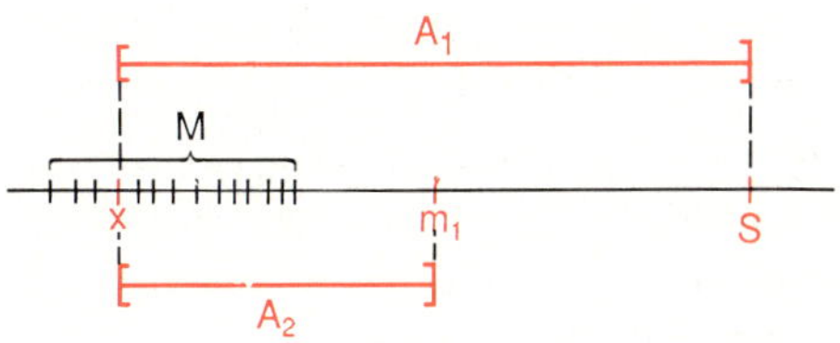

Bild 9.3

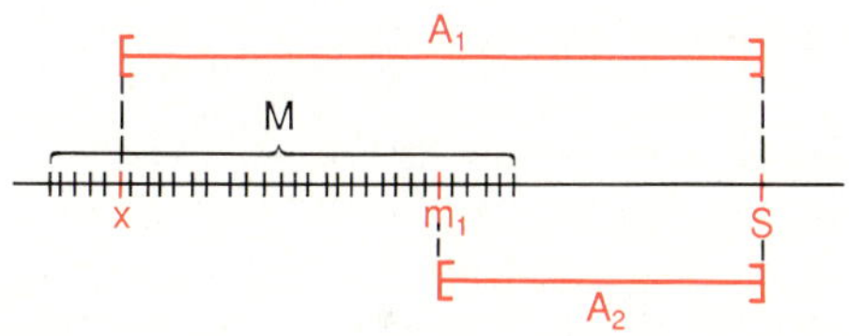

Bild 9.4

Dann gilt auch vom Intervall $A_2 = [l_2; r_2]$, daß seine rechte Grenze r_2 eine obere Schranke, seine linke Grenze l_2 **keine** obere Schranke von M ist.
In der gleichen Weise fahren wir fort. Wir erhalten eine Intervallschachtelung mit den Intervallen $A_n = [l_n; r_n]$, wobei jeweils r_n eine obere Schranke, l_n dagegen **keine** obere Schranke von M ist.
Durch diese Intervallschachtelung ist genau eine innere Zahl z festgelegt. Wir behaupten, daß z die kleinste obere Schranke, also die obere Grenze von M ist.
Wir führen den **Beweis** hierfür in zwei Schritten, und zwar jeweils als **indirekten** Beweis.

1) Wir zeigen zunächst, daß z eine obere Schranke von M ist. Wäre z nämlich keine obere Schranke von M, so müßte es eine Zahl $x \in M$ geben mit $x > z$ (Bild 9.5). Ist dann $\bar{d} = x - z$, so wählen wir aus der Folge der Intervalle ein Intervall A_k, dessen Länge kleiner ist als $\bar{d}$.

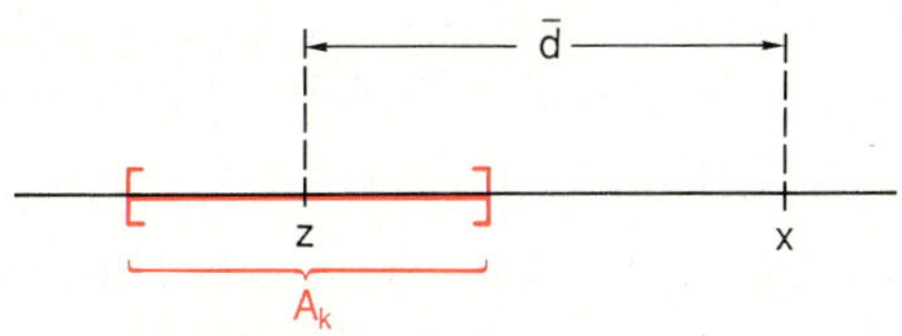

Bild 9.5

Die rechte Grenze dieses Intervalls, die nach Konstruktion eine obere Schranke der Folge ist ($r_k = S_0$), läge dann näher bei z als x, es müßte gelten: $S_0 < x$ im Widerspruch zu der Tatsache, daß für jede obere Schranke S_0 gilt: $x \leq S_0$ (für alle $x \in M$).

2) Wir zeigen sodann, daß z sogar die **kleinste** obere Schranke von M ist. Gäbe es nämlich eine noch kleinere obere Schranke S_0 von M ($S_0 < z$ mit $\bar{d} = z - S_0$), so wählen wir aus der Folge der Intervalle ein Intervall A_k, dessen Länge kleiner ist als $\bar{d}$ (Bild 9.6).

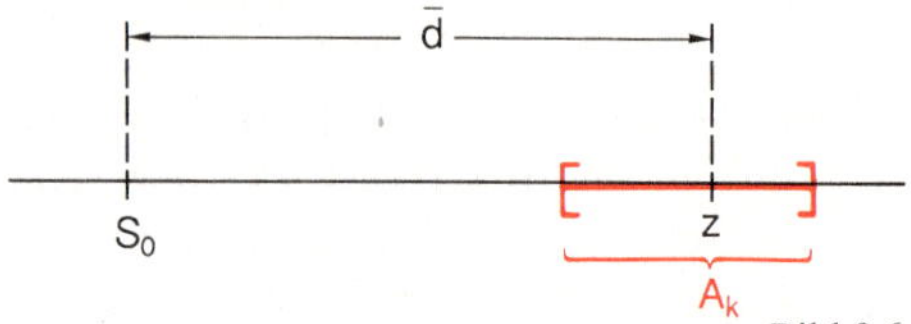

Bild 9.6

Die linke Grenze dieses Intervalls, die nach Konstruktion **keine** obere Schranke von M ist, läge dann näher bei z als S_0; es müßte gelten $S_0 < l_k$; eine obere Schranke müßte kleiner sein als eine Zahl, die keine obere Schranke der Folge ist; das ist unmöglich.
Damit ist bewiesen, daß die Zahl z tatsächlich die kleinste obere Schranke, also die obere Grenze der Menge M ist, q.e.d.

6. Aufgrund des Satzes S 9.1 können wir nunmehr definieren:

D 9.1 **Unter der**

„unteren Grenze" (dem „infimum")	**„oberen Grenze" (dem „supremum")**

einer nach

unten	**oben**

beschränkten Zahlenmenge (Zahlenfolge) versteht man deren

größte untere Schranke.	**kleinste obere Schranke.**

Man schreibt: „inf M", „sup M" bzw. „inf $\langle a_n \rangle$", „sup $\langle a_n \rangle$".
Beachte den Unterschied zwischen den Begriffen **„Grenzwert"** und **„Grenze"**!

Bemerkung: Wir können die beiden Teilaussagen von Satz S 9.1 zusammenfassen zu der Aussage, daß **jede beschränkte Zahlenmenge (Zahlenfolge) eine untere und eine obere Grenze besitzt**.

7. In § 2, II haben wir von der rekursiv definierten Zahlenfolge zu

$$a_{n+1} = \tfrac{1}{2} a_n + 1 \quad \text{und} \quad a_n = 1$$

gezeigt, daß sie nach oben beschränkt ist (Seite 36f.). Außerdem kann man zeigen, daß die Folge streng monoton steigt (Aufgabe 11a von Seite 41).
Die Vermutung, daß die Folge $\langle a_n \rangle$ überdies auch konvergent ist, konnten wir in § 2 noch nicht bestätigen. Wir konnten die Grenzwertdefinition D 2.1 nämlich nicht anwenden, weil in dieser Definition der Grenzwert g der betreffenden Folge vorkommt, wir bei obigem Beispiel aber nicht wissen, welche Zahl der Grenzwert sein könnte.
Nunmehr wissen wir aber, daß eine nach oben beschränkte Zahlenfolge eine obere Grenze, ein supremum t hat. Da die Folge $\langle a_n \rangle$ überdies monoton steigt, können wir vermuten, daß diese Zahl t zugleich auch der Grenzwert der Folge ist. In der Tat gilt der Satz

S 9.2 **Jede monoton steigende (fallende) und nach oben (unten) beschränkte Zahlenfolge ist konvergent. Der Grenzwert ist die obere (untere) Grenze der Folge.**

Wir führen den **Beweis** für monoton steigende Folgen. Diese haben nach Satz S 9.1 eine

obere Grenze t; wir behaupten, daß die Zahl t der Grenzwert der Folge ist.
Die Zahl t ist die kleinste obere Schranke der Folge; daher ist für **jede** Zahl $\varepsilon \in \mathbb{R}^{>0}$ die Zahl $t-\varepsilon$ **keine** obere Schranke der Folge. Somit gibt es ein Folgenglied a_m mit
$t-\varepsilon < a_m \leq t$ (Bild 9.7).

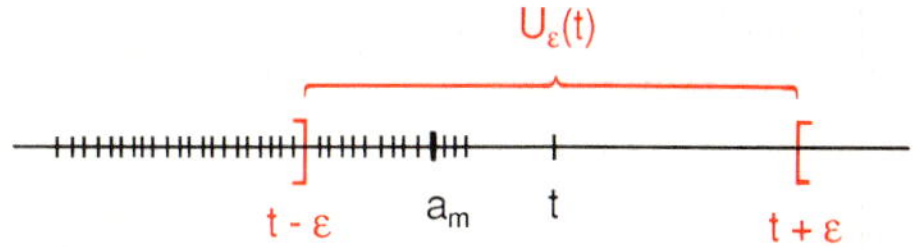

Bild 9.7

Da die Folge $\langle a_n \rangle$ nach Voraussetzung monoton steigt, gilt auch für alle auf a_m folgenden Glieder a_n, also für alle $n \in \mathbb{N}$ mit $n>m$: $t-\varepsilon < a_n \leq t$, d.h. in jeder Umgebung $U_\varepsilon(t)$ liegen schließlich alle Glieder a_n; somit gilt: $\lim\limits_{n\to\infty} a_n = t$, q.e.d.

Für monoton fallende Folgen ist der Beweis entsprechend zu führen (Aufgabe 4).

8. Da die Folge zu $a_{n+1} = \frac{1}{2} a_n + 1$ und $a_1 = 1$ monoton steigend und nach oben beschränkt ist, besitzt sie nach Satz S 9.2 einen Grenzwert g. Diese Zahl kann man folgendermaßen berechnen. Nach den Sätzen S 1.12 und S 1.16 gilt:

$$\lim_{n\to\infty} a_{n+1} = \tfrac{1}{2} \cdot \lim_{n\to\infty} a_n + 1.$$

Ferner gilt $\lim\limits_{n\to\infty} a_{n+1} = \lim\limits_{n\to\infty} a_n$. Begründe dies (Aufgabe 6)!

Somit gilt für diesen Grenzwert g: $g = \frac{1}{2} g + 1 \Leftrightarrow \frac{1}{2} g = 1 \Leftrightarrow g = 2$, also $\lim\limits_{n\to\infty} a_n = 2$.

9. Wir behandeln ein weiteres **Beispiel:** $a_{n+1} = \dfrac{3a_n + 5}{a_n + 3}$ und $a_1 = 2$.

Auch von dieser Folge kann man zeigen, daß sie monoton steigend und nach oben beschränkt ist (Aufgabe 7a). Nach Satz S 9.2 ist sie also auch konvergent. Nach den Sätzen S 1.19, S 1.12 und S 1.16 gilt also:

$$\lim_{n\to\infty} a_{n+1} = \frac{3 \cdot \lim\limits_{n\to\infty} a_n + 5}{\lim\limits_{n\to\infty} a_n + 3}.$$

Mit $g = \lim\limits_{n\to\infty} a_n = \lim\limits_{n\to\infty} a_{n+1}$ ergibt sich daraus: $g = \dfrac{3g+5}{g+3} \Leftrightarrow g^2 + 3g = 3g + 5 \Leftrightarrow g^2 = 5$.

Da alle Folgenglieder positiv sind, kann g nach Satz S 1.9 nicht negativ sein; daher gilt:

$$\lim_{n\to\infty} a_n = \sqrt{5} \approx 2{,}23607.$$

Übungen und Aufgaben

1. Begründen Sie, daß
a) die Zahl 2 die kleinste obere Schranke der Menge $M_1 = \{x \mid x^2 \leq 4\} = [-2; 2]$ ist;
b) die Zahl 3 die größte untere Schranke der Menge $M_2 = \{y \mid y^3 \geq 27\} = \mathbb{R}^{\geq 3}$ ist!

2. Untersuchen Sie, ob die Menge M ein Maximum, ein Minimum, eine kleinste obere, eine größte untere Schranke hat!

a) $M = \{x \in \mathbb{N} \wedge x < 8\}$ **b)** $M = \{x \mid x \in \mathbb{Z} \wedge x \geq -3\}$ **c)** $M =]1; 4]$

d) $M = \{x \in \mathbb{Q} \wedge 0 < x \leq 1\}$ **e)** $M = \{x \mid x \in \mathbb{Q} \wedge -1 \leq x \leq 1\}$ **f)** $M = \mathbb{R}^{>0}$

g) $M = \{x \mid x = a^n \wedge n \in \mathbb{N} \wedge 0 < a < 1\}$ **h)** $M = \left\{x \mid x = r + \frac{2}{r} \wedge r \in \mathbb{Q}^{>0}\right\}$

i) $M = \left\{x \mid x = \frac{(-1)^n}{n} \wedge n \in \mathbb{N}\right\}$ **j)** $M = \left\{x \mid \lim\limits_{n \to \infty} x^n = 0\right\}$ **k)** $M = \left\{x \mid x = \frac{1}{n} - \frac{1}{m} \wedge n, m \in \mathbb{N}\right\}$

3. Beweisen Sie Satz S 9.1 für nach unten beschränkte Zahlenmengen!

4. Beweisen Sie Satz S 9.2 für monoton fallende Folgen!

5. a) Beweisen Sie: Eine Zahl g ist genau dann obere Grenze der Menge M, wenn g eine obere Schranke von M ist und wenn es eine Folge $\langle a_n \rangle$ gibt mit $a_n \in M$ und $\lim\limits_{n \to \infty} a_n = g$!

b) Formulieren und beweisen Sie einen entsprechenden Satz für die untere Grenze einer Menge M!

6. Begründen Sie, daß für jede konvergente Folge $\langle a_n \rangle$ gilt: $\lim\limits_{n \to \infty} a_{n+1} = \lim\limits_{n \to \infty} a_n$!

7. Untersuchen Sie die Folge auf Monotonie und Beschränktheit! Ermitteln Sie gegebenenfalls die obere, die untere Grenze, das Maximum, das Minimum und $\lim\limits_{n \to \infty} a_n$!

a) $a_{n+1} = \dfrac{3a_n + 5}{a_n + 3}$; $a_1 = 2$ **b)** $a_{n+1} = \dfrac{3a_n + 2}{a_n + 2}$; $a_1 = 3$ **c)** $a_{n+1} = \frac{1}{4}(1 + \sqrt{2a_n})$; $a_1 = 1$

II. Zum Begriff der Stetigkeit

1. In § 2, III haben wir im Zusammenhang mit dem Grenzwertbegriff für Funktionen den Begriff der **Stetigkeit** einer Funktion besprochen: Eine Funktion f heißt **„stetig an einer Stelle $x_0 \in D(f)$"** genau dann, wenn gilt $\lim\limits_{x \to x_0} f(x) = f(x_0)$.

Schon in § 2 haben wir die Frage nach einer anschaulichen Deutung der Stetigkeitseigenschaft einer Funktion aufgeworfen (Seite 48). Gelegentlich wird diese anschauliche Bedeutung der Stetigkeit darin gesehen, daß man den Funktionsgraphen einer – z. B. über einem Intervall – stetigen Funktion in diesem Bereich „in einem Zuge" zeichnen könne. Bei dieser Deutung hat man zunächst zu beachten, daß nach unserer Definition D 2.4 der Stetigkeitsbegriff mit Hilfe von unendlichen Zahlenfolgen $\langle x_n \rangle$ festgelegt wird. Einer solchen Zahlenfolge entspricht eine unendliche Punktfolge $\langle P_n \rangle$ auf dem Funktionsgraphen. Eine solche Punktfolge kann man nicht tatsächlich „durchlaufen". Schon aus diesem Grunde trifft die Vorstellung, Stetigkeit bedeute, daß der Funktionsgraph in einem Zuge gezeichnet werden könne, zwar in vielen Fällen, aber doch nicht in jedem Fall zu.

2. Um diese Feststellungen zu verdeutlichen, behandeln wir zwei **Beispiele**.

1) $$f_1(x)=\begin{cases}\sin\frac{1}{x} & \text{für } x\neq 0\\ 0 & \text{für } x=0\end{cases}\qquad \text{(Bild 9.8)}$$

Wegen $|\sin\frac{1}{x}|\leq 1$ „pendelt" der Graph der Funktion zwischen den Geraden zu $y=1$ und $y=-1$ hin und her, dabei werden die einzelnen „Bögen" immer schmäler, wenn man sich der Zahl 0 nähert; es ist schließlich überhaupt nicht mehr möglich, die Kurve zu zeichnen. Es ist anschaulich klar, daß die Funktion f_1 an der Stelle 0 nicht stetig ist. Dies ergibt sich auch aus der Definition D 2.4. Wählt man z. B. die Nullfolge zu

$$x_n=\frac{2}{n\pi},\ \text{so gilt}\ f_1(x_n)=\sin\left(n\cdot\frac{\pi}{2}\right)=\begin{cases}0 & \text{für } n=2m\\ 1 & \text{für } n=4m-3 \ (\text{mit } m\in\mathbb{N});\\ -1 & \text{für } n=4m-1\end{cases}$$

die Funktion f_1 ist also nicht stetig an der Stelle 0.

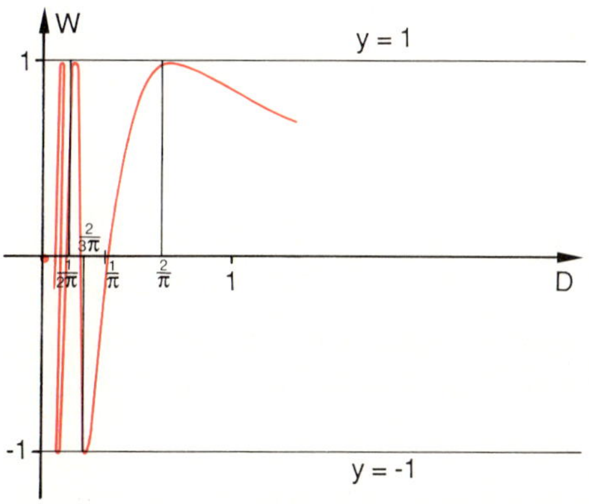

Bild 9.8

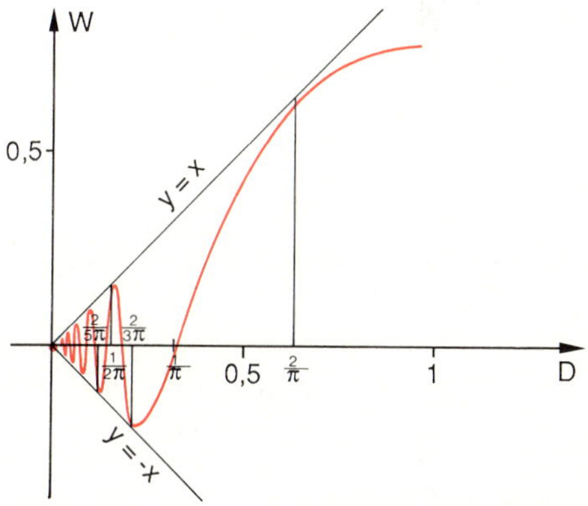

Bild 9.9

2) $$f_2(x)=\begin{cases}x\cdot\sin\frac{1}{x} & \text{für } x\neq 0\\ 0 & \text{für } x=0\end{cases}\qquad \text{(Bild 9.9)}$$

Wegen $|\sin\frac{1}{x}|\leq 1$ „pendelt" der Graph der Funktion zwischen den Geraden zu $y=x$ und $y=-x$ hin und her; dabei rücken die „Bögen" der Kurve immer enger zusammen, wenn man sich der 0 nähert; der Graph kann in der Nähe von 0 überhaupt nicht mehr gezeichnet werden; erst recht ist es nicht möglich, die Kurve „in einem Zuge" zu zeichnen. Dennoch ist die Funktion f_2 nach Definition D 2.4 stetig an der Stelle 0. Dies kann man folgendermaßen zeigen. Für alle $x\in\mathbb{R}$ gilt wegen $|\sin\frac{1}{x}|\leq 1$: $|f_2(x)|=|x|\cdot|\sin\frac{1}{x}|\leq|x|$.

Wählt man nun eine beliebige Nullfolge $\langle x_n\rangle$, so gilt nach Satz S 1.3 auch $\lim\limits_{n\to\infty}|x_n|=0$. Wegen $|f_2(x)|\leq|x|$ gilt also auch $\lim\limits_{n\to\infty}|f_2(x_n)|=0$ und nach Satz S 1.3 auch $\lim\limits_{n\to\infty}f(x_n)=0$; die Funktion ist also stetig an der Stelle 0.

Dieses Ergebnis ist bedeutsam, weil es der anschaulichen Vorstellung, daß man den Graphen jeder stetigen Funktion in einem Zuge zeichnen könne, zuwiderläuft.

3. Sehr nahe bei dieser zwar häufig, aber nicht in jedem Fall zutreffenden Deutung von Stetigkeit liegt die Vorstellung, daß stetige Funktionen keine „Sprünge" aufweisen. Diese Eigenschaft ist auch für viele Anwendungssituationen bedeutsam, z. B. für viele im Naturgeschehen ablaufende Prozesse.

Die Auffassung, daß Naturvorgänge durchweg stetig verlaufen, kommt z. B. in der häufig zitierten Aussage zum Ausdruck: „natura non facit saltus", „die Natur macht keine Sprünge". Es muß allerdings angemerkt werden, daß diese Aussage nach den Erkenntnissen der neueren Physik auf atomare Prozesse nicht zutrifft.

Daß eine Funktion f keine „Sprünge" aufweist, kann man folgendermaßen exakt erfassen: hat die Funktion an zwei Stellen a und b zwei verschiedene Funktionswerte f(a) und f(b), so nimmt sie auch jeden zwischen f(a) und f(b) gelegenen Wert z, also jeden „Zwischenwert" z mit

$$f(a) < z < f(b) \quad \text{bzw.}$$
$$f(b) < z < f(a) \quad \text{(Bild 9.10)}$$

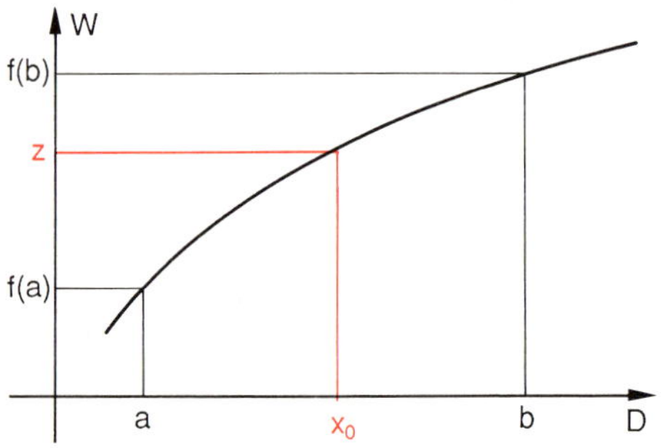

Bild 9.10

an wenigstens einer Stelle x_0 zwischen a und b an. Daß diese Eigenschaft bei allen Funktionen zutrifft, die über einem abgeschlossenen Intervall [a; b] stetig sind, ist der Inhalt des **„Zwischenwertsatzes"** von Bolzano [1]) (Bild 9.10):

S 9.3 **Ist eine Funktion f stetig über einem abgeschlossenen Intervall [a; b] und gilt $f(a) \neq f(b)$, so gibt es zu jeder Zahl z zwischen f(a) und f(b) wenigstens eine Stelle $x_0 \in]a; b[$ mit $f(x_0) = z$.**

Zum **Beweis** für diesen – keineswegs selbstverständlichen – Satz nehmen wir an, es sei $f(a) < f(b)$. Der Fall $f(a) > f(b)$ kann analog behandelt werden (Aufgabe 1).

Durch das schon mehrfach verwendete **Halbierungsverfahren** konstruieren wir nun – ausgehend vom Intervall $[l_1; r_1] = [a; b]$ – eine Intervallschachtelung mit den Intervallen $A_k = [l_k; r_k]$ nach der Bedingung

$$f(l_k) \leq z \leq f(r_k).$$

Für die Mitte $m_k = \frac{1}{2}(l_k + r_k)$ jeden Intervalls A_k gilt nämlich jeweils genau eine der drei Beziehungen

$$f(m_k) = z \quad \text{oder} \quad f(m_k) < z \quad \text{oder} \quad f(m_k) > z.$$

1) Ist $f(m_k) = z$, dann ist m_k bereits die gesuchte Zahl x_0 und der Beweis damit schon erbracht.

2) Gilt $f(m_k) < z$, dann wählen wir das rechte Halbintervall als neues Intervall A_{k+1}, setzen also $l_{k+1} = m_k$ und $r_{k+1} = r_k$ (Bild 9.11).

3) Gilt $f(m_k) > z$, dann wählen wir das linke Halbintervall als neues Intervall A_{k+1}, setzen also $l_{k+1} = l_k$ und $r_{k+1} = m_k$ (Bild 9.12).

---

[1]) Bernhard Bolzano (1781 – 1848), Philosoph, Theologe und Mathematiker

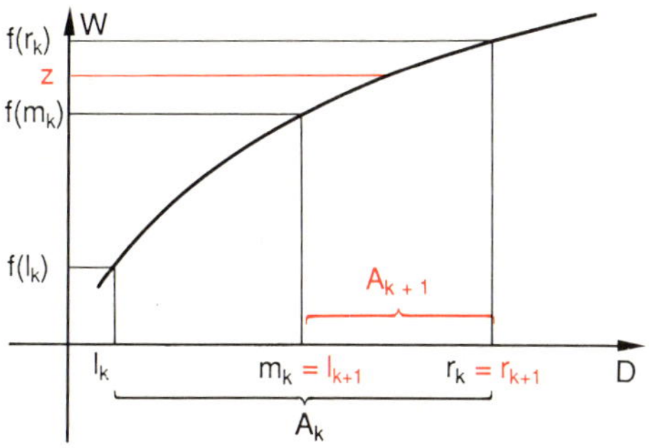

Bild 9.11

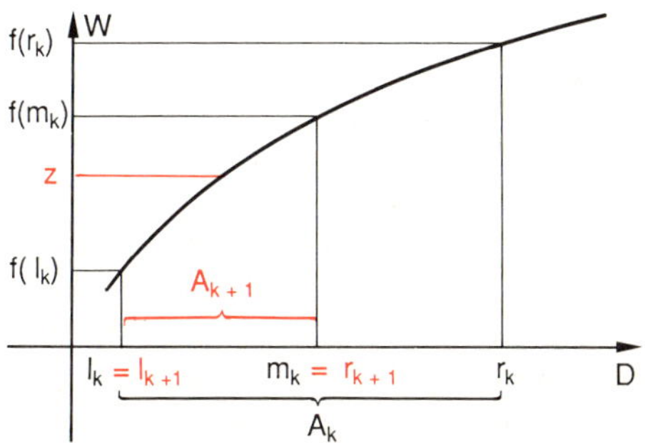

Bild 9.12

Wir behaupten, daß für die durch diese Intervallschachtelung festgelegte Zahl $x_0 \in]a; b[$ gilt: $f(x_0) = z$.

Die Folgen $\langle l_n \rangle$ und $\langle r_n \rangle$ konvergieren beide gegen x_0: $\lim\limits_{n \to \infty} l_n = \lim\limits_{n \to \infty} r_n = x_0$;

da die Funktion f über $[a; b]$ stetig ist, folgt daraus: $\lim\limits_{n \to \infty} f(l_n) = \lim\limits_{n \to \infty} f(r_n) = f(x_0)$.

Ferner gilt nach Konstruktion der Intervallschachtelung

$$\lim_{n \to \infty} f(l_n) \leq z \leq \lim_{n \to \infty} f(r_n); \text{ daher muß gelten: } f(x_0) = z, \text{ q.e.d.}$$

Bemerkungen:

1) Wir haben nur bewiesen, daß es **wenigstens** eine Stelle $x_0 \in]a; b[$ gibt mit $f(x_0) = z$; es ist durchaus möglich, daß es mehrere solche Stellen gibt.

2) Der Satz gilt nur unter der Voraussetzung, daß die Funktion f über einem **abgeschlossenen** Intervall stetig ist. Ist eine Funktion f nur über einem offenen (oder halboffenen) Intervall stetig, so braucht eine analoge Aussage nicht zu gelten; ein Gegenbeispiel zeigt Bild 9.13.

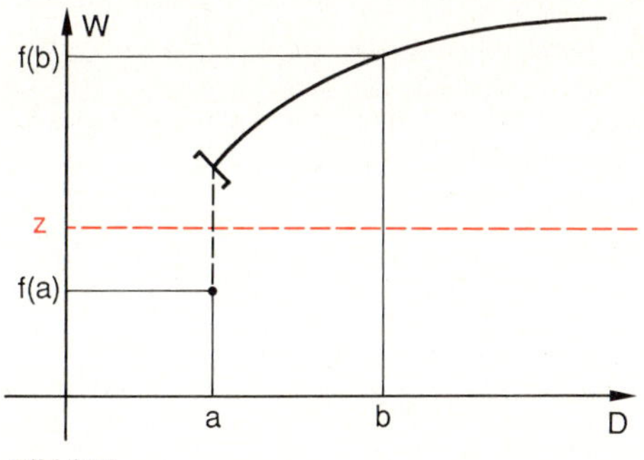

Bild 9.13

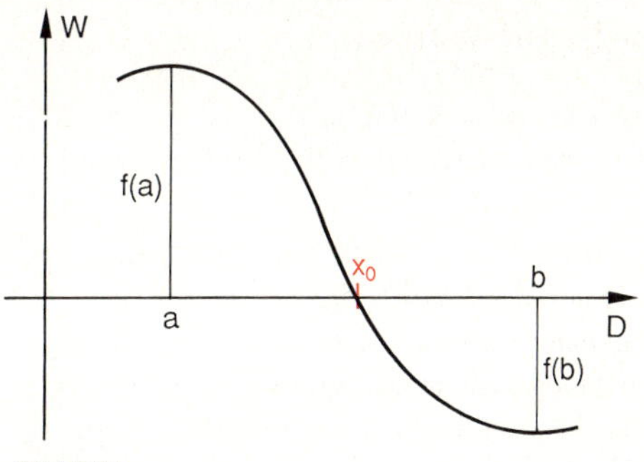

Bild 9.14

4. Ein Sonderfall des Zwischenwertsatzes ist der **„Nullstellensatz"**:

S 9.4 **Ist eine Funktion f stetig über einem abgeschlossenen Intervall [a; b] und haben f(a) und f(b) verschiedene Vorzeichen, so gibt es stets eine Stelle $x_0 \in]a; b[$ mit $f(x_0) = 0$ (Bild 9.14).**

Dieser Satz legt ein einfaches Verfahren zur näherungsweisen Ermittlung von Nullstellen einer stetigen Funktion – z.B. mit Hilfe eines Taschenrechners – nahe. Wir erläutern dies an dem folgenden

Beispiel:

Eine Lösung der Gleichung $\cos x = x$ ist Nullstelle der Funktion f zu $f(x) = \cos x - x$. Wegen $f(0) = 1$ und $f(1) \approx -0{,}46$ muß eine Nullstelle x zwischen 0 und 1 liegen, und zwar – wegen $0{,}46 < 1$ – vermutlich näher bei 1 als bei 0. Wir versuchen es daher mit der Zahl 0,7; es ergibt sich: $f(0{,}7) \approx 0{,}065$. Man erkennt, daß für die Nullstelle gelten muß: $x > 0{,}7$. Daher berechnen wir: $f(0{,}73) \approx 0{,}015$ und weiter:
$f(0{,}74) \approx -0{,}0015$; $f(0{,}739) \approx 0{,}00014$ und $f(0{,}7391) \approx -0{,}000025$. Es gilt also: $x \approx 0{,}7391$.

Bemerkung: Ein anderes Verfahren zur näherungsweisen Bestimmung von Nullstellen werden wir im folgenden Abschnitt besprechen.

5. Der anschaulichen Vorstellung von Stetigkeit entspricht ferner die Tatsache, daß eine über einem abgeschlossenen Intervall stetige Funktion dort nicht über alle Schranken wachsen kann. Tatsächlich gilt der Satz

S 9.5 **Ist eine Funktion f über einem abgeschlossenen Intervall [a; b] stetig, so ist sie über [a; b] auch beschränkt.**

Beweis: Wir zeigen, daß die Funktion f über [a; b] nach oben beschränkt ist. Dazu nehmen wir an, f sei über [a; b] nicht nach oben beschränkt. Wir konstruieren wiederum eine Intervallschachtelung nach dem Halbierungsverfahren.
Da f bei jedem Halbierungsschritt höchstens in einem der beiden Teilintervalle beschränkt sein kann, können wir das neue Intervall A_n bei jedem Halbierungsschritt so wählen, daß es eine Stelle $x_n \in A_n$ gibt mit $f(x_n) > n$.
Durch die Intervallschachtelung wird eine innere Zahl z bestimmt; wegen $x_n \in A_n$ (für alle $n \in \mathbb{N}$) gilt: $\lim\limits_{n \to \infty} x_n = z$.

Wegen $f(x_n) > n$ (für alle $n \in \mathbb{N}$) ist die Folge $\langle f(x_n) \rangle$ bestimmt divergent; dies widerspricht der Voraussetzung, daß f über [a; b] stetig ist, daß also gilt $\lim\limits_{n \to \infty} f(x_n) = f(z)$.

Daher ist f nach oben beschränkt. Daß f auch nach unten beschränkt ist, kann entsprechend bewiesen werden (Aufgabe 10).

Beachte, daß der Satz sich nur auf **abgeschlossene** Intervalle bezieht! Bei einem offenen oder halboffenen Intervall könnte die im Beweis konstruierte Zahl z nämlich eine nicht zum Intervall gehörende Randstelle sein. Ein **Beispiel** hierfür ist die Funktion f zu $f(x) = \frac{1}{x}$, die über dem Intervall]0; 1] zwar stetig, aber nicht beschränkt ist (Bild 9.15, Aufgabe 11a).

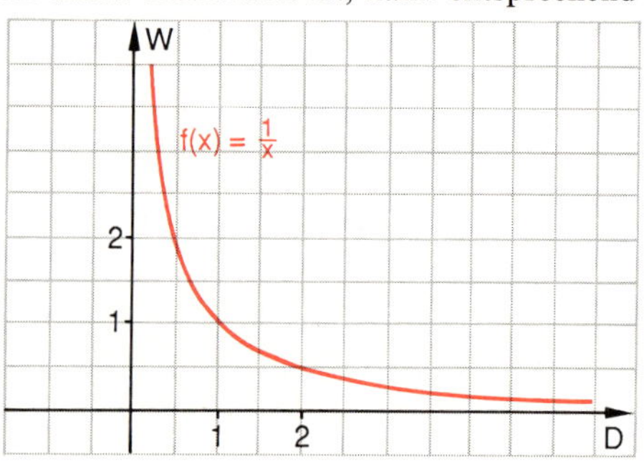

Bild 9.15

6. Eine weitere wichtige Eigenschaft stetiger Funktionen ist es, daß ihre Wertemengen in jedem abgeschlossenen Intervall stets ein **Maximum** und ein **Minimum** (also nicht nur ein supremum und ein infimum) besitzen. Es gilt der Satz

S 9.6 **Ist eine Funktion f stetig über einem abgeschlossenen Intervall [a; b], so gibt es (wenigstens) zwei Zahlen x_1, $x_2 \in [a; b]$, so daß für alle $x \in [a; b]$ gilt:**

$$f(x_1) \leq f(x) \quad \text{und} \quad f(x_2) \geq f(x).$$

Man sagt: die Funktion f nimmt in [a; b] sowohl ihr Maximum wir ihr Minimum an.

Beweis: Nach Satz S 9.5 ist die Funktion f über [a; b] auch beschränkt; die Menge aller zum Intervall [a; b] gehörenden Funktionswerte, also die Menge $\{f(x) | x \in [a; b]\}$ hat nach Satz S 9.1 eine untere Grenze (ein infimum) m und eine obere Grenze (ein supremum) M; für alle $x \in [a; b]$ gilt also $m \leq f(x) \leq M$.

Wir behaupten, daß es zwei Stellen $x_1, x_2 \in [a; b]$ gibt mit $f(x_1) = m$ und $f(x_2) = M$. Wir zeigen dies für die Zahl m. Für die Zahl M ist der Beweis entsprechend zu führen (Aufgabe 12).
Wir nehmen an, es gäbe im Intervall [a; b] **keine** solche Stelle x_1; dann würde für alle $x \in [a; b]$ gelten: $f(x) > m$, also $f(x) - m > 0$. Die Funktion g zu $g(x) = \frac{1}{f(x) - m}$ wäre über [a; b] daher positiv, mit f nach Satz S 2.5 dort stetig und nach Satz S 9.5 daher auch beschränkt. Es gäbe also eine positive Zahl S, so daß für alle $x \in [a; b]$ gelten müßte $\frac{1}{f(x) - m} \leq S$, also $f(x) \geq m + \frac{1}{S}$. Dies aber würde bedeuten, daß $m + \frac{1}{S}$ untere Schranke, m also **nicht** die größte untere Schranke von f wäre, q.e.d.

Beachte, daß auch Satz S 9.6 nur für abgeschlossene Intervalle gilt!

Beispiel: Die Funktion f zu $f(x) = x^2$ ist stetig über dem offenen Intervall]1; 2[. Die untere Grenze der Funktionswerte dieses Intervalls ist $m = 1$, die obere Grenze ist $M = 4$. Es gibt aber **keine** Werte x_1, $x_2 \in]1; 2[$, für die $f(x_1) = 1$ bzw. $f(x_2) = 4$ wäre (Bild 9.16).

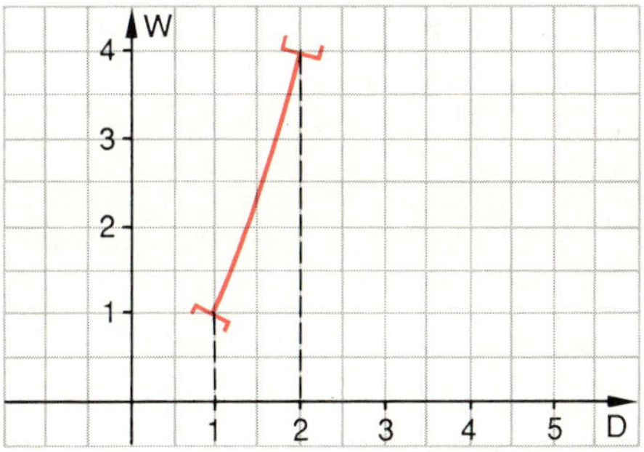

Bild 9.16

Übungen und Aufgaben

1. Beweisen Sie den Satz S 9.3 für den Fall $f(a) > f(b)$
   a) analog zum Beweis für $f(a) < f(b)$ und **b)** durch Rückführung auf diesen Fall!

2. Beweisen Sie mit Satz S 9.3, daß eine über einen Intervall stetige und umkehrbare Funktion auch streng monoton ist. **Anleitung:** Führen Sie den Beweis indirekt!

3. Untersuchen Sie, ob die Funktion f an der Stelle 0 stetig und sogar differenzierbar und gegebenenfalls, ob f′ dort stetig ist!

a) $f(x)=\begin{cases}\sqrt{|x|}\cdot\sin\frac{1}{x} & \text{für } x\neq 0\\ 0 & \text{für } x=0\end{cases}$ **b)** $f(x)=\begin{cases}x\cdot\sqrt{|x|}\cdot\sin\frac{1}{x} & \text{für } x\neq 0\\ 0 & \text{für } x=0\end{cases}$

c) $f(x)=\begin{cases}x^2\cdot\sin\frac{1}{x} & \text{für } x\neq 0\\ 0 & \text{für } x=0\end{cases}$ **d)** $f(x)=\begin{cases}x^3\cdot\sin\frac{1}{x} & \text{für } x\neq 0\\ 0 & \text{für } x=0\end{cases}$

Anleitung: Ermitteln Sie $f'(x)$ für $x\neq 0$ mit Hilfe der Ableitungsregeln und $f'(0)$ als Grenzwert der Differenzenquotientenfunktion!

4. Bestimmen Sie durch Einsetzen einzelner Zahlen die Intervalle $[g; g+1]$ (mit $g\in\mathbb{Z}$), in denen nach Satz S 9.4 die Nullstellen von f liegen!

a) $f(x)=x^2-2+\cos x$ **b)** $f(x)=e^x-5x+4$ **c)** $f(x)=\ln(x+1)-\frac{x}{10}$.

5. Beweisen Sie mit Hilfe des Schrankensatzes (S 8.3): Ist eine Funktion f über einem Intervall A differenzierbar, gilt $|f'(x)|\geq M$ für alle $x\in A$ und hat f an der Stelle $x_0\in A$ eine Nullstelle, so gilt für jeden Näherungswert x_n für x_0: $|x_n-x_0|\leq\frac{1}{M}|f(x_n)|$!

6. Bestimmen Sie mit dem auf Seite 213f. unter 4. beschriebenen Verfahren Näherungswerte für die Lösungen der folgenden Gleichungen! Untersuchen Sie mit Hilfe des Satzes aus Aufgabe 5, wie genau die Näherungswerte sind!

a) $\sin x+1=x$ **b)** $x^3=1-x$ **c)** $\sin x=\frac{x}{2}$ **d)** $\tan x=3x$ **e)** $e^x=x^2$ **f)** $5\cdot\ln x=x$

7. Zeigen Sie, daß die Funktion f genau eine Nullstelle hat!
a) $f(x)=x^3+x-17$ **b)** $f(x)=x^5+5x^3+15x-25$ **c)** $f(x)=\sin x-x-1$

Anleitung: Benutzen Sie den Satz S 9.4 und untersuchen Sie f auf Monotonie!

8. Zeigen Sie, daß jede Funktion f zu $f(x)=x^4+px+q$ (mit $p, q\in\mathbb{R}$) höchstens zwei Nullstellen hat! Wann hat f eine Nullstelle, wann gar keine?

9. Erläutern Sie den folgenden „Fixpunktsatz“ anhand einer Zeichnung und beweisen Sie ihn! Ist eine Funktion f stetig über einem Intervall $[a; b]$ und gilt $W(f)\subseteq[a; b]$, so gibt es eine Stelle $c\in[a; b]$ mit $f(c)=c$!

Anleitung: Wenden Sie den Nullstellensatz S 9.4 auf die Funktion g zu $g(x)=f(x)-x$ an!

10. Zeigen Sie, daß eine über dem Intervall $[a; b]$ stetige Funktion nach unten beschränkt ist!

11. Zeigen Sie, daß die Funktion f über dem Intervall]0; 1] zwar stetig, aber nicht beschränkt ist!

a) $f(x)=\frac{1}{x}$ **b)** $f(x)=\frac{1}{x^2}$ **c)** $f(x)=\frac{1}{\sqrt{x}}$ **d)** $f(x)=\ln x$

12. Vervollständigen Sie den Beweis für Satz S 9.6 für den Fall des Maximums!

13. Beweisen Sie den globalen Monotoniesatz (S 5.3) mit Hilfe des Satzes S 9.6!

Anleitung: Zeigen Sie, daß das Maximum von f im Intervall $[x_1; x_2]$ nach Satz S 5.6 nicht in $]x_1; x_2[$ und nach Satz S 5.2 nicht in x_1 angenommen werden kann!

14. Beweisen Sie den „Satz von Darboux": Ist eine Funktion f differenzierbar über einem abgeschlossenen Intervall [a; b] und gilt $f'(a) \neq f'(b)$, so gibt es zu jeder Zahl z zwischen $f'(a)$ und $f'(b)$ wenigstens eine Stelle $x_0 \in [a; b]$ mit $f'(x_0)=z$!

Anleitung: Zeigen Sie mit Hilfe von Satz S 5.2, daß das absolute Minimum bzw. Maximum von g zu $g(x)=f(x)-z\cdot x$ auf [a; b] weder in a noch in b angenommen wird!

III. Das Newtonsche Iterationsverfahren

1. Im vorigen Abschnitt haben wir an einem Beispiel gezeigt, wie Nullstellen einer stetigen Funktion näherungsweise bestimmt werden können.

Ein anderes Verfahren hierzu macht von der Tatsache Gebrauch, daß der Funktionsgraph einer differenzierbaren Funktion in einer Umgebung $U(x_1)$ durch die Tangente im Punkte $P_1(x_1 | f(x_1))$ approximiert wird.

Gelingt es, einen Wert x_1 zu finden, dessen Funktionswert schon „nahe" bei 0 liegt, so bestimmt man den Schnittpunkt der Tangente im Punkte P_1 mit der D-Achse. Man kann erwarten, daß die so ermittelte Stelle x_2 einen besseren Näherungswert für die gesuchte Nullstelle z darstellt als der Startwert x_1 (Bild 9.17).

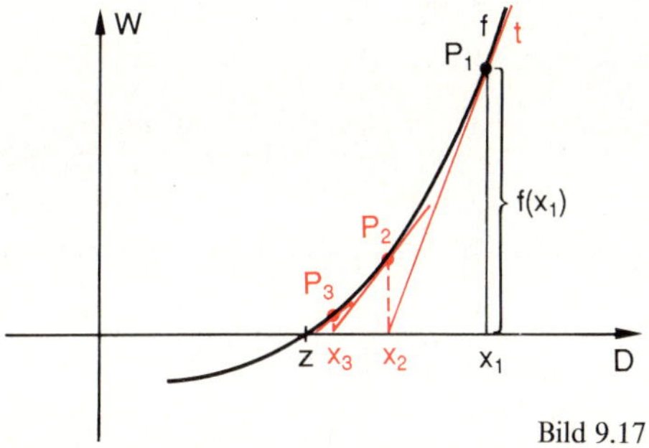

Bild 9.17

Für die Tangentenfunktion t zur Stelle x_1 gilt:

$$t(x)=f'(x_1)\cdot(x-x_1)+f(x_1),$$

für die Nullstelle x_2 dieser Funktion also:

$$t(x_2)=f'(x_1)\cdot(x_2-x_1)+f(x_1)=0.$$

Falls $f'(x_1) \neq 0$ ist, ergibt sich daraus: $x_2-x_1=-\frac{f(x_1)}{f'(x_1)}$, also $x_2=x_1-\frac{f(x_1)}{f'(x_1)}$.

Durch Berechnung von $f(x_2)$ kann man feststellen, ob x_2 tatsächlich näher bei der gesuchten Nullstelle z liegt. Ist dies der Fall, so kann man das Verfahren zur Berechnung weiterer Näherungswerte wiederholen:

$$x_3=x_2-\frac{f(x_2)}{f'(x_2)},\quad x_4=x_3-\frac{f(x_3)}{f'(x_3)},\quad \text{usw.}$$

Man erhält auf diese Weise eine Folge von Näherungswerten $x_1, x_2, \ldots, x_n, x_{n+1}, \ldots$. Dabei ergibt sich x_{n+1} allgemein aus dem vorhergehenden Wert x_n nach der Rekursionsgleichung

$$\mathbf{x_{n+1} = x_n - \frac{f(x_n)}{f'(x_n)}}.$$

Wenn der Ausgangswert x_0 ausreichend nahe bei der tatsächlichen Nullstelle z liegt, kann man erwarten, daß die Folge $\langle x_n \rangle$ dieser Zahl z schließlich beliebig nahe kommt, daß z also der Grenzwert der Folge $\langle x_n \rangle$ ist, daß also gilt: $\lim\limits_{n \to \infty} x_n = z$.

2. Wir erläutern dieses **„Newtonsche Iterationsverfahren"** [1]) am

Beispiel: $f(x) = x^3 + x - 1$, also $f'(x) = 3x^2 + 1$.

Bild 9.18

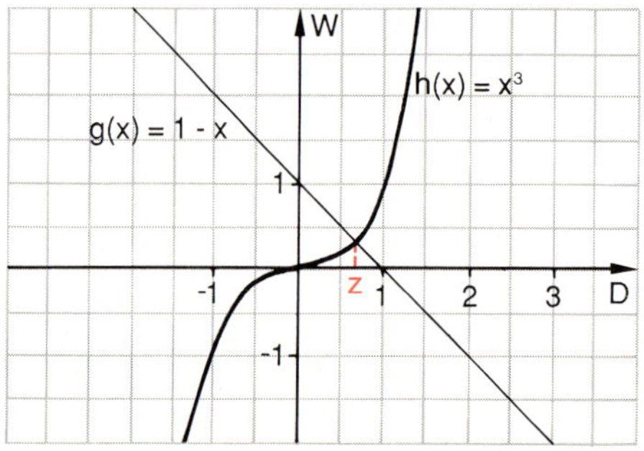

Einen ersten Näherungswert können wir zeichnerisch ermitteln. Wir formen die Nullstellenbedingung

$$x^3 + x - 1 = 0 \quad \text{um zu} \quad x^3 = 1 - x$$

und bringen die Kurve zu $h(x) = x^3$ zum Schnitt mit der Geraden g zu $g(x) = 1 - x$ (Bild 9.18). Man erkennt, daß der Schnittpunkt zu einem x-Wert in der Nähe von 0,7 gehört. Wir wählen daher $x_1 = 0{,}7$.

Bemerkung: Um den Funktionsgraphen skizzieren zu können, ist der Wert, den wir durch das graphische Verfahren gewonnen haben ($x_1 = 0{,}7$), bereits hinlänglich genau. In Anwendungssituationen kommt es aber häufig darauf an, wesentlich genauere Näherungswerte zu erhalten. Daher wenden wir auf den Ausgangswert $x_1 = 0{,}7$ zwei Schritte des Newtonschen Verfahrens an.

1. Schritt: Mit $x_1 = 0{,}7$; $f(0{,}7) = 0{,}043$ und $f'(0{,}7) = 2{,}47$ erhält man:

$$x_2 = x_1 - \frac{f(x_1)}{f'(x_1)} = 0{,}7 - \frac{0{,}043}{2{,}47} \approx \mathbf{0{,}682591}.$$

2. Schritt: Mit $x_2 = 0{,}6826$; $f(x_2) \approx 0{,}000652528$ und $f'(x_2) \approx 2{,}39783$ erhält man:

$$x_3 = x_2 - \frac{f(x_2)}{f'(x_2)} = 0{,}6826 - \frac{0{,}000652528}{2{,}39783} \approx \mathbf{0{,}6823278}.$$

Dieser Wert ist tatsächlich schon sehr genau; denn es gilt: $f(x_3) \approx -0{,}00000001$.
Eine größere Genauigkeit ist mit Hilfe eines Taschenrechners kaum zu erzielen.

3. Nicht in jedem Fall führt die Anwendung des Newtonschen Iterationsverfahrens zum Ziel. Dies hängt einerseits vom Funktionsverlauf, insbesondere aber davon ab, ob der Startwert x_1 bereits ausreichend nahe bei einer Nullstelle z liegt oder nicht. Bild 9.19 zeigt ein Beispiel, bei dem das Verfahren versagt. Es kann auch sein, daß die Funktion überhaupt keine Nullstelle besitzt.

---

[1]) Isaac Newton, engl. Physiker, Astronom und Mathematiker, 1643 – 1727

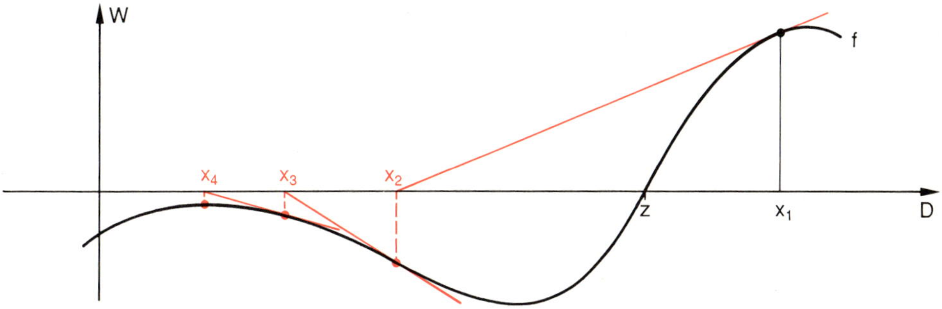

Bild 9.19

Auf die Frage nach den genauen Bedingungen dafür, daß das Verfahren zum Ziel führt, daß die Folge $x_1, x_2, \ldots, x_n, \ldots$ also einem Grenzwert zustrebt, gehen wir hier nicht ein. Für die Praxis genügt es, bei der Durchführung des Verfahrens festzustellen, ob die Werte $x_1, x_2, \ldots, x_n, \ldots$ sich immer weniger unterscheiden und ob dabei die Werte der Folge $f(x_1)$, $f(x_2), \ldots, f(x_n), \ldots$ der Zahl 0 immer näher kommen oder nicht.

4. Wir schließen mit einem **Beispiel**, bei dem es kein exaktes Lösungsverfahren gibt, bei dem man also auf ein Näherungsverfahren angewiesen ist.

$$f(x) = \sin x + x - 1;$$
$$f'(x) = \cos x + 1.$$

Die Nullstellen sind festgelegt durch die Gleichung

$$\sin x + x - 1 = 0, \quad \text{also} \quad \sin x = 1 - x.$$

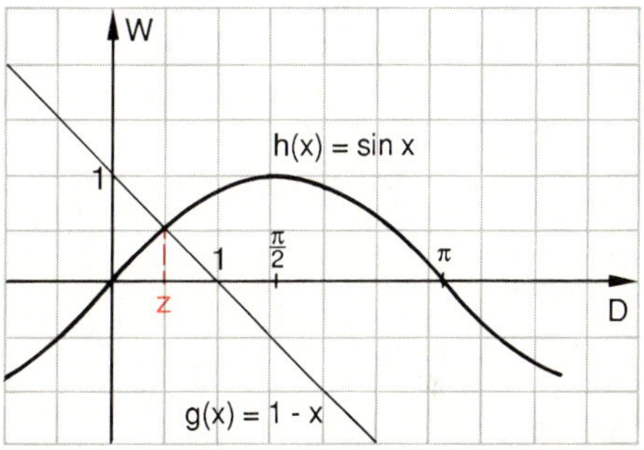

Bild 9.20

Einen ersten Näherungsschritt verschaffen wir uns dadurch, daß wir die Sinuskurve mit der Geraden g zu $g(x) = 1 - x$ zum Schnitt bringen (Bild 9.20). Wir wählen $x_1 = \frac{1}{2}$.

1. Schritt: Mit $x_1 = 0{,}5$; $f(x_1) \approx -0{,}020574$ und $f'(x_1) \approx 1{,}8776$ erhält man:

$$x_2 = x_1 - \frac{f(x_1)}{f'(x_1)} \approx 0{,}5 + \frac{0{,}020574}{1{,}8776} \approx \mathbf{0{,}51096}.$$

Der so ermittelte Wert ist bereits sehr genau; denn es gilt $f(0{,}51096) \approx -0{,}000025144$. Wir führen trotzdem noch einen **2. Schritt** durch:
Mit $f'(0{,}51096) \approx 1{,}87228$ erhält man:

$$x_3 = x_2 - \frac{f(x_2)}{f'(x_2)} \approx 0{,}51096 - \frac{-0{,}000025144}{1{,}87228} \approx \mathbf{0{,}510973430}.$$

Dieser Wert ist schon so genau, daß man mit einem Taschenrechner mit 9 Nachkommastellen bei $f(x_3)$ bereits keine Abweichung mehr von der Zahl 0 erhält.[1])

[1]) Auf ein EDV-Programm zum Newton-Verfahren wird in § 15 (Seite 340) hingewiesen.

Übungen und Aufgaben

1. Ermitteln Sie mit Hilfe des Newtonverfahrens Näherungswerte für die Nullstellen von f!

a) $f(x)=x^3-x+4$ **b)** $f(x)=2x^3+x^2-2$ **c)** $f(x)=x^3-x^2-x-1$

d) $f(x)=x^4-3x-2$ **e)** $f(x)=x^4-x^3-1$ **f)** $f(x)=x^4-3x^2-10$

g) $f(x)=\sqrt{x}-\frac{1}{x^2+1}$ **h)** $f(x)=\sqrt{x}+x^2-1$ **i)** $f(x)=\sqrt[3]{x^2}-x^2+2$

2. Verfahren Sie wie in Aufgabe 1!

a) $f(x)=\sin x-\frac{x}{2}$ **b)** $f(x)=\sin x+1-x^2$ **c)** $f(x)=\cos x-x$ **d)** $f(x)=\tan x-3x$

e) $f(x)=\arctan x-x$ **f)** $f(x)=\arctan x-\sqrt{x}$ **g)** $f(x)=e^x-x^2$ **h)** $f(x)=e^{-x}-x$

i) $f(x)=e^{-x^2}-x+1$ **j)** $f(x)=5\ln x-x$ **k)** $f(x)=x^2-\ln x-2$ **l)** $f(x)=x^3-(\ln x)^2$

3. Ermitteln Sie die Rekursionsgleichung des Newtonverfahrens zur Bestimmung von Näherungswerten für die folgenden Zahlen (für $a\in\mathbb{R}^{>0}$)!

a) $\sqrt{a}$ **b)** $\sqrt[3]{a}$ **c)** $\sqrt[n]{a}$ **d)** $a^{\frac{2}{3}}$ **e)** $a^{\frac{3}{2}}$

Anleitung zu a): Benutzen Sie eine Funktion f, deren Nullstelle $\sqrt{a}$ ist!

IV. Der Mittelwertsatz der Differentialrechnung

Vorbemerkung: In § 5 haben wir Sätze bewiesen, mit deren Hilfe man von einer Ableitungsfunktion f' auf die zugrundeliegende Funktion f schließen kann. Grundlegend für den dargestellten Aufbau ist der **globale Monotoniesatz** (Satz S 5.3).
Man kann diese Sätze aber auch auf einem anderen Wege herleiten, nämlich mit Hilfe der im II. Abschnitt behandelten Stetigkeitssätze und mit dem „Mittelwertsatz der Differentialrechnung". Dies wollen wir in diesem Abschnitt kurz darstellen.

1. Für die in Bild 9.21 dargestellte differenzierbare Funktion f gilt $f(a)=f(b)=0$. Aus dieser Tatsache ergibt sich anschaulich, daß es im Innern des Intervalls $[a; b]$ eine Extremstelle x_0 gibt, also einen Punkt $P_0(x_0|f(x_0))$, in dem die Tangente an den Funktionsgraphen **waagerecht** verläuft, also eine Stelle x_0, für die nach Satz S 5.6 gilt: $f'(x_0)=0$.

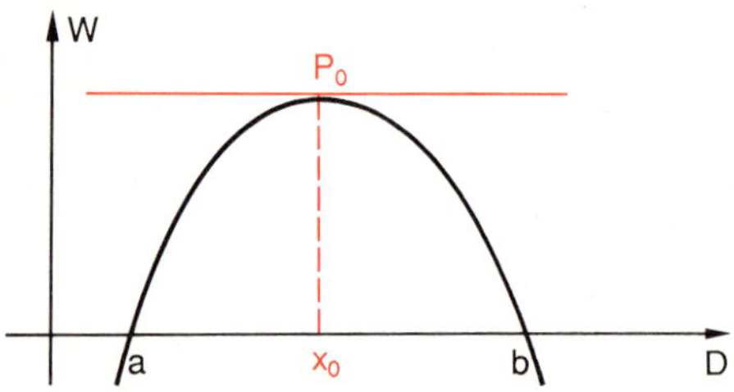

Bild 9.21

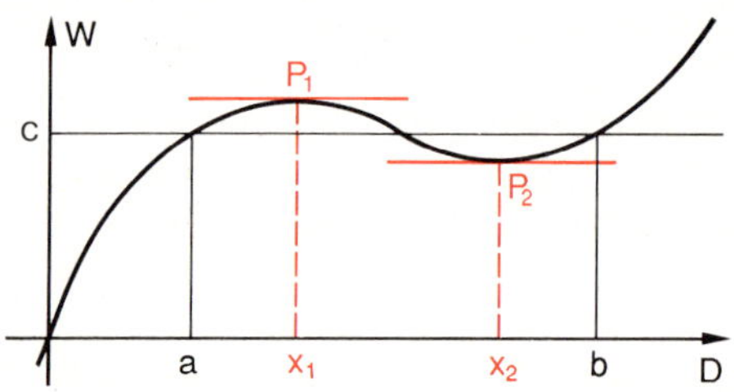

Bild 9.22

Bild 9.22 zeigt, daß die entsprechende Aussage auch gilt, wenn für die Randstellen a und b gilt: $f(a)=f(b)=c$ mit einer Zahl $c\in\mathbb{R}$.
Bei diesem Beispiel gibt es sogar zwei Stellen x_1 und x_2 mit $f'(x_1)=f'(x_2)=0$.

2. Wir formulieren diesen zunächst der Anschauung entnommenen Sachverhalt im **„Satz von Rolle“**[1]):

S 9.7 Ist eine Funktion f stetig über einem Intervall [a; b] und differenzierbar über]a; b[und gilt $f(a)=f(b)=c$ mit einer Zahl $c \in \mathbb{R}$, so gibt es (wenigstens) eine Stelle $x_0 \in]a; b[$, so daß gilt: $f'(x_0)=0$.

Beweis: Nach Satz S 9.6 nimmt die Funktion im Intervall [a; b] sowohl ihr Maximum M wir ihr Minimum m an.

1) Ist $M=m$, so ist f über [a; b] konstant; es gilt also $f(x)=M$ und somit $f'(x)=0$ für **alle** $x \in [a; b]$.

2) Ist $M \neq m$, so muß wegen $f(a)=f(b)=c$ wenigstens eine dieser beiden Zahlen (M oder m) von c verschieden sein und deshalb zu einer Stelle x_0 im **Innern** von [a; b] gehören: $x_0 \in]a; b[$. Daher hat f bei x_0 ein lokales Extremum, und nach Satz S 5.6 gilt: $f'(x_0)=0$, q.e.d.

3. Wir lassen nun die Voraussetzung des Satzes von Rolle, daß $f(a)=f(b)$ ist, fallen. Ein Beispiel zeigt Bild 9.23. Der zum Satz von Rolle analoge Sachverhalt ist dann der, daß es im Intervall]a; b[eine Stelle x_0 gibt derart, daß die Tangente im Punkte $P_0(x_0 | f(x_0))$ **parallel** zur Sekante durch $P(a | f(a))$ und $Q(b | f(b))$ verläuft, eine Stelle $x_0 \in]a; b[$, für die also gilt:

$$f'(x_0)=\frac{f(b)-f(a)}{b-a}.$$

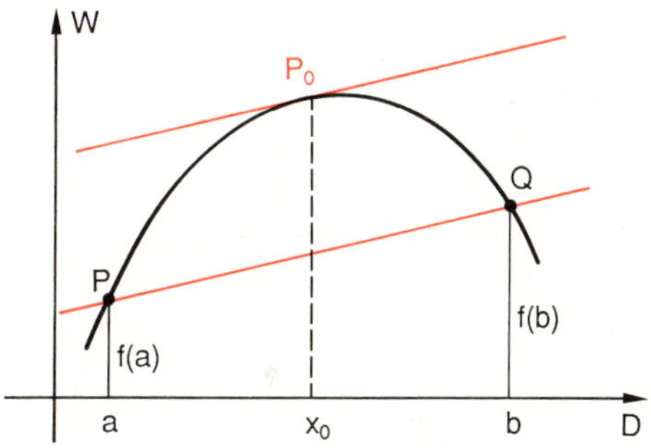

Bild 9.23

Diesen Sachverhalt halten wir fest im **„Mittelwertsatz der Differentialrechnung“**:

S 9.8 Ist eine Funktion f stetig über einem Intervall [a; b] und differenzierbar über]a; b[, so gibt es (wenigstens) eine Stelle $x_0 \in]a; b[$ mit

$$f'(x_0)=\frac{f(b)-f(a)}{b-a}.$$

Beweis: Die Sehne PQ hat die Steigung $m=\frac{f(b)-f(a)}{b-a}$. Wenn wir daher von f(x) den Term $\frac{f(b)-f(a)}{b-a}x$ subtrahieren, so ist zu erwarten, daß die Funktion g zu $g(x)=f(x)-\frac{f(b)-f(a)}{b-a}x$ die Voraussetzung des Satzes von Rolle erfüllt.
Tatsächlich ist auch g stetig über [a; b] und differenzierbar über]a; b[, und es gilt: $g(a)=g(b)$ (Aufgabe 1).

[1]) Michel Rolle (1652–1719), frz. Mathematiker

Nach dem Satz von Rolle gibt es also eine Stelle $x_0 \in]a; b[$ mit

$$g'(x_0) = f'(x_0) - \frac{f(b)-f(a)}{b-a} = 0,$$

also $f'(x_0) = \frac{f(b)-f(a)}{b-a}$, q.e.d.

In Bild 9.24 ist der Graph einer Funktion f dargestellt, bei der es in $]a; b[$ zwei Stellen x_1 und x_2 gibt mit der Eigenschaft

$$f'(x_1) = f'(x_2) = \frac{f(b)-f(a)}{b-a}.$$

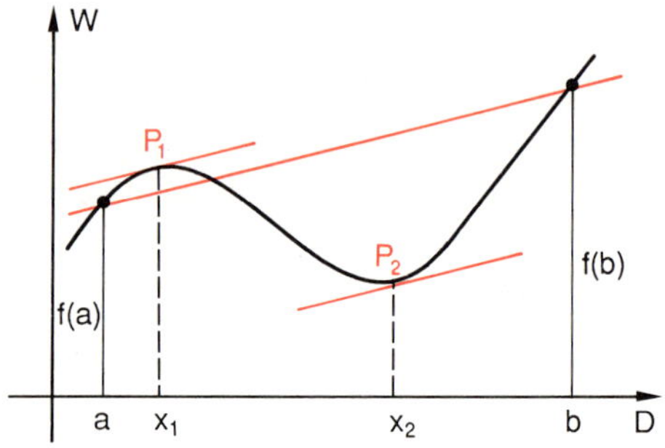

Bild 9.24

4. Mit Hilfe des Mittelwertsatzes lassen sich nun einige der Sätze herleiten, die wir in § 5 auf andere Weise bewiesen haben.
Wir beginnen mit dem **globalen Monotoniesatz**:

S 5.3	**Ist eine Funktion f über einem Intervall A differenzierbar und gilt für alle $x \in A$**	
	$f'(x) > 0$,	**$f'(x) < 0$,**
	so ist f über A streng monoton	
	steigend.	**fallend.**

Wir führen den **Beweis** für den Fall, daß $f'(x) > 0$ ist. Wir greifen aus dem Intervall A zwei **beliebige** Zahlen x_1, x_2 heraus mit $x_2 > x_1$. Dann gibt es nach dem Mittelwertsatz eine Stelle $x_0 \in]x_1, x_2[$ mit

$$f'(x_0) = \frac{f(x_2) - f(x_1)}{x_2 - x_1} > 0.$$

Wegen $x_2 - x_1 > 0$ ergibt sich daraus $f(x_2) > f(x_1)$. Da die Stellen x_1, x_2 **beliebig** aus A ausgewählt sind, ist f tatsächlich streng monoton steigend über A.

5. Analog ist auch der Satz S 5.4 zu behandeln.

S 5.4	**Eine über einem Intervall A differenzierbare Funktion f ist über A monoton**	
	steigend	**fallend**
	genau dann, wenn für alle $x \in A$ gilt:	
	$f'(x) \geq 0$.	**$f'(x) \leq 0$.**

1) Der **Beweis** dafür, daß aus $f'(x) \geq 0$ das Steigen der Funktion f über A folgt, ist genau so zu führen wie der Beweis von Satz S 5.3 (Aufgabe 3).

2) Der Beweis für die umgekehrte Richtung ist bereits in § 5, II (Seite 111) dargestellt.

Übungen und Aufgaben

1. Bestätigen Sie, daß für die Funktion g zu $g(x)=f(x)-\frac{f(b)-f(a)}{b-a}\cdot x$ gilt: $g(a)=g(b)$!

2. Beweisen Sie den Satz S 5.3 (Seite 222) mit Hilfe des Mittelwertsatzes für den Fall $f'(x)<0$!

3. Beweisen Sie mit Hilfe des Mittelwertsatzes, daß aus $f'(x)\geq 0$ bzw. $f'(x)\leq 0$ (für alle $x\in A$) folgt, daß f über A monoton steigt bzw. fällt!

4. Beweisen Sie mit Hilfe des Mittelwertsatzes!

a) Ist eine Funktion f über $[a;b]$ differenzierbar und gilt $f'(x)=0$ für alle $x\in[a;b]$, so ist f über $[a;b]$ konstant.

Anleitung: Es seien x_1 und x_2 zwei beliebige Zahlen mit $x_1, x_2\in[a;b]$ und $x_1<x_2$. Wenden Sie den Mittelwertsatz auf das Intervall $[x_1;x_2]$ an!

b) Sind zwei Funktionen f_1 und f_2 über $[a;b]$ differenzierbar und gilt $f_1'(x)=f_2'(x)$ für alle $x\in[a;b]$, so gibt es eine Zahl $c\in\mathbb{R}$, so daß für alle $x\in[a;b]$ gilt: $f_1(x)=f_2(x)+c$.

Anleitung: Betrachten Sie die Funktion $f=f_1-f_2$!

c) Gibt es eine Zahl $c\in\mathbb{R}$, so daß für alle $x\in A$ gilt: $f'(x)=c$, dann ist f eine lineare Funktion über $[a;b]$!

5. Beweisen Sie: Ist eine Funktion f stetig an der Stelle x_0 und differenzierbar über einer Umgebung $U(\not{x}_0)$, dann gilt:

a) $\text{l-}\lim_{x\to x_0} f'(x)=g_1 \Rightarrow f_l'(x_0)=g_1$; **b)** $\text{r-}\lim_{x\to x_0} f'(x)=g_2 \Rightarrow f_r'(x_0)=g_2$.

c) Ist $g_1=g_2$, dann ist f an der Stelle x_0 differenzierbar, und es gilt: $f'(x_0)=g_1$.

Anleitung: Wenden Sie den Mittelwertsatz auf Intervalle der Form $[x;x_0]$ bzw. $[x_0;x]$ an!

6. Berechnen Sie die Stelle(n) x_0 im angegebenen Intervall, für die die Tangente dieselbe Steigung hat wie die Intervallsekante!

a) $f(x)=x^2-2x-8$; $[1;5]$ **b)** $f(x)=3x^2-12x+9$; $[3;5]$ **c)** $f(x)=x^3-2x^2+x$; $[0;2]$

d) $f(x)=-3x^3-6x+7$; $[6;10]$ **e)** $f(x)=\sqrt{x}$; $[0;1]$ **f)** $f(x)=\sin x$; $[0;\pi]$

g) $f(x)=\arctan-x$; $[0;1]$ **h)** $f(x)=\ln x$; $[1;e]$ **i)** $f(x)=e^x$; $[0;1]$

7. Beweisen Sie den Schrankensatz (S 8.3) mit Hilfe des Mittelwertsatzes!

8. a) Erläutern Sie am Beispiel der Funktion f zu $f(x)=\sqrt{1-x^2}$, daß es für die Gültigkeit des Mittelwertsatzes (S. 9.8) genügt, wenn f über einem Intervall $[a;b]$ stetig, aber nur über $]a;b[$ differenzierbar ist!

b) Konstruieren Sie eine Funktion, die über einem Intervall $]a;b[$ differenzierbar ist, für die die Aussage des Mittelwertsatzes jedoch nicht gilt!

§ 10 Einführung in die Integralrechnung

I. Zum Problem der Flächenmessung

1. Mit Hilfe des grundlegenden Begriffs der **Differentialrechnung**, nämlich des Begriffs der **Ableitung** einer Funktion, lassen sich zahlreiche Begriffe erfassen, die in den Anwendungsgebieten der Mathematik von zentraler Bedeutung sind: die Geschwindigkeit und die Beschleunigung eines bewegten Körpers, die elektrische Stromstärke, die Krümmung einer Kurve, der Spitzensteuersatz bei einer Steuerfunktion, die Inflationsrate bei der Geldwertentwicklung usw.

2. Ähnlich ist die Situation auch im zweiten großen Teilgebiet der Analysis, in der **„Integralrechnung“**. Auch hier geht es um eine Reihe miteinander verwandter Fragestellungen, zum Beispiel um die Begriffe der Länge einer Kurve, des Inhalts einer Fläche, des Volumens, des Schwerpunkts eines Körpers usw.

3. Wie bei der Differentialrechnung ist es auch bei der Einführung in die Integralrechnung zweckmäßig, aus den vielen verwandten Problemstellungen **eines** herauszugreifen. Als ein solches Einführungsbeispiel eignet sich – u.a. wegen seiner Anschaulichkeit – besonders das Problem des **Flächeninhaltes** eines ebenen Flächenstücks. Außerdem können die meisten anderen Größen, die mit dem Integralbegriff zu erfassen sind, durch Flächeninhalte anschaulich dargestellt werden.
Wir werden uns daher zunächst mit dem Problem der Flächenmessung etwas näher beschäftigen.

4. Der **Flächeninhalt** einer ebenen Fläche ist eine **Größe**, die durch eine **Maßzahl** und eine **Maßeinheit** erfaßt wird. Die Maßeinheit ist dabei in der Regel gegeben durch ein Quadrat, zum Beispiel mit der Kantenlänge 1 cm; den Flächeninhalt eines solchen Quadrates bezeichnet man mit „1 cm^2“. Bei den im folgenden anzustellenden Überlegungen wollen wir diese – oder auch eine andere – Flächenmaßeinheit als fest gegeben ansehen. Zur Festlegung des Flächeninhaltes einer ebenen Figur kommt es dann nur noch auf die Flächenmaßzahl A(F) an. Nur mit diesen Flächenmaßzahlen wollen wir uns im folgenden beschäftigen.

5. Flächenmaßzahlen haben vier grundlegende Eigenschaften, von denen wir beim Aufbau der Lehre vom Flächeninhalt Gebrauch gemacht und die wir auch im folgenden zu berücksichtigen haben.

[1] **Jede Flächenmaßzahl ist nichtnegativ: $A(F) \geq 0$.**

[2] **Das Einheitsquadrat hat die Flächenmaßzahl 1.**

[3] **Sind zwei Figuren F_1 und F_2 kongruent, so haben sie die gleiche Flächenmaßzahl.**

$$F_1 \cong F_2 \Rightarrow A(F_1) = A(F_2).$$

4 **Ist eine Figur F in zwei Teilfiguren F_1 und F_2 zerlegt, so gilt für die zugehörigen Flächenmaßzahlen:**

$$\mathbf{A(F) = A(F_1) + A(F_2)}$$ (Bild 10.1)

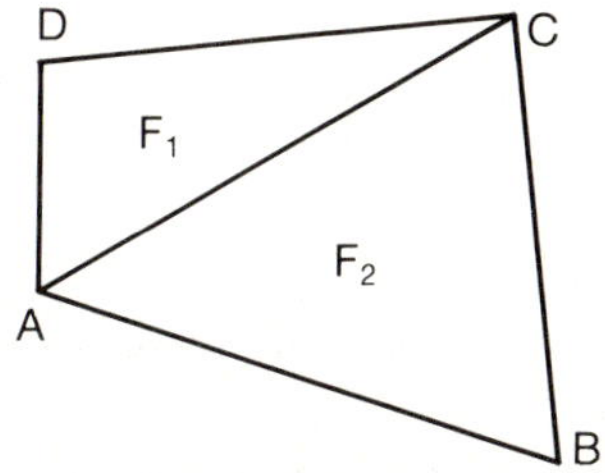

Bild 10.1

Beim Begriff der „Zerlegung einer ebenen Figur“ ist zu beachten, daß die Begrenzungslinien zu zwei benachbarten Teilfiguren gehören können. So gehört zum Beispiel in der Figur von Bild 10.1 die Strecke AC sowohl zu F_1 wie zu F_2.
Aus diesen grundlegenden Eigenschaften kann man Schritt für Schritt Formeln zur Berechnung von Flächenmaßzahlen für einfache ebene Vielecke herleiten (Aufgabe 1).

6. Die Flächenmaßzahlen beliebiger Vielecke können durch Zerlegung in Trapeze oder in Dreiecke bestimmt werden. Die Bilder 10.2 und 10.3 zeigen zwei verschiedene Möglichkeiten für dasselbe Vieleck.

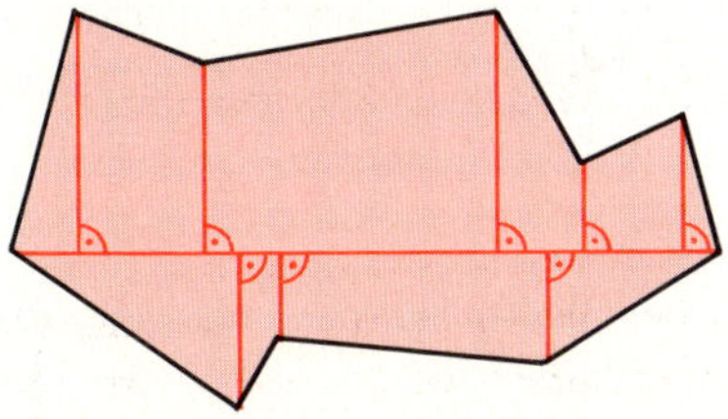
Bild 10.2

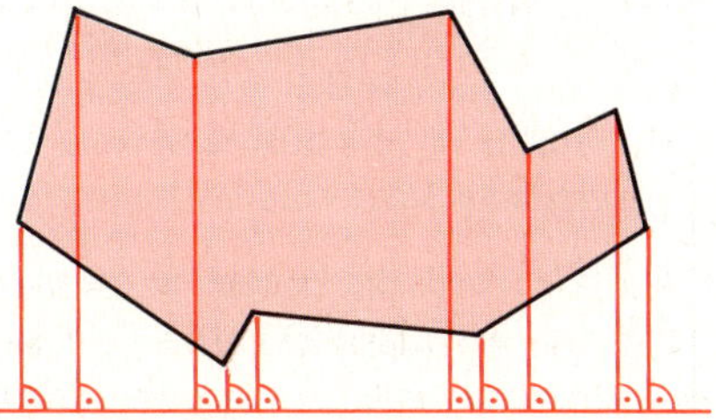
Bild 10.3

7. Bei krummlinig begrenzten Figuren ist das Problem der Flächenmessung bedeutend schwieriger zu lösen als bei gradlinig begrenzten Figuren, bei Vielecken.
Bisher haben wir dieses Problem nur beim **Kreis** behandelt und für die Flächenmaßzahl eines Kreises K mit dem Radius r gefunden: $A(K) = \pi \cdot r^2$.
Bei anderen ebenen Figuren, die von geschlossenen krummen Linien begrenzt sind, kann man zunächst Zerlegungen durchführen, die den Zerlegungen in den Bildern 10.4 und 10.5 entsprechen. Alle auftretenden Teilfiguren haben eine Form wie in Bild 10.6.

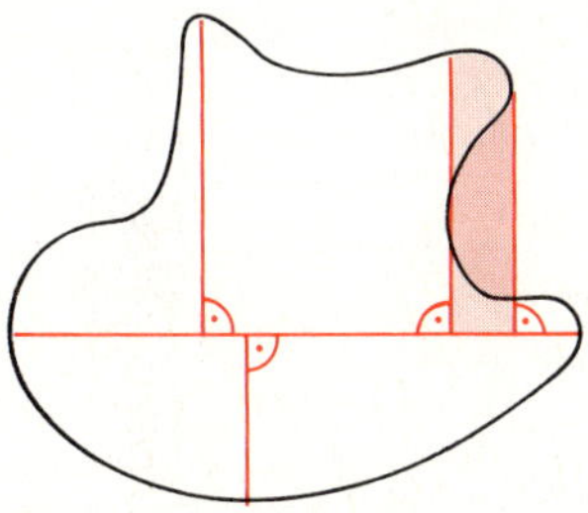
Bild 10.4

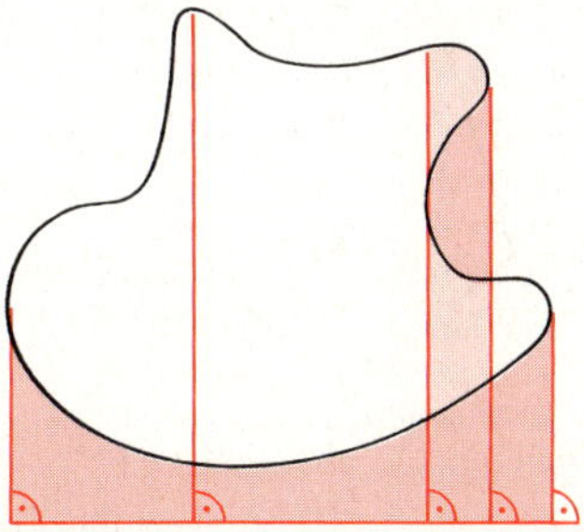
Bild 10.5

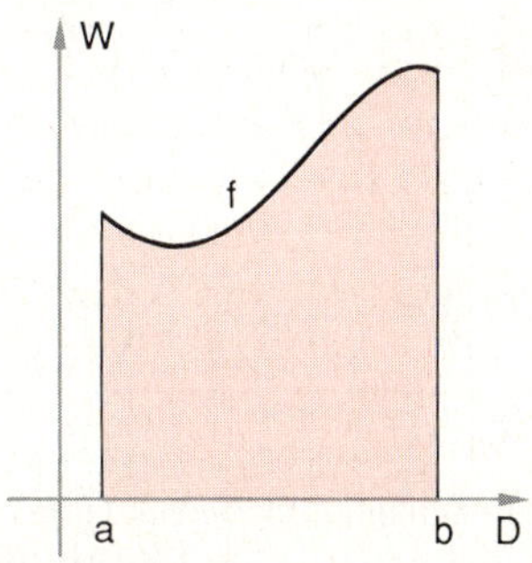

Bild 10.6

Dabei ist vorausgesetzt, daß der krummlinige Teil der Begrenzung der Graph einer Funktion f über einem Intervall [a; b] ist. Vorerst wollen wir uns jedoch nur mit Fällen beschäftigen, bei denen die Funktion über dem Intervall [a; b] **vorzeichenbeständig** ist. Man spricht in solchen Fällen von **„Normalflächen"**. Wir definieren (Bild 10.6, Seite 225):

D 10.1 Eine Punktmenge

$\{(x\,|\,y)\,|\,a \le x \le b \wedge 0 \le y \le f(x)\}$	$\{(x\,|\,y)\,|\,a \le x \le b \wedge f(x) \le y \le 0\}$

heißt

„positive Normalfläche"	**„negative Normalfläche".**

Die Zahl a heißt die „untere Grenze" und die Zahl b die **„obere Grenze"** der Normalfläche. Da der Graph der Funktion f den **„Rand"** der Normalfläche darstellt, nennen wir diese Funktion gelegentlich auch **„Randfunktion"**.
Wir werden uns zunächst nur mit positiven Normalflächen beschäftigen.

Übungen und Aufgaben

1. Zeigen Sie, wie aus den grundlegenden Eigenschaften von Flächenmaßzahlen (Seite 224f.) die Formeln für die Flächeninhalte von Rechtecken, Parallelogrammen, Dreiecken und Trapezen hergeleitet werden können!

2. Leiten Sie jeweils die Formel für die Maßzahl des Flächeninhaltes her, wenn von der jeweiligen Figur, die in Bild 10.7 a) bis f) eingetragenen Stücke gegeben sind!
a) Parallelogramm **b)** Drachen **c)** Trapez
d) gleichseitiges Dreieck **e)** regelmäßiges Fünfeck **f)** regelmäßiges Sechseck

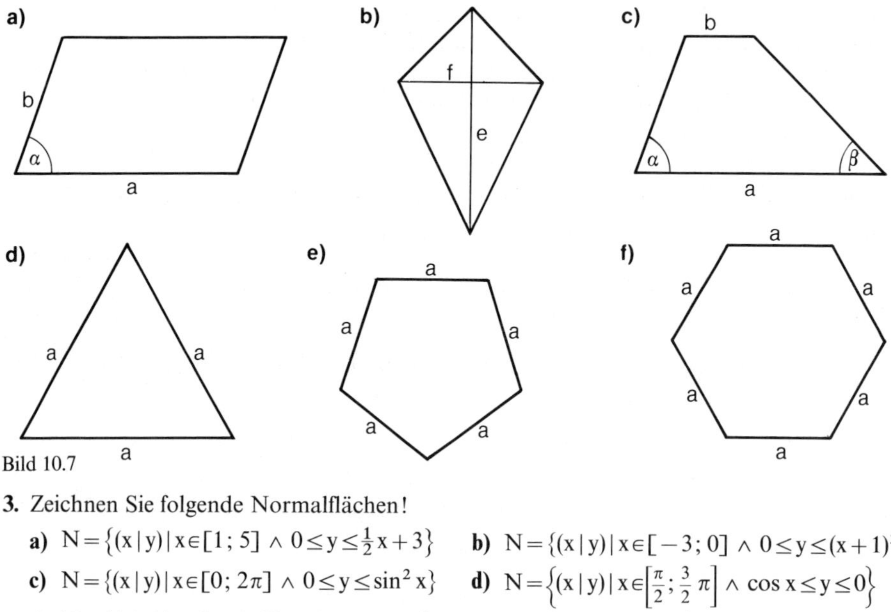

Bild 10.7

3. Zeichnen Sie folgende Normalflächen!
a) $N=\{(x\,|\,y)\,|\,x \in [1; 5] \wedge 0 \le y \le \frac{1}{2}x+3\}$ **b)** $N=\{(x\,|\,y)\,|\,x \in [-3; 0] \wedge 0 \le y \le (x+1)^2\}$
c) $N=\{(x\,|\,y)\,|\,x \in [0; 2\pi] \wedge 0 \le y \le \sin^2 x\}$ **d)** $N=\left\{(x\,|\,y)\,|\,x \in \left[\frac{\pi}{2}; \frac{3}{2}\pi\right] \wedge \cos x \le y \le 0\right\}$
e) $N=\{(x\,|\,y)\,|\,x \in [-1; 0] \wedge 0 \le y \le e^{-x}\}$ **f)** $N=\{(x\,|\,y)\,|\,x \in [e^{-1}; 1] \wedge \ln x \le y \le 0\}$

4. Zeichnen Sie die Normalfläche über dem angegebenen Intervall!

a) $f(x)=\begin{cases} x+3 & \text{für } -2\le x<0 \\ x^2+1 & \text{für } 0\le x\le 2 \end{cases}$ **b)** $f(x)=\begin{cases} \cos x-1 & \text{für } 0\le x<\pi \\ \sin x & \text{für } \pi\le x\le 2\pi \end{cases}$

c) $f(x)=\begin{cases} e^x & \text{für } -1\le x<0 \\ -\frac{1}{2}x^2+\frac{1}{2} & \text{für } 0\le x\le 1 \end{cases}$ **d)** $f(x)=\begin{cases} \ln x & \text{für } 1\le x<e \\ -x+2e & \text{für } e\le x\le 2e \end{cases}$

II. Einführende Beispiele

1. Gegeben sei die Funktion f zu $f(x)=\frac{1}{4}x^2$. Wir suchen eine Zahl, die wir der positiven Normalfläche unter dem zugehörigen Funktionsgraphen über einem Intervall $[0; b]$ als Maßzahl zuordnen können. In Bild 10.8 ist $b=4$ gewählt. Wir nähern nun die gegebene Normalfläche an durch eine zu kleine „untere Treppenfläche" t und durch eine zu große „obere Treppenfläche" T, wie sie in Bild 10.8 eingezeichnet sind. Dort ist das Intervall $[0; 4]$ in vier Teilintervalle A_1, A_2, A_3 und A_4 zerlegt, die sämtlich die Längenmaßzahl $h=1$ haben.

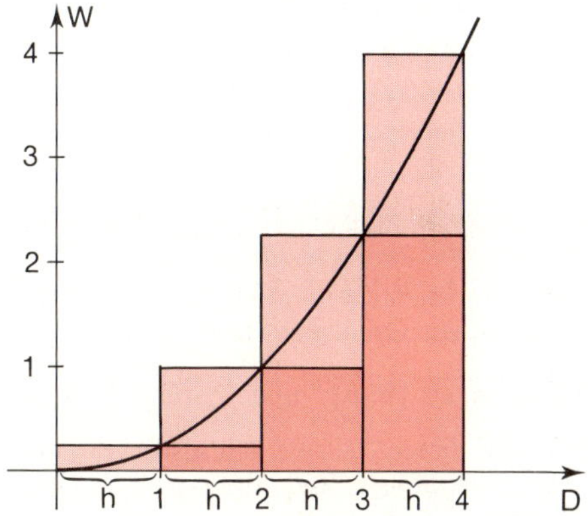

Bild 10.8

Wir bezeichnen die Maßzahlen der beiden Treppenflächen als **„Untersumme"** s_4 bzw. als **„Obersumme"** S_4. Es gilt:

$$s_4=f(1)\cdot 1+f(2)\cdot 1+f(3)\cdot 1=\tfrac{1}{4}\cdot 1^2+\tfrac{1}{4}\cdot 2^2+\tfrac{1}{4}\cdot 3^2=\tfrac{1}{4}(1+4+9)=3{,}5 \text{ und}$$

$$S_4=f(1)\cdot 1+f(2)\cdot 1+f(3)\cdot 1+f(4)\cdot 1=\tfrac{1}{4}\cdot 1^2+\tfrac{1}{4}\cdot 2^2+\tfrac{1}{4}\cdot 3^2+\tfrac{1}{4}\cdot 4^2=\tfrac{1}{4}(1+4+9+16)=7{,}5.$$

Diese beiden Zahlen stellen natürlich nur sehr grobe Näherungswerte für die gesuchte Maßzahl der Normalfläche dar.

Wir müssen das Intervall in eine größere Anzahl von Teilintervallen zerlegen, um bessere Näherungswerte zu erhalten. Wir führen diese Rechnung sofort allgemein für ein Intervall $[0; b]$ durch. Wenn wir dies in n gleichgroße Teilintervalle zerlegen, dann hat jedes einzelne Teilintervall die Längenmaßzahl $h=\frac{b}{n}$. Wir erhalten für die Untersumme s_n und für die Obersumme S_n:

$$\begin{aligned} s_n &= [f(h)+f(2h)+\ldots+f((n-1)\cdot h)]\cdot h \\ &= \tfrac{1}{4}[h^2+(2h)^2+\ldots+(n-1)^2\cdot h^2]\cdot h \\ &= \frac{h^3}{4}[1^2+2^2+\ldots+(n-1)^2] \\ &= \frac{b^3}{4n^3}[1^2+2^3+\ldots+(n-1)^2]. \end{aligned}$$

$$\begin{aligned} S_n &= [f(h)+f(2h)+\ldots+f(nh)]\cdot h \\ &= \tfrac{1}{4}[h^2+(2h)^2+\ldots+(nh)^2]\cdot h \\ &= \frac{h^3}{4}[1^2+2^2+\ldots+n^2] \\ &= \frac{b^3}{4n^3}[1^2+2^2+\ldots+n^2]. \end{aligned}$$

2. Sowohl bei s_n wie bei S_n tritt eine Summe von Quadratzahlen auf. Für diese Summen gibt es eine Summenformel, die man mit Hilfe des Beweisverfahrens der vollständigen Induktion beweisen kann (Aufgabe 8a, Seite 41). Für alle $n \in \mathbb{N}$ (bzw. $n \in \mathbb{N}^{>1}$) gilt:

$$1^2+2^2+\ldots+(n-1)^2=\frac{(n-1)\,n(2n-1)}{6}. \qquad 1^2+2^2+\ldots+n^2=\frac{n(n+1)(2n+1)}{6}.$$

Damit erhält man:

$$s_n=\frac{b^3}{4n^3}\cdot\frac{(n-1)\,n(2n-1)}{6}=\frac{b^3}{24}\left(1-\frac{1}{n}\right)\left(2-\frac{1}{n}\right). \qquad S_n=\frac{b^3}{4n^3}\cdot\frac{n(n+1)(2n+1)}{6}=\frac{b^3}{24}\left(1+\frac{1}{n}\right)\left(2+\frac{1}{n}\right).$$

s_n und S_n stellen zwei Zahlenfolgen dar. Für diese Zahlenfolgen ergibt sich nach den Grenzwertsätzen, die wir in § 1 besprochen haben:

$$\lim_{n\to\infty} s_n=\frac{b^3}{12} \quad \text{und} \quad \lim_{n\to\infty} S_n=\frac{b^3}{12}.$$

3. Da Unter- und Obersummen **denselben** Grenzwert $\frac{b^3}{12}$ haben, können wir diese Zahl (für jede Zahl $b \in \mathbb{R}^{>0}$) als Maßzahl der betreffenden Normalfläche zuordnen. Man nennt den gemeinsamen Grenzwert von Unter- und Obersummen das **„Integral[1]) der Funktion f über dem Intervall [0; b]"** und schreibt allgemein $\int\limits_0^b f(x)\,dx$, gelesen „Integral von 0 bis b f von x dx". Bei diesem Beispiel gilt also:

$$\int\limits_0^b \frac{1}{4}x^2\,dx=\frac{b^3}{12}.$$

Man sagt außerdem: die Funktion f ist über dem Intervall [0; b] **„integrierbar"** und nennt die Zahl 0 die „untere Grenze", die Zahl b die „obere Grenze" dieses Integrals.
Bezieht sich ein Integral auf ein Intervall [a; b], so schreibt man:

$\int\limits_a^b f(x)\,dx$, gelesen „Integral von a bis b f von x dx";

hier ist a die untere, b die obere Grenze des Integrals.

Bemerkungen:

1) Das Zeichen „$\int$" ist ein stilisiertes „S" und erinnert an das Wort „Summe".

2) Das Zeichen „dx" im Integralsymbol ist historisch zu erklären. Statt „$\int\limits_a^b f(x)\,dx$" kann man kürzer auch „$\int\limits_a^b f$" schreiben, gelesen „Integral von a bis b über f". Bei der Formulierung allgemeiner Sätze werden wir durchweg von dieser kürzeren Funktionsschreibweise Gebrauch machen, bei konkreten Beispielen dagegen die ausführlichere Schreibweise „$\int\limits_a^b f(x)\,dx$" verwenden. Wir können die Zweckmäßigkeit dieser Schreibweise mit dem sogenannten „Differential" dx erst später begründen (§ 12, II, S. 269f.).

[1]) integer (lat.) unversehrt, ganz

3) Auf das Zeichen für die Integrationsvariable kommt es nicht an; statt x kann man auch jeden anderen Buchstaben verwenden; es gilt also zum Beispiel $\int_a^b f(x)\,dx = \int_a^b f(t)\,dt = \int_a^b f(u)\,du$.

Die Integrationsvariable ist eine „gebundene Variable", in die nicht eingesetzt werden darf. Die Bindung wird durch das Zeichen „dx" bzw. durch „dt" oder „du" ausgedrückt.

4) Der Term f(x) unter dem Integralzeichen heißt **„Integrand"**, die Funktion f heißt **„Integrandfunktion"**.

4. Bei den grundlegenden Eigenschaften, die wir oben (Seite 224f.) zusammengestellt haben, ist unter [4] die Eigenschaft der **„Additivität"** aufgeführt. Es ist anschaulich einleuchtend, daß diese Eigenschaft auch den durch Integrale definierten Flächenmaßzahlen zukommt. Wir werden dies nach der allgemeinen Definition des Integralbegriffs auch beweisen. Mit Hilfe der Eigenschaft der Additivität gelingt es, das Integral für ein beliebiges Intervall [a; b] mit $0 \leq a < b$ auf das zum Intervall [0; b] zurückzuführen. Offenbar gilt (Bild 10.9):

$$\int_0^b \frac{x^2}{4}\,dx = \int_0^a \frac{x^2}{4}\,dx + \int_a^b \frac{x^2}{4}\,dx, \quad \text{also} \quad \int_a^b \frac{x^2}{4}\,dx = \int_0^b \frac{x^2}{4}\,dx - \int_0^a \frac{x^2}{4}\,dx = \frac{b^3}{12} - \frac{a^3}{12}.$$

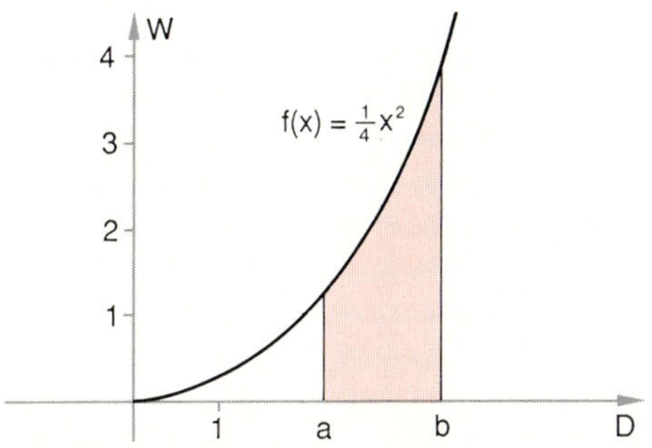

Bild 10.9

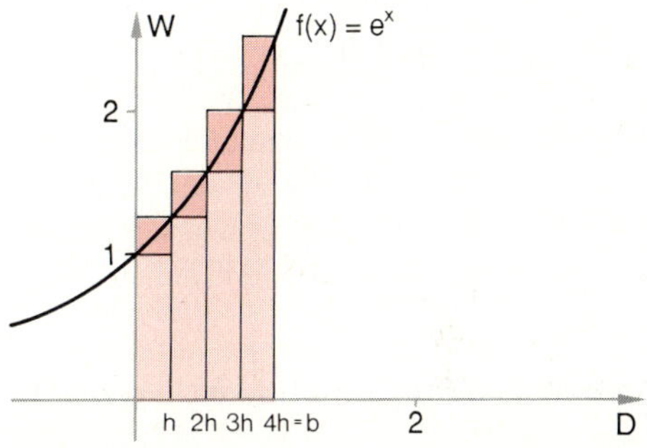

Bild 10.10

5. Zur Verdeutlichung behandeln wir als zweites **Beispiel** die natürliche Exponentialfunktion f zu $f(x) = e^x$ über einem Intervall [0; b]. Wir unterteilen wiederum das Intervall in n gleichlange Teilintervalle: $h = \frac{b}{n}$. In Bild 10.10 ist der Fall $n = 4$ dargestellt.

Für die Untersummen s_n und die Obersummen S_n ergibt sich dann:

$$s_n = [f(0) + f(h) + \ldots + f((n-1)\cdot h)]\cdot h = [1 + e^h + e^{2h} + \ldots + e^{(n-1)h}]\cdot h.$$

$$S_n = [f(h) + f(2h) + \ldots + f(nh)]\cdot h = [e^h + e^{2h} + e^{3h} + \ldots + e^{nh}]\cdot h = [1 + e^h + e^{2h} + \ldots + e^{(n-1)h}]\cdot e^h \cdot h.$$

In beiden Fällen hat der Term in der Klammer die Form $1 + q + q^2 + \ldots + q^{n-1}$ mit dem Faktor $q = e^h$. Man spricht von einer **„geometrischen Reihe"**. Für alle $n \in \mathbb{N}$ gilt:

$$1 + q + q^2 + \ldots + q^{n-1} = \frac{q^n - 1}{q - 1} \quad \text{(vergleiche Aufgabe 7, Seite 41).}$$

In unserem Fall erhält man wegen $nh = b$:

$$s_n = \frac{(e^h)^n - 1}{e^h - 1} \cdot h = \frac{e^{nh} - 1}{e^h - 1} \cdot h = (e^b - 1)\frac{h}{e^h - 1}.$$

$$S_n = \frac{(e^h)^n - 1}{e^h - 1} e^h \cdot h = \frac{e^{nh} - 1}{e^h - 1} \cdot e^h \cdot h = (e^b - 1)\frac{e^h \cdot h}{e^h - 1}.$$

Nun gilt nach Definition D 7.1: $\lim\limits_{h \to 0} \frac{e^h - 1}{h} = 1$ und außerdem $\lim\limits_{h \to 0} e^h = e^0 = 1$.

Damit ergibt sich: $\lim\limits_{n \to \infty} s_n = e^b - 1$ und auch $\lim\limits_{n \to \infty} S_n = e^b - 1$.

Weil die beiden Grenzwerte übereinstimmen, können wir schreiben: $\int\limits_0^b e^x\,dx = e^b - 1$

und somit für ein beliebiges Intervall $[a; b]$ mit $0 \leq a < b$:

$$\int\limits_a^b \mathbf{e^x\,dx} = \int\limits_0^b e^x\,dx - \int\limits_0^a e^x\,dx = (e^b - 1) - (e^a - 1) = \mathbf{e^b - e^a}.$$

8. Wenn wir auf die gleiche Weise auch bei der Funktion f zu $f(x) = \sqrt{x}$ über einem Intervall $[0; b]$ vorgehen (Bild 10.11), kommen wir nicht zum Ziel, weil uns eine Summenformel für die dabei auftretende Reihe $\sqrt{1} + \sqrt{2} + \ldots + \sqrt{n}$ nicht bekannt ist.
Man kann das Problem dadurch lösen, daß man eine andere Zerlegung des Intervalls heranzieht, bei der die benachbarten Punkte **nicht** den gleichen Abstand haben (Aufgabe 2).

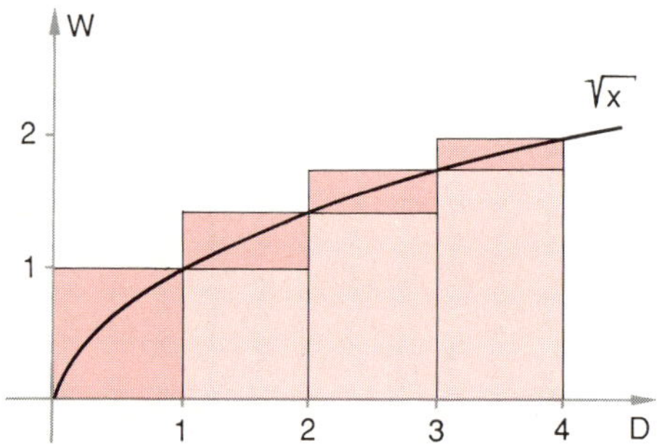

Bild 10.11

Man erhält dann $\int\limits_0^b \sqrt{x}\,dx = \frac{2}{3} b\sqrt{b}$ und somit $\int\limits_a^b \sqrt{x}\,dx = \frac{2}{3} b\sqrt{b} - \frac{2}{3} a\sqrt{a}$ (für $0 \leq a < b$).

Übungen und Aufgaben

1. a) Zeichnen Sie zweimal den Graphen der Funktion f zu $f(x) = x^3 - 3x^2 + 5$ über dem Intervall $[-1; 3]$!

b) Zerlegen Sie das Intervall in 4 bzw. in 8 gleichlange Teilintervalle und zeichnen Sie die Treppenfläche, die zu den Untersummen $s_4 (s_8)$ bzw. zu den Obersummen $S_4 (S_8)$ gehören!

2. a) Berechnen Sie die Untersummen s_n und die Obersummen S_n für die Funktion f zu $f(x) = \sqrt{x}$ über dem Intervall $[0; 1]$!

Anleitung: Wählen Sie die Teilpunkte $x_0 = 0$; $x_1 = \left(\frac{1}{n}\right)^2$; $x_2 = \left(\frac{2}{n}\right)^2$; …; $x_n = \left(\frac{n}{n}\right)^2 = 1$!

b) Berechnen Sie $\lim\limits_{n \to \infty} s_n$ und $\lim\limits_{n \to \infty} S_n$!

c) Übertragen Sie die Rechnung auf ein Intervall $[0; b]$!

3. Berechnen Sie die Untersummen s_n und die Obersummen S_n bei Unterteilung eines Intervalls $[0; b]$ in n gleichlange Teilintervalle! Berechnen Sie $\lim\limits_{n\to\infty} s_n$ und $\lim\limits_{n\to\infty} S_n$!

a) $f(x)=3x$ **b)** $f(x)=\frac{x^2}{2}+1$ **c)** $f(x)=x^2+x$ **d)** $f(x)=x^3$

4. Stellen Sie die Unter- und die Obersummen für die Unterteilung des angegebenen Intervalls in n gleichlange Teilintervalle auf!

a) $f(x)=\frac{1}{x}$; $[1; 2]$ **b)** $f(x)=\ln x$; $[1; 2]$ **c)** $f(x)=\sin x$; $\left[0; \frac{\pi}{2}\right]$

d) $f(x)=\frac{\sin x}{x}$; $\left[0; \frac{\pi}{2}\right]$ **e)** $f(x)=e^{-x^2}$; $[0; 1]$ **f)** $f(x)=\frac{x}{e^x+1}$; $[0; 1]$

Berechnen Sie die Werte der Unter- und der Obersummen für $n=5$ (10; 20) mit Hilfe eines Computers (vgl. § 15, Seite 342f.)!

III. Definition des Begriffs des Integrals

1. Wir wollen nun überlegen, wie wir den Begriff des Integrals allgemein definieren können. Damit wir – wie bei den im II. Abschnitt behandelten Beispielen – Unter und Obersummen bilden können, setzen wir voraus, daß die gegebene Funktion f über dem betrachteten Intervall $[a; b]$ mit $[a; b]\subseteq D(f)$ **beschränkt** ist. Die Funktion braucht aber über $[a; b]$ nicht unbedingt nur positive Werte anzunehmen; sie kann auch negative Funktionswerte haben, unter Umständen sogar vollständig im negativen Bereich verlaufen.

2. In den Beispielen des II. Abschnittes haben wir die Untersummen und die Obersummen jeweils mit dem kleinsten bzw. dem größten Funktionswert in dem betreffenden Intervall gebildet. Es kann aber vorkommen, daß eine Funktion f in einem Intervall kein Minimum oder kein Maximum besitzt, obwohl sie dort beschränkt ist.

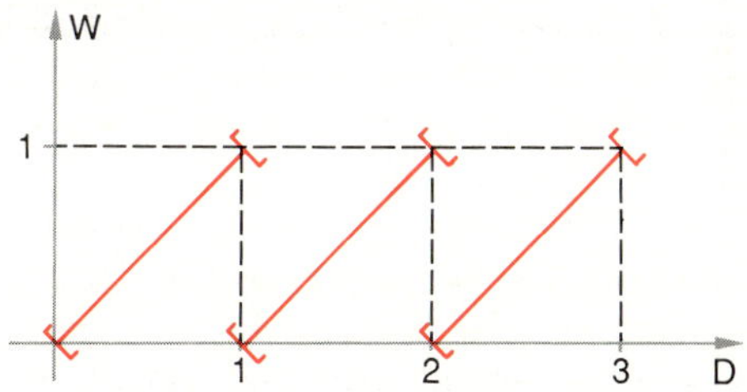

Bild 10.12

Beispiel: Bild 10.12 zeigt als Graph einer über dem Intervall $[0; 3[$ definierten Funktion f eine sogenannte **„Sägezahnkurve"**. Die Funktion weist an den Stellen 1 und 2 Sprungstellen auf, es gilt jeweils $f(1)=f(2)=0$. Die Funktion ist über D(f) nach oben beschränkt; denn für alle $x\in D(f)$ gilt zum Beispiel $f(x)\leq 1$; es gibt aber keine Zahl $x\in D(f)$ mit $f(x)=1$. Die Wertemenge der Funktion ist $W(f)=[0; 1[$; diese Menge besitzt **kein Maximum**, nach Satz S 9.1 wohl aber ein **Supremum**, nämlich die Zahl 1.

Aus diesem Grunde werden wir bei der allgemeinen Definition für die Obersummen die Suprema, für die Untersummen die Infima der Funktionswerte im betreffenden Intervall heranziehen.

3. Das letzte Beispiel des II. Abschnittes zeigt, daß man zur Ermittlung der Flächenmaßzahl einer Normalfläche nicht nur die Möglichkeit hat, das betreffende Intervall in gleichlange Teilintervalle zu zerlegen. Grundsätzlich ist es bei jedem Beispiel möglich, Zerlegungen mit irgendwelchen Teilintervallen zu wählen, insbesondere also auch Zerlegungen, bei denen die Teilintervalle verschiedene Längen haben.
Wir definieren (Bild 10.13):

D 10.2 Unter einer „Zerlegung Z eines Intervalls [a; b]" versteht man eine endliche Zahlenfolge $\langle x_k \rangle$ mit

$$a = x_0 < x_1 < x_2 < \ldots < x_{n-1} < x_n = b.$$

Die Zerlegung bestimmt die Teilintervalle $A_k = [x_{k-1}; x_k]$ mit den Längen

$$h_k = x_k - x_{k-1} \text{ (für } k = 1, 2, \ldots, n).$$

Wenn wir mit solchen Zerlegungen arbeiten, können die Folgen der zugehörigen Unter- und Obersummen in der Regel natürlich nur dann denselben Grenzwert haben, wenn die Längen **aller** Teilintervalle gegen die Zahl 0 streben.

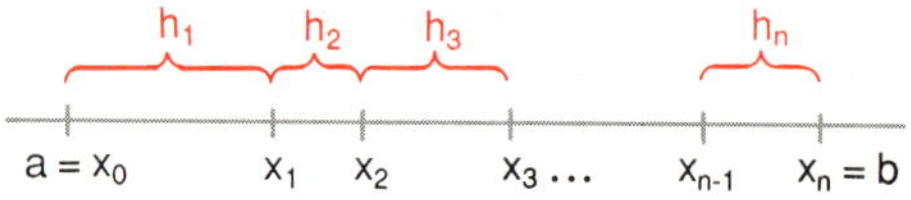

Bild 10.13

4. Nun ist sofort klar, daß der Begriff des Integrals nur dann sinnvoll ist, wenn sich bei allen Möglichkeiten des Vorgehens stets **derselbe Grenzwert** ergibt. Wir hätten also nachzuweisen, daß der Grenzwert von Untersummen und Obersummen unabhängig davon ist, welche Zerlegungen des Intervalls ausgewählt werden. Ein solcher Nachweis ist aber recht aufwendig, schon allein deshalb, weil es stets unübersehbar viele Möglichkeiten des Vorgehens gibt.
Daher versuchen wir, mit dem Problem auf andere Weise fertig zu werden, nämlich dadurch, daß wir von vornherein die Menge U **aller** möglichen Untersummen und die Menge O **aller** möglichen Obersummen betrachten.
Anschaulich ist klar, daß jede Untersumme nicht größer, jede Obersumme nicht kleiner ist als die Maßzahl des betreffenden Flächenstücks, daß die Menge U also nach oben, die Menge O nach unten beschränkt ist. Deshalb suchen wir eine Zahl z, die „zwischen" den Zahlen der beiden Mengen U und O liegt, eine Zahl z also, für die gilt

$$s \leq z \leq S,$$

wenn s irgendeine Untersumme, S irgendeine Obersumme bezeichnet. Wenn es genau eine solche Zahl z gibt, liegt es nahe, diese Zahl der betreffenden Fläche als Maßzahl zuzuordnen, also als das fragliche Integral zu definieren.

5. Um die folgenden Sachverhalte einfach formulieren zu können, nennen wir die Menge aller Funktionswerte einer Funktion, die zu einer Menge M gehören, die **„Bildmenge von M"** und bezeichnen sie mit **„f(M)"**, gelesen „f von M"; es ist also

$$f(M) = \{f(x) \mid x \in M\}.$$

Bemerkung: Das Zeichen „f(M)“ ist – strenggenommen – nicht ganz korrekt, weil „x“ und „f(x)“ Zahlen, „M“ und „f(M)“ aber Mengen bezeichnen. Mißverständnisse sind in der Regel aber nicht zu befürchten.
Ist A_k ein Intervall, so sei ferner

$m_k = \inf f(A_k)$ das **Infimum** aller Funktionswerte im Intervall A_k und
$M_k = \sup f(A_k)$ das **Supremum** aller Funktionswerte im Intervall A_k.

6. Mit diesen Bezeichnungen können wir definieren:

D 10.3 Ist eine Funktion f über einem Intervall $[a; b] \subseteq D(f)$ beschränkt, ist Z eine Zerlegung von [a; b] mit den Intervallen A_k, ist ferner $m_k = \inf f(A_k)$ und $M_k = \sup f(A_k)$ (für k = 1, 2, 3, …, n), so heißt

$$s(Z) = m_1 h_1 + m_2 h_2 + \ldots + m_n h_n = \sum_{k=1}^{n} m_k h_k \text{ die „Untersumme“,}$$

$$S(Z) = M_1 h_1 + M_2 h_2 + \ldots + M_n h_n = \sum_{k=1}^{n} M_k h_k \text{ die „Obersumme“}$$

der Funktion f zur Zerlegung Z.

Bemerkungen:

1) Das Summenzeichen „$\sum_{k=1}^{n}$“ ist so zu verstehen, daß beim dahinterstehenden Term nacheinander in die Summationsvariable k die Werte 1, 2, …, n einzusetzen und die sich ergebenden Ausdrücke zu addieren sind.

2) Wir bezeichnen die Untersummen nicht – wie bei den Beispielen im II. Abschnitt – mit „s_n“, sondern mit „s(Z)“, weil jede solche Untersumme nicht durch die Zahl n der Teilintervalle, wohl aber durch die jeweilige Zerlegung Z des Intervalls [a; b] eindeutig festgelegt ist.
Bild 10.14 zeigt ein <u>**Beispiel**</u> (mit n = 4) für eine Funktion f, die über dem betrachteten Intervall [a; b] nur positive Werte annimmt. In solchen Fällen stellt jede Untersumme die Maßzahl einer „unteren Treppenfläche“ und jede Obersumme die Maßzahl einer „oberen Treppenfläche“ zur Funktion f über dem Intervall [a; b] dar.

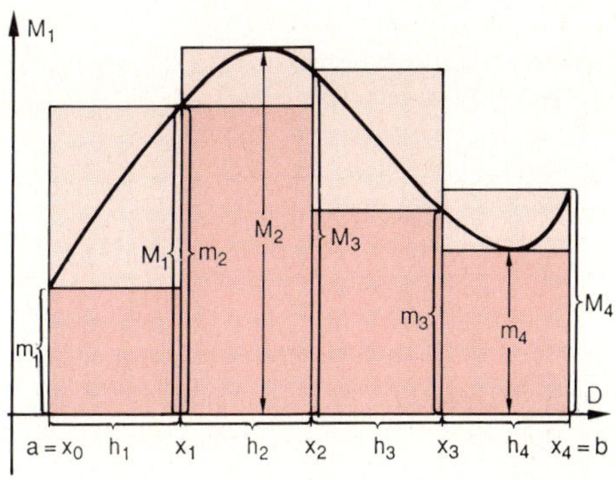

Bild 10.14

7. Anschaulich ist einleuchtend, daß bei einer über einem Intervall [a; b] beschränkten Funktion f für beliebige Zerlegungen Z_1 und Z_2 gilt, daß jede Untersumme $s(Z_1)$ kleiner ist als jede Obersumme $S(Z_2)$; allenfalls kann $s(Z_1) = S(Z_2)$ sein. Um dies beweisen zu können, definieren wir zunächst:

D 10.4 Entsteht eine Zerlegung Z′ aus einer Zerlegung Z dadurch, daß zu Z weitere Teilpunkte hinzugefügt werden, so nennt man Z′ eine „Verfeinerung von Z“.

Es ist anschaulich klar, daß beim Übergang von Z zu Z′ die Untersumme in der Regel größer, die Obersumme in der Regel kleiner wird, daß also gilt:

S 10.1 Ist eine Funktion f über einem Intervall [a; b] beschränkt und ist Z′ eine Verfeinerung von Z, so gilt

$$s(Z') \geq s(Z) \quad \text{und} \quad S(Z') \leq S(Z).$$

Beweis: Es genügt, den Fall zu betrachten, daß Z′ aus Z durch Hinzunahme **eines** weiteren Teilpunktes x entsteht, der zum Beispiel im Intervall $A_k = [x_{k-1}; x_k]$ liegt. Alle anderen Fälle können darauf zurückgeführt werden (Aufgabe 1).

Es gelte also: $x_{k-1} < x < x_k$ (Bild 10.15). Durch die Zahl x entstehen zwei neue Teilintervalle, nämlich $A' = [x_{k-1}; x]$ und $A'' = [x; x_k]$ mit den Längen $h' = x - x_{k-1}$ und $h'' = x_k - x$; es gilt:

$$h' + h'' = (x - x_{k-1}) + (x_k - x) = x_k - x_{k-1} = h_k.$$

Ferner sei $m' = \inf f(A')$ und $m'' = \inf f(A'')$, dann gilt: $m' \geq m_k$ und $m'' \geq m_k$.

Bild 10.15 zeigt einen Fall, in dem $m' > m_k$, Bild 10.16 einen Fall, in dem $m'' > m_k$ ist.

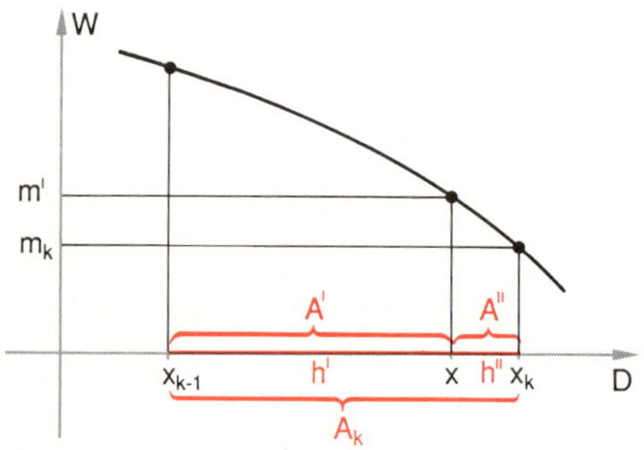

Bild 10.15

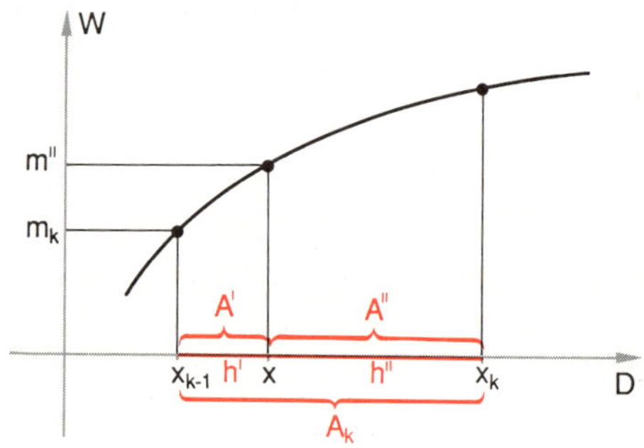

Bild 10.16

Für den Anteil der beiden Intervalle A′ und A″ an der Untersumme s(Z′) gilt daher:

$$m'h' + m''h'' \geq m_k h' + m_k h'' = m_k(h' + h'') = m_k h_k;$$

daraus folgt $s(Z') \geq s(Z)$, q.e.d.
Entsprechend beweist man, daß $S(Z') \leq S(Z)$ ist (Aufgabe 2).

8. Aus Satz S 10.1 folgt nun, daß jede Untersumme nicht größer ist als jede Obersumme.

S 10.2 **Ist eine Funktion f über einem Intervall [a; b] beschränkt, so gilt für zwei beliebige Zerlegungen Z_1 und Z_2 von [a; b]: $s(Z_1) \leq S(Z_2)$.**

Beweis: Wir bilden die Zerlegung $Z = Z_1 \cup Z_2$; dann ist Z eine Verfeinerung von Z_1 und auch eine Verfeinerung von Z_2; daher gilt nach Satz S 10.1:

$$s(Z_1) \leq s(Z) \leq S(Z) \leq S(Z_2), \quad \text{also} \quad s(Z_1) \leq S(Z_2), \text{ q.e.d.}$$

9. Der Satz S 10.2 besagt – anders ausgedrückt –, daß jede Obersumme S(Z) eine obere Schranke der Menge U aller Untersummen und daß jede Untersumme s(Z) eine untere Schranke der Menge O aller Obersummen ist, daß also gilt:

S 10.3 **Bei einer über einem Intervall [a; b] beschränkten Funktion f ist die Menge aller**

Untersummen $U = \{s(Z) \mid Z \text{ zu } [a;b]\}$ nach oben beschränkt.	**Obersummen $O = \{S(Z) \mid Z \text{ zu } [a;b]\}$ nach unten beschränkt.**

10. Nach den Sätzen S 9.1 und S 10.3 gibt es also eine obere Grenze von U (sup U) und eine untere Grenze von O (inf O). Wir definieren:

D 10.5 **1) Die obere Grenze aller Untersummen, also die Zahl sup U, heißt das „Unterintegral der Funktion f über [a; b]": $\underline{\int}_a^b f =_{Df} \sup U$.**

2) Die untere Grenze aller Obersummen, also die Zahl inf O, heißt das „Oberintegral der Funktion f über [a; b]": $\overline{\int}_a^b f =_{Df} \inf O$.

11. Aus Satz S 10.2 folgt nun, daß das Unterintegral nie größer ist als das Oberintegral.

S 10.4 **Ist eine Funktion f über einem Intervall [a; b] beschränkt, so gilt $\underline{\int}_a^b f \leq \overline{\int}_a^b f$.**

Beweis: Nach Satz 10.2 ist jede Untersumme s(Z) eine untere Schranke für die Menge aller Obersummen, also auch für deren untere Grenze, das Oberintegral. Für jede Untersumme gilt also:

$$s(Z) \leq \overline{\int}_a^b f.$$

Diese Ungleichung besagt aber auch, daß das Oberintegral eine obere Schranke für alle Untersummen ist, daß es also größer (oder allenfalls gleich) ist der oberen Grenze aller Untersummen, also größer (oder gleich) dem Unterintegral, daß also gilt:

$$\underline{\int}_a^b f \leq \overline{\int}_a^b f, \text{ q.e.d.}$$

12. Es kann sein, daß in der Beziehung von Satz 10.4 das Gleichheitszeichen zutrifft. In einem solchen Fall nennt man die betreffende Zahl das **„Integral der Funktion f über [a; b]"** und bezeichnet dieses mit „$\int_a^b f$" oder mit „$\int_a^b f(x)\,dx$". Wir definieren:

D 10.6 Gilt $\underline{\int_a^b} f = \overline{\int_a^b} f$, so heißt diese Zahl das „Integral der Funktion f über [a; b]"; sie wird mit „$\int_a^b f$" bezeichnet.

In diesem Fall heißt die Funktion f „integrierbar über [a; b]".

Aufgrund von Definition D 10.6 lassen sich Integrale im allgemeinen nicht unmittelbar berechnen. Auf das Problem der Berechnung von bestimmten Integralen gehen wir in den Paragraphen 11 und 12 ausführlich ein.

13. In Definition D 10.6 wird vorausgesetzt, daß $a<b$ ist. Es ist zweckmäßig, den Begriff des Integrals so zu erweitern, daß auch $a=b$ und $a>b$ zugelassen ist. Für $a=b$ definieren wir in naheliegender Weise:

$$\int_a^a f = 0.$$

Gilt $a>b$, so liegt es nahe, das Integral $\int_a^b f$ auf $\int_b^a f$ zurückzuführen. Wir haben oben schon darauf hingewiesen, daß Integrale die Eigenschaft der **„Intervalladditivität"** haben sollen:

$$\int_a^b f + \int_b^c f = \int_a^c f \text{ (Bild 10.17).}$$

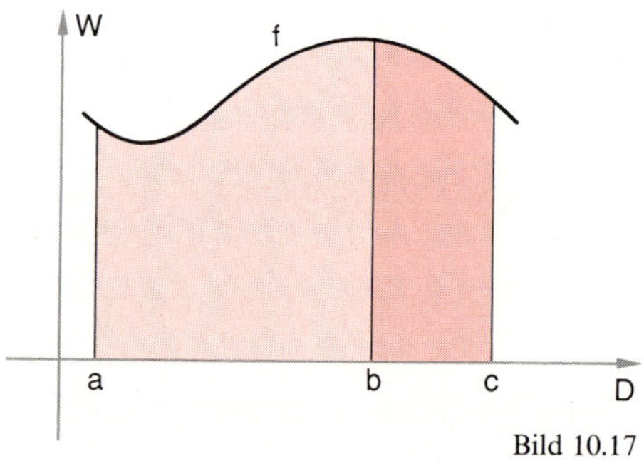

Bild 10.17

Daß dies bei der Integraldefinition D 10.6 zutrifft, werden wir unten beweisen (Satz S 11.2, Seite 240).
Es ist also zweckmäßig – im Vorgriff auf diesen Satz –, bei der Definition des Integrals $\int_a^b f$ für $a>b$ diesen Gesichtspunkt schon zu berücksichtigen. Setzen wir in obiger Gleichung $c=a$, so ergibt sich:

$$\int_a^b f + \int_b^a f = \int_a^a f = 0.$$

Daher ist es sinnvoll, zu definieren: $\int_a^b f = -\int_b^a f$.

D 10.7 1) Für jede Funktion f, die an einer Stelle a definiert ist, soll gelten $\int_a^a f = 0$.

2) Ist eine Funktion f über einem Intervall [b; a] integrierbar, so soll gelten:

$$\int_a^b f = -\int_b^a f.$$

Beispiel: $\int_4^1 \sqrt{x}\,dx = -\int_1^4 \sqrt{x}\,dx = -\left[\frac{2}{3}4\sqrt{4} - \frac{2}{3}1\cdot\sqrt{1}\right] = -\frac{2}{3}(8-1) = -\frac{14}{3}$ (vgl. Seite 230).

Bemerkung: Entsprechend Definition D 10.7, 1) soll natürlich auch gelten

$$\int_a^a f = 0 \quad \text{und} \quad \oint_a^a f = 0.$$

14. Wenn ein Integral $\int_a^b f$ existiert, dann gilt

$$\sup U \leq \int_a^b f \leq \inf O,$$

für **jede** Untersumme s und für **jede** Obersumme S also

$$s \leq \int_a^b f \leq S.$$

Ist m die untere Grenze und M die obere Grenze aller Funktionswerte im Intervall [a; b], so ist $m\cdot(b-a)$ die kleinste Untersumme und $M\cdot(b-a)$ die größte Obersumme; daher gilt:

$$m\cdot(b-a) \leq \int_a^b f \leq M\cdot(b-a) \text{ (Bild 10.18).}$$

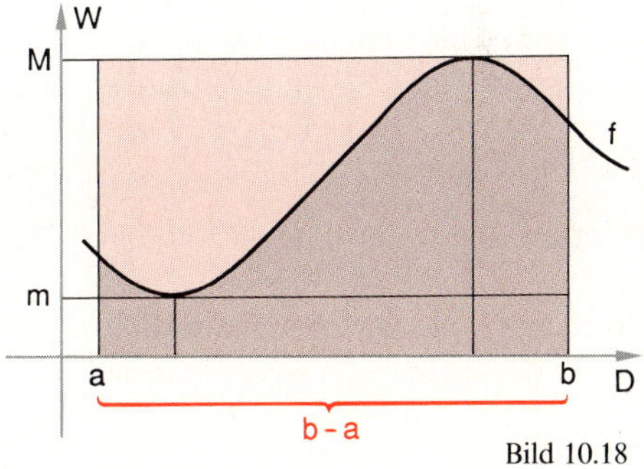

Bild 10.18

Es gilt also der **„Schrankensatz der Integralrechnung“**:

S 10.5: Ist eine Funktion f über einem Intervall A = [a; b] integrierbar und ist m = inf f(A) und M = sup f(A), dann gilt:

$$m(b-a) \leq \int_a^b f \leq M(b-a).$$

Übungen und Aufgaben

1. Begründen Sie, daß es beim Beweis von Satz S 10.1 ausreicht, den Fall zu betrachten, daß zu einer Zerlegung Z genau ein Teilpunkt hinzugefügt wird!

2. Beweisen Sie die zweite Aussage von Satz S 10.1: $S(Z') \leq S(Z)$!

3. **a)** Für eine über dem Intervall [0; 6] streng monoton steigende Funktion f gelte:
$f(0)=1$; $f(1)=1{,}1$; $f(2)=1{,}2$; $f(3)=4$; $f(4)=4{,}5$; $f(5)=5$ und $f(6)=6$.
Berechnen Sie die Untersummen s_n für $n=2$, $n=3$ und $n=6$ bei äquidistanter Unterteilung des Intervalls [0; 6]! Was fällt Ihnen auf?
b) Konstruieren Sie ein analoges Beispiel, bei dem für die Obersummen gilt $S_3 > S_2$!

4. Begründen Sie, daß für eine Folge von Zerlegungen $\langle Z_n \rangle$ mit den Intervallbreiten $h_n = \frac{b-a}{2^n}$ für alle $n \in \mathbb{N}$ gilt: $s(Z_{n+1}) \geq s(Z_n)$ und $S(Z_{n+1}) \leq S(Z_n)$!

•

5. Bestimmen Sie die Untersummen, die Obersummen, das Unter- und das Oberintegral über dem Intervall [0; 2] nach Definition D 10.5!

a) $f(x)=2$ **b)** $f(x)=\begin{cases} 0 & \text{für } 0 \leq x < 1 \\ 1 & \text{für } 1 \leq x \leq 2 \end{cases}$ **c)** $f(x)=\begin{cases} 3 & \text{für } 0 \leq x \leq 1 \\ 2 & \text{für } 1 < x \leq 2 \end{cases}$

d) $f(x)=\begin{cases} 1 & \text{für } x \neq 1 \\ 2 & \text{für } x = 1 \end{cases}$ **e)** $f(x)=\begin{cases} 1 & \text{für } 0 < x < 2 \\ -1 & \text{für } x \in \{0; 2\} \end{cases}$ **f)** $f(x)=\begin{cases} 0 & \text{für } x \in \mathbb{Q} \\ 1 & \text{für } x \in \mathbb{R} \setminus \mathbb{Q} \end{cases}$

6. Beweisen Sie: Gibt es eine Folge von Untersummen s_n und eine Folge von Obersummen S_n derart, daß die Intervalle $A_n = [s_n; S_n]$ eine Intervallschachtelung $\langle A_n \rangle$ bilden, dann ist die betreffende Funktion f über dem zugrundeliegenden Intervall [a; b] integrierbar. Außerdem ist $\int_a^b f$ die innere Zahl von $\langle A_n \rangle$.

Anleitung: Benutzen Sie die Definition D 10.6!

7. Schätzen Sie das Integral mit Hilfe von Satz S 10.5 nach unten und nach oben ab! Erläutern Sie das Ergebnis an einer Skizze des Funktionsgraphen!

a) $\int_2^3 x\,dx$ **b)** $\int_6^{10} \frac{x^2}{4}\,dx$ **c)** $\int_1^2 \frac{dx}{x}$ **d)** $\int_4^9 \sqrt{x}\,dx$ **e)** $\int_{-1}^1 e^x\,dx$

8. **a)** Beweisen Sie mit Hilfe von Satz S 10.5: Ist eine Funktion f über einem Intervall [a; b] integrierbar und gilt $f(x) \geq 0$ für alle $x \in [a; b]$, dann gilt auch $\int_a^b f \geq 0$!
b) Untersuchen Sie, ob die Umkehrung des Satzes von a) gilt!
c) Beweisen Sie: Sind zwei Funktionen f und g integrierbar über einem Intervall [a; b] und gilt $f(x) \leq g(x)$ für alle $x \in [a; b]$, dann gilt: $\int_a^b f \leq \int_a^b g$!

§ 11 Sätze zum Integralbegriff

I. Grundlegende Sätze

1. In § 10, II haben wir Integrale als Grenzwerte von Folgen von Untersummen s_n und von Obersummen S_n berechnet. Wir wollen jetzt nachweisen, daß dieses Vorgehen berechtigt ist, daß man Integrale also tatsächlich als solche Grenzwerte berechnen kann. Es gilt der Satz

S 11.1 **1) Eine über einem Intervall [a; b] beschränkte Funktion f ist über [a; b] integrierbar genau dann, wenn es eine Folge $\langle s_n \rangle$ von Untersummen und eine Folge $\langle S_n \rangle$ von Obersummen gibt mit**

$$\lim_{n \to \infty} (S_n - s_n) = 0.$$

2) Ist die Bedingung von 1) erfüllt, dann gilt:

$$\int_a^b f = \lim_{n \to \infty} s_n = \lim_{n \to \infty} S_n.$$

Wir führen den **Beweis** in mehreren Schritten.

1) a): Gilt $\sup U = \underline{\int_a^b} f = \int_a^b f = \overline{\int_a^b} f = \inf O$,

so gibt es zu **jeder** Zahl $\frac{1}{n}$ (mit $n \in \mathbb{N}$) eine Zerlegung Z_1 derart, daß für die zugehörige Untersumme $s(Z_1) = s_n$ gilt:

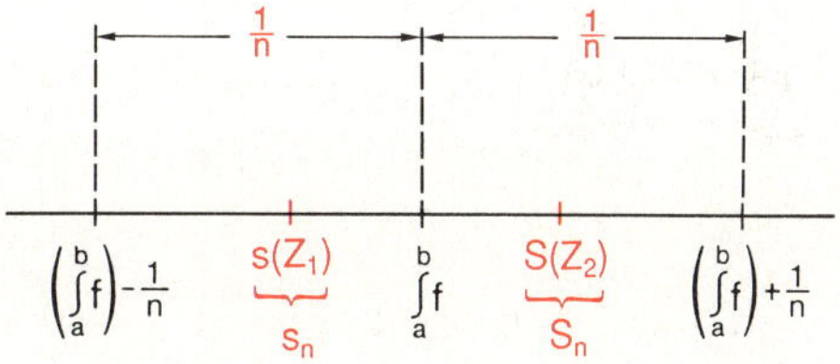

Bild 11.1

$\int_a^b f - \frac{1}{n} \le s_n$, also $\frac{1}{n} - \int_a^b f \ge -s_n$ und ebenso eine Zerlegung Z_2 mit $\int_a^b f + \frac{1}{n} \ge S(Z_2) = S_n$ (Bild 11.1).

Durch Addition der beiden letzten Ungleichungen erhält man $\frac{2}{n} \ge S_n - s_n$ (für alle $n \in \mathbb{N}$).

Da nach Satz S 10.2 außerdem gilt $S_n - s_n \ge 0$, ergibt sich $\lim\limits_{n \to \infty} (S_n - s_n) = 0$, q.e.d.

1) b): Nach Satz S 10.4 gilt: $\underline{\int_a^b} f \le \overline{\int_a^b} f$, also $0 \le \overline{\int_a^b} f - \underline{\int_a^b} f$.

Ferner gilt für die Untersummen s_n und für die Obersummen S_n:

$$\underline{\int_a^b} f \ge s_n, \quad \text{also} \quad -\underline{\int_a^b} f \le -s_n \quad \text{und} \quad \overline{\int_a^b} f \le S_n.$$

Durch Addition der beiden Ungleichungen ergibt sich: $0 \leq \overline{\int_a^b} f - \underline{\int_a^b} f \leq S_n - s_n$.

Aus der Voraussetzung $\lim_{n \to \infty} (S_n - s_n) = 0$ folgt also $\underline{\int_a^b} f = \overline{\int_a^b} f$, q.e.d.

2) a): Nach 1) b) wissen wir bereits, daß die Funktion f über [a; b] integrierbar ist, daß also gilt: $\underline{\int_a^b} f = \overline{\int_a^b} f = \int_a^b f = g$. Nach den Sätzen S 10.2 und S 10.4 gilt dann für die Untersummen s_n und für die Obersummen S_n:

$$s_n \leq g \leq S_n, \quad \text{also} \quad 0 \leq g - s_n \leq S_n - s_n, \quad \text{also auch} \quad |g - s_n| \leq |S_n - s_n|.$$

Wegen $\lim_{n \to \infty} (S_n - s_n) = 0$ gilt nach Satz S 1.5 auch $\lim_{n \to \infty} (g - s_n) = 0$, also $\lim_{n \to \infty} s_n = g = \int_a^b f$, q.e.d.

2) b): Es gilt: $S_n = (S_n - s_n) + s_n$, also $\lim_{n \to \infty} S_n = \lim_{n \to \infty} (S_n - s_n) + \lim_{n \to \infty} s_n = 0 + g = \int_a^b f$, q.e.d.

Damit ist der Satz S 11.1 vollständig bewiesen.

2. Die Bedeutung des Satzes S 11.1 liegt vor allem in dem Umstand, daß wir zum Beweis von Sätzen zum Integralbegriff den Grenzwertbegriff für Zahlenfolgen heranziehen können. Dies wollen wir sogleich am Satz über die **Intervall-Additivität** des bestimmten Integrals deutlich machen (Bild 11.2).

S 11.2 **Ist eine Funktion f über zwei Intervallen [a; b] und [b; c] integrierbar, dann ist sie auch über dem Intervall [a; c] integrierbar; es gilt:**

$$\int_a^c f = \int_a^b f + \int_b^c f.$$

Beweis: Wir bezeichnen die zu [a; b] gehörenden Größen mit einem Strich, die zu [b; c] gehörenden Größen mit zwei Strichen.

Nach Satz S 11.1 gibt es zwei Folgen $\langle s'_n \rangle$ und $\langle S'_n \rangle$ mit

$$\lim_{n \to \infty} s'_n = \lim_{n \to \infty} S'_n = \int_a^b f,$$

ferner gibt es zwei Folgen $\langle s''_n \rangle$ und $\langle S''_n \rangle$ mit

$$\lim_{n \to \infty} s''_n = \lim_{n \to \infty} S''_n = \int_b^c f.$$

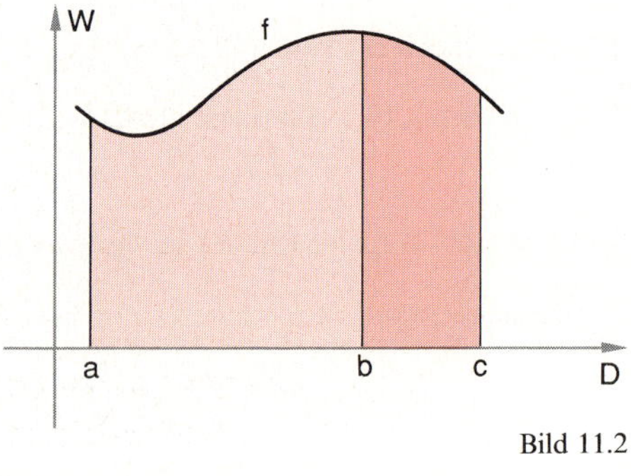

Bild 11.2

Beachte: Die Zahl n ist jeweils so festgelegt, wie es in Teil 1) a) des Beweises von Satz 11.1 angegeben ist; n bezeichnet in der Regel also **nicht** etwa die Anzahl der Intervalle der betreffenden Zerlegung. Dann sind durch

$$s_n = s'_n + s''_n \quad \text{und} \quad S_n = S'_n + S''_n$$

Unter- bzw. Obersummen der Funktion f zum Intervall [a; c] festgelegt; für diese Summen gilt:

$$\lim_{n\to\infty} s_n = \lim_{n\to\infty} (s'_n + s''_n) = \lim_{n\to\infty} s'_n + \lim_{n\to\infty} s''_n = \int_a^b f + \int_b^c f$$

und $$\lim_{n\to\infty} S_n = \lim_{n\to\infty} (S'_n + S''_n) = \lim_{n\to\infty} S'_n + \lim_{n\to\infty} S''_n = \int_a^b f + \int_b^c f,$$

also $\lim_{n\to\infty} s_n = \lim_{n\to\infty} S_n$ und somit auch $\lim_{n\to\infty} (S_n - s_n) = 0$.

Daher existiert nach Satz 11.1 auch das Integral $\int_a^c f$, und es gilt: $\int_a^c f = \int_a^b f + \int_b^c f$, q.e.d.

3. In analoger Weise zeigt man auch die Gültigkeit des Satzes

S 11.3 **1) Ist eine Funktion f über zwei Intervallen [a; c] und [b; c] integrierbar, dann ist sie auch über dem Intervall [a; b] integrierbar; es gilt:**

$$\int_a^b f = \int_a^c f - \int_b^c f.$$

2) Ist eine Funktion f über zwei Intervallen [a; b] und [a; c] integrierbar, dann ist sie auch über dem Intervall [b; c] integrierbar; es gilt:

$$\int_b^c f = \int_a^c f - \int_a^b f.$$

Der **Beweis** soll in Aufgabe 4 geführt werden.

4. Bei den Integralen, die wir in § 10, II berechnet haben, handelt es sich um Funktionen, die über dem Integrationsintervall monoton sind. Wir wollen zeigen, daß jede solche Funktion integrierbar ist.

S 11.4 **Jede über einem Intervall [a; b] monotone Funktion ist über [a; b] auch integrierbar.**

Beweis: Wir behandeln den Fall, daß f über [a; b] monoton steigt. Der Beweis für den anderen Fall verläuft entsprechend (Aufgabe 5).

1) Wir zeigen zunächst, daß f über [a; b] beschränkt ist. Da f monoton steigt, gilt für alle $x \in [a; b]$:

$$f(a) \leq f(x) \leq f(b),$$

d.h. f(a) ist eine untere und f(b) ist eine obere Schranke von f über [a; b].

2) Wir zerlegen das Intervall [a; b] in n gleichlange Teilintervalle, wählen also $h_n = \frac{1}{n}(b-a)$. In jedem Teilintervall $A_k = [x_{k-1}; x_k]$ gilt wegen der vorausgesetzten Monotonie von f:

$m_k = f(x_{k-1})$ und $M_k = f(x_k)$ (Bild 11.3).

Somit gilt für die Unter- und Obersummen:

$$s_n = [f(a) + f(x_1) + f(x_2) + \ldots + f(x_{n-1})] \cdot h_n$$

und $$S_n = [f(x_1) + f(x_2) + f(x_3) + \ldots + f(b)] \cdot h_n.$$

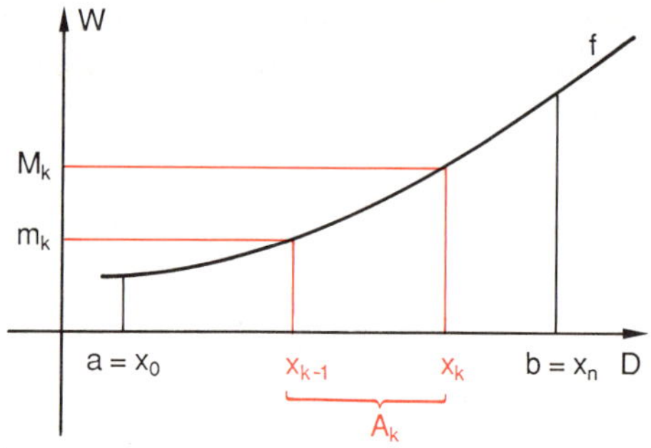

Bild 11.3

Bilden wir nun die Differenz $S_n - s_n$, so heben sich fast alle Summanden der beiden Summen gegenseitig auf; es bleibt

$$S_n - s_n = [f(b) - f(a)] \cdot h_n = [f(b) - f(a)] \frac{b-a}{n} \quad \text{(Bild 11.4)},$$

also $\lim\limits_{n \to \infty} (S_n - s_n) = [f(b) - f(a)] \cdot (b-a) \cdot \lim\limits_{n \to \infty} \frac{1}{n} = 0.$

Nach Satz S 11.1 ist die Funktion f also integrierbar über [a; b], q.e.d.

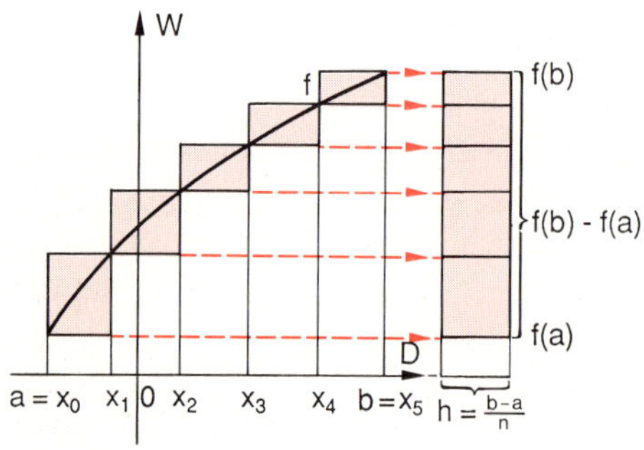

Bild 11.4

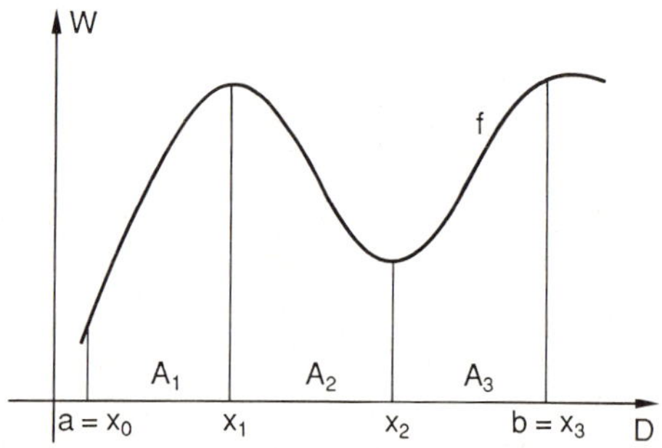

Bild 11.5

5. Viele Funktionen sind über einem Intervall [a; b] nicht monoton, wohl aber „stückweise monoton". Damit ist gemeint, daß es eine Zerlegung Z des Intervalls [a; b] gibt derart, daß die Funktion über jedem Teilintervall A_k der Zerlegung monoton ist (Bild 11.5).
Aus den Sätzen S 11.2 (Intervall-Additivität) und S 11.4 folgt nun unmittelbar, daß auch solche Funktionen integrierbar sind.

S 11.5 Gibt es zu einer Funktion f und zu einem Intervall [a; b] eine Zerlegung Z von [a; b] mit den Teilintervallen A_k (k = 1, 2, …, n) derart, daß f über jedem Teilintervall monoton ist, dann ist f über [a; b] integrierbar.

Beispiel: Die Sinusfunktion ist integrierbar über dem Intervall $[0; 2\pi]$, weil sie über den Intervallen $[0; \frac{\pi}{2}]$ und $[\frac{3\pi}{2}; 2\pi]$ monoton steigt und über dem Intervall $[\frac{\pi}{2}; \frac{3\pi}{2}]$ monoton fällt (Bild 11.6).

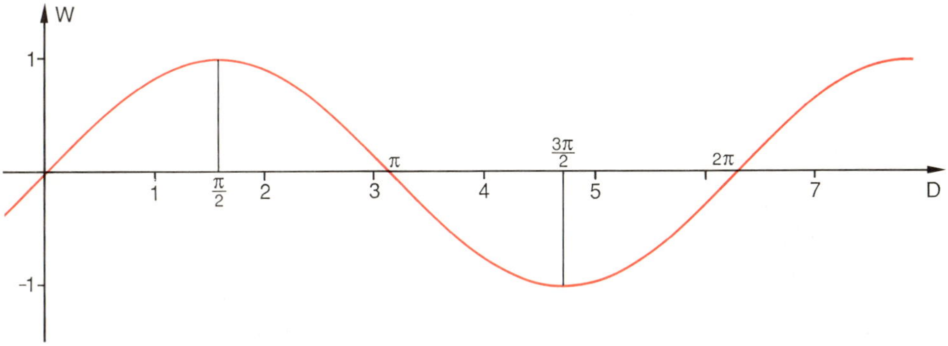

Bild 11.6

Übungen und Aufgaben

1. Zeichnen Sie den Funktionsgraphen über dem Intervall $[0; 4]$! Berechnen Sie zugehörige Unter- und Obersummen! Wählen Sie dabei Zerlegungen, bei denen die Intervalle $[k; k+1]$ (für $k=0, 1, 2, 3$) äquidistant unterteilt werden! Untersuchen Sie mit Hilfe von Satz S 11.1, ob f integrierbar ist!

a) $f(x)=x$ für $0 \leq x < 1$ und $f(x+1)=f(x)$ für alle $x \in \mathbb{R}$

b) $f(x)=x$ für $0 < x \leq 1$ und $f(x+1)=f(x)$ für alle $x \in \mathbb{R}$

c) $f(x)=\begin{cases} 2-x & \text{für } 0 \leq x < 1 \\ x-1 & \text{für } 1 \leq x < 2 \end{cases}$ und $f(x+2)=f(x)$ für alle $x \in \mathbb{R}$

d) $f(x)=x^2$ für $0 \leq x < 1$ und $f(x+1)=f(x)$ für alle $x \in \mathbb{R}$

2. a) Worin besteht der Unterschied zwischen den Funktionen von Aufgabe 1 a) und b)? Wie wirkt sich dieser Unterschied auf die Unter- und die Oberintegrale aus?

b) Zeigen Sie allgemein: Ist eine Funktion f über einem Intervall $[a; b]$ integrierbar und unterscheidet sich eine Funktion g von f nur an einer Stelle $x_0 \in [a; b]$, so ist auch g über $[a; b]$ integrierbar, und es gilt: $\int_a^b g = \int_a^b f$!

3. Zeigen Sie mit Hilfe von Teil a) des Satzes S 11.1, daß die Funktion f über dem angegebenen Intervall integrierbar ist!

Anleitung: Zerlegen Sie das Intervall jeweils in n gleichlange Teilintervalle!

a) $f(x)=\sqrt{x}$; $[0; 1]$ **b)** $f(x)=\sin x$; $[0; \frac{\pi}{2}]$ **c)** $f(x)=|x|$; $[-1; 1]$

d) $f(x)=\cos x$; $[-\frac{\pi}{2}; \frac{\pi}{2}]$ **e)** $f(x)=\frac{1}{x}$; $[1; 2]$ **f)** $f(x)=\ln x$; $[1; 5]$

4. Beweisen Sie den Satz S 11.3!

5. Beweisen Sie den Satz S 11.4 für den Fall, daß die Funktion f monoton fällt!

6. Zeigen Sie, daß die Funktion über dem angegebenen Intervall monoton ist! Warum ist sie über diesem Intervall trotzdem nicht integrierbar?

a) $f(x)=\frac{1}{x}$; $]0;4]$ **b)** $f(x)=\frac{1}{(x-1)^2}$; $]-1;1[$ **c)** $f(x)=\ln x$; $]0;1]$

7. Zeigen Sie, daß die Funktion f nach Satz S 11.5 über jedem Intervall $[a;b]\subseteq D(f)$ integrierbar ist! Ermitteln Sie die Intervalle, in denen f monoton ist!

a) $f(x)=x^2-3x-4$ **b)** $f(x)=x^3-3x+2$ **c)** $f(x)=2x^3-9x^2-24x$

d) $f(x)=\sqrt{2x-1}$ **e)** $f(x)=x+\sqrt{x+1}$ **f)** $f(x)=\frac{1}{x^2-1}$

g) $f(x)=\cos x$ **h)** $f(x)=\frac{1}{2}\cdot\cos 3x-2$ **i)** $f(x)=\sin(3x-1)$

j) $f(x)=e^{-x^2}$ **k)** $f(x)=\ln(1+x^2)$ **l)** $f(x)=\ln(1+e^x)$

8. Ermitteln Sie die Zahlen, die nicht in einem Integrationsintervall liegen dürfen!

a) $f(x)=\frac{1}{x-1}$ **b)** $f(x)=\frac{x}{x+2}$ **c)** $f(x)=\frac{x+3}{x^2-1}$ **d)** $f(x)=\frac{2x-3}{x^2-3x-4}$

e) $f(x)=\frac{x^2-2x}{x^2+5x}$ **f)** $f(x)=\frac{2x-7}{x^3+x^2-2x}$ **g)** $f(x)=\frac{3x+5}{1+\sin x}$ **h)** $f(x)=\frac{1+\sin^2 x}{1-\sin^2 x}$

i) $f(x)=\frac{\tan 2x}{x^2+x}$ **j)** $f(x)=\ln(x-1)$ **k)** $f(x)=\frac{1}{e^x-1}$ **l)** $f(x)=\frac{1}{1-\arctan x}$

II. Der Begriff der Stammfunktion

1. In § 10 haben wir den Begriff des Integrals und in § 11, I einige zugehörige Sätze bewiesen. Offen ist bisher die Frage, wie man Integrale berechnen kann. Im folgenden wollen wir Sätze herleiten, die uns der Lösung dieser Probleme näherbringen.
Um die Zielrichtung der folgenden Überlegungen anzudeuten, greifen wir zurück auf die ersten Beispiele, die wir in § 10, II behandelt haben:

1) $\int_a^b x^2\,dx=\frac{b^3}{3}-\frac{a^3}{3}$ **2)** $\int_a^b e^x\,dx=e^b-e^a$ **3)** $\int_a^b \sqrt{x}\,dx=\frac{2}{3}b\sqrt{b}-\frac{2}{3}a\sqrt{a}$ (für $a, b\geq 0$)

Es fällt auf, daß sich die Werte des bestimmten Integrals jeweils auf die folgende Weise ergeben: in einen gewissen Term F(x) sind die Integrationsgrenzen b und a einzusetzen; dann ist die Differenz $F(b)-F(a)$ zu bilden.

Zu 1): $F(x)=\frac{x^3}{3}$; $\int_a^b x^2\,dx=F(b)-F(a)=\frac{b^3}{3}-\frac{a^3}{3}$

Zu 2): $F(x)=e^x$; $\int_a^b e^x\,dx=F(b)-F(a)=e^b-e^a$

Zu 3): $F(x)=\frac{2}{3}x\sqrt{x}$; $\int_a^b \sqrt{x}\,dx=F(b)-F(a)=\frac{2}{3}b\sqrt{b}-\frac{2}{3}a\sqrt{a}$ (für $a, b\geq 0$)

Weiterhin fällt auf, daß die Ableitung der Funktion F jeweils gerade die Integrandfunktion f ist.

Zu 1): $F(x)=\frac{x^3}{3}$; $F'(x)=3\cdot\frac{x^2}{3}=x^2=f(x)$ **Zu 2):** $F(x)=e^x$; $F'(x)=e^x=f(x)$

Zu 3): $F(x)=\frac{2}{3}x\sqrt{x}=\frac{2}{3}x^{\frac{3}{2}}$; $F'(x)=\frac{2}{3}\cdot\frac{3}{2}x^{\frac{1}{2}}=\sqrt{x}=f(x)$ (für $x\geq 0$)

Wenn es sich bei dieser „Entdeckung" nicht um eine zufällige Eigenschaft der betrachteten Beispiele handelt, dann sind wir hier auf einen außerordentlich wichtigen Sachverhalt gestoßen, nämlich auf einen – zunächst sehr erstaunlichen – Zusammenhang zwischen Differential- und Integralrechnung: das Problem der Integration einer Funktion f führt auf eine Funktion F, deren Ableitung wieder die Funktion f ist: $F'=f$.

2. Man nennt eine Funktion F mit $F'=f$ eine **„Stammfunktion der Funktion f"**. Wir definieren:

D 11.1 Eine Funktion F heißt genau dann eine „Stammfunktion der Funktion f", wenn gilt: $F'=f$, wenn also für alle $x\in D(f)$ gilt: $F'(x)=f(x)$.

Beispiele:

1) Die Funktion F zu $F(x)=\frac{x^2}{2}$ ist eine Stammfunktion der Funktion f zu $f(x)=x$, denn für alle $x\in\mathbb{R}$ gilt: $F'(x)=2\frac{x}{2}=x=f(x)$.

2) Die Funktion F zu $F(x)=\sin x$ ist eine Stammfunktion der Funktion f zu $f(x)=\cos x$; denn für alle $x\in\mathbb{R}$ gilt: $F'(x)=\cos x=f(x)$.

3) Die Funktion F zu $F(x)=\ln x$ ist eine Stammfunktion der Funktion f zu $f(x)=\frac{1}{x}$; denn für alle $x\in\mathbb{R}^{>0}$ gilt: $F'(x)=\frac{1}{x}=f(x)$.

3. In § 3 und § 4 haben wir zu zahlreichen Funktionen die zugehörigen Ableitungsfunktionen bestimmt. Zu diesen Ableitungsfunktionen können wir daher umgekehrt sofort auch zugehörige Stammfunktionen angeben. Wichtige Beispiele enthält die folgende Tabelle (Aufgabe 1).

f(x)	1	x	x^2	$\frac{1}{x^2}$	$\frac{1}{\sqrt{x}}$	$x^r (r\in\mathbb{R}^{\neq -1})$	$\frac{1}{x}$	sin x	cos x	$\frac{1}{\cos^2 x}$	$\frac{1}{\sin^2 x}$	e^x	$\frac{1}{1+x^2}$	$\frac{1}{\sqrt{1-x^2}}$
F(x)	x	$\frac{1}{2}x^2$	$\frac{1}{3}x^3$	$-\frac{1}{x}$	$2\sqrt{x}$	$\frac{1}{r+1}x^{r+1}$	ln x	−cos x	sin x	tan x	−cot x	e^x	arctan x	arcsin x

Bei den meisten Beispielen in dieser Tabelle gilt $D(F)=D(f)$; es gibt jedoch Ausnahmen.

Beispiel: Für $f(x)=\frac{1}{\sqrt{x}}$ gilt $D(f)=\mathbb{R}^{>0}$, für $F(x)=2\sqrt{x}$ dagegen $D(F)=\mathbb{R}^{\geq 0}$.

Wegen $D(f)\subseteq D(F)$ ist die in Definition D 11.1 genannte Bedingung auch bei diesem Beispiel erfüllt.

Bei Potenzfunktionen ist zu beachten, daß 0^0 nicht definiert ist.
Bei vielen anderen Funktionen ist die Frage nach der Existenz von Stammfunktionen auf Anhieb nicht zu entscheiden.

Beispiele: **1)** $f(x)=\frac{x+1}{x-1}$ **2)** $f(x)=\sqrt{x^2+1}$ **3)** $f(x)=\tan x$ **4)** $f(x)=\ln x$

Bei diesen und bei vielen anderen Beispielen kann man unmittelbar nicht erkennen, wie der Term einer zugehörigen Stammfunktion aussehen könnte; man weiß nicht einmal, ob es überhaupt eine Stammfunktion gibt. Wir werden uns daher im folgenden Paragraphen noch eingehend mit der Frage zu beschäftigen haben, wie man gegebenenfalls bei solchen und anderen Beispielen Stammfunktionen ermitteln kann.

4. Wenn eine Funktion f eine Stammfunktion F besitzt, so erkennt man sofort, daß es dann sogar beliebig viele Stammfunktionen zu f gibt.

Beispiel: $f(x)=\cos x$

Eine Stammfunktion F zu f(x) ist gegeben durch $F(x)=\sin x$; denn es gilt: $F'(x)=\cos x=f(x)$.
Aber zum Beispiel auch die Funktionen zu

$$F_1(x)=\sin x+1;\ F_2(x)=\sin x-2;\ F_3(x)=\sin x+\sqrt{5} \text{ und } F_4(x)=\sin x-\pi$$

sind Stammfunktionen von f; denn es gilt:

$$F_1'(x)=F_2'(x)=F_3'(x)=F_4'(x)=\cos x=f(x).$$

Allgemein können wir sagen:

S 11.6 **Wenn F_1 eine Stammfunktion von f ist und für alle $x\in D(f)$ gilt $F_2(x)=F_1(x)+c$ (mit einer Zahl $c\in\mathbb{R}$), so ist auch F_2 eine Stammfunktion von f.**

Beweis: Nach Voraussetzung gilt für alle $x\in D(f)$: $F_1'(x)=f(x)$; also gilt auch:

$$F_2'(x)=F_1'(x)+0=f(x), \text{ q.e.d.}$$

Sofern eine Funktion überhaupt eine Stammfunktion besitzt, hat sie also sogar **unendlich viele Stammfunktionen**.
Der Satz S 11.6 hat eine einfache **anschauliche Bedeutung**. Verschiebt man den Funktionsgraphen einer Stammfunktion F von f um einen beliebigen Betrag in Richtung der W-Achse, so erhält man den Graphen einer weiteren Stammfunktion F. Bild 11.7 zeigt die Graphen der Stammfunktionen F, F_1, F_2, F_3 und F_4 von f zu $f(x)=\cos x$, die wir bei obigem Beispiel angegeben haben.

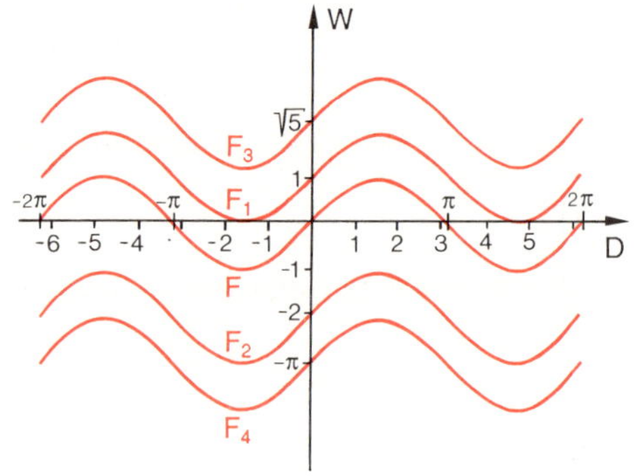

Bild 11.7

5. Es erhebt sich nun die Frage, ob zwischen zwei **beliebigen** Stammfunktionen F_1 und F_2 einer Funktion f der in Satz S 11.6 angegebene und in Bild 11.7 dargestellte Sachverhalt besteht, ob es also zu zwei beliebigen Stammfunktionen F_1 und F_2 stets eine Zahl $c \in \mathbb{R}$ gibt, so daß für alle $x \in D(f)$ gilt:

$$F_2(x) = F_1(x) - c \quad \text{bzw.} \quad F_2(x) - F_1(x) = c.$$

Daß eine solche Zahl nicht in jedem Fall existiert, zeigt das folgende

Beispiel:

Die Funktion f zu $f(x) = \frac{1}{x^2}$ ist definiert für alle $x \in \mathbb{R}^{+0}$. Stammfunktionen zu f sind z.B. gegeben durch

$$F_1(x) = -\frac{1}{x} \quad \text{und} \quad F_2(x) = \begin{cases} -\frac{1}{x} & \text{für } x > 0 \\ -\frac{1}{x} + 1 & \text{für } x < 0. \end{cases}$$

Für alle $x \in \mathbb{R}^{+0}$ gilt: $F_1'(x) = F_2'(x) = \frac{1}{x^2} = f(x)$. Wegen der besonderen Konstruktion von $F_2(x)$ gibt es aber **keine** Zahl $c \in \mathbb{R}$, so daß für **alle** $\mathbf{x \in \mathbb{R}^{+0}}$ gelten würde: $F_2(x) - F_1(x) = c$.

6. Um ähnliche Fälle wie bei diesem Beispiel auszuschließen, muß man sich auf zusammenhängende Mengen, z.B. auf Intervalle beschränken. Wir vermuten also, daß es zu zwei Stammfunktionen F_1 und F_2 einer Funktion f und zu einem Intervall $A \subseteq D(f)$ stets eine Zahl $c \in \mathbb{R}$ gibt, so daß für alle $x \in A$ gilt:

$$F_2(x) = F_1(x) + c.$$

Um dies zu begründen, betrachten wir die Funktion G zu $G(x) = F_2(x) - F_1(x)$.

Für alle $x \in A$ gilt: $G'(x) = F_2'(x) - F_1'(x) = f(x) - f(x) = 0$.

Dies bedeutet, daß der Funktionsgraph von G in allen Punkten eine waagerechte Tangente hat. Anschaulich ist klar, daß G eine über A **konstante** Funktion sein muß, daß es also eine Zahl $c \in \mathbb{R}$ gibt mit $G(x) = c$ für alle $x \in A$. Diesen Sachverhalt haben wir bisher aber noch nicht bewiesen. Wir haben also zu zeigen:

S 11.7 Ist eine Funktion f differenzierbar über einer zusammenhängenden Menge A und gilt $f'(x) = 0$ für alle $x \in A$, dann ist f über A konstant.

Beweis: Für alle $x \in A$ gilt: $f'(x) \leq 0$ und $f'(x) \geq 0$; daher ist die Funktion f nach Satz S 5.4 über A sowohl monoton steigend wie monoton fallend, d.h. für beliebige Zahlen $x_1, x_2 \in A$ mit $x_1 < x_2$ gilt sowohl $f(x_1) \geq f(x_2)$ als auch $f(x_1) \leq f(x_2)$, also $f(x_1) = f(x_2)$. Dies bedeutet, daß f über A konstant ist, q.e.d.

Bemerkung: Man kann den Satz S 11.7 auch mit Hilfe des Mittelwertsatzes (S 9.8) beweisen: Wir greifen aus dem Intervall A wiederum zwei beliebige Zahlen x_1, x_2 mit $x_1 \neq x_2$ heraus. Dann gibt es nach dem Mittelwertsatz eine Stelle $x_0 \in]x_1, x_2[$ mit

$$f'(x_0) = \frac{f(x_2) - f(x_1)}{x_2 - x_1}.$$

Nach Voraussetzung gilt $f'(x_0) = 0$ und daher $f(x_1) = f(x_2)$, q.e.d.

7. Sind nun F_1 und F_2 zwei Stammfunktionen derselben Funktion f, so ergibt sich aus der Anwendung von Satz S 11.7 unmittelbar die Gültigkeit des Satzes (Bild 11.8):

S 11.8 Sind zwei Funktionen F_1 und F_2 Stammfunktionen einer Funktion f über einer zusammenhängenden Menge $A \subseteq D(f)$, so gibt es eine Zahl $c \in \mathbb{R}$, so daß für alle $x \in A$ gilt:

$$F_2(x) = F_1(x) + c.$$

Der Beweis soll in Aufgabe 5 geführt werden. Kennt man also zu einer gegebenen Funktion f **eine** Stammfunktion F_1 über einer zusammenhängenden Menge A, so kennt man nach Satz S 11.9 bereits **alle** Stammfunktionen von f; denn für jede andere Stammfunktion F von f gilt: $F(x) = F_1(x) + c$ mit einer Zahl $c \in \mathbb{R}$.

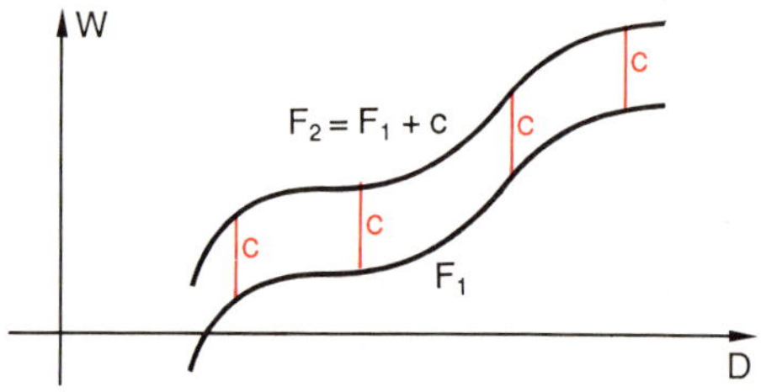

Bild 11.8

Beispiel:

$f(x) = \sin x$; eine Stammfunktion von f über $\mathbb{R}$ ist die Funktion F_1 zu $F_1(x) = -\cos x$; jede Stammfunktion F von f ist also darstellbar durch $F(x) = -\cos x + c$ mit einer Zahl $c \in \mathbb{R}$.

Bemerkung: Es gibt Stammfunktionen derselben Funktion f, bei denen man aber keineswegs unmittelbar erkennt, durch welchen Summanden c sich ihre Funktionsterme unterscheiden.

Beispiel: $F_1(x) = \arcsin x$; $F_2(x) = -\arccos x$ mit $D(F_1) = D(F_2) = [-1; 1]$

Es gilt $F_1'(x) = \dfrac{1}{\sqrt{1-x^2}}$ und auch $F_2'(x) = \dfrac{1}{\sqrt{1-x^2}}$.

Nach Satz S 11.8 gibt es also eine Zahl $c \in \mathbb{R}$ mit $\arcsin x = -\arccos x + c$. Zur Bestimmung dieser Zahl setzen wir z.B. die Zahl 0 in beide Terme ein. Aus $\arcsin 0 = 0$ und $\arccos 0 = \frac{\pi}{2}$ ergibt sich: $c = \frac{\pi}{2}$. Für alle $x \in [-1; 1]$ gilt also:

$$\arcsin x = \frac{\pi}{2} - \arccos x \quad \text{(Bilder 11.9 und 11.10).}$$

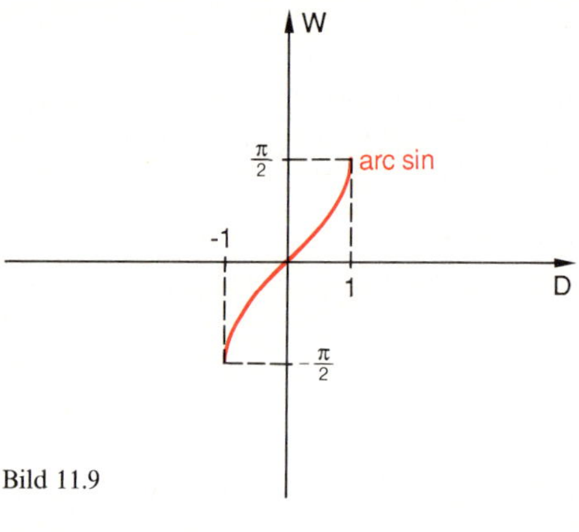

Bild 11.9

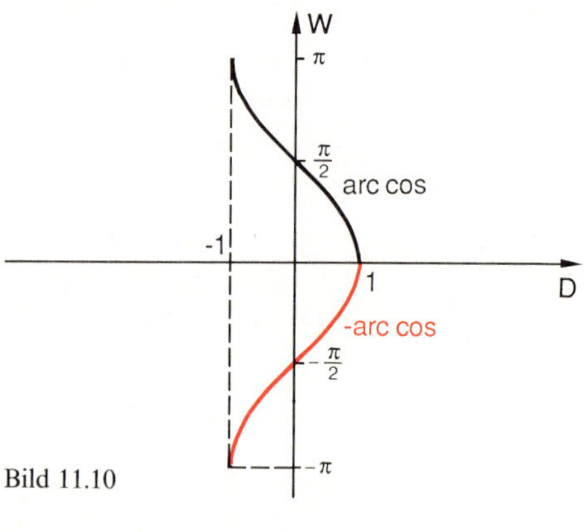

Bild 11.10

Übungen und Aufgaben

1. Zeigen Sie, daß in der Tabelle von Seite 245 durch F(x) jeweils eine Stammfunktion F zur Funktion f gegeben ist!

2. Bestimmen Sie den Term der Funktion f, zu der die Funktion F eine Stammfunktion ist!

a) $F(x)=-x^3+2x+1$ **b)** $F(x)=-\frac{1}{x}$ **c)** $F(x)=\frac{1}{2\sqrt{x}}+4$

d) $F(x)=2x(\sqrt{x^2-1})^3$ **e)** $F(x)=\ln(x^2+1)$ **f)** $F(x)=\ln(\cos x)$

g) $F(x)=e^{-x^2}+1$ **h)** $F(x)=2e^{\cos x}$ **i)** $F(x)=\arctan(2x)$

3. Ermitteln Sie durch „Probieren" eine Stammfunktion F zur Funktion f!

a) $f(x)=x$ **b)** $f(x)=2x+3$ **c)** $f(x)=x^2-1$ **d)** $f(x)=x^2-2x$

e) $f(x)=4x^3-3x^2$ **f)** $f(x)=\sqrt{x}$ **g)** $f(x)=\sqrt[3]{x}$ **h)** $f(x)=\frac{1}{\sqrt{x}}$

i) $f(x)=\sin 2x$ **j)** $f(x)=\cos 4x$ **k)** $f(x)=\frac{1}{x-1}$ **l)** $f(x)=\frac{1}{x^2}$

m) $f(x)=e^{2x}$ **n)** $f(x)=e^{-\frac{x}{2}}$ **o)** $f(x)=2x\cdot e^{x^2}$ **p)** $f(x)=\cos x\cdot e^{\sin x}$

4. Zeigen Sie, daß die Funktionen F_1 und F_2 Stammfunktionen derselben Funktion f sind!

a) $F_1(x)=\arctan\left(\frac{1}{x}\right)$; $F_2(x)=\operatorname{arccot} x$ **b)** $F_1(x)=\arcsin x+\arccos x$; $F_2(x)=4$

c) $F_1(x)=\arcsin(\sin x)$; $F_2(x)=x+1001$ **d)** $F_1(x)=\arctan x$; $F_2(x)=\arcsin\frac{x}{\sqrt{1+x^2}}$

5. Beweisen Sie den Satz S 11.8!

6. Bestätigen Sie mit Hilfe von Satz S 11.8 die Allgemeingültigkeit der folgenden Gleichungen unter den jeweils angegebenen Bedingungen!

a) $\arctan\left(\frac{1}{x}\right)=\frac{\pi}{2}-\arctan x$ (für $x>0$) **b)** $\operatorname{arccot} x=\arccos\frac{x}{\sqrt{1+x^2}}$

c) $\arcsin\left(\frac{x}{2}\right)=\arctan\frac{x}{\sqrt{4-x^2}}$ **d)** $\arcsin\frac{1-x^2}{1+x^2}=\frac{\pi}{2}-2\arctan x$ (für $x\geq 0$)

e) $\arctan x=\frac{1}{2}\arctan\frac{2x}{1-x^2}$ (für $x^2<1$) **f)** $\arcsin x=\frac{1}{2}\arcsin(2x\sqrt{1-x^2})$ $\left(\text{für } x^2\leq\frac{1}{2}\right)$

g) $\arccos x=\frac{1}{2}\arccos(2x^2-1)$ (für $x\geq 0$)

h) $\arctan x+\arctan a=\arctan\frac{x+a}{1-ax}$ (für $x\cdot a<1$)

i) $\arcsin x+\arcsin a=\arcsin(x\sqrt{1-a^2}+a\sqrt{1-x^2})$ (für $x^2+a^2\leq 1$)

j) $\arccos x+\arccos a=\arccos(ax-\sqrt{1-a^2}\cdot\sqrt{1-x^2})$ (für $x+a\geq 0$)

7. Mit Hilfe von Satz S 11.8 kann man auch die Gültigkeit von Gesetzen (z. B. von Logarithmusgesetzen) bestätigen. Führen sie dies bei den folgenden Beispielen durch!

a) $\ln(x \cdot a) = \ln x + \ln a$ **b)** $\ln\left(\frac{x}{a}\right) = \ln x - \ln a$ **c)** $\ln\left(\frac{a}{x}\right) = \ln a - \ln x$

d) $\ln(x^a) = a \cdot \ln x$ **e)** $\ln(a^x) = x \cdot \ln a$ **f)** $\sin^2 x + \cos^2 x = 1$

8. Es sei $f(x) = \sin(x+a) - \sin x \cos a - \cos x \sin a$ und $g(x) = \cos(x+a) - \cos x \cos a + \sin x \sin a$. Zeigen Sie mit Hilfe von Satz S 11.7, daß die Funktion $f^2 + g^2$ eine konstante Funktion ist und leiten Sie daraus allgemeingültige Gleichungen für $\sin(x+a)$ und $\cos(x+a)$ her (Additionstheoreme 1. Art)!

9. Zeigen Sie: $F_1(x) = -\frac{1}{x^2}$ und $F_2(x) = -\frac{1}{x^2} + \operatorname{sign} x$ sind Stammfunktionen von f zu $f(x) = \frac{2}{x^3}$! Weshalb gibt es dennoch keine Zahl $c \in \mathbb{R}$ mit $F_1(x) = F_2(x) + c$ für alle $x \in \mathbb{R}^{+0}$?

10. Beweisen oder widerlegen Sie!

a) Die Ableitungsfunktion f′ einer periodischen Funktion f ist periodisch.

b) Die Stammfunktion F einer periodischen Funktion f ist periodisch.

11. Beweisen oder widerlegen Sie!

a) Die Ableitungsfunktion f′ einer geraden (ungeraden) Funktion f ist ungerade (gerade).

b) Jede Stammfunktion einer geraden Funktion ist ungerade.

c) Jede Stammfunktion einer ungeraden Funktion ist gerade.

III. Der Hauptsatz der Infinitesimalrechnung

1. Zu Beginn des II. Abschnitts haben wir anhand einiger Beispiele die Vermutung begründet, daß man ein Integral $\int_a^b f$ mit Hilfe einer Stammfunktion F von f berechnen kann nach der Gleichung $\int_a^b f = F(b) - F(a)$.

Wir wollen zunächst beweisen, daß dies für alle Funktionen zutrifft, die integrierbar sind **und** eine Stammfunktion F besitzen.

S 11.9 Ist eine Funktion f integrierbar über einem Intervall [a; b] und besitzt sie dort eine Stammfunktion F, so gilt: $\int_a^b f = F(b) - F(a)$.

Beweis: Nach Definition D 10.6 ist das Integral $\int_a^b f$ die eindeutig bestimmte Zahl, bei der für **jede** zugehörige Untersumme s und für **jede** zugehörige Obersumme S gilt: $s \leq \int_a^b f \leq S$.

Wir haben also zu zeigen, daß auch die Zahl $F(b)-F(a)$ dieser Bedingung genügt, daß also für **jede** Unter- und für **jede** Obersumme gilt: $s \leq F(b)-F(a) \leq S$.

Nun gilt für jede Untersumme s nach Definition D 10.3: $s=\sum_{k=1}^{n} m_k \cdot h_k = \sum_{k=1}^{n} m_k \cdot (x_k - x_{k-1})$

und für jede Obersumme S: $S=\sum_{k=1}^{n} M_k \cdot h_k = \sum_{k=1}^{n} M_k \cdot (x_k - x_{k-1})$.

Dabei sind m_k und M_k die untere bzw. die obere Grenze aller Funktionswerte im Intervall $A_k=[x_{k-1}; x_k]$. Es gilt also für alle $x \in A_k$ (mit $k=1, 2, \ldots, n$):

$$m_k \leq f(x) \leq M_k,$$

wegen $f(x)=F'(x)$ also für alle $x \in A_k$:

$$m_k \leq F'(x) \leq M_k.$$

Die Zahlen m_k und M_k sind also Schranken der Ableitung F' im jeweiligen Intervall A_k. Wir können also den Schrankensatz (S 8.3) anwenden; als Stellen x_1 und x_2 wählen wir die Ränder des Intervalls, also x_{k-1} und x_k; somit gilt auch

$$m_k \leq \frac{F(x_k)-F(x_{k-1})}{x_k - x_{k-1}} \leq M_k \quad (\text{für } k=1, 2, \ldots, n),$$

wegen $x_k > x_{k-1}$ also auch

$$m_k \cdot \underbrace{(x_k - x_{k-1})}_{h_k} \leq F(x_k)-F(x_{k-1}) \leq M_k \cdot \underbrace{(x_k - x_{k-1})}_{h_k}.$$

Daraus erhält man durch Summenbildung:

$$s=\sum_{k=1}^{n} m_k \cdot h_k \leq \sum_{k=1}^{n} [F(x_k)-F(x_{k-1})] \leq \sum_{k=1}^{n} M_k \cdot h_k = S.$$

Nun ist

$$\sum_{k=1}^{n} [F(x_k)-F(x_{k-1})] = [F(x_1)-F(x_0)] + [F(x_2)-F(x_1)] + \ldots + [F(x_n)-F(x_{n-1})]$$
$$= -F(x_0)+F(x_n) = F(b)-F(a),$$

weil $x_0=a$ und $x_n=b$ ist. Somit ergibt sich für **jede** Untersumme s und für **jede** Obersumme S:

$$s \leq F(b)-F(a) \leq S, \text{ q.e.d.}$$

Bemerkung: Man schreibt: $\int_a^b f = F(x)\Big|_a^b$, gelesen: „F von x in den Grenzen von a bis b".

2. Der Satz S 11.9 ist für den weiteren Aufbau der Integralrechnung von weitreichender Bedeutung. Nach ihm kann man nämlich bei einer integrierbaren Funktion f das Integral $\int_a^b f$ berechnen, wenn es gelingt, eine zugehörige Stammfunktion F zu ermitteln; dann ist $\int_a^b f = F(b)-F(a)$.

Dies bedeutet, daß man in solchen Fällen Integrale ermitteln kann, ohne Unter- und Obersummen berechnen und deren obere und untere Grenze bestimmen zu müssen. Dies wäre nämlich in vielen Fällen ein sehr schwieriges oder sogar unlösbares Problem. Erst die Entdeckung dieses Satzes im 17. Jahrhundert durch die Engländer **Barrow** (1630 bis 1677) und **Newton** (1643 – 1727) und durch den Deutschen **Leibniz** (1646 – 1716) ermöglichte den Fortschritt in der Infinitesimalrechnung und in anderen Gebieten der Mathematik. Diese Entdeckung ist aber nicht nur für den Fortschritt innerhalb der Mathematik von großer Bedeutung, sondern auch für die Wissensgebiete, in denen die Infinitesimalrechnung angewendet wird, namentlich also für Physik und Technik. Die Entdeckung dieses Zusammenhangs muß also als eine der bedeutendsten Leistungen des menschlichen Geistes angesehen werden. Man nennt den Satz 11.9 daher den **„Hauptsatz der Infinitesimalrechnung"**.

3. Wir haben in Satz 11.9 vorausgesetzt, daß die betrachtete Funktion f integrierbar ist und darüber hinaus eine Stammfunktion besitzt. Tatsächlich sind diese beiden Eigenschaften voneinander unabhängig; vgl. Aufgaben 1 und 2!
Man kann aber zeigen, daß stetige Funktionen **beide** Eigenschaften besitzen und daß daher für stetige Funktionen gilt: $\int_a^b f = F(b) - F(a)$. Mit diesem Problem werden uns in § 11; V eingehend beschäftigen.

4. Zuvor behandeln wir einige **Beispiele** zu Satz S 11.9.

1) Die Funktion f zu $f(x) = 3x^2 - 2$ ist nach Satz S 11.5 integrierbar, weil sie stückweise monoton ist. Eine Stammfunktion F ist gegeben durch $F(x) = x^3 - 2x$; denn für alle $x \in \mathbb{R}$ gilt: $F'(x) = 3x^2 - 2 = f(x)$. Somit gilt

$$\int_1^2 (3x^2 - 2)\,dx = x^3 - 2x \Big|_1^2 = (8-4) - (1-2) = 4 - (-1) = 5.$$

2) Die Kosinusfunktion ist nach Satz S 11.5 integrierbar, weil sie stückweise monoton ist. Eine Stammfunktion ist die Sinusfunktion; denn es gilt: $\sin' = \cos$. Somit gilt:

$$\int_0^{\frac{\pi}{2}} \cos x\,dx = \sin x \Big|_0^{\frac{\pi}{2}} = \sin\frac{\pi}{2} - \sin 0 = 1.$$

3) Die natürliche Exponentialfunktion ist nach Satz S 11.4 integrierbar, weil sie über $\mathbb{R}$ streng monoton ist. Eine Stammfunktion ist die e-Funktion selbst. Somit gilt:

$$\int_{-1}^1 e^x\,dx = e^x \Big|_{-1}^1 = e - \frac{1}{e}, \quad \text{also} \quad \int_{-1}^1 e^x\,dx \approx 2{,}718 - 0{,}368 = 2{,}350.$$

Beachte, daß es nicht darauf ankommt, **welche** Stammfunktion zur Berechnung eines Integrals herangezogen wird! Bei der Anwendung von Satz S 11.9 bleibt die Hinzufügung einer additiven Konstanten wegen der Differenzbildung ohne Einfluß. Für zwei Stammfunktionen F_1 und F_2 mit $F_2(x) = F_1(x) + c$ gilt nämlich:

$$F_2(b) - F_2(a) = [F_1(b) + c] - [F_1(a) + c] = F_1(b) - F_1(a).$$

Übungen und Aufgaben

1. Zeigen Sie, daß die Signumfunktion über dem Intervall $[-1;1]$ zwar integrierbar ist, dort aber keine Stammfunktion F besitzt!

Anleitung: Wie müßte ein Term $F(x)$ für $x>0$ bzw. $x<0$ lauten?

2. Zeigen Sie, daß die Funktion F zu $F(x)=\begin{cases} x^2\cdot\cos\frac{1}{x^2} & \text{für } x\neq 0\\ 0 & \text{für } x=0\end{cases}$

eine Stammfunktion der Funktion f zu $f(x)=2x\cos\frac{1}{x^2}+\frac{2}{x}\sin\frac{1}{x^2}$ für $x\neq 0$, $f(0)=0$, ist! Warum ist f über $[-1;1]$ trotzdem nicht integrierbar?

3. Beweisen Sie: Für jede Untersumme s und für jede Obersumme S zur Funktion f zu $f(x)=\frac{1}{x^2}$ über einem Intervall $[a;b]$ (mit $a>0$) gilt: $s<\frac{1}{a}-\frac{1}{b}<S$. **Anleitung:** Beweisen und benutzen Sie, daß für $0<x_{k-1}<x_k$ gilt: $\frac{1}{x_k^2}(x_k-x_{k-1})<\frac{1}{x_{k-1}}-\frac{1}{x_k}<\frac{1}{x_{k-1}^2}(x_k-x_{k-1})$!

4. Zeigen Sie, daß für jede über einem Intervall $[a;b]$ monoton steigende (fallende) Funktion f, die eine Stammfunktion F besitzt, gilt: $\int_a^b f=F(b)-F(a)$, ohne den Satz S 11.9 zu benutzen!

5. **a)** $\int_0^3 x\,dx$ **b)** $\int_{-4}^0 (-2x)\,dx$ **c)** $\int_2^4 \frac{x}{2}\,dx$ **d)** $\int_0^2 x^2\,dx$ **e)** $\int_{-1}^1 3x^2\,dx$ **f)** $\int_{-2}^2 x^3\,dx$

g) $\int_{-1}^2 \frac{x^3}{3}\,dx$ **h)** $\int_{-2}^2 x^4\,dx$ **i)** $\int_0^1 x^n\,dx$ **j)** $\int_0^1 \sqrt{x}\,dx$ **k)** $\int_0^{\frac{\pi}{2}} \cos x\,dx$ **l)** $\int_1^e \frac{dx}{x}$

m) $\int_0^{\frac{\pi}{4}} \frac{dx}{\cos^2 x}$ **n)** $\int_0^1 e^{-x}\,dx$ **o)** $\int_{\frac{\pi}{4}}^{\frac{\pi}{2}} \frac{dx}{\sin^2 x}$ **p)** $\int_0^1 \frac{dx}{1+x^2}$ **q)** $\int_0^{\frac{1}{2}} \frac{dx}{\sqrt{1-x^2}}$ **r)** $\int_0^{e-1} \frac{dx}{x+1}$

6. Bestätigen Sie, daß die Funktion F eine Stammfunktion der Funktion f ist!

a) $F(x)=\frac{1}{2(a^2-x^2)}$; $f(x)=\frac{x}{(a^2-x^2)^2}$ **b)** $F(x)=\frac{1}{b(a+bx)}$; $f(x)=\frac{-1}{(a+bx)^2}$

c) $F(x)=\ln(x+\sqrt{x^2+a^2})$; $f(x)=\frac{1}{\sqrt{x^2+a^2}}$

d) $F(x)=\frac{1}{2}[x\cdot\sqrt{x^2+a^2}+a^2\cdot\ln(x+\sqrt{x^2+a^2})]$; $f(x)=\sqrt{x^2+a^2}$

e) $F(x)=\frac{1}{2}\left[x\cdot\sqrt{a^2-x^2}+a^2\arcsin\frac{x}{a}\right]$; $f(x)=\sqrt{a^2-x^2}$

f) $F(x)=\frac{1}{a}\arctan(e^{ax})$; $f(x)=\frac{1}{e^{ax}+e^{-ax}}$ **g)** $F(x)=\frac{x}{2}(\sin(\ln x)+\cos(\ln x))$; $f(x)=\cos(\ln x)$

7. Berechnen Sie mit Hilfe der Stammfunktion aus Aufgabe 6 e) die Flächenmaßzahl eines Viertelkreises! **Anleitung:** Die Gleichung des Kreises $K(0;r)$ ist: $x^2+y^2=r^2$.

8. Berechnen Sie mit Hilfe der Ergebnisse aus Aufgabe 6 die folgenden Integrale!

a) $\int_0^1 \frac{dx}{\sqrt{x^2+3}}$ **b)** $\int_0^{\ln e} \frac{dx}{e^{2x}+e^{-2x}}$ **c)** $\int_0^1 \sqrt{x^2+3}\,dx$ **d)** $\int_1^{e^{\frac{\pi}{2}}} \cos(\ln x)\,dx$

9. Ein PKW wird aus dem Start mit einer gleichbleibenden Beschleunigung von $3\frac{m}{s^2}$ vorangetrieben. Welche Geschwindigkeit hat er nach 1, 5, 8, 10, 15 Sekunden erreicht? Welchen Weg hat er bis dahin jeweils zurückgelegt?

IV. Grundintegrale

1. Integrale, die man unmittelbar mit Hilfe des Hauptsatzes berechnen kann, nennt man **„Grundintegrale"**. Nach der Tabelle von Seite 245 können wir unmittelbar die folgenden Grundintegrale angeben. Dabei ist jeweils zu beachten, daß die Integralfunktion im Intervall [a, b] definiert sein muß.

1) $\int_a^b x^r\,dx = \frac{x^{r+1}}{r+1}\Big|_a^b$ (für alle $r \in \mathbb{R}^{\neq -1}$)

Insbesondere gilt: $\int_a^b \frac{dx}{\sqrt{x}} = \int_a^b x^{-\frac{1}{2}}\,dx = \frac{x^{-\frac{1}{2}+1}}{-\frac{1}{2}+1} = \frac{x^{\frac{1}{2}}}{\frac{1}{2}}\Big|_0^b = 2\sqrt{x}\Big|_a^b$ (für a, b > 0).

2) $\int_a^b \cos x\,dx = \sin x\Big|_a^b$ **3)** $\int_a^b \sin x\,dx = -\cos x\Big|_a^b$ **4)** $\int_a^b \frac{dx}{\cos^2 x} = \tan x\Big|_a^b$

5) $\int_a^b \frac{dx}{\sin^2 x} = -\cot x\Big|_a^b$ **6)** $\int_a^b e^x\,dx = e^x\Big|_a^b$ **7)** $\int_a^b \frac{dx}{x} = \ln x\Big|_a^b$ (für a, b > 0)

8) $\int_a^b \frac{dx}{1+x^2} = \arctan x\Big|_a^b$ **9)** $\int_a^b \frac{dx}{\sqrt{1-x^2}} = \arcsin x\Big|_a^b$ (für $|a|, |b| \leq 1$)

2. Die Gleichung $\int_a^b \frac{dx}{x} = \ln x\Big|_a^b$ gilt nur für a, b > 0.

Hier fällt jedoch auf, daß die Integralfunktion f zu $f(x) = \frac{1}{x}$ für alle $x \in \mathbb{R}^{\neq 0}$, die zugehörige Stammfunktion F zu $F(x) = \ln x$ jedoch nur für $x \in \mathbb{R}^{>0}$ definiert ist. Daher betrachten wir die Funktion G zu

$$G(x) = \ln(-x) \quad \text{mit} \quad D(G) = \mathbb{R}^{<0}.$$

Für diese Funktion gilt nach der Kettenregel: $G'(x) = [\ln(-x)]' = \frac{1}{(-x)}(-1) = \frac{1}{x}$ (für $x < 0$).

Daher ist für $x < 0$ die Funktion G eine Stammfunktion von f. Mithin gilt für **a, b < 0:**

$$\int_a^b \frac{dx}{x} = \ln(-x)\Big|_a^b = \ln(-b) - \ln(-a).$$

Wir können die beiden Gleichungen zusammenfassen, indem wir Betragszeichen verwenden:

$$\int_a^b \frac{dx}{x} = \ln|x|\Big|_a^b = \ln|b| - \ln|a| \quad \textbf{(für alle a, b mit } a \cdot b > 0\textbf{).}$$

Beachte, daß a und b dasselbe Vorzeichen haben müssen! Wir haben dies durch die Bedingung $a \cdot b > 0$ erfaßt. Anderenfalls würde im Integrationsintervall die Stelle 0 liegen, für die die Integrandfunktion f zu $f(x) = \frac{1}{x}$ nicht definiert ist. Die Integrandfunktion wäre über dem Integrationsintervall daher auch nicht integrierbar.

3. Die aufgeführten **Grundintegrale** beziehen sich auf nur verhältnismäßig wenige Funktionen. Wir können den Bestand an integrierbaren Funktionen aber erheblich vermehren, wenn wir die **Faktor-** und die **Summenregel** der Differentialrechnung auf Stammfunktionen übertragen.

S 11.10 Ist F eine Stammfunktion der integrierbaren Funktion f, so ist für jede Zahl $c \in \mathbb{R}$ die Funktion $c \cdot F$ eine Stammfunktion der Funktion $c \cdot f$; daher gilt:

$$\int_a^b c \cdot f = c \cdot \int_a^b f.$$

S 11.11 Sind zwei Funktionen F_1 und F_2 Stammfunktionen zweier integrierbarer Funktionen f_1 und f_2 über einem Intervall [a; b], so ist $F_1 + F_2$ eine Stammfunktion der Funktion $f_1 + f_2$; daher gilt:

$$\int_a^b (f_1 + f_2) = \int_a^b f_1 + \int_a^b f_2.$$

Die **Beweise** sollen in Aufgabe 1 geführt werden. Nach den beiden Sätzen gilt zum **Beispiel:**

$$\int_1^4 \left(\frac{3}{\sqrt{x}} + 2x - 3\right) dx = 3 \int_1^4 \frac{dx}{\sqrt{x}} + 2 \int_1^4 x\,dx - 3 \int_1^4 dx = 6\sqrt{x} + x^2 - 3x \Big|_1^4$$

$$= (6\sqrt{4} + 16 - 12) - (6\sqrt{1} + 1 - 3) = 16 - 4 = 12.$$

Bemerkung: Die Faktor- und die Summenregel der Integralrechnung sind in den vorstehenden Sätzen für Funktionen formuliert worden, die integrierbar sind und eine Stammfunktion besitzen. Die beiden Regeln gelten sogar allgemein für integrierbare Funktionen; vgl. Aufgabe 2!

4. Für sehr viele Funktionstypen können wir aber immer noch keine Stammfunktion angeben.

Beispiele: **1)** $f(x) = \sin^2 x$ **2)** $f(x) = x \cdot \cos x$ **3)** $f(x) = \frac{x^2 + 2x + 4}{(x+1)(x+2)^2}$

Nun haben wir die Faktor- und die Summenregel durch Übertragung der entsprechenden Regeln der Differentialrechnung hergeleitet. In § 12 werden wir die **Produktregel** (S 4.3) und die **Kettenregel** (S 4.10) der Differentialrechnung auf die Integralrechnung übertragen. Auf diese Weise lassen sich die Integrale für viele weitere Funktionstypen auf Grundintegrale zurückführen.

Übungen und Aufgaben

1. Beweisen Sie die Sätze S 11.10 und S 11.11!

2. In den Sätzen S 11.10 und S 11.11 sind die Faktor- und die Summenregel der Integralrechnung für Funktionen formuliert, die integrierbar sind und eine Stammfunktion besitzen. Die beiden Regeln gelten aber auch ohne diese Voraussetzungen für integrierbare Funktionen. Beweisen Sie die Faktorregel (S 11.10) mit Hilfe von Satz S 11.1!

3. a) Beweisen Sie: Sind zwei Funktionen f und g integrierbar über einem Intervall [a; b] und gilt $f(x) \leq g(x)$ für alle $x \in [a; b]$, dann gilt auch $\int_a^b f \leq \int_a^b g$!

Anleitung: Betrachten Sie die Funktion $g-f$!

b) Untersuchen Sie, ob die Umkehrung des Satzes von a) gilt!

4. Geben Sie, wenn möglich, jeweils ein Beispiel für eine Funktion f mit $D(f)=[0; 1]$ an, die die angegebene Eigenschaft hat!

a) f ist auf [0; 1] nicht integrierbar;
b) f ist auf [0; 1] integrierbar, besitzt auf [0; 1] aber keine Stammfunktion;
c) f besitzt auf [0; 1] eine Stammfunktion, ist aber auf [0; 1] nicht integrierbar;
d) f ist auf [0; 1] differenzierbar, aber nicht integrierbar;
e) f ist auf [0; 1] integrierbar, aber nicht differenzierbar.

5. Beweisen Sie: Ist eine Funktion f über einem Intervall [a; b] integrierbar, dann gibt es zu jeder positiven reellen Zahl ε eine stückweise lineare und stetige Funktion g_ε (Bild 11.11), so daß gilt:

$$\left|\int_a^b (f-g_\varepsilon)\right| < \varepsilon.$$

Anleitung: Vergleichen Sie $\int_a^b f$ und $\int_a^b g_\varepsilon$!

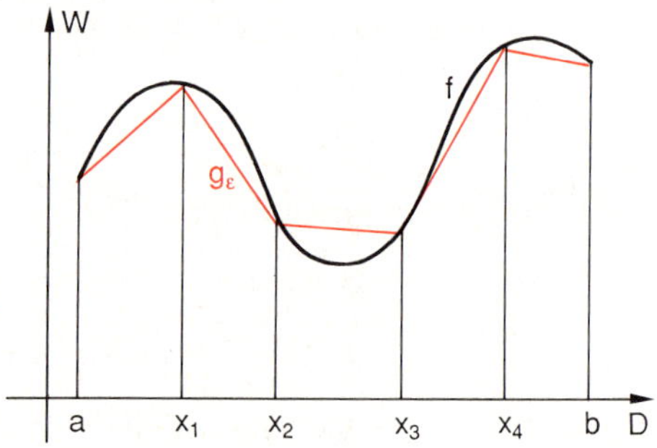

Bild 11.11

Ermitteln Sie in den Aufgaben 6 bis 10 jeweils $\int_a^b f$!

6. a) $\int_0^1 \frac{1}{2}x^3\,dx$ **b)** $\int_{-1}^1 \frac{3}{4}x^2\,dx$ **c)** $\int_0^1 (5x^3-2x^2+3)\,dx$

d) $\int_0^1 \frac{2}{3}(4x^3-6x)\,dx$ **e)** $\int_{-1}^0 x^3(x^2-2x+3)\,dx$ **f)** $\int_0^1 (5x^3-2x+3)\,x^2\,dx$

g) $\int_{-4}^2 (x-2)(x+4)\,dx$ **h)** $\int_1^2 (x-1)(x^2-4)\,dx$ **i)** $\int_{-1}^1 (x^2-1)(x^2+4)\,dx$

7. a) $\int_1^2 \frac{4}{3x^5}\,dx$ **b)** $\int_{\frac{1}{2}}^1 \frac{5}{2x^6}\,dx$ **c)** $\int_1^e \frac{1}{x}\,dx$ **d)** $\int_0^1 3\sqrt[3]{x}\,dx$

e) $\int_1^8 \frac{6}{\sqrt[3]{x^2}}\,dx$ **f)** $\int_0^8 (\sqrt[3]{x}-2\sqrt{x})\,dx$ **g)** $\int_0^1 (\sqrt[5]{x^3}-\sqrt[5]{x^2})\,dx$ **h)** $\int_1^4 \left(\frac{3}{\sqrt{x}}+\frac{2}{x\sqrt{x}}\right)dx$

8. **a)** $\int_1^4 \left(\frac{1}{x^2}+3x-\frac{4}{\sqrt{x}}\right) dx$ **b)** $\int_1^2 \frac{\sqrt[5]{x}-x}{\sqrt[5]{x^3}} dx$ **c)** $\int_1^2 \frac{3x^2+2\sqrt{x}}{4x} dx$

d) $\int_1^2 \frac{\sqrt[3]{x}-\sqrt[4]{x}}{x} dx$ **e)** $\int_1^2 \frac{x^2+x-1}{\sqrt[3]{x}} dx$ **f)** $\int_1^2 \left(\frac{4}{\sqrt[5]{x}}-\frac{5}{\sqrt[6]{x}}\right) dx$

9. **a)** $\int_{\frac{\pi}{3}}^{\frac{\pi}{4}} \left(\frac{2}{\sin^2 x}-\frac{3}{\cos^2 x}\right) dx$ **b)** $\int_0^{\pi} (3 \sin x+2 \cos x)\, dx$ **c)** $\int_0^{\frac{\pi}{4}} \left(\frac{1}{\cos^2 x}-2 \cos x\right) dx$

d) $\int_0^1 \frac{dx}{1+x^2}$ **e)** $\int_0^{\frac{1}{2}} \frac{dx}{\sqrt{1-x^2}}$ **f)** $\int_{-1}^1 \frac{1}{2} e^x\, dx$

10. **a)** $\int_0^1 a x^2\, dx$ **b)** $\int_0^4 \frac{(a x)^2}{1+a} dx$ **c)** $\int_1^2 \frac{(2-a)(x^3-1)}{x^2} dx$ **d)** $\int_1^2 \frac{x^2-4}{x^4} dx$

e) $\int_1^2 5\frac{x^3-2}{x^5} dx$ **f)** $\int_0^1 (a x^2+b x+c)\, dx$ **g)** $\int_1^2 \left(a x^2+b+\frac{c}{x^2}\right) dx$ **h)** $\int_1^4 \sqrt{\frac{a}{x}}\, dx$

11. Zeigen Sie, daß die Folge $\langle a_n \rangle$ den Grenzwert g hat!

a) $a_n=\frac{1}{n^{r+1}}(1^r+2^r+3^r+\ldots+n^r)$; $g=\frac{1}{r+1}$ $(r>0)$. **Anleitung:** Zeigen Sie, daß a_n eine Obersumme zu $\int_0^1 x^r\, dx$ ist, bilden Sie die zugehörige Untersumme und wenden Sie den Satz S 11.1 an!

b) $a_n=\frac{1}{n}+\frac{1}{n+1}+\ldots+\frac{1}{2n-1}$; $g=\ln 2$ **c)** $a_n=\frac{n}{n^2+1^2}+\frac{n}{n^2+2^2}+\ldots+\frac{n}{n^2+n^2}$; $g=\frac{\pi}{4}$

d) $a_n=\frac{\pi}{n}\left(\sin\frac{\pi}{n}+\sin\frac{2\pi}{n}+\ldots+\sin\frac{n\pi}{n}\right)$; $g=2$ **e)** $a_n=\frac{\pi}{2n}\left(\cos\frac{\pi}{2n}+\cos\frac{2\pi}{2n}+\ldots+\cos\frac{\pi}{2}\right)$; $g=1$

V. Die Integrierbarkeit stetiger Funktionen

Vorbemerkung: Dieser Abschnitt beschäftigt sich mit einigen noch nicht geklärten theoretischen Problemen zum Integralbegriff. Er dient der Ergänzung und Vertiefung und kann übergangen oder nur ausschnittweise behandelt werden.

1. In der oben bewiesenen Fassung des **Hauptsatzes** der Infinitesimalrechnung (Satz S 11.9, Seite 250) wird vorausgesetzt, daß die betrachtete Funktion f integrierbar ist **und** eine Stammfunktion besitzt. Im folgenden wollen wir schrittweise zeigen, daß **stetige** Funktionen diese beiden Voraussetzungen erfüllen. Wir beweisen zunächst:

S 11.12 Ist eine Funktion f über einem Intervall [a; b] stetig und integrierbar, so besitzt sie dort eine Stammfunktionen, nämlich die „Integralfunktion" F zu $F(x)=\int_a^x f$.

Beweis: Wir haben zu zeigen, daß für alle $x \in [a; b]$ gilt: $F'(x) = f(x)$. Nach Satz S 11.3 gilt für den Zähler des Differenzenquotienten der Funktion F:

$$F(x+h) - F(x) = \int_a^{x+h} f - \int_a^x f = \int_x^{x+h} f.$$

Bezeichnen wir nun das Infinum der Funktionswerte über dem Intervall $[x; x+h]$ (bzw. für $h < 0$ über dem Intervall $[x+h; x]$) mit „$m(x; h)$“ und das Supremum mit „$M(x; h)$“, so gilt nach Satz S 10.5:

$$m(x; h) \cdot h \leq \int_x^{x+h} f \leq M(x; h) \cdot h \quad \text{(Bild 11.12)},$$

für $h > 0$ also: $m(x; h) \leq \frac{1}{h} \int_x^{x+h} f \leq M(x; h)$.

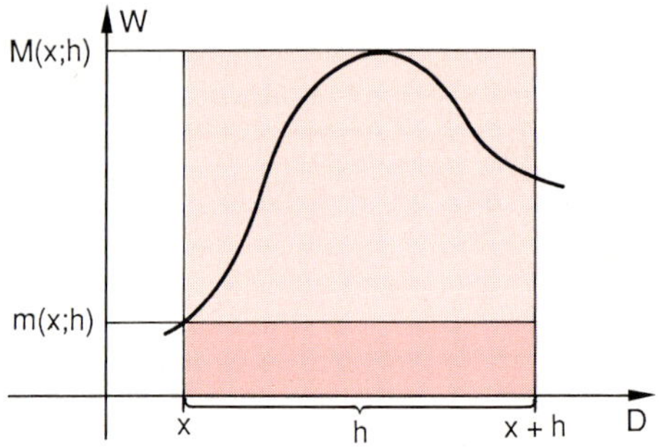

Bild 11.12

Wenn wir nun zeigen können, daß für stetige Funktionen gilt:

$$\lim_{h \to 0} m(x; h) = \lim_{h \to 0} M(x; h) = f(x),$$

dann ergibt sich, wie behauptet:

$$\lim_{h \to 0} \frac{F(x+h) - F(x)}{h} = F'(x) = f(x).$$

Für $h < 0$ ist der Beweis entsprechend zu führen (Aufgabe 1).

2. Zur Vervollständigung des Beweises von Satz S 11.12 haben wir also noch zu zeigen, daß für stetige Funktionen gilt: $\lim_{h \to 0} m(x; h) = \lim_{h \to 0} M(x; h) = f(x)$.

Zur Formulierung des Satzes bezeichnen wir ein abgeschlossenes Intervall mit den Randstellen x und $x+h$ mit „$A(x; h)$“; es ist also

$$A(x; h) = \begin{cases} [x; x+h] & \text{für } h > 0 \\ [x+h; x] & \text{für } h < 0 \end{cases}.$$

Dann haben wir zu beweisen:

S 11.13 Ist eine Funktion f stetig über einem Intervall $[a; b]$, gilt $A(x; h) \subseteq [a; b]$ und ist $m(x; h) = \inf f[A(x; h)]$ und $M(x; h) = \sup f[A(x; h)]$, so gilt:

$$\lim_{h \to 0} m(x; h) = \lim_{h \to 0} M(x; h) = f(x).$$

Wir führen den **Beweis** für den Fall des Supremums und für $h > 0$ (also für rechtsseitige Grenzwerte); die anderen Fälle sind analog zu behandeln (Aufgabe 3). Für eine beliebige Nullfolge $\langle h_n \rangle$ (mit $h_n > 0$) haben wir also zu zeigen, daß $\lim_{n \to \infty} M(x; h_n) = f(x)$ ist. Wir wählen eine beliebige positive Zahl ε. Da $M(x; h_n)$ das Supremum aller Funktionswerte im Intervall $[x; x+h_n]$

ist, muß es in diesem Intervall stets (wenigstens) eine Zahl x_n geben derart, daß für den zugehörigen Funktionswert $f(x_n)$ gilt:

$M(x; h_n) - \varepsilon \leq f(x_n) \leq M(x; h_n)$ (Bild 11.13),

also auch $f(x_n) \leq M(x; h_n) \leq f(x_n) + \varepsilon$ und somit

$$\lim_{n\to\infty} f(x_n) \leq \lim_{n\to\infty} M(x; h_n) \leq \lim_{n\to\infty} f(x_n) + \varepsilon.$$

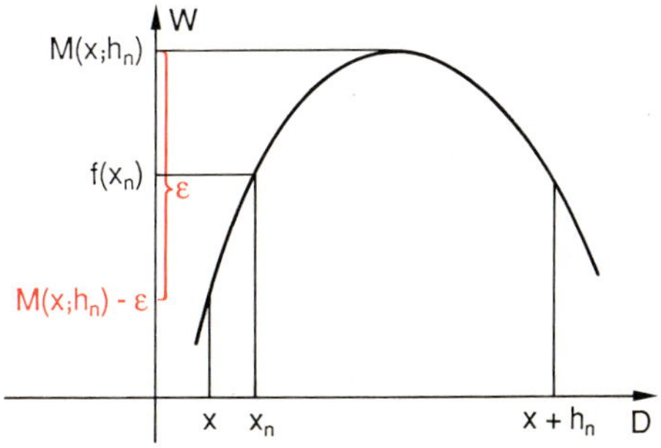

Bild 11.13

Wegen $x \leq x_n \leq x + h_n$ und $\lim\limits_{n\to\infty} (x + h_n) = x$ gilt auch $\lim\limits_{n\to\infty} x_n = x$ und wegen der vorausgesetzten Stetigkeit der Funktion f also: $\lim\limits_{n\to\infty} f(x_n) = f(x)$, also $f(x) \leq \lim\limits_{n\to\infty} M(x; h_n) \leq f(x) + \varepsilon$. Da dies für **jede** positive Zahl ε gelten muß, folgt daraus $\lim\limits_{n\to\infty} M(x; h_n) = \lim\limits_{h\to 0} M(x; h) = f(x)$, q.e.d.

Begründe den letzten Beweisschritt im einzelnen (Aufgabe 2)!

3. Nun bleibt nur noch zu zeigen, daß stetige Funktionen auch integrierbar sind. In Satz S 9.5 haben wir bereits festgehalten, daß jede über einem Intervall $[a; b]$ stetige Funktion dort auch beschränkt ist. Somit ist nach Satz S 10.3 die Menge O aller Obersummen nach unten beschränkt. Daher existiert sowohl das Unterintegral wie das Oberintegral; wir haben nur noch zu zeigen, daß die beiden Integrale übereinstimmen.
Dazu beweisen wir zunächst, daß auch die beiden Funktionen ϕ und ψ zu

$$\phi(x) = \underline{\int_a^x} f \quad \text{und} \quad \psi(x) = \overline{\int_a^x} f$$

bei einer stetigen Funktion f Stammfunktionen von F sind.

S 11.14 Ist eine Funktion f stetig über einem Intervall $[a; b]$, dann sind die Funktionen ϕ und ψ zu

$$\phi(x) = \underline{\int_a^x} f \quad \text{und} \quad \psi(x) = \overline{\int_a^x} f \quad (\text{mit } x \in [a; b])$$

Stammfunktionen von f, d.h. über $[a, b]$ gilt: $\phi' = \psi' = f$.

Der **Beweis** verläuft genau analog dem Beweis für den Satz S 11.12 (Aufgabe 4a).

4. Nunmehr können wir beweisen

S 11.15 Jede über einem Intervall $[a; b]$ stetige Funktion f ist über $[a, b]$ auch integrierbar.

Beweis: Nach Satz S 11.14 sind die Funktion ϕ und ψ zu $\phi(x) = \underline{\int_a^x} f$ und $\psi(x) = \overline{\int_a^x} f$ beide Stammfunktionen der Funktion f. Nach Satz S 11.8 gibt es also eine Zahl $c \in \mathbb{R}$, so daß für alle $x \in [a; b]$ gilt: $\underline{\int_a^x} f = \overline{\int_a^x} f + c$.

Ferner gilt $\phi(a)=\int_a^a f=0$ und $\psi(a)=\int_a^a f=0$ und daher $c=0$, insgesamt also für alle $x\in[a;b]$: $\int_a^x f=\int_a^x f$. Dies bedeutet nach Definition D 10.6, daß das Integral $\int_a^x f$ für alle $x\in[a;b]$ existiert, die Funktion f also über [a; b] integrierbar ist, q.e.d.

5. Aus den bewiesenen Sätzen folgt nun unmittelbar die Gültigkeit des **„Hauptsatzes der Infinitesimalrechnung"** für stetige Funktionen:

S 11.16 Ist eine Funktion f stetig über einem Intervall [a; b], dann gilt:

1) f besitzt eine Stammfunktion, nämlich die Integralfunktion F zu $F(x)=\int_a^x f$;

2) f ist integrierbar über [a; b] und 3) $\int_a^b f=F(b)-F(a)$.

Der **Beweis** soll in Aufgabe 4b erbracht werden.

Übungen und Aufgaben

1. Beweisen Sie den Satz S 11.12 für $h<0$!

2. Begründen Sie ausführlich den letzten Schritt im Beweis für den Satz S 11.13 (Seite 259). Vergleichen Sie den Beweisschritt mit einem ähnlichen Schluß im Beweis für den Satz S 5.4 (Seite 110)!

3. a) Beweisen Sie den Satz S 11.13 für den Fall des Supremums und für $h<0$!
b) Beweisen Sie den Satz S 11.13 für den Fall des Infimums!

4. a) Beweisen Sie den Satz S 11.14! **b)** Beweisen Sie den Satz S 11.16!

5. a) Zeigen Sie, daß die Funktion F zu $F(x)=\int_{-1}^{x} \operatorname{sign} t\,dt$ (mit $x\in[-1;1]$) an der Stelle $x_0=0$ stetig ist. Was ist an diesem Ergebnis bemerkenswert?
b) Beweisen Sie: Ist eine Funktion f über einem Intervall [a; b] integrierbar, dann ist die Integralfunktion F zu $F(x)=\int_a^x f$ über [a; b] stetig.

Anleitung: Benutzen Sie, daß f beschränkt ist, und wenden Sie den Satz S 10.5 an!

6. Welche Aussagen der Integralrechnung erhält man, wenn man die angegebenen Sätze der Differentialrechnung auf Integralfunktionen F zu $F(x)=\int_a^x f$ anwendet und die Beziehung $F'=f$ ausnutzt? Erläutern Sie Ihre Ergebnisse an Skizzen!

a) Satz S 5.3 **b)** Satz S 5.4 **c)** Satz S 5.5 **d)** Satz S 5.6 **e)** Satz S 5.7 **f)** Satz S 8.3

§ 12 Integrationsverfahren

I. Das Verfahren der partiellen Integration (Produktintegration)

1. Wegen des in § 11 herausgearbeiteten engen Zusammenhangs zwischen Differential- und Integralrechnung kann man erwarten, daß man durch Übertragung der **Produktregel** (Satz S 4.3) auf die Integralrechnung zu weiteren Funktionstypen Stammfunktionen finden, also die zugehörigen Integrale berechnen kann.
Nach der Produktregel gilt für zwei über [a; b] differenzierbare Funktionen u und v:

$$(u \cdot v)' = u \cdot v' + u' \cdot v.$$

Dies bedeutet, daß die Funktion $F = u \cdot v$ Stammfunktion der Funktion

$$f = F' = u \cdot v' + u' \cdot v$$

ist. Nach den Sätzen S 11.9 und S 11.11 gilt also

$$\int_a^b (u \cdot v' + u' \cdot v) = \int_a^b u \cdot v' + \int_a^b u' \cdot v = u(x) \cdot v(x) \Big|_a^b .$$

Durch Subtraktion des zweiten Integrals erhält man:

$$\int_a^b u \cdot v' = u(x) \cdot v(x) \Big|_a^b - \int_a^b u' \cdot v.$$

Damit haben wir die Regel der **„partiellen Integration"** oder **„Produktintegration"** erhalten:

S 12.1 Sind u und v zwei über [a; b] stetig differenzierbare Funktionen, so gilt:

$$\int_a^b u \cdot v' = u(x) \cdot v(x) \Big|_a^b - \int_a^b u' \cdot v.$$

Die Bezeichnung „partielle Integration" deutet an, daß bei Anwendung dieser Regel die Integration nur teilweise (partiell) durchgeführt wird, daß ein Restintegral bleibt. In vielen Fällen läßt sich das Restintegral und damit auch das gegebene Integral in einem weiteren Schritt (oder in mehreren Schritten) berechnen.
Bei der Anwendung von Satz S 12.1 ist stets zu überlegen, welcher Faktor des Integranden mit u(x), welcher mit v'(x) zu bezeichnen ist. Man vergleiche die folgenden Beispiele.

2. Zur Vereinfachung der Schreibweise führen wir bei den folgenden Beispielen zunächst eine Nebenrechnung (NR) durch, in der wir die Integrationsgrenzen weglassen.

1) $\int\limits_0^{\pi} x \cdot \cos x \, dx$

NR: $\int x \cdot \cos x \, dx = x \cdot \sin x - \int 1 \cdot \sin x \, dx = x \cdot \sin x + \cos x$

Wir setzen $u(x) = x$ und $v'(x) = \cos x$; dann ist $u'(x) = 1$ und $v(x) = \sin x$.

Also gilt:

$$\int\limits_0^{\pi} x \cdot \cos x \, dx = x \cdot \sin x + \cos x \Big|_0^{\pi} = (\pi \cdot \sin \pi + \cos \pi) - (0 + \cos 0) = 0 + (-1) - 1 = -2.$$

2) $\int\limits_0^{\pi} x^2 \cdot \sin x \, dx$

NR: $\int x^2 \cdot \sin x \, dx = -x^2 \cos x + 2 \int x \cdot \cos x \, dx = -x^2 \cos x + 2x \cdot \sin x + 2 \cos x = (2 - x^2) \cos x + 2x \sin x$

Wir setzen $u(x) = x^2$ und $v'(x) = \sin x$; dann ist $u'(x) = 2x$ und $v(x) = -\cos x$. Das Restintegral $\int x \cdot \cos x \, dx$ wurde bereits unter 1) berechnet.

Also gilt:

$$\int\limits_0^{\pi} x^2 \sin x \, dx = (2 - x^2) \cos x + 2x \sin x \Big|_0^{\pi} = [(2 - \pi^2) \cos \pi + 2 \sin \pi] - [2 \cos 0 + 0]$$

$$= (2 - \pi^2) \cdot (-1) - 2 = \pi^2 - 4 \approx 5{,}87.$$

Bei solchen Beispielen wählt man als $u(x)$ also die Potenz von x, damit diese durch die Differentiation in jedem Schritt „abgebaut" wird.

3) $\int\limits_{-\frac{\pi}{2}}^{\pi} \sin^2 x \, dx$

NR: $\int \sin^2 x \, dx = \int \sin x \cdot \sin x \, dx$
$= -\sin x \cdot \cos x + \int \cos^2 x \, dx$
$= -\sin x \cdot \cos x + \int (1 - \sin^2 x) \, dx$
$= -\sin x \cdot \cos x + \int dx - \int \sin^2 x \, dx$
$= -\sin x \cdot \cos x + x - \int \sin^2 x \, dx.$

Wir setzen $u(x) = \sin x$ und $v'(x) = \sin x$; dann ist $u'(x) = \cos x$ und $v(x) = -\cos x$. Es ist $\cos^2 x = 1 - \sin^2 x$.

Auf diese Weise ergibt sich als Restintegral – allerdings mit dem Minuszeichen – wieder das gegebene Integral. Wir addieren $\int \sin^2 x \, dx$ auf beiden Seiten der letzten Gleichung und erhalten:

$$2 \int \sin^2 x \, dx = -\sin x \cdot \cos x + x \quad \text{also} \quad \int \sin^2 x \, dx = \tfrac{1}{2}(x - \sin x \cdot \cos x).$$

Beachte: Bei diesem Beispiel würde es nicht zum Ziel führen, wenn man beim Restintegral $\int \cos^2 x \, dx$ noch einmal die Regel der partiellen Integration anwenden würde; es ergäbe sich nämlich die – gewiß richtige, aber nicht weiterführende – Beziehung $\int \sin^2 x \, dx = \int \sin^2 x \, dx$ (Aufgabe 1)!

Also gilt:

$$\int\limits_{-\frac{\pi}{2}}^{\pi} \sin^2 x \, dx = \tfrac{1}{2}(x - \sin x \cdot \cos x) \Big|_{-\frac{\pi}{2}}^{\pi}$$

$$= \tfrac{1}{2}[\pi - \sin \pi \cdot \cos \pi] - \tfrac{1}{2}[-\tfrac{\pi}{2} - \sin(-\tfrac{\pi}{2}) \cdot \cos(-\tfrac{\pi}{2})] = \tfrac{\pi}{2} + \tfrac{\pi}{4} = \tfrac{3\pi}{4}.$$

Bemerkungen:

a) Nach einem Additionstheorem für die Sinusfunktion gilt: $\sin 2x = 2 \sin x \cdot \cos x$, also $\sin x \cdot \cos x = \frac{1}{2} \sin 2x$. Somit kann man das Ergebnis unserer Rechnung auch folgendermaßen schreiben:

$$\int_a^b \sin^2 x\, dx = \frac{1}{2} x - \frac{1}{4} \sin 2x \Big|_a^b .$$

b) Wegen der Periodizität der Winkelfunktionen gibt es Intervalle $[a; b]$, für die

$$\int_a^b \sin^2 x\, dx = \int_a^b \cos^2 x\, dx$$

ist, z. B. alle Intervalle der Länge π, 2π usw., aber zum Beispiel auch das Intervall $\left[0; \frac{\pi}{2}\right]$.

Ist ein solches Integral zu berechnen, so kann man die Rechnung vereinfachen, wenn man von der für alle $x \in \mathbb{R}$ geltenden Beziehung $\sin^2 x + \cos^2 x = 1$ Gebrauch macht (Aufgabe 2).

4) $\int_1^2 x \cdot e^x\, dx$

NR: $\int x e^x\, dx = x e^x - \int 1 \cdot e^x\, dx$
$= x e^x - e^x = (x-1) e^x$

Wir setzen $u(x) = x$ und $v'(x) = e^x$; dann ist $u'(x) = 1$ und $v(x) = e^x$.

Also gilt:

$$\int_1^2 x e^x\, dx = (x-1) e^x \Big|_1^2 = 1 \cdot e^2 - 0 \cdot e = e^2.$$

5) $\int_0^\pi e^x \cdot \sin x\, dx$

NR: $\int e^x \cdot \sin x\, dx$
$= e^x \cdot \sin x - \int e^x \cdot \cos x\, dx$
$= e^x \cdot \sin x - e^x \cdot \cos x - \int e^x \cdot \sin x\, dx$

Wir setzen $u(x) = \sin x$ und $v'(x) = e^x$; dann ist $u'(x) = \cos x$ und $v(x) = e^x$. Im 2. Schritt setzen wir: $u(x) = \cos x$ und $v'(x) = e^x$; dann ist $u'(x) = -\sin x$ und $v(x) = e^x$.

Das Restintegral stimmt mit dem gegebenen Integral überein; durch Zusammenfassung erhält man:

$$\int e^x \sin x\, dx = \frac{1}{2} e^x (\sin x - \cos x).$$

Also gilt:

$$\int_0^\pi e^x \cdot \sin x \cdot dx = \frac{1}{2} e^x (\sin x - \cos x) \Big|_0^\pi = \frac{1}{2} e^\pi (\sin \pi - \cos \pi) - \frac{1}{2} e^0 (\sin 0 - \cos 0).$$

$$= \frac{1}{2} e^\pi (-(-1)) - \frac{1}{2} \cdot 1 \cdot (-1) = \frac{1}{2} (e^\pi + 1).$$

6) $\int_1^e \ln x\,dx$

Hier wenden wir einen Kunstgriff an, indem wir dem Integranden den Faktor 1 hinzufügen.

NR: $\int 1\cdot\ln x\cdot dx = x\cdot\ln x - \int \frac{x}{x}\,dx$
$= x\ln x - x = x(\ln x - 1)$

Wir setzen: $u(x)=\ln x$ und $v'(x)=1$;
dann gilt $u'(x)=\frac{1}{x}$ und $v(x)=x$.

Also gilt: $\int_1^e \ln x\,dx = x(\ln x-1)\Big|_1^e = e(\ln e-1)-1(\ln 1-1)=e(1-1)-1(0-1)=1.$

Übungen und Aufgaben

1. Bestätigen Sie, daß es bei der Berechnung von $\int_a^b \sin^2 x\,dx$ nicht zum Ziele führen würde, wenn man auf das Restintegral $\int_a^b \cos^2 x\,dx$ erneut die Regel der partiellen Integration anwenden würde!

2. a) Zeigen Sie für alle Intervalle $[a, b]$ der Länge $n\pi$ $(n\in\mathbb{N})$: $\int_a^b \sin^2 x\,dx = \int_a^b \cos^2 x\,dx$!

b) Suchen Sie Intervalle der Länge $\frac{\pi}{2}$, für die beide Integrale ebenfalls denselben Wert haben!

c) Berechnen Sie $\int_0^\pi \sin^2 x\,dx$ unter Benutzung der für alle $x\in\mathbb{R}$ geltenden Beziehung $\sin^2 x+\cos^2 x=1$ auf möglichst einfache Weise!

d) Berechnen Sie $\int_0^\pi \cos^2 x\,dx$ auch durch partielle Integration!

3. Zeigen Sie, daß für alle $m, n\in\mathbb{N}$ die folgenden Beziehungen gelten!

a) $\int_{-\pi}^{\pi} \sin mx\cdot\sin nx\,dx = \int_{-\pi}^{\pi} \cos mx\cdot\cos nx\,dx = \begin{cases} 0 & \text{für } m\neq n \\ \pi & \text{für } m=n \end{cases}$ **b)** $\int_{-\pi}^{\pi} \sin mx\cdot\cos nx\,dx = 0$

4. Berechnen Sie $\int_a^b f$!

a) $\int_0^\pi x\cdot\cos x\,dx$ **b)** $\int_0^\pi x^2\cdot\cos x\,dx$ **c)** $\int_{-\frac{\pi}{2}}^{\frac{\pi}{2}} \cos^2 x\,dx$ **d)** $\int_0^{\frac{\pi}{2}} \cos^3 x\,dx$

e) $\int_0^\pi \sin^3 x\,dx$ **f)** $\int_0^{\frac{\pi}{2}} \sin^2 x\cdot\cos^2 x\,dx$ **g)** $\int_0^{2\pi} e^x\cdot\cos x\,dx$ **h)** $\int_0^{2\pi} e^{-x}\cdot\sin x\,dx$

i) $\int_1^e x\cdot\ln x\,dx$ **j)** $\int_1^e \sqrt{x}\cdot\ln x\,dx$ **k)** $\int_1^e \sqrt[3]{x^2}\cdot\ln x\,dx$ **l)** $\int_1^e x^r\cdot\ln x\,dx$ $(r\in\mathbb{Q})$

5. a) Es sei $I_n = \int_0^1 x^n \cdot e^x \, dx$ (mit $n \in \mathbb{N}$). Berechnen Sie I_0!

b) Führen Sie I_n durch partielle Integration auf I_{n-1} zurück!

c) Berechnen Sie mit Hilfe der sich ergebenden Rekursionsformel I_3 und I_4!

6. Verfahren Sie wie in Aufgabe 5!

a) $I_n = \int_1^e (\ln x)^n \, dx$ **b)** $I_n = \int_1^e x^{10} (\ln x)^n \, dx$ **c)** $I_n = \int_1^e \frac{(\ln x)^n}{x^{10}} \, dx$

7. Es sei $I_n = \int_0^\pi x^n \cdot \sin x \, dx$ bzw. $I_n = \int_0^{\frac{\pi}{2}} x^n \cos x \, dx$ (mit $n \in \mathbb{N}$).

a) Berechnen Sie I_0 und I_1!

b) Führen Sie I_n durch partielle Integration auf I_{n-2} zurück!

c) Berechnen Sie jeweils I_3 und I_4!

8. a) Entwickeln Sie eine Rekursionsformel für $I_n = \int_0^{\frac{\pi}{2}} \sin^n x \, dx$ und für $I_n = \int_0^{\frac{\pi}{2}} \cos^n x \, dx$ (mit $n \in \mathbb{N}$).

Anleitung: Setzen Sie $\sin^n x = \sin x \cdot \sin^{n-1} x$ und $v'(x) = \sin x$!

b) Berechnen Sie jeweils I_3 und I_4!

9. a) Es sei $I_n = \int_0^1 (1 - x^2)^n \, dx$ (mit $n \in \mathbb{N}$). Beweisen Sie, daß für alle $n \in \mathbb{N}$ gilt:

$$I_n = \frac{2n}{2n+1} \cdot I_{n-1}\,!$$

Anleitung: Führen Sie eine partielle Integration durch und setzen Sie dann $-x^2 = (1 - x^2) - 1$!

b) Berechnen Sie I_3 und I_4!

10. a) Zeigen Sie, daß für die Integrale $I_n = \int_0^{\frac{\pi}{2}} \sin^n x \, dx$ (mit $n \in \mathbb{N}$) gilt: $I_n = \frac{n-1}{n} I_{n-2}$ (vgl. Aufgabe 8)!

b) Leiten Sie aus dieser Rekursionsgleichung die Allgemeingültigkeit der Gleichungen

$$I_{2n} = \int_0^{\frac{\pi}{2}} \sin^{2n} x \, dx = \frac{\pi}{2} \cdot \frac{1 \cdot 3 \cdot 5 \cdot \ldots \cdot (2n-1)}{2 \cdot 4 \cdot 6 \cdot \ldots \cdot 2n} \quad \text{und} \quad I_{2n+1} = \int_0^{\frac{\pi}{2}} \sin^{2n+1} x \, dx = \frac{2 \cdot 4 \cdot 6 \cdot \ldots \cdot 2n}{1 \cdot 3 \cdot 5 \cdot \ldots \cdot (2n+1)}$$

her!

c) Zeigen Sie, daß für alle $n \in \mathbb{N}$ gilt: $1 \leq \frac{I_{2n}}{I_{2n+1}} \leq 1 + \frac{1}{2n}$!

Anleitung: Vergleichen Sie für den Beweis der linken Ungleichung die Integrandfunktionen! Benutzen Sie für den Nachweis der rechten Ungleichung a) und die Methode der vollständigen Induktion!

d) Zeigen Sie: $\lim\limits_{n \to \infty} \left(\frac{2}{1} \cdot \frac{2}{3} \cdot \frac{4}{3} \cdot \frac{4}{5} \cdot \frac{6}{5} \cdot \frac{6}{7} \cdot \ldots \cdot \frac{2n}{2n-1} \cdot \frac{2n}{2n+1} \right) = \frac{\pi}{2}$!

Bemerkung: Das vorstehende Produkt heißt „Wallis-Produkt"[1]); mit ihm lassen sich Näherungswerte für die Zahl π berechnen.

---

[1]) John Wallis, 1616–1703, engl. Mathematiker

II. Integration durch Substitution

1. Eine weitere wichtige Regel der Differentialrechnung ist die **Kettenregel** (Satz S 4.10). Sie gestattet es, die Ableitung einer Funktion zu ermitteln, wenn der Term die Form

$$f(x) = g[\varphi(x)]$$

hat; man substituiert $z = \varphi(x)$ und erhält:

$$f'(x) = g'[\varphi(x)] \cdot \varphi'(x) = g'(z) \cdot \varphi'(x),$$

falls die Funktionen g und φ über den fraglichen Mengen differenzierbar sind.

2. Zur Herleitung einer entsprechenden Regel der Integralrechnung gehen wir aus von einer Funktion f, die zwischen zwei Zahlen p, q (also über dem Intervall $[p; q]$ oder über dem Intervall $[q; p]$) **stetig** ist. Eine Stammfunktion von f sei F; es soll also gelten:

$$F' = f \quad \text{und somit} \quad \int_p^q f = F(q) - F(p).$$

Die Substitutionsfunktion bezeichnen wir auch hier mit φ und setzen voraus, daß φ stetig differenzierbar über einem Intervall $[a; b]$ ist, daß gilt: $p = \varphi(a)$ und $q = \varphi(b)$ und daß das Intervall $[a, b]$ durch φ auf $[p; q]$ oder auf $[q; p]$ abgebildet wird: $\varphi([a; b]) = [p; q]$ oder $\varphi([a; b]) = [q; p]$.

Beispiele hierfür zeigen die Bilder 12.1 und 12.2.

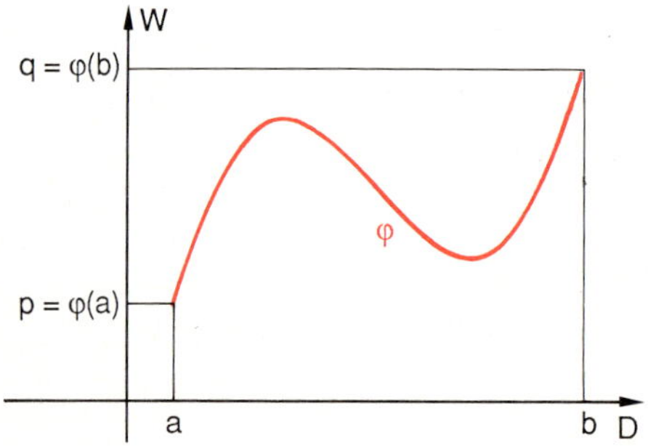

Bild 12.1

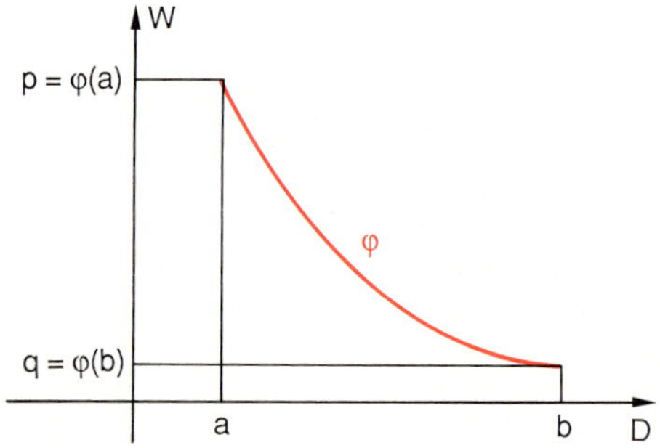

Bild 12.2

Bemerkung: Die Funktion φ braucht nicht unbedingt umkehrbar zu sein. Ist φ aber umkehrbar, dann gilt: $a = \overset{-1}{\varphi}(p)$ und $b = \overset{-1}{\varphi}(q)$.
Ist $F[\varphi(x)] = G(x)$, so gilt nach der Kettenregel:

$$G'(x) = F'[\varphi(x)] \cdot \varphi'(x) = f[\varphi(x)] \cdot \varphi'(x) = g(x).$$

Damit die Funktion g über $[a; b]$ integrierbar ist, haben wir oben vorausgesetzt, daß f über $[p; q]$ (oder über $[q; p]$) stetig und φ über $[a; b]$ stetig differenzierbar ist. Aus diesen Voraussetzungen ergibt sich nämlich, daß g über $[a; b]$ integrierbar ist. Begründe dies (Aufgabe 1)!

Somit gilt:

$$\int_a^b g = \int_a^b G' = G(b) - G(a) = F[\varphi(b)] - F[\varphi(a)] = F(q) - F(p) = \int_p^q f,$$

in der Funktionswertschreibweise also:

$$\int_a^b g(x)\,dx = \int_a^b f[\varphi(x)] \cdot \varphi'(x)\,dx = \int_p^q f(z)\,dz.$$

Damit haben wir bewiesen:

S 12.2 Ist eine Funktion f stetig über einem Intervall [a; b] und eine Funktion φ stetig differenzierbar über einem Intervall [p; q] bzw. [q; p] mit $p = \varphi(a)$ und $q = \varphi(b)$, und $\varphi([a; b]) = [p; q]$ oder $\varphi([a; b]) = [q; p]$, dann gilt:

$$\int_a^b f[\varphi(x)] \cdot \varphi'(x)\,dx = \int_{\varphi(a)}^{\varphi(b)} f(z)\,dz.$$

3. Die Substitutionsregel von Satz 12.2 ist zunächst immer dann anwendbar, wenn der Integrand – evtl. bis auf einen Zahlenfaktor – die Form $f[\varphi(x)] \cdot \varphi'(x)$ hat und wenn das sich ergebende Integral $\int_p^q f(z)\,dz$ ein Grundintegral ist oder auf ein Grundintegral zurückgeführt werden kann. Wir behandeln zwei **Beispiele**.

1) $\int_0^2 2x \cdot \sin(x^2+1)\,dx$

Wir setzen $z = x^2 + 1 = \varphi(x)$; denn dann ist $\varphi'(x) = 2x$, und dieser Term steht als Faktor im Integranden. Aus dem Integranden entnehmen wir ferner, daß die Funktion f bei diesem Beispiel gegeben ist durch

$$f(z) = \sin z.$$

Die Grenzen für das umgeformte Integral ermitteln wir aus der Substitutionsgleichung:

$$p = \varphi(0) = 1 \quad \text{und} \quad q = \varphi(2) = 5.$$

Damit erhalten wir nach Satz S 12.2:

$$\int_0^2 2x \cdot \sin(x^2+1)\,dx = \int_1^5 \sin z\,dz = -\cos z\Big|_1^5 = -\cos 5 + \cos 1,$$

also

$$\int_0^2 2x \cdot \sin(x^2+1)\,dx \approx -0{,}28366 + 0{,}54032 = 0{,}25664.$$

Beachte, daß x eine Winkelgröße im Bogenmaß ist!

Bemerkung: Statt die Grenzen auf die neue Variable (z) umzurechnen, kann man auch den Term der sich ergebenden Stammfunktion wieder in der ursprünglichen Variablen (x) ausdrücken und dann auch die ursprünglichen Grenzen einsetzen. Die Rechnung lautet dann:

$$\int_0^2 2x\cdot\sin(x^2+1)\,dx=\int_{\varphi(0)}^{\varphi(2)}\sin z\,dz=-\cos z\Big|_{\varphi(0)}^{\varphi(2)}=-\cos(x^2+1)\Big|_0^2=-\cos 5+\cos 1.$$

2) $$\int_3^4 \frac{x\,dx}{\sqrt{25-x^2}}$$

Wir setzen $z=25-x^2=\varphi(x)$; denn dann ist $\varphi'(x)=-2x$. Dieser Term steht zwar nicht unmittelbar als Faktor im Integranden; wir brauchen indes nur mit -2 zu erweitern; dann tritt der Faktor $\varphi'(x)=-2x$ im Integranden auf. Wir formen das Integral also folgendermaßen um:

$$\int_3^4 \frac{x\,dx}{\sqrt{25-x^2}}=-\int_3^4 \frac{-2x\,dx}{2\sqrt{25-x^2}}.$$

Aus dem Integranden entnimmt man nun noch den Term der Funktion f nach Satz S 12.2; es gilt:

$$f(z)=\frac{1}{2\sqrt{z}}.$$

Die neuen Grenzen sind $p=\varphi(3)=25-9=16$ und $q=\varphi(4)=25-16=9$. Wir erhalten also:

$$\int_3^4 \frac{x\,dx}{\sqrt{25-x^2}}=-\int_{16}^{9}\frac{dz}{2\sqrt{z}}=-\sqrt{z}\Big|_{16}^{9}=-3+4=1.$$

Man kann auch auf die Berechnung der neuen Grenzen p und q verzichten und folgendermaßen rechnen:

$$\int_3^4 \frac{x\,dx}{\sqrt{25-x^2}}=-\int_{\varphi(3)}^{\varphi(4)}\frac{dz}{2\sqrt{z}}=-\sqrt{z}\Big|_{\varphi(3)}^{\varphi(4)}=-\sqrt{25-x^2}\Big|_3^4=-3+4=1.$$

4. Die Substitutionsregel läßt sich darüber hinaus in vielen Fällen anwenden, bei denen eine Aufspaltung des Integranden in zwei Faktoren $f[\varphi(x)]$ und $\varphi(x)$ nicht unmittelbar zu erkennen ist. In diesen Fällen ist es zweckmäßig, eine **Kurzform** des Substitutionsverfahrens anzuwenden. Diese Kurzform beruht darauf, daß man rein formal den Integranden $f[\varphi(x)]\cdot\varphi'(x)\,dx$

wegen $z=\varphi(x)$ in die beiden „Faktoren“ $f[\varphi(x)]$ und $\varphi'(x)\,dx=dz$

zerlegt. Man nennt dz und dx **„Differentiale“**. Diese Differentiale kann man am Steigungsdreieck der Tangente interpretieren, die im Punkte $P(x\,|\,\varphi(x))$ an den Graphen der Funktion φ angelegt ist (Bild 12.3). Wenn man die Maßzahlen der beiden Katheten dieses Steigungsdreiecks mit „dx“ und „dz“ bezeichnet, gilt nämlich

$$\frac{dz}{dx}=\varphi'(x),\quad \text{also}\quad dz=\varphi'(x)\,dx.$$

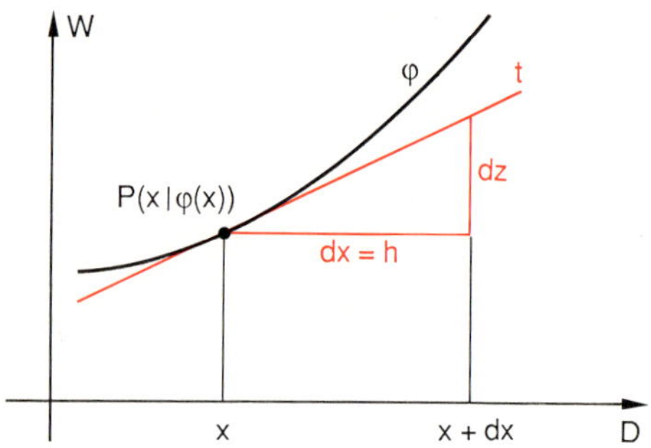

Bild 12.3

Beachte, daß wir bisher einen Zuwachs in der x-Richtung in der Regel mit „h" bezeichnet haben; es ist also $dx = h$.
Allgemein versteht man unter dem **„Differential"** einer an einer Stelle x differenzierbaren Funktion f mit der Gleichung $y = f(x)$ den Term

$$\mathbf{dy = f'(x) \cdot dx},$$

wobei dx einen beliebigen Zuwachs in der x-Richtung bezeichnet.

Beispiel: $y = f(x) = x^3 + 1$; es ist $f'(x) = 3x^2$, also $dy = 3x^2\,dx$.

5. Mit Hilfe dieses Differentials kann man sich einfach merken, wie die Substitutionsregel von Satz S 12.2 anzuwenden ist. Wegen $z = \varphi(x)$ gilt:

$$f(z) = f[\varphi(x)] \quad \text{und} \quad dz = \varphi'(x)\,dx, \quad \text{also}$$

$$f(z)\,dz = f[\varphi(x)] \cdot \varphi'(x)\,dx.$$

Daraus ergibt sich – rein formal – die Substitutionsregel durch Davorscheiben des Integralzeichens und durch Hinzufügung der zugehörigen Grenzen:

$$\int_a^b f[\varphi(x)] \cdot \varphi'(x)\,dx = \int_{\varphi(a)}^{\varphi(b)} f(z)\,dz.$$

Beachte, daß es sich bei diesem Vorgehen nicht etwa um eine Herleitung der Substitutionsregel, sondern lediglich um einen Kunstgriff handelt, mit dem man sich die Substitutionsregel einfach merken kann. Im übrigen liegt in der Einfachheit dieses Vorgehens auch die Begründung dafür, daß die Schreibweise des Integrals mit Hilfe des Differentials zweckmäßig ist.
Wir behandeln ein **Beispiel:**

$$J = \int_2^{10} \frac{x\,dx}{\sqrt{2x+5}}.$$

Mit $z = \varphi(x) = 2x + 5$ gilt $\varphi'(x) = 2$, also $dz = 2\,dx$ und $dx = \frac{1}{2}\,dz$.
Ferner erhält man $\varphi(2) = 9$ und $\varphi(10) = 25$. Weil der Faktor x im Integranden auftritt, müssen wir die Substitutionsgleichung nach x auflösen:

$$z = 2x + 5 \Leftrightarrow x = \tfrac{1}{2}(z-5).$$

Damit ergibt sich:

$$J = \int_9^{25} \frac{1}{2}(z-5) \cdot \frac{1}{\sqrt{z}} \cdot \frac{1}{2}\,dz = \frac{1}{4} \int_9^{25} \sqrt{z}\,dz - \frac{5}{4} \int_9^{25} \frac{dz}{\sqrt{z}}$$

$$= \frac{1}{4} \int_9^{25} z^{\frac{1}{2}}\,dz - \frac{5}{4} \int_9^{25} z^{-\frac{1}{2}}\,dz = \left[\frac{1}{4} \cdot \frac{2}{3} \cdot z \cdot \sqrt{z} - \frac{5}{4} \cdot 2 \cdot \sqrt{z}\right]_9^{25}$$

$$= \frac{1}{6}(125 - 27) - \frac{5}{2}(5-3) = \frac{98}{6} - 5 = 11\,\frac{2}{3}.$$

Bemerkung: Man kann beim vorstehenden Beispiel auch den Wurzelterm substituieren:

$$z=\varphi(x)=\sqrt{2x+5};\ \varphi'(x)=\frac{2}{2\sqrt{2x+5}},\quad \text{also}\quad dz=\frac{dx}{z}\quad \text{und}\ dx=z\,dz.$$

Ferner gilt $\varphi(2)=3$ und $\varphi(10)=5$ und $z=\sqrt{2x+5}\Leftrightarrow x=\frac{1}{2}(z^2-5)$. Damit erhält man:

$$J=\int_3^5 \frac{1}{2}(z^2-5)\,dz=\frac{1}{2}\int_3^5 (z^2-5)\,dz=\left[\frac{1}{2}\,\frac{z^3}{3}-\frac{5}{2}z\right]_3^5=\frac{98}{6}-5=11\frac{2}{3}.$$

6. Bei den folgenden Beispielen greifen wir auf das Grundintegral $\int_a^b \frac{dx}{x}=\ln|x|\Big|_a^b$ (Seite 255) zurück.

1) $\int_a^b \tan x\,dx=\int_a^b \frac{\sin x}{\cos x}\,dx$. Wir substituieren: $z=\varphi(x)=\cos x$, es gilt $dz=-\sin x\,dx$.

$$\int_a^b \frac{\sin x}{\cos x}\,dx=-\int_{\cos a}^{\cos b}\frac{dz}{z}=-\ln|z|\Big|_{\cos a}^{\cos b}=\ln|\cos a|-\ln|\cos b|.$$

Beachte, daß im Intervall [a; b] keine Nullstelle der Kosinusfunktion liegen darf!

2) $\int_1^2 \frac{(x-1)\,dx}{x^2-2x-3}$. Wir substituieren: $z=\varphi(x)=x^2-2x-3$; es gilt $\varphi(1)=-4$ und $\varphi(2)=-3$.

Ferner gilt: $dz=(2x-2)\,dx=2(x-1)\,dx$, also $(x-1)\,dx=\frac{dz}{2}$. Somit ergibt sich:

$$\int_1^2 \frac{(x-1)\,dx}{x^2-2x-3}=\frac{1}{2}\int_{-4}^{-3}\frac{dz}{z}=\frac{1}{2}\ln|z|\Big|_{-4}^{-3}=\frac{1}{2}(\ln 3-\ln 4),$$

also

$$\int_1^2 \frac{(x-1)\,dx}{x^2-2x-3}\approx\frac{1}{2}(1{,}09861-1{,}38629)=-0{,}14384.$$

Bei diesem Integral ist zu prüfen, ob im Integrationsintervall eine Nullstelle des Polynoms x^2-2x-3 liegt. Dies ist wegen $x^2-2x-3=(x+1)(x-3)$ jedoch **nicht** der Fall. Daher ist die durchgeführte Rechnung korrekt.

7. Das in den vorstehenden Beispielen angewendete Verfahren führt immer dann zum Ziel, wenn der Integrand die Form $\frac{f'(x)}{f(x)}$ hat und f eine über dem Integrationsintervall [a; b] differenzierbare und vorzeichenbeständige Funktion ist. Es gilt der Satz:

S 12.3 Ist f eine über einem Intervall [a; b] differenzierbare Funktion und gilt $f(x)\neq 0$ für alle $x\in[a;b]$, so gilt:

$$\int_a^b \frac{f'(x)}{f(x)}\,dx=\ln|f(x)|\Big|_a^b=\ln|f(b)|-\ln|f(a)|.$$

Man spricht bei Anwendung dieses Satzes vom **„logarithmischen Integrieren"**. Der Beweis dieses Satzes ist Gegenstand von Aufgabe 2. Zeige auch, daß aus $f(x) \neq 0$ (für alle $x \in [a; b]$) unter den genannten Voraussetzungen folgt, daß f über [a; b] vorzeichenbeständig ist!

Beispiel: $\int\limits_a^b \frac{e^x + e^{-x}}{e^x - e^{-x}}\,dx = \ln|e^x - e^{-x}|\Big|_a^b$

8. Zum Schluß wollen wir an einem Beispiel noch zeigen, daß das Substitutionsverfahren nicht immer zum Ziel führt. Man kann mit diesem Verfahren – wie auch mit dem Verfahren der partiellen Integration – lediglich Integrale in andere Integrale umformen; es ist keineswegs gesagt, daß das sich ergebende Integral ein Grundintegral ist oder sich auf ein solches zurückführen läßt.

Beispiel: $\int\limits_3^4 \frac{dx}{\sqrt{25 - x^2}}$

Dieses Integral hat eine ähnliche Integrandfunktion wie das Beispiel 2) von Seite 268. Substituiert man aber auch hier $z = 25 - x^2$, so führt dies nicht zum Ziel. Es gilt nämlich:

$$z = \varphi(x) = 25 - x^2 \Rightarrow x^2 = 25 - z \Rightarrow x = \sqrt{25 - z}, \quad \text{also} \quad dx = \frac{-dz}{2\sqrt{25 - z}}.$$

Mit $\varphi(3) = 16$ und $\varphi(4) = 9$ erhält man also

$$\int\limits_3^4 \frac{dx}{\sqrt{25 - x^2}} = -\int\limits_{16}^{9} \frac{dz}{\sqrt{z} \cdot 2\sqrt{25 - z}}.$$

Zu der sich so ergebenden Integrandfunktion g mit $g(z) = \frac{1}{2\sqrt{z} \cdot \sqrt{25 - z}}$ ist nun aber ebensowenig eine Stammfunktion bekannt wie zur ursprünglichen Integrandfunktion f zu $f(x) = \frac{1}{\sqrt{25 - x^2}}$.

Bemerkung: Bei diesem Beispiel führt die Substitution $x = 5z$ zum Ziel.

Übungen und Aufgaben

1. Begründen Sie, daß sich aus den Voraussetzungen von Satz S 12.2 ergibt, daß die Funktion g zu $g(x) = f[\varphi(x)] \cdot \varphi'(x)$ über [a; b] integrierbar ist!

2. Beweisen Sie den Satz S 12.3!

Bestimmen Sie in den Aufgaben 3 bis 8 jeweils $\int\limits_a^b f$!

3. a) $\int\limits_0^2 (4x - 3)^2\,dx$ **b)** $\int\limits_1^2 (4 - 2x)^4\,dx$ **c)** $\int\limits_0^{0,5} \frac{15\,dx}{(3 - 5x)^2}$ **d)** $\int\limits_{-3}^{-2,5} \frac{4\,dx}{(2x + 7)^3}$

e) $\int\limits_4^{12} \sqrt{2x - 8}\,dx$ **f)** $\int\limits_{-7}^{1} \sqrt[3]{1 - x}\,dx$ **g)** $\int\limits_0^1 \frac{dx}{\sqrt{4 - 3x}}$ **h)** $\int\limits_{1,5}^{5} \frac{dx}{\sqrt[3]{2x - 2}}$

i) $\int\limits_{-4}^{-3} (x + 4)^{\frac{3}{4}}\,dx$ **j)** $\int\limits_{-2}^{1,5} (2x + 5)^{-\frac{1}{3}}\,dx$ **k)** $\int\limits_{-3}^{0,75} (4x + 13)^{-\frac{3}{4}}\,dx$ **l)** $\int\limits_{3,5}^{4} (2x - 7)^{\frac{3}{5}}\,dx$

4. a) $\int\limits_0^{\frac{\pi}{4}} \sin 2x\,dx$ **b)** $\int\limits_{\frac{\pi}{9}}^{\frac{\pi}{6}} \cos\left(3x+\frac{\pi}{3}\right)dx$ **c)** $\int\limits_0^1 e^{-2x}\,dx$ **d)** $\int\limits_{-1}^0 e^{5x+5}\,dx$

e) $\int\limits_0^{1,5} \frac{dx}{\sqrt{9-4x^2}}$ **f)** $\int\limits_0^{1,5} \frac{dx}{\sqrt{1-\frac{x^2}{9}}}$ **g)** $\int\limits_0^{\frac{1}{3}} \frac{dx}{1+9x^2}$ **h)** $\int\limits_1^{2\sqrt{3}} \frac{dx}{16+4x^2}$

5. a) $\int\limits_0^4 \frac{x}{\sqrt{2x+1}}\,dx$ **b)** $\int\limits_2^9 \frac{x+1}{\sqrt[3]{x-1}}\,dx$ **c)** $\int\limits_0^3 x\cdot\sqrt{x+1}\,dx$ **d)** $\int\limits_1^{14} 3x\cdot\sqrt[3]{2x-1}\,dx$

e) $\int\limits_0^{\pi^2} x\cdot\cos\sqrt{x}\,dx$ **f)** $\int\limits_0^{\frac{\pi}{2}} 8x^2\sin 2x\,dx$ **g)** $\int\limits_0^1 \sqrt[3]{x+1}\cdot\ln(1+x)\,dx$ **h)** $\int\limits_0^1 x^3\cdot e^{x^2}\,dx$

6. a) $\int\limits_0^1 2x(x^2+1)^7\,dx$ **b)** $\int\limits_0^2 3x^2(x^3-1)^{15}\,dx$ **c)** $\int\limits_0^4 x\cdot\sqrt{x^2+9}\,dx$

d) $\int\limits_0^{\sqrt{2}} \frac{2x\,dx}{\sqrt{4-x^2}}$ **e)** $\int\limits_0^1 x e^{x^2}\,dx$ **f)** $\int\limits_1^2 \frac{1}{x^2}\,e^{\frac{1}{x}}\,dx$

g) $\int\limits_0^{\frac{\pi}{2}} \cos x\cdot e^{\sin x}\,dx$ **h)** $\int\limits_0^{\frac{\pi}{4}} \frac{e^{\arctan x}}{1+x^2}\,dx$ **i)** $\int\limits_0^{\sqrt{\frac{\pi}{6}}} x\sin\left(x^2+\frac{\pi}{6}\right)dx$

j) $\int\limits_{\frac{1}{9}\pi^2}^{\frac{1}{4}\pi^2} \frac{1}{\sqrt{x}}\cos\sqrt{x}\,dx$ **k)** $\int\limits_{-1}^1 4x e^{-x^2+1}\,dx$ **l)** $\int\limits_0^1 \frac{\arctan x}{1+x^2}\,dx$

m) $\int\limits_0^{\sqrt{e-1}} x\cdot\ln(x^2+1)\,dx$ **n)** $\int\limits_0^{\frac{\pi}{3}} \sin x\cdot\ln(\cos x)\,dx$ **o)** $\int\limits_0^1 \frac{\arcsin x}{\sqrt{1-x^2}}\,dx$

p) $\int\limits_0^1 \frac{x\cdot\arctan(x^2)}{x^4+1}\,dx$ **q)** $\int\limits_1^e \frac{\tan(\frac{\pi}{4}\ln x)}{x}\,dx$ **r)** $\int\limits_{\sqrt{2}}^2 \frac{x}{x^2-1}\ln(x^2-1)\,dx$

7. a) $\int\limits_0^{\frac{1}{2}(e-1)} \frac{dx}{2x+1}$ **b)** $\int\limits_2^{\sqrt{e+3}} \frac{x}{x^2-3}\,dx$ **c)** $\int\limits_1^3 \frac{x-2}{x^2-4x+10}\,dx$ **d)** $\int\limits_1^2 \frac{dx}{x+x^{-1}}$

e) $\int\limits_{\frac{\pi}{6}}^{\frac{\pi}{2}} \frac{\cos x}{\sin x}\,dx$ **f)** $\int\limits_{\pi}^{2\pi} \frac{1+\cos x}{x+\sin x}\,dx$ **g)** $\int\limits_{\frac{\pi}{6}}^{\frac{\pi}{3}} \frac{dx}{\cos^2 x\tan x}$ **h)** $\int\limits_{\frac{\pi}{6}}^{\frac{\pi}{2}} \frac{\sin x}{1+\cos x}\,dx$

i) $\int\limits_{-1}^1 \frac{e^x-e^{-x}}{e^x+e^{-x}}\,dx$ **j)** $\int\limits_0^1 \frac{e^{-x}-1}{x+e^{-x}}\,dx$ **k)** $\int\limits_0^1 \frac{x+e^{-2x}}{x^2-e^{-2x}}\,dx$ **l)** $\int\limits_0^1 \frac{1-2xe^{-x^2}}{x+e^{-x^2}}\,dx$

8. a) $\int\limits_a^b f'(x)\sqrt{f(x)}\,dx$ **b)** $\int\limits_a^b \frac{f'(x)}{\sqrt{f(x)}}\,dx$ **c)** $\int\limits_a^b f'(x)\cdot[f(x)]^r\,dx \quad (r\in\mathbb{R})$ **d)** $\int\limits_a^b f'(x)\,e^{f(x)}\,dx$

9. Beweisen Sie durch eine geeignete Substitution!

a) $\int\limits_0^1 x^n(1-x)^m\,dx = \int\limits_0^1 x^m(1-x)^n\,dx$ (für $m, n \in \mathbb{N}$)

b) $\int\limits_0^{\frac{\pi}{2}} \sin x\,dx = \int\limits_0^{\frac{\pi}{2}} \cos x\,dx$ **c)** $\int\limits_0^a f(x)\,dx = \int\limits_0^9 f(a-x)\,dx$

10. a) Zeigen Sie mit Hilfe der Substitution $z = \frac{1}{x}$, daß für alle $h > 0$ gilt:

$$\int\limits_h^1 \frac{dx}{1+x^2} = \int\limits_1^{\frac{1}{h}} \frac{dx}{1+x^2}\,!$$

b) Leiten Sie aus a) eine Beziehung zwischen $\arctan\frac{1}{h}$ und $\arctan h$ her!

c) Was ergibt sich aus a), wenn h gegen Null strebt? Deuten Sie das Ergebnis am Funktionsgraphen der Funktion f zu $f(x) = \frac{1}{1+x^2}$!

11. Zeigen Sie: Ist eine Funktion f über jedem abgeschlossenen Intervall integrierbar und hat f die Periode p, so gilt für alle $a \in \mathbb{R}$: $\int\limits_0^p f = \int\limits_a^{a+p} f$!

12. a) Bestätigen Sie, daß für alle $n \in \mathbb{N}$ gilt: $\int\limits_0^1 x^n\,dx + \int\limits_0^1 \sqrt[n]{x}\,dx = 1$!

b) Interpretieren Sie den Sachverhalt an den Funktionsgraphen!

c) Verallgemeinern Sie den Sachverhalt! Geben Sie ein weiteres Beispiel an!

13. Beweisen Sie: Ist eine Funktion f integrierbar und F eine Stammfunktion von f, so gilt

$$\int\limits_a^b f(px+q)\,dx = \frac{1}{p}F(px+q)\Big|_a^b \quad (\text{für } p \neq 0)!$$

14. Berechnen Sie nach dem Satz von Aufgabe 13!

a) $\int\limits_0^1 (2x+1)^3\,dx$ **b)** $\int\limits_{-1}^1 \frac{dx}{5x+6}$ **c)** $\int\limits_{-1}^0 \frac{dx}{(1-2x)^2}$ **d)** $\int\limits_0^1 \cos \pi(x+1)\,dx$

e) $\int\limits_0^1 \frac{dx}{\sqrt{5x+4}}$ **f)** $\int\limits_{-1}^0 \sqrt{1-8x}\,dx$ **g)** $\int\limits_0^{\ln e} e^{3x-1}\,dx$ **h)** $\int\limits_0^{0{,}25} \frac{dx}{\cos^2(\pi x)}$

III. Die Integration gebrochen-rationaler Funktionen

1. Wie wir am Beispiel 2) von Seite 270 gesehen haben, läßt sich die Regel von der „logarithmischen Integration" (Satz S 12.3) in geeigneten Fällen auch bei gebrochen-rationalen Funktionen anwenden. Wir behandeln ein weiteres

Beispiel: $\int_1^2 \frac{3dx}{2x-5} = \frac{3}{2}\int_1^2 \frac{2dx}{2x-5} = \frac{3}{2}\ln|2x-5|\Big|_1^2 = \frac{3}{2}(\ln 1 - \ln 3) = -\frac{3}{2}\ln 3.$

Beachte, daß die Nullstelle des Nenners $(\frac{5}{2})$ nicht im Integrationsintervall liegt!

2. Andere Fälle gebrochener rationaler Funktionen führen durch geeignete Substitution auf den Arcustangens.

Beispiel: $\int_{-4}^{-2} \frac{2dx}{x^2+6x+10} = \int_{-4}^{-2} \frac{2dx}{(x+3)^2+1} = 2\arctan(x+3)\Big|_{-4}^{-2}$

$$= 2\cdot[\arctan 1 - \arctan(-1)] = 2\cdot\left(\frac{\pi}{4}+\frac{\pi}{4}\right) = \pi.$$

Hier haben wir im Nenner zunächst das Verfahren der quadratischen Ergänzung angewendet.

3. Viele andere Fälle gebrochen-rationaler Integranden lassen sich unmittelbar nicht so behandeln wie die beiden vorstehenden Beispiele. Wie man in solchen Fällen vorgehen kann, wollen wir uns zunächst an einem „rückwärts" konstruierten **Beispiel** klarmachen.

Die Funktionen f_1 und f_2 zu $f_1(x) = \frac{3}{x+2}$ und $f_2(x) = \frac{-2}{x-1}$ lassen sich unmittelbar logarithmisch integrieren:

$$\int_a^b \frac{3dx}{x+2} = 3\ln|x+2|\Big|_a^b \quad \text{und} \quad \int_a^b \frac{-2dx}{x-1} = -\ln|x-1|\Big|_a^b.$$

Wir betrachten nun die Funktion f zu

$$f(x) = f_1(x) + f_2(x) = \frac{3}{x+2} + \frac{-2}{x-1} = \frac{3(x-1)-2(x+2)}{(x+2)(x-1)} = \frac{x-7}{x^2+x-2}.$$

Nach Satz S 11.12 gilt also, falls $x^2+x-2 \neq 0$ ist für alle $x \in [a; b]$:

$$\int_a^b \frac{(x-7)\,dx}{x^2+x-2} = \int_a^b \frac{3dx}{x+2} + \int_a^b \frac{-2dx}{x-1} = 3\ln|x+2| - 2\ln|x-1|\Big|_a^b.$$

Ist also die Funktion f zu $f(x) = \frac{x-7}{x^2+x-2}$ gegeben, so hat man f(x) in die beiden „Teilbrüche" oder „Partialbrüche" $\frac{3}{x+2}$ und $\frac{-2}{x-1}$ zu zerlegen. Das dabei anzuwendende Verfahren heißt **„Partialbruchzerlegung"**. Mit diesem Verfahren wollen wir uns im folgenden beschäftigen.

4. Wir erläutern dieses Verfahren an einigen **Beispielen:**

1) $f(x)=\frac{5x-7}{x^2-3x+2}$; es gilt: $x^2-3x+2=(x-1)(x-2)$; also $D(f)=\mathbb{R}\setminus\{1;2\}$.

Wir machen nun den **Ansatz:** $\frac{5x-7}{x^2-3x+2}=\frac{5x-7}{(x-1)(x-2)}=\frac{A}{x-1}+\frac{B}{x-2}$. (*)

Die in die Variablen A und B einzusetzenden Zahlen sind so zu bestimmen, daß die Gleichung allgemeingültig in D(f) ist. Hierzu bringt man die rechte Seite der Gleichung wieder auf den „Hauptnenner" $(x-1)(x-2)$:

$$\frac{5x-7}{(x-1)(x-2)}=\frac{A(x-2)+B(x-1)}{(x-1)(x-2)}=\frac{(A+B)x-2A-B}{(x-1)(x-2)}.$$

Da die Nenner übereinstimmen, ist die Gleichung genau dann allgemeingültig in D(f), wenn auch die Zähler gleich sind. Dies bedeutet, daß die Koeffizienten von x und die Absolutglieder übereinstimmen müssen. Durch einen sogenannten **„Koeffizientenvergleich"** ergibt sich für die Variablen A und B das folgende Gleichungssystem:

$$\left\{\begin{array}{c} A+B=5 \\ \wedge\ -2A-B=-7 \end{array}\right\} \Leftrightarrow \left\{\begin{array}{c} A=2 \\ B=3 \end{array}\right\}. \quad \text{Also gilt:} \quad f(x)=\frac{5x-7}{x^2-3x+2}=\frac{2}{x-1}+\frac{3}{x-2}.$$

Eine Stammfunktion F der Funktion f ist also gegeben durch:

$$F(x)=2\ln|x-1|+3\ln|x-2|=\ln|(x-1)^2\cdot(x-2)^3|.$$

Man kann die Zahlen für A und B noch schneller finden, wenn man die Gleichung (*) zunächst mit $x-1$ (bzw. $x-2$) multipliziert, kürzt und dann in x die Zahl 1 (bzw. 2) einsetzt:

$$\frac{5x-7}{x-2}=A+\frac{B(x-1)}{x-2}; \text{ mit } x=1 \text{ erhält man: } A=\frac{5-7}{-1}=2;$$

$$\frac{5x-7}{x-1}=\frac{A(x-2)}{x-1}+B; \text{ mit } x=2 \text{ erhält man: } B=\frac{10-7}{1}=3.$$

Wir schreiben noch kürzer:

$$A=\left.\frac{5x-7}{x-2}\right|_{x=1}=2 \quad \text{und} \quad B=\left.\frac{5x-7}{x-1}\right|_{x=2}=3.$$

Beachte:

a) Dadurch, daß wir die Gleichung mit $x-1$ (bzw. $x-2$) multipliziert und dann gekürzt haben, entfällt die Einschränkung $x\neq 1$ (bzw. $x\neq 2$).

b) Da die Gleichung (*) allgemeingültig sein soll, können wir **jede** Zahl aus D(f) in x einsetzen, nach der Umformung auch 1 (bzw. 2).

c) Die Vereinfachung wird dadurch erreicht, daß der jeweils andere Koeffizient durch das Einsetzen von 1 (bzw. 2) den Faktor 0 erhält; man erzielt auf diese Weise also sofort ein aufgelöstes Gleichungssystem.

2) $f(x)=\frac{x^2-3}{x^3-x}$; es gilt: $x^3-x=x(x-1)(x+1)$.

Ansatz: $\frac{x^2-3}{x^3-x}=\frac{x^2-3}{x(x-1)(x+1)}=\frac{A}{x}+\frac{B}{x-1}+\frac{C}{x+1}$

Wir wenden sofort das in Beispiel 1) beschriebene einfachere Verfahren an. Es ergibt sich:

$$A=\left.\frac{x^2-3}{(x-1)(x+1)}\right|_{x=0}=3;\quad B=\left.\frac{x^2-3}{x(x+1)}\right|_{x=1}=-1;\quad C=\left.\frac{x^2-3}{x(x-1)}\right|_{x=-1}=-1.$$

Also gilt:

$$f(x)=\frac{x^2-3}{x^3-x}=\frac{3}{x}-\frac{1}{x-1}-\frac{1}{x+1}.$$

Eine Stammfunktion F der Funktionen f ist also gegeben durch:

$$F(x)=3\ln|x|-\ln|x-1|-\ln|x+1|=\ln\left|\frac{x^3}{x^2-1}\right|.$$

5. Bei den bisher behandelten Beispielen ist der Term f(x) stets **echt gebrochen**, d.h. der Zählergrad ist kleiner als der Nennergrad. Wenn diese Bedingung nicht erfüllt ist, wenn also der Term der Integrandfunktion **nicht echt gebrochen** ist, dann muß er in einen ganzen und in einen echt gebrochenen Anteil zerlegt werden.

Beispiel: $f(x)=\frac{2x^3-20x+33}{x^2+2x-8}$

Es gilt: $(2x^3-20x+33):(x^2+2x-8)=2x-4+\frac{4x+1}{x^2+2x-8}=2x-4+\frac{4x+1}{(x-2)(x+4)}$.

Da wir den ganzrationalen Anteil $2x-4$ sofort integrieren können, brauchen wir die Partialbruchzerlegung nur beim echt gebrochenen Rest durchzuführen:

Ansatz: $\frac{4x+1}{(x-2)(x+4)}=\frac{A}{x-2}+\frac{B}{x+4}$

$$A=\left.\frac{4x+1}{x+4}\right|_{x=2}=\frac{9}{6}=\frac{3}{2};\quad B=\left.\frac{4x+1}{x-2}\right|_{x=-4}=\frac{-15}{-6}=\frac{5}{2}$$

Es gilt also:

$$f(x)=2x-4+\frac{3}{2}\cdot\frac{1}{x-2}+\frac{5}{2}\cdot\frac{1}{x+4}.$$

Eine zugehörige Stammfunktion ist gegeben durch

$$F(x)=x^2-4x+\tfrac{3}{2}\ln|x-2|+\tfrac{5}{2}\ln|x+4|.$$

6. Eine weitere Besonderheit tritt hier bei dem folgenden **Beispiel** auf:

$$f(x)=\frac{x^2+3}{x^3+2x^2+x}.$$

Die Zerlegung des Nenners in Linearfaktoren führt auf:

$$f(x)=\frac{x^2+3}{x(x^2+2x+1)}=\frac{x^2+3}{x(x+1)^2}.$$

Man erkennt, daß in diesem Fall der Linearfaktor $x+1$ im Nenner quadriert, also „doppelt" vorkommt. In diesem Fall führt der folgende Ansatz zum Ziel:

$$\frac{x^2+3}{x(x+1)^2}=\frac{A}{x}+\frac{B}{x+1}+\frac{C}{(x+1)^2}.$$

Daß man den zweiten Summanden $\left(\frac{B}{x+1}\right)$ nicht weglassen darf, erkennt man beim Verfahren des Koeffizientenvergleichs daran, daß sonst die Anzahl der Gleichungen nicht mit der der Variablen übereinstimmen würde. Auf eine genauere Begründung des Ansatzes wollen wir hier jedoch verzichten. Wir wenden sofort das einfachere Verfahren an; dies führt jedoch nur bei den Koeffizienten A und C unmittelbar zum Ziel:

$$A=\left.\frac{x^2+3}{(x+1)^2}\right|_{x=0}=3 \quad \text{und} \quad C=\left.\frac{x^2+3}{x}\right|_{x=-1}=-4.$$

Begründe, warum sich die Zahl B nicht auf die gleiche Weise bestimmen läßt (Aufgabe 1)!
Zur Ermittlung der Zahl für B setzen wir eine andere Zahl ein; am einfachsten ist es, 1 zu wählen. Für $x=1$ erhält man:

$$1=\frac{A}{1}+\frac{B}{2}+\frac{C}{4}, \text{ wegen } A=3 \text{ und } C=-4 \text{ also:}$$

$$\frac{B}{2}=1-3+1=-1 \Leftrightarrow B=-2.$$

Somit gilt:

$$f(x)=\frac{x^2+3}{x^3+2x^2+x}=\frac{3}{x}-\frac{2}{x+1}-\frac{4}{(x+1)^2}.$$

Eine zugehörige Stammfunktion F ist gegeben durch:

$$F(x)=3\ln|x|-2\ln|x+1|+\frac{4}{x+1}.$$

7. Noch größeren Rechenaufwand erfordern häufig solche Beispiele, bei denen eine Zerlegung des Nennerpolynoms in **Linearfaktoren nicht** möglich ist. Schon in § 6, II (Seite 141) haben wir erwähnt, daß **jedes** Polynom in ein Produkt von Linearfaktoren und (oder) quadratischen Faktoren zerlegt werden kann. Wir behandeln drei

Beispiele:

1) $$f(x)=\frac{1}{x^2+4x+8}$$

Für den Nenner gilt:

$$x^2+4x+8=(x+2)^2+4=4\left[\left(\frac{x+2}{2}\right)^2+1\right].$$

Man erkennt, daß eine Zerlegung in Linearfaktoren hier nicht möglich ist. Es gilt:

$$f(x)=\frac{1}{x^2+4x+8}=\frac{1}{4}\cdot\frac{1}{\left(\frac{x+2}{2}\right)^2+1}.$$

Zur Ermittlung einer Stammfunktion können wir substituieren:

$$z=\varphi(x)=\frac{x+2}{2}; \text{ dann gilt } \varphi'(x)=\frac{1}{2}, \text{ also } dz=\frac{1}{2}\,dx.$$

Damit ergibt sich z.B.:

$$\int_0^2 \frac{dx}{x^2+4x+8}=\frac{1}{2}\arctan\left(\frac{x+2}{2}\right)\Big|_0^2=\frac{1}{2}(\arctan 2-\arctan 1)\approx 0{,}161.$$

2) $$f(x)=\frac{2x^2+x-1}{(x-1)(x^2+x+1)}.$$

Für den zweiten Faktor des Nenners gilt:

$$x^2+x+1=(x+\tfrac{1}{2})^2+\tfrac{3}{4};$$

dieser Faktor ist also nicht weiter zerlegbar.
In diesem Falle führt der folgende Ansatz zum Ziel:

$$f(x)=\frac{2x^2+x-1}{(x-1)(x^2+x+1)}=\frac{A}{x-1}+\frac{Bx+C}{x^2+x+1}.$$

Daß man im zweiten Summanden den Zähler linear ansetzen muß, also das Glied Bx nicht weglassen darf, kann man sich beim Verfahren des Koeffizientenvergleichs wiederum dadurch verständlich machen, daß anderenfalls die Anzahl der sich ergebenden Gleichungen nicht mit der Anzahl der Variablen übereinstimmen würde. Auf eine genauere Begründung dieses Ansatzes wollen wir hier ebenfalls verzichten. Wir ermitteln die Werte für A, B und C:

$$A=\frac{2x^2+x-1}{x^2+x+1}\Big|_{x=1}=\frac{2}{3};$$

$$x=0:\quad \frac{-1}{-1}=-\frac{2}{3}+\frac{C}{1} \Rightarrow C=1+\frac{2}{3}=\frac{5}{3};$$

$$x=-1:\quad \frac{2-2}{(-2)\cdot 1}=\frac{\frac{2}{3}}{-2}+\frac{-B+\frac{5}{3}}{1} \Rightarrow B=-\frac{1}{3}+\frac{5}{3}=\frac{4}{3}.$$

Bemerkung: Mit dem Verfahren des Koeffizientenvergleichs erhält man das Gleichungssystem

$$\begin{Bmatrix} A+B & = 2 \\ \wedge A-B+C & = 1 \\ \wedge A \quad -C & = -1 \end{Bmatrix} \Leftrightarrow (A=\tfrac{2}{3} \wedge B=\tfrac{4}{3} \wedge C=\tfrac{5}{3}).$$

Begründe dies im einzelnen! Es gilt also:

$$f(x)=\frac{2x^2+x-1}{(x-1)(x^2+x+1)}=\frac{2}{3}\cdot\frac{1}{x-1}+\frac{1}{3}\cdot\frac{4x+5}{x^2+x+1}.$$

Zum ersten Summanden $f_1(x)=\frac{2}{3}\cdot\frac{1}{x-1}$ können wir leicht eine Stammfunktion F_1 bestimmen:

$$F_1(x)=\tfrac{2}{3}\ln|x-1|.$$

Beim zweiten Summanden müssen wir eine weitere Zerlegung durchführen. Unser Ziel ist es, einen Anteil auf die Form $\frac{\varphi'(x)}{\varphi(x)}$ zu bringen. Wenn wir substituieren $z=\varphi(x)=x^2+x+1$, dann gilt $\varphi'(x)=2x+1$, also $dz=(2x+1)\,dx$. Daher schreiben wir:

$$\frac{1}{3}\cdot\frac{4x+5}{x^2+x+1}=\frac{2}{3}\cdot\frac{2x+1}{x^2+x+1}+\frac{1}{3}\cdot\frac{3}{x^2+x+1}.$$

Zum ersten Anteil $f_2(x)=\frac{2}{3}\cdot\frac{2x+1}{x^2+x+1}$ gehört die Stammfunktion F_2 mit

$$F_2(x)=\tfrac{2}{3}\ln|x^2+x+1|.$$

Für den zweiten Anteil $f_3(x)=\frac{1}{x^2+x+1}$ gilt wegen

$$x^2+x+1=\left(x+\frac{1}{2}\right)^2+\frac{3}{4}=\frac{3}{4}\left[\frac{(x+\frac{1}{2})^2}{\frac{3}{4}}+1\right]=\frac{3}{4}\left[\left(\frac{2(x+\frac{1}{2})}{\sqrt{3}}\right)^2+1\right]:$$

$$f_3(x)=\frac{4}{3}\cdot\frac{1}{\left[\frac{2}{\sqrt{3}}\left(x+\frac{1}{2}\right)\right]^2+1}.$$

Wir substituieren: $z=\varphi(x)=\frac{2}{\sqrt{3}}\left(x+\frac{1}{2}\right)$; es gilt $\varphi'(x)=\frac{2}{\sqrt{3}}$, also $dz=\frac{2}{\sqrt{3}}dx$ und $dx=\frac{\sqrt{3}}{2}dz$.

Eine Stammfunktion F_3 zu f_3 ist also gegeben durch:

$$F_3(x)=\frac{2\sqrt{3}}{3}\cdot\arctan\left[\frac{2}{\sqrt{3}}\left(x+\frac{1}{2}\right)\right].$$

Eine Stammfunktion F zur Funktion f ist mithin festgelegt durch

$$F(x)=F_1(x)+F_2(x)+F_3(x)=\frac{2}{3}\ln|x-1|+\frac{2}{3}\ln|x^2+x+1|+\frac{2\sqrt{3}}{3}\arctan\left[\frac{2}{\sqrt{3}}\left(x+\frac{1}{2}\right)\right].$$

Führe die Probe dadurch durch, daß du den Term F(x) differenzierst!

3) $$f(x)=\frac{x+1}{x^4+5x^2+4}=\frac{x+1}{(x^2+1)(x^2+4)}=\frac{Ax+B}{x^2+1}+\frac{Cx+D}{x^2+4}$$
$$=\frac{(Ax+B)(x^2+4)+(Cx+D)(x^2+1)}{(x^2+1)\cdot(x^2+4)}$$
$$=\frac{(A+C)x^3+(B+D)x^2+(4A+C)x+(4B+D)}{(x^2+1)(x^2+4)}$$

Durch Koeffizientenvergleich erhält man in diesem Fall zwei voneinander unabhängige Gleichungssysteme:

$$\left\{\begin{matrix} A+C=0 \\ \wedge\ 4A+C=1\end{matrix}\right\} \Leftrightarrow \left\{\begin{matrix} A=\frac{1}{3} \\ C=-\frac{1}{3}\end{matrix}\right\} \quad \text{und}$$

$$\left\{\begin{matrix} B+D=0 \\ \wedge\ 4B+D=1\end{matrix}\right\} \Leftrightarrow \left\{\begin{matrix} B=\frac{1}{3} \\ D=-\frac{1}{3}\end{matrix}\right\}$$

Somit gilt:

$$f(x)=\frac{1}{3}\left[\frac{x+1}{x^2+1}-\frac{x+1}{x^2+4}\right]=\frac{1}{6}\cdot\frac{2x}{x^2+1}+\frac{1}{3}\cdot\frac{1}{x^2+1}-\frac{1}{6}\cdot\frac{2x}{x^2+4}-\frac{1}{3}\cdot\frac{1}{x^2+4}$$
$$=\frac{1}{6}\cdot\frac{2x}{x^2+1}+\frac{1}{3}\cdot\frac{1}{x^2+1}-\frac{1}{6}\cdot\frac{2x}{x^2+4}-\frac{1}{3}\cdot\frac{1}{4}\cdot\frac{1}{\left(\frac{x}{2}\right)^2+1}.$$

Eine Stammfunktion F zu f ist also gegeben durch

$$F(x)=\frac{1}{6}\ln|x^2+1|+\frac{1}{3}\arctan x-\frac{1}{6}\ln|x^2+4|-\frac{1}{6}\arctan\frac{x}{2}$$
$$=\frac{1}{6}\ln\left(\frac{x^2+1}{x^2+4}\right)+\frac{1}{3}\arctan x-\frac{1}{6}\arctan\frac{x}{2}.$$

8. Schließlich wären noch die Fälle zu betrachten, bei denen im Nennerpolynom quadratische Anteile mehrfach, also in zweiter, dritter, ... Potenz auftreten.

Beispiel: $f(x)=\frac{1}{(x^2+4)^3(x+2)^2}$

Da die durchzuführenden Rechnungen bei solchen Beispielen aber sehr umfangreich werden, verzichten wir auf deren Behandlung.

Übungen und Aufgaben

1. Begründen Sie, warum sich beim Beispiel unter 6. (Seite 277) die Zahl B nicht auf die gleiche Weise berechnen läßt wie die Zahlen A und C!

2. Das Verfahren des Koeffizientenvergleiches beruht auf der Tatsache, daß zwei Polynome $P_n(x)=\sum_{k=1}^{n} a_k x^k$ und $Q_m(x)=\sum_{k=1}^{m} b_k x^k$ genau dann dieselbe Funktion darstellen, wenn alle entsprechenden Koeffizienten übereinstimmen, wenn also für alle k gilt: $a_k=b_k$.

a) Beweisen Sie den Sachverhalt für $n=m=3$!

Anleitung: Aus $P_3(x)=Q_3(x)$ folgt, daß für alle $x\in\mathbb{R}$ gelten muß:
$f(x)=(a_3-b_3)x^3+(a_2-b_2)x^2+(a_1-b_1)x+(a_0-b_0)=0$. Begründen Sie, daß für alle $x\in\mathbb{R}$ auch $f'(x)=0$, $f''(x)=0$ und $f'''(x)=0$ gelten muß! Setzen Sie jeweils $x=0$ ein!

b) Führen Sie den Beweis allgemein für $P_n(x)=Q_m(x)$!

Ermitteln Sie in den Aufgaben 3 bis 5 eine Stammfunktion F zur Funktion f mit Hilfe des Verfahrens der Partialbruchzerlegung!

3. a) $f(x)=\frac{2x+1}{x^2-1}$ **b)** $f(x)=\frac{x-5}{x^2-2x-8}$ **c)** $f(x)=\frac{4x-5}{x^2+4x-5}$

d) $f(x)=\frac{x^2-5}{x^2+2x-8}$ **e)** $f(x)=\frac{1}{x^3+3x^2+2x}$ **f)** $f(x)=\frac{2x-3}{x^3-x^2-4x+4}$

g) $f(x)=\frac{x+1}{x^3-7x^2+12x}$ **h)** $f(x)=\frac{x^2-2x+3}{x^3-4x^2-x+4}$ **i)** $f(x)=\frac{x^2-x+2}{x^4-5x^2+4}$

4. a) $f(x)=\frac{x^3-x^2+1}{x^2-1}$ **b)** $f(x)=\frac{x^3-5x^2+x-2}{x^3-x}$ **c)** $f(x)=\frac{x^3+1}{2x^2+3x-2}$

d) $f(x)=\frac{x^4+1}{x^3-4x^2+4x}$ **e)** $f(x)=\frac{2x^4+x^3-6x^2-4x-6}{x^3+2x^2}$ **f)** $f(x)=\frac{x^3}{x^3-3x^2+4}$

5. a) $f(x)=\frac{1}{x^2-2x+2}$ **b)** $f(x)=\frac{1}{x^2-10x+50}$

c) $f(x)=\frac{2x+3}{x^2+4x+13}$ **d)** $f(x)=\frac{x^2-2}{(x+1)(x^2+2x+10)}$

e) $f(x)=\frac{(x+1)^2}{(x-1)^2(x^2+1)}$ **f)** $f(x)=\frac{2x^2-3x+6}{(x-1)(x^2-8x+17)}$

6. Berechnen Sie die Integrale mit Hilfe des Verfahrens der Partialbruchzerlegung!

a) $\int_1^2 \frac{(x+1)\,dx}{x^2-x-6}$ **b)** $\int_{-1}^0 \frac{x\,dx}{2x^2+3x-2}$ **c)** $\int_2^3 \frac{(x^3-1)\,dx}{x^2-x-12}$

d) $\int_0^2 \frac{(x^2+2x-3)\,dx}{x^3+4x^2-9x-36}$ **e)** $\int_{-1}^1 \frac{(3x+1)\,dx}{(x+3)(x^2+2x-8)}$ **f)** $\int_2^3 \frac{2x\,dx}{x^3+x^2-x-1}$

g) $\int_1^3 \frac{(x^4-2)\,dx}{x^4+3x^3+2x^2}$ **h)** $\int_{-2}^{-1} \frac{(x^4+2)\,dx}{x^4-3x^3+2x^2}$ **i)** $\int_0^2 \frac{3x^3-5x+2}{(x+2)^2\cdot(x^2+4)}\,dx$

7. Berechnen Sie $\int_0^4 \frac{dx}{x^4+1}$! **Anleitung:** $x^4+1=(x^2+1)^2-2x^2=(x^2+1+\sqrt{2}\cdot x)(x^2+1-\sqrt{2}\cdot x)$

8. Im Lehrtext ist auf Seite 276 die Partialbruchzerlegung zum Beispiel

$f(x)=\frac{P(x)}{Q(x)}=\frac{x^2-3}{x^3-x}=\frac{x^2-3}{x(x-1)(x+1)}=\frac{A}{x}+\frac{B}{x-1}+\frac{C}{x+1}$ durchgeführt worden. Es gilt:

$$A=\left.\frac{P(x)}{(x-1)(x+1)}\right|_{x=0};\quad B=\left.\frac{P(x)}{x(x+1)}\right|_{x=1}\quad \text{und}\quad C=\left.\frac{P(x)}{x(x-1)}\right|_{x=-1}$$

a) Berechnen Sie $Q'(x)$ aus der faktorisierten Darstellung $Q(x)=x(x-1)(x+1)$!

b) Bestätigen Sie, daß gilt: $A=\frac{P(0)}{Q'(0)}$; $B=\frac{P(1)}{Q'(1)}$ und $C=\frac{P(-1)}{Q'(-1)}$!

c) Zeigen Sie allgemein: Ist f eine echt gebrochene rationale Funktion mit $f(x)=\frac{P(x)}{Q(x)}$ und gilt $Q(x)=(x-x_1)(x-x_2)\ldots(x-x_n)$ mit $x_i \neq x_k$ für $i \neq k$, dann erhält man die Ansatzkonstanten A_k in $f(x)=\sum_{k=1}^{n}\frac{A_k}{x-x_k}$ aus: $A_k=\frac{P(x_k)}{Q'(x_k)}$!

9. Bearbeiten Sie die Beispiele von Aufgabe 3 nach dem Verfahren von Aufgabe 8c)! (Die Rechnung vereinfacht sich, wenn man $Q'(x)$ aus der **nicht**faktorisierten Darstellung von $Q(x)$ ermittelt.)

IV. Uneigentliche Integrale

1. Nach unseren bisherigen Überlegungen sind Integrale nur für endliche Intervalle der Form $[a; b]$ mit $a, b \in \mathbb{R}$ definiert.
In manchen Fällen ist es jedoch möglich, durch Grenzwertbildung den Begriff des Integrals auch auf „unendliche Intervalle" auszudehnen. Man spricht dann von **„uneigentlichen Integralen 1. Art"**.

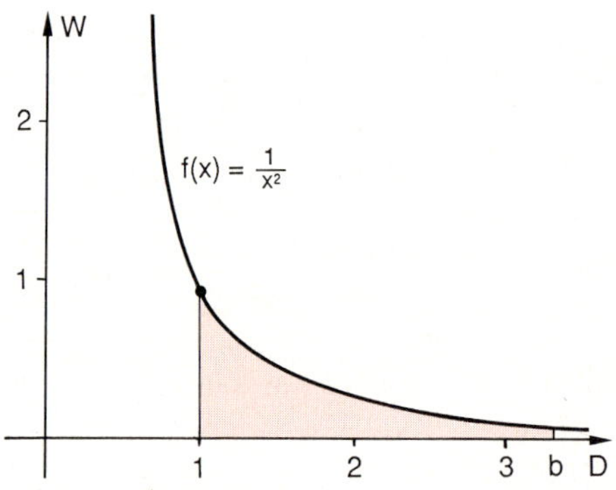

Bild 12.4

Beispiel:

Es gilt: $\int_1^b \frac{dx}{x^2}=-\left.\frac{1}{x}\right|_1^b=1-\frac{1}{b}$ (Bild 12.4).

Zu diesem Integral existiert der Grenzwert mit der Bedingung $b \to \infty$:

$$\lim_{b\to\infty}\int_1^b \frac{dx}{x^2}=\lim_{b\to\infty}\left(1-\frac{1}{b}\right)=1.$$

Diesen Grenzwert schreibt man kurz: $\int_1^{\infty}\frac{dx}{x^2}$.

Allgemein bezeichnet man den Grenzwert $\lim\limits_{b \to \infty} \int\limits_a^b \mathbf{f}$ – falls er existiert – mit „$\int\limits_a^\infty \mathbf{f}$“ oder mit „$\int\limits_a^\infty \mathbf{f(x)\,dx}$“.

Bemerkung: Hat ein uneigentliches Integral einen endlichen Wert, so kann diese Zahl der betreffenden Fläche als Maßzahl zugeordnet werden, falls kein Vorzeichenwechsel der Integrandfunktion im Integrationsintervall auftritt. Auf diese Weise läßt sich der Begriff des Flächeninhaltes in den betreffenden Fällen auch auf Flächen ausdehnen, die sich ins Unendliche erstrecken.

2. Wir behandeln ein weiteres

Beispiel: $\int\limits_0^\infty e^{-\alpha x}\,dx = \lim\limits_{b \to \infty} \int\limits_0^b e^{-\alpha x}\,dx$ mit $\alpha \in \mathbb{R}^{>0}$.

Wir berechnen zunächst das Integral $\int\limits_0^b e^{-\alpha x}\,dx$ mit Hilfe der Substitution $z = \varphi(x) = -\alpha x$, also $dz = -\alpha\,dx$; $dx = -\frac{dz}{\alpha}$ und $\varphi(0) = 0$; $\varphi(b) = -\alpha b$. Es ergibt sich

$$\int\limits_0^b e^{-\alpha x}\,dx = -\frac{1}{\alpha} \int\limits_0^{-\alpha b} e^z\,dz = -\frac{1}{\alpha} e^z \Big|_0^{-\alpha b} = -\frac{1}{\alpha}(e^{-\alpha b} - 1).$$

Nun bestimmen wir den Grenzwert für $b \to \infty$:

$$\int\limits_0^\infty e^{-\alpha b}\,dx = \lim_{b \to \infty} \left[-\frac{1}{\alpha}(e^{-\alpha b} - 1) \right] = -\frac{1}{\alpha}(0 - 1) = \frac{1}{\alpha}.$$

3. Nach unseren bisherigen Überlegungen ist eine Funktion f über einem Intervall $[a; b]$ nur dann integrierbar, wenn sie im gesamten Intervall – einschließlich der Grenzen – beschränkt ist. Wenn man diesen Umstand nicht beachtet, kann man zu schwerwiegenden Fehlern kommen.

Beispiel:

Die Funktion f zu $f(x) = \frac{1}{x^2}$ hat an der Stelle 0 eine Unendlichkeitsstelle (Bild 12.5). Würde man trotzdem versuchen, diese Funktion zwischen den Grenzen -1 und 1 nach dem Hauptsatz der Infinitersimalrechnung zu integrieren, so erhielte man:

$$-\frac{1}{x}\Big|_{-1}^{1} = -1 - 1 = -2,$$

ein offensichtlich völlig unsinniges Ergebnis.

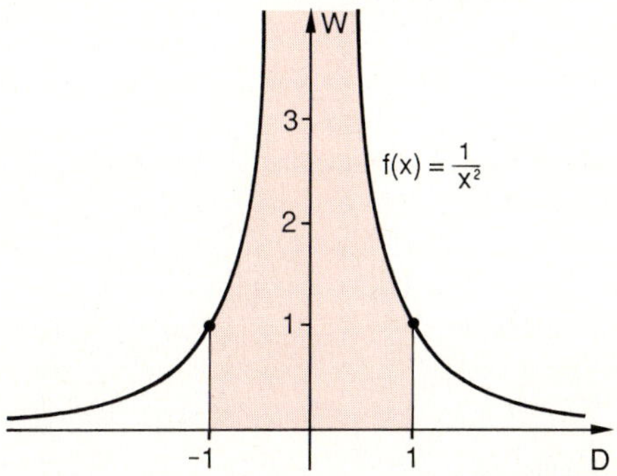

Bild 12.5

4. Trotzdem ist für Funktionen, die an einer **Randstelle** (oder sogar an beiden Randstellen) des Integrationsintervalls unbeschränkt sind, eine weitere Verallgemeinerung des Begriffs des Integrals in manchen Fällen möglich, und zwar ebenfalls durch Grenzwertbildung. Man spricht in diesem Fall von **„uneigentlichen Integralen 2. Art“**.

Beispiel:

Die Funktion f mit $f(x)=\frac{1}{\sqrt{x}}$ ist an der Stelle 0 nicht erklärt; sie besitzt dort eine „Unendlichkeitsstelle“ (Bild 12.6). Ein Integral der Form $\int_a^b \frac{dx}{\sqrt{x}}$ ist also zunächst nur definiert für $a, b>0$. So gilt z.B. für alle $a\in\mathbb{R}^{>0}$ (Bild 12.6):

$$F(x)=\int_a^1 \frac{dx}{\sqrt{x}}=\int_a^1 x^{-\frac{1}{2}}dx=2x^{\frac{1}{2}}\Big|_a^1=2-2\sqrt{a}.$$

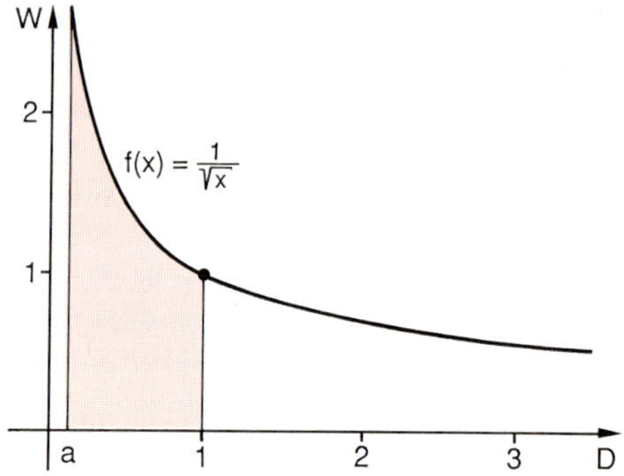

Bild 12.6

Wir können nun den rechtsseitigen Grenzwert mit der Bedingung $a\to 0$ bilden:

$$\text{r-}\lim_{a\to 0} F(x)=\text{r-}\lim_{a\to 0}\int_a^1 \frac{dx}{\sqrt{x}}=\text{r-}\lim_{a\to 0}(2-2\sqrt{a})=2.$$

Man schreibt statt dessen kürzer: $\int_0^1 \frac{dx}{\sqrt{x}}=2.$

Bemerkung: Wir können diese Zahl auch in diesem Fall der betreffenden Fläche (Bild 12.6) als Maßzahl zuordnen; auch hierin liegt eine Erweiterung des Begriffs des Flächeninhaltes auf gewisse Flächen, die sich ins Unendliche erstrecken.

5. Weist eine Funktion im Innern eines Intervalls eine Unendlichkeitsstelle auf, so kann man mit einer additiven Zerlegung zum Ziel kommen.

Beispiel:

Das Integral $\int_{-1}^1 \frac{dx}{\sqrt[3]{x^2}}$ ist zunächst nicht definiert, weil die Integrandfunktion an der Stelle 0 eine Unendlichkeitsstelle besitzt. Wir „zerschneiden“ daher das Intervall an dieser Stelle:

$$\int_{-1}^1 \frac{dx}{\sqrt[3]{x^2}}=\int_{-1}^0 \frac{dx}{\sqrt[3]{x^2}}+\int_0^1 \frac{dx}{\sqrt[3]{x^2}}=\text{l-}\lim_{\varepsilon\to 0}\int_{-1}^{-\varepsilon} x^{-\frac{2}{3}}dx+\text{r-}\lim_{\varepsilon\to 0}\int_{\varepsilon}^1 x^{-\frac{2}{3}}dx$$

$$=\text{l-}\lim_{\varepsilon\to 0}[3\cdot\sqrt[3]{-\varepsilon}-3\cdot\sqrt[3]{-1}]+\text{r-}\lim_{\varepsilon\to 0}[3\cdot\sqrt[3]{1}-3\cdot\sqrt[3]{\varepsilon}]=(-3)\cdot(-1)+3\cdot 1=6.$$

Es gilt also: $\int_{-1}^1 \frac{dx}{\sqrt[3]{x^2}}=6.$

6. Abschließend behandeln wir ein Beispiel, welches zugleich ein uneigentliches Integral 1. Art und ein solches 2. Art darstellt.

Beispiel:

$$\int_0^\infty \frac{dx}{\sqrt{x}(1+x)} = \int_0^1 \frac{dx}{\sqrt{x}(1+x)} + \int_1^\infty \frac{dx}{\sqrt{x}(1+x)} = \text{r-}\lim_{\varepsilon\to 0} \int_\varepsilon^1 \frac{dx}{\sqrt{x}(1+x)} + \lim_{b\to\infty} \int_1^b \frac{dx}{\sqrt{x}(1+x)}$$

Mit der Substitution $z=\varphi(x)=\sqrt{x}$, also $z^2=x$, also $dx=2z\,dz$ erhält man wegen $\varphi(\varepsilon)=\sqrt{\varepsilon}$, $\varphi(1)=1$ und $\varphi(b)=\sqrt{b}$:

$$\int_\varepsilon^1 \frac{dx}{\sqrt{x}(1+x)} = \int_{\sqrt{\varepsilon}}^1 \frac{2z\,dz}{z(1+z^2)} = 2\cdot \int_{\sqrt{\varepsilon}}^1 \frac{dz}{1+z^2} = 2\cdot(\arctan 1 - \arctan\sqrt{\varepsilon}) = 2\cdot\left(\frac{\pi}{4} - \arctan\sqrt{\varepsilon}\right)$$

und entsprechend:

$$\int_1^b \frac{dx}{\sqrt{x}(1+x)} = 2\cdot \int_1^{\sqrt{b}} \frac{dz}{1+z^2} = 2\cdot(\arctan\sqrt{b} - \arctan 1) = 2\cdot\left(\arctan\sqrt{b} - \frac{\pi}{4}\right).$$

Daraus ergibt sich:

$$\text{r-}\lim_{\varepsilon\to 0} \int_\varepsilon^1 \frac{dx}{\sqrt{x}(1+x)} = \text{r-}\lim_{\varepsilon\to 0}\left(\frac{\pi}{2} - \arctan\sqrt{\varepsilon}\right) = \frac{\pi}{2} - \arctan 0 = \frac{\pi}{2}$$

und

$$\lim_{b\to\infty} \int_1^\infty \frac{dx}{\sqrt{x}(1+x)} = \lim_{b\to\infty}\left(2\arctan\sqrt{b} - \frac{\pi}{2}\right) = 2\cdot\frac{\pi}{2} - \frac{\pi}{2} = \frac{\pi}{2},$$

insgesamt also: $\displaystyle\int_0^\infty \frac{dx}{\sqrt{x}(1+x)} = \frac{\pi}{2} + \frac{\pi}{2} = \pi.$

Übungen und Aufgaben

1. Berechnen Sie jeweils den Grenzwert!

a) $\displaystyle\lim_{b\to\infty}\int_1^b \frac{dx}{x^3}$ **b)** $\displaystyle\lim_{b\to\infty}\int_8^b \frac{dx}{\sqrt[3]{x^4}}$ **c)** $\displaystyle\lim_{b\to-\infty}\int_b^0 e^{2x}\,dx$ **d)** $\displaystyle\lim_{b\to\infty}\int_0^b x e^{-x}\,dx$

2. Berechnen Sie die folgenden uneigentlichen Integrale 1. Art!

a) $\displaystyle\int_1^\infty \frac{dx}{(\sqrt{x})^3}$ **b)** $\displaystyle\int_3^\infty \frac{dx}{(\sqrt{1+x})^3}$ **c)** $\displaystyle\int_2^\infty \frac{dx}{x^3}$ **d)** $\displaystyle\int_1^\infty \frac{3}{x^4}\,dx$

e) $\displaystyle\int_1^\infty \frac{dx}{\sqrt{x^5}}$ **f)** $\displaystyle\int_{\frac{2}{3}}^\infty \frac{3dx}{(3x-1)^3}$ **g)** $\displaystyle\int_1^\infty \frac{2+\sqrt{x}}{x^3}\,dx$ **h)** $\displaystyle\int_1^\infty \frac{dx}{1+x^2}$

i) $\displaystyle\int_0^\infty e^{-x}\cos x\,dx$ **j)** $\displaystyle\int_0^\infty x e^{-x^2}\,dx$ **k)** $\displaystyle\int_1^\infty x^2 e^{-x}\,dx$ **l)** $\displaystyle\int_2^\infty \frac{dx}{x\cdot(\ln x)^2}$

3. Berechnen Sie jeweils den Grenzwert!

a) $\lim\limits_{a\to 0}\int\limits_a^1 \frac{dx}{\sqrt[3]{x^2}}$ **b)** $\lim\limits_{a\to 1}\int\limits_a^2 \frac{dx}{\sqrt{x-1}}$ **c)** $\lim\limits_{a\to 0}\int\limits_a^1 \ln x\,dx$ **d)** $\lim\limits_{a\to 0}\int\limits_a^1 x\ln x\,dx$

4. Berechnen Sie die folgenden uneigentlichen Integrale 2. Art!

a) $\int\limits_0^1 \frac{dx}{\sqrt{1-x}}$ **b)** $\int\limits_{-\frac{1}{2}}^4 \frac{dx}{\sqrt{2x+1}}$ **c)** $\int\limits_0^1 \frac{dx}{\sqrt{1-x^2}}$ **d)** $\int\limits_0^8 x^{-\frac{2}{3}}dx$

e) $\int\limits_{-1}^1 \frac{dx}{\sqrt{|x|}}$ **f)** $\int\limits_{-1}^0 x^{-\frac{2}{3}}dx$ **g)** $\int\limits_0^4 x^{-\frac{3}{4}}dx$ **h)** $\int\limits_1^3 \frac{x\,dx}{(x^2-1)^{\frac{2}{3}}}$

i) $\int\limits_0^1 x^2\ln x\,dx$ **j)** $\int\limits_0^1 x(\ln x)^2\,dx$ **k)** $\int\limits_1^e \frac{dx}{x\cdot\sqrt[3]{\ln x}}$ **l)** $\int\limits_0^1 \frac{1}{x^2}e^{-\frac{1}{x}}dx$

5. Für welche Werte von $\alpha\in\mathbb{R}$ existieren die folgenden uneigentlichen Integrale?

a) $\int\limits_1^\infty x^\alpha dx$ **b)** $\int\limits_0^1 x^\alpha dx$ **c)** $\int\limits_1^\infty x^\alpha\ln x\,dx$ **d)** $\int\limits_0^1 x^\alpha\ln x\,dx$

e) $\int\limits_2^\infty \frac{dx}{x(\ln x)^\alpha}$ **f)** $\int\limits_0^\infty e^{-\alpha x}dx$ **g)** $\int\limits_0^\infty x\cdot e^{\alpha x^2}dx$ **h)** $\int\limits_1^\infty x^\alpha\cdot e^{-x}dx$

6. a) Berechnen Sie die folgenden uneigentlichen Integrale!

1) $\int\limits_0^\infty e^{-t}dt$ **2)** $\int\limits_0^\infty te^{-t}dt$ **3)** $\int\limits_0^\infty t^2e^{-t}dt$ **4)** $\int\limits_0^\infty t^3e^{-t}dt$

Welche Gesetzmäßigkeiten erkennen Sie?

b) Es sei $\Gamma(n)=\int\limits_0^\infty t^{n-1}\cdot e^{-t}dt$ (Gammafunktion).

Beweisen Sie die Gültigkeit der Rekursionsformel: $\Gamma(n+1)=n\cdot\Gamma(n)$ (für alle $n\in\mathbb{N}$)!

c) Zeigen Sie, daß gilt: $\Gamma(n+1)=\int\limits_0^\infty t^n e^{-t}dt=n!$ (für alle $n\in\mathbb{N}$)!

7. Beweisen Sie die Allgemeingültigkeit folgender Gleichungen!

a) $\frac{1}{(1+x^2)^n}=\frac{1}{(1+x^2)^{n-1}}-\frac{x^2}{(1+x^2)^n}$ $(n\in\mathbb{N};\ x\in\mathbb{R})$

b) $\int\limits_0^a \frac{dx}{(1+x^2)^n}=\frac{x}{2(n-1)(x^2+1)^{n-1}}\Big|_0^a+\frac{2n-3}{2(n-1)}\int\limits_0^a\frac{dx}{(1+x^2)^{n-1}}$ $(n\in\mathbb{N}^{>1})$

c) Zeigen Sie, daß das uneigentliche Integral $\int\limits_0^\infty \frac{dx}{(1+x^2)^n}$ für alle $n\in\mathbb{N}$ existiert!

d) Berechnen Sie mit Hilfe der Ergebnisse von a), b) und c) die folgenden uneigentlichen Integrale!

1) $\int\limits_0^\infty \frac{dx}{(1+x^2)^2}$ **2)** $\int\limits_{-\infty}^0 \frac{dx}{(1+x^2)^3}$ **3)** $\int\limits_{-\infty}^\infty \frac{dx}{(1+x^2)^4}$ **4)** $\int\limits_{-\infty}^0 \frac{x^2-1}{(x^2+1)^3}dx$

Vermischte Aufgaben

1. **a)** $\int_0^1 (2x+1)^3\,dx$ **b)** $\int_1^2 \frac{dx}{(3-4x)^2}$ **c)** $\int_1^4 \frac{dx}{\sqrt{4x}}$ **d)** $\int_0^{\frac{\pi}{2}} (x-1)\sin x\,dx$

e) $\int_1^4 (x+2)\sqrt{x}\,dx$ **f)** $\int_1^4 (x^2-x)\sqrt{x}\,dx$ **g)** $\int_1^{16} (x^2+1)\sqrt[4]{x}\,dx$ **h)** $\int_1^9 \frac{x^2+x}{\sqrt{x}}\,dx$

i) $\int_1^8 (2x+1)\cdot\sqrt[3]{x}\,dx$ **j)** $\int_0^{1-e} \frac{dx}{1-x}$ **k)** $\int_0^{\sqrt[3]{e-1}} \frac{x^2}{1+x^3}\,dx$ **l)** $\int_1^2 \frac{x^2-2}{x^3-6x}\,dx$

m) $\int_1^{e-1} \frac{dx}{(x+1)\ln(x+1)}$ **n)** $\int_0^{\frac{5}{2}} \frac{dx}{25+4x^2}$ **o)** $\int_{\frac{\pi}{6}}^{\frac{\pi}{2}} \frac{\cos x}{\sqrt{\sin x}}\,dx$ **p)** $\int_1^e \frac{1}{x^4}\ln x\,dx$

2. **a)** $\int_1^{\sqrt{2}} x\cdot 2^{x^2}\,dx$ **b)** $\int_0^1 2^x\cdot 3^{x+1}\,dx$ **c)** $\int_0^1 \sqrt{e^x-1}\,dx$ **d)** $\int_{e^2}^{e^3} \frac{\ln x-2}{x}\,dx$

e) $\int_e^{e^2} \frac{1}{x}\ln x\,dx$ **f)** $\int_0^1 \frac{3x^2}{x^6+1}\,dx$ **g)** $\int_{-2}^0 \arctan(x+1)\,dx$ **h)** $\int_2^4 \frac{dx}{x^2-4x+20}$

i) $\int_1^8 \frac{x^3-1}{\sqrt[3]{x^2}}\,dx$ **j)** $\int_{-1}^1 (x^2-1)\cdot e^{-x}\,dx$ **k)** $\int_0^1 \frac{x\,dx}{1+x^4}$ **l)** $\int_1^2 \frac{\sqrt{x^2-1}}{x}\,dx$

m) $\int_0^{\frac{\pi}{4}} \tan^2 x\,dx$ **n)** $\int_0^{\frac{\pi}{2}} e^x\cdot\sin 2x\,dx$ **o)** $\int_0^1 \sqrt[3]{x}\ln(x^2)\,dx$ **p)** $\int_e^{e^2} \frac{(\ln x)^2}{x}\,dx$

3. **a)** $\int_0^e \sqrt{x}\cdot\ln x\,dx$ **b)** $\int_0^1 \ln(1+x^2)\,dx$ **c)** $\int_0^1 x\cdot\ln(1+x^2)\,dx$

d) $\int_0^1 2x e^{x^2+1}\,dx$ **e)** $\int_0^1 \arcsin x\,dx$ **f)** $\int_0^1 x\cdot\arctan x\,dx$

g) $\int_0^1 (x^3-2x^2+5)\,e^{3x}\,dx$ **h)** $\int_{\frac{\pi}{6}}^{\frac{\pi}{4}} \frac{\sin x-\cos x}{\sin x+\cos x}\,dx$ **i)** $\int_1^2 \frac{x+e^{-\frac{1}{x}}}{x^2}\,dx$

j) $\int_1^2 \frac{1}{x^2}\ln\left(\frac{1}{x}\right)dx$ **k)** $\int_4^7 \frac{x^2-2x}{\sqrt{x^3-3x^2}}\,dx$ **l)** $\int_2^3 \frac{x^3+2x}{(x-1)^2}\,dx$

4. Ermitteln Sie jeweils eine Rekursionsgleichung!

a) $\int_0^1 x^n\cdot e^{-x}\,dx$ **b)** $\int_0^{\frac{\pi}{2}} e^x\cdot\cos^n x\,dx$ **c)** $\int_0^{\pi} e^{-x}\cdot\sin^n x\,dx$

d) $\int_{-1}^1 (1-x^2)^n\,dx$ **e)** $\int_0^1 \frac{x^{2n+1}}{\sqrt{1-x^2}}\,dx$ **f)** $\int_0^{\frac{1}{2}\sqrt{2}} \frac{dx}{(1-x^2)^n}$

5. Beweisen Sie die angegebene Beziehung durch eine geeignete Substitution! Deuten Sie das Ergebnis auch am Graphen der Integrandenfunktion!

a) $\int_0^a \sqrt{a^2-x^2}\,dx = a^2 \int_0^1 \sqrt{1-x^2}\,dx \quad (a>0)$ **b)** $\int_0^a \frac{dx}{a^2+x^2} = \frac{1}{a}\int_0^1 \frac{dx}{1+x^2} \quad (a>0)$

6. a) $\int_0^1 \frac{(1-x)\,dx}{2x^2+5x-12}$ **b)** $\int_0^3 \frac{(x-2)\,dx}{3x^2-16x-12}$ **c)** $\int_0^3 \frac{x\,dx}{(x+1)(x^2-16)}$

d) $\int_0^1 \frac{x^4\,dx}{(x^2+1)(x+1)}$ **e)** $\int_{-2}^1 \frac{x^3-50}{x^2+4x+13}\,dx$ **f)** $\int_2^4 \frac{2x^2-2x-3}{(x-1)^2\cdot(x+2)}\,dx$

g) $\int_1^2 \frac{(36-10x)\,dx}{x^3-6x^2+9x}$ **h)** $\int_0^1 \frac{x^3\,dx}{x^3-3x^2+4}$ **i)** $\int_2^3 \frac{x^3-5x^2+x-2}{x^3-x}\,dx$

7. a) Zeigen Sie, daß für alle $x\in\,]-1;1[$ gilt: $\frac{1}{\sqrt{1-x^2}} = \sqrt{1-x^2} + \frac{x^2}{\sqrt{1-x^2}}$!

b) Zeigen Sie mit a): $\int_0^1 \frac{dx}{\sqrt{1-x^2}} = 2\cdot\int_0^1 \sqrt{1-x^2}\,dx$!

Deuten Sie das Ergebnis an den Funktionsgraphen der Integrandfunktionen!

8. a) $\int_0^\infty \frac{dx}{a+bx^2}$ (a, b > 0) **b)** $\int_{-\infty}^{-1} \frac{dx}{\sqrt[3]{x^5}}$ **c)** $\int_0^\infty e^{-x}(\sin x+\cos x)\,dx$ **d)** $\int_0^1 \frac{x}{\sqrt{1-x^2}}\,dx$

9. Bestimmen Sie die Extrema folgender Funktionen!

a) $F(x)=\int_0^x (3t^2-3)\,dt$ **b)** $F(x)=\int_{-1}^x (t^3-3t^2+4)\,dt$ **c)** $F(x)=\int_{-1}^x (t^3-t)\,dt$

10. Berechnen Sie die folgenden Grenzwerte!

a) $\lim\limits_{x\to 0} \frac{\tan^2 x}{\int_0^x \sqrt{1-t^2}\,dt}$ **b)** $\lim\limits_{x\to 0} \ln|x|\cdot\int_0^x \frac{t\cdot\arcsin t}{\sqrt{1-t^2}}\,dt$

c) $\lim\limits_{x\to 1} (x-1)^{-3}\cdot\int_1^x e^{-\sqrt{t}}\,dt$ **d)** $\lim\limits_{x\to e} \frac{\int_e^x t^2\cdot\ln^2 t\,dt}{\arctan(x-e)}$

11. Diskutieren Sie die Funktion f zu $f(x)=\int_0^x (1+4t)\,e^{t^2}\,dt + x\cdot e^{x^2}$!

12. a) Skizzieren Sie die Funktion f zu $f(x)=|\sin x-\sin k|$ für $k=\frac{\pi}{6}$!

b) Ermitteln Sie $I(k)=\int_0^{\frac{\pi}{2}} |\sin x-\sin k|\,dx$ für $k\in\left[0;\frac{\pi}{2}\right]$ und bestimmen Sie k so, daß I(k) ein absolutes Extremum annimmt!

§ 13 Anwendungen der Integralrechnung

I. Flächenmessung

1. Bei der Einführung des Integralbegriffs sind wir vom Problem der Flächenmessung ebener Flächen ausgegangen. An den Einführungsbeispielen in § 10 haben wir gesehen, daß man einer positiven Normalfläche den Wert des zugehörigen Integrals als Flächenmaßzahl zuordnen kann.

2. Jede negative Normalfläche kann durch Spiegelung an der D-Achse auf eine kongruente, also auch inhaltsgleiche postive Normalfläche abgebildet werden (Bild 13.1).
Der Graph von f wird dabei abgebildet auf den Graphen von −f.

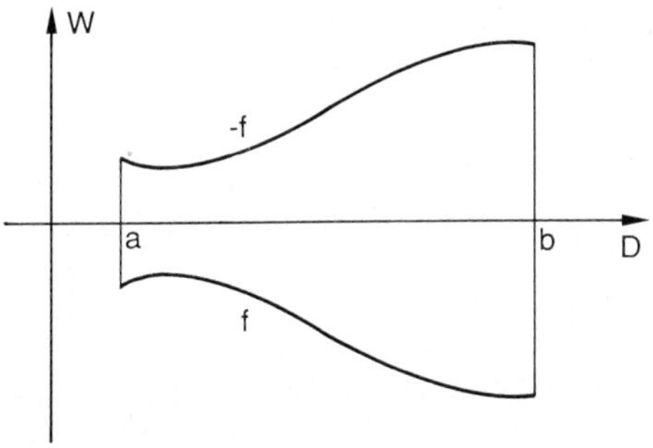

Bild 13.1 a)

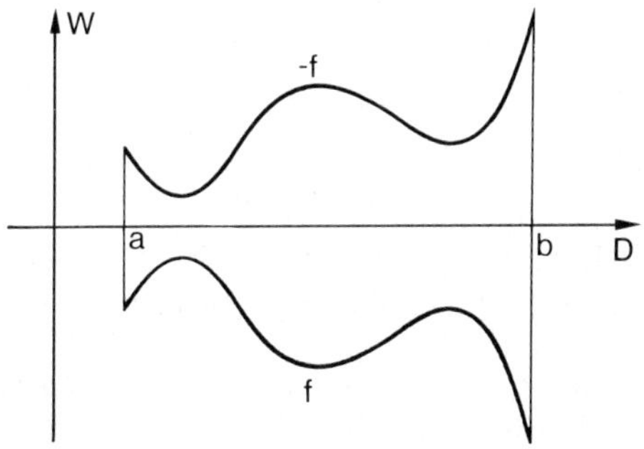

b)

In diesem Fall ist das Integral $\int_a^b f$ – falls es existiert – eine negative und daher das Integral $\int_a^b (-f)$ eine positive Zahl; für die Maßzahl beider Flächen gilt daher:

$$A = \int_a^b (-f) = -\int_a^b f = \left| \int_a^b f \right|.$$

Daher können wir jeder (positiven oder negativen) Normalfläche die Zahl $\left| \int_a^b f \right|$ als Flächenmaßzahl zuordnen. Wir definieren:

D 13.1 Ist eine Funktion f integrierbar über einem Intervall [a; b] und gilt für alle $x \in [a; b]$ entweder $f(x) \geq 0$ oder $f(x) \leq 0$, so versteht man unter der Flächenmaßzahl des zugehörigen Normalbereichs die Zahl $\left| \int_a^b f \right|$.

Beispiel:

Durch die Funktion f zu $f(x)=\frac{1}{4}x^3$ wird über dem Intervall $[-2; -1]$ eine negative Normalfläche festgelegt (Bild 13.2). Für die Maßzahl dieser Fläche gilt daher:

$$A=\left|\int_{-2}^{-1}\frac{1}{4}x^3\,dx\right|=\left|\frac{1}{4}\cdot\frac{x^4}{4}\right|_{-2}^{-1}$$

$$=\left|\frac{(-1)^4}{16}-\frac{(-2)^4}{16}\right|=\left|\frac{1}{16}-1\right|=\left|-\frac{15}{16}\right|=\frac{15}{16}.$$

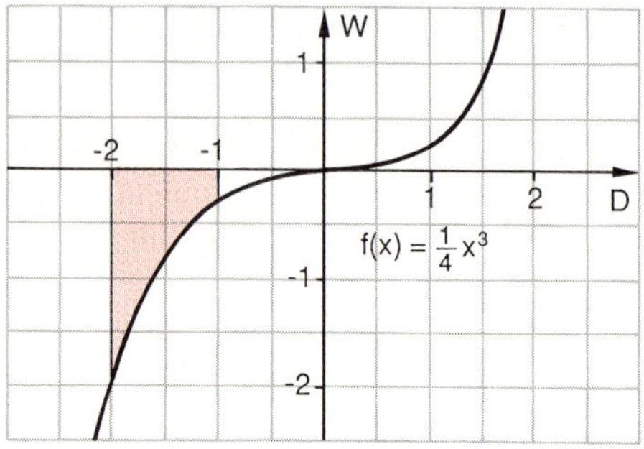

Bild 13.2

3. Wechselt eine Funktion f im Intervall $[a; b]$ einmal oder sogar mehrmals das Vorzeichen, so ist das Intervall so in Teilintervalle zu zerlegen, daß die Funktion in jedem Teilintervall vorzeichenbeständig ist und somit eine (positive oder negative) Normalfläche bestimmt.

Beispiel:

Für die Maßzahl der farbig gekennzeichneten Fläche F in Bild 13.3 gilt:

$$A(F)=\left|\int_a^b f\right|+\left|\int_b^c f\right|+\left|\int_c^e f\right|.$$

Hierbei können wir die Betragsstriche beim ersten und beim dritten Summanden weglassen, weil die zugehörigen Normalflächen und mithin auch die Integrale positiv sind.

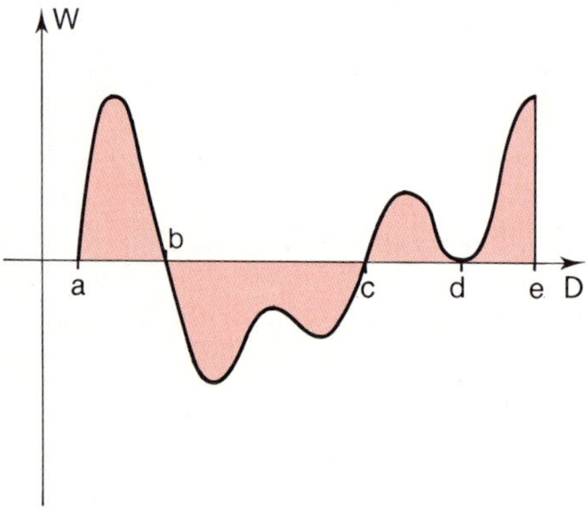

Bild 13.3

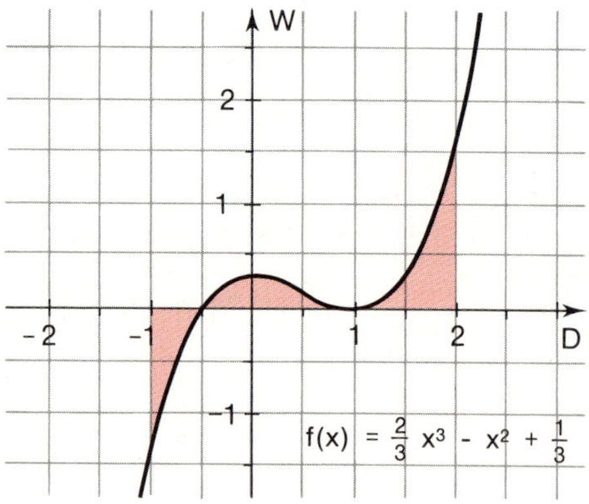

Bild 13.4

Beispiel: $f(x)=\frac{2}{3}x^3-x^2+\frac{1}{3}$ über dem Intervall $[-1; 2]$ (Bild 13.4).

Es gilt $f(x)=\frac{2}{3}(x+\frac{1}{2})(x-1)^2$ (Überprüfe dies!). Wegen $(x-1)^2\geq 0$ gilt $f(x)\geq 0$ für $x\geq -\frac{1}{2}$ und $f(x)\leq 0$ für $x\leq -\frac{1}{2}$. Wir zerlegen daher das Intervall $[-1; 2]$ in die Teilintervalle $[-1; -\frac{1}{2}]$ und $[-\frac{1}{2}; 2]$. Eine Stammfunktion F zu f ist gegeben durch

$$F(x)=\frac{1}{6}x^4-\frac{1}{3}x^3+\frac{1}{3}x.$$

Mithin gilt:

$$\int_{-1}^{-\frac{1}{2}} f(x)\,dx = F(-\tfrac{1}{2}) - F(-1) = (\tfrac{1}{96} + \tfrac{1}{24} - \tfrac{1}{6}) - (\tfrac{1}{6} + \tfrac{1}{3} - \tfrac{1}{3}) = -\tfrac{9}{32};$$

$$\int_{-\frac{1}{2}}^{2} f(x)\,dx = F(2) - F(-\tfrac{1}{2}) = (\tfrac{8}{3} - \tfrac{8}{3} + \tfrac{2}{3}) - (\tfrac{1}{96} + \tfrac{1}{24} - \tfrac{1}{6}) = \tfrac{25}{32}.$$

Somit erhalten wir als Maßzahl für die Fläche F:

$$A(F) = \tfrac{9}{32} + \tfrac{25}{32} = \tfrac{34}{32} = \tfrac{17}{16} \approx 1{,}06.$$

4. Mit Hilfe von Integralen kann man auch Maßzahlen für Flächen berechnen, die von zwei (oder mehr) Funktionsgraphen eingeschlossen werden.

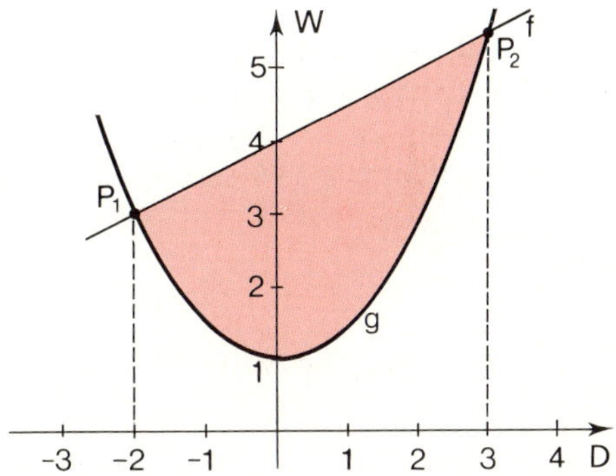

Bild 13.5

Beispiel:

Die Fläche in Bild 13.5 wird von den Funktionsgraphen zu

$$f(x) = \frac{x}{2} + 4$$

und

$$g(x) = \frac{x^2}{2} + 1$$

begrenzt. Die Kurven schneiden sich in den Punkten $P_1(-2\,|\,3)$ und $P_2(3\,|\,\frac{11}{2})$.
Rechnerisch erhält man die Koordinaten der beiden Schnittpunkte als Lösungen des Gleichungssystems

$$y = \frac{x}{2} + 4 \wedge y = \frac{x^2}{2} + 1.$$

Die Maßzahl der von den beiden Funktionsgraphen eingeschlossenen Fläche ist die Differenz der Maßzahlen der Flächen unter den Graphen von f bzw. von g.

$$A(F) = \int_{-2}^{3} \left(\frac{x}{2} + 4\right) dx - \int_{-2}^{3} \left(\frac{x^2}{2} + 1\right) dx = \int_{-2}^{3} \left(\frac{x}{2} + 4 - \frac{x^2}{2} - 1\right) dx$$

$$= \int_{-2}^{3} \left(-\frac{x^2}{2} + \frac{x}{2} + 3\right) dx = -\frac{x^3}{6} + \frac{x^2}{4} + 3x \Big|_{-2}^{3}$$

$$= (-\tfrac{27}{6} + \tfrac{9}{4} + 9) - (\tfrac{8}{6} + \tfrac{4}{4} + (-6)) = \tfrac{125}{12}.$$

5. Das bei diesem Beispiel angewandte Verfahren läßt sich allgemein formulieren: Gegeben seien zwei Funktionen f und g, die über dem Intervall [a; b] integrierbar sind. Die Graphen der beiden Funktionen sollen sich in wenigstens zwei Punkten schneiden, d.h. die Lösungsmenge des Gleichungssystems $y=f(x) \wedge y=g(x)$ soll wenigstens zwei Zahlenpaare $(x_1 | y_1)$ und $(x_2 | y_2)$ enthalten. Die beiden zugehörigen Punkte P_1 und P_2 mit $x_1, x_2 \in [a; b]$ seien zwei „benachbarte“ Schnittpunkte der beiden Graphen. Ferner setzen wir $f(x)<g(x)$ [oder $f(x)>g(x)$] für alle $x \in]x_1; x_2[$ voraus.

Unter den angegebenen Voraussetzungen hat die Fläche zwischen den Graphen von f und g über dem Intervall $[x_1; x_2]$ die Flächenmaßzahl

$$A(F)=\left|\int_{x_1}^{x_2}(f-g)\right|.$$

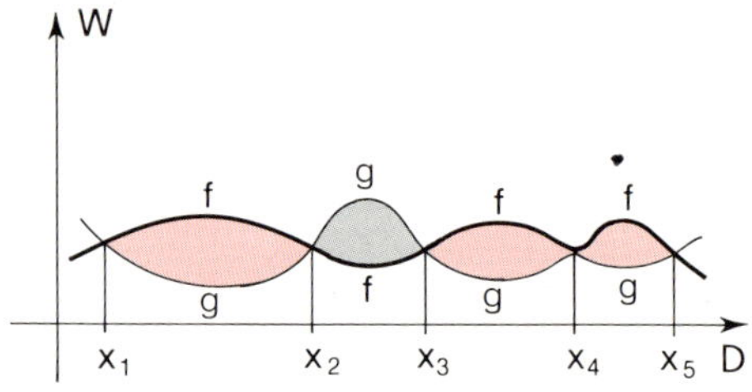

Bild 13.6

Bei mehr als zwei Schnittpunkten wird man die Fläche im allgemeinen abschnittweise berechnen müssen, da $h(x)=f(x)-g(x)$ in dem betrachteten Intervall möglicherweise das Vorzeichen wechselt. In Bild 13.6 sind zwei Funktionsgraphen dieser Art gezeigt. Für dieses Beispiel gilt:

$$A(F)=\left|\int_{x_1}^{x_2}(f-g)\right|+\left|\int_{x_2}^{x_3}(f-g)\right|+\left|\int_{x_3}^{x_5}(f-g)\right|.$$

Übungen und Aufgaben

1. Zeichnen Sie die Normalfläche mit der Randfunktion f über dem Intervall [a; b]! Berechnen Sie ihre Flächenmaßzahl!

a) $f(x)=x^2+x;\ [-1; 0]$ **b)** $f(x)=x^3-x^2;\ [0; 1]$ **c)** $f(x)=\frac{1}{\sqrt{4-x^2}};\ [0; 1]$

d) $f(x)=1+\cos x;\ \left[\frac{\pi}{2}; \frac{3}{2}\pi\right]$ **e)** $f(x)=2-\sin x;\ \left[\pi; \frac{3}{2}\pi\right]$ **f)** $f(x)=\ln x;\ [1; e]$

2. a) Ermitteln Sie $\int_{-1}^{1}(x^3-x)\,dx$ und deuten Sie das Ergebnis am Funktionsgraphen!

b) Für welche Funktionen gilt: $\int_{-a}^{a} f=0$?

c) Ermitteln Sie $\int_{-1}^{1} e^{-x^2}\sin x\,dx$ und $\int_{-\frac{\pi}{4}}^{\frac{\pi}{4}} x^2\tan x\,dx$!

3. a) Berechnen Sie $\int_{-2}^{2}(x^4-4x^2)\,dx$ und $\int_{0}^{2}(x^4-4x^2)\,dx$! Deuten Sie den Zusammenhang am Funktionsgraphen!

b) Für welche Funktionen gilt: $\int_{-a}^{a} f=2\cdot\int_{0}^{a} f$?

c) Berechnen Sie $\int_{-\frac{\pi}{2}}^{\frac{\pi}{2}} x\sin x\,dx$ und $\int_{-1}^{1}|x|\,e^{-x^2}\,dx$!

4. Berechnen Sie die Maßzahl der Fläche, die vom Graphen der Funktion und der D-Achse eingeschlossen wird! Beachten Sie, daß die Fläche aus mehreren Teilen bestehen kann! Zeichnen Sie den Graphen von f!

a) $f(x)=2-x-x^2$ **b)** $f(x)=x^3-5x^2+3x+9$ **c)** $f(x)=x^4-4x^2$ **d)** $f(x)=x^4-5x^2+4$
e) $f(x)=x-\sqrt{x}$ **f)** $f(x)=(x-4)\sqrt{x}$ **g)** $f(x)=\sqrt[3]{x}-x^2$ **h)** $f(x)=x\cdot\sqrt{4-x^2}$
i) $f(x)=(x-2)\ln x$ **j)** $f(x)=(\ln x)^2-4$ **k)** $f(x)=(x^2-1)\,e^x$ **l)** $f(x)=e^x+3e^{-x}-4$

5. Berechnen Sie die Maßzahl der Normalfläche über dem Intervall $[a; b]$! Zeichnen Sie den Graphen von f!

a) $f(x)=\sin x;\ [0; \pi]$ **b)** $f(x)=\cos x;\ [-\frac{\pi}{2}; \frac{\pi}{2}]$ **c)** $f(x)=\sin^2 x;\ [0; \pi]$
d) $f(x)=\tan x;\ [0; \frac{\pi}{3}]$ **e)** $f(x)=\cos^2 x;\ [0; \frac{\pi}{2}]$ **f)** $f(x)=\frac{1}{1+x^2};\ [0; 1]$
g) $f(x)=\frac{x}{1+x^2};\ [0; 1]$ **h)** $f(x)=\frac{1}{x\cdot\ln x};\ [e; e^2]$ **i)** $f(x)=e^{-x};\ [0; 1]$

6. Existiert die Maßzahl der Fläche, die vom Graphen der Funktion f im angegebenen Bereich mit der D-Achse eingeschlossen wird? Skizzieren Sie den Graphen der Funktion!

a) $f(x)=e^{-x};\ \mathbb{R}^{\geq 0}$ **b)** $f(x)=xe^{-x^2};\ \mathbb{R}^{\geq 0}$ **c)** $f(x)=x\cdot\ln x;\ [0; 1]$
d) $f(x)=\frac{1}{\sqrt{x}};\ [0; 1]$ **e)** $f(x)=x^2\ln x;\ [0; 1]$ **f)** $f(x)=\frac{x}{1+x^2};\ \mathbb{R}^{\geq 1}$
g) $f(x)=\frac{1}{1+x^2};\ \mathbb{R}^{\geq 0}$ **h)** $f(x)=\frac{1}{\sqrt[3]{x}};\ [-1; 1]$ **i)** $f(x)=(x^2-1)\cdot e^{-x};\ \mathbb{R}^{\leq -1}$

7. Berechnen Sie die Maßzahl der Fläche unter dem Funktionsgraphen von f im Intervall $[a; b]$! Zeichnen Sie den Graphen von f!

a) $f(x)=|x^2-1|;\ [-2; 2]$ **b)** $f(x)=\frac{x^2}{2}(1-\operatorname{sign} x)+1;\ [-1; 2]$
c) $f(x)=|x|+|x-1|;\ [-3; 2]$ **d)** $f(x)=|x+x^2|;\ [-2; 1]$

8. Berechnen Sie die Maßzahl der Fläche über dem angegebenen Intervall zwischen den Graphen von f und von g! Zeichnen Sie die Graphen!

a) $f(x)=(x-1)^2;\ g(x)=x+1;\ [1; 3]$ **b)** $f(x)=\sqrt{x};\ g(x)=\frac{1}{2}x+3;\ [4; 9]$
c) $f(x)=\sin x;\ g(x)=\cos x;\ [0; \frac{\pi}{4}]$ **d)** $f(x)=\frac{1}{2}\tan x;\ g(x)=\sin x;\ [0; \frac{\pi}{3}]$
e) $f(x)=e^x;\ g(x)=x+2;\ [-1; 1]$ **f)** $f(x)=\ln x;\ g(x)=x^2-e^2;\ [1; e]$

9. Berechnen Sie die Maßzahl der Fläche zwischen den Funktionsgraphen! Zeichnen Sie die Graphen!

a) $f(x)=-x^2+12$, $g(x)=3$
b) $f(x)=2x^3-7x$, $g(x)=x$
c) $f(x)=4x^3-14x+1$, $g(x)=8x^2-10x-7$
d) $f(x)=5-x^2$, $g(x)=\frac{4}{x^2}$
e) $f(x)=\sqrt[3]{13x-12}$, $g(x)=x$
f) $f(x)=\sin x;\ x\in[0; \pi]$, $g(x)=\frac{1}{2}$
g) $f(x)=\sin 2x;\ x\in[0; \pi]$, $g(x)=\sin x$

h) $f(x)=\tan x$; $x\in\,]0;\frac{\pi}{2}[$ **i)** $f(x)=x^2e^x$ **j)** $f(x)=\ln x$ **k)** $f(x)=\arctan x$
$g(x)=\cot x$ $g(x)=e^x$ $g(x)=(\ln x)^2$ $g(x)=\frac{\pi}{4}x$

Vermischte Aufgaben

10. Welche Bedingung muß a erfüllen, damit der Graph der Funktion f mit den positiven Achsen des Koordinatensystems eine Fläche F einschließt? Für welche Zahl a hat diese Fläche die Maßzahl A(F)?

a) $f(x)=ax^2+2$; $A(F)=\frac{16}{3}$ **b)** $f(x)=a-\dfrac{x^2}{a}$; $A(F)=\frac{4}{3}$ **c)** $f(x)=\dfrac{x^3}{a^3}-ax$; $A(F)=4$

11. Für welchen Wert von c schließt der Graph der Funktion f mit der Parabel zu $g(x)=x^2$ eine Fläche der Maßzahl A(F) ein?
a) $f(x)=c$; $A(F)=36$ **b)** $f(x)=cx$; $A(F)=\frac{4}{3}$ **c)** $f(x)=c-x^2$; $A(F)=\frac{8}{3}$

12. Die Parabel zu $f(x)=4-x^2$ schneidet die D-Achse in P_1 und in P_2, die W-Achse in Q. Berechnen Sie die Maßzahl der Fläche zwischen der Parabel und den Sehnen P_1Q und P_2Q!

13. Eine Parabel zu $f(x)=ax^2+9$ schneidet die D-Achse in P_1 und P_2 und hat den Scheitelpunkt Q. Vergleichen Sie den Inhalt des Dreiecks P_1P_2Q mit dem Inhalt der Fläche zwischen der Parabel und der D-Achse!

14. Eine Parabel schneidet die D-Achse in P und in Q. Die Normalfläche zwischen P und Q hat die Maßzahl A(F). Bestimmen Sie die Gleichung der Parabel!
a) $P(0|0)$; $Q(4|0)$; $A(F)=21\frac{1}{3}$ **b)** $P(-4|0)$; $Q(3|0)$; $A(F)=42\frac{7}{8}$

15. Eine Parabel schneidet die D-Achse bei -4 und bei 3. Die zugehörige Normalfläche wird von der W-Achse so geteilt, daß der linke Teil eine um $12\frac{1}{6}$ größere Maßzahl hat als der rechte. Bestimmen Sie die Gleichung der Parabel!

16. Berechnen Sie den Inhalt der Normalfläche der Funktion f zu $f(x)=x^3+4x^2-3x-18$ zwischen den Schnittpunkten mit der D-Achse!

17. Der Graph einer ganzrationalen Funktion 3. Grades hat den Nullpunkt als Wendepunkt und an der Stelle $x_1=\dfrac{\sqrt{3}}{3}$ die Steigung 0. Er schließt für $x\geq 0$ mit der D-Achse eine Fläche mit $A(F)=\frac{3}{4}$ ein.

18. Der Graph einer ganzrationalen Funktion 3. Grades geht durch den Nullpunkt, hat bei $x_1=1$ die Steigung 0 und bei $x_2=2$ eine Wendestelle. Er schließt mit der D-Achse eine Fläche F mit $A(F)=9$ ein.

19. Der Graph einer ganzrationalen Funktion 3. Grades hat im Nullpunkt die Steigung 0 und bei $x_1 = 1$ eine Wendestelle. Er schließt mit der D-Achse eine Fläche F mit $A(F) = \frac{81}{4}$ ein.

20. Für welchen Wert von a berührt der Graph zu $f(x) = \frac{1}{4}x^3 - 2x^2 + \frac{1}{4}ax$ die D-Achse? Welchen Inhalt hat die Fläche zwischen dem Graphen und der D-Achse?

21. Eine Parabel mit $f(x) = ax^2$ und der Graph einer ganzrationalen Funktion g dritten Grades enthalten beide den Punkt $P_1(-2|2)$. Der Graph von g hat den Nullpunkt als Wendepunkt und an der Stelle -2 die Steigung 0. Wie groß ist die Fläche zwischen den Kurven?

22. Gibt es eine Funktion f mit $f(x) = ax^n$ $(n \in \mathbb{N})$, bei der der Funktionsgraph zwischen dem Nullpunkt O und einem Kurvenpunkt P das Dreieck OPQ halbiert, wenn Q der Fußpunkt des Lotes von P auf die D-Achse ist?

23. Der Graph einer ganzrationalen Funktion 3. Grades hat in $P(1|0)$ einen Wendepunkt und in $Q(0|-2)$ einen Tiefpunkt. In wie viele Teile zerlegt der Graph das Rechteck ABCD mit $A(0|-2)$; $B(3|-2)$ und $C(3|2)$? Berechnen Sie die Maßzahlen der einzelnen Flächenstücke!

24. **a)** Diskutieren Sie die Funktion f zu $f(x) = \frac{1}{3}x^3 - x$!

b) Bestimmen Sie die Koordinaten der Berührungspunkte der Tangenten an den Graphen von f, die parallel zur Geraden zu $9x - 3y + 18 = 0$ verlaufen und die Gleichungen dieser Tangenten!

c) Bestimmen Sie für eine der Tangenten von b) einen weiteren Schnittpunkt mit dem Graphen von f!

d) Berechnen Sie $A(F)$ für die Fläche F zwischen dem Graphen und der Tangente von c)!

25. **a)** Diskutieren Sie die Funktion f zu $f(x) = \frac{1}{9}x^3 - \frac{4}{3}x$!

b) Die Tangente im Hochpunkt $P_0(x_0|y_0)$ schneidet den Graphen in einem weiteren Punkt $P_1(x_1|y_1)$; bestätigen Sie, daß $x_1 = -2x_0$ ist!

c) Wie groß ist die Fläche zwischen dieser Tangente und dem Graphen?

d) Zeigen Sie, daß die Beziehung aus b) für jede Funktion f zu $f(x) = ax^3 + bx$ (mit $a \cdot b < 0$) gilt!

26. **a)** Berechnen Sie die Maßzahl der Normalfläche zwischen den Nullstellen der Funktion f zu $f(x) = (x^2 - 2x)e^x$!

b) Berechnen Sie $\lim\limits_{a \to -\infty} \int_a^0 f$ und vergleichen Sie mit dem Ergebnis von a)!

Extremwertaufgaben

27. Für welche Zahl $a \in \mathbb{R}^{>0}$ hat die Fläche zwischen den Parabeln zu $f(x) = ax^2 - ax$ und $g(x) = -ax^2 + \frac{x}{a}$ den kleinsten Inhalt?

28. Für welche Zahl a hat die Fläche zwischen dem Graphen zu $f(x)=ax-(1-a)x^2$ und der D-Achse den kleinsten Inhalt?

29. Für welche Zahl a hat die Maßzahl A(a) der Fläche zwischen dem Graphen von f und der D-Achse ein lokales Extremum? Begründen Sie, daß es sich sogar um ein absolutes Extremum handelt!

a) $f(x)=a-\frac{1}{9}(a-3)x^2 \quad (a>3)$ **b)** $f(x)=ax-\frac{1}{9}(a-3)x^3 \quad (a>3)$

30. Für welche positive Zahl a wird der Inhalt der Fläche zwischen dem Graphen zu $f(x)=ax(x^2-9)$ und der Winkelhalbierenden im 1. Quadranten minimal?

31. Eine Parallele zur D-Achse schneidet den Graphen der Funktion f in einem Punkt $P_0(x_0 \mid y_0)$ mit $x_0 \in [a; b]$. Berechnen Sie die Maßzahlen $A_1(x_0)$ und $A_2(x_0)$ der beiden Flächen zwischen dieser Geraden und dem Funktionsgraphen! Für welche Zahl x_0 wird $A_1(x_0)+A_2(x_0)$ am kleinsten?

a) $f(x)=x^2$; $a=0$; $b=1$ **b)** $f(x)=x^3$; $a=0$; $b=1$

c) f sei über [a; b] zweimal differenzierbar und streng monoton steigend; eine Stammfunktion von f sei F.

II. Beispiel für die Berechnung eines Volumens

1. Dem Problem, ebenen Flächen einen Flächeninhalt zuzuordnen, entspricht weitgehend das Problem, einem Körper einen Rauminhalt zuzuschreiben. Auch der Rauminhalt, das Volumen eines Körpers, ist eine Größe, die durch eine Maßeinheit und durch eine Maßzahl erfaßt wird.
Als Maßeinheiten benutzt man Würfel, deren Kantenlängen Längeneinheiten sind, also zum Beispiel 1 m, 1 cm, 1 mm. Die zu diesen Längeneinheiten gehörenden Maßeinheiten für den Rauminhalt sind: $1\ m^3$, $1\ cm^3$, $1\ mm^3$.
Auch bei den folgenden Überlegungen wollen wir die Maßeinheiten als fest gegeben ansehen. Zur Festlegung des Volumens eines Körpers K kommt es dann nur noch auf die Maßzahl V(K) an. Nur mit diesen Volumenmaßzahlen wollen wir uns im folgenden beschäftigen.

2. Volumenmaßzahlen sind reelle Zahlen mit ähnlichen Grundeigenschaften, wie wir sie in § 10, I für Flächenmaßzahlen aufgeführt haben (Aufgabe 1).
In einfacher Weise kann man nur für diejenigen Körper eine Volumenmaßzahl bestimmen, die sich – ohne Rest – mit Einheitswürfel ausfüllen lassen; ferner auch für solche Körper, die aus den erstgenannten durch eine Zerlegung in kongruente Teilkörper entstehen. Ein einfaches Beispiel hierzu zeigt Bild 13.7.

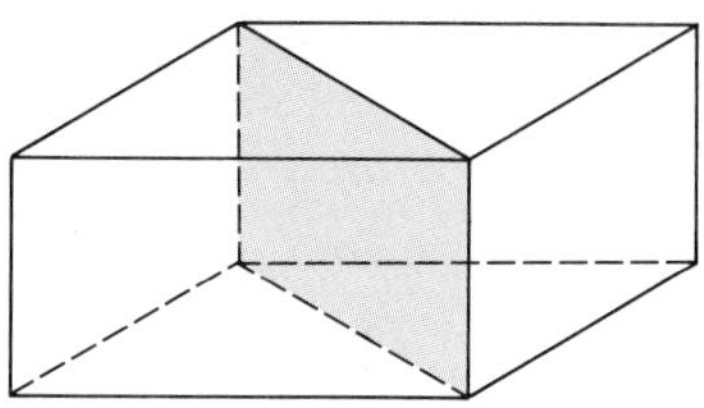

Bild 13.7

3. Schon bei **Pyramiden** führt dieses Verfahren in der Regel jedoch nicht zum Ziel. Hier kann man das Verfahren, welches wir in § 10, II besprochen haben, fast wörtlich auf den dreidimensionalen Fall übertragen. Bild 13.8 zeigt zweimal einen Schnitt durch eine **Pyramide** mit einer quadratischen Grundfläche. Die Quadratseite habe die Maßzahl a, die Pyramidenhöhe die Maßzahl h. In Bild 13.8a sind der Pyramide eine Reihe von Quadern einbeschrieben, in Bild 13.8b eine Reihe von Quadern umbeschrieben. Alle diese Quader haben die gleiche Höhe h′.

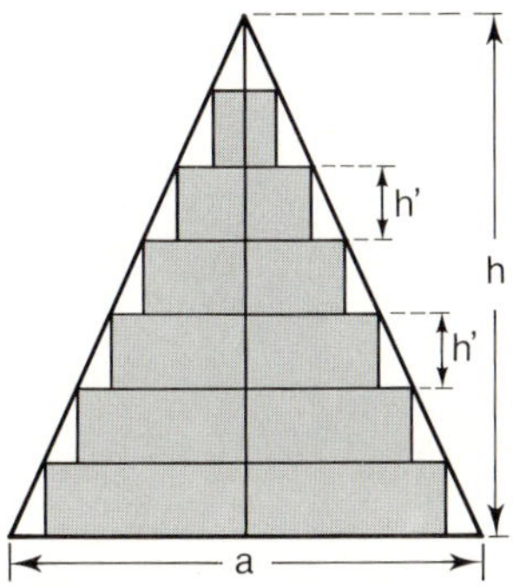

Bild 13.8a

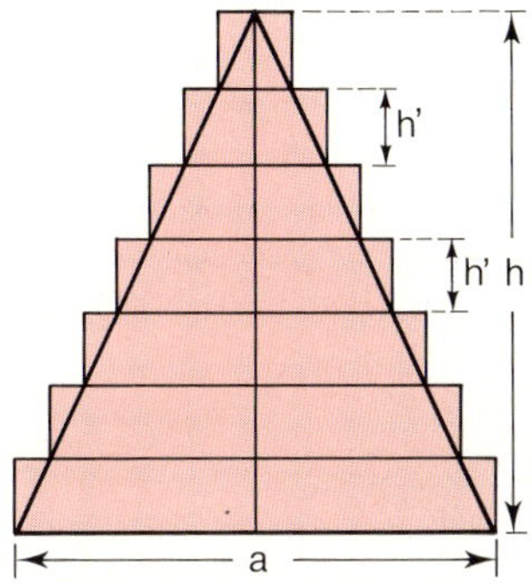

Bild 13.8b

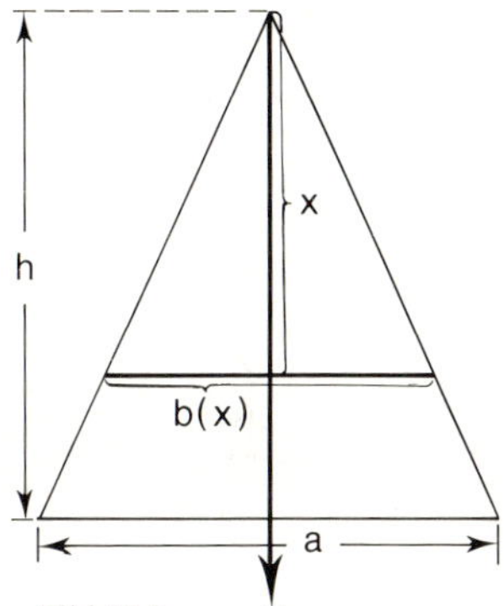

Bild 13.9

Die Größe der quadratischen Grundfläche der einzelnen Quader hängt von der Höhe ab, in der diese Fläche im Quader liegt. Um die Maßzahl dieser Fläche zu bestimmen, legen wir durch die Spitze der Pyramide eine nach unten gerichtete x-Achse mit dem Nullpunkt in der Spitze. Aus einem Längsschnitt durch die Pyramide (Bild 13.9) können wir die Maßzahl b(x) der Kantenlänge eines solchen Quadrates in der Höhe x nach dem zweiten Strahlensatz bestimmen:

$$\frac{b(x)}{x} = \frac{a}{h}, \quad \text{also} \quad b(x) = \frac{a}{h} \cdot x.$$

Die zugehörige quadratische Grundfläche hat also die Maßzahl $f(x) = [b(x)]^2 = \frac{a^2}{h^2} \cdot x^2$.

4. Die Teilpunkte auf der x-Achse sind von oben nach unten:

$$x_1 = h'; \; x_2 \doteq 2h'; \; x_3 = 3h'; \; \ldots; \; x_n = nh' = h.$$

Somit ist die Volumenmaßzahl des einbeschriebenen Stufenkörpers gegeben durch die **Untersumme**

$$s_n = f(x_1) \cdot h' + f(x_2) \cdot h' + \ldots + f(x_{n-1}) \cdot h' = \sum_{k=1}^{n-1} f(x_k) \cdot h',$$

und entsprechend die Maßzahl des umbeschriebenen Stufenkörpers durch die **Obersumme**

$$S_n = f(x_1) \cdot h' + f(x_2) \cdot h' + \ldots + f(x_n) \cdot h' = \sum_{k=1}^{n} f(x_k) \cdot h'.$$

Diese Unter- und Obersummen unterscheiden sich von denen, die wir im Beispiel von § 10, II berechnet haben, lediglich dadurch, daß der Zahlenfaktor $\frac{1}{4}$ hier durch $\frac{a^2}{h^2}$ und h durch h′ ersetzt ist. Genau wie dort läßt sich also zeigen, daß

$$\lim_{n \to \infty} s_n = \lim_{n \to \infty} S_n$$

ist. Nach Satz S 11.1 handelt es sich bei diesen Grenzwerten um das Integral

$$\int_0^h f(x)\,dx = \int_0^h \frac{a^2}{h^2} x^2\,dx = \frac{a^2}{h^2} \int_0^h x^2\,dx = \frac{a^2}{h^2} \cdot \frac{x^3}{3}\Big|_0^h = \frac{a^2}{h^2} \cdot \frac{h^3}{3} = \frac{1}{3} a^2 \cdot h.$$

Den Wert dieses Integrals ordnet man für jedes Zahlenpaar (a | h) der betreffenden Pyramide als Maßzahl ihres Volumens zu.

Übungen und Aufgaben

1. Stellen Sie die grundlegenden Eigenschaften [1] bis [4] für Volumenmaßzahlen zusammen, indem Sie die Eigenschaften [1] bis [4] für Flächenmaßzahlen (Seite 224 f.) übertragen!

2. Im Lehrtext ist am Beispiel einer Pyramide mit quadratischer Grundfläche gezeigt, daß einem Körper K mit der Gesamthöhe h, der in einer Höhe x eine Querschnittsfläche mit der Flächenmaßzahl f(x) hat, die Volumenmaßzahl $V(K) = \int_0^h f(x)\,dx$ zuzuordnen ist. Berechnen Sie nach diesem Integral die Volumenmaßzahlen folgender Körper!

a) Regelmäßige dreiseitige Pyramide (Höhe: h; Seitenlänge des Grunddreiecks: a; Bild 13.10)

b) Regelmäßige Pyramide der Höhe h, deren Grundfläche ein regelmäßiges Sechseck mit der Seitenlänge a ist (Bild 13.11)

c) Gerader Kreiskegel (Höhe: h; Grundkreisradius: r; Bild 13.12)

d) Halbkugel mit dem Radius r (Bild 13.13)

e) Paraboloid, das durch Rotation der Parabel zu $f(x) = x^2$ um die W-Achse entsteht (Bild 13.14)

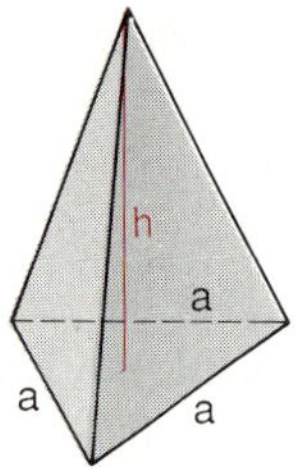

Bild 13.10

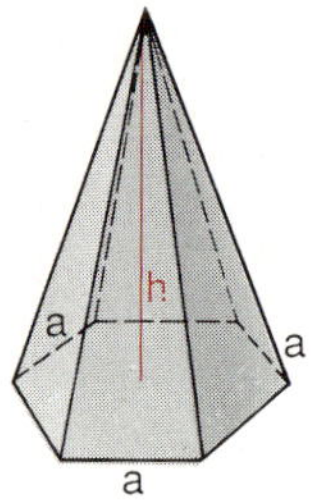

Bild 13.11

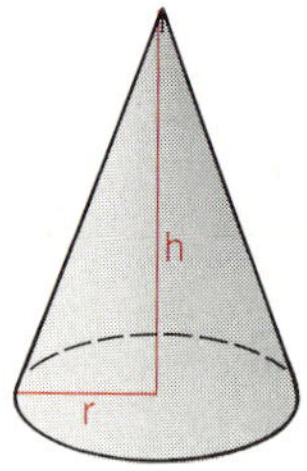

Bild 13.12

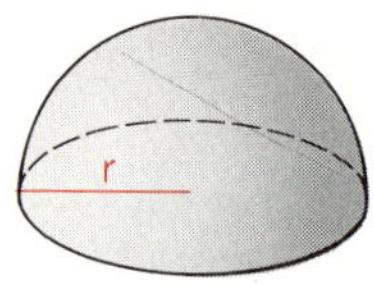

Bild 13.13

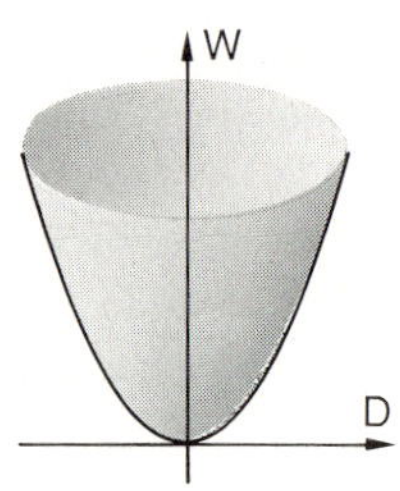

Bild 13.14

III. Das Volumen von Rotationskörpern

1. Viele im täglichen Leben und in der Technik vorkommenden Körper sind **Rotationskörper**. Beispiele hierfür zeigt Bild 13.15.

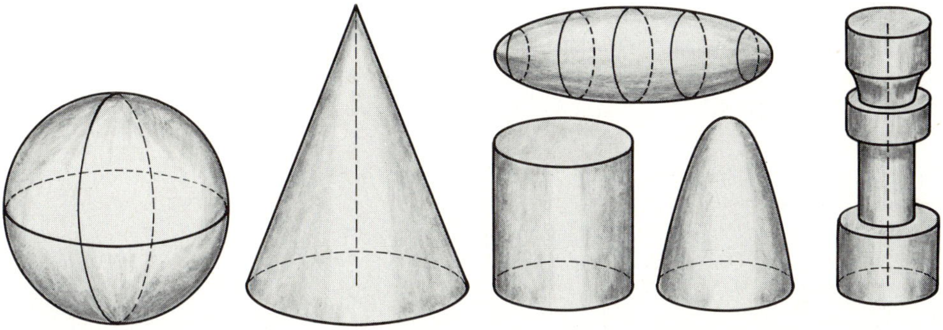

Bild 13.15

Wir können uns Rotationskörper durch Drehung einer Fläche um die D-Achse entstanden denken. Von der die Fläche und daher auch den Rotationskörper erzeugenden Funktion f setzen wir nur voraus, daß sie im betrachteten Intervall [a; b] **stetig** ist. Es braucht sich aber weder um eine positive noch um eine negative Normalfläche zu handeln.

Beispiel: $f(x) = 2 \cdot \sqrt{x+2}$ über dem Intervall $[-2; 7]$ (Bild 13.16)

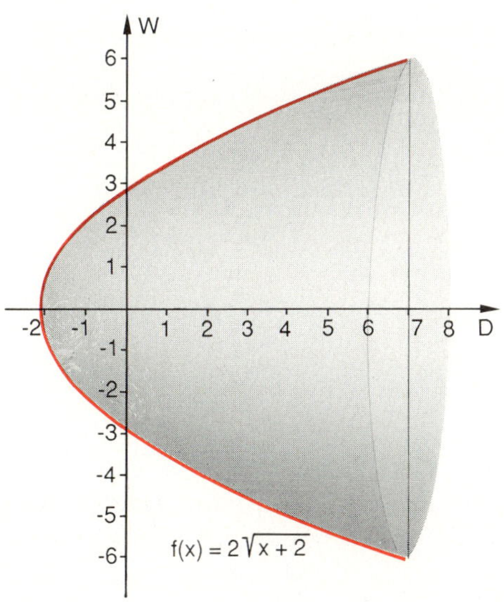

Bild 13.16

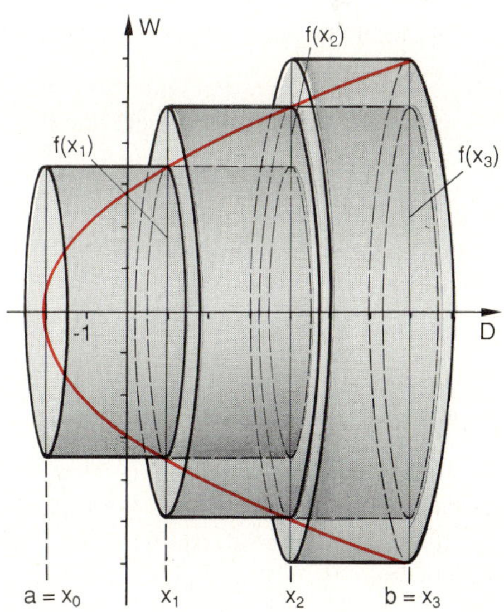

Bild 13.17

2. Um einem solchen Körper eine Volumenmaßzahl zuordnen zu können, zerlegen wir das Intervall [a; b] in n Teilintervalle gleicher Länge: $h = x_k - x_{k-1} = \frac{b-a}{n}$.

Als Näherungskörper benutzen wir in diesem Fall stufenförmig angebrachte Zylinder der Höhe h, wie sie in Bild 13.17, Seite 299 eingezeichnet sind. Die Radien der kreisförmigen Grundflächen der einzelnen Zylinder sind gegeben durch die Funktionswerte $f(x_1), f(x_2), \ldots, f(x_n)$. Die Volumenmaßzahl jedes Zylinders ist also $V_k = \pi \cdot [f(x_k)]^2 \cdot h$.
Wir bilden nun die **Untersummen** s_n und die **Obersummen** S_n; dabei haben wir zu berücksichtigen, daß der innere Näherungskörper nur $n-1$ Zylinder, der äußere dagegen n Zylinder enthält. Es gilt also:

$$s_n = \sum_{k=1}^{n-1} \pi \cdot [f(x_k)]^2 \cdot h \quad \text{und} \quad S_n = \sum_{k=1}^{n} \pi \cdot [f(x_k)]^2 \cdot h.$$

Wir haben nun zu zeigen, daß $\lim_{n \to \infty} s_n = \lim_{n \to \infty} S_n$ ist, also das Integral

$$\int_a^b \pi \cdot [f(x)]^2 \, dx$$

existiert. Dies ergibt sich nun aber unmittelbar aus der Voraussetzung, daß die Funktion f über [a; b] stetig ist. Daraus folgt nämlich, daß auch die Funktion g zu $g(x) = \pi([f(x)]^2$ über [a; b] stetig und mithin auch integrierbar ist.
Für die Maßzahl des Volumens eines solchen Rotationskörpers gilt also:

$$\mathbf{V(K) = \pi \int_a^b [f(x)]^2 \, dx.}$$

Bemerkung: Ist die den Rotationskörper erzeugende Fläche keine positive Normalfläche, so ist f(x) durch |f(x)| zu ersetzen. Da jedoch $|f(x)|^2 = [f(x)]^2$ ist, ändert sich dadurch am Ergebnis nichts.

Wir behandeln nach dieser Formel das obige

Beispiel: $f(x) = 2 \cdot \sqrt{x+2}$ über dem Intervall $[-2; 7]$ (Bild 13.16, Seite 299).

Es gilt: $[f(x)]^2 = 4(x+2)$. Daher ergibt sich:

$$V(K) = 4\pi \int_{-2}^{7} (x+2)\, dx = 4\pi \left[\frac{x^2}{2} + 2x\right]_{-2}^{7} = 4\pi \left[\frac{49}{2} + 14 - \frac{4}{2} + 4\right] = 162 \cdot \pi.$$

3. Wir schließen mit weiteren **Beispielen**.

1) Dreht man ein Rechteck, von dem eine Seite auf der D-Achse liegt, um diese Achse, so entsteht ein Zylinder (Bild 13.18). Die erzeugende Funktion ist hier eine konstante Funktion mit $f(x) = r$; das Intervall ist [0; h]. Als Maßzahl für das Volumen des Zylinders Z erhalten wir also:

$$V(Z) = \pi \cdot \int_0^h [f(x)]^2 \, dx = \pi \cdot \int_0^h r^2 \, dx = \pi r^2 \int_0^h dx = \pi r^2 x \Big|_0^h = \pi r^2 h.$$

2) Läßt man ein rechtwinkliges Dreieck, von dem eine Kathete auf der D-Achse liegt, um diese Achse rotieren, so entsteht ein Kegel (Bild 13.19). Die erzeugende Funktion ist durch $f(x)=\frac{r}{h}\cdot x$ festgelegt; das Intervall ist $[0; h]$. Als Maßzahl für das Volumen des Kegels K erhalten wir:

$$V(K)=\pi\int_0^h [f(x)]^2\,dx=\pi\int_0^h \frac{r^2}{h^2}x^2\,dx=\frac{\pi r^2}{h^2}\cdot\frac{x^3}{3}\bigg|_0^h=\frac{\pi r^2}{h^2}\cdot\frac{h^3}{3}=\frac{\pi}{3}r^2 h.$$

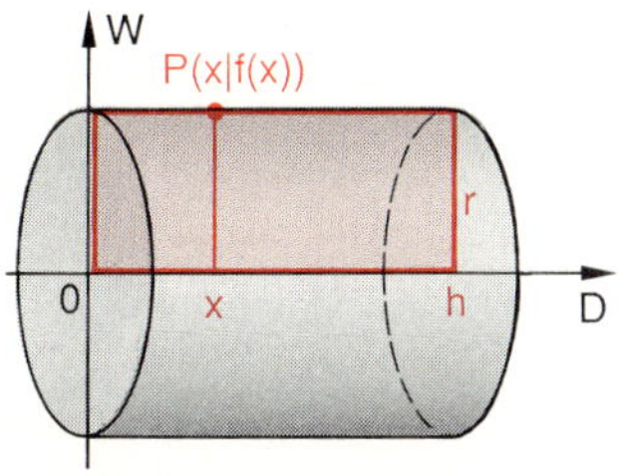

Bild 13.18

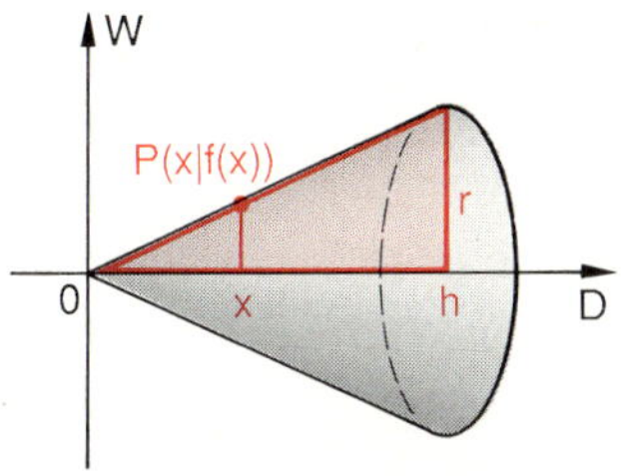

Bild 13.19

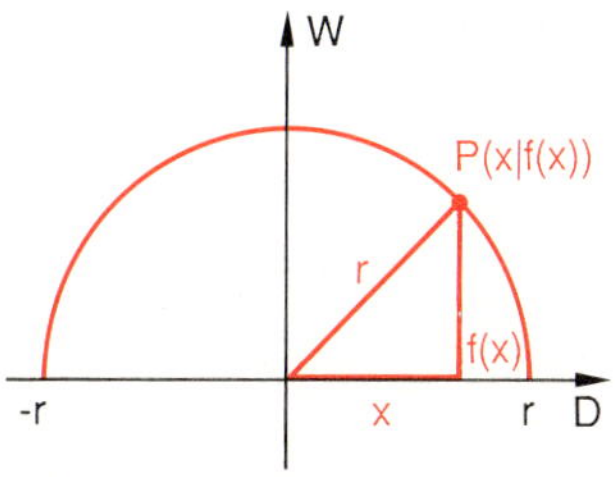

Bild 13.20

3) Die Punkte auf dem Halbkreis von Bild 13.20 genügen der Gleichung $x^2+y^2=r^2$ mit $y\geq 0$. Der Halbkreis ist also der Graph der Funktion f zu $y=f(x)=\sqrt{r^2-x^2}$.
(**Beachte**: Quadratwurzeln sind so definiert, daß ihre Werte stets nichtnegativ sind!)
Wird dieser Halbkreis um die D-Achse gedreht, so entsteht als Rotationskörper eine Kugel K. Für die Maßzahl des Kugelvolumens gilt also:

$$V(K)=\int_{-r}^{r}\pi[f(x)]^2\,dx=\pi\int_{-r}^{r}(r^2-x^2)\,dx=\pi\left[r^2x-\frac{x^3}{3}\right]_{-r}^{r}$$

$$=\pi\left[\left(r^3-\frac{r^3}{3}\right)-\left(-r^3+\frac{r^3}{3}\right)\right]=\pi\left[2r^3-\frac{2}{3}r^3\right]=\frac{4\pi}{3}r^3.$$

Übungen und Aufgaben

1. Der Funktionsgraph rotiert um die D-Achse. Berechnen Sie die Maßzahl des Volumens des über dem angegebenen Intervall entstehenden Rotationskörpers! Skizzieren Sie den Graphen von f!

a) $f(x)=\frac{x}{2}-1;\ [-2; 2]$ **b)** $f(x)=x^2-4x;\ [0; 2]$ **c)** $f(x)=x^2-4x+3;\ [1; 3]$

d) $f(x)=\sqrt{x};\ [0; 4]$ **e)** $f(x)=\sqrt[3]{x};\ [1; 8]$ **f)** $f(x)=\sqrt[4]{2x^4+x^2};\ [0; 2]$

g) $f(x)=x\cdot\sqrt{2x^2+1};\ [0; 2]$ **h)** $f(x)=(1-x)\sqrt{x};\ [0; 1]$ **i)** $f(x)=x\cdot\sin x;\ [0; \pi]$

j) $f(x)=1+\cos x;\ [0; 2\pi]$ **k)** $f(x)=2+3\sin x;\ [0; \pi]$ **l)** $f(x)=\tan x;\ \left[0; \frac{\pi}{4}\right]$

m) $f(x)=\ln x;\ [e; e^2]$ **n)** $f(x)=xe^{-x};\ [0; 1]$ **o)** $f(x)=e^{-|x|};\ [-1; 1]$

2. Die Fläche zwischen den Funktionsgraphen der Funktionen f und g rotiert um die D-Achse. Berechnen Sie das Volumen des entstehenden Körpers! Skizzieren Sie die Graphen!

a) $f(x)=\sqrt{x}$, $g(x)=x^2$ **b)** $f(x)=\sqrt{x^3}$, $g(x)=\sqrt{x}$ **c)** $f(x)=\sqrt{25-x^2}$, $g(x)=\sqrt{2(x+5)}$ **d)** $f(x)=\frac{1}{1+x^2}$, $g(x)=\frac{1}{2}x^2$

3. Durch Drehung des Funktionsgraphen für $x\in\mathbb{R}^{\geq 1}$ entsteht ein posaunenartiger Körper. Berechnen Sie sein Volumen! Die x-y-Ebene erzeugt einen Achsenschnitt des beschriebenen Körpers. Existiert die Maßzahl der Fläche des Achsenschnitts?

a) $f(x)=\frac{1}{x}$ **b)** $f(x)=\frac{1}{x^2}$ **c)** $f(x)=\frac{1}{\sqrt[5]{x}}$ **d)** $f(x)=\frac{1}{x^r}$ $(r\in\mathbb{Q})$

4. Ermitteln Sie die Formel für den Rauminhalt eines Kugelabschnitts der Höhe h (Kugelradius r; Bild 13.21)!

5. Der Kreis mit der Gleichung $x^2+(y-2)^2=4$ rotiert um die D-Achse. Berechnen Sie den Rauminhalt des Rotationskörpers (Bild 13.22)!

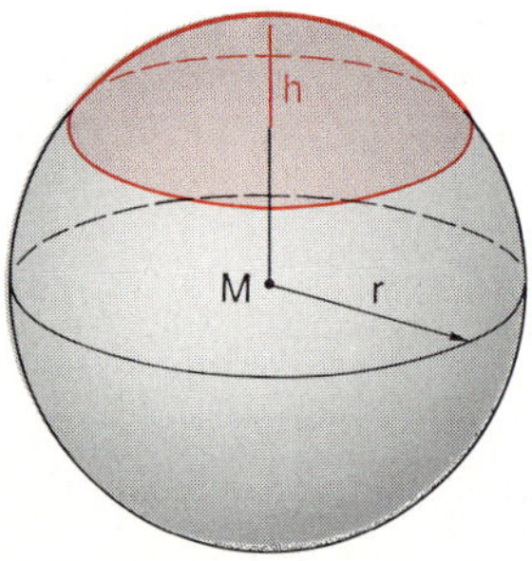

Bild 13.21

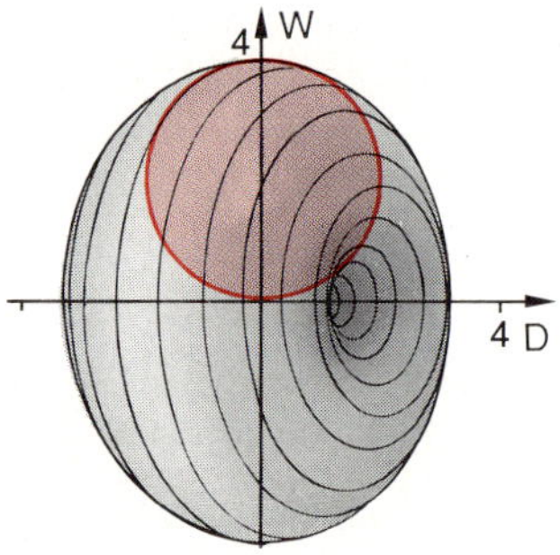

Bild 13.22

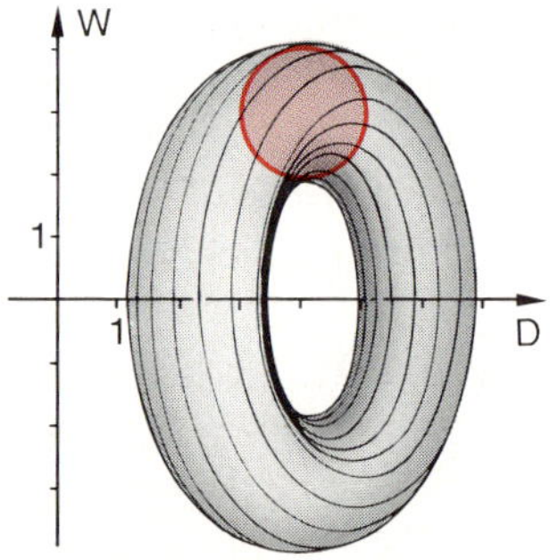

Bild 13.23

6. Der Kreis mit der Gleichung $(x-4)^2+(y-3)^2=1$ rotiert um die D-Achse; man nennt den entstehenden Rotationskörper einen „Torus". Berechnen Sie seinen Rauminhalt (Bild 13.23)!

7. Durch die Gleichung $\frac{x^2}{a^2}+\frac{y^2}{b^2}=1$ ist eine Ellipse gegeben.

a) Zeichnen Sie die Ellipse zu $a=5$ und $b=3$!

b) Die Ellipse rotiert um die D-Achse. Berechnen Sie den Rauminhalt des Ellipsoids!

Extremwertaufgaben

8. a) Skizzieren Sie den Graphen der Funktion f zu $f(x)=\sqrt{x^3}$ im Intervall [0; 4]!

b) Der Graph von f rotiere um die D-Achse. Berechnen Sie das Volumen des Rotationskörpers über dem Intervall [0; 4]!

c) Dem Rotationskörper wird ein Zylinder einbeschrieben, dessen Achse die D-Achse ist. Welche Maßzahlen müssen der Radius und die Höhe des Zylinders annehmen, damit das Volumen des Zylinders ein absolutes Maximum hat?

9. Durch den Punkt P(2|4) werden Geraden gelegt, die die positive D-Achse im Punkt A und die positive W-Achse im Punkt B schneiden. Das Dreieck ABO rotiert um die D-Achse. Für welche Gerade wird das Volumen des Rotationskörpers minimal?

10. Berechnen Sie das Volumen des Rotationskörpers, der durch Drehung des Funktionsgraphen zwischen den Nullstellen von f um die D-Achse entsteht! Für welchen Wert von a nimmt das Volumen ein Minimum an?

a) $f(x)=a-\frac{1}{9}(a-3)\cdot x^2 \quad (a>3)$ **b)** $f(x)=a^2-\frac{1}{9}(a-3)^2\cdot x^2 \quad (a>3)$

IV. Der physikalische Begriff der Arbeit

1. Wenn ein Körper sich unter dem Einfluß einer Kraft F um ein Wegstück der Länge s bewegt, so sagt man, daß durch die Kraft am Körper eine Arbeit verrichtet wird. Als Maß für die **Arbeit** W definiert man in diesem einfachen Fall das Produkt:

$$\mathbf{W=F\cdot s.}$$

Bei dieser Definition für den Begriff der Arbeit ist allerdings vorausgesetzt worden, daß die Kraft F auf der ganzen Wegstrecke konstant bleibt. In diesem Fall kann man das Produkt $F\cdot s$ geometrisch in einem s-F-Koordinatensystem durch eine Rechteckfläche veranschaulichen. Bild 13.24 zeigt dies für das **Beispiel:**

$F=500$ N; $s=8$ m; also $W=500\cdot 8$ Nm $=4000$ Joule.

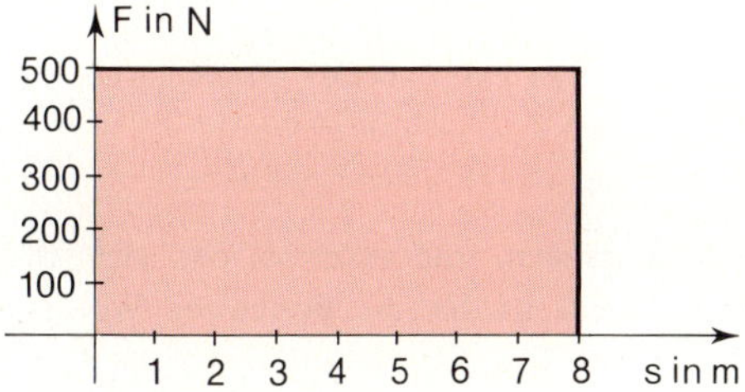

Bild 13.24

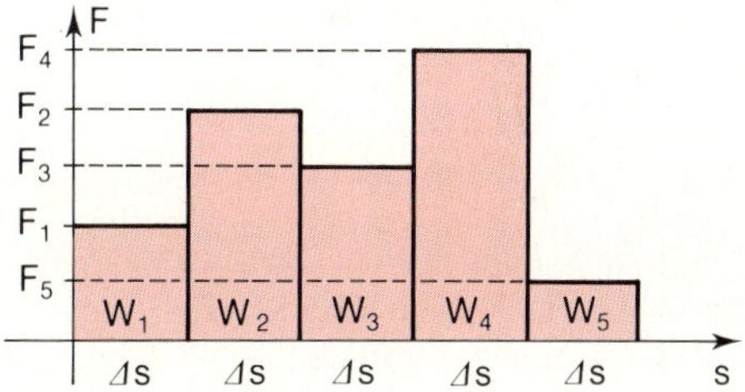

Bild 13.25

2. In vielen Fällen ist diese Voraussetzung jedoch nicht erfüllt.

Beispiel:

Ein Personenfahrstuhl hält in jedem Stockwerk; es steigen Personen ein und aus. Die Belastung des Fahrstuhls ändert sich an diesen Stellen also meistens sprunghaft, bleibt dann aber bis zum nächsten Stockwerk konstant. (Von der beim Anfahren und Bremsen auftretenden Beschleunigungsarbeit sehen wir dabei ab.) In diesem Fall ist die gesamte Arbeit natürlich gleich der Summe der Einzelarbeiten. Wir bezeichnen die einzelnen Kräfte (also das jeweilige Gesamtgewicht des Fahrstuhls einschließlich der beförderten Personen zwischen zwei Stockwerken) mit $F_1, F_2, \ldots, F_n$. Die zugehörigen Wegstücke ergeben sich aus den Höhendifferenzen zwischen den einzelnen Stockwerken. Solche Differenzen bezeichnet man in der Physik meistens mit dem griechischen Buchstaben „Δ"; dieser Gepflogenheit wollen wir uns bei der Beschreibung physikalischer Zusammenhänge anschließen. Wir bezeichnen die Maßzahl der – untereinander gleichgroßen – Höhenabstände daher mit „Δs". Dann gilt für die gesamte Arbeit:

$$W = F_1 \cdot \Delta s + F_2 \cdot \Delta s + \ldots + F_n \cdot \Delta s = \sum_{k=1}^{n} F_k \cdot \Delta s.$$

Diese Arbeit wird geometrisch durch eine Treppenfläche wie in Bild 13.25 dargestellt.

3. In vielen Fällen ist die Kraft aber nicht einmal abschnittsweise konstant, sondern ändert sich ständig. Beispiele hierfür sind in den Bildern 13.26 bis 13.29 dargestellt.

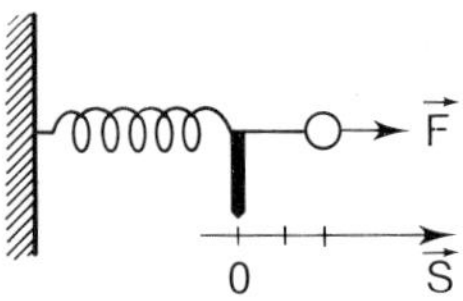

Bild 13.26

Bild 13.27

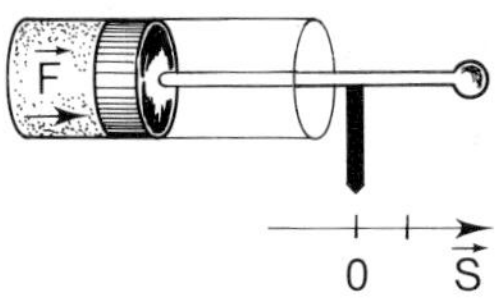

Bild 13.28

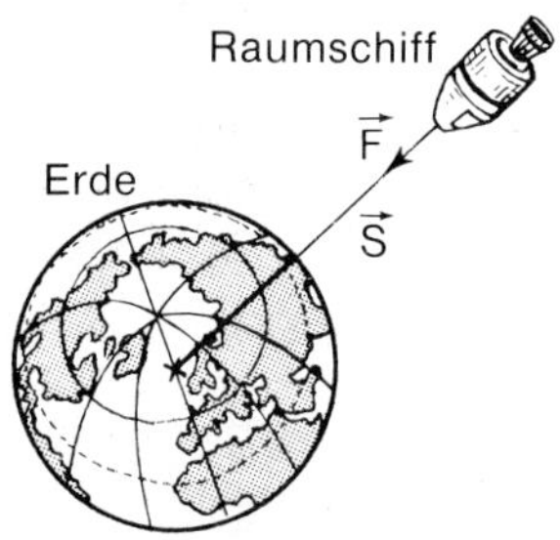

Bild 13.29

Bild 13.26: Kraft beim Spannen einer Feder
Bild 13.27: Kraft beim Hochziehen eines gefüllten Wassereimers, der ein Loch hat, aus dem Wasser ausfließt
Bild 13.28: Kraft auf einen Kolben infolge des Drucks einer im Zylinder eingeschlossenen Gasmenge
Bild 13.29: Anziehungskraft der Erde auf ein Raumfahrzeug, das sich der Erde nähert.

Für solche Fälle ist der Begriff der Arbeit neu zu definieren, und zwar so, daß sich aus der neuen Definition für den Fall einer konstanten Kraft wieder die Beziehung $W = F \cdot s$ ergibt.
Wenn eine Kraft in Abhängigkeit von der Weglänge s durch eine Funktion F gegeben ist, so kann man die zwischen zwei Wegmarken a und b zu verrichtende Arbeit ebenfalls durch die Fläche unter dem zugehörigen Funktiongraphen in einem s-F-Koordinatensystem darstellen (Bild 13.30). Daher liegt es nahe, unter der **physikalischen Arbeit** das Integral

$$\int_a^b F(s)\, ds$$

zu verstehen.

Bemerkung: Der Sonderfall einer konstanten Kraft wird von dieser Festsetzung korrekt erfaßt. Gilt nämlich $F(s) = c$ und $a = 0$, so ergibt sich:

$$W = \int_0^b c\, ds = c \cdot \int_0^b ds = c \cdot b.$$

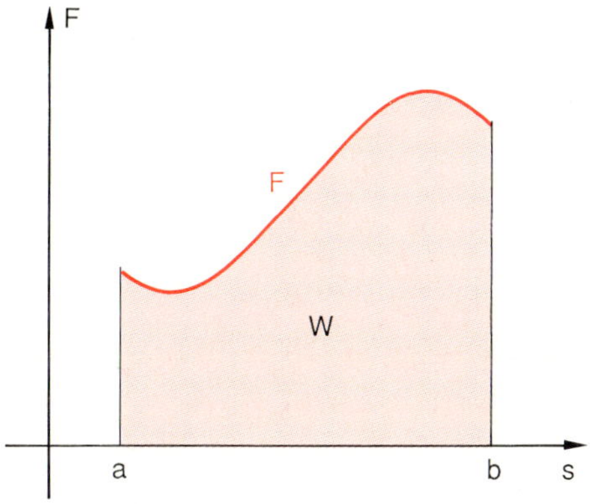

Bild 13.30

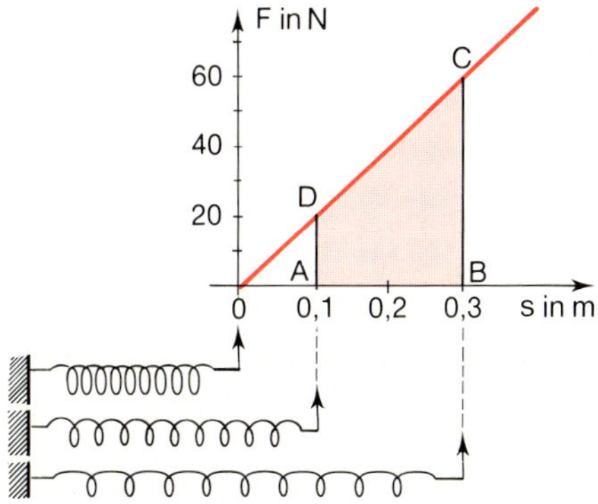

Bild 13.31

4. Wir behandeln ein **Beispiel**. Für eine elastische Feder ist die Weg-Kraft-Funktion durch das **Hookesche Gesetz** gegeben. Es gilt: $F(s) = D \cdot s$, wobei D die Federkonstante bezeichnet. Für die Arbeit zwischen a und b ergibt sich:

$$\int_a^b D \cdot s \, ds = D \cdot \frac{s^2}{2}\bigg|_a^b = \frac{D}{2}(b^2 - a^2).$$

Ist $D = 200 \frac{N}{m}$, $a = 10$ cm und $b = 30$ cm (Bild 13.31), so erhält man

$$W = \frac{200}{2} \frac{N}{m} (0{,}09 - 0{,}01)\, m^2 = 100 \cdot 0{,}08 \, N \cdot m = 8 \text{ Joule}.$$

Übungen und Aufgaben

1. Die Erde übt auf einen Körper der Masse m, der sich im Abstand r vom Erdmittelpunkt befindet, die Anziehungskraft $F = \gamma \frac{M \cdot m}{r^2}$ aus. Dabei ist $\gamma \approx 6{,}67 \cdot 10^{-11} \frac{m^3}{kg \cdot s^2}$ (Gravitationskonstante) und $M = 6 \cdot 10^{24}$ kg (Erdmasse).

a) Berechnen Sie die Arbeit, die gegen diese Kraft aufgebracht werden muß, um einen Satelliten ($m = 500$ kg) von der Erdoberfläche ($R = 6370$ km) auf eine Umlaufbahn in der Höhe $h = 300$ km zu bringen!

b) Berechnen Sie die Arbeit, die erforderlich ist, um den Satelliten völlig aus dem Schwerefeld der Erde zu entfernen!

2. In einem zylinderförmigen Wasserbehälter vom Querschnitt A sinkt der Wasserspiegel von einer Höhe $h_1 = 10$ m auf eine Höhe $h_2 = 7$ m. Welche Arbeit kann man durch das ausströmende Wasser höchstens gewinnen? **Anleitung:** Eine Wasserschicht der Dicke Δh hat das Gewicht $\rho \cdot A \cdot g \cdot \Delta h$, wenn ρ die Dichte des Wassers und g die Erdbeschleunigung bezeichnen. Durchfällt die Wasserschicht eine Höhe h, so leistet sie die Arbeit $\rho \cdot A \cdot g \cdot h \cdot \Delta h$.

Zu berechnen ist also $\int_{h_1}^{h_2} f(h)\, dh$ mit $f(h) = \rho \cdot A \cdot g \cdot h$.

3. Ein Eimer (Bild 13.22) wird mit einer gleichbleibenden Geschwindigkeit angehoben. Wenn dabei aus einem Loch gleichmäßig Wasser ausfließt, gilt für die Wassermenge m_w in Abhängigkeit von der Höhe h: $m_w(h) = m_w(0)(1 - kh)$ mit einer Zahl $k \in \mathbb{R}^{>0}$.

a) Berechnen Sie die Arbeit, die zu verrichten ist, um den Eimer auf eine Höhe h_1 zu heben, bei der der Eimer noch nicht leer ist!

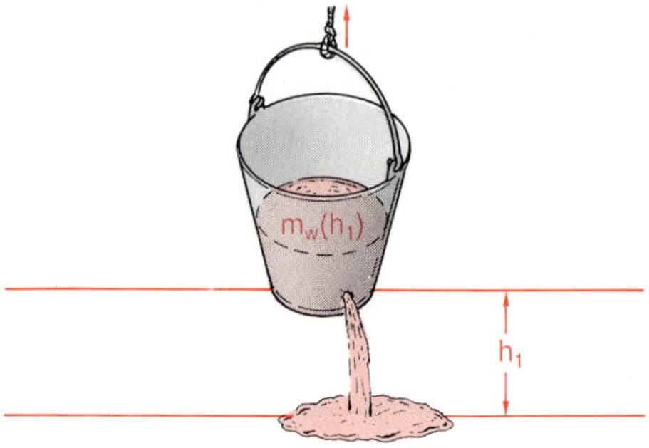

Bild 13.32

b) Berechnen Sie die Arbeit, die bis zur Höhe h_2 zu verrichten ist, bei der der Eimer gerade leer ist!

Anleitung: Die fragliche Kraft ist das Gewicht $G = m \cdot g$, wobei die Masse m sich aus der Masse m_w und der Masse des Eimers m_E zusammensetzt. g ist die Erdbeschleunigung.

V. Schwerpunkte

1. Greift eine Kraft der Größe F an einem starren Körper an, der um eine Achse drehbar ist, so wirkt ein **Drehmoment** der Größe $M = F \cdot a$. Dabei ist a der Abstand der Wirkungslinie der Kraft von der Drehachse, der sogenannte „Hebelarm" (Bild 13.33).

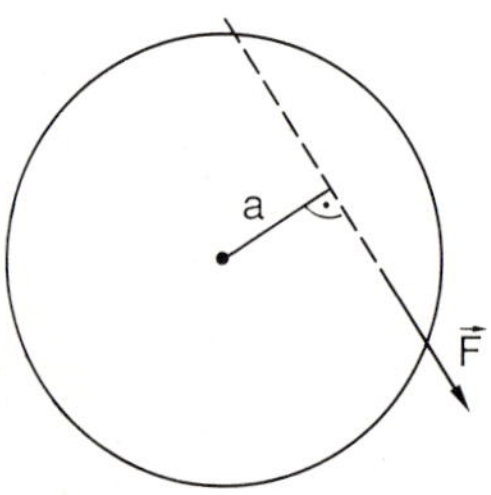

Bild 13.33

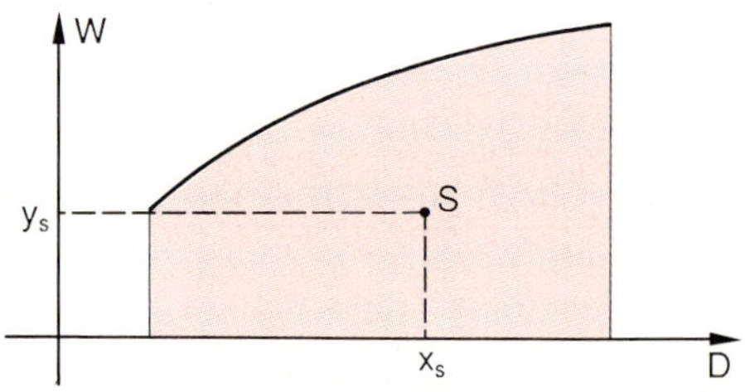

Bild 13.34

2. Zu jeder Fläche (und auch zu jedem Körper) gibt es nun einen Punkt S, den sogenannten „Schwerpunkt", der durch die folgende Eigenschaft gekennzeichnet ist: Legt man durch S eine beliebige Achse, so hat die Summe der Drehmomente aller Massenelemente der Fläche (oder des Körpers) bezüglich dieser Achse die Maßzahl Null. Ist die Fläche F als positive Normalfläche einer Funktion f mit der Flächenmaßzahl $A = \int_a^b f(x)\,dx$ gegeben (Bild 13.24), dann gilt für die Koordinaten des Schwerpunktes

$$\mathbf{x_s = \frac{1}{A} \int_a^b x f(x)\,dx} \quad \text{und} \quad \mathbf{y_s = \frac{1}{2A} \int_a^b [f(x)]^2\,dx.}$$

(Wegen der Herleitung dieser Beziehungen verweisen wir auf Lehrbücher der Physik).

Bemerkung: Ist die Fläche achsensymmetrisch, dann liegt der Schwerpunkt auf der Symmetrieachse.

2. Wir behandeln einige **Beispiele:**

1) Wir berechnen den Schwerpunkt des Dreiecks von Bild 13.35. Es gilt $f(x)=-\frac{x}{2}+1$.

$$\text{a)}\quad \int_0^2 f(x)\,dx=\int_0^2\left(-\frac{x}{2}+1\right)dx=-\frac{x^2}{4}+x\Big|_0^2=-1+2=1$$

$$\text{b)}\quad \int_0^2 x\cdot f(x)\,dx=\int_0^2\left(-\frac{x^2}{2}+x\right)dx=-\frac{x^3}{6}+\frac{x^2}{2}\Big|_0^2=-\frac{4}{3}+2=\frac{2}{3}$$

$$\text{c)}\quad \int_0^2 [f(x)]^2\,dx=\int_0^2\left(\frac{x^2}{4}-x+1\right)dx=\frac{x^3}{12}-\frac{x^2}{2}+x\Big|_0^2=\frac{2}{3}-2+2=\frac{2}{3}$$

Also ist $x_s=\frac{2}{3}$ und $y_s=\frac{1}{3}$.

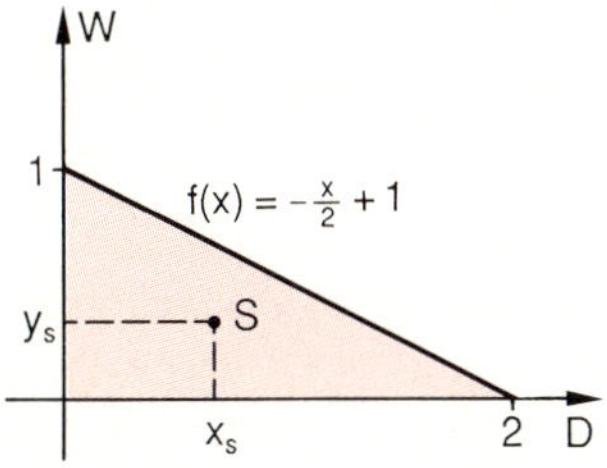

Bild 13.35

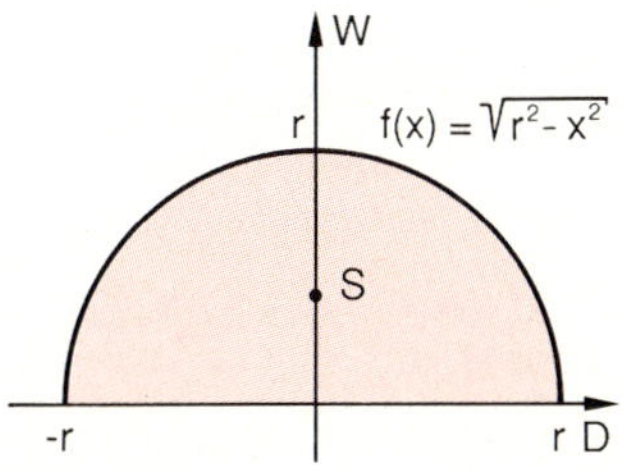

Bild 13.36

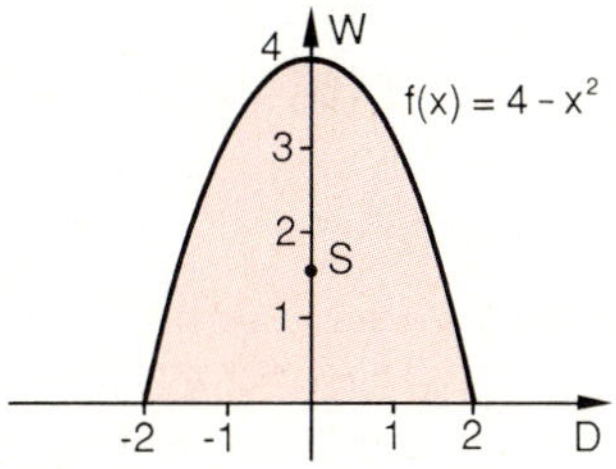

Bild 13.37

2) Wir berechnen den Schwerpunkt des Halbkreises von Bild 13.36. Wegen der Symmetrie zur y-Achse gilt: $x_s=0$. Es ist $x^2+y^2=r^2$, also $y=f(x)=\sqrt{r^2-x^2}$.

Der Flächeninhalt des Halbkreises hat die Maßzahl $\frac{\pi r^2}{2}$; also ist $\int_{-r}^{r} f(x)\,dx=\frac{\pi r^2}{2}$. Ferner gilt:

$$\int_{-r}^{r}[f(x)]^2\,dx=2\cdot\int_0^r(r^2-x^2)\,dx=2\cdot\left(r^2\cdot x-\frac{x^3}{3}\right)\Big|_0^r=\frac{4r^3}{3},\text{ also } y_s=\frac{1}{\pi r^2}\cdot\frac{4r^3}{3}=\frac{4r}{3\pi}.$$

Beachte, daß wir bei der ersten Umformung benutzt haben, daß durch $[f(x)]^2$ eine **gerade** Funktion gegeben ist.

3) Wir berechnen den Schwerpunkt der Parabelfläche zu $f(x)=4-x^2$ (Bild 13.37). Wegen der Symmetrie zur y-Achse gilt $x_s=0$. Es ist

$$\int_{-2}^{2}(4-x^2)\,dx=2\cdot\int_0^2(4-x^2)\,dx=2\cdot\left(4x-\frac{x^3}{3}\right)\Big|_0^2=2\cdot\left(8-\frac{8}{3}\right)=\frac{32}{3};$$

$$\int_{-2}^{2}(4-x^2)^2\,dx=2\cdot\int_0^2(16-8x^2+x^4)\,dx=2\cdot\left(16x-\frac{8}{3}x^3+\frac{x^5}{5}\right)\Big|_0^2=2\cdot\left(32-\frac{64}{3}+\frac{32}{5}\right)=\frac{512}{15}.$$

Also ist: $y_s=\frac{1}{2}\cdot\frac{3}{32}\cdot\frac{512}{15}=\frac{8}{5}=1{,}6$.

Beachte, daß wir bei der ersten Umformung jeweils benutzt haben, daß die Integrandfunktion gerade ist!

4. Entsteht ein Körper durch Rotation der Normalfläche zu einer Funktion f über einem Intervall [a; b] um die x-Achse, so liegt der Schwerpunkt des Körpers aus Symmetriegründen auf der x-Achse; es gilt also $y_s = z_s = 0$. Für die x-Koordination des Schwerpunktes gilt:

$$\mathbf{x_s = \frac{\int_a^b x \cdot [f(x)]^2\, dx}{\int_a^b [f(x)]^2\, dx}}.$$

Wir behandeln zwei **Beispiele**.

1) Wir berechnen den Schwerpunkt eines geraden Kreiskegels, der durch Rotation eines Normalbereiches zu $f(x) = mx$ um die x-Achse entsteht (Bild 13.38).

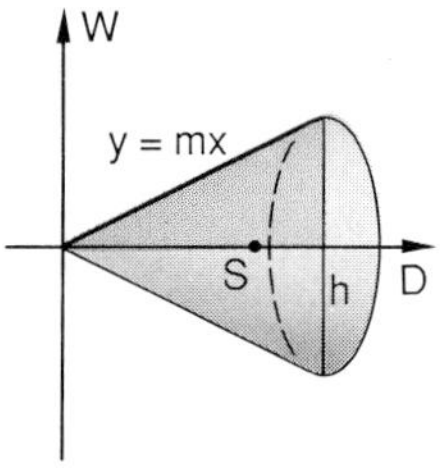

Bild 13.38

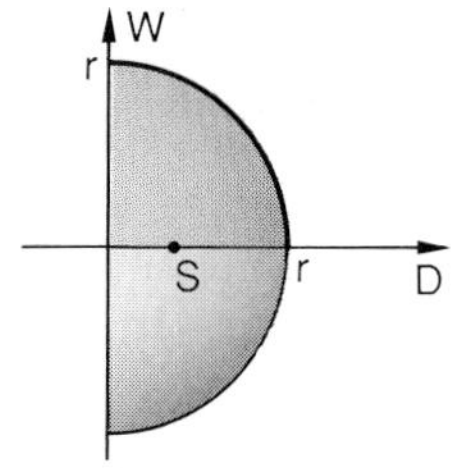

Bild 13.39

Es gilt:

$$\int_0^h [f(x)]^2\, dx = m^2 \int_0^h x^2\, dx = m^2 \cdot \frac{h^3}{3} \quad \text{und} \quad \int_0^h x[f(x)]^2\, dx = m^2 \int_0^h x^3\, dx = m^2 \cdot \frac{h^4}{4}.$$

Somit ergibt sich:

$$x_s = m^2 \cdot \frac{h^4}{4} \cdot \frac{3}{m^2 \cdot h^3} = \frac{3}{4} h.$$

2) Wir berechnen den Schwerpunkt einer Halbkugel, die durch Rotation eines Viertelkreises um die x-Achse entsteht (Bild 13.39). Für den Kreis gilt $y = f(x) = \sqrt{r^2 - x^2}$. Also ist:

$$\int_0^r [f(x)]^2\, dx = \int_0^r (r^2 - x^2)\, dx = r^2 x - \frac{x^3}{3}\Big|_0^r = r^3 - \frac{r^3}{3} = \frac{2}{3} r^3;$$

$$\int_0^r x[f(x)]^2\, dx = \int_0^r (r^2 x - x^3)\, dx = \frac{r^2 x^2}{2} - \frac{x^4}{4}\Big|_0^r = \frac{r^4}{2} - \frac{r^4}{4} = \frac{r^4}{4}.$$

Somit gilt:

$$x_s = \frac{r^4}{4} \cdot \frac{3}{2r^3} = \frac{3}{8} r.$$

Übungen und Aufgaben

Schwerpunkte von Flächen

1. Berechnen Sie den Schwerpunkt eines gleichschenkligen Dreiecks!

2. Der Graph der Funktion zu $f(x) = x\sqrt{4 - x^2}$ schließt für $x \geq 0$ mit der D-Achse eine Fläche ein. Berechnen Sie die Koordinaten des Schwerpunkts dieser Fläche!

3. Ermitteln Sie die Koordinaten des Schwerpunkts der Fläche, die der Graph der Funktion zu $f(x) = \sin^2 x$ zwischen 0 und π mit der D-Achse einschließt!

4. Berechnen Sie die Schwerpunktkoordinaten der Fläche, die der Graph der Relation zu $y^2 = (x-4)^2 \cdot x$ einschließt!

5. Berechnen Sie die Koordinaten des Schwerpunktes der Fläche, die die Graphen der Funktionen zu $f(x) = x^2$ und $g(x) = x+2$ einschließen!

6. Berechnen Sie den Schwerpunkt der Fläche, den die Graphen zu $f(x) = x^2$ und $g(x) = \sqrt{x^3}$ einschließen!

7. Berechnen Sie den Schwerpunkt des sichelförmigen Flächenstücks, welches die Graphen zu $f(x) = \sqrt{x^3}$ und $g(x) = 2\sqrt{x}$ einschließen!

8. Berechnen Sie die Schwerpunktkoordinaten einer Halbellipse! $\left(f(x) = \frac{b}{a}\sqrt{a^2 - x^2} \text{ mit } a > b\right)$

9. Berechnen Sie die Schwerpunktkoordinaten eines Viertelkreises! $(f(x) = \sqrt{r^2 - x^2})$

Anleitung: Wählen Sie den Viertelkreis im ersten Quadranten. Beachten Sie die Symmetrie zur Geraden zu $y = x$!

10. a) Berechnen Sie den Schwerpunkt $S(x_s | y_s)$ der Fläche, den der Graph zu $f(x) = \frac{1}{x^2}$ über einem Intervall $[1; a]$ mit der D-Achse einschließt!

b) Berechnen Sie $\lim\limits_{a \to \infty} y_s$!

Schwerpunkte von Körpern

11. Berechnen Sie den Schwerpunkt einer Halbkugel!

12. Berechnen Sie den Schwerpunkt des Rotationparaboloids, welches durch Rotation des Graphen zu $f(x) = \sqrt{x}$ im Intervall $[0; 4]$ um die D-Achse entsteht!

13. Der Graph zu $f(x) = x\sqrt{4 - x^2}$ rotiert um die D-Achse. Berechnen Sie den Schwerpunkt des für $x \geq 0$ entstehenden Rotationskörpers!

14. Berechnen Sie den Schwerpunkt $S(x_s | y_s | z_s)$ des Körpers, der bei Rotation des Graphen zu $f(x) = \frac{1}{x}$ über einem Intervall $[1; a]$ um die D-Achse entsteht! Berechnen Sie $\lim\limits_{a \to \infty} x_s$!

Die Guldinsche Regel

15. Zeigen Sie: Für das Volumen V eines Körpers, der durch Rotation einer Fläche mit dem Inhalt A um die D-Achse entsteht, gilt: $V = 2\pi y_s \cdot A$, wenn y_s die Schwerpunktskoordinate der erzeugenden Fläche ist („Guldinsche Regel"). Wie kann man diese Regel deuten?

16. Berechnen Sie mit Hilfe der Guldinschen Regel (Aufgabe 15) die Schwerpunktskoordinaten **a)** eines Halbkreises und **b)** eines Viertelkreises!

17. Berechnen Sie mit Hilfe der Guldinschen Regel (Aufgabe 15) das Volumen des Kreistorus von Aufgabe 6 (Seite 302)!

§ 14 Ergänzungen und Vertiefungen

I. Mittelwerte bei Funktionen

1. In der Zeitschrift der Stiftung Warentest wird bei jedem getesteten Artikel auch der „mittlere Preis in DM“ angegeben. Darunter ist offenbar der **„Mittelwert“**, **„Durchschnitt“**, das **„arithmetische Mittel“** $\bar{y}$ aller Preise $y_1, y_2, \ldots, y_n$ zu verstehen, die von den in die Erhebung eingezogenen Händlern für den betreffenden Artikel verlangt werden. Dieser Mittelwert berechnet sich bei n zu vergleichenden Werten $y_1, y_2, \ldots, y_n$ nach der Formel

$$\bar{y} = \frac{1}{n}(y_1 + y_2 + \ldots + y_n) = \frac{1}{n} \cdot \sum_{k=1}^{n} y_k.$$

Bemerkung: Diese Mittelwertberechnung bezieht sich nicht auf die Gesamtzahl der verkauften Exemplare, weil nicht berücksichtigt wird, in welchen Stückzahlen der Artikel von den einzelnen Händlern abgesetzt wird.

2. Auf die gleiche Weise kann man z. B. auch den Durchschnittspreis $\bar{y}$ ermitteln, der für eine bestimmte Benzinsorte (etwa für bleifreies Superbenzin) an einer bestimmten Tankstelle z. B. im Laufe eines Jahres berechnet wird. Bezeichnet man den Literpreis am k-ten Tag des betreffenden Jahres mit y_k, dann gilt

$$\bar{y} = \frac{1}{n} \cdot \sum_{k=1}^{n} y_k, \quad \text{wobei } n = 365 \quad \text{bzw.} \quad n = 366 \text{ ist.}$$

Betrachtet man den Benzinpreis als eine Funktion der Zeit gemäß einer Gleichung der Form

$$y = f(t),$$

dann gilt

$$\bar{y} = \frac{1}{n} \cdot \sum_{k=1}^{n} f(t_k)$$

(mit $n = 365$ oder $n = 366$).

3. Nun ändert sich der Benzinpreis in der Regel nicht täglich, sondern bleibt über gewisse Zeitspannen konstant. Die Benzinpreisfunktion f hat zwischen zwei Zeitpunkten a und b z. B. den in Bild 14.1 dargestellten Verlauf. In der Mittelwertberechnung wird man daher die Zeitspannen (Intervalle) zusammenfassen, in denen der Benzinpreis konstant ist.

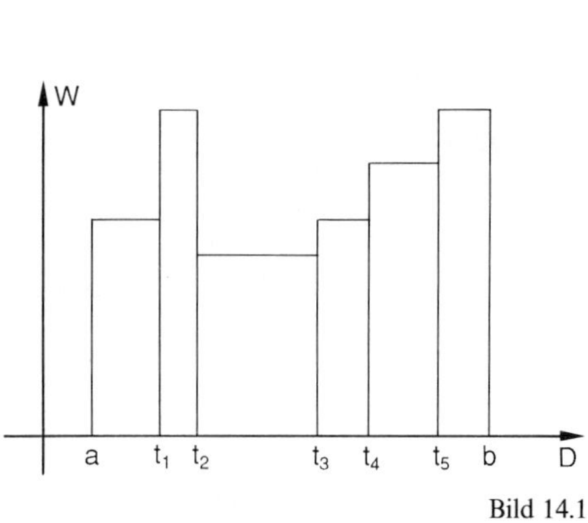

Bild 14.1

Das k-te Intervall hat die Länge $h_k = t_k - t_{k-1}$ (für $k = 1, 2, \ldots, 6$); dabei ist $a = t_0$ und $b = t_6$. Die Gesamtzahl n der in die Berechnung eingehenden Tage ist die Länge des Gesamtintervalls, es gilt also: $n = b - a$.
Somit ergibt sich als Mittelwert der Benzinpreise für den in Bild 14.1 dargestellten Fall:

$$\bar{y} = \frac{1}{b-a}[f(t_1)\cdot h_1 + f(t_2)\cdot h_2 + \ldots + f(t_6)\cdot h_6],$$

allgemein also (mit $a = t_0$, $b = t_m$ und $h_k = t_k - t_{k-1}$):

$$\bar{y} = \frac{1}{b-a}\sum_{k=1}^{m} f(t_k)\cdot h_k.$$

Ein **Beispiel** hierzu ist Gegenstand von Aufgabe 1a).

4. Diesen Mittelwert können wir folgendermaßen anschaulich interpretieren: Durch Multiplikation mit $b - a$ erhält man:

$$\bar{y}\cdot(b-a) = \sum_{k=1}^{m} f(t_k)\cdot h_k.$$

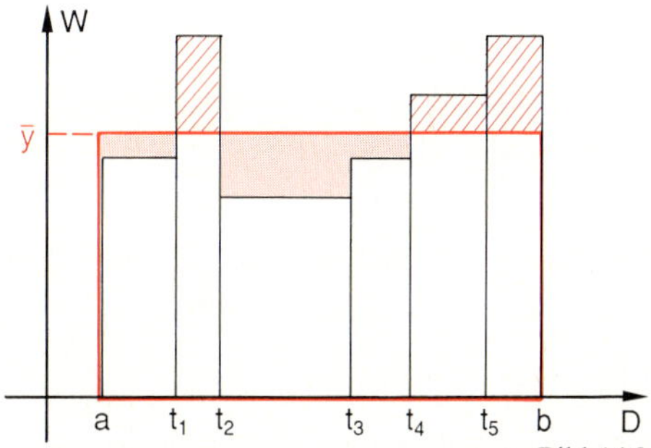

Bild 14.2

Die Summe rechts stellt die Maßzahl der Normalfläche zur Funktion f dar. Diese Fläche ist also inhaltsgleich zu dem Rechteck über dem Intervall [a; b] mit der Höhe $\bar{y}$ (Bild 14.2). Dies bedeutet, daß die über dieses Rechteck „überschießenden" Teile der Normalfläche von f (schraffiert) inhaltsgleich sind zu den farbig unterlegten Teilen des Rechtecks, die nicht zur Normalfläche von f gehören.

5. Das vorstehende Beispiel stellt insofern einen Sonderfall dar, als die zugehörige Funktion f über dem betrachteten Intervall [a; b] stückweise konstant ist. Dieses Beispiel legt aber nahe, wie man den Begriff des Mittelwertes auf beliebige Funktionen übertragen kann.

Die Summe $\sum_{k=1}^{m} f(t_k)\cdot h_k$ stellt nämlich für den betrachteten Sonderfall nichts anderes dar als das Integral $\int_a^b f$. (Begründe dies; Aufgabe 1b!)

Daher wird man für eine über einem Intervall [a; b] integrierbare Funktion f unter dem Mittelwert die Größe $\bar{y} = \frac{1}{b-a}\cdot\int_a^b f$ verstehen. Wir definieren:

D 14.1 Ist eine Funktion f über einem Intervall [a; b] integrierbar, so versteht man unter dem „Mittelwert von f über [a; b]" die Zahl

$$\bar{y} = \frac{1}{b-a}\cdot\int_a^b f.$$

Dieser verallgemeinerte Begriff des Mittelwertes einer Funktion f ist anschaulich genau so zu interpretieren wie beim vorher behandelten Beispiel: das Rechteck über dem Intervall [a; b] mit der Höhe $\bar{y}$ ist flächengleich zu der durch das Integral $\int_a^b f$ erfaßten Fläche (Bild 14.3).

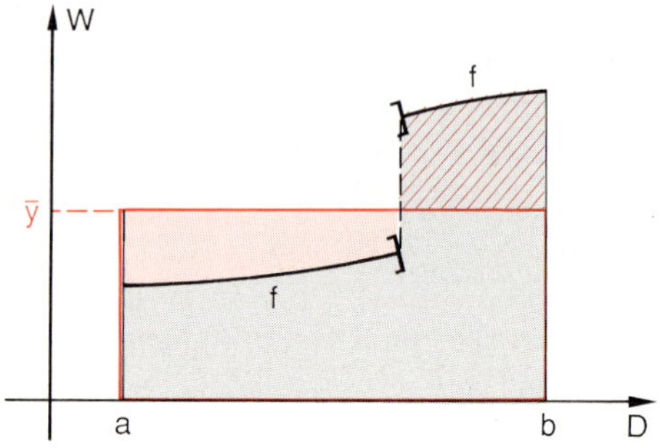

Bild 14.3

6. Wir behandeln ein **Beispiel**.

Wenn in einem elektrischen Leiter mit dem Ohmschen Widerstand R ein Gleichstrom der Stromstärke J fließt, dann wird in einer Zeitspanne Δt eine Wärmemenge ΔQ erzeugt, für die nach dem Gesetz von Joule gilt: $\Delta Q = RJ^2 \cdot \Delta t$.

Fließt durch den Leiter dagegen ein **Wechselstrom**, so ändern sich sowohl die Stromstärke wie die abgegebene Wärmemenge ständig. Für die Stromstärke gilt:

$$J(t) = J_0 \cdot \sin \omega t,$$

dabei ist $\omega = \frac{2\pi}{T}$ und T die Schwingungsdauer des Wechselstroms.

Da die Wärmemenge vom Quadrat der Stromstärke abhängt, liegt es nahe, den zugehörigen Mittelwert im Sinne von Definition D 14.1 für die Funktion f zu

$$f(t) = J^2(t) = J_0^2 \cdot \sin^2 \omega t$$

zu berechnen. Diesen Mittelwert bezeichnet man mit „$(J_{eff})^2$" und nennt J_{eff} die **„effektive Stromstärke"**; das ist diejenige Stromstärke eines Gleichstromes, die in einer Periode (des Wechselstroms) dieselbe Wärmemenge an die Umgebung abgibt wie der fragliche Wechselstrom J. Nach Definition D 14.1 muß also gelten:

$$(J_{eff})^2 = \frac{1}{T} \int_0^T J_0^2 \cdot \sin^2 \omega t \, dt \quad \text{mit} \quad \omega = \frac{2\pi}{T}.$$

Zur Berechnung des Integrals substituieren wir:

$$z = \varphi(t) = \omega t \text{ mit } dz = \omega dt, \text{ also } dt = \frac{1}{\omega} dz, \ \varphi(0) = 0 \text{ und } \varphi(T) = \omega T = \frac{2\pi}{T} T = 2\pi.$$

Damit erhalten wir

$$(J_{eff})^2 = \frac{1}{T} \cdot J_0^2 \cdot \frac{1}{\omega} \int_0^{2\pi} \sin^2 z \, dz = \frac{J_0^2}{2\pi} \int_0^{2\pi} \sin^2 z \, dz.$$

Oben haben wir bereits erwähnt, daß gilt: $\int_0^{2\pi} \sin^2 z \, dz = \frac{1}{2} \int_0^{2\pi} dz = \frac{1}{2} \cdot 2\pi = \pi$

(vgl. Seite 263 und Aufgabe 2, Seite 264). Wir erhalten also:

$$(J_{eff})^2 = \frac{J_0^2}{2\pi} \cdot \pi = \frac{1}{2} J_0^2, \quad \text{also} \quad J_{eff} = \frac{1}{\sqrt{2}} \cdot J_0 = \frac{1}{2}\sqrt{2} \cdot J_0 \approx 0{,}707 \cdot J_0.$$

7. Ist eine Funktion f über einem Intervall [a; b] integrierbar, also auch beschränkt, dann besitzt sie nach Satz S 9.1 über [a; b] eine untere Grenze m und eine obere Grenze M. Nach Satz S 10.5 gilt dann: $m \cdot (b-a) \leq \int_a^b f \leq M \cdot (b-a)$ und mithin

$$m \leq \frac{1}{b-a} \int_a^b f \leq M, \text{ d.h. } m \leq \bar{y} \leq M.$$

Diese Beziehung bestätigt, daß es sich bei der Zahl $\bar{y}$ tatsächlich um einen „Mittelwert" der Funktion über dem Intervall [a; b] handelt.

Ist die Funktion f über [a; b] sogar **stetig**, so ergibt sich aus dem Satz vom Maximum und Minimum (Satz S 9.6), daß die Zahlen m und M als Funktionswerte an zwei Stellen $x_1, x_2 \in [a; b]$ angenommen werden, und aus dem Zwischenwertsatz (Satz S 9.3), daß es eine Zahl $x_0 \in]x_1; x_2[$, also auch $x_0 \in]a; b[$ gibt mit $f(x_0) = \bar{y}$, also

$$\int_a^b f = f(x_0) \cdot (b-a) \qquad \text{(Bild 14.4).}$$

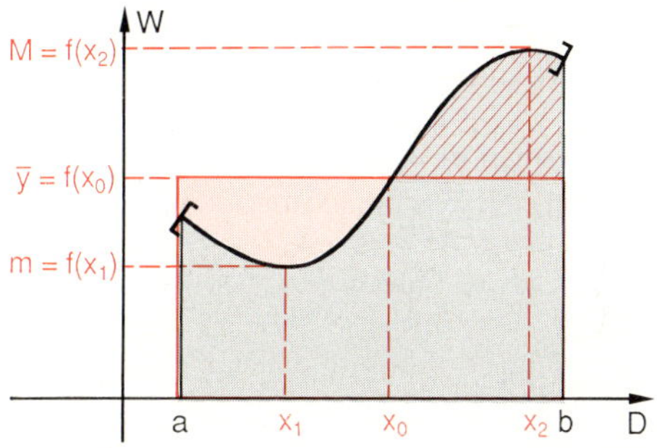

Bild 14.4

Damit haben wir den **„Mittelwertsatz der Integralrechnung"** hergeleitet.

S 14.1 Ist eine Funktion f stetig über einem Intervall [a; b], so gibt es stets eine Zahl $x_0 \in]a; b[$ mit

$$\int_a^b f = f(x_0) \cdot (b-a).$$

Bemerkung: Ist eine Funktion f **stetig** über einem Intervall [a; b], so kann man den Schrankensatz der Integralrechnung (Satz S 10.5), also auch den Mittelwertsatz der Integralrechnung (Satz S 14.1), auch unmittelbar aus dem Schrankensatz der Differentialrechnung (Satz S 8.3) mit Hilfe des Hauptsatzes der Infinitesimalrechnung (Satz S 11.16) herleiten (Aufgabe 8).

Übungen und Aufgaben

1. Die folgende Tabelle enthält die Werte einer Benzinpreisfunktion.

Datum	ab 21. 7.	ab 15. 8.	ab 30. 8.	ab 1. 10.	ab 15. 11.	ab 13. 12. bis 31. 12.
Preis (in DM)	0,979	0,999	0,989	0,969	0,989	1,019

a) Berechnen Sie den Mittelwert der Benzinpreise für den angegebenen Zeitraum!

b) Zeigen Sie an diesem Beispiel, daß $\sum_{k=1}^{m} f(t_k) \cdot h_k = \int_a^b f$ ist!

2. Berechnen Sie den Mittelwert $\bar{y}$ der Funktion f im Intervall $[a; b]$. Ermitteln Sie eine Zahl $x_0 \in]a; b[$ mit $\bar{y} = f(x_0)$!

a) $f(x)=x;\ [0; 2]$ **b)** $f(x)=x;\ [0; 4]$ **c)** $f(x)=x^2;\ [0; 2]$

d) $f(x)=x^2;\ [0; 4]$ **e)** $f(x)=x^3;\ [0; 2]$ **f)** $f(x)=x^3;\ [0; 4]$

g) $f(x)=\frac{1}{x};\ [1; e]$ **h)** $f(x)=\sin x;\ [0; \pi]$ **i)** $f(x)=\tan x;\ \left[0; \frac{\pi}{4}\right]$

j) $f(x)=\ln x;\ [1; e]$ **k)** $f(x)=\frac{1}{1+x^2};\ [0; 1]$ **l)** $f(x)=e^{-x};\ [0; 1]$

3. Vergleichen Sie in Aufgabe 2 die Ergebnisse von a) bis f)! In welchem Fall ist der Mittelwert proportional zur Intervallänge?

4. Gegeben ist die Funktion f zu $f(x)=\operatorname{sign} x$. Berechnen Sie den Mittelwert von f im Intervall $[-1; 2]$! Warum existiert kein $x_0 \in [-1; 2]$, so daß gelten würde $\bar{y}=f(x_0)$?

5. a) Gibt es Funktionen, bei denen der Mittelwert über einem Intervall $[-a; a]$ gleich Null ist?

b) Gibt es Funktionen, bei denen der Mittelwert über einem Intervall $[-a; a]$ doppelt so groß ist wie der Mittelwert über $[0; a]$?

6. Berechnen Sie die effektive Spannung eines Wechselstromes in einem Leiterkreis, der nur den Ohmschen Widerstand R hat! Benutzen Sie den gleichen Ansatz wie in dem Beispiel, das im Lehrtext behandelt ist! (Ohmsches Gesetz: $U = J \cdot R$)

7. Für die Winkelgeschwindigkeit, mit der sich ein mathematisches Pendel von der Pendellänge l bewegt, gilt: $\omega(t) = A\sqrt{\frac{g}{l}} \cdot \sin\sqrt{\frac{g}{l}} \cdot t$, wobei g die Erdbeschleunigung bezeichnet.

a) Berechnen Sie den zeitlichen Mittelwert der kinetischen Energie der Pendelmasse!

Anleitung: $W_{kin} = \frac{m}{2} v^2(t)$ mit $v(t) = l \cdot \omega(t)$

b) Vergleichen Sie das Ergebnis mit der maximalen kinetischen Energie!

8. Beweisen Sie den Schrankensatz der Integralrechnung (Satz S 10.5, Seite 237) für stetige Funktionen und den Mittelwertsatz der Integralrechnung (Satz S 14.1, Seite 313) mit Hilfe des Schrankensatzes der Differentialrechnung (Satz S 8.3, Seite 193) und des Hauptsatzes der Infinitesimalrechnung (Satz S 11.16, Seite 260)!

II. Beispiel einer Differentialgleichung (Radioaktiver Zerfall)

1. Bei einer radioaktiven Substanz hängt die Zahl der in der Zeiteinheit – etwa in einer Sekunde – zerfallenden Atome von der Masse der Gesamtsubstanz, d.h. von der Anzahl der zur Zeit t noch bestehenden Atome der Substanz ab; genauer gesagt: die „Zerfallsgeschwindigkeit“ ist direkt proportional zur Zahl der vorhandenen Atome. Bezeichnet man diese Anzahl mit $N(t)$, so ist die Zerfallsgeschwindigkeit gegeben durch die Ableitung von $N(t)$, also durch $\dot{N}(t)$.

Bemerkung: Von der physikalischen Bedeutung her ist N(t) stets eine natürliche Zahl; um eine differenzierbare Funktion zu erhalten, lassen wir bei der mathematischen Beschreibung aber alle positiven reellen Zahlen für N(t) zu.
Mit einer für die betreffende radioaktive Substanz charakteristischen Zahl $\alpha \in \mathbb{R}^{>0}$ gilt also für die Zerfallsgeschwindigkeit:

$$\dot{\mathbf{N}}(\mathbf{t}) = -\boldsymbol{\alpha} \cdot \mathbf{N}(\mathbf{t}), \text{ für die Funktionen selbst also } \dot{\mathbf{N}} = -\boldsymbol{\alpha}\mathbf{N}.$$

Eine Gleichung dieser Form beschreibt einen Zusammenhang zwischen einer Funktion N und ihrer Ableitung $\dot{N}$; man nennt eine solche Gleichung daher eine **„Differentialgleichung"**.

2. Allgemein sind also Funktionen f gesucht, die zu ihren Ableitungsfunktionen f' proportional sind:

$$f' = k \cdot f \qquad (\text{mit } k \in \mathbb{R}^{\neq 0}).$$

Wir wissen bereits, daß die Exponentialfunktionen diese Eigenschaft haben, daß also die Funktionen g zu

$$g(x) = c \cdot e^{kx} \qquad (\text{mit } c \in \mathbb{R})$$

die Differentialgleichung erfüllen; denn für alle $x \in \mathbb{R}$ gilt:

$$g'(x) = k \cdot c e^{kx} = k \cdot g(x).$$

Um zu zeigen, daß diese Funktionen die **einzigen** Lösungen der Differentialgleichung sind, daß also **jede** Lösung f der Differentialgleichung eine dieser Funktionen g ist, betrachten wir die Funktionen h zu

$$h(x) = \frac{f(x)}{e^{kx}} = f(x) \cdot e^{-kx}.$$

Wir wollen zeigen, daß h stets eine **konstante** Funktion sein muß, wenn f eine Lösung der Differentialgleichung ist. Nun gilt nach der Produktregel für alle $x \in \mathbb{R}$:

$$h'(x) = f'(x) \cdot e^{-kx} - k \cdot f(x) \cdot e^{-kx} = [f'(x) - k \cdot f(x)] \cdot e^{-kx},$$

wegen $f'(x) = k \cdot f(x)$ also für alle $x \in \mathbb{R}$: $h'(x) = 0$.

Dies bedeutet nach Satz S 11.7, daß h eine über $\mathbb{R}$ konstante Funktion ist, daß es also eine Zahl $c \in \mathbb{R}$ gibt mit

$$h(x) = c \qquad \text{für alle } x \in \mathbb{R},$$

also $h(x) = \frac{f(x)}{e^{kx}} = c$ und somit $f(x) = c \cdot e^{kx}$.

Damit haben wir bewiesen:

S 14.2 Jede Lösung der Differentialgleichung $f' = k \cdot f$ mit $k \in \mathbb{R}^{\neq 0}$ ist eine Funktion f mit

$$\mathbf{f(x) = c \cdot e^{kx} \quad (mit\ c \in \mathbb{R}).}$$

3. Bemerkenswert ist, daß die Differentialgleichung $f' = k \cdot f$ nicht eine einzelne Funktion f als Lösung besitzt, sondern eine **„Funktionenschar"**, nämlich für jede Zahl $c \in \mathbb{R}$ eine Funktion dieser Schar.
Allgemein gilt:

$$f(0) = c \cdot e^0 = c, \quad \text{also} \quad f(x) = f(0) \cdot e^{kx}.$$

Dies bedeutet, daß man durch Vorgabe des Funktionswertes f(0) aus der Lösungsschar eine einzelne Funktion aussondern kann, zum Beispiel durch die **„Anfangsbedingung"** $f(0) = 1$ die Funktion f zu $f(x) = e^{kx}$. Wählt man $f(0) = 0$, so erhält man als Sonderfall die „Nullfunktion" mit $f(x) = 0$ für alle $x \in \mathbb{R}$.

4. Man kann die Differentialgleichung $f' = k \cdot f$ auch noch auf eine andere Weise lösen, wenn man benutzt, daß für alle $x \in \mathbb{R}$ gilt: $f(x) \neq 0$. Daß diese Bedingung bei allen gesuchten Funktionen (außer der Nullfunktion) erfüllt ist, soll in Aufgabe 13 gezeigt werden.
Aus $f'(x) = k \cdot f(x)$ folgt dann $\frac{f'(x)}{f(x)} = k$. Wir nehmen nun an, es gäbe zwei Funktionen φ_1 und φ_2 mit

$$\varphi_1'(x) = \frac{f'(x)}{f(x)} \quad \text{und} \quad \varphi_2'(x) = k.$$

Durch Integration kann man leicht die zugehörigen Stammfunktionen φ_1 und φ_2 finden:

$$\varphi_1(x) = \ln|f(x)| + c_1 \quad \text{und} \quad \varphi_2(x) = kx + c_2 \text{ (mit } c_1, c_2 \in \mathbb{R}).$$

Damit ist die – zunächst nur angenommene – Existenz dieser Funktionen gesichert. Wegen $\varphi_1' = \varphi_2'$ können sich φ_1 und φ_2 nach Satz S 11.8 nur durch eine additive Konstante unterscheiden; es gilt also:

$$\ln|f(x)| = kx + c_3 \text{ (mit } c_3 = c_2 - c_1),$$

also $|f(x)| = e^{kx + c_3} = e^{kx} \cdot e^{c_3}$. Mit $c = e^{c_3}$ ergibt sich:

$$|f(x)| = c \cdot e^{kx}.$$

Läßt man für c auch negative Zahlen zu, so kann man die Absolutstriche weglassen:

$$f(x) = c \cdot e^{kx} \text{ (mit } c \in \mathbb{R}^{+0}).$$

Wir sind auf diese Weise also zum gleichen Ergebnis gekommen wie unter 2.

5. Wir kehren nun zum Problem des Zerfalls einer radioaktiven Substanz zurück. Aus

$$\dot{N}(t) = -\alpha \cdot N(T)$$

folgt

$$N(t) = c \cdot e^{-\alpha t} \text{ (mit } c \in \mathbb{R}).$$

Die physikalische Bedeutung der Formvariablen c ergibt sich, wenn man in t die Zeit 0 einsetzt: $N(0) = c \cdot e^{-\alpha \cdot 0} = c$.

Die Formvariable c gibt also die Anzahl der Atome zur Zeit $t=0$ an; bezeichnen wir diese mit N_0, so lautet das Zerfallsgesetz:

$$\mathbf{N(t)=N_0 \cdot e^{-\alpha t}};$$

hierbei ist α eine für die betreffende Substanz charakteristische Konstante; sie heißt „Zerfallskonstante" und wird in der Einheit

$$a^{-1}\left(\frac{1}{\text{Jahr}}\right) \text{ bzw. } d^{-1}\left(\frac{1}{\text{Tag}}\right) \text{ bzw. } h^{-1}\left(\frac{1}{\text{Stunde}}\right) \text{ bzw. } s^{-1}\left(\frac{1}{\text{Sekunde}}\right)$$

angegeben.

Beispiele:

Uran I: $\alpha=1{,}53\cdot 10^{-10}\,a^{-1}$;
Radium: $\alpha=4{,}35\cdot 10^{-4}\,a^{-1}$;
Thorium C: $\alpha=2{,}3\cdot 10^{6}\,s^{-1}$;
Thorium: $\alpha=5\cdot 10^{-11}\,a^{-1}$.

Übungen und Aufgaben

1. Viele Wachstumsprozesse, z.B. das Wachstum einer Bakterienkultur oder eines Waldes, sind dadurch gekennzeichnet, daß die momentane Änderungsrate $\dot{N}(t)$ proportional zum jeweils vorhandenen Bestand an Individuen $N(t)$ ist: $\dot{N}(t)=k\cdot N(t)$.

a) Eine Bakterienkultur von 4400 Individuen wurde um 9^{00} Uhr sich selbst überlassen, um 13^{00} Uhr umfaßte sie bereits 46600 Bakterien. Stellen Sie die Wachstumsfunktion auf, zeichnen Sie ihren Graph und ermitteln Sie den Bakterienbestand um 11^{00} Uhr, 14^{00} Uhr, 16^{00} Uhr!

b) Ein Waldbestand hat sich in 10 Jahren um 30% auf 45000 fm („Festmeter") vergrößert. Wie groß war der Bestand vor 6 Jahren? Wie groß wird er in weiteren 8 (12) Jahren sein, wenn bis dahin kein Holz geschlagen wird?

2. Wird eine Kondensator mit der Kapazität C über einen großen Ohmschen Widerstand R entladen, dann gilt für den Spannungsverlauf $U(t)$ in Abhängigkeit von der Zeit t:

$$\dot{U}(t)=-\frac{1}{RC}U(t).$$

a) Bestimmen Sie die Lösung der Differentialgleichung!

b) In 10 sec ist bei einer Kapazität von $C=10^6$ F die Spannung auf die Hälfte gesunken. Berechnen Sie R!

3. Eine Kugel der Masse m wird in ein zähes Medium geschossen. Die dabei wirkende Reibungskraft F ist proportional zur Geschwindigkeit v; es gilt: $F=-R\cdot v$. (Das Minuszeichen deutet an, daß der Kraft- und der Geschwindigkeitsvektor entgegengesetzt gerichtet sind.) Für die von der Kugel zurückgelegte Strecke gilt nach dem Grundgesetz der Mechanik

$$m\ddot{s}(t)=-R\cdot\dot{s}(t), \text{ mit } \dot{s}(t)=v(t) \text{ also } \dot{v}(t)=-\frac{R}{m}v(t).$$

a) Bestimmen Sie die Lösung der Differentialgleichung!

b) Ermitteln Sie $s(t)$ durch Integration aus $\dot{s}(t)=v(t)$; es sei $s(0)=0$.

c) Skizzieren Sie den Graphen der Funktion s! Welche Asymptote hat der Graph für $t\to\infty$?

4. Für den Luftdruck p gilt in Abhängigkeit von der Höhe h: $p'(h) = -k \cdot p(h)$; dabei ist $k = 1{,}25 \cdot 10^{-4}\,m^{-1}$.
a) Bestimmen Sie die Lösung der Differentialgleichung für $p(0) = 1013$ hPa!
b) Berechnen Sie den Luftdruck in den Höhen 100 m, 1000 m, 5000 m, 10000 m!
c) In welchen Höhen beträgt der Luftdruck 75%, 50%, 25%, 10% von $p(0)$?

5. Für die Stromstärke J in einem Stromkreis mit einem Ohmschen Widerstand R und einer Spule mit der Induktivität L gilt: $-L \cdot \dot{J}(t) = R \cdot J(t)$.
a) Bestimmen Sie die Lösung der Differentialgleichung!
b) Zeichnen Sie den Graphen der Funktion J für $J(0) = 5$ A, $R = 2\,\Omega$ und $L = 0{,}1$ H (VsA^{-1})!

6. Bestimmen Sie nach dem Verfahren, wie es im Lehrtext unter 4. beschrieben ist, die Lösungen der folgenden Differentialgleichungen!

a) $f' = \sqrt{f}$ **b)** $f' = \frac{1}{\sqrt{f}}$ **c)** $f' = e^{-f}$ **d)** $f' = f^n$ $(n \in \mathbb{N})$ **e)** $f' \cdot f^r = 1$ $(r \in \mathbb{Q})$

7. Ein zylindrisches Gefäß mit der Grundflächenmaßzahl A ist mit Wasser gefüllt. Aus einer Bodenöffnung mit der Querschnittsmaßzahl q läuft Wasser aus. Die Änderung der Höhe h des Wasserspiegels wird in Abhängigkeit von der Zeit t beschrieben durch die Differentialgleichung $A \cdot \dot{h}(t) = -q \cdot \sqrt{2g} \cdot \sqrt{h(t)}$ (g: Erdbeschleunigung). Ermitteln Sie die Lösung der Differentialgleichung!

8. Bestimmen Sie die Lösungen der Differentialgleichung $f' = af + b$ mit $a, b \in \mathbb{R}$!
Anleitung: Setzen Sie $f(x) = ce^{kx} + d$ und gehen Sie so vor, wie es im Lehrtext unter 2. beschrieben ist!

9. Eine Eisenkugel wird an der Luft (Temperatur T_1) abgekühlt. Der Verlauf der Temperatur T wird in Abhängigkeit von der Zeit t beschrieben durch die Differentialgleichung $\dot{T}(t) = -a[T(t) - T_1]$.
a) Bestimmen Sie die Lösung der Differentialgleichung für die Anfangstemperatur $T(0) = 100$ °C und die Lufttemperatur $T_1 = 20$ °C (vgl. Aufgabe 8)!
b) Berechnen Sie den Wert für die Konstante a aus der Bedingung $\dot{T}(0) = -1$!
c) Nach welcher Zeit hat sich die Kugel auf 30° abgekühlt?

10. Wird beim Fall einer Kugel der Masse m in einer zähen Flüssigkeit (vgl. Aufgabe 3) außer der Reibungskraft F der Auftrieb der Kugel berücksichtigt, so wird der Vorgang durch die Differentialgleichung $\dot{v}(t) + \frac{R}{m} v(t) = K$ beschrieben, wobei die Konstante K von den Daten der Kugel, der Flüssigkeitsdichte und der Erdbeschleunigung abhängt.
Bestimmen Sie die Lösung der Differentialgleichung (vgl. Aufgabe 8) und bestimmen Sie $v(0)$!

11. Die Stromstärke in einem Stromkreis mit einer Gleichspannungsquelle (Spannung U_0), einem Ohmschen Widerstand R und einer Spule mit der Selbstinduktion L wird in Abhängigkeit von der Zeit beschrieben durch die Differentialgleichung $L \cdot \dot{J}(t) + R \cdot J(t) = U_0$.

a) Bestimmen Sie die Lösung der Differentialgleichung mit der Anfangsbedingung $J(0) = 0$ (vgl. Aufgabe 8)!

b) Vergleichen Sie die Lösung dieser Differentialgleichung mit der von Aufgabe 5!

c) Zeichnen Sie den Funktionsgraphen der Lösung zu $U_0 = 10$ V, $R = 2\,\Omega$ (VA^{-1}), $L = 0{,}1$H (VsA^{-1}) und ermitteln Sie die Stromstärke zu den Zeitpunkten $t_1 = 0{,}01$ s; $t_2 = 0{,}02$ s; $t_3 = 0{,}05$ s; $t_4 = 0{,}1$ s; $t_5 = 0{,}5$ s!

12. Nach dem Newtonschen Abkühlungsgesetz gilt für die Temperaturabnahme eines Körpers mit der Oberflächentemperatur T, der sich im Wärmeaustausch mit seiner Umgebung (Temperatur $T_ü$) befindet: $\dot{T}(t) = -k(T(t) - T_ü)$.

a) Überprüfen Sie dieses Gesetz durch einen Versuch mit abkühlendem Wasser! Ermitteln Sie die zu den Versuchsbedingungen gehörende Abkühlungskonstante k!

b) Ermitteln Sie für die Temperatur T einen Funktionsterm T(t) und vergleichen Sie die gemessenen und die mit diesem Term errechneten Werte!

13. Zeigen Sie: Gilt für eine Funktion f, die nicht die Nullfunktion ist, die Differentialgleichung $f' = k \cdot f$, dann gilt $f(x) \neq 0$ für alle $x \in \mathbb{R}$!

Anleitung: Betrachten Sie für eine Zahl x_0 mit $f(x_0) \neq 0$ die Funktion g zu $g(x) = f(x_0 + x) \cdot f(x_0 - x)$!

III. Approximation von Funktionen

1. Wir kommen zurück auf die schon in § 8 behandelte Frage nach der näherungsweisen Darstellung einer Funktion f durch andere – einfacher zu berechnende – Funktionen. In § 8 haben wir zu diesem Zweck – bis auf das letzte Beispiel (Seite 197) – ausschließlich lineare Funktionen herangezogen. Wir haben gesehen, daß bei einer an einer Stelle x_0 differenzierbaren Funktion f die zugehörige Tangentenfunktion t im Sinne von Satz S 8.1 die beste lineare Näherungsfunktion ist, wenn man sich auf eine hinreichend „kleine" Umgebung $U(x_0)$ beschränkt.

2. Beim letzten Beispiel auf Seite 197 haben wir bereits gesehen, daß man mit Hilfe des **Satzes vom Zuwachsvergleich** (S. 5.5 von Seite 112) auch andere Funktionen zur Approximation einer Funktion f heranziehen kann. Der Satz lautet:

Wenn bei zwei über einem Intervall A differenzierbaren Funktionen f und g für alle $x \in A$ gilt: $f'(x) \leq g'(x)$, dann gilt für alle $x \in A$ auch:

$$f(x) - f(a) \leq g(x) - g(a).$$

Wir kommen auf das **Beispiel** von Seite 197 zurück und bauen es weiter aus.
Für alle $x \in \mathbb{R}^{\geq 0}$ gilt: $\cos x \leq 1$. Wir setzen $f'(x) = \cos x$ und $g'(x) = 1$ und bestimmen zwei zugehörige Stammfunktionen f und g:

$$f(x) = \sin x \quad \text{und} \quad g(x) = x.$$

Also gilt nach Satz S 5.5 für alle $x \in \mathbb{R}^{\geq 0}$:

$$\sin x - \sin 0 \leq x - 0, \quad \text{also} \quad \sin x \leq x.$$

Nun setzen wir $f'(x) = \sin x$ und $g'(x) = x$ und suchen erneut zwei zugehörige Stammfunktionen f und g; wir erhalten für alle $x \in \mathbb{R}^{\geq 0}$:

$$-\cos x + \cos 0 \leq \frac{x^2}{2} - 0, \quad \text{also} \quad 1 - \frac{x^2}{2} \leq \cos x.$$

Durch Fortsetzen des Verfahrens ergibt sich:

$$x - \frac{x^3}{6} \leq \sin x$$

$$\Rightarrow \frac{x^2}{2} - \frac{x^4}{24} \leq -\cos x + \cos 0$$

$$\Rightarrow \cos x \leq 1 - \frac{x^2}{2} + \frac{x^4}{24}$$

$$\Rightarrow \sin x \leq x - \frac{x^3}{6} + \frac{x^5}{120},$$

insgesamt also für alle $x \in \mathbb{R}^{\geq 0}$:

$$x - \frac{x^3}{6} \leq \sin x \leq x - \frac{x^3}{6} + \frac{x^5}{120} \quad \text{(Bild 14.5)}$$

und

$$1 - \frac{x^2}{2} \leq \cos x \leq 1 - \frac{x^2}{2} + \frac{x^4}{24} \quad \text{(Bild 14.6)}.$$

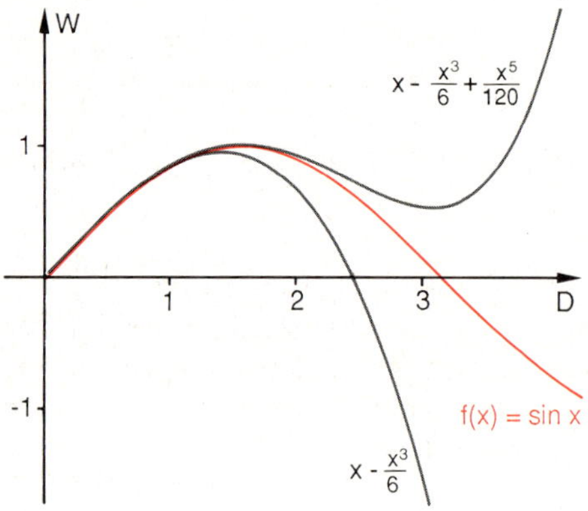

Bild 14.5

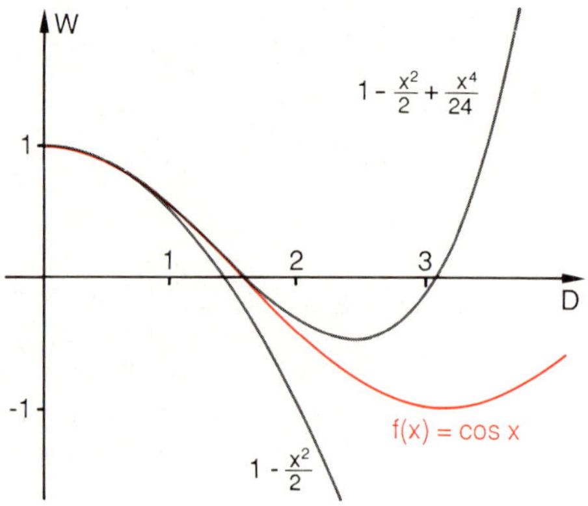

Bild 14.6

3. Es liegt nahe, daß man das Verfahren weiterführen und dadurch die Sinus- und die Kosinusfunktion durch Polynomfunktionen immer genauer „einschließen“ kann (Aufgabe 1).
Es erhebt sich die Frage, ob man dieses Verfahren verallgemeinern kann. Im Beispiel wurde in jedem Schritt von einer Funktion f′ auf eine zugehörige Stammfunktion f geschlossen. Wenn wir alle fünf Schritte des Beispiels – ohne die Bezeichnung zu ändern – zusammenfassen, dann handelt es sich beim ersten Schritt um einen Schluß von $f^{(5)}$ auf $f^{(4)}$. Allgemein ist also zu untersuchen, wie man von Schranken der k-ten Ableitung einer Funktion f über k Schritte auf die Funktion f selbst schließen kann. Dies wollen wir der Reihe nach für $k=1$, $k=2$ und $k=3$ durchführen.

1) $k=1$: $s_1 \leq f'(x) \leq S_1 \Rightarrow s_1 \cdot x - s_1 \cdot 0 \leq f(x) - f(0) \leq S_1 \cdot x - S_1 \cdot 0$

$$\Rightarrow \mathbf{f(0)+s_1 \cdot x \leq f(x) \leq f(0)+S_1 \cdot x.}$$

2) $k=2$: $s_2 \leq f''(x) \leq S_2 \Rightarrow s_2 \cdot x - s_2 \cdot 0 \leq f'(x) - f'(0) \leq S_2 \cdot x - S_2 \cdot 0$

$$\Rightarrow f'(0)+s_2 \cdot x \leq f'(x) \leq f'(0)+S_2 \cdot x$$

$$\Rightarrow f'(0)\cdot x + s_2 \cdot \frac{x^2}{2} \leq f(x)-f(0) \leq f'(0)\cdot x + S_2 \cdot \frac{x^2}{2}$$

$$\Rightarrow \mathbf{f(0)+f'(0)\cdot x + s_2 \cdot \frac{x^2}{2} \leq f(x) \leq f(0)+f'(0)\cdot x + S_2 \cdot \frac{x^2}{2}.}$$

3) $k=3$: $s_3 \leq f'''(x) \leq S_3 \Rightarrow s_3 \cdot x \leq f''(x) - f''(0) \leq S_3 \cdot x$

$$\Rightarrow f''(0)+s_3 \cdot x \leq f''(x) \leq f''(0)+S_3 \cdot x$$

$$\Rightarrow f''(0)\cdot x + s_3 \cdot \frac{x^2}{2} \leq f'(x)-f'(0) \leq f''(0)\cdot x + S_3 \cdot \frac{x^2}{2}$$

$$\Rightarrow f'(0)+f''(0)\cdot x + s_3 \cdot \frac{x^2}{2} \leq f'(x) \leq f'(0)+f''(0)\cdot x + S_3 \cdot \frac{x^2}{2}$$

$$\Rightarrow f'(0)\cdot x + f''(0)\cdot \frac{x^2}{2} + s_3 \cdot \frac{x^3}{6} \leq f(x)-f(0) \leq f'(0)\cdot x + f''(0)\cdot \frac{x^2}{2} + S_3 \cdot \frac{x^3}{6}$$

$$\Rightarrow \mathbf{f(0)+f'(0)\cdot x + f''(0)\cdot \frac{x^2}{2} + s_3 \cdot \frac{x^3}{6} \leq f(x) \leq f(0)+f'(0)\cdot x + f''(0)\cdot \frac{x^2}{2} + S_3 \cdot \frac{x^3}{6}.}$$

Man erkennt, daß das Verfahren beliebig weit fortsetzbar ist. Allgemein ergibt sich die Gültigkeit des **Satzes von Taylor**[1]):

S 14.3 Ist eine Funktion f wenigstens n-mal differenzierbar über einem Intervall $A=[0; a]$ und gilt für alle $x \in A$:

$$\mathbf{s_n \leq f^{(n)}(x) \leq S_n,}$$

so gilt für alle $x \in A$ auch:

$$\mathbf{\sum_{k=0}^{n-1} \frac{f^{(k)}(0)}{k!} x^k + s_n \cdot \frac{x^n}{n!} \leq f(x) \leq \sum_{k=0}^{n-1} \frac{f^{(k)}(0)}{k!} x^k + S_n \cdot \frac{x^n}{n!}.}$$

Dabei ist $f^{(0)}=f$.
Der **Beweis** kann mit dem Verfahren der vollständigen Induktion geführt werden (Aufgabe 2).

[1]) B. Taylor (1685–1731), engl. Mathematiker.

Wir nennen im folgenden $T_{n-1}(x)=\sum_{k=0}^{n-1}\frac{f^{(k)}(0)}{k!}x^k$ das **„Taylor-Polynom zur Funktion f vom Grad n−1"**. Aus den Ungleichungen von Satz S 14.3 ergeben sich mit dieser Bezeichnung unmittelbar:

$$\mathbf{s_n\cdot\frac{x^n}{n!}\leq f(x)-T_{n-1}(x)\leq S_n\cdot\frac{x^n}{n!}}.$$

Durch diese Beziehung wird der **„Fehler"**

$$\mathbf{F(x)=f(x)-T_{n-1}(x)},$$

der bei Ersetzung von f(x) durch das Taylorpolynom $T_{n-1}(x)$ gemacht wird, nach unten und nach oben abgeschätzt.

4. Wir behandeln zwei **Beispiele**.

1) Für die natürliche Exponentialfunktion zu $\mathbf{f(x)=e^x}$ gilt $f^{(n)}(x)=e^x$ (für alle $n\in\mathbb{N}$). Da $f^{(n)}$ streng monoton steigend ist, gilt für alle $x\in[0;a]$:

$$1\leq f^{(n)}(x)\leq e^a.$$

Somit ergibt sich nach Satz S 14.3:

$$\mathbf{\sum_{k=0}^{n-1}\frac{x^k}{k!}+\frac{x^n}{n!}\leq e^x\leq\sum_{k=0}^{n-1}\frac{x^k}{k!}+\frac{x^n}{n!}e^a},$$

also

$$\frac{x^n}{n!}\leq e^x-\sum_{k=0}^{n-1}\frac{x^k}{k!}\leq\frac{x^n}{n!}e^a.$$

Wegen $a, x>0$ beträgt der größtmögliche Fehler F(x) bei Ersetzung von e^x durch das Taylorpolynom $\sum_{k=0}^{n-1}\frac{x^k}{k!}$ also $F(x)=\frac{x^n}{n!}e^a$.

Da für jede Zahl x gilt: $\lim_{n\to\infty}\frac{x^n}{n!}e^a=0$, strebt dieser Fehler bei wachsender Zahl von Summanden $(n\to\infty)$ stets gegen Null.

Für $a=x=1$ kann man wegen $\frac{e}{n!}<\frac{3}{n!}=\frac{1}{n!}+\frac{2}{n!}$ den Term $\frac{1}{n!}$ jeweils in die Summation einbeziehen und erhält dann:

$$\sum_{k=0}^{n}\frac{1}{k!}\leq e\leq\sum_{k=0}^{n}\frac{1}{k!}+\frac{2}{n!},\quad\text{also}\quad 0\leq e-\sum_{k=0}^{n}\frac{1}{k!}\leq\frac{2}{n!}.$$

Für $n=8$ ergibt sich:

$$\sum_{k=0}^{8}\frac{1}{k!}=1+1+\tfrac{1}{2}+\tfrac{1}{6}+\tfrac{1}{24}+\tfrac{1}{120}+\tfrac{1}{720}+\tfrac{1}{5040}+\tfrac{1}{40320}\approx 2{,}71828.$$

Wegen $\frac{2}{8!}\approx 0{,}00005$ gilt also: $2{,}71828\leq e\leq 2{,}71833$.

2) $\mathbf{f(x) = \sin x.}$

Es gilt $f'(x) = \cos x$; $f''(x) = -\sin x$; $f'''(x) = -\cos x$; $f^{(4)}(x) = \sin x$, allgemein also für $m \in \mathbb{N}$:

$$f^{(4m)}(x) = \sin x;\quad f^{(4m+1)}(x) = \cos x;\quad f^{(4m+2)}(x) = -\sin x;\quad f^{(4m+3)}(x) = -\cos x$$

und daher

$$f^{(4m)}(0) = f^{(4m+2)}(0) = 0;\quad f^{(4m+1)}(0) = 1 \quad \text{und} \quad f^{(4m+3)}(0) = -1.$$

Schranken von $f^{(n)}(x)$ sind -1 und 1; denn für alle $x \in \mathbb{R}^{>0}$ und alle $n \in \mathbb{N}$ gilt:

$$-1 \leq f^{(n)}(x) \leq 1.$$

Da für alle $k \in \mathbb{N}$ gilt $f^{(2k)}(0) = 0$, treten in den Taylor-Polynomen der Sinusfunktion nur Potenzen mit ungeraden Exponenten auf. Daher erhält man nach Satz S 14.3 mit $n = 2m+1$ für alle $m \in \mathbb{N}$:

$$\sum_{k=1}^{m} (-1)^{k-1} \cdot \frac{x^{2k-1}}{(2k-1)!} - \frac{x^{2m+1}}{(2m+1)!} \leq \sin x \leq \sum_{k=1}^{m} (-1)^{k-1} \cdot \frac{x^{2k-1}}{(2k-1)!} + \frac{x^{2m+1}}{(2m+1)!},$$

also

$$|F(x)| = \left| \sin x - \sum_{k=1}^{m} (-1)^{k-1} \cdot \frac{x^{2k-1}}{(2k-1)!} \right| \leq \frac{x^{2m+1}}{(2m+1)!} \qquad (\text{für } x \geq 0).$$

Der größtmögliche Fehler $F(x)$ bei Ersetzung von $\sin x$ durch das Taylorpolynom beträgt also $F(x) = \frac{x^{2m+1}}{(2m+1)!}$; dieser Fehler strebt für $m \to \infty$ ebenfalls bei jeder Zahl x gegen Null.

Bemerkung: Diese Fehlerabschätzung ergibt sich, wenn man das Polynom $\sum_{k=1}^{m} (-1)^{k-1} \cdot \frac{x^{2k-1}}{(2k-1)!}$ als Taylorpolynom $T_{2m}(x)$ auffaßt; der letzte Summand dieses Taylorpolynoms tritt nicht auf, weil $f^{(2m)}(0) = 0$ ist.

Man kann das Polynom aber auch als Taylorpolynom $T_{2m-1}(x)$ auffassen, dann erhält man für den größtmöglichen Fehler

$$|F(x)| \leq \frac{x^{2m}}{(2m)!}.$$

Bild 14.7 zeigt die Graphen der Sinusfunktion und der zugehörigen Taylor-Polynome $T_5 = T_6$, $T_7 = T_8$ und $T_9 = T_{10}$.

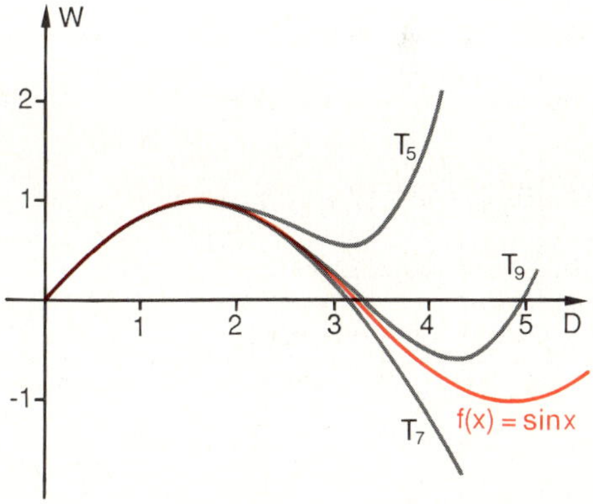

Bild 14.7

5. Wenn wir auf die gleiche Weise die Logarithmusfunktion zu $f(x) = \ln x$ behandeln wollen, stehen wir vor der Schwierigkeit, daß diese Funktion an der Stelle 0 nicht definiert ist. Daher betrachten wir hier die Funktion f zu

$$\mathbf{f(x) = \ln(x+1)} \quad \text{mit} \quad f(0) = \ln 1 = 0.$$

Wir berechnen die Ableitungen:

$$f'(x)=\frac{1}{x+1} \quad \text{mit} \quad f'(0)=1;$$

$$f''(x)=\frac{-1}{(x+1)^2} \quad \text{mit} \quad f''(0)=-1;$$

$$f'''(x)=\frac{2}{(x+1)^3} \quad \text{mit} \quad f'''(0)=2;$$

$$\cdots\cdots\cdots\cdots$$

$$f^{(n)}(x)=\frac{(-1)^{n-1}\cdot(n-1)!}{(x+1)^n} \quad \text{mit} \quad f^{(n)}(0)=(-1)^{n-1}\cdot(n-1)!.$$

Für alle $n\in\mathbb{N}$ und für alle $x\in[0;\,a]$ gilt:

$$-(n-1)! \leq -\frac{(n-1)!}{(1+x)^n} \leq f^{(n)}(x) \leq \frac{(n-1)!}{(1+x)^n} \leq (n-1)!.$$

Wir wählen also $s_n=-(n-1)!$ und $S_n=(n-1)!$.
Somit erhält man nach Satz S 14.3 für alle $n\in\mathbb{N}$ und alle $x\in[0;\,a]$:

$$\sum_{k=1}^{n-1}(-1)^{k-1}\cdot\frac{x^k}{k}-\frac{x^n}{n} \leq \ln(1+x) \leq \sum_{k=1}^{n-1}(-1)^{k-1}\cdot\frac{x^k}{k}+\frac{x^n}{n},$$

also

$$|F(x)|=\left|\ln(1+x)-\sum_{k=1}^{n-1}(-1)^{k-1}\cdot\frac{x^k}{k}\right| \leq \frac{x^n}{n} \qquad (\text{für } x\geq 0).$$

Bild 14.8 zeigt die Graphen der Funktion f und der zugehörigen Taylor-Polynome T_4 und T_5.

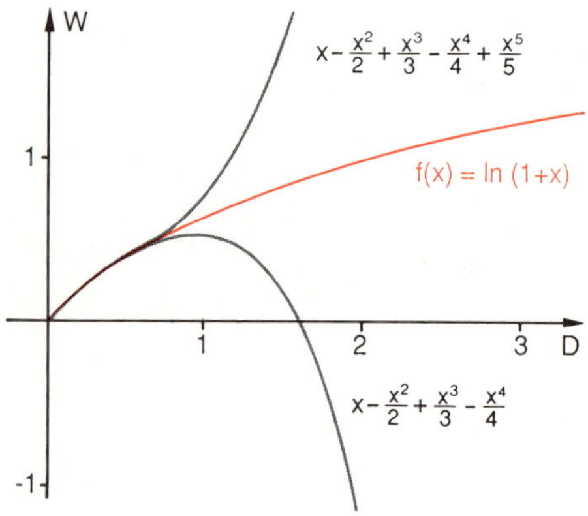

Bild 14.8

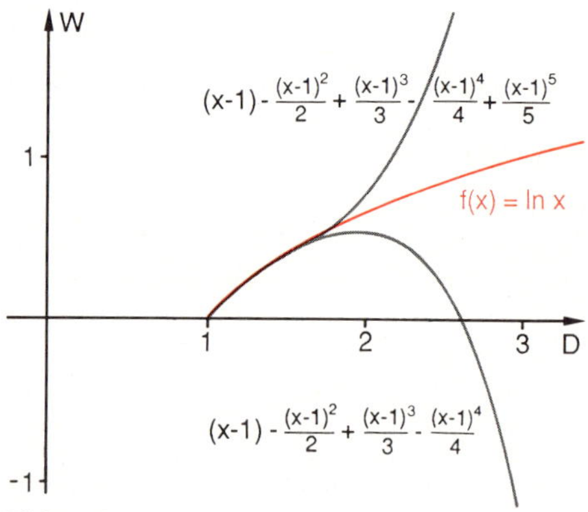

Bild 14.9

6. Wenn wir in obiger Beziehung für $\ln(1+x)$ das Argument $x+1$ durch x, also x durch $x-1$ ersetzen, erhalten wir für alle $x\in[1;\,b]$ (mit $b=a+1$):

$$\sum_{k=1}^{n-1}(-1)^{k-1}\cdot\frac{(x-1)^k}{k}-\frac{(x-1)^n}{n} \leq \ln x \leq \sum_{k=1}^{n-1}(-1)^{k-1}\cdot\frac{(x-1)^k}{k}+\frac{(x-1)^n}{n} \quad \textbf{(Bild 14.9).}$$

Allgemein erhält man, wenn man in Satz S 14.3 jeweils x durch $x - x_0$ ersetzt:

S 14.4 Ist eine Funktion f wenigstens n-mal differenzierbar über einem Intervall $A = [x_0; a]$ und gilt für alle $x \in A$:

$$s_n \leq f^{(n)}(x) \leq S_n,$$

so gilt für alle $x \in A$ auch:

$$\sum_{k=0}^{n-1} \frac{f^{(k)}(x_0)}{k!} \cdot (x - x_0)^k + s_n \cdot \frac{(x - x_0)^n}{n!} \leq f(x) \leq \sum_{k=0}^{n-1} \frac{f^{(k)}(x_0)}{k!} \cdot (x - x_0)^k + S_n \cdot \frac{(x - x_0)^n}{n!}.$$

Übungen und Aufgaben

1. Führen Sie das im Lehrtext unter 2. dargestellte Verfahren zwei Schritte weiter durch und zeigen Sie dadurch, daß man die Sinus- und die Kosinusfunktion durch Polynomfunktionen immer genauer „einschließen" kann!

2. Beweisen Sie den Satz S 14.3 mit Hilfe des Beweisverfahrens der vollständigen Induktion!

3. Ermitteln Sie das Taylorpolynom 2. Grades zur Funktion f und eine zugehörige Abschätzung von f(x) nach Satz S 14.3 für das Intervall [0; 4]!

a) $f(x) = \ln(x+3)$ **b)** $f(x) = \tan \frac{x}{4}$ **c)** $f(x) = \arctan x$

d) $f(x) = \frac{1}{\sqrt{x+1}}$ **e)** $f(x) = \frac{1}{\sqrt{x^2+1}}$ **f)** $f(x) = \sin^2 x$

4. Ermitteln Sie das Taylorpolynom zur Funktion f vom Grad $n-1$ und eine zugehörige Abschätzung von f(x) nach Satz S 14.3 für das Intervall [0; 1]!

a) $f(x) = \cos x$ **b)** $f(x) = \cos 2x$ **c)** $f(x) = \sin x + \cos x$ **d)** $f(x) = \sin x \cdot \cos x$

e) $f(x) = e^{-x}$ **f)** $f(x) = e^{-\frac{1}{2}x}$ **g)** $f(x) = e^x + e^{-x}$ **h)** $f(x) = x e^x$

i) $f(x) = \frac{1}{1+x}$ **j)** $f(x) = \sqrt{1+x}$ **k)** $f(x) = \sqrt[3]{1+x}$ **l)** $f(x) = (1+x)^r$ (mit $r \in \mathbb{Q}^{+0}$)

5. Ermitteln Sie mit Hilfe von Satz S 14.3 bzw. S 14.4 Näherungswerte mit wenigstens zwei (drei) korrekten Dezimalen für die angegebenen Zahlen!

a) $\sqrt{18}$ **b)** $\sqrt[3]{24}$ **c)** $\sqrt[4]{68}$ **d)** $\frac{1}{\sqrt{10}}$ **e)** $\frac{1}{\sqrt[3]{30}}$ **f)** $e^{0,2}$ **g)** $\sqrt{e}$

h) ln 2 **i)** ln 0,2 **j)** sin 0,1 **k)** cos 0,2 **l)** tan 0,1 **m)** arctan 0,2

6. **a)** Beweisen Sie: Ist eine gerade Funktion f an der Stelle 0 wenigstens 2n-mal differenzierbar, so gilt $f'(0) = f'''(0) = \ldots = f^{(2n-1)}(0) = 0$.

b) Formulieren und beweisen Sie eine entsprechende Aussage für ungerade Funktionen!

c) Formulieren Sie Satz S 14.3 für gerade (ungerade) Funktionen!

d) Wenden Sie den von Ihnen formulierten Satz auf die Funktion f zu $f(x) = \frac{e^x + e^{-x}}{2}$ $\left(f(x) = \frac{e^x - e^{-x}}{2}\right)$ an!

7. In vielen Taschenrechnerfabrikaten wird nach Eingabe einer reellen Zahl x mit $x \in \left[-\frac{\pi}{6}; \frac{\pi}{6}\right]$ beim Drücken der Taste $\boxed{\sin}$ der Näherungswert $N(x) = x\left(1 - \frac{x^2}{6}\left(1 - \frac{x^2}{20}\left(1 - \frac{x^2}{42}\right)\right)\right)$ berechnet.

a) Ermitteln Sie mit einem Taschenrechner sin x und N(x) für x = 0,5 (0,4; 0,3; 0,1 und 1)!

b) Untersuchen Sie mit Hilfe von Satz S 14.3, wie genau der vom Taschenrechner ermittelte Näherungswert N(x) für $x \in \left[-\frac{\pi}{6}; \frac{\pi}{6}\right]$ ist!

8. Beweisen Sie mit Hilfe von Satz S 14.4: Ist f eine ganzrationale Funktion n-ten Grades mit $f(x) = a_n x^n + a_{n-1} x^{n-1} + \ldots + a_1 x + a_0$, so gilt für jede Zahl x_0 und jede Zahl $x \in \mathbb{R}$:

$$f(x) = f(x_0) + (x - x_0) f'(x_0) + \frac{(x - x_0)^2}{2!} f''(x_0) + \ldots + \frac{(x - x_0)^n}{n!} f^{(n)}(x_0)!$$

Bemerkung: Man sagt: „Die Funktion f ist an der Stelle x_0 entwickelt".

9. Entwickeln Sie die Funktion f an der Stelle x_0 (vgl. Aufgabe 8)!

a) $f(x) = x^2 + x + 1;\ x_0 = 1$

b) $f(x) = x^3 + 2x^2 - 5x + 7;\ x_0 = -1$

c) $f(x) = (x-1)^4;\ x_0 = 1$

d) $f(x) = 4x^5 - 5x^4 + 1;\ x_0 = 1$

10. Berechnen Sie die angegebenen Integrale! Entwickeln Sie dazu die Zählerfunktion des Integranden nach der Nullstelle x_0 der Nennerfunktion des Integranden!

a) $\int_2^3 \frac{x^4 + 2x^3 - 3x^2 + 1}{(x-1)^3}\,dx$

b) $\int_0^1 \frac{2x^3 - 5x^2 + 7}{(x+2)^4}\,dx$

c) $\int_{-1}^1 \frac{(x-1)^6}{(x-2)^5}\,dx$

d) $\int_0^1 \frac{x^5 + 5x^4 + 7x^3 + x^2 + 2}{(x+1)^4}\,dx$

e) $\int_{-1}^0 \frac{x^7 - 3x^2 + 3}{(x-1)^6}\,dx$

f) $\int_0^1 \frac{3x^2 + 2x - 1}{(x+1)^8}\,dx$

11. Beweisen Sie mit Hilfe der Ungleichungskette $\sum_{k=0}^{n} \frac{1}{k!} \le e \le \sum_{k=0}^{n} \frac{1}{k!} + \frac{2}{n!}$ (für alle $n \in \mathbb{N}$), daß e eine irrationale Zahl ist!

Anleitung: Nehmen Sie an, $e = \frac{p}{q}$ sei rational, multiplizieren Sie die Ungleichungskette mit q! und setzen Sie $n = q + 1$. Welche Aussagen kann man dann über die Ganzzahligkeit der auftretenden Terme machen?

12. a) Beweisen Sie: Ist eine Funktion f an der Stelle x_0 zweimal stetig differenzierbar, so gilt: $\lim_{h \to 0} \frac{f(x_0 + 2h) - 2f(x_0 + h) + f(x_0)}{h^2} = f''(x_0)$!

Anleitung: Wenden Sie den Satz S 14.3 mit $n = 2$ auf die Funktion g zu $g(h) = f(x_0 + 2h) - 2f(x_0 + h) + f(x_0)$ an und benutzen Sie den Satz S 11.13!

b) Beweisen Sie: Ist eine Funktion f an einer Stelle x_0 dreimal stetig differenzierbar, so gilt: $\lim_{h \to 0} \frac{f(x_0 + 3h) - 3f(x_0 + 2h) + 3f(x_0 + h) - f(x_0)}{h^3} = f'''(x_0)$!

13. Beweisen Sie mit dem Verfahren der vollständigen Induktion: Sind zwei Funktionen f und g in einer Umgebung $U(x_0)$ n-mal stetig differenzierbar und gilt $\lim_{x \to x_0} \frac{f(x)-g(x)}{(x-x_0)^n}=0$, so gilt $f(x_0)=g(x_0)$, $f'(x_0)=g'(x_0)$, ..., $f^{(n)}(x_0)=g^{(n)}(x_0)$.
Anleitung: Wenden Sie den Satz S 14.4 auf die Funktion h zu $h(x)=f(x)-g(x)$ an und benutzen Sie den Satz S 11.13!

14. **a)** Beweisen Sie mit Hilfe der Aussage von Aufgabe 8 den Satz S 6.1 (Seite 140)!
b) Beweisen Sie: Stimmen zwei ganzrationale Funktionen n-ten Grades f_n und g_n für $n+1$ Zahlen $x_1, x_2, \ldots; x_n, x_{n+1}$ überein, gilt also $f_n(x_i)=g_n(x_i)$ für $i=1, 2, \ldots, n+1$, dann gilt $f_n(x)=g_n(x)$ für alle $x \in \mathbb{R}$, also $f=g$!
c) Vergleichen Sie die Aussage von b) mit der Aussage von Aufgabe 2 auf Seite 281!

IV. Übergreifende Aufgaben

Vorbemerkung: Bei der Diskussion von Funktionen sollten in der Regel folgende Punkte bearbeitet werden: Definitionsmenge, Symmetrie, Nullstellen, Grenzwerte an den Rändern von D(f), Asymptoten, lokale Extrema, Wendepunkte, Funktionsgraph.

1. Der Graph einer ganzrationalen Funktion 3. Grades f hat den Punkt $W(0|-1)$ als Wendepunkt und berührt die Parabel zu $g(x)=2x^2-4x$ in deren Scheitelpunkt.
a) Ermitteln Sie f(x) und diskutieren Sie die Funktionen f und g!
b) Berechnen Sie die Maßzahl der Flächen, die die Graphen von f und g einschließen!
c) Für welche Zahl $x \in [1; 2]$ nimmt die Differenz der Funktionswerte von g und f ein absolutes Maximum an?

2. **a)** Damit eine Funktion f über einem Intervall $[0; a]$ durch eine Gerade zu $g_m(x)=mx$ möglichst gut angenähert wird, stellt man die Bedingung, daß das Integral $I(m)=\int_0^a (f-g_m)^2$ ein absolutes Minimum annimmt. Bestimmen Sie die Zahl m in den folgenden Fällen!
1) $f(x)=x^2$; $a=1$ **2)** $f(x)=x^3$; $a=1$ **3)** $f(x)=\sin x$; $a=\frac{\pi}{2}$
b) Bestimmen Sie jeweils die Stelle x, an der die Differenz der Funktionswerte von f und von g absolut genommen am größten ist!

3. **a)** Diskutieren Sie die Funktion f zu $f(x)=x \cdot e^{\frac{1-x^2}{2}}$!
b) Berechnen Sie $A(a)=\int_0^a f$! Zeigen Sie, daß der Grenzwert $\lim_{a \to \infty} A(a)$ existiert!

4. a) Diskutieren Sie die Funktion f zu $f(x) = -x^2 \cdot \ln x$!

b) Berechnen Sie für $a \in]0; 1[$ das Integral $A(a) = \int_a^1 f$ und untersuchen Sie $\lim_{a \to 0} A(a)$!

5. a) Diskutieren Sie die Funktion f zu $f(x) = \cos(\pi \ln x)$ mit $x \in [e^{-1}; e^2]$!

b) Berechnen Sie den Flächeninhalt, den der Graph von f mit der D-Achse zwischen $e^{-0,5}$ und $e^{1,5}$ einschließt!

Hinweis: Benutzen Sie die Methode der partiellen Integration!

6. a) Diskutieren Sie die Funktion f zu $f(x) = \frac{1}{x(\ln^2 x + 1)}$!

b) Berechnen Sie das Integral $A(a; b) = \int_a^b f$ und zeigen Sie, daß $\lim_{a \to 0} \lim_{b \to \infty} A(a; b) = \pi$ ist!

c) Berechnen Sie die Maßzahl der Fläche, die die Graphen von f und g zu $g(x) = \frac{1}{x(2 \ln x + 4)}$ einschließen!

7. a) Diskutieren Sie die Funktion f zu $f(x) = \arctan \frac{1 + \sqrt{x}}{1 - \sqrt{x}}$!

b) Begründen Sie mit Hilfe von f', daß f umkehrbar ist!

c) Existiert $\lim_{b \to 1} \int_0^b f$?

Hinweis: Benutzen Sie die Methode der partiellen Integration und anschließend die Substitutionsmethode!

8. a) Diskutieren Sie die Funktion f zu $f(x) = \arcsin \frac{2\sqrt{x}}{x+1}$!

b) Untersuchen Sie die Funktion f auf Monotonie und begründen Sie damit die Existenz eines absoluten Maximums! Hat der Graph von f auch ein absolutes Minimum?

c) Zeigen Sie, daß für alle $x \in D(f)$ gilt: $f(x) = \begin{cases} -2 \cdot \arctan \sqrt{x} + \pi & \text{für } x > 1 \\ 2 \cdot \arctan \sqrt{x} & \text{für } 0 \leq x \leq 1 \end{cases}$!

d) Berechnen Sie die Maßzahl der Normalfläche von f über $[0; 1]$!

9. a) Diskutieren Sie die Funktion f zu $f(x) = \arcsin \frac{1 - x^2}{1 + x^2}$!

b) Untersuchen Sie f auf Monotonie und begründen Sie damit die Existenz eines absoluten Maximums!

c) Zeigen Sie, daß für alle $x \in D(f)$ gilt: $f(x) = \frac{\pi}{2} - 2 \arctan |x|$! Berechnen Sie $\int_0^1 f$!

10. Diskutieren Sie die Funktion f und berechnen Sie die Maßzahl der zugehörigen Normalfläche über $[0; 1]$!

a) $f(x) = \arccos \frac{2x}{x^2 + 1}$ **b)** $f(x) = \arcsin(2x\sqrt{1 - x^2})$ **c)** $f(x) = \arctan \frac{\sqrt{2}x}{1 - x^2}$

11. a) Beweisen Sie mit dem Verfahren der vollständigen Induktion, daß für die Ableitungsfunktionen $f^{(n)}$ von $f(x)=\arctan x$ gilt: $f^{(n)}(x)=(n-1)!\cdot(\cos f(x))^n\cdot\sin\left(n f(x)+\frac{n\pi}{2}\right)$.

Anleitung: Zeigen Sie, daß $f'(x)=(\cos f(x))^2$ gilt, benutzen Sie beim Zusammenfassen von $f^{(n+1)}(x)$ das Additionstheorem $\cos(\alpha+\beta)=\cos\alpha\cos\beta-\sin\alpha\sin\beta$ und die Beziehung $\cos\alpha=\sin\left(\alpha+\frac{\pi}{2}\right)$!

b) Ermitteln Sie $f^{(n)}(0)$ für alle $n\in\mathbb{N}$!

c) Bestimmen Sie mit Hilfe von Satz S 14.3 Näherungspolynome für f!

d) Zeigen Sie, daß $\frac{\pi}{4}=f(1)$ der Grenzwert der Folge $\langle a_n\rangle$ mit $a_1=1$ und $a_{n+1}=a_n+(-1)^n\frac{1}{2n+1}$ ist!

Anleitung: Zeigen Sie, daß die Folgen $\langle b_n\rangle$ mit $b_n=a_{2n-1}$ und $\langle c_n\rangle$ mit $c_n=a_{2n}$ eine Intervallschachtelung bilden, und begründen Sie mit Hilfe von c), daß $c_n\leq\frac{\pi}{4}\leq b_n$ für alle $n\in\mathbb{N}$ gilt!

Vorbemerkung: In den folgenden Aufgaben sind Funktionen durch einen Funktionsterm gegeben, in dem außer der Variablen x eine weitere Variable, z.B. k, vorkommt. Der Funktionsterm ist daher mit „$f_k(x)$" bezeichnet. Man nennt diese zusätzliche Variable k eine „Formvariable" oder einen „Parameter". Zu jedem zugelassenen Wert von k gehört eine Funktion f_k. Man spricht daher von einer **„Schar von Funktionen"** und nennt k auch den „Scharparameter". In den fraglichen Aufgaben sind sowohl Eigenschaften herauszuarbeiten, die den Funktionen einer Schar (oder einem Teil von ihnen) gemeinsam sind, als auch solche, durch die sie sich unterscheiden. Bild 14.10 zeigt drei Graphen zu $f_k(x)=k x e^{-kx^2}$.

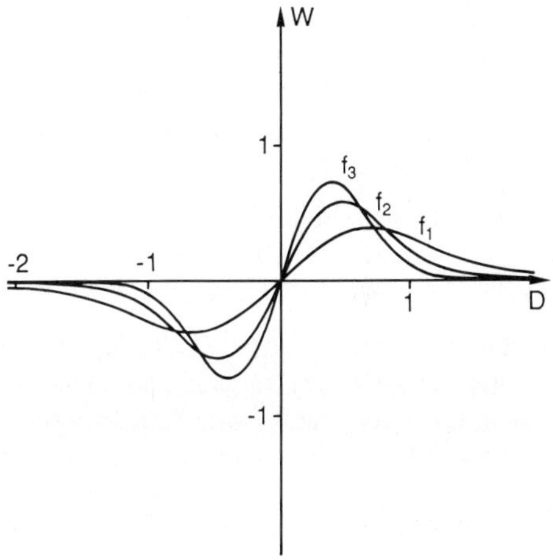

Bild 14.10

12. f_k sei eine Schar ganzer rationaler Funktionen dritten Grades. Die zugehörigen Graphen gehen durch den Nullpunkt, haben ihre Tiefpunkte bei $x=3k$ (mit $k>0$) und in den Wendepunkten $W(2k\,|\,y_w)$ die Steigung $-\frac{k}{2}$.

a) Ermitteln Sie den Term $f_2(x)$, diskutieren Sie die Funktion f_2 und zeichnen Sie den Graphen!

b) Ermitteln Sie den Funktionsterm $f_k(x)$ und diskutieren Sie f_k!

c) Die Verbindungsstrecke zwischen dem Nullpunkt und dem Wendepunkt W schließt mit der Wendetangente und der W-Achse eine Dreiecksfläche ein. In welchem Verhältnis teilt der Graph von f_k diese Dreiecksfläche?

13. a) Diskutieren Sie die Funktionen f_k zu $f_k(x)=\frac{k\cdot x-4}{x^2-1}$ mit $k\in\mathbb{R}^{>0}$!

b) Für welche Werte von k hat f_k zwei lokale Extrema bzw. kein lokales Extremum?

c) In welchem Punkt schneiden sich alle Graphen der Schar?

d) Bestimmen Sie $f_2'(0)$ und $f_4'(0)$! Zeichnen Sie die Graphen von f_2 und von f_4!

14. a) Diskutieren Sie die Funktionen f_k zu $f_k(x)=x^3-kx$ mit $k>0$ (Graphen zu $k=1$ und $k=4$)!

b) Berechnen Sie die Maßzahl A(k) der Fläche, die die Graphen von f_k und von g_k mit $g_k(x)=\frac{1}{k}\cdot x$ einschließen!

c) Für welchen Wert von k nimmt A(k) ein absolutes Minimum an?

15. a) Diskutieren Sie die Funktionen f_k zu $f_k(x)=\frac{x}{x^2+x+k}$ mit $k\in\mathbb{R}$!

b) Für welche Werte von k hat f_k keine, eine, zwei Unendlichkeitsstelle(n)?

c) Welche Funktionen f_k haben kein, ein lokales Extremum bzw. zwei lokale Extrema?

d) Zeigen Sie, daß alle Graphen der Schar – bis auf einen – genau einen Punkt gemeinsam haben! Um welchen Punkt handelt es sich? Geben Sie den Ausnahmefall an!

e) Zeichnen Sie die Graphen von f_1, f_{-2} und $f_{\frac{1}{4}}$, ohne zuvor die Wendestellen berechnet zu haben! Begründen Sie, daß in bestimmten Intervallen Wendestellen liegen müssen!

f) Zeigen Sie, daß die Hoch- und Tiefpunkte aller Graphen der Schar auf dem Graphen der Hyperbel zu $g(x)=\frac{1}{2x+1}$ liegen!

Anleitung zu f): Unter a) hat sich eine Bedingung für den Parameter k ergeben, die an den Stellen lokaler Minima und lokaler Maxima erfüllt sein muß. Ersetzen Sie den Parameter k in $f_k(x)$ gemäß dieser Bedingung!

16. Gegeben sind die Ableitungsterme $f_k'(x)=2k^4x$ und $g_k'(x)=-\sqrt{\frac{k}{x}}$ mit $k\in\mathbb{R}^{>0}$.

a) Für welche Stammfunktion f_k und g_k gilt: $f_k(0)=-k^2$ bzw. $g_k(0)=2$?

b) Zeigen Sie, daß die Graphen von f_k und von g_k sich jeweils in einer Nullstelle schneiden!

c) Zeichnen Sie die Graphen von f_1 und g_1!

d) Die Graphen von f_k und g_k schließen mit der W-Achse eine Fläche ein. Berechnen Sie die Maßzahl A(k) dieser Fläche!

e) Für welchen Wert von k nimmt A(k) ein absolutes Minimum an?

17. a) Diskutieren Sie die Funktionen f_k zu $f_k(x)=x+\frac{k}{|x|}$ für $k=4$ und $k=-4$!

b) Zeigen Sie, daß für alle $x\neq 0$ gilt: $f_4(x)=-f_{-4}(-x)$! Welcher Zusammenhang besteht demnach zwischen den Graphen von f_4 und f_{-4}?

18. Gegeben ist eine Schar von Funktionen f_k durch den Ableitungsterm $f'_k(x) = 1 + k - \frac{k}{\sqrt{x}}$ und durch die Bedingung, daß alle Graphen der Schar durch den Nullpunkt gehen.

a) Ermitteln Sie den Funktionsterm $f_k(x)$!

b) Diskutieren Sie die Funktionen f_2 und f_4 über dem Intervall $[0; 4]$!

c) In welchem Punkt schneiden sich die Graphen von f_2 und f_4?

d) Bestimmen Sie die Maßzahl der Fläche, die die Graphen von f_2 und f_4 einschließen!

e) Zeigen Sie, daß alle Graphen der Schar sich in genau zwei Punkten schneiden!

f) Zeigen Sie, daß die Maßzahl $A(k_1; k_2)$ der Fläche, die die Graphen von f_{k_1} und f_{k_2} mit $k_1 \neq k_2$ einschließen, proportional zu $|k_1 - k_2|$ ist!

19. a) Diskutieren Sie die Funktionen f_k zu $f_k(x) = \frac{k}{1 + k^2 x^2}$ mit $k \in \mathbb{R}^{>0}$ (Graphen von f_1 und f_2)!

b) Zeigen Sie, daß jeder Graph der Schar jeden anderen in genau zwei Punkten schneidet!

c) Zeigen Sie, daß die Wendepunkte der Graphen der Schar auf Hyperbeln zu $g(x) = \frac{a}{x}$ liegen! Welche Werte erhält man für a? Für welche Bereiche gelten diese Werte?

Anleitung: Unter a) haben sich Bedingungen für den Parameter k ergeben, die an den Wendestellen erfüllt sein müssen. Ersetzen Sie k in $f_k(x)$ gemäß diesen Bedingungen!

d) Zeigen Sie, daß die Maßzahl der Fläche, die der Graph von f_k mit den Koordinatenachsen und der Parallelen zur W-Achse durch den Wendepunkt $(x_w > 0)$ einschließt, von k unabhängig ist!

e) Berechnen Sie die Maßzahl $A(k_1; k_2)$ der Fläche, die die Graphen von f_{k_1} und f_{k_2} mit $k_1 \neq k_2$ einschließen! Untersuchen Sie $\lim\limits_{k_1 \to \infty} A(k_1; k_2)$!

20. a) Diskutieren Sie die Funktionen f_k zu $f_k(x) = (x + k)e^{-x}$ mit $k \in \mathbb{R}^{>0}$ (Graphen von f_1 und f_2)!

b) Auf dem Graphen welcher Funktion liegen alle lokalen Hochpunkte der Schar? (Vergleichen Sie die Anleitung zur Aufgabe 15!)

c) Zeigen Sie, daß die Graphen von f_{k_1} und f_{k_2} sich für $k_1 \neq k_2$ nicht schneiden!

d) Berechnen Sie die Maßzahl $A(a; k_1; k_2)$ der Fläche, die die Graphen von f_{k_1} und von f_{k_2} über dem Intervall $[0; a]$ einschließen!

e) Bestimmen Sie den Grenzwert $\lim\limits_{a \to \infty} A(a; k_1; k_2)$ und diskutieren Sie das Ergebnis!

21. a) Diskutieren Sie die Funktionen f_k zu $f_k(x) = x e^{kx}$ mit $k \in \mathbb{R}^{>0}$ (Graph von f_1)!

b) Bestimmen Sie einen Term $g(x)$ der Funktion g, auf deren Graph alle lokalen Tiefpunkte der Schar liegen! (Vergleichen Sie die Anleitung zur Aufgabe 15!)

c) Bestimmen Sie einen Term $h(x)$ der Funktion h, auf deren Graph alle Wendepunkte der Schar liegen!

d) Welcher Zusammenhang besteht jeweils zwischen der Extremstelle und der Wendestelle einer Funktion der Schar?

e) Berechnen Sie die Maßzahl $A(a)$ der Normalflächen von f_k über einem Intervall $[-a; 0]$ und berechnen Sie $\lim\limits_{a \to \infty} A(a)$!

22. **a)** Diskutieren Sie die Funktionsschar zu $f_a(x)=(e^x-a)^2$ mit $a>0$ (Graph von f_2)!

b) Bestimmen Sie den Term $g(x)$ der Funktion g, auf deren Graph alle lokalen Tiefpunkte bzw. Wendepunkte der Schar liegen!

c) In welchem Punkt $S(x_s; y_s)$ schneidet der Graph von f_a seine Asymptote?

d) Berechnen Sie die Maßzahl A der Fläche zwischen dem Graphen von f_a und seiner Asymptote für $x \leq x_s$!

23. **a)** Diskutieren Sie die Funktionsschar zu $f_a(x)=(x^2-a^2)\cdot e^{-|x|}$ mit $a>0$ (Graph von f_1)!

b) Bestimmen Sie den Term $g(x)$ der Funktion g, auf deren Graph die Maxima der Schar für $x>0$ liegen! Bestimmen Sie $D(g)$!

c) Ermitteln Sie eine Stammfunktion von f_a und $\lim\limits_{b\to\infty} \int\limits_0^b f_a$!

d) Wie muß a gewählt werden, damit $\lim\limits_{b\to\infty} \int\limits_0^b f_a = 0$ wird? (Geometrische Interpretation!)

24. Verfahren Sie wie in Aufgabe 23 a)–c) mit der Funktionsschar f_a!

a) $f_a(x)=(x-a)^2\cdot e^{-x}$ **b)** $f_a(x)=(x^2-a)\cdot e^{-x}$ **c)** $f_a(x)=(x-a)^2\cdot e^{-|x|}$

25. **a)** Diskutieren Sie die Funktionsschar zu $f_k(x)=\dfrac{2k}{e^{kx}+e^{-kx}}$ mit $k\in\mathbb{R}^{>0}$!

b) Existiert $\lim\limits_{a\to\infty} \int\limits_0^a f_k$?

c) Begründen Sie mit dem Ergebnis von b), daß sich die Funktionsgraphen zu zwei verschiedenen Funktionen der Schar in mindestens einem Punkt schneiden!

26. **a)** Diskutieren Sie die Funktionsschar zu $f_k(x)=k\cdot x\cdot e^{-kx^2}$ mit $k\in\mathbb{R}^{>0}$!

b) Zeigen Sie, daß sich die Graphen zweier verschiedenen Funktionen f_{k_1} und f_{k_2} (mit $k_1 \neq k_2$) in drei Punkten schneiden!

c) Berechnen Sie $\lim\limits_{b\to\infty} \int\limits_0^b f_k$!

27. **a)** Diskutieren Sie die Funktionen f_k zu $f_k(x)=\dfrac{\ln x - k}{x}$ mit $k\in\mathbb{R}$ (Graphen zu f_1 und f_{-4})!

b) Für die Nullstelle x_0, die Extremstelle x_e und die Wendestelle x_w gilt: $x_e=c_1\cdot x_0$ und $x_w=c_2\cdot x_0$. Bestimmen Sie die Zahlen c_1 und c_2! Zeigen Sie, daß die Beziehungen für alle $k\in\mathbb{R}^{>0}$ gelten!

c) Berechnen Sie die Maßzahlen $A(c)$ der Normalflächen über den Intervallen $[x_0; cx_0]$ mit $c>1$!

d) Bestimmen Sie $A(c_1)$ und $A(c_2)$ für die Zahlen c_1, c_2 aus b)!

e) Ermitteln Sie einen Term der Funktion g, auf deren Graph alle Hochpunkte der Schar liegen!

f) Was ergibt sich aus dem Ergebnis von e) für die Maßzahlen der Rechtecke, welche von den Loten aus den Hochpunkten der Schar auf die Koordinatenachsen und den Koordinatenachsen gebildet werden?

g) In welchem Verhältnis teilt der Graph von f_k das zugehörige Rechteck?

h) Skizzieren Sie mit Hilfe der Beziehung zwischen x_0, x_e und x_w die Graphen zu $k=0{,}5$; $k=1{,}5$ und $k=2$! Wählen Sie für die Koordinatenachsen geeignete Maßstäbe!

28. a) Diskutieren Sie die Funktionsschar zu $f_k(x)=(\ln(kx))^2-2\ln(kx)$ mit $k\in\mathbb{R}^{>0}$ (Graph von f_1)!

b) Berechnen Sie die Maßzahl $A(k)$ der Fläche, die der Graph der Funktion f_k mit der D-Achse einschließt!

c) Berechnen Sie $\lim\limits_{a\to 0}\int\limits_a^{x_1} f_k$, wobei x_1 die kleinere Nullstelle von f_k ist! Vergleichen Sie das Ergebnis mit dem von b) und deuten Sie es geometrisch!

29. Verfahren Sie wie in Aufgabe 28a), b) mit der Funktionsschar zu $f_k(x)=\dfrac{(\ln x)^2-k}{x}$ mit $k\in\mathbb{R}^{>0}$!

30. a) Diskutieren Sie die Funktionsschar zu $f_k(x)=x\cdot\left(1-\frac{1}{k}\cdot\ln x\right)$ mit $k\in\mathbb{R}^{>0}$ (Graph von f_2)!

b) Zeigen Sie: Alle Graphen der Schar schneiden sich unabhängig von k in einem Punkt!

c) Bestimmen Sie $\lim\limits_{x\to 0} f_k(x)$ und berechnen Sie den Flächeninhalt, den der Graph von f_k mit der D-Achse einschließt!

d) Für welchen Wert von k wird dieser Flächeninhalt extremal?

31. a) Diskutieren Sie die Funktionsschar zu $f_k(x)=x\cdot(\ln x-k)^2$ mit $k\in\mathbb{R}$!

b) Zeigen Sie, daß alle Hochpunkte der Schar auf einer Ursprungsgeraden liegen!

c) Welcher Zusammenhang besteht zwischen den Abszissenwerten der lokalen Maxima und denen der Wendepunkte?

d) Ermitteln Sie für das Integral $I_n=\int\limits_0^{e^k} x\cdot(\ln x-k)^n\,dx$ (mit $n\in\mathbb{N}$) eine Rekursionsformel und berechnen Sie damit die Maßzahl der Fläche, die der Graph von f_k mit der D-Achse einschließt!

32. a) Diskutieren Sie die Funktionsschar zu $f_k(x)=\ln\left(\frac{x^2}{4}+k\right)$ mit $k\in\mathbb{R}^{>0}$ (Graphen von $f_{0,5}$ und f_1)!

b) Für welche Werte von k hat f_k Nullstellen?

c) Für welche Werte von k liegen die absoluten Minima unterhalb der D-Achse?

d) Bestimmen Sie den Term der Funktion g, auf deren Graph alle Wendepunkte der Schar liegen!

e) Läßt man die Graphen von $f_{0,5}$ und f_1 um die W-Achse rotieren, so entsteht ein schüsselförmiger Körper. Dieser Körper soll von Ebenen senkrecht zur W-Achse geschnitten werden. Der Abstand der Ebenen vom Nullpunkt sei c.
Für welche $c \in \mathbb{R}$ entsteht als Schnittfigur ein Kreis, für welche $c \in \mathbb{R}$ entsteht ein Kreisring? Berechnen Sie den Inhalt der Kreisfläche A_k und den Inhalt A_R des Kreisringes!

33. a) Diskutieren Sie die Funktionsschar zu $f_k(x) = x - k \cdot \arctan x$ mit $k \in \mathbb{R}^{+0}$ $\left(\text{Graphen zu } k = \frac{1}{2} \text{ und } k = \frac{4}{\pi}\right)$!

b) Berechnen Sie die Maßzahl der Fläche, die der Graph zu $f_{4/\pi}$ mit der D-Achse einschließt!

34. a) Diskutieren Sie die Funktionsschar zu $f_k(x) = \arcsin\left(\frac{x}{k} - 1\right)$ mit $k > 0$ (Graph von f_1)!

b) Berechnen Sie die Maßzahl der Fläche, die der Graph von f_k mit den Koordinatenachsen einschließt!

35. a) Diskutieren Sie die Funktionsschar zu $f_k(x) = \arctan \frac{|x|}{k - x}$ mit $k \in \mathbb{R}^{>0}$ (Graph von f_1)!

b) Berechnen Sie die Maßzahl der Fläche, die der Graph von f_k mit der D-Achse über $[0; k]$ einschließt!

36. Viele Maschinen (z. B. Kfz-Motore) haben ein Kolbentriebwerk, bei dem die rotierende Bewegung der Kurbelwelle in eine Hin- und Herbewegung des Kolbens umgewandelt wird (Bild 14.11). Für die Konstruktion solcher Triebwerke ist es wichtig, die Kolbengeschwindigkeit bei gleichmäßiger Drehung der Kurbelwelle, insbesondere deren extremale Werte zu ermitteln. Für die Winkelgröße φ gilt bei gleichmäßiger Drehung $\varphi = \omega t$ mit $\omega = 2\pi\nu$; dabei bezeichnet ν die Drehfrequenz. Der Abstand des Kolbenpunktes P vom Drehpunkt M werde – in Abhängigkeit von der Zeit t – durch die Funktion s beschrieben.

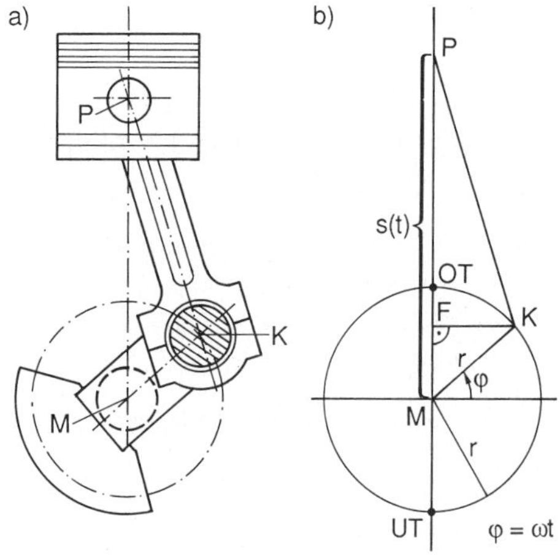

Bild 14.11

a) Drücken Sie die Koordinaten des Kurbelpunktes K durch den Kurbelradius und durch ωt aus!

b) Drücken Sie die Längen $|MF|$, $|FP|$ und $s = |MP|$ durch r, ωt und die Länge l der Schubstange aus! Setzen Sie $\frac{l}{r} = \lambda$!

c) Berechnen Sie die Kolbengeschwindigkeit $\dot{s}(t)$!

d) Ermitteln Sie die Zeitpunkte, in denen die Kolbengeschwindigkeit einen Nulldurchgang hat! Bestätigen Sie, daß die Kurbelwelle sich zu diesen Zeitpunkten in den „Totpunkten" UT und OT befindet!

e) Berechnen Sie die Kolbenbeschleunigung $\ddot{s}(t)$!

f) In s(t) tritt der Term $g(t)=\sqrt{\lambda^2-\cos^2\omega t}$ auf. Vereinfachen Sie diesen Term mit Hilfe der Näherung $\sqrt{\lambda^2-z}\approx -\frac{z}{2\lambda}+\lambda$! Begründen Sie diese Näherung!

Anleitung: Setzen Sie zunächst $\cos^2\omega t=z$!

g) Durch Ersetzung des Term g(t) durch den Näherungsterm gehe s(t) über in $\bar{s}(t)$. Berechnen Sie $\dot{\bar{s}}(t)$, $\ddot{\bar{s}}(t)$ und $\dddot{\bar{s}}(t)$ und bestimmen Sie die Zeiten, in denen $\dot{\bar{s}}(t)$ ein Maximum bzw. ein Minimum annimmt, für den Fall $\lambda=4$!

h) Skizzieren Sie die Graphen von $\bar{s}$, $\dot{\bar{s}}$ und $\ddot{\bar{s}}$!

i) Schätzen Sie den Fehler ab, der bei Ersetzung von g(t) durch den Näherungsterm entsteht!

Anleitung: Es sei $u(z)=\sqrt{\lambda^2-z}$ und $v(z)=-\frac{z}{2\lambda}+\lambda$ (mit $z=\cos^2\omega t$). Betrachten Sie die Funktion $w=v-u$! Berechnen Sie $w'(z)$ und schätzen Sie $w(z)$ für $0\le z\le 1$ ab!

j) Ein Viertaktmotor habe die Drehfrequenz $\nu=5000\,\frac{1}{\text{min}}$, den Hub $h=60$ mm (größte Länge von |MP|) und das Schubstangenverhältnis $\lambda=4$.
Berechnen Sie die maximale, die minimale und die mittlere Kolbengeschwindigkeit!

§ 15 Computergestützte Analysis

Einführung: Im Jahre 1982 hat das Nachrichtenmagazin „TIME" einen Computer zum „Mann des Jahres" gewählt und auf der Titelseite abgebildet. Diese Wahl ist als ein Hinweis auf die überragende Bedeutung von Computern für unser heutiges Leben zu verstehen. E.A. Feigenbaum schreibt im Vorwort seines Buches „Die fünfte Computer-Generation": „Der Computer ist das Werkzeug des Wissensarbeiters, wie es Pflanz- und Erntemaschinen für den Landwirt und große Industrieanlagen für den Fabrikarbeiter sind.".
In der angewandten Mathematik können Computer mit großem Nutzen vor allem bei der Lösung von Problemen eingesetzt werden, die umfangreiche, oft eintönige und daher fehleranfällige Rechnungen erfordern.
Im folgenden werden zu verschiedenen Problemen der Analysis Hinweise gegeben, wie man Näherungslösungen dieser Probleme mit Hilfe von vorhandenen Computerprogrammen bestimmen kann. Die Frage, wie solche Programme zu erstellen sind, wird hier nicht erörtert.

Die beschriebenen Verfahren sind seit langem bekannt; doch hat erst die Entwicklung programmierbarer Rechner dazu geführt, daß diese Verfahren leicht und vielfältig anwendbar sind und in kurzer Zeit zu sehr genauen Ergebnissen führen.
Zu bemerken ist jedoch, daß Personal-Computer vielfach über eine etwas geringere Rechengenauigkeit verfügen als gute Taschenrechner.
Die genannten Programme sind für IBM-PC und kompatible Rechner, für Commodore C64/C128 und für Apple II/IIe auf Disketten erhältlich.

I. Zahlenfolgen

Zahlenfolgen können unmittelbar durch einen Folgenterm a_n (vgl. § 1) oder rekursiv (vgl. § 2) definiert sein. Man kann sowohl einen Folgenterm wie die rekursive Definition einer Folge in den Rechner eingeben. Mit Hilfe einer „Schleife" für die Variable n berechnet der Computer in beiden Fällen in kurzer Zeit beliebig viele Glieder der Folge.
In der Regel kann man auf diese Weise zu begründeten Vermutungen über das Monotonie- und das Konvergenzverhalten der betreffenden Folge kommen. Ein Monotonie- oder ein Konvergenzbeweis kann mit einem solchen Programms natürlich nicht geführt werden.
Mit Hilfe einer rekursiven Definition, bei der ein Folgeglied s_{n+1} in Abhängigkeit von n und s_n dargestellt wird, können auch die Partialsummen einer Reihe $\langle s_n \rangle$ berechnet werden.

Beispiel:

Durch $s_1 = 1$ und $s_{n+1} = s_n + \frac{1}{n+1}$ wird die Folge der Partialsummen der „harmonischen Reihe" $s_n = 1 + \frac{1}{2} + \frac{1}{3} + \ldots + \frac{1}{n}$ dargestellt und vom Computer berechnet.

Übungen und Aufgaben

1. Um mit Hilfe eines Computers eine Vermutung über die Konvergenz einer Folge $\langle a_n \rangle$ zu gewinnen, kann man untersuchen, ob die endliche Folge $\langle b_n \rangle$ mit $b_n = |a_n - a_{n+1}|$ und $1 \leq n \leq N$ bis zu einer vorzugebenden Zahl N monoton fällt.

a) Erläutern Sie dieses Vorgehen an drei konvergenten Folgen!

b) Ermitteln Sie wenigstens drei Folgen, bei denen man auf diese Weise aus verschiedenen Gründen zu einer **falschen** Vermutung über das Konvergenzverhalten von $\langle a_n \rangle$ kommt!

2. Versuchen Sie, mit Hilfe des Computerprogramms Vermutungen über die Beschränktheit, die Monotonie, die Konvergenz und den Grenzwert der Folge $\langle a_n \rangle$ zu gewinnen! Versuchen Sie ferner, diese Vermutungen durch andere Überlegungen zu bestätigen oder zu widerlegen!

a) $a_n = n \cdot \sin \frac{1}{n}$ **b)** $a_n = n^2 \sin \frac{1}{n}$ **c)** $a_n = \sqrt[n]{2}$ **d)** $a_n = \sqrt[n]{n}$

e) $a_n = \sqrt[n]{2^n + 3^n}$ **f)** $a_n = \left(1 - \frac{1}{n}\right)^n$ **g)** $a_n = \left(1 + \frac{1}{n^2}\right)^n$ **h)** $a_n = n \cdot \ln \frac{n+1}{n}$

i) $a_n = \dfrac{\cos\left(\frac{1}{n}\right) - 1}{\ln\left(1 + \frac{1}{n^2}\right)}$ **j)** $a_n = \dfrac{\cos\left(\frac{1}{n}\right) - 1}{\frac{1}{n}}$ **k)** $a_n = \dfrac{e^{\frac{1}{n}} - 1}{\frac{1}{n}}$ **l)** $a_n = \dfrac{1 - n \sin\left(\frac{1}{n}\right)}{n \tan^3\left(\frac{1}{n}\right)}$

3. Verfahren Sie wie in Aufgabe 2!

a) $a_1 = 3;\ a_{n+1} = \frac{1}{2} a_n + 1$ **b)** $a_1 = \frac{1}{2};\ a_{n+1} = a_n^2 - 1$ **c)** $a_1 = 5;\ a_{n+1} = \dfrac{1}{a_n + 1}$

d) $a_1 = 1;\ a_{n+1} = \sqrt{a_n + 1}$ **e)** $a_1 = 1;\ a_{n+1} = \dfrac{1}{\sqrt{a_n + 1}}$ **f)** $a_1 = 1;\ a_{n+1} = \sqrt[3]{a_n + 6}$

g) $a_1 = 1;\ a_{n+1} = \frac{1}{2}\left(a_n + \frac{3}{a_n}\right)$ **h)** $a_1 = 1;\ a_{n+1} = \frac{2}{3}\left(a_n + \frac{1}{a_n^2}\right)$ **i)** $a_1 = 1;\ a_{n+1} = \frac{1}{3}\left(a_n + \frac{4}{a_n^2}\right)$

j) $a_1 = 1;\ a_{n+1} = a_n + \dfrac{1}{n!}$ **k)** $a_1 = 1;\ a_{n+1} = a_n + \dfrac{1}{2^n}$ **l)** $a_1 = 1;\ a_{n+1} = a_n + \dfrac{1}{(n+1)^2}$

4. Ermitteln Sie mit Hilfe des Computerprogramms Näherungswerte für den Grenzwert in den Aufgaben 5 bis 7 von Seite 204!

5. a) Zeigen Sie, daß für alle $n \in \mathbb{N}$ gilt: $\ln(n+1) < 1 + \frac{1}{2} + \frac{1}{3} + \frac{1}{4} + \ldots + \frac{1}{n}$!

Anleitung: Benutzen Sie die Beziehung $\ln(n+1) = \int_1^{n+1} \frac{dt}{t} = \int_1^2 \frac{dt}{t} + \int_2^3 \frac{dt}{t} + \ldots + \int_n^{n+1} \frac{dt}{t}$ und wenden Sie Satz S 10.5 an!

b) Was folgt aus a) über das Konvergenzverhalten der Folge $\langle a_n \rangle$ mit $a_1 = 1$ und $a_{n+1} = a_n + \dfrac{1}{n+1}$?

c) Was können Sie an Hand des Computerprogramms über die Konvergenz der Folge $\langle a_n \rangle$ aussagen? Erklären Sie Ihr Ergebnis!

6. Berechnen Sie die Folge der Differenzenquotienten $\langle m(x_0; h_n)\rangle$ zu $m(x_0; h_n) = \frac{f(x_0+h_n)-f(x_0)}{h_n}$ für die Folgen $\langle h_n\rangle$ zu $h_n = \frac{1}{n}$, $h_n = 2^{-n}$ und $h_n = 10^{-n}$ mit $1 \leq n \leq 20$. Vergleichen Sie die Ergebnisse! In welchen Fällen ergibt sich ein Näherungswert für $f'(x)$? Wie sind die anderen Fälle zu erklären?

a) $f(x) = x^2;\; x_0 = 2$ **b)** $f(x) = x^3;\; x_0 = -1$ **c)** $f(x) = \sqrt{x};\; x_0 = 4$

d) $f(x) = \sin x;\; x_0 = 0$ **e)** $f(x) = \cos x;\; x_0 = 0$ **f)** $f(x) = \tan x;\; x_0 = 0$

g) $f(x) = e^x;\; x_0 = 0$ **h)** $f(x) = e^{\frac{1}{x}};\; x_0 = 1$ **i)** $f(x) = \ln x;\; x_0 = \frac{1}{2}$

II. Die Bestimmung von Nullstellen einer Funktion

1. In vielen Anwendungsaufgaben sind Nullstellen einer Funktion zu bestimmen. Dies kann sehr aufwendig, manchmal sogar unmöglich sein. In solchen Fällen begnügt man sich mit Näherungslösungen, vor allem dann, wenn diese mit der dem Problem angemessenen Genauigkeit berechnet werden können.

Beispiele:

1) Vor der schwedischen Küste am Skagerak werden Fische in mit Netzen abgegrenzten Räumen des Meeres gezüchtet. Die Netze werden von rechteckigen Metallgestängen gehalten, die mit Hilfe von Kugeln aus Kunststoff schwimmen (Bild 15.1). Es soll die Eintauchtiefe der Kugeln berechnet werden.
Ein Körper schwimmt, wenn das Gesamtgewicht G, das er zu tragen hat, gleich seinem Auftrieb A ist. Dieser beträgt für eine Kugel vom Radius r, die bis zur Höhe h ins Wasser eintaucht:

$$A = V \cdot s = \frac{\pi \cdot h^2}{3}(3r-h)\,s \quad \text{mit} \quad -r \leq h \leq r;$$

dabei ist s das spezifische Gewicht des Salzwassers und V das Volumen des eingetauchten Kugelabschnittes. Aus der Bedingung $A = G$ ergibt sich die Gleichung

$$h^3 - 3rh^2 + \frac{3G}{\pi \cdot s} = 0,$$

also eine Gleichung 3. Grades, deren Lösungen nur umständlich zu bestimmen sind.

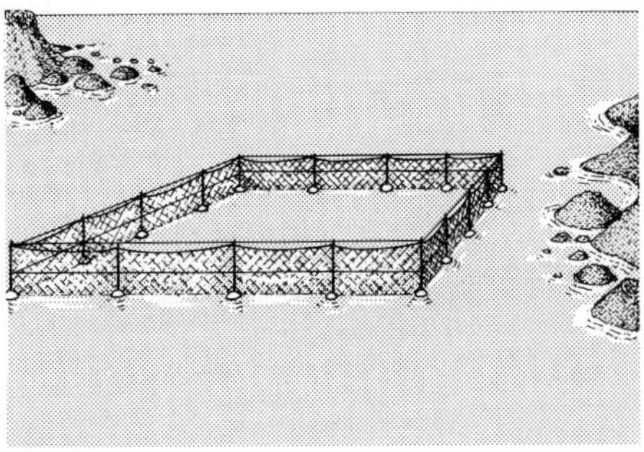

Bild 15.1

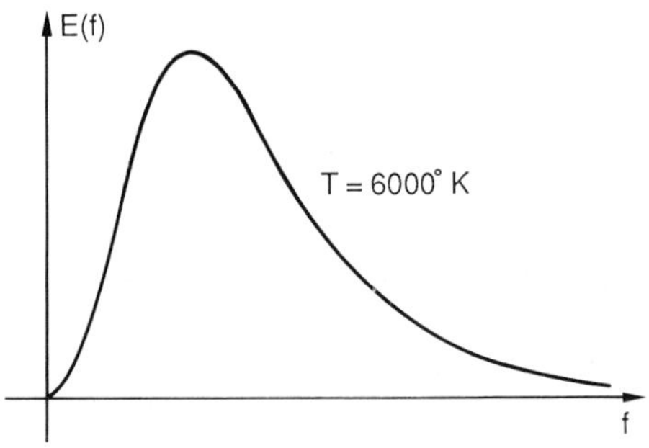

Bild 15.2

2) Aus dem Planckschen Strahlungsgesetz erhält man das Wiensche Verschiebungsgesetz, indem man das Maximum der Energieverteilungsfunktion in Abhängigkeit von der Frequenz bestimmt (Bild 15.2).

Nach geeigneter Substitution und Umformung erhält man zur Bestimmung der Nullstellen der ersten Ableitung der Energieverteilungsfunktion die Gleichung $5(e^x - 1) + x = 0$.
Diese Gleichung ist nicht nach x auflösbar.

2. Die Nullstellenbestimmung durch Intervallschachtelung

Wir setzen voraus, daß die zu untersuchende Funktion in einer hinreichend großen Umgebung der Nullstelle x_0 stetig ist und daß eine Nullstelle mit Vorzeichenwechsel vorliegt.

Dies bedeutet, daß es stets zwei Stellen x_1, x_2 mit $x_1 < x_0 < x_2$ gibt, deren Funktionswerte verschiedene Vorzeichen haben, für die also gilt $f(x_1) \cdot f(x_2) < 0$.

Wir geben zunächst das Intervall $[a; b]$ in den Rechner ein, in dem die Nullstellen gesucht werden sollen. Dann wählen wir eine hinreichend kleine Schrittlänge h; dabei ist zu berücksichtigen, um welche Art von Funktion bzw. Nullstelle es sich handelt. Bei einer ganzrationalen Funktion wird in der Regel $h = 0,1$ ausreichen. Will man dagegen z.B. die Nullstellen der Funktion f zu $f(x) = x \cdot \sin \frac{1}{x}$ in der Nähe von 0 bestimmen, so muß man h sehr viel kleiner wählen (z.B. 0,0001).

Der Rechner sucht dann ein Teilintervall $[x_1; x_2]$ von $[a; b]$, bei dem für die benachbarten Stellen $x_1 = a + kh$ und $x_2 = a + (k+1) \cdot h$ (mit $k \in \mathbb{N}$) gilt: $f(x_1) \cdot f(x_2) < 0$.
Sodann setzt er eine Intervallschachtelung durch Intervallhalbierung an (vgl. Seite 108f.). Wenn für die Zahlen $c = \frac{1}{2}(x_1 + x_2)$ gilt $f(c) \cdot f(x_2) < 0$ (Bild 15.3), dann setzt er $c = x_1$, gilt dagegen $f(x_1) \cdot f(c) < 0$ (Bild 15.4), dann setzt er $c = x_2$ und wiederholt das Verfahren.

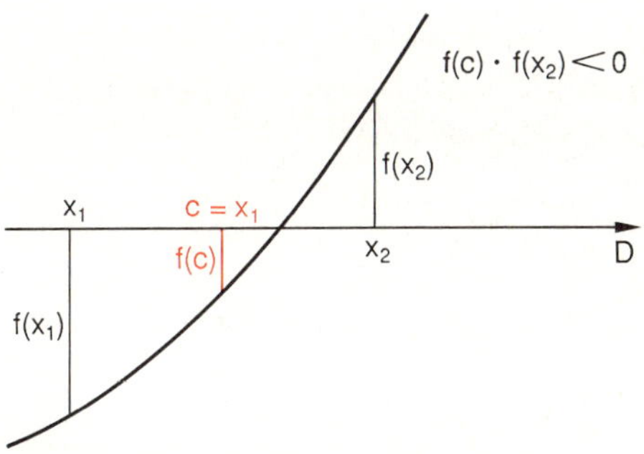

Bild 15.3

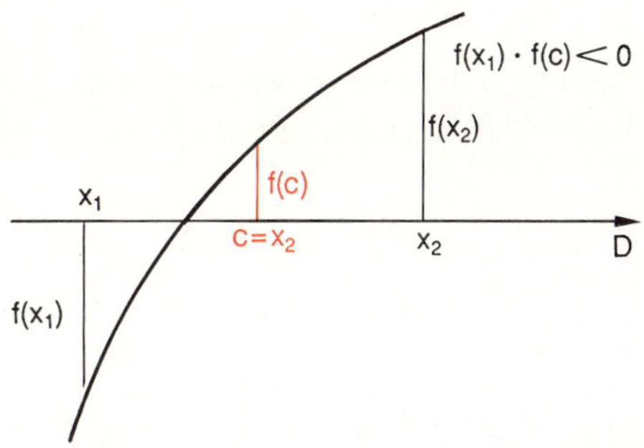

Bild 15.4

Die Bedingung einer Intervallschachtelung, daß die Längen der Intervalle eine Nullfolge bilden, kann der Rechner natürlich nicht erfüllen. Er bricht daher das Verfahren ab, wenn die Intervall-Länge eine bestimmte angegebene positive Zahl (z.B. 10^{-8}) unterschreitet. Danach kehrt der Rechner zur ursprünglichen Stelle x_2 zurück und sucht mit der eingegebenen Schrittlänge nach weiteren Vorzeichenwechseln von f. Die auf diese Weise ermittelten Näherungswerte für die Nullstellen von f werden nacheinander auf dem Bildschirm ausgegeben.

In Beispiel 2) erhält man – vom Intervall $[-6; 6]$ ausgehend – mit der Schrittlänge 0,1 und einem zugelassenen Fehler von 10^{-8} die Nullstellen

$$x = 0 \quad \text{und} \quad x = 4{,}96511384.$$

Sollte eine Nullstelle ohne Vorzeichenwechsel vorliegen, so ist, wenn f differenzierbar ist, das Verfahren auf die Gleichung $f'(x) = 0$ anzuwenden. Begründe dies (Aufgabe 4)!

3. Das Newtonverfahren

Ist eine Funktion f über einem Intervall [a, b] zweimal stetig differenzierbar, ist der Graph von f über [a; b] durchweg linksgekrümmt oder durchweg rechtsgekrümmt, gilt ferner $f(a) \cdot f(b) < 0$, so konvergiert nach dem Newtonverfahren (vgl. § 9, III; Seite 217ff.) für jeden Startwert $x_1 \in [a; b]$ die Folge $\langle x_n \rangle$ mit

$$x_{n+1} = x_n - \frac{f(x_n)}{f'(x_n)}.$$

In einem entsprechend programmierten Rechner müssen also der Startwert x_1 und die Terme f(x) und f'(x) eingegeben werden. Der Rechner ermittelt dann x_{n+1}, bis das Verfahren z.B. durch die Bedingung $|x_{n+1} - x_n| < d$ (etwa mit $d = 10^{-8}$) abgebrochen wird.

4. Ein Fixpunktverfahren

Gilt für eine Funktion f an einer Stelle x_0 die Beziehung $f(x_0) = x_0$, so bezeichnet man x_0 als **„Fixstelle“** und den Punkt $P(x_0 | f(x_0))$ als **„Fixpunkt“**. Die Fixpunkte einer Funktion f sind die Schnittpunkte (oder die Berührungspunkte) ihres Graphen mit der Geraden zu $y = x$ (Bild 15.5).

Bemerkung: Man kann das Problem der Nullstellenbestimmung bei einer Funktion g auf das Problem der Fixstellenbestimmung zurückführen, indem man die Funktion f zu

$$f(x) = g(x) + x, \quad \text{also} \quad g(x) = f(x) - x$$

betrachtet; denn dann gilt: $g(x) = 0 \Leftrightarrow f(x) = x$.

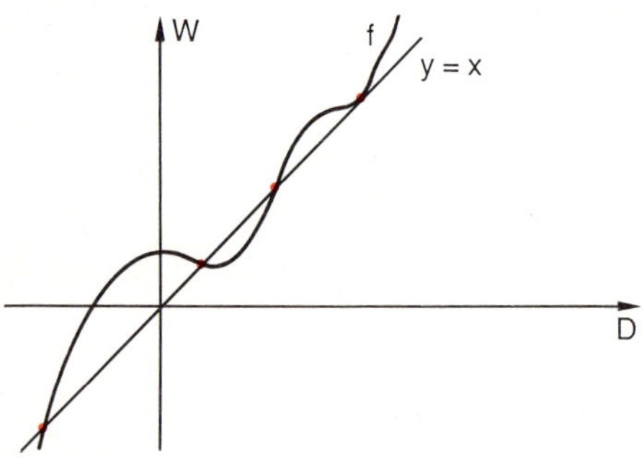

Bild 15.5

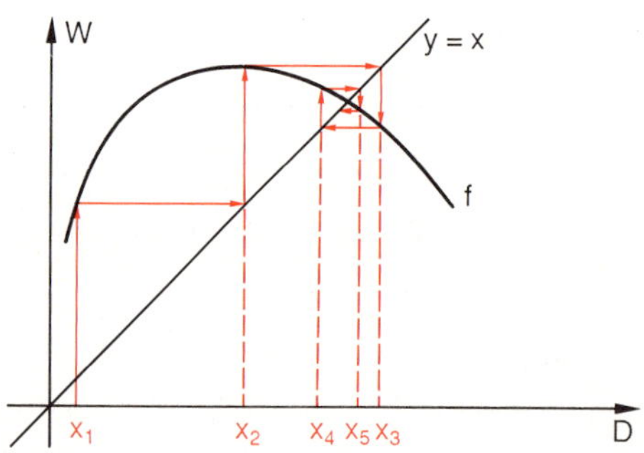

Bild 15.6

Ein Verfahren zur Berechnung von Näherungswerten für eine Fixstelle einer Funktion ist in Bild 15.6 veranschaulicht. Aus einem Startwert x_1 wird schrittweise eine Folge durch $x_2 = f(x_1)$, $x_3 = f(x_2)$, $x_4 = f(x_3)$ usw. ermittelt. Wenn eine solche Folge gegen eine Zahl g konvergiert und wenn die Funktion f stetig ist, dann ist g eine Fixstelle von f. Es gilt dann nämlich:

$$g = \lim_{n \to \infty} x_{n+1} = \lim_{n \to \infty} f(x_n) = f(\lim_{n \to \infty} x_n) = f(g).$$

Bedingungen, unter denen die Folge $\langle x_n \rangle$ mit $x_{n+1} = f(x_n)$ konvergiert, gibt der folgende **„Fixpunktsatz“** an.

S 15.1 Ist eine Funktion f über einen Intervall [a; b] differenzierbar, gibt es eine Zahl q mit $0 < q < 1$ und $|f'(x)| \leq q$ für alle $x \in [a; b]$ und gilt $f(a) > a$ und $f(b) < b$, dann hat die Funktion genau eine Fixstelle g in [a; b], und die Folge $\langle x_n \rangle$ mit $x_{n+1} = f(x_n)$ konvergiert für jeden Startwert $x_0 \in [a; b]$ gegen g, d.h. es gilt

$$\lim_{n \to \infty} x_n = g \quad \text{und} \quad g = f(g).$$

Beweis: 1) Für die Funktion h zu $h(x) = x - f(x)$ gilt $h(a) = a - f(a) < 0$ und $h(b) = b - f(b) > 0$. Also hat h in [a; b] nach dem Nullstellensatz S 9.4 eine Nullstelle g. Nach Definition von h gilt $h(g) = g - f(g) = 0$, d.h. g ist eine Fixstelle von f.

2) Es gilt $h'(x) = 1 - f'(x) \geq 1 - q > 0$ für alle $x \in [a; b]$. Also ist h nach Satz S 5.3 streng monoton steigend über [a; b], d.h. g ist die einzige Nullstelle von h, also die einzige Fixstelle von f in [a; b].

3) Mit dem Schrankensatz S 8.3 ergibt sich aus der Voraussetzung $|f'(x)| \leq q$ für $n \geq 1$:

$$\left| \frac{f(x_{n-1}) - f(g)}{x_{n-1} - g} \right| \leq q \quad \text{und somit}$$

$|f(x_{n-1}) - f(g)| \leq q \cdot |x_{n-1} - g| \Rightarrow |x_n - g| \leq q \cdot |x_{n-1} - g|$ (wegen $f(x_{n-1}) = x_n$ und $f(g) = g$).

Wendet man die letzte Ungleichung auch für $n-1, n-2, \ldots, 2, 1$ an, so ergibt sich:

$$|x_n - g| \leq q \cdot |x_{n-1} - g| \leq q^2 |x_{n-2} - g| \leq q^3 |x_{n-3} - g| \leq \ldots \leq q^n |x_0 - g|.$$

Wegen $0 < q < 1$ ist die Folge $\langle q^n \rangle$ eine Nullfolge; daher ist wegen $|x_n - g| \leq q^n |x_0 - g|$ auch $\langle x_n - g \rangle$ eine Nullfolge; es gilt also: $\lim\limits_{n \to \infty} x_n = g$.

Mit der Definition von $\langle x_n \rangle$ und der Stetigkeit von f erhalten wir daraus

$$g = \lim_{n \to \infty} x_{n+1} = \lim_{n \to \infty} f(x_n) = f(\lim_{n \to \infty} x_n) = f(g), \text{ q.e.d.}$$

Übungen und Aufgaben

1. Bestimmen Sie Näherungswerte für die Nullstellen der Funktion f mit Hilfe des Intervallschachtelungsprogramms!

a) $f(x) = x^4 - x^3 - 10$ **b)** $f(x) = x^5 - 1000x$ **c)** $f(x) = \sin x + x - 1$ **d)** $f(x) = 5x - \tan x$
e) $f(x) = \cos x - 0{,}1x$ **f)** $f(x) = e^x - 4x^2$ **g)** $f(x) = e^x - x - 2$ **h)** $f(x) = x^x - 2$

2. Berechnen Sie Näherungswerte für π (e) als Nullstelle einer selbstgewählten Gleichung!

3. Bestimmen Sie mit Hilfe des Intervallschachtelungsprogramms Näherungswerte für alle Nullstellen der Funktion f zu $f(x) = x \cdot \sin \frac{1}{x}$ im Intervall A!

a) $A = [0{,}1; 1]$ **b)** $A = [0{,}05; 0{,}1]$ **c)** $A = [0{,}01; 0{,}05]$ **d)** $A = [0{,}001; 0{,}01]$

4. Begründen Sie: Hat eine differenzierbare Funktion f bei x_0 eine Nullstelle ohne Vorzeichenwechsel, so gilt $f'(x_0)=0$!

5. Bestimmen Sie Näherungswerte für die Nullstellen von f mit Hilfe des Newtonverfahrens!
a) $f(x)=x^2+\sqrt{x}-3$ **b)** $f(x)=x^3+x-9$ **c)** $f(x)=x^3+x^2+1$ **d)** $f(x)=x^3+3x^2+1$
e) $f(x)=\cos x-x$ **f)** $f(x)=\sin x-x^2+1$ **g)** $f(x)=e^{-x}-x$ **h)** $f(x)=\ln x-x+1$
i) $f(x)=e^{-x}-x+1$ **j)** $f(x)=e^{-x^2}-x$ **k)** $f(x)=\arctan x-x^2+2$ **l)** $f(x)=\ln x-\frac{1}{x}$

6. Wenden Sie auf die Funktion f das Newtonverfahren mit verschiedenen Startwerten $x_1 \neq 0$ an! Erklären Sie ihre Resultate anhand des Funktionsgraphen!
a) $f(x)=|x|^{\frac{1}{3}}\operatorname{sign}(x)$ **b)** $f(x)=x^2\operatorname{sign}(x)$ **c)** $f(x)=(e^{x^2}-1)\operatorname{sign}(x)$

7. Bestimmen Sie die Nullstellen, die Extremstellen und die Wendestellen der Funktion f mit einem Verfahren Ihrer Wahl!
a) $f(x)=x^4-x^2-5x-3$ **b)** $f(x)=x^5-10x^2+1$ **c)** $f(x)=2\sin x+x+1$
d) $f(x)=2\cdot\sin x+x^2$ **e)** $f(x)=\sin x-\cos x$ **f)** $f(x)=e^x-x^2$
g) $f(x)=\ln\sqrt{1+x^2}-x$ **h)** $f(x)=\tan x-x^3$ **i)** $f(x)=\arctan x-\frac{x}{2}$

8. Zeigen Sie, daß die Lösungen der Gleichung $x^2-\ln x-2=0$ Fixstellen der Funktionen

$f(x)=x(x+1)-\ln x-2$; $g(x)=\frac{2+\ln x}{x}$; $h(x)=\sqrt{2+\ln x}$ und $k(x)=e^{x^2-2}$ sind!

Wenden Sie auf diese Funktionen jeweils das Fixpunktverfahren an und vergleichen Sie die Ergebnisse!

9. Erläutern Sie das Verfahren von Satz S 15.1 anhand von Bild 15.6!

10. Bestimmen Sie Näherungslösungen mit Hilfe des Fixpunktverfahrens!
a) $\cos x=x$ **b)** $2\cdot\sin x=x$ **c)** $\tan x=x$ **d)** $\sqrt{\arctan x}=x$ **e)** $e^{-x}=x$ **f)** $e^x-2=x$
g) $\ln x=0{,}1x$ **h)** $e^{\sin x}=x$ **i)** $e^{-x^2}+1=x$ **j)** $5-5e^{-x}=x$ **k)** $e^x-2=x$ **l)** $\frac{1}{\ln x}=x$

III. Numerische Integration

1. Das Rechteckverfahren

Das Rechteckverfahren zur Ermittlung von Integralen geht auf die Definition des Integrals als Summengrenzwert zurück (vgl. § 10). Die Flächenmaßzahlen der in Bild 15.7 dargestellten Rechtecke gleicher Breite werden berechnet und addiert. Mit Hilfe eines Rechners kann man die Maßzahlen einer sehr großen Zahl von Rechtecken (z.B. 512 oder 1024) in kurzer Zeit addieren.

Das Programm ist so angelegt, daß die Anzahl n der Intervalle von Schritt zu Schritt verdoppelt, die Intervallbreite also halbiert wird.

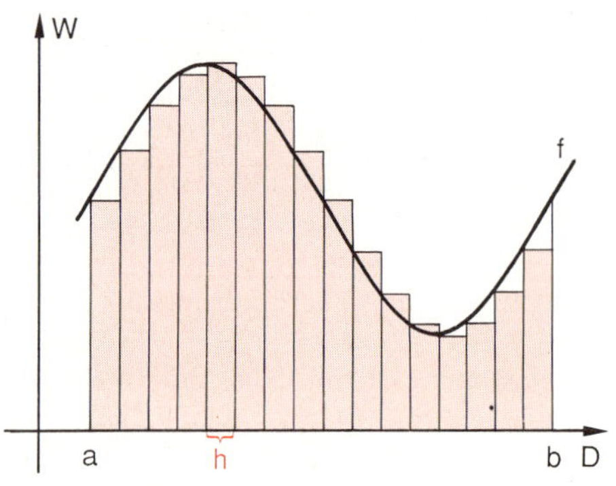

Bild 15.7

Ist die Funktion f im Integrationsintervall [a; b]

monoton steigend	monoton fallend

so ist die Summe s_n mit $s_n = \sum_{k=0}^{n-1} f(a+kh)\cdot h$ mit $h = \frac{b-a}{n}$

eine Untersumme.	eine Obersumme.

In allen anderen Fällen handelt es sich um eine „Zwischensumme“, die zwischen der Untersumme und der Obersumme zur Zerlegung mit den Teilpunkten $x_k = x_0 + kh$ $(0 \le k \le n)$ liegt (Aufgabe 1). Ist die Funktion f integrierbar, dann konvergieren nach Satz S 11.1 und Satz S 1.10 auch diese Zwischensummen gegen das Integral; sie stellen also Näherungswerte für das Integral dar.

Über die Güte dieser Näherung können wir mit Hilfe des Schrankensatzes S 8.3 eine Aussage herleiten. Ist $S \in \mathbb{R}^{>0}$ eine obere Schranke von $|f'(x)|$ über [a; b] und damit auch über jedem Teilintervall $[x_k; x_{k+1}]$, so gilt nach dem Schrankensatz für alle $x \in [x_k; x_{k+1}]$:

$$-S(x-x_k) \le f(x) - f(x_k) \le S(x-x_k). \qquad (*)$$

Durch Integration zwischen den Grenzen x_k und x_{k+1} erhalten wir daraus mit $x_{k+1} - x_k = h$:

$$-\int_{x_k}^{x_{k+1}} S(x-x_k)\,dx \le \int_{x_k}^{x_{k+1}} f(x)\,dx - \int_{x_k}^{x_{k+1}} f(x_k)\,dx \le \int_{x_k}^{x_{k+1}} S(x-x_k)\,dx.$$

Nun gilt:

$$\int_{x_k}^{x_{k+1}} S(x-x_k)\,dx = \frac{1}{2} S(x-x_k)^2 \Big|_{x_k}^{x_{k+1}} = \frac{1}{2} S(x_{k+1}-x_k)^2 = \frac{1}{2} Sh^2.$$

Aus der Beziehung (*) folgt also:

$$-S\cdot\frac{h^2}{2} \le \int_{x_k}^{x_{k+1}} f(x)\,dx - h\cdot f(x_k) \le S\cdot\frac{h^2}{2}.$$

Addieren wir diese Ungleichungen für $0 \le k \le n-1$, so ergibt sich

$$-S\cdot\frac{h^2}{2}\cdot n \le \int_a^b f(x)\,dx - h\sum_{k=1}^{n-1} f(x_k) \le S\cdot\frac{h^2}{2}\cdot n \text{ und daraus mit } h = \frac{b-a}{n}:$$

$$-S\cdot\frac{(b-a)^2}{2n} \le \int_a^b f(x)\,dx - h\sum_{k=0}^{n-1} f(x_k) \le S\cdot\frac{(b-a)^2}{2n}.$$

Diese Ungleichungskette besagt, daß der Fehler F, den wir machen, wenn wir statt des Integrals die Rechtecksummen berechnen, kleiner oder gleich $\frac{(b-a)^2}{2n}\cdot S$ ist, wobei S eine obere Schranke von $|f'|$ ist:

$$F \le \frac{(b-a)^2}{2n}\cdot S.$$

2. Das Trapezverfahren

Statt der in 1. verwendeten Rechtecke kann man auch die Maßzahlen der Inhalte von Trapezen addieren, die dadurch entstehen, daß man die benachbarten Funktionswerte des Graphen durch eine Sehne verbindet (Bild 15.8). Wenn f im Intervall [a; b] Wendestellen hat, so liegen die Sehnen teilweise unterhalb und teilweise oberhalb des Funktionsgraphen. Die Summe S_n der Trapezflächen ist:

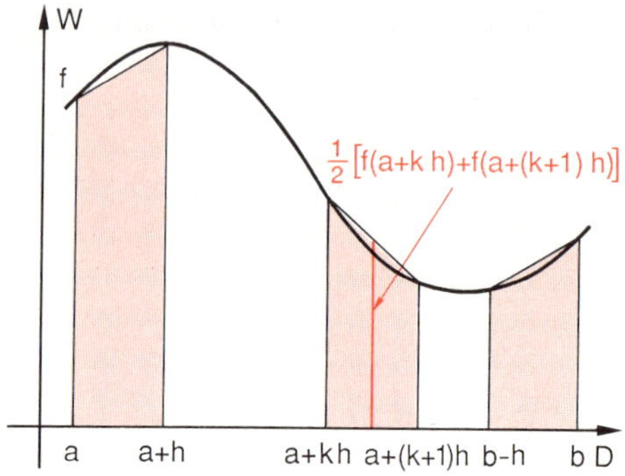

Bild 15.8

$$S_n = \sum_{k=0}^{n-1} \frac{1}{2}[f(a+kh)+f(a+(k+1)h)]\cdot h.$$

Die Eingaben in den Rechner sind dieselben wie beim Rechteckverfahren, lediglich das Programm ist verändert worden. Vergleicht man die Rechenzeiten, die bei der Verwendung des Rechteckverfahrens und der des Trapezverfahrens benötigt werden, um dieselbe Genauigkeit zu erzielen, so zeigt sich, daß das Trapezverfahren in der Regel wesentlich „schneller" die Abbruchbedingung erreicht.

Auch das Trapezverfahren bietet die Möglichkeit, den Fehler abzuschätzen, wenn f zweimal differenzierbar ist und für $|f''(x)|$ im Intervall [a; b] eine obere Schranke S angegeben werden kann. Es gilt dann für den Fehler F:

$$F \leq \frac{(b-a)^3}{12n^2}\cdot S.$$

Auf einen Beweis verzichten wir hier.

Das angebotene Computerprogramm berechnet Zwischensummen nach dem Rechteck- und nach dem Trapezverfahren. Die Zerlegung wird durch Intervallhalbierung ausgehend von $n=2$ verfeinert. Die Bildschirmausgabe enthält die Anzahl der Teilintervalle und die dazugehörigen Zwischensummen für beide Verfahren.

Der zweite Programmteil gestattet die Berechnung von Funktionswerten bestimmter Integralfunktionen mit beliebiger Schrittweite h als Funktion der oberen Grenze. Zur Berechnung der Funktionswerte wird das Trapezverfahren verwandt.

Abschließend werden die nach dem Trapezverfahren und dem Rechteckverfahren ermittelten Näherungswerte für das Integral über dem Intervall [a; b] auf dem Bildschirm ausgegeben.

Übungen und Aufgaben

1. Zeigen Sie, daß die Summen s_n beim Rechteckverfahren zwischen den Untersummen und den Obersummen zu der Zerlegung mit den Teilpunkten $x_k = x_0 + kh$ $(0 \leq k \leq n)$ liegen!

2. Berechnen Sie mit Hilfe des Rechtecks- und des Trapezverfahrens Näherungswerte für das angegebene Integral und vergleichen Sie die Ergebnisse!

a) $\int_1^2 \frac{dx}{x} = \ln 2$ **b)** $\int_0^1 \sqrt{1-x^2}\,dx = \frac{\pi}{4}$ **c)** $\int_0^{\frac{1}{2}} \frac{dx}{\sqrt{1-x^2}} = \frac{\pi}{6}$ **d)** $\int_0^1 \frac{4}{1+x^2}\,dx = \pi$

3. Zeigen Sie, daß für die Summen R_n des Rechteckverfahrens und die Summen T_n des Trapezverfahrens gilt: $R_n + \frac{f(b)-f(a)}{2} \cdot \frac{b-a}{n} = T_n$!

4. a) Zeigen Sie: Ist eine Funktion f über einem Intervall [a; b] monoton und ist s_n eine Untersumme und S_n eine Obersumme, so gilt für die Summen T_n des Trapezverfahrens $T_n = \frac{1}{2}(s_n + S_n)$.

b) Zeigen Sie: Ist eine Funktion f über einem Intervall [a; b] monoton, so gilt für den Fehler F beim Trapezverfahren $F < |f(b)-f(a)| \frac{b-a}{n}$.

5. Ermitteln Sie einen Näherungswert g für das uneigentliche Integral $\int_0^\infty e^{-x^2}\,dx$! Berechnen Sie $4g^2$! Was kann man vermuten?

6. Ermitteln Sie Näherungswerte für das uneigentliche Integral und vergleichen Sie das Ergebnis mit dem angegebenen Integralwert!

a) $\int_0^\infty \frac{x}{e^x - 1}\,dx$; $\left(\frac{\pi^2}{6}\right)$ **b)** $\int_0^\infty \frac{\sin x}{x}\,dx$; $\left(\frac{\pi}{2}\right)$ **c)** $\int_0^\infty \frac{x^3}{e^x - 1}\,dx$; $\left(\frac{\pi^4}{15}\right)$

7. Ermitteln Sie mit Hilfe des Integrals $\int_1^x \frac{1}{t}\,dt$ Näherungswerte für die Funktion f zu $f(x) = \ln x$ (Schrittlänge 0,1 (0,01))!

8. a) Beweisen Sie: Ist f eine ganzrationale Funktion höchstens dritten Grades, dann gilt:

$$\int_a^b f(x)\,dx = \frac{b-a}{6}\left[f(a) + 4f\left(\frac{a+b}{2}\right) + f(b)\right].$$ (Simpsonsche Regel).

b) Benutzen Sie die Gleichung aus a), um Integrale näherungsweise zu berechnen! Zerlegen Sie dazu das Integrationsintervall in n gleichlange Teilintervalle und benutzen Sie dort jeweils den rechtsstehenden Term als Näherung für das entsprechende Teilintegral!

c) Programmieren Sie dieses Verfahren!

d) Vergleichen Sie es an den Beispielen aus Aufgabe 2 mit dem Rechteck- und mit dem Trapezverfahren!

IV. Approximation von Funktionen

1. In § 14; III wurde die Approximation von Funktionen durch ganzrationale Funktionen behandelt. Die Berechnung der Werte dieser ganzrationalen Funktionen ist mühselig. Sie kann von einem programmierbaren Rechner schnell und recht genau ausgeführt werden, wenn man dabei rekursiv vorgeht.

Beispiel: Nach S. 322 (§ 14; III) gilt für $0 \leq x \leq a$: $\sum_{k=0}^{n-1} \frac{x^k}{k!} + \frac{x^n}{n!} \leq e^x \leq \sum_{k=0}^{n-1} \frac{x^k}{k!} + \frac{x^n}{n!} e^a$.

Wenn man jeweils bis zur Zahl n summiert, ergibt sich daraus:

$$\sum_{k=0}^{n} \frac{x^k}{k!} \leq e^x \leq \sum_{k=0}^{n} \frac{x^k}{k!} + \frac{x^n}{n!}(e^a - 1).$$

Bezeichnet man die Summanden $\frac{x^k}{k!}$ mit a_k, so kann man sie rekursiv darstellen durch $a_1 = 1$ und $a_{k+1} = a_k \cdot \frac{x}{k+1}$. Benutzt man diese Rekursion in einem Rechnerprogramm, setzt man z.B. $x = 1$ und summiert bis zu einer Zahl n, so erhält man einen Näherungswert für die Eulersche Zahl e. Für den Fehler F gilt dann:

$$F \leq \frac{1}{n!}(e-1) < \frac{2}{n!} \text{ (vgl. Seite 322).}$$

Das Computerprogramm bricht die Rechnung ab, wenn alle Summanden bis zu einer vorgegebenen Zahl n addiert sind oder wenn sich die Summe im Rahmen der Rechengenauigkeit der Maschine nicht mehr ändert.

2. Wir geben zwei weitere **Beispiele:**

1) Nach Seite 323 (§ 14; III) gilt für alle $x \in \mathbb{R}^{>0}$:

$$-\frac{x^{2m+1}}{(2m+1)!} \leq \sin x - \sum_{k=1}^{m} \underbrace{(-1)^{k-1} \frac{x^{2k-1}}{(2k-1)!}}_{a_k} \leq \frac{x^{2m+1}}{(2m+1)!}.$$

Für die Summanden a_k ergibt sich die Rekursion: $a_1 = x$ und $a_{k+1} = -a_k \frac{x^2}{2k(2k+1)}$.

Für den Fehler F bei der Berechnung eines Näherungswertes für $\sin \frac{1}{2}$ gilt dann (vgl. Seite 323!):

$$F \leq \left(\tfrac{1}{2}\right)^{2m+1} \frac{1}{(2m+1)!}$$

2) Nach Seite 324 (§ 14; III) gilt für alle $x \in \mathbb{R}^{>0}$: $-\frac{x^n}{n} \leq \ln(1+x) - \sum_{k=1}^{n-1} \underbrace{(-1)^{k-1} \frac{x^k}{k}}_{a^k} \leq \frac{x^n}{n}$.

Für die Summanden a_k ergibt sich die Rekursion: $a_1 = 1$ und $a_{k+1} = -a_k \cdot x \cdot \frac{k}{k+1}$. Für den Fehler F bei der Berechnung von ln 2 erhält man: $F \leq \frac{1}{n}$.

Überlege, welche Abschätzung sich für den Fehler ergibt, wenn man auf diese Weise einen Näherungswert für ln 3 ermitteln will (Aufgabe 2)!

Übungen und Aufgaben

1. Bestimmen Sie Näherungswerte für die folgenden Zahlen und schätzen Sie den Fehler ab!

a) e^{-1} **b)** e^2 **c)** sin 0,5 **d)** sin 1 **e)** sin 1,5
f) cos 0,2 **g)** cos 2 **h)** ln 1,1 **i)** ln 1,5 **j)** $\ln \frac{15}{14}$

2. Welche Abschätzung ergibt sich für den Fehler F, wenn man einen Näherungswert für ln 3 ermittelt, wie das im Lehrtext für ln 2 getan wurde? Überlegen Sie, wie man einen „guten" Näherungswert für ln 3 ermitteln kann!

3. Bestimmen Sie Näherungswerte für die angegebenen Terme! Was fällt Ihnen auf? Erklären Sie den Sachverhalt!
sin 0,05; sin 0,1; sin 0,5; sin 1; sin 5; sin 10; sin 50; sin 100; sin 500; sin 1000

V. Funktionsgraphen

Besitzt ein Computer eine hochauflösende Grafik, so kann er, auf spezielle Grafikbefehle (z. B. PLOT) gestützt, den Graphen einer Funktion zeichnen. Ein entsprechendes Programm wird für die Geräte „Apple II" und „Commodore C 64" auf den oben genannten Disketten angeboten.
In dieses Programm sind der Term der Funktion, das Intervall, in dem der Funktionsgraph gezeichnet werden soll, der Streckungsfaktor für die W-Achse, die Beschriftung der Einheiten auf den Achsen, sowie die Lage des Koordinatensystems einzugeben. Das Programm ist in der Lage, die Graphen von drei verschiedenen Funktionen gleichzeitig in ein Koordinatensystem, auf Wunsch mit einem Koordinatengitter, zu zeichnen. Das Computerbild der Funktion kann abschließend über verschiedene Drucker ausgegeben werden.

Übungen und Aufgaben

1. Zeichnen Sie mit dem Computerprogramm die Funktionsgraphen von f, f′ und f″! Erläutern Sie an dem Bild dann die Aussagen der Sätze S 5.3, S 5.7 und S 5.10!
a) $f(x)=(x-1)(x-2)(x-3)$ **b)** $f(x)=x^3+3x^2-9x+2$ **c)** $f(x)=x^4-10x^3+1$
d) $f(x)=x\cdot\sin x$ **e)** $f(x)=\frac{\sin(x^2)}{x^3}$ **f)** $f(x)=x\cdot e^{\frac{1-x^2}{2}}$

2. Zeichnen Sie mit dem Computerprogramm die Funktionsgraphen von f, f′ und f″! Erläutern Sie am Bild die Begriffe der Rechtskrümmung und der Linkskrümmung (vgl. § 5; IV) und den Satz S 5.13!
a) $f(x)=\sin 2x$ **b)** $f(x)=\arctan x$ **c)** $f(x)=x(x^2-1)$ **d)** $f(x)=\ln(x^2-1)$

3. Zeichnen Sie mit dem Computerprogramm die Funktionsgraphen von f und der Taylorpolynome nach Satz S 14.3 für n=3 und n=4 (n=5 und n=6; n=7 und n=8)! Was fällt Ihnen bei g) und h) auf? Erklären Sie den Sachverhalt!
a) $f(x)=\sin x$ **b)** $f(x)=\cos x$ **c)** $f(x)=e^x$ **d)** $f(x)=e^{-x}$
e) $f(x)=e^x-e^{-x}$ **f)** $f(x)=e^x+e^{-x}$ **g)** $f(x)=\ln(1+x)$ **h)** $f(x)=\sqrt{1+x}$

Sachregister